Elisabeth Lichtenberger
Die Stadt

Elisabeth Lichtenberger

Die Stadt

Von der Polis zur Metropolis

2. Auflage

Die Deutsche Nationalbibliothek verzeichnet diese Publikation in der Deutschen Nationalbibliografie; detaillierte bibliografische Daten sind im Internet über http://dnb.d-nb.de abrufbar.

2., unveränderte Auflage 2011

Die Herausgabe des Werkes wurde durch die Vereinsmitglieder der WBG ermöglicht.
Layout und Prepress: schreiberVIS, Seeheim
Einbandabbildung: Tower of London and »The City« © Pete Tripp – iStockphoto.com
Einbandgestaltung: Peter Lohse, Heppenheim
Gedruckt auf säurefreiem und alterungsbeständigem Papier
Printed in Germany

Besuchen Sie uns im Internet: www.wbg-wissenverbindet.de

ISBN 978-3-534-24690-8

Die Buchhandelsausgabe erscheint beim Primus Verlag
Einbandabbildung: Miami, Florida (USA);
© picture-alliance/Bildagentur-online
Einbandgestaltung: Jutta Schneider, Frankfurt a. M.
ISBN 978-3-89678-766-8

www.primusverlag.de

Elektronisch sind folgende Ausgaben erhältlich:
eBook (PDF): 978-3-534-72486-4 (für Mitglieder der WBG)
eBook (epub): 978-534-72487-1 (für Mitglieder der WBG)
eBook (PDF): 978-3-86312-748-0 (Buchhandel)
eBook (epub): 978-3-86312-749-7 (Buchhandel)

Inhalt

Vorwort

„Städte sind wie verschlüsselte Bilderbücher über vergangene und gegenwärtige Gesellschaftssysteme, man muß sie aufschlagen und die Symbolik zu entschlüsseln versuchen."

Mit dieser Metapher ist das Anliegen des Buches umschrieben, „die Stadt" in einem nur lückenhaft besetzten dreidimensionalen Informationsraum von zeitlichen Perioden, räumlicher Differenzierung und immanenten Fragestellungen visuell idealtypisch zu erfassen.

Die politischen Systeme liefern den Ordnungsrahmen. Mit der Änderung von politischen Systemen ändern sich die Konzepte von Stadt und städtischer Gesellschaft. Die historische Verortung der Thematik bedient sich eines politischen Periodensystems, ebenso wie die Darstellung der aktuellen Stadtentwicklung in der westlichen Welt sich in der Spannweite von Privatkapitalismus und Postsozialismus bewegt.

Die politischen Systeme beeinflussen die normativen Prinzipien des Städtebaus und der Stadtplanung, den Einsatz der Technologien, die Struktur der Wirtschaft und die Segregationsprozesse der Gesellschaft im Stadtraum.

In der konkreten Darstellung geht es um die Einbringung und Visualisierung von Sichtweisen und theoretischen Bezügen – von der Gesamtstadt über Stadträume bis zu Stadtvierteln, Bauten und Wohnungen – in einem breiten Spektrum von Disziplinen: von der Geschichte des Städtebaus und der Architektur bis zu den Sozialwissenschaften, der Kommunalpolitik und Stadtplanung und last, not least der Stadtgeographie.

Dem Zugang im Detail entsprechend lautete der ursprüngliche Untertitel des Buches „Gebaute Umwelt und Gesellschaft". Er entstand aus der Überzeugung der Verfasserin, daß die Visualisierung der Information das Hauptmerkmal an der Wende vom 20. zum 21. Jahrhundert darstellt und hierzu eine geographische Stadtforschung Wissen anzubieten hat.

Der vom Verlag gewählte Untertitel „Von der Polis zur Metropolis" mag für den Buchmarkt griffiger erscheinen, da er die historische Sichtweise betont, entspricht jedoch, das sei den kritischen Rezensenten vorweggenommen, nur partiell den Auswahlkriterien des Stoffes.

Stadtforschung ist als interdisziplinäres Forschungsfeld stets Großstadtforschung gewesen. Es sind die großen Städte der westlichen Welt, auf die sich Text und Abbildungen beziehen.

Vorwörter sind Nachwörter. Sie werden nach Abschluß eines Werkes geschrieben. In ihnen kann der Autor auch seine persönliche Wissenschaftsideologie offenlegen.

Die Thematik des Buches hat mich durch viele Jahre wissenschaftlicher Tätigkeit begleitet. Es konnte daher im Text auch auf mehrere Forschungsmonographien und zahlreiche Aufsätze Bezug genommen werden. Die Stadt Wien selbst ist für den Aufgriff von neuen Fragen ein Forschungsobjekt vor der Haustüre der Universität gewesen, das eine solide Ausgangsbasis für Vergleichsuntersuchungen in anderen Städten Europas und Nordamerikas geboten hat.

Frühe Kontakte mit Stadtplanungsbehörden brachten die Kenntnis von der Bedeutung normativer Prinzipien für die Stadtentwicklung. Seit den Jahren der Lehrtätigkeit in Nordamerika beschäftigt mich die Frage nach Konvergenzen von Stadtentwicklungen in der postindustriellen Gesellschaft. Wird die europäische Stadtentwicklung – etwas verspätet – den Weg der nordamerikanischen einschlagen? Die Antwort auf diese Frage ist offen. Sie begleitet aber den Leser.

Vorwörter sind nicht nur Nachwörter, sie sind auch Dankeswörter. Mein Dank geht zuerst an meinen Mann, Herrn Oberstudienrat Prof. Josef Lichtenberger, der mich auf vielen Reisen begleitet hat. Ich danke ihm besonders dafür, daß er auch diesmal, wie bereits oft zuvor, mit Nachsicht und Geduld meine Unaufmerksamkeit während der Zeit des Schreibens ertragen hat. Seiner Photographierleidenschaft sind viele der Abbildungen zu verdanken. Für die Mühe der Durchsicht des Textes bedanke ich mich sehr herzlich bei Frau Dr. Monika Streissler und Herrn

Dr. Josef Kohlbacher. Meiner wissenschaftlichen Mitarbeiterin Frau Dr. Katja Skodacsek danke ich für die Beschaffung von Literatur und Bildmaterial, das Einscannen von Abbildungen und die Organisation der Ausstattung, Herrn Dr. Gerhard Hatz für wertvolle Internethinweise und Details. Schließlich geht mein Dank, wie schon öfter, an Herrn Kollegen Heinz Fassmann, meinen Nachfolger auf dem Ordinariat für Angewandte Geographie, Raumforschung und Raumordnung an der Universität Wien, der als kritischer Gesprächspartner in zahlreichen Diskussionen die Frage „What to put in and what to leave out?" zu klären half.

Dem Verlag der Wissenschaftlichen Buchgesellschaft danke ich für die Aufnahme des Buches und das stets erfreuliche Gesprächsklima. In diesen Dank darf ich auch den graphischen Produzenten des Buches, Herrn Joachim Schreiber, einschließen.

Die geographische Stadtforschung besitzt in Wien eine bedeutende Tradition. Hier hat Hugo Hassinger, Ordinarius am Institut für Geographie der Universität, mit seinem Kunsthistorischen Atlas von Wien (1916) dem Denkmalschutz eine Grundlage geschaffen und im Wiederaufbau nach dem Zweiten Weltkrieg durch seinen persönlichen Einsatz manches Baudenkmal vor der Spitzhacke gerettet.

Dem Andenken an Hugo Hassinger widme ich dieses Buch.

Wien, im Mai 2001 Elisabeth Lichtenberger

Fragestellungen

Mehrere Fragen werden gestellt, mehrere Zugänge öffnen sich, welche mittels der Visualisierung neue Erkenntnisse ermöglichen. Hierbei werden drei Schienen ausgelegt. Die ersten drei Kapitel beschäftigen sich in der zeitlichen und räumlichen Dimension mit der Stadt auf der Makroebene, das vierte Kapitel schlägt mittels sachlicher Determinanten eine Brücke zur Mikroebene von gebauter Umwelt und Gesellschaft, mit der sich die letzten drei Kapitel befassen.

Das erste Kapitel „Von der griechischen Polis zur Neuen Stadt" ist der Vergangenheit der Stadt und der städtischen Gesellschaft gewidmet. Die Fragen lauten: Welche historischen Strukturen vergangener Perioden der Stadtentwicklung reichen in die Gegenwart? Welche materiellen Formen haben sich als gebaute Umwelt erhalten und welche in der Vergangenheit entstandenen Normen, Werthaltungen und Handlungsdirektiven beeinflussen noch die gegenwärtige Stadtgesellschaft?

Die Erfassung der Umstrukturierung und Umfunktionierung des jeweiligen baulichen Gehäuses vor dem Hintergrund der Abfolge der Gesellschaftssysteme erfordert eine in die Tiefe der Zeit hineingreifende Sichtweise. Die historische Verortung der Thematik bedient sich dabei eines politischen Periodensystems, bei dem der Bogen von den Reichsbildungen der Antike bis zu den Staaten der entwickelten Welt in der Gegenwart gespannt wird, soweit – und dies ist eine Einschränkung gegenüber Archäologen – historische Bauwerke in der Gegenwart noch genutzt werden und zum aktuellen gesellschaftlichen Leben gehören.

Die Leitthese dieses Kapitels lautet: Mit der Abfolge von politischen Systemen ändern sich die Konzeptionen von Stadt und städtischer Gesellschaft grundlegend. Jedes politische System schafft neue Stadttypen und bewirkt eine tiefgreifende Veränderung der bereits bestehenden Städte. Mit den Existenzgrundlagen der Stadt ändern sich die soziale Wertigkeit und die Funktion der Stadtmitte, mit der sozialen Organisation werden die tragenden Sozialschichten ausgewechselt. Die Stadt-Land-Beziehungen unterliegen einem Wandel.

Das Kapitel „Aktuelle Stadtentwicklung und politische Systeme" thematisiert die Frage nach der Stadtentwicklung im 20. Jh. vor dem Hintergrund der politischen Systeme. Die drei großen politischen Systeme der westlichen Welt bilden die Bezugsbasis für die Darstellung von Strukturen, Prozessen und Problemen der Stadtentwicklung, nämlich

- das soziale Wohlfahrtssystem Europas,
- das privatkapitalistische System der USA und
- das in Transformation vom Plan zum Markt befindliche System des ehemaligen Staatskapitalismus.

Die politischen Systeme beeinflussen die normativen Prinzipien des Städtebaus und der Stadtplanung, den Einsatz der Technologien und die Struktur der Wirtschaft ebenso wie die Segregationsprozesse der Gesellschaft im Stadtraum.

Das dritte Kapitel „Stadträume" widmet sich der räumlichen Struktur von Städten. Städte sind zentrierte und gegliederte räumliche Gebilde. Alle weisen eine Stadtmitte auf, deren Aussehen und Funktion im Laufe der Zeit gewechselt und kulturspezifische Ausprägungen erfahren haben. Die Darstellung beschränkt sich auf folgende Formen: in Europa auf den Gegensatz von denkmalgeschützter Altstadt und City in Westeuropa und in den Transformationsstaaten sowie auf die Downtown in Nordamerika.

Städte sind wachsende räumliche Gebilde und weisen daher Stadtränder auf, die ebenfalls sehr unterschiedlich strukturiert sein können.

Stadträume sind, wenn auch nicht durchgehend, in Stadtviertel gegliedert. Außerordentlich wichtig ist die normative Konzeption der Nachbarschaft geworden. Städtebau und Stadtplanung sind dabei, als neue Superstrukturen, z. T. in Form einer Public-private-Partnership, in sektoraler Weise Schaustücke von Stadtumbau und integrierten Großkomplexen von Shopping-Center, Erlebnis- und Freizeitparks zu schaffen.

Das vierte Kapitel versucht „Determinanten und Leitbilder" für die Stadtentwicklung in den Bereichen von Politik, Städtebau und Technik zu visualisieren.

Bei der Darstellung der Effekte der Politik geht es um die Thematik von öffentlichen, halböffentlichen und privaten Räumen. Diese Thematik zieht sich durch die Stadtgeschichte. Sie ist verbunden mit der Frage nach der Offenheit und Geschlossenheit von Stadtvierteln und Straßenräumen und besitzt eine hohe Aussagekraft für die räumliche Organisation der Gesellschaft im jeweiligen politischen System.

Der Städtebau bildet eine große, selbstbewußte Disziplin, aus deren Themenkatalog die Fragen herausgegriffen werden, welche für die Stadtgestalt besondere Wichtigkeit besitzen. Hierzu zählt die Frage nach der Symbolik der gebauten Kubatur in der historischen Dimension und bis in die Gegenwart herauf, welche immer neue Facetten aufweist. Das Gegensatzpaar von Repräsentation und Funktionalität bildet den zweiten großen Themenbereich, in den auch Aussagen über die Diktatur der Profession der Architekten und Städtebauer eingeblendet werden. Die Frage nach der Reglementierung der gebauten Umwelt führt zur Abfolge der städtebaulichen Leitbilder im 19. und 20. Jh. bis hin zum normativen Konzept der nachhaltigen Entwicklung der Stadt, welches mit der Forderung nach einer Entkoppelung von Flächenverbrauch und Wirtschaftswachstum verbunden ist.

Die Technologien des Bauens und Verkehrs sind aufs engste mit den Ideologien der politischen Systeme verbunden, welche nicht nur Paradoxa der multiplen Technologien aufweisen, sondern auch eine standardisierte Polarisierung der Bautechnologie zwischen dem Massenwohnungsbau und dem industriellen Bau von Einfamilienhäusern. In der Verkehrstechnologie stehen die Verfechter der fußgängergerechten denen der autogerechten Stadt gegenüber.

Das Kapitel schlägt eine Brücke zur Mikroebene von Stadt und städtischer Gesellschaft, der die letzten drei Kapitel gewidmet sind.

Das fünfte Kapitel über „Die Anatomie der Stadt" übernimmt die Funktion einer „Negativplatte der Gesellschaft" oder, um Peter Hall in „Urban Future 21" zu zitieren, „die Funktion der Hardware für die Software", als welche er die Gesellschaft auffaßt. Das gilt besonders für die Aussagen über die Aufgaben der Freiräume in der Verbauung, welche in historischem Rückblick scheinbar unterschiedliche, de facto jedoch sehr ähnliche Funktionen besessen haben. Sie dienten und dienen zur Machtdemonstration von oben, insbesondere in Form von kirchlichen und staatlichen Festlichkeiten, und von unten, d. h. für Revolutionen, Protestmärsche u. dgl.

Das sechste Kapitel untersucht das Verhältnis von „Wohnraum und Gesellschaft" in einer historisch-komparativen Analyse von Wohnformen in der kompakten und in der offenen Verbauung, wobei die Unterschiede in der Entwicklung zwischen Europa und den USA herausgearbeitet werden. Die Segregation ist ein Grundprinzip der räumlichen Organisation der Gesellschaft. Historische und aktuelle Unterschiede der Segregation auf der Ebene des Wohnhauses bieten sich ebenso einer visuellen Analyse an, wie sich Wohnungen als Indikatoren der sozialen Organisation eignen: für die Erfassung der Differenzierung nach Altersgruppen und Haushaltstypen, nach Bildung, Einkommen und Lebensstilen.

Im Kapitel „Die Wirtschaft im Stadtraum" werden in historischen Szenenfolgen die Entwicklung vom Einzelhandelsgeschäft zur Shopping-Mall, von der Hinterhofindustrie zum Industriepark, vom Kleinbüro zum Bürohochhaus thematisiert und abschließend in der Gegenüberstellung der Einrichtungen von Staat und Wirtschaft im Stadtraum die bisher zu wenig beachteten Unterschiede zwischen den politischen Systemen herausgearbeitet.

Von der griechischen Polis zur Neuen Stadt

Abb. 1.1: Turmbau zu Babel und Hochbau von 1900

Überblick

- Das erste Kapitel des Buchs ist der Vergangenheit der Stadt und der städtischen Gesellschaft gewidmet.
- Es werden zwei weltgeschichtliche Perioden unterschieden:
  - die antiken Stadtkulturen und
  - die europäische Stadtentwicklung im eigentlichen Wortsinn.

  Eine Periode der Entstädterung und weitgehenden Zerstörung liegt dazwischen.
- Die Leitfragen lauten:
  - Welche materiellen Formen haben sich als gebaute Umwelt – umfunktioniert – erhalten?
  - Welche Normen und Werte der Vergangenheit reichen bis in die Gegenwart?
- Das Erbe der antiken Stadtkulturen ist vielfältig. Dazu zählen:
  - das Rasterschema des Grundrisses und die Monumentalität öffentlicher Bauten,
  - das Prinzip einer optimalen Stadtgröße der griechischen Polis,
  - das Prinzip der Raumordnung von Städte- und Verkehrsnetzen und eine
  - erstaunliche technische Infrastruktur aus dem Römischen Reich.
- Die europäische Stadt entstand aus der Abfolge von vier politischen Systemen. Diese haben spezifische Stadttypen mit bestimmten Stadtmittekonzepten geschaffen:
  - die mittelalterliche Bürgerstadt des Territorialstaats mit der sozialen Mitte des Markts,
  - die Residenzstadt des Absolutismus mit der Mitte des Herrscherpalasts,
  - die Industriestadt des Liberalismus mit dem sozialen Krater als Stadtmitte und
  - die „Neue Stadt" des sozialen Wohlfahrtsstaats, deren Mitte sozial neutral ist.

Einleitung

Die Fragen lauten: Welche historischen Perioden der Stadtentwicklung haben welche „Erbstücke" hinterlassen? Welche materiellen Artefakte haben sich als gebaute Umwelt erhalten und welche in der Vergangenheit entstandenen Normen, Werthaltungen und Handlungsdirektiven wirken bis in die postindustrielle Gesellschaft hinein nach? Diese schlicht scheinenden Fragen zu beantworten ist nicht nur schwierig, sondern letztlich nur partiell möglich. Die Holzschnittmanier der idealtypischen Antwort bedient sich dabei einer auf der Abfolge von politischen Systemen fußenden Periodisierung, wobei der Hauptphase des jeweils voll entwickelten politischen Systems ein dominanter Stadttyp zugeschrieben wird. Hierbei geht es um zwei Zeiträume:

- die antiken Stadtkulturen, die bestenfalls Standortkontinuität, aber keine Kontinuität in den Einzelbestandteilen von Bauten und Wohnungen haben, und
- die europäische Bürgerstadt, welche erst nach einem umfassenden Entstädterungsprozeß entstanden ist.

Die antiken Stadtkulturen weisen zwei Ausprägungen auf: die griechische Polis und die Neugründungen des römischen Weltreichs, colonia und castrum. Zwei wesentliche Elemente der Stadt gehen auf die Antike zurück: die Monumentalität von öffentlichen Bauten und die Geometrie des Rastergrundrisses von Städten.

Der Zusammenbruch des römischen Weltreichs hat eine europaweite Entstädterung gebracht und es hat mehr als eineinhalb Jahrtausende gebraucht, bis der Stand der technischen Infrastruktur wieder erreicht worden ist. Allerdings bestand eine regional mehr oder weniger ausgeprägte Standortkontinuität von den einstigen Römerstädten zu den Bürgerstädten des mittelalterlichen Territorialstaates. Damit beginnt die europäische Stadtentwicklung. Die Bürgerstadt unterscheidet sich in mehreren wesentlichen Elementen von der Polis. Sie kennt keine Sklaven, welche ein sehr wesentliches Element der antiken Stadtkultur nicht nur im römischen Weltreich, sondern auch in Griechenland gewesen sind, und muß sich infolge der Trennung von der agraren Produktionssphäre einen virtuellen Lebensraum mittels Handel und Gewerbe schaffen. Sie lebt daher von der Erfüllung der Markt- und Produktionsfunktion.

Mit der Entwicklung von Territorialstaaten zu absolutistischen Flächenstaaten entsteht ein neuer Typus, die Residenzstadt, und mit dieser eine neue Gesellschaft: Der Adel wird in der Stadt ansässig – aus dem Landadel entsteht der Hofadel. Die Administration des Flächenstaates erfordert die Leistungen eines neuen Standes, des Beamtenstandes, der aus der Ehrenamtlichkeit städtischer Beamter im Mittelalter zu einer Profession avanciert, in der Bildung Aufstieg ermöglicht. Der Repräsentationsgedanke umfaßt das gesamte städtische System, von den Bauten bis zur Kleidung der Menschen. „Kleider machen Leute" und „standesgemäß" gekleidet zu sein bilden die Maximen.

Großbritannien ergriff die Führung im Liberalismus und schuf die ersten Industriesiedlungen. Mit der industriellen Gesellschaft haben sich alle bisherigen Bezüge geändert. Die Fabrik konnte in die Stadt nicht harmonisch integriert werden. Lange Zeit blieb die Frage strittig, ob man berechtigt sei, Industriesiedlungen zu den Städten zu zählen. Die ungeheuren Schattenseiten der Industrialisierung bewirkten das Entstehen einer neuen politischen Weltsicht. Die Slums der britischen Industriestädte gaben den Anschauungsunterricht für Karl Marx und Friedrich Engels.

Städtebauliche Reformideen kamen ebenfalls dort auf, wo die Desorganisation die großen Städte unüberschaubar gemacht hat – in Großbritannien. Die überschaubare Gliederung der Stadt und die Schaffung von menschenwürdigen Lebensbedingungen wurden zur Leitvorstellung für die Neue Stadt. Auch hierfür setzte erneut Großbritannien die Maßstäbe.

Das 20. Jahrhundert brachte technische Revolutionen, Hochhausbau, Autoverkehr und neue Kommunikationstechnologien. Das städtebauliche Dogma der Charta von Athen 1927 gliederte die Stadt nach den Funktionen von Arbeiten, Wohnen, Verkehr, Erholung usf. in monostrukturelle Gebiete. Die Wirklichkeit der Stadt erfuhr einen grundsätzlichen Wandel. Das Jahrtausende alte Konzept der kompakten Stadt wurde aufgegeben.

Antike Stadtkulturen

Antike Hochkulturen und Reichsbildungen haben die großartigsten Beispiele einer monumentalen Symbolik gesetzt, welche über Jahrtausende hinweg uns Nachgeborene immer noch in Erstaunen versetzen. Die meisten Weltwunder der Antike sind inzwischen versunken, sie haben jedoch in der Literatur und Kunst bis in die Gegenwart fortgelebt. Mit dem Turmbau von Babel sei der Einstieg zur Frage nach der monumentalen Architektur und Reichsbildung eröffnet. Herrschaft und Stadtplanung stehen am Anfang der Kulturgeschichte der Menschheit (Abb. 1.1). Auf diese Anfänge wird hier jedoch nicht eingegangen, sondern der Zielsetzung des Buches entsprechend stehen zwei antike Stadtkulturen im Zentrum des Interesses: die griechische Polis und die Städte des Römischen Reichs.

Die griechische Polis

Griechenland hat die Polis, den selbständigen Stadtstaat, geschaffen. Die Faszination, die bis heute von der Polis ausgeht, hat mehrere Gründe. Diese liegen einerseits in der ganz außergewöhnlichen Entfaltung von Kultur und Wissenschaft, welche diese, an heutigen Stadtgrößen gemessen, kleinen Stadtstaaten hervorgebracht haben. Sie liegen andererseits in den benutzten politischen Instrumenten, um mit der grundsätzlichen Frage von Untergrenze und Obergrenze von Städten im Entwicklungsprozeß von demokratischen Gemeinwesen fertig zu werden.

Zunächst zur Frage der Untergrenze. Das Phänomen, daß Städte nicht die notwendige Bevölkerungszahl erreichen, um städtische Funktionen wahrnehmen zu können, ist ein immanentes, durch die Stadtgeschichte hindurchgehendes Problem. Die Griechen haben als politisches Instrument hierfür den Synoikismus, die freiwillige bzw. zwangsweise Zusammensiedlung von kleineren Siedlungen verwendet. Athen entstand, nachdem die Bevölkerung der kleineren Zentren Attikas von Theseus – wie die Legende behauptet – überredet oder gezwungen worden war, sich um die Akropolis herum niederzulassen.

Nun sind Städte wachsende Gebilde. Ebenso wie bei der Untergrenze stellt sich die Frage, was zu tun ist, wenn eine bestimmte Obergrenze der Bevölkerungszahl erreicht wird. In diesem Zusammenhang ist eine Koloniegründung die Lösung gewesen, d. h., es bestand die Regel einer Limitierung der Größe der Polis, bei deren Überschreitung eine Expedition ausgerüstet und eine Kolonie gegründet worden ist. Es erfolgte also nicht eine Erweiterung der Stadt, wie sie in der mittelalterlichen Bürgerstadt die Regel war und bis in die Gegenwart die Stadtentwicklung bestimmt, sondern eine Neugründung an einem entfernten Ort.

Um eine Vorstellung von den Größenordnungen der griechischen Städte der Antike zu geben, sei angeführt, daß Athen zur Zeit des Perikles ungefähr 40 000 Einw. zählte und nur drei weitere Städte, nämlich Syrakus, Agrigent und Argos, mehr als 20 000 Einw. hatten. Diese für heutige Verhältnisse bescheidene Bevölkerungszahl galt als Voraussetzung für die Entwicklung des sozialen Lebens. Einerseits mußte die Bevölkerung groß genug sein, um im Kriegsfall ein Heer aufstellen zu können, andererseits durfte sie nicht zu groß sein, um die Funktionsfähigkeit der Bürgerversammlung nicht zu gefährden.

Hinsichtlich der sozialen Organisation war die griechische Polis keineswegs eine homogene Einheit. Bürgerrecht, Reichtum und Stand teilten die Bevölkerung in mehrere Gruppen. Vom politischen Leben waren die Frauen, die Metöken, d. h. die freien Zugezogenen, und die Sklaven ausgeschlossen.

Hinsichtlich der sozialräumlichen Organisation der Polis kann man bei Aristoteles folgendes über Hippodamos von Milet nachlesen: Er nahm einen Staat mit 10 000 Männern und teilte ihn in drei Teile: Krieger, Handwerker, Bauern. Das Land wurde in heiliges, öffentliches und privates geteilt. Heilig war das Land, aus welchem die Kosten für den Kultus bestritten wurden, öffentlich jenes für die Krieger, privat das Land der Handwerker und Bauern.

Diese Heraushebung der Krieger legt einen Vergleich mit den japanischen Städten des Feudalzeitalters nahe, als die Samurai in unmittelbarer Nähe der Burg in einem nahezu geschlosse-

Abb. 1.2: Akropolis, Gesamtansicht 1978

nen Quartier wohnten und peripher davon die Handwerker ihre Häuser hatten.

In Platos Idealstadt, welche als Kreisform konzipiert ist, befindet sich im Zentrum die höher gelegene Agora mit den Regierungsgebäuden, Tempeln und Gymnasien, rundum sind die Häuser der Bürger in einem Ring angeordnet, während sich die Handwerker im äußeren Kreis befinden. Im Hinblick auf die soziale Organisation ist die randliche Positionierung der Handwerker, die vorwiegend Metöken waren, herauszuheben. Damit unterscheidet sich die Polis klar von der mittelalterlichen Bürgerstadt, für die eine Viertelsbildung von Handel und Gewerbe, bedingt durch die Konzeption des „ganzen Hauses", kennzeichnend war. Eine derartige Viertelsbildung der Handwerker ist aus der Polis nicht bekannt.

Die bauliche Organisation der Stadt erfolgte nach einer strengen Trennung der Funktionen. Im Stadtgebiet sind drei Teile zu unterscheiden:

1) Der heilige Bereich mit den Tempeln für die Götter: Die Tempel hoben sich deutlich vom übrigen Stadtgebiet ab, nicht nur wegen ihrer Größe, sondern auch wegen ihrer Lage. Sie wurden an weithin sichtbaren Orten errichtet, häufig abgehoben von den sonstigen Gebäuden (Abb. 1.2).
2) Der öffentliche Bereich mit der Agora für die Versammlungen der Bürger, mit Gymnasien, Bibliotheken, dem Theater, in dem sich ebenso wie auf der Agora die gesamte Bürgerschaft versammeln konnte und dessen Größe uns Nachgeborene erstaunt. Doch konnten eben in der griechischen Demokratie die politischen Rechte der Mitbestimmung nur persönlich ausgeübt werden. Zu der gerne übersehenen Doppelfunktion des Bürgers auch als Krieger gehören die großzügig angelegten Stadien für sportliche Wettkämpfe.
3) Der private Bereich des Wohnraumes der Stadt,

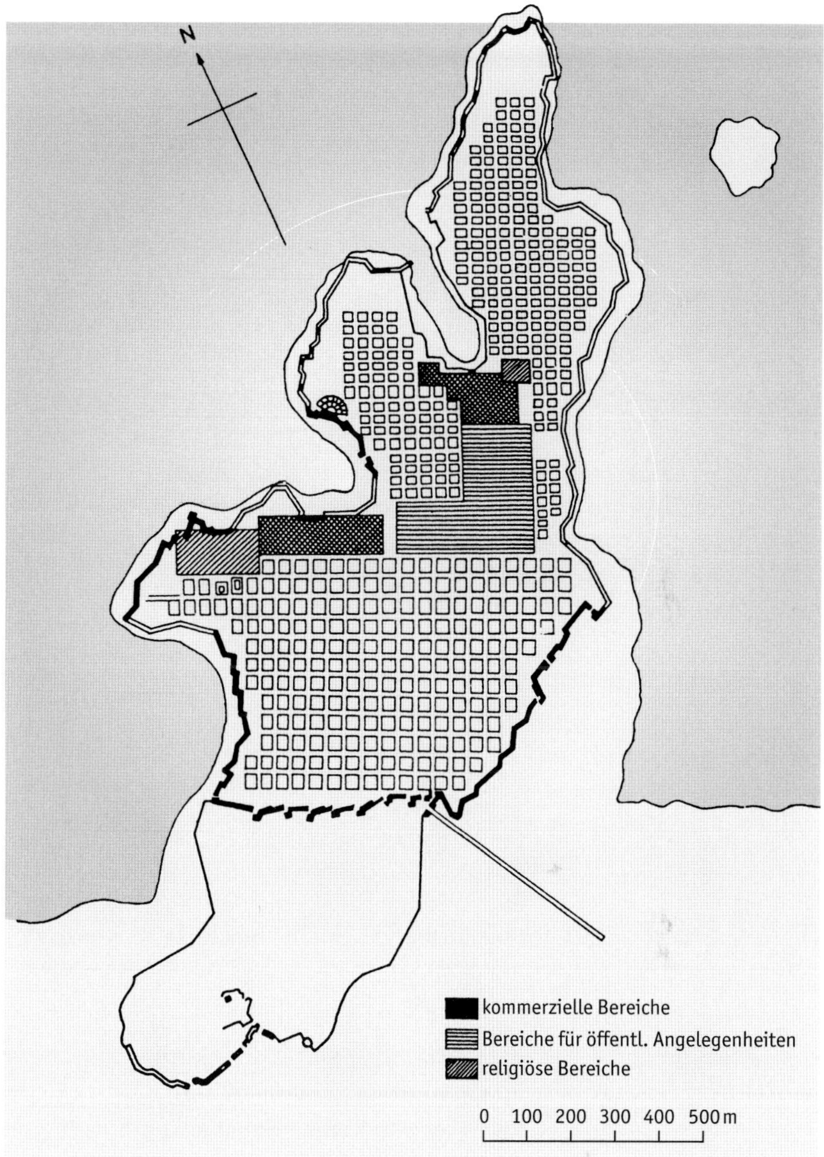

Abb. 1.3: Plan von Milet, Hippodamos, 5. Jh. v. Chr.

für dessen Aufteilung in Straßenblöcke und Parzellen das Prinzip der Isonomie galt, d. h. der demokratischen Gleichheit und Gleichwertigkeit, wonach bei der Neugründung einer Stadt gleich große Parzellen an alle Bürger vergeben wurden. Die von Reichtum, Rang und Abstammung unabhängige Verteilung der rechteckigen, gleich großen Grundstücke an die Bürger hat sich allerdings nur in Koloniestädten durchsetzen können. Danach erhielten bei der Gründung neuer Städte, wie Priene im 4. Jh., die Bürger gleich große Parzellen, auf denen sie erstaunlich ähnliche Häuser errichtet haben. Freilich haben die realen ökonomischen Unterschiede sehr schnell Änderungen gebracht. Der reichere kaufte den ärmeren Nachbarn auf.

Alte Städte, deren Struktur noch in die Zeit der aristokratischen Verfassung zurückging, wie z. B. Athen, wurden von diesen neuen Ideen nicht betroffen. Unabhängig davon folgten die Wohnhäuser auch hier dem architektonischen Prinzip des Hofhauses und unterschieden sich nur durch Größe, innere Differenzierung und Ausstattung.

Strenge Baugesetze überwachten die Einhaltung der Rechte der Öffentlichkeit. Die Möglichkeit der Enteignung sicherte der Polis jederzeit das Recht, öffentliche oder sakrale Anlagen zu errichten. Die Trennung in eine Oberstadt, die Akropolis, und in eine meist in ebenem Gelände befindliche „Zivilstadt", wie im Fall von Athen, war jedoch nicht für alle griechischen Städte die Regel. Manche, z. B. die ionischen, besaßen keine Akropolis. Die Tempel auf der Akropolis, die man heute noch von allen Seiten sehen kann, stehen freilich verloren als Touristenattraktion inmitten einer Millionenagglomeration, zu der jeder Bezug fehlt.

Der regelmäßige Rastergrundriß der griechischen Polis ist mit dem Namen des Hippodamos aus Milet verbunden, der im 5. Jh. v. Chr. die Stadt Milet plante (Abb. 1.3). Seit dem 6. Jh. wiesen die Städte Siziliens und Großgriechenlands rechtwinklige Straßenraster auf. Die Vorstellung einer Gleichwertigkeit der Straßen wäre jedoch unrichtig. Vielmehr gab es nur einige wenige Hauptstraßen, die die Stadtfläche in parallel verlaufende Streifen mit einer Breite von 50 bis 300 m aufteilten, auf denen jeweils ganze Häuserzeilen gebaut werden konnten. Diese Baublockstreifen wurden von kürzeren, rechtwinklig angelegten Querstraßen in einem Abstand von 30 bis 35 m durchbrochen. Die Breite der Hauptstraßen variierte zwischen 5 m und 10 m, die der Seitenstraßen zwischen 3 m und 5 m.

Alle Städte waren ummauert. Besonders in hellenistischer Zeit wurden diese Stadtmauern mit ungeheurem Aufwand an Material und Kosten gebaut, um symbolisch den Autonomieanspruch der Städte zum Ausdruck zu bringen. Anders als bei der europäischen Bürgerstadt des Mittelalters folgte die Mauerbegrenzung der Polis nicht

Abb. 1.4: Amphitheater, Pula 1982

direkt den Baublöcken der Häuser, sondern wurde meist, angepaßt an das Gelände, in einigem Abstand zu diesen errichtet. Mit dieser fehlenden regelmäßigen geometrischen Begrenzung unterscheidet sich die Polis von den Städten des Römischen Reichs und ebenso von den chinesischen Städten. Gleichzeitig war aufgrund der vorhandenen Freiräume zwischen verbautem Gebiet und Stadtmauer die Möglichkeit einer inneren Stadterweiterung innerhalb des Mauerrings gegeben.

Bemerkenswert ist die Einpassung der Polis in die Landschaft und damit das ausgewogene Verhältnis zur Natur. Durch die ungleichmäßige Anordnung der Objekte des heiligen Bezirks sowie den unregelmäßigen Mauerverlauf erhielt jede Stadt ihr individuelles Gepräge. Aufgrund der bewußten Begrenzung des Wachstums, des ausgewogenen Verhältnisses zur Natur sowie der inneren Durchgängigkeit hat die griechische Polis bis heute eine gewisse Vorbildfunktion für die Stadtplanung bewahrt.

Die Stadt im Römischen Reich

Europa ist voll von monumentalen Resten aus der Epoche des römischen Weltreichs. Es ist eine Dreiheit der Leistungen von Agrarkolonisation, Stadtgründungen und Straßenbau zu bewundern: Die weitflächige Agrarkolonisation im geometrisch vermessenen Rasterschema mit Einzelhöfen war die ökonomische Grundlage und Voraussetzung der Stadtgründungen, die ihrerseits durch ein neugeschaffenes Straßennetz verbunden wurden. Das Rasterschema des ländlichen Raumes findet sich z. T. noch im heutigen Straßen- und Wegenetz, wie in Oberitalien, während es in anderen Räumen der Ausbreitung des Karstes bzw. der Wüste zum Opfer gefallen und nur noch aus Luftbildern zu erkennen ist, wie in Dalmatien und in Nordafrika.

Von den Stadtgründungen, von colonia und castrum und den Infrastrukturleistungen des Baus von Straßen und Brücken vermittelt die Tabula Peutingeriana noch eine gewisse Vorstellung. Stadtgründungen waren die Elemente der Reichsbildung. Bei diesen römischen Städten beeindruckt die Dominanz der Öffentlichkeit in den Bauten, von denen sich zahllose Tempel, Theater, Bäder, Amphitheater (Abb. 1.4) und Arenen ebenso wie die Reste der Wasserleitungen, Kanalisationsanlagen und Fortifikationen erhalten haben. In dem durchgängigen Gittersystem der Straßen, welche häufig einem Schachbrettschema folgen, war die öffentliche Kontrolle des Straßenraumes und des Verkehrs im Detail geregelt, wie wir von Rom wissen. Das Handbuch von Vitruv, zur Zeit von Kaiser Augustus geschrieben, belegt die Professionalisierung der Architektur.

Die durch den Ausbruch des Vesuv 79 n. Chr. verschüttete Mittelstadt Pompeji gestattet die Feststellung einer Abfolge von vier Konzepten der städtischen Organisation (vgl. Zanker 1995). Die Wandlungen im öffentlichen Raum, die sich gerade vollzogen, waren charakteristisch für die italienischen Städte. Außerhalb der Stadttore reihten sich die beeindruckenden Grabdenkmäler, ebenso waren prachtvolle Villen außerhalb der Stadtmauern entstanden, die römische Kultur hatte die lokalen Traditionen beiseite geschoben. Pompeji liegt in der Nähe der Städte von Kampanien, welche früh unter hellenischen Einfluß geraten sind. Die elementaren Vorgänge der kulturellen Anpassungen, die nach der Eroberung des griechischen, östlichen Mittelmeers durch die römischen Armeen erfolgten, sind in den Wand- und Bodenmosaiken ebenso wie in der Innenausstattung der Häuser in Pompeji nachzuvollziehen.

Der Kaiserkult auf dem Forum war bereits ausgebildet, Theater wurden erneuert und vergrößert, und die Bürger bemühten sich um die Verbesserung der Infrastruktur. Die letzten Jahre der Republik und die Anfänge des Kaiserreichs und damit die Etablierung neuer Wertvorstellungen sind im Stadtbild zu erkennen.

Die Unterschiede zwischen der klassischen griechischen und der römischen Stadt sind fundamental. Nirgends in der griechischen Stadt findet sich die markante hierarchische Ordnung des Raums, welche die römische Stadt kennzeichnet, nirgends die Gliederung nach Nachbarschaften und sozialen Klassen, wie sie in den Ausgrabungen in Pompeji klar dokumentiert ist.

Während in den griechischen Städten Sportstätten, Bildungsstätten und Theater voll in den öffentlichen Raum integriert waren, hatten die römischen Städte anfangs keine vergleichbaren Bauten. Erst mit der Hellenisierung entstanden sie in einem vom politischen, öffentlichen Raum separierten Bereich. In Rom wurden die Kultureinrichtungen der späten Republik außerhalb der Stadtmauern auf dem Marsfeld errichtet. Die öffentlichen Bäder waren dagegen eine frühe Errungenschaft des Römischen Reichs.

Rom, die Millionenstadt der Antike

Im folgenden wird auf Rom eingegangen, nicht nur weil hier mit Abstand die größte Zahl an Bauresten einschließlich der Stadtmauer aus aurelianischer Zeit erhalten ist, sondern weil diese Millionenstadt der Antike eine Reihe von Phänomenen aufweist, welche zu einem Vergleich mit der Gegenwart auffordern (Abb. 1.5).

Ausgegangen sei von dem faszinierenden Dualismus einer enormen staatlichen Investition in die technische Infrastruktur der Stadt und des rentenkapitalistischen Prinzipien folgenden Mietwohnungsbaus. Dabei wurde auf die Anlage der technischen Infrastruktur von Wasserleitungen und Abwasserkanälen ebenso Wert gelegt wie auf die öffentliche Vorsorge für die Verproviantierung der Millionenstadt. Der Staat war sehr effizient in Aufbau und Erhaltung einer städtischen Infrastruktur. Insgesamt ist der technische Standard der Städte des Römischen Reichs erst wieder am Ende der Gründerzeit erreicht worden, nicht erreicht wurde bis heute der luxuriöse Standard des Wohnens in der Villenkultur. Andererseits überließ man die Wohnbautätigkeit dem Rentenkapitalismus. In der Wohnungswirtschaft standen einander drei Parteien gegenüber: die Eigentümer, die Mieter und die Verwalter. Die Mietshäuser befanden sich in Händen einer zahlenmäßig kleinen Hausbesitzerschicht. Diese bediente sich zur Vermietung der Wohnungen einer speziellen Gruppe von Pächtern, die gegen Abführung eines vertraglich vereinbarten Pachtzinses an den Eigentümer die Wohnungen mit einem entsprechenden Aufschlag weitervermietet haben. In der Ausbildung dieses gesamten Pacht- und Mietsystems entstanden recht komplexe mehrschichtige Strukturen der Weitervermietung und Untervermietung. Alle Schattenseiten unkontrollierter Bauqualität und einer rentenkapitalistischen Wohnungswirtschaft konnten sich aufgrund der enormen Nachfrage nach Wohnungen entwickeln. Dementsprechend erreichten die Mieten vor allem im Zentrum des antiken Rom Höhen, die mit denen in modernen Weltstädten vergleichbar sind. Bereits zur Zeit von Julius Cäsar mußte man für die bescheidenste Wohnung 2000 Sesterzen im Jahr bezahlen, einen Betrag, für den man in der Provinz einen Bauernhof kaufen konnte.

Die Eintragungen in den Grundbüchern weisen in bezug auf den Wohnhausbestand Roms gegen Ende des 3. Jh.s n. Chr. folgende Häuserzahlen aus: Nur 1790 Objekte waren ein- oder zweistöckige Einfamilienhäuser (sogenannte domus), dagegen 44 300 insulae, d. h. mehrgeschossige Mietshäuser, eine doch recht beachtliche Zahl, so daß bei der geschätzten Einwohnerzahl von Rom von rund 1 Mio. im Durchschnitt nur wenig mehr als jeweils 20 Personen in derartigen Mietshäusern gewohnt haben dürften. Rom war zur Kaiserzeit eine Mietshausstadt par excellence, allerdings kann nicht davon die Rede sein, daß es eine Mietskasernenstadt gewesen ist.

Zur Zeit des Höhepunkts des Römischen Reiches war Rom in eine Vielzahl von sozialräumlichen Vierteln gegliedert. In diese Viertel hatten sich auch die sozialen Aktivitäten verlagert, zu den Bädern, Versammlungshäusern und Ladenstra-

Abb. 1.5: Rom zur Kaiserzeit (Modell)

ßen. Plätze mit Springbrunnen und öffentlichen WC-Anlagen dienten als Treffpunkte. Damit verlor das Forum Romanum seine zentrale Bedeutung und wurde zum Standort für die Monumente und Schauplatz der Zeremonien des Kaisers. Dort besaßen freilich nach wie vor die reichen römischen Familien ihre weiträumigen, luxuriösen Wohnhäuser und wirkten über die Errichtung von öffentlichen Bauten in den öffentlichen Raum hinein. Dies galt in besonderem Maße für die Tempel, welche die Einheit von Religion und Staat auf dem Forum repräsentierten.

Wenn man heute von „Festivalisierung" spricht und dies als neuen Trend der Städte einer postindustriellen Gesellschaft auffaßt, so sollte man die Zahlen für das antike Rom zum Vergleich heranziehen. Nahezu jeder Kaiser mußte unter dem Druck der aus allen Teilen des weiten Reichs zusammenströmenden Bevölkerung neue riesige Bauten für immer spektakulärere Massenveranstaltungen bauen. Das Colosseum faßte „nur" 50 000 Menschen, während im Circus Maximus 250 000 Personen Platz fanden, eine Größenordnung, die seither nie mehr erreicht worden ist und vor der auch die Sicherheitskräfte moderner westlicher Staaten kapitulieren würden (Abb. 1.6). Als Zuschauer in der Arena oder im Zirkus konnten sich die Römer, geschützt durch die Anonymität der Masse, durch Applaus und Protest politisch äußern. Der Kaiser oder ein anderer Repräsentant der Macht saß sichtbar, gleichzeitig aber unerreichbar, in seiner Loge.

Das vielzitierte „panem et circenses" bezieht sich jedoch nicht nur auf die kostenlosen öffentlichen Spektakel, sondern bedeutete auch, daß im 3. Jh. n. Chr. etwa 150 000 Personen, d. h. schätzungsweise 15 % der Bevölkerung, aus öffentlichen Geldern erhalten wurden. Überdies gab es in Rom zur gleichen Zeit die für unsere großstädtische Arbeitsgesellschaft unvorstellbare Zahl von 182 Feiertagen jährlich, an denen die gesamte Bevölkerung gratis jede Art von Veranstaltungen besuchen konnte. Die enormen Mittel der Metropole sind daraus zu entnehmen. Geld, Material und die menschliche Arbeitskraft der Sklaven kamen aus allen Teilen des Reichs für die Repräsentation und das große Spektakel der Weltstadt im Weltreich.

Die Versorgung der Bevölkerung mit Lebensmitteln galt ebenso wie die Organisation von zahlreichen Vergnügungen als öffentliche Aufgabe. Für den Transport von Lebensmitteln tiberaufwärts war vor der Tiberinsel ein eindrucksvolles System von Lagerhallen errichtet worden. Allein durch das Anhäufen der weggeworfenen Amphoren entstand ein beachtlicher Hügel, der Monte Testaccio.

Durch 13 Aquädukte flossen täglich 1 Mrd. m^3 Wasser in erster Linie für öffentliche Anlagen, Brunnen und Thermen in die Stadt. Das entspricht etwa der Wassermenge, welche in der Donau in eineinhalb Stunden an der österreichisch-ungarischen Grenze bei Mittelwasser durchfließt. In den Mietshäusern gab es in der Regel keine Wasserversorgung, von einigen privilegierten Hausbesitzern abgesehen (Abb. 1.7).

Der Großzügigkeit der Anlagen zur Wasserversorgung entsprach die Großzügigkeit der Abwasserbeseitigung, mit der schon früh, nämlich im 6. Jh. v. Chr. begonnen worden ist und die ständig ausgebaut und erweitert wurde. Einige der unterirdischen Abwasserkanäle waren so geräumig, daß darin zwei Heuwagen aneinander vorbeifahren konnten.

Die hohe Bevölkerungszahl und -dichte der Millionenstadt schufen jedoch auch gravierende Probleme. Erstaunlich schlecht war das Straßennetz. Die Probleme der Verkehrsüberlastung blieben ungelöst. Die Mehrzahl der Straßen waren schlichtweg nur Durchgänge für Fußgänger (itinera). Die meisten anderen Straßen waren Einbahnstraßen und boten lediglich Platz für einen Wagen (actus). Es gab nur wenige Straßen (via), welche so breit waren, daß sie einen Gegenverkehr von zwei Wagen zuließen. Das Stadtzentrum selbst wurde nur durch zwei derartige Straßen er-

Abb. 1.6: Rom, Colosseum und Konstantinsbogen 1982

Abb. 1.7: Aquädukt in Segovia 1978

Abb. 1.8: Trier, Porta Nigra 1989

schlossen, die Via Sacra und die Via Nova, die beide am Forum vorbeiführten. Gemäß den Zwölftafelgesetzen durften Straßen die maximale Breite von 4,80 m nicht überschreiten, nur einzelne erreichten eine Breite von 6,50 m. Die meisten Straßen hatten eine Breite von 2,90 m. Der Straßenverkehr wurde ferner dadurch erschwert, daß die Straßen unbeleuchtet waren und eine öffentliche Straßenreinigung überhaupt fehlte. Cäsar erließ strenge Gesetze, wonach die Anrainer die Straßen reinigen und instandhalten mußten. Um das Verkehrschaos etwas in den Griff zu bekommen, durften zwischen Sonnenauf- und -untergang nur Fahrzeuge zur Belieferung der Baustellen unterwegs sein. Die Folge war, daß die Mehrzahl der Wagen nachts fahren mußte, so daß die Straßen von Lärm erfüllt waren.

Vitruvs grundlegendes Werk „De Architectura", welches zur Zeit von Kaiser Augustus geschrieben wurde, gibt uns heute noch die Grundelemente des römischen Städtebaus wieder: die Teilung in Haupt- und Nebenstraßen, die Orientierung der Straßen nach Himmelsrichtung und Windschutz, die Beschaffenheit der Baustoffe und des Mauerverbands. Vitruv verwirft den Fachwerkbau aus Gründen mangelnder Feuersicherheit. Bei Vitruv sind auch Details über den Hausbau nachzulesen.

Auf das Römische Reich gehen zwei wichtige Grundformen des Wohnbaus zurück: das Hofhaus, welches ursprünglich ein Eigenhaus war und dann im Zuge des Stadtwachstums vom Wohnhof zum Mietshaus aufgestockt und umgewandelt wurde, und die außerhalb der Stadt gelegene Villa in den zwei Ausprägungen der Villa

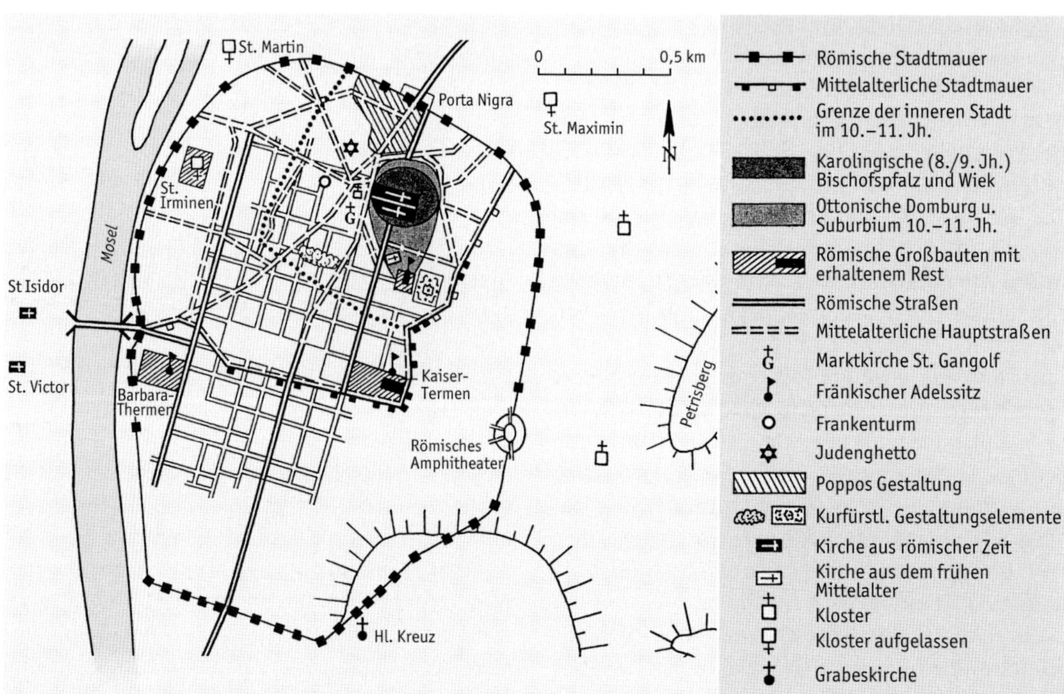

Abb. 1.9: Trier, römischer und mittelalterlicher Grundriß

urbana und der Villa rustica. Auf die Grundformen des Wohnbaus wird im Kapitel „Wohnraum und Gesellschaft“ ausführlich eingegangen.

Entstädterung und topographische Kontinuität im Frühmittelalter

Die Periode der Völkerwanderung ist eine Entstädterungsperiode par excellence gewesen. Über Europa hinweg wurde das gesamte im Römischen Reich geschaffene System der Fernstraßen und der technischen Infrastruktur, der Wasserleitungen und Kanalisationsanlagen zerstört. Es sollte nahezu eineinhalb Jahrtausende dauern, bis dieser Verlust an technischer Infrastruktur wieder wettgemacht werden konnte. Zwar blieb in Italien, in Frankreich, längs des Rhein-Donau-Limes, z. T. in Großbritannien und auf der Iberischen Halbinsel eine gewisse topographische Kontinuität des Städtemusters erhalten, doch selbst dort, wo Städte fortbestanden, kam es überall zu einer wesentlichen Verkleinerung der römischen Vorläufer, deren Bauten vielfach als Steinbrüche für nachfolgende bescheidenere Siedlungen gedient haben.

Der europäische Kontinent ist voll von großartigen Resten aus der Zeit des römischen Weltreichs. Trier ist ein besonders gutes Beispiel dafür (Abb. 1.8 und 1.9). Triers kulturhistorische Bedeutung liegt in der außerhalb Italiens seltenen Fülle von erhaltenen Großbauten und Funden aus der spätrömischen Zeit, als es seit 275 Hauptstadt des römischen Westreichs war. Es wurde von Augustus 1 v. Chr. gegründet und besitzt mit der Porta Nigra das größte im deutschen Sprachraum erhaltene Stadttor. Ferner besteht noch die steinerne Römerbrücke, deren Pfeiler noch heute den Verkehr tragen. In der Wiederaufbauphase nach der Zerstörung durch die Alemannen entstanden der Kaiserpalast und die Kaiserthermen sowie der Dom unter Konstantin in der späten Kaiserzeit. Nach mehreren Zerstörungen in der Völkerwanderung wurde zuerst im 11. Jh. aus Bischofssitz und Markt, dann nochmals erweitert um 1250 ein neues städtisches Gemeinwesen geschaffen. Der mittelalterliche Mauerring umschloß nicht einmal die Hälfte der römischen Stadt. Trier verblieb darin bis in das 19. Jh.

Noch ein zweites faszinierendes Beispiel sei angeführt: die „Nachnutzung“ der größten Villa des Römischen Reichs, die sich Kaiser Hadrian an der Dalmatinischen Küste errichten ließ. In den Mauern dieses Sommerpalastes ist die Stadt Split (Spalato) entstanden (Abb. 1.10 und 1.11).

Abb. 1.10: Split, Stadttor 1985

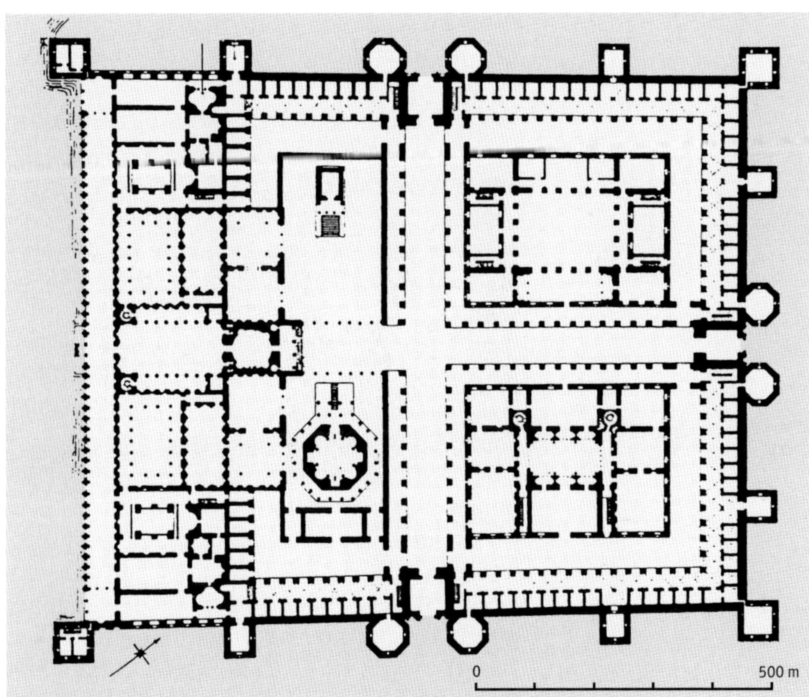

Abb. 1.11: Palast des Kaisers Diokletian in Split

Die mittelalterliche Bürgerstadt

Überblick

Die Neubildung der europäischen Stadt vollzog sich auf der Grundlage des Feudalsystems: Aus dem Zusammenschluß von politisch-herrschaftlicher Funktion und Marktfunktion entstand in den Jahrhunderten des Mittelalters die Bürgerstadt. Die Einzelheiten ihres Auf- und Ausbaus, die Ausweitung nach dem Osten Zentraleuropas hin und andererseits im Südflügel die Entwicklung in der Reconquista auf der Iberischen Halbinsel können hier nicht thematisiert werden. Es geht vielmehr darum, die Besonderheit der mittelalterlichen Bürgerstadt auf dem Höhepunkt ihrer Entwicklung im 13. und 14. Jh. herauszustellen, die Unterschiede gegenüber der Polis und den römischen Städten aufzuzeigen und die Merkmale hervorzuheben, welche bis heute in den europäischen Stadtstrukturen nachwirken.

Mit dem Feudalsystem war die Siedlungsdreiheit von Burg, Stadt und Dorf verbunden, die freilich nicht überall im mittelalterlichen Abendland zur Ausbildung gekommen ist. Im Mediterrangebiet haben die mächtigen Stadtrepubliken den Adel schon damals in ihre Mauern gezwungen. Der erzwungene Abbruch seiner Turmbauten in den Großstädten Italiens belegt dies eindrucksvoll. Ebenso ist in Fortsetzung der antiken Sozialorganisation das Land in Italien und im Süden Frankreichs im Besitz städtischer Schichten geblieben, die ähnlich der „Villeggiatura" der römischen Kaiserzeit die Pachthöfe im weiteren Stadtumland zu Sommersitzen ausgebaut haben (Abb. 1.12).

Im Norden der Alpen haben sich in weiten Teilen Zentral- und Westeuropas in Abhängigkeit vom feudalen Oberbau drei Gesellschaften im Raum klar separiert: Burgen, Stadt und Land und damit Adel, Bürger und Bauern. Sie waren andererseits aber in vielfältiger Weise, vor allem durch Wirtschaftsbeziehungen, funktionell verknüpft. Während jedoch die Grundherrschaft über die ländlichen Gemeinden bis zur Grundentlastung, beginnend mit der Französischen Revolution, aufrecht blieb, ist es einer ganzen Anzahl von Städten in der Zeit der Desorganisation der Feudalgewalten gelungen, sich aus dieser Abhängigkeit zu befreien. Es entstanden die Freien Reichsstädte in Deutschland, die „villes franches" in Frankreich, die „villa franca" in Italien und die „freetowns" in Großbritannien. Für die erfolgreiche Vertreibung der Feudalherren bietet das Exil des Erzbischofs von Köln ein Beispiel. Aus diesen unabhängig gewordenen Städten sind Städtebünde, wie der Nürnberger Städtebund und als größte Organisation des Mittelalters die Hanse, entstanden.

Die Unterscheidung von Fremden und Ortsbürgern bestand auch in der mittelalterlichen Bürgerstadt ganz ähnlich wie in der Polis, nur fehlten die Sklaven, und überdies galt die Regel „Stadtluft macht frei", d. h., zuwandernde Hörige vom Land konnten, wenn sie von der Stadt aufgenommen wurden, der Leibeigenschaft von Grundherren entrinnen.

Die Zersplitterung der Territorien im Feudalismus brachte anstelle des römischen Bürgerrechts somit eine Ständegesellschaft. Der geänderte Bedingungsrahmen gegenüber griechischen und römischen Städten bestand ferner in der besitzmäßigen Trennung von Stadt und Land. Damit war die Bürgergemeinde gezwungen, sich mit der Produktion von materiellen Gütern und Diensten einen virtuellen Lebensraum zu schaffen. Der „Rentenkapitalismus" der vom Boden und der Landwirtschaft und dem Export von Agrarprodukten mittels Sklavenbetrieben profitierenden römischen Bürger wurde durch den „produktiven Kapitalismus" der mittelalterlichen Stadtbürger ersetzt, dessen Frühformen schon im 14. Jh. deutlich zu fassen sind. England gibt mit der Kommerzialisierung der Naturalleistungen sowie der Hand- und Spanndienste durch die Feudalherren im 14. Jh. im ländlichen Raum den Auftakt. Eine Delegierung der gewerblichen Fertigung an die ländlichen Siedlungen erfolgte insbesondere von seiten der Patrizier in den Fernhandelsstädten Flanderns, Oberitaliens und Süddeutschlands.

Insgesamt hatte in der politischen Landschaft des Mittelalters die Stadt eine privilegierte Stellung. Als freie Reichsstadt bzw. als Stadtstaat in Flandern und Italien besaß sie alle Institutionen und Aufgabenbereiche, welche dann später vom

Abb. 1.12: Ansicht von Siena, 1340

absolutistischen Flächenstaat übernommen wurden. Dazu zählten Verteidigung, Rechtsprechung und Kontrollfunktionen über die bauliche und ökonomische Tätigkeit der Bürger sowie verschiedene Aufgabenbereiche der sozialen und technischen Infrastruktur, wie Schulen, Spitäler, Siechenhäuser, Bäder usw.

Entsprechend den Basisfunktionen – Markt und gewerbliche Produktion – bildeten Kaufleute und Gewerbetreibende die tragenden sozialen Schichten. Aus den Bestrebungen der Handelsherren, die Handwerker in die Abhängigkeit des Verlagssystems zu bringen, resultierten soziale Spannungen und Konflikte. Die mittelalterliche Stadtgeschichte ist voll davon.

Die Stadtgrößen der mittelalterlichen Bürgerstadt sind nicht mit denen der antiken Welt vergleichbar. Die weit überwiegende Zahl der Städte blieb klein und zählte nur wenige tausend Einwohner. Keine Stadt erreichte die Größe der Städte im damaligen arabischen Herrschaftsgebiet, wo z. B. für Córdoba eine Einwohnerzahl von 500 000 geschätzt wird.

Wesentliche, bis heute „sichtbare" Merkmale der mittelalterlichen Bürgerstadt sind folgende:

- Die Symbolik von monumentalen Kirchenbauten weist die Stadt als ein Mitglied des christlichen Abendlandes aus. Hierzu trägt die Formensprache der Gotik bei, die sich ab dem 13. Jh. ausbreitete, ein neuer Stil, „eine verrückt-tollkühne Technik" (Le Corbusier 1937: „Als die Kathedralen weiß waren"). Das Bild der Stadt wurde durch die Kirchenbauten dominiert, man baute sie so hoch wie möglich, vielfach in kleinen Städten disproportional im Gesamtbild. Le Corbusier hat sie als „die Wolkenkratzer Gottes" bezeichnet (Abb. 1.13).
- Der öffentliche Bereich ist recht komplex strukturiert, oft bestehen mehrere Zentren: eine Burg des Stadtherrn, später als Schloß umgebaut, die Kathedrale, das Rathaus, Tuchhallen der Kaufleute. Bei Stadterweiterungen bildeten sich neue Zentren mit den Klöstern der neuen religiösen Orden, ihren Kirchen und Plätzen. In den größeren Städten ist der Gegensatz zwischen religiöser und weltlicher Macht, der in der Antike nicht existierte, deutlich sichtbar.
- In der Aufschließung überwiegen schmalstreifige Blöcke, schmale Parzellen herrschen vor. In der Stadtgeschichte von Freiburg im Breisgau ist nachzulesen, daß jeder Angehörige der Siedlergilde gegen einen Jahreszins von 1 Schilling ein Grundstück von 50 x 100 Fuß (ca. 16 x 33 m) erwerben konnte.
- Grundsätzlich neu ist die Konzeption des „ganzen Hauses" mit der Einheit von Wohnen und Wirtschaften. Die Baukonstruktion bediente sich schmaler Baustreifen mit 2 bis 3 Fensterachsen an der Straßenfront, nicht nur auf schmalen Parzellen, sondern auch auf großflächigen Parzellen der Patrizierhäuser, wo derartige Streifen nebeneinander angeordnet wurden.
- Anders als bei den Hofhäusern der antiken Stadtkulturen ist das Bürgerhaus mit der reprä-

Abb. 1.13: Wien, Stephansdom, 1770

sentativen Schaufront zur Straße hin ausgerichtet. Damit beginnen der bis zur Gründerzeit reichende „Fassadenkult“ und die horizontale Differenzierung des Hauses auf der Parzelle.

- Jede größere Stadt hatte verschiedene Stadtteile mit jeweils spezifischem Charakter, oft eigener politischer Verwaltung und eigenem Wappen. Ebenso bestand eine sehr ausgeprägte Viertelsbildung des Gewerbes.
- Zwischen dem öffentlichen Raum und dem Privatraum bestanden Verschränkungen: zeitlich geregelte Rechte der Allmende, Durchgangsrechte, aber auch in Vorwegnahme des gegenwärtigen halböffentlichen Raums Rechte von Bruderschaften, Zünften u. dgl.
- Die Stadt kontrollierte die Bautätigkeit der Bürger mit sehr genauen Regelungen hinsichtlich der Baupflichten bei Wiederaufbau u. dgl., aber auch bezüglich der Details der Hausvorsprünge, Balkons, Treppenaufgänge, Säulengänge u. dgl.
- In sozialräumlicher Hinsicht bestand eine ausgeprägte zentral-periphere Differenzierung. In der mittelalterlichen Bürgerstadt war der zentrale Marktplatz mit Kirche, Rathaus, Markthalle usw. die soziale Mitte der Stadt. Hier reihten sich die Häuser der führenden Geschlechter aneinander. Überall dort, wo heute Hausbesitz, Handel und Gewerbe noch eine Einheit bilden, wie dies in Kleinstädten der Fall ist, hat sich das „Soziale-Mitte-Konzept“ der Stadt erhalten, welches die Denkmalschutzbewegung ganz entscheidend unterstützt.

Als wichtiges Erbe wäre ferner der vielfältige Aufgabenbereich der Stadtbehörden sowie das Fortleben zünftischer Verfassungen und besitzbürgerlicher Verhaltensweisen zu nennen. Gerade in diesen zahlreichen gewerberechtlichen Details, vom Apothekengesetz angefangen bis zu den Gewerbeordnungen, bestehen grundsätzliche Unterschiede gegenüber dem Liberalismus in Nordamerika, wohin die Rechts- und Normenstruktur der Gesellschaft der mittelalterlichen Bürgerstadt nicht mehr exportiert worden ist.

Die Frage nach den Spielregeln von Wachstum, Stagnation und Schrumpfung von Bevölkerungszahl und Wirtschaft der mittelalterlichen Bürgerstadt hält eine andere Antwort bereit als für die griechische Polis bzw. die Stadt des Römischen Reichs. Es fehlt der mittelalterlichen Bürgerstadt das Prinzip der Polis mit Synoikismus und Koloniegründung ebenso wie die hierarchische Konzeption der Stadt im römischen Weltreich. Sehr vereinfacht bieten sich drei Modelle an:

1) Es bestand nur eine formale Grenze gegenüber Märkten und Dörfern überall dort, wo die zahlreichen feudalen Territorien die Möglichkeiten einer Stadtgründung überschätzt hatten und Fehlgründungen von Städten im Spät- und Hochmittelalter erfolgten, denen ein entsprechendes tragfähiges Hinterland fehlte.
2) Eine große Zahl von im Mittelalter durchaus erfolgreichen Städten, deren Wachstum in der Neuzeit stagnierte, hat sich als Museumsstädtchen bis heute in ihren Mauern erhalten, wobei sie freilich ihre bauliche Form zumeist erst zwischen dem 15. und 18. Jh. bekommen haben (Abb. 1.14). Hierbei ist festzuhalten, daß die zahlreichen Neugründungen von Städten in Abhängigkeit von den Intentionen des Stadtgründers sowie dem regionalen und zeitlichen Standort bestimmten Modellen für die Grundrißformen folgten, die sich im Laufe der Jahrhunderte geändert haben. Auf die außerordentlich breite Literatur zu dieser Thematik kann nicht eingegangen werden.
3) Die meisten Städte erhielten ihre Form jedoch nicht in einem Zug. Ein kleinzügig komplexes,

Abb. 1.14: Carcassonne, Frankreich

unregelmäßiges, jedoch zusammenhängendes Straßennetz ist daher die Regel, in dem zumeist nur die Fußgängerstraßen zu den jeweiligen Landmarken dem Fremden eine Orientierung gestatten.

Grundsätzlich bestanden beim Stadtwachstum zwei unterschiedliche Möglichkeiten: zum einen die Stadterweiterung durch Einbeziehung außerhalb der Mauern entstandener Vorstädte in einen neuen Mauerring, Wien bietet hierfür ein Beispiel, zum anderen der Fortbestand von mehreren nebeneinandergelegenen Städten bis in die Zeit des absolutistischen Flächenstaates. Prag wird als Beispiel vorgestellt.

Zumeist erfolgte die neue Ummauerung erst, wenn das bisherige Gebiet verbaut war. Nur die großen Stadterweiterungen wie in Prag, in Italien in Florenz, Siena, Bologna, Padua oder auch in den Niederlanden in Gent erwiesen sich als zu groß, so daß der neue Mauerring lange Zeit offene, unverbaute Flächen umschloß.

Die Prager Städte im Mittelalter

Prag bietet das beste Beispiel für eine zunächst durch spontanes Wachstum längs der Uferwege zwischen der Burg Vyšehrad im Süden und der Furt über die Moldau zur Prager Burg entstandene Marktsiedlung, an die im Hoch- und Spätmittelalter mehrere planmäßig angelegte Städte angegliedert wurden. Durch die im Zusammenhang mit der Gründung der „Gallusstadt" (1230) erfolgte Ummauerung entstand die „Prager Altstadt" (Abb. 1.15).

Sie war flächenmäßig mit ca. 140 ha annähernd gleich groß wie Wien nach der großen Stadterweiterung unter Leopold VI. (1198 – 1230).

Interessanterweise fehlt in Prag ein Nachweis für die Verleihung eines eigenen Stadtrechts. Dagegen wurden einer Fernhandelssiedlung von deutschen Kaufleuten in Prag bereits 1174 – 1178 von Fürst Sobeslav II. ihre Vorrechte bestätigt. Noch wichtiger war ihre Verlegung auf den zentralen Standort des Altstädter Rings (Abb. 1.17), und zwar auf königliches Territorium im Verbund von Kirche (Teynkirche, Abb. 1.18), „Zollamt" und Spital. Als Institution erinnert der Prager „Teyn" an das „Haus der deutschen Kaufleute" in Venedig (Fondaco dei Tedeschi, gegr. 1225) und an die für Gäste bestimmten Kaufmannshäuser in anderen europäischen Städten.

Schon früh siedelte sich dort jüdische Bevölkerung an. Im Unterschied zum Wiener Ghetto, das 1441 mit der Vertreibung der Juden aufgelöst wurde, bestand das Prager Ghetto (die spätere Josefstadt), trotz mehrerer Judenvertreibungen mehrfach erweitert und in der Spätgründerzeit umfassend staatlich saniert, als Wohngebiet jüdischer Bevölkerung bis zum Holocaust.

Früher als Wien, nämlich schon im Spätmittelalter, etablierte sich Prag als kaiserliche Residenz des Luxemburgers Karl IV. Euphorische Beschreibungen von Zeitgenossen haben Prag im 14. Jh. in eine Reihe mit Istanbul und Paris gestellt. Die Bezeichnung als mittelalterliche Metropole erscheint gerechtfertigt. Zu den Frühformen der Reichsverwaltung und der Verwaltung des großen und durch Silber- und Goldbergbau reichen Königreichs Böhmen kam die frühe Urbanisierung des Adels, d. h., auch der Adel hatte in Prag sein Zentrum. Hier wurden die Landtage abgehalten, die Landtafel als zentrale Evidenz alles allodialen Adelsbesitzes geführt, hier tagte das Landgericht als Gerichtshof für den Adel. Um die Erhöhung Prags zum Sitz eines Erzbischofs architektonisch zu symbolisieren, begann Karl IV. 1344 den Bau des Veitsdoms. 1348 erfolgte

Abb. 1.15: Die Prager Altstadt um 1230

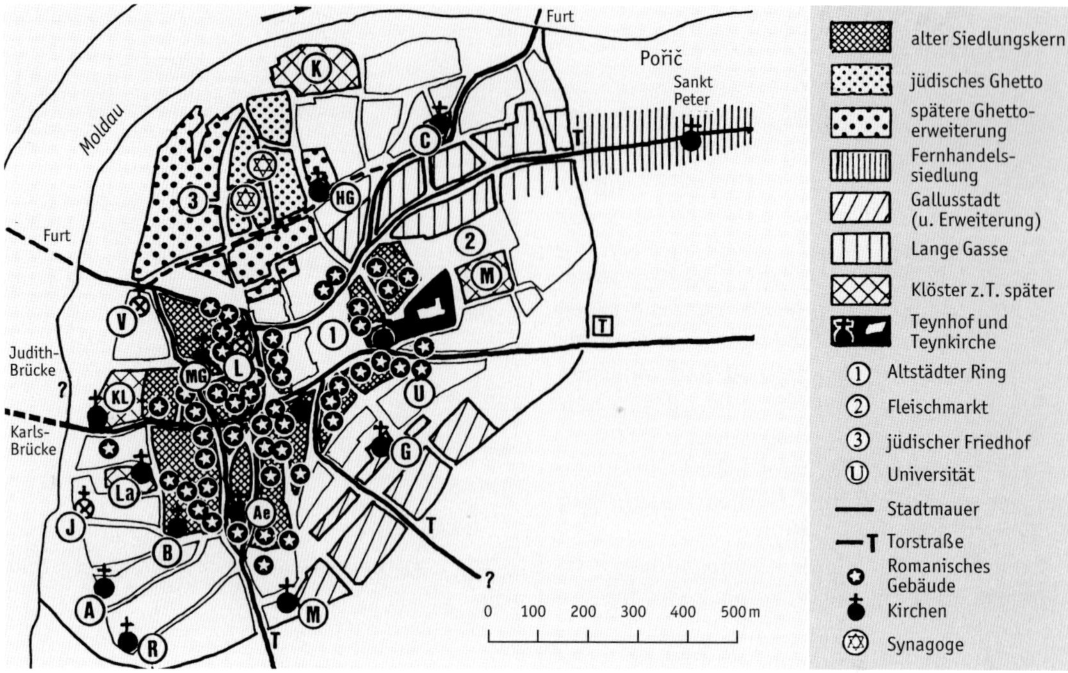

***Kirchen:** A = St. Anna, Ae = St. Aegidi, B = Bethlehemskirche, C = St. Castullus, G = St. Gallus, HG = Hl.-Geist-Kirche, J = St. Johannes (abgetragen im 18. Jh.), L = St. Linhart (abgetragen 1787), La = St. Laurentius, M = St. Martin an der Mauer, MG = Muttergotteskirche an der Lake (?), Mk = St. Martin die Kleinere (?), R = Hl. Kreuz (Rotunde), V = St. Valentin (in josefinischer Zeit zerstört) **Klöster:** K = Klarissinnenkloster, Kl = Klementinum, M = Minoritenkloster*

Abb. 1.16: Die Prager Städte unter Karl IV.

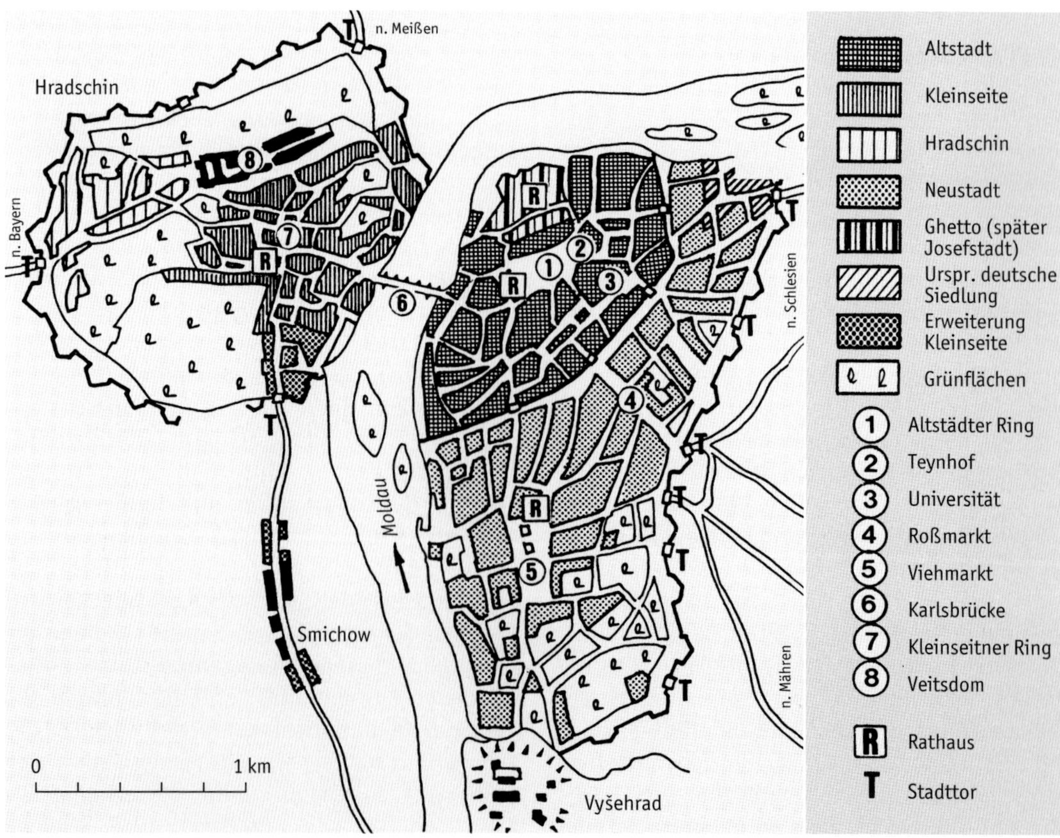

Abb. 1.17: Prager Altstadt, Ring

gleichzeitig mit der Errichtung der Universität, der ersten in Mitteleuropa, die Anlage der Neustadt von Prag. Damit wird die Reihe der Gründungen von Prager Städten, welche Ottokar II. durch die Gründung der Kleinseite 1257 begonnen hatte, auf die um 1320 die Erhebung des Hradschin zur Stadt gefolgt war, fortgesetzt (Abb. 1.16).

Die Dimensionen der Neustadt, insbesondere die beiden großen Plätze, der Wenzelsplatz und der Karlsplatz, übertreffen alles, was sonst im Mittelalter an geplanter Stadtgestaltung nachweisbar ist. Der Wenzelsplatz, der einstige Roßmarkt, maß in der Breite 2 Seile (die damals übliche Meßeinheit, d. h. ca. 24,2 m) bei einer Länge von fast 800 m. Der Karlsplatz, der einstige Viehmarkt, war doppelt so breit und nahezu gleich lang. Mit Flächen von 3,87 ha bzw. 8,05 ha handelte es sich um die damals größten Plätze europäischer Städte.

Ein Mauerring von 3,5 km Länge mit insgesamt 13 Toren umschloß die Neustadt. In der Anlage des Straßennetzes, vor allem in der Breite der Straßen, ist eine Vorwegnahme des barocken Städtebaus erfolgt, breite Boulevards ersetzten die fußgängerbezogene Enge der Gassen der mittelalterlichen Altstadt in Prag. In der Neustadt beträgt damit das Verhältnis von Verkehrsfläche

Abb. 1.18: Prag, Teynkirche

Abb. 1.19: Stadtzentrum von San Gimignano

zu Baublockfläche 1 : 1 gegenüber 1 : 3,5 in der Altstadt.

Die vier Prager Städte hatten zur Zeit Karls IV. eine Fläche von rund 7,47 km^2, davon war mehr als die Hälfte unverbaut und wurde von Gärten und Weingärten eingenommen. Diese enorme Baulandreserve konnte die Entwicklung der Stadt bis zum Beginn des 19. Jh.s auffangen. In diesem Stadtraum lebten zur Zeit Karls IV. schätzungsweise zwischen 35 000 und 40 000 Menschen, vor dem Ausbruch des Ersten Weltkriegs über 200 000.

Über dem glanzvollen baulichen Erbe der Metropole Prag unter Karl IV. werden heute die Schattenseiten dieser Periode vergessen. Prag besaß im 14. Jh. den ausgeprägten Charakter einer Residenzstadt, gekennzeichnet durch das Vorhandensein einer breiten Schicht nichtproduktiver Bevölkerung mit hohen Ansprüchen hinsichtlich des Konsums von Waren und Dienstleistungen, in erster Linie Angehörige des Adels, des Klerus und des Hofstaates. Durch deren Nachfrage entstand eine „Konjunktur“, die nahezu völlig von eben dieser Residenzfunktion abhängig war. Konkret bedeutete das die Abhängigkeit von den Investitionen des Königshauses in die bauliche Ausgestaltung der Stadt und in die Hofhaltung. Mit der Residenzfunktion war andererseits eine starke Zunahme und breite Auffächerung nichtbürgerlicher unterer Schichten verbunden. Diese umfaßten Schreiber, Türsteher, Boten, Lastenträger usw. sowie das umfangreiche Hauspersonal ebenso wie Grenzexistenzen in Gestalt von Gelegenheitsarbeitern, Taglöhnern und schließlich Bettler, Dirnen und fahrendes Volk. Hier fand die sozialrevolutionäre Richtung der Hussiten eine zahlreiche Anhängerschaft.

Die politische Kontrolle des Herrschers über die Stadt hat ferner die weitgehende Eliminierung der sozialrechtlichen Unterschiede von Handelsherren und Handwerkern begünstigt. Schon unter Karl IV. wird vom Vordringen der Handwerker in die Selbstverwaltung berichtet. Nichtsdestoweniger bestand in Prag weiterhin eine reiche bürgerliche Oberschicht, der man rentenkapitalistische Züge zuschreiben kann.

Abb. 1.20: Romanischer Wohnturm in Segovia 1978

Mittelalterliche Wohntürme

Auf die Wohnformen der mittelalterlichen Stadtgesellschaft wird in dem Kapitel „Wohnraum und Gesellschaft“ eingegangen. Hier sei nur eine Wohnform herausgestellt, die nicht an die Wohntradition der Neuzeit weitergegeben wurde: der „Wohnturm“, der sich als „festes Haus“ nicht in die Reihe der Bürgerhäuser einordnen ließ, sondern diese überragte. Derartige Wohntürme sind im Mittelalter ein Kennzeichen von italienischen Städten gewesen, deren erstarkende Gemeindeautonomie die Patrizierfamilien zwang, die Türme abzubrechen (Abb. 1.19). Außer in zahlreichen italienischen Städten finden sich gegenwärtig noch Beispiele in Regensburg und Wien, aber auch in einzelnen spanischen Städten (Abb. 1.20).

Von Interesse erscheint es, darauf hinzuweisen, daß in Prag Ausgrabungen im Raum des Altstädter Ringes mehr als 70 derartige romanische Wohnbauten belegt haben. Ihre wehrhafte Architektur (Abb. 1.21) erinnert an die Wohntürme italienischer Städte, ein Straßenbezug fehlt. Feudalmagnaten, Wechsler von Edelmetallen und Kaufleute werden als Erbauer vermutet. Die Turmbauten waren nur über Außentreppen zugänglich und verweisen uns darauf, daß die Siedlung selbst zur Zeit der Errichtung noch unbefestigt war.

Die italienischen Beispiele belegen die technische Möglichkeit eines „Hochhausbaus“ im mittelalterlichen Europa, bei dem nicht die Leitertechnik wie bei den Reihenhäusern Verwendung fand, sondern mit dem Hochziehen der Turmmauer auch die jeweilige Plattform für die Arbeiter angehoben wurde.

Abb. 1.21: Historische Wohntürme in Prag

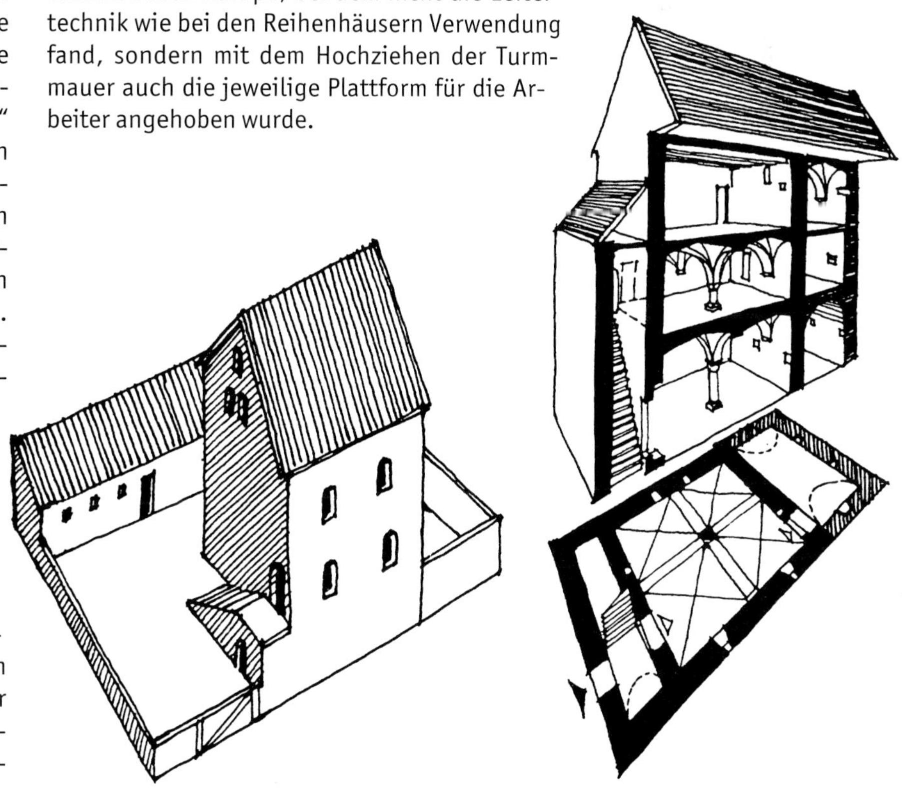

Die Residenzstadt des Absolutismus

Überblick

In Vorwegnahme des Konzepts der absolutistischen Fürstenstadt hat Albrecht Dürer (1471–1528) in der knapp vor seinem Tod 1527 erschienenen Schrift „Etliche underricht zu befestigung der Stett, Schloß und Flecken" den Idealplan einer Stadt gezeichnet, die nie gebaut worden ist (Abb. 1.22). In Übereinstimmung mit dem neuen politischen System des Absolutismus gibt Dürer dem Schloß eine klare zentrale Position in der Mitte der Stadt. Die einzige Kirche mit dem Pfarrhaus wird an den Rand der Stadt versetzt, Klöster fehlen überhaupt. Der Dualismus zwischen weltlicher und kirchlicher Macht wird damit klar städtebaulich zugunsten der ersteren entschieden. Die Bürgerstadt wird beibehalten, aber ebenso wie der Markt in einen äußeren Ring verschoben. Bei den Baublöcken wird von Dürer die mittelalterliche Langstreifenform weiter verwendet, wobei ganze und „halbe" Parzellen, mit 50 bzw. 25 Schuh Breite (ungefähr 15 bzw. 7,5 m), unterschieden werden.

Der Aufbruch der Renaissance und des Barock im Städtebau des absolutistischen Landesfürstentums brachte mit dem Zurückgreifen auf antike Vorbilder neue Grundrißformen. Die Wiederentdeckung von Vitruv führte zu einer Flut von Entwürfen für Idealstädte im Rastersystem, neu war die Betonung der radialen Konzeption. Die Renaissance entdeckte den Menschen: Dessen unterschiedliche Vorder- und Rückansicht spiegelt sich in der Asymmetrie der Stadtanlage bei neuen Residenzstädten wider. Somit unterscheiden sich die vieleckigen oder strahlenförmigen Städte der Renaissance und des Barock in ihrer

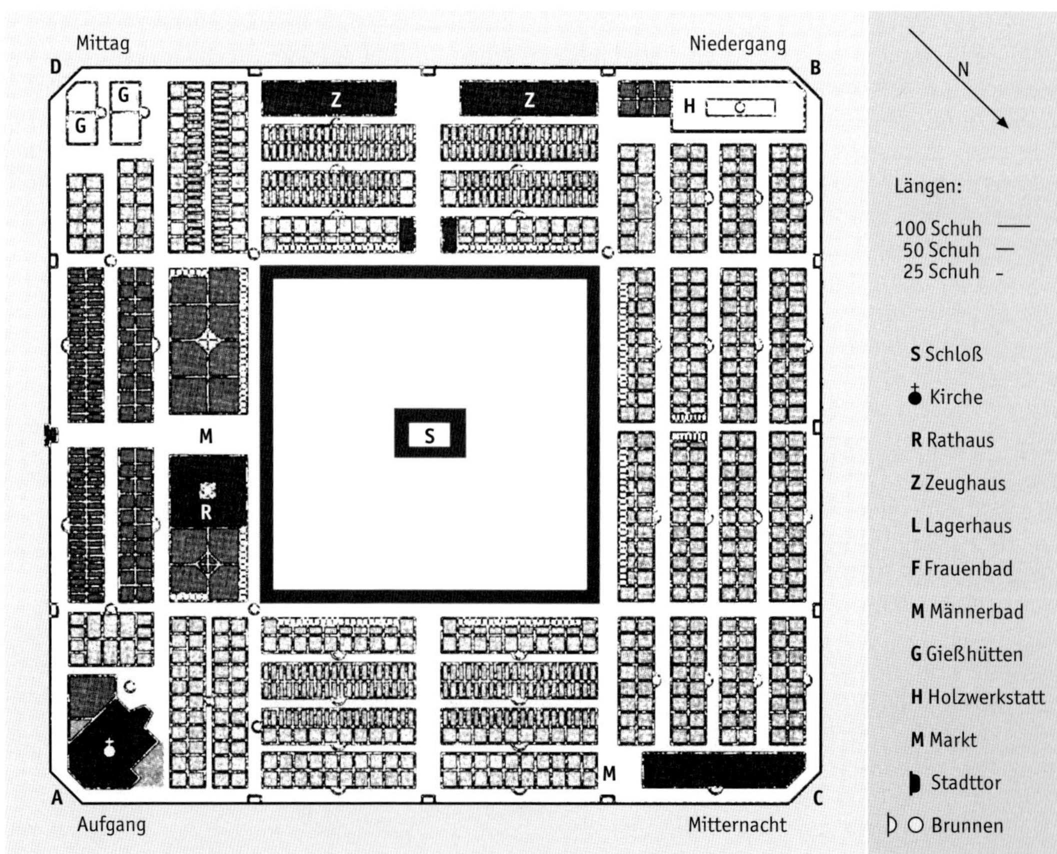

Abb. 1.22: Dürer: Stadtplan mit zentralem Schloß (1527)

Anlage grundsätzlich von den geplanten griechischen Städten der Antike dadurch, daß sie immer auf einen Platz, das Schloß oder das Tor hin ausgerichtet waren und das gesamte umgebende Wohngebiet dem Zentrum untergeordnet wurde (Abb. 1.23).

Die in dieser Epoche entstandenen Städte sind als Manifestationen politischer und militärischer Zentralmacht zu verstehen (Versailles, Karlsruhe, Mannheim, St. Petersburg). Das Schloß als Sitz des Herrschers war der Mittelpunkt der Stadt, deren Elemente (Straßen, Plätze, Baublöcke und Parkanlagen) folgerichtig zur Konkretisierung dieser neuen Zentralkonzeption eingesetzt wurden.

Der Baublock wurde nicht im Hinblick auf Wohnbedingungen und Wohnmöglichkeiten, sondern in erster Linie als formales städtebauliches Element verwendet. Straßen dienten nicht primär als Erschließungselemente des Stadtraumes, sondern erhielten vorwiegend strategische und damit die absolutistische Herrschaft sichernde Aufgaben. Der Städtebau verwendete Achsenkonzepte, diagonale und radiale Straßenzüge als neue Grundelemente und gestaltete Straßen und Plätze mittels repräsentativer Fassaden als Kulissen für höfisches und militärisches Zeremoniell. In Paris kaufte z. B. die Stadt die Fassaden von Häusern an wichtigen Straßen und Plätzen, ließ dafür von Hof- und Staatsarchitekten neue Entwürfe anfertigen und die Fassaden umgestalten, während das hinter der Fassade liegende Haus samt dem Grundstück weiter im Besitz des jeweiligen Eigentümers blieb.

Die Zahl der neugegründeten Städte blieb insgesamt klein, doch folgten zahlreiche Stadterweiterungen von wachsenden Städten der Geometrie antiker Vorbilder. Ein Beispiel hierfür ist der Ausbau von Turin in den Jahren 1620, 1673 und 1714 (Abb. 1.24).

Die beschriebenen städtebaulichen Merkmale bilden jedoch nur eine Seite der Medaille. Es ist die Frage zu stellen: Wodurch unterscheidet sich die Residenzstadt grundsätzlich von vorangegangenen und folgenden Stadttypen? Max Weber (1956) hat die Marktfunktion als entscheidendes Merkmal der Stadt angesehen, Werner Sombart (1902) hat von „Städtegründern" und „Städtefüllern" gesprochen und den Produktionsüberschuß für ein weiteres Hinterland als Grundlage der städtischen Existenz bezeichnet.

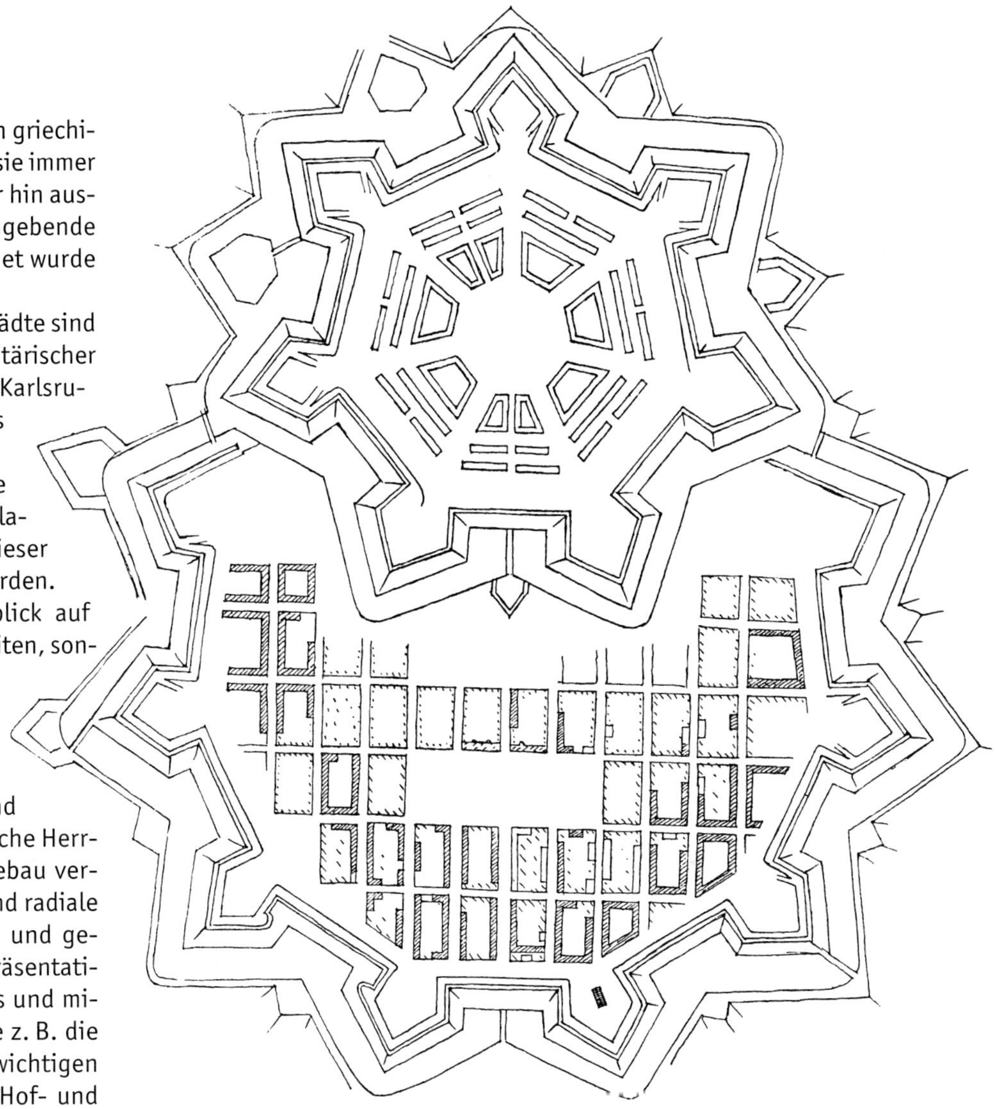

Abb. 1.23: Stadtplan von Mannheim

Wendet man diese Theorien von der Bedeutung von Produktion und Vermarktung auf die historischen Stadttypen Europas an, so kann man stark vereinfacht feststellen, daß für die mittelalterliche Bürgerstadt die Marktfunktion, für die Industriestadt die Erzeugung von Sachgütern die wirtschaftliche Basis bildeten. Die Residenzstadt brach aus dieser von wirtschaftlichen Funktionen bestimmten Reihe aus. Sie war in ihrer Existenz an nichtökonomische Aufgaben administrativer und kultureller Art gebunden.

Abb. 1.24: Stadterweiterungen in Turin im 17. und 18. Jh.

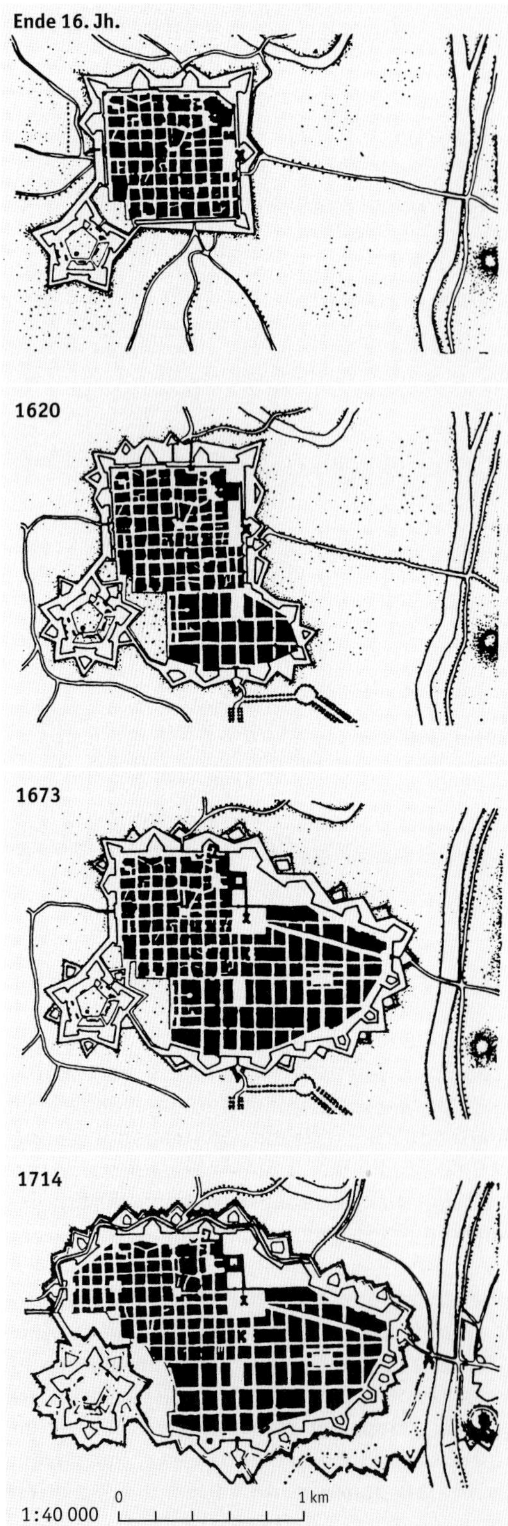

Diese Funktionsverlagerung ist allerdings nur verständlich vor dem Hintergrund der Entstehung von Flächenstaaten, welche vom absolutistischen Landesfürstentum in administrative Einheiten gegliedert wurden. Dabei übernahm der Staat die Aufgaben, welche bereits die voll entwickelte mittelalterliche Bürgerstadt wahrgenommen hatte. Dazu gehörten die Verteidigung, Rechtsprechung und Aufgaben der sozialen und technischen Infrastruktur, aber auch die Kontrolle über die bauliche und ökonomische Tätigkeit der Bürger. Damit subordinierte der Staat die städtischen Behörden unter die neugeschaffenen Organe seiner Administration. Gleichzeitig wurde das Gefüge der Bürgergemeinde durch die Urbanisierung des Adels gesprengt. Allerdings wurde der Adel nicht überall in der Stadt ansässig. Im Raum des deutschen Altsiedellands, im Machtbereich der Hansestädte und vor allem in Großbritannien verblieb er auf dem Lande.

Mittels neuer Verkehrstechnologien – zuerst des Kanalbaus (vor allem in Frankreich und Preußen), später der Kommerzialstraßen in der Habsburger-Monarchie (in Frankreich: Routes Napoléon) – wurden Städte der oberen und mittleren administrativen Rangstufen an die jeweilige Hauptstadt angeschlossen. Zahlreiche Kleinstädte blieben abseits, ihre Erreichbarkeit und damit ihre Verkehrsqualität nahmen relativ ab.

Im Städtebau steigerte die Barockzeit das aus dem Mittelalter geläufige Repräsentationsprinzip zum Monumentalen hin. Sichtachsen zu Schlössern und sonstigen Monumentalbauten entstanden und ersetzten als breite Boulevards für Reiter und Kutschen die fußgängerbezogene Enge mittelalterlicher Gassen. Weiträumige Parkanlagen dienten als ergänzende Elemente architektonischer Gestaltung. Das Schloß des Herrschers bildete die neue „soziale Mitte" der Stadt und damit das Zentrum einer sozialräumlichen Gliederung, von dem aus sich die sozialen Gruppen fächerförmig zentral-peripher anordneten.

Die Residenzfunktion brachte neue Sozialgruppen in die Stadt: Adelige, Beamte, Offiziere. Der Adel drängte in den Dienst des Hofes und wurde so in der Stadt ansässig. In Großbritannien verblieb er jedoch weitgehend auf seinen ländlichen Besitzungen und bezog nur episodisch seine

„town houses". Damit fehlte hier ein wichtiges Bevölkerungselement, welches in den Residenzen Kontinentaleuropas für die Bautätigkeit der Barockperiode die Maßstäbe setzte. Dem Lebensstil der neuen Sozialgruppen entsprechend entstanden neue Wohnbautypen, nämlich der Adelspalast und das Beamtenwohnhaus.

Besonders eindrucksvolle duale Stadtstrukturen sind überall entstanden, wo mittelalterliche Bürgerstädte in der Zeit des Absolutismus zu Residenzen des jeweiligen Herrscherhauses wurden. Dort verschmolz die ältere Bürgerstadt mit der „Fürstenstadt", und angelagert an das Schloß gelangte ein adeliger und höfischer Stadtsektor zur Ausbildung.

Aufgrund der absolutistischen Machtstrukturen erfolgte ein Transfer des Besitzes an Grund, Boden und Häusern von der alten bürgerlichen Elite an die neue Elite des Adels und des Hofes. Das Bürgertum wurde vielfach aus der Stadt in den Vorstadtraum abgedrängt, gleichzeitig damit jedoch die Eigenschaft der Stadtmitte als soziale Mitte verstärkt. Der Dualismus des Sozialsystems äußerte sich im Vorstadtraum als sektorales Prinzip, indem längs der Ausfallstraßen Gewerbevorstädte und in den Interstitien in attraktiver Lage die Sommerpaläste des Adels entstanden.

Im neu aufgeschlossenen Gelände kam es zu einer flächigen Segregation nach Herkunft, Stand und Vermögen, während in der Stadt die vertikale und horizontale gesellschaftliche Differenzierung der Mietshäuser eine Integration verschiedener Stände unter einem Dach zur Folge hatte. Auf diese integrative soziale Funktion des älteren kontinentaleuropäischen Mietshauswesens wird noch eingegangen. Die duale Struktur der Stadt führte schließlich in weiterer Konsequenz in der Citybildung des 19. Jh.s zur Zweiteilung in Wirtschafts- und Regierungscity.

In einer späteren Phase der absolutistischen Ära, die in der politischen Geschichte als aufgeklärter Absolutismus bezeichnet wird, waren die großen Städte nicht mehr imstande, ihren Bedarf an gewerblichen Produkten für den eigenen Konsum und den Fernhandel selbst zu decken. Eine Delegierung der gewerblichen Fertigung an die ländlichen Siedlungen erfolgte, ähnlich wie dies die Fernhandelsstädte Flanderns, Oberitaliens und Süddeutschlands bereits im Mittelalter getan hatten.

In den Städten selbst trat eine Differenzierung des Bürgertums ein: Die neuen wirtschaftlichen Führungskräfte, die Großhändler, Bankiers und Unternehmer des Manufakturwesens, formierten sich zu einer „zweiten Gesellschaft", die neben der „ersten Gesellschaft", der Aristokratie, wachsende politische Bedeutung gewann und sich in eigenen Stadtvierteln von Adel und Hof separierte.

Die Wiener Agglomeration im 18. Jahrhundert

Wien war mit rund 180 000 Einw. um 1770 die drittgrößte Stadt des Kontinents und bietet ein vorzügliches Beispiel für den Dualismus von mittelalterlicher Bürgerstadt und barocker Residenz und gleichzeitig für den Vorgang einer barocken Suburbanisierung (Abb. 1.25). Es kam einerseits zur besitzmäßigen Ablösung der bürgerlichen Hausbesitzer durch Adel, Geistlichkeit und hofzugewandte Schichten und andererseits zu einem enormen Wachstum der Vorstädte, so daß sich das Verhältnis zwischen der Stadt und den Vorstädten im Laufe des 18. Jh.s von 1 : 2 auf 1 : 5 verschob. Hierbei verstärkten sich die Unterschiede zwischen der barocken Stadt und den barocken „Suburbs".

Die sozialen Kontraste zwischen Stadt und Vorstädten können um die Mitte des 18. Jh.s auf die sehr einfache Formel gebracht werden, daß in der Stadt in erster Linie die Angehörigen des Adels und die Vertreter des tertiären Sektors wohnten, während in den Vorstädten die Sozialstruktur von der in der Produktion tätigen Bevölkerung bestimmt wurde. Im Hinblick auf die Herkunft sonderte sich die überwiegend ortsbürtige Bevölkerung in der Stadt von der überwiegend fremdbürtigen Bevölkerung in den Vorstädten ab.

In der Stadt hatten die Paläste des Adels die gotischen Bürgerhäuser auf einzelne Gassen verdrängt (Abb. 1.26). Der Großhandel befand sich in der Hand ausländischer Kaufleute. Die Klosteraufhebung unter Joseph II. hatte das Problem

Abb. 1.25: Sozialräumliche Gliederung von Wien um 1770

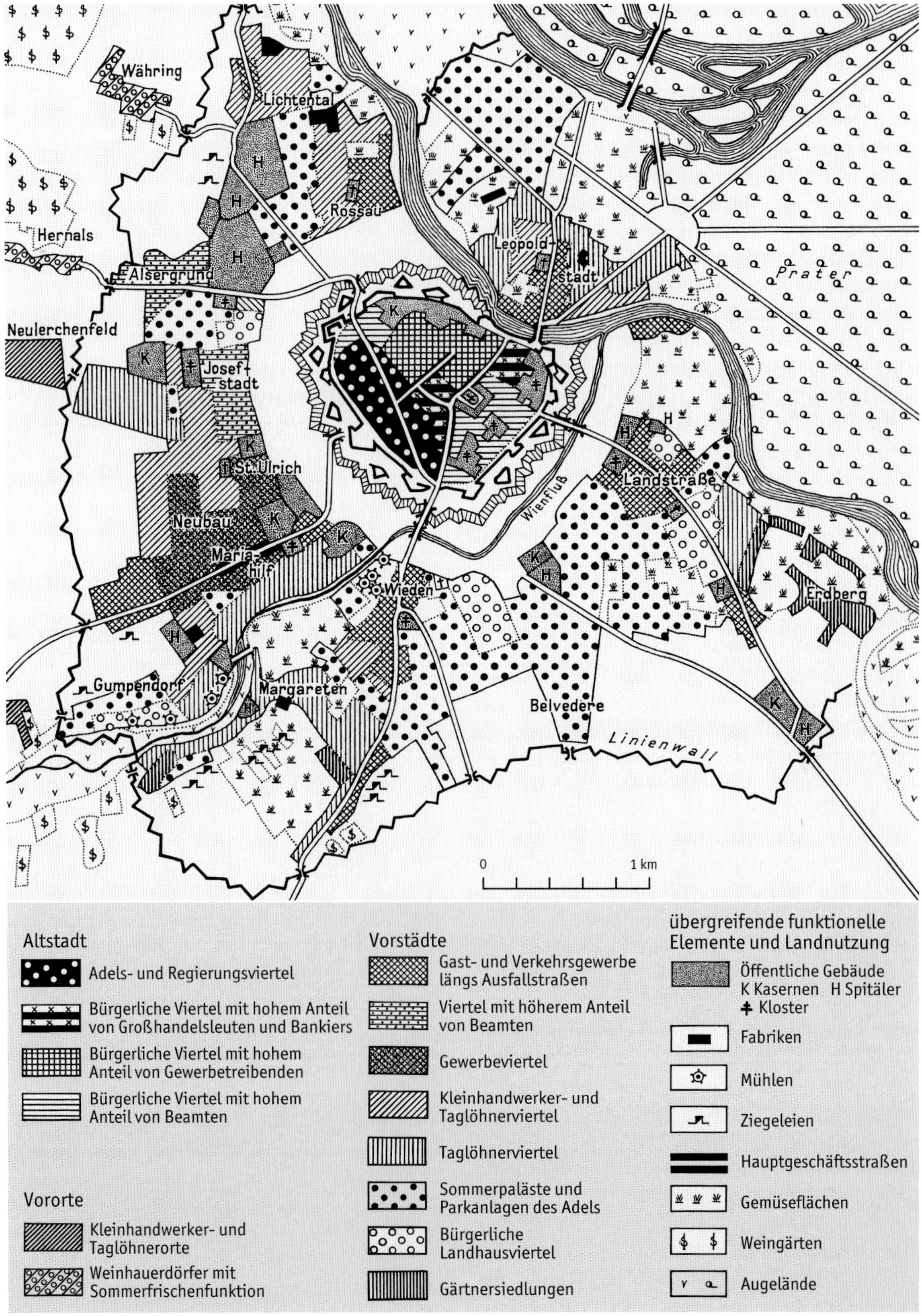

der Unterbringung der neu begründeten öffentlichen Behörden zumindest kurzfristig gelöst, das Geld- und Finanzwesen begann sich baulich zu verselbständigen.

In den Vorstädten bestanden Unterschiede zwischen der Stadtgemarkung und den ursprünglich dörflichen Gemarkungen. Auf der Stadtgemarkung reihte sich längs der Fernstraßen das Gast- und Verkehrsgewerbe an, auf grundwassernahem Auengelände breitete sich die ins Mittelalter zurückreichende Standortgemeinschaft von Gemüsegärtnern und Milchmeiern aus. Weite Flächen nahm die – um einen modernen Terminus zu gebrauchen – „Zweitwohnungsperipherie" des Adels ein. Auf der Stadtgemarkung erfolgte auch zuerst die Anlage von Wohlfahrtseinrichtungen des Staates; Armen- und Waisenhäuser entstanden, ebenso Kasernen.

Im westlichen Sektor des Stadtumlandes reichten dörfliche Gemarkungen nahe an die Stadtmauer heran. Sie wurden erst 1689 in den Burgfriedensbezirk der Stadt einbezogen. Seither legten hier geistliche und weltliche Grundherren planmäßig Vorstädte an, als Auffangquartiere sowohl für die zwangsweise vom Hofquartiersamt aus der Stadt ausgewiesenen Gewerbetreibenden als auch für Zuwanderer aus dem Deutschen Reich und dem westlichen Ausland, insbesondere die später privilegierten Manufakturisten. Die Vielfalt der Aufschließungsformen ist aus Abb. 1.27 zu entnehmen.

Sie reichte von der spontanen Aufsiedlung auf dörflichen Gewannfluren, wodurch ein blockweises Nebeneinander von extrem tiefen Parzellen und Durchbruchsgassen entstand, bis zu kleinen Plananlagen, vorwiegend auf Gutsblockfluren. Schon sehr früh kam es zu spekulativer Grundstücksausschlachtung in Form von sehr kleinen Parzellen, wie sie im Vordergrund in der knapp nach 1700 gegründeten Vorstadt Spittelberg zu erkennen sind.

Im Hinblick auf die Landnutzung entsprach die Wiener Situation 1770 noch völlig dem Thünenschen Modell der Stadt im isolierten Staat. Im damaligen Augelände der Donau und des Wienflusses breiteten sich in Stadtnähe Gemüsegärten aus, die bis ins späte 19. Jh. als Barriere gegenüber der Verbauung wirkten.

Abb. 1.26: Wien um 1770, gotische Bürgerhäuser und barocke Adelspaläste

Die im Thünenschen Modell anschließende Zone des „Stadtwaldes" war im Wiener Vorstadtraum auf den Sektor des Auwaldes der Donau beschränkt, der sich im Besitz der Habsburger befand. Auf den Terrassenabfällen im Vorstadtraum breiteten sich bis zur zweiten Türkenbelagerung im Jahr 1683 ausgedehnte Weingärten aus. Sie befanden sich im Besitz der Stadtbürger und gelangten dann an den Adel, der an ihrer Stelle in der Barockzeit in aussichtsreicher Lage Sommerpaläste inmitten weiträumiger Parks errichtete. Wein- und Gemüsegärten und der Wald waren somit der Neuanlage und Ausweitung der

„bürgerlichen" Vorstädte im wesentlichen verschlossen. Diese entwickelten sich daher in erster Linie auf Kosten des Ackerlandes.

Vor allem die Vogelperspektiven aus dem späten 18. Jh. zeigen die Vorstädte und Vororte von Gärten durchsetzt. Aufgrund der verhältnismäßig niedrigen Verbauung und der ausgedehnten Grünräume entstand bei modernen Städtebauern und Architekten daher die Illusion einer städtischen Idylle, eines harmonisch ausgewogenen, überschaubaren Gemeinwesens. Übersehen werden hierbei die enormen Probleme der Sozialhygiene, wonach in Wien, ähnlich wie wir dies aus London wissen, die Sterblichkeit höher war als im anschließenden ländlichen Raum. Auch die Bevölkerungsdichte in der Stadt war mit rund 500 Menschen pro Hektar (um 1780) außerordentlich hoch, wenn man bedenkt, daß gegenwärtig in Deutschland 250 Menschen pro Hektar als Obergrenze bei Stadtentwicklungsvorhaben gelten. Dazu kam ein weiteres gravierendes Problem, nämlich die Wohnraumbeschaffung seitens der Zuwanderer. Gelang es ihnen nicht, in die Haushalte der Gewerbeherren und des Adels aufgenommen zu werden, so zählten sie zum Heer der Obdachlosen, die allabendlich von der Polizei

Abb. 1.27: Wiener Vorstädte, 1785

über die „Linie" aufs freie Feld hinausgeschafft wurden.

Die Gesellschaft der Residenzstädte

Die Gesellschaft der Residenzstädte des absolutistischen Staates unterschied sich in wesentlichen Merkmalen von jener der mittelalterlichen Bürgerstadt (Abb. 1.28). Das wichtigste Kriterium für die Viertelsbildung war die Religionszugehörigkeit. Das Prinzip des „cuius regio, eius religio" äußerte sich darin. Daraus resultierte u. a. die Abkapselung der griechischen Händler orthodoxen Bekenntnisses ebenso wie von mohammedanisch-türkischen Händlern und jüdischen Familien.

Die gegenwärtig im Fortschreiten begriffene demographische Segregation, d. h. die räumliche Separierung der städtischen Bevölkerung nach Altersschichten und Haushaltsformen, wie sie insbesondere Nordamerika kennzeichnet, fehlte. Vielmehr wiesen die einzelnen Stände spezifische demographische Merkmale und ein spezifisches generatives Verhalten auf. Nicht nur der Adel folgte dem aufwendigen Personalluxus des Hofes, sondern ebenso die Angehörigen der „Zweiten Gesellschaft", welche über das Finanz- und Manufakturwesen zu Reichtum gekommen waren. Der Dienstbotenluxus am Ende des 18. Jh.s, also vor dem Beginn der Industrialisierung, als auf jeden erwachsenen Angehörigen des Adels und des Beamtentums ein Dienstbote entfiel, ist z. T. mit heutigen Verhältnissen in den Städten der Dritten Welt zu vergleichen. Im Wien des Vormärz waren in Palästen des Hochadels bis zu 100 überwiegend ledige Personen mit der Aufrechterhaltung einer aufwendigen Haushaltsführung beschäftigt. Gleichzeitig bestand in der Adelsfamilie selbst auch eine recht komplizierte Struktur insofern, als neben dem Dreigenerationenverband der Hauptfamilie noch eine Anzahl entfernter Verwandter im selben Palast lebte.

Der Adel selbst war um diese Zeit eine äußerst vielgliedrige Schicht. Diese reichte vom alten Hof- und Landadel über geadelte Angehörige des Beamtenstands und Hofdienstes bis zu den Vorboten der „Zweiten Gesellschaft" des Vormärz, Großkaufleuten, Manufakturisten und Geldgebern der Regierung.

Im Hinblick auf die Kinderzahlen bestanden beachtliche Unterschiede zwischen den einzelnen Ständen. Die Adelsfamilien hatten mit Ab-

Abb. 1.28: Graben in Wien um 1715

stand die größten Kinderzahlen, nicht zuletzt deshalb, weil bei der Auswahl der Ehefrauen der Aspekt der Sicherung der Geschlechterfolge vielfach den Ausschlag gab und überdies das Alter der Frau meist wesentlich niedriger war als das des Ehemannes. Anders beim Gewerbebürgertum, wo aufgrund der Institution der Einheirat viele Ehen kinderlos blieben. Der Beamtenstand sonderte sich vom Stand der bürgerlichen Gewerbetreibenden durch ein anderes generatives Verhalten ab. Ein höherer Prozentsatz von Ledigen und im Falle der Familiengründung eine niedrigere Kinderzahl zählten zu seinen demographischen Merkmalen. Es kann kein Zweifel darüber bestehen, daß der Beamtenstand bereits in vorindustrieller Zeit als erste städtische Bevölkerungsgruppe überhaupt mit der Geburtenbeschränkung begonnen hat. Dies ist begreiflich, war doch für den Beamten das Vorhandensein einer Hausfrau für die geordnete Betriebsführung keineswegs so notwendig wie für den Gewerbetreibenden, der für die Wahrnehmung verschiedener Aufgaben, wie die Verköstigung und Versorgung der Lehrlinge und Gesellen, die Betreuung der Kunden sowie die Pflege und Instandhaltung des Hauses, ganz wesentlich auf die Tätigkeit seiner Frau angewiesen war. Vielfach lebten Beamte mit weiblichen Verwandten, der verwitweten Mutter oder der ledigen Schwester, gemeinsam in einem Haushalt.

Ein sehr wesentlicher Faktor war das Merkmal der Ortsbürtigkeit bzw. der „Fremdbürtigkeit", welches seinerseits mit der demographischen Struktur gekoppelt war. Vom Beamtenstand abgesehen, lebte die einheimische Bevölkerung zum Großteil im Familienverband, während die fremdbürtige Bevölkerung, mit Ausnahme der Gruppe der fremden Großhändler, im großen und ganzen aus ledigen Personen bestand. Zu diesen gehörten nicht nur die gewerblichen Hilfskräfte, Lehrlinge, Gesellen und das Dienstpersonal, sondern auch Angehörige der intellektuellen Schicht, wie z. B. Ärzte, ferner Angehörige gehobener Positionen in Adelshäusern, wie Sekretäre, Lehrpersonen u. dgl. Ebenso zählte dazu aber auch ein Großteil der Gewerbetreibenden, welche nicht den Zünften der bürgerlichen Meister angehörten, sondern etwa als Störer (ohne festen Arbeitsstandort) oder Dekretisten (mit einem verliehenen Dekret) einem Gewerbe nachgingen. Insgesamt mußte diese fremdbürtige Bevölkerung, nicht zuletzt unter dem Druck der enormen Wohnungsnot der rasch wachsenden barocken Residenz, stets mit den schlechtesten Quartieren vorliebnehmen und wurde erst spät und auch nur in einem sehr beschränkten Ausmaß bei entsprechender ständischer Etablierung, so z. B. durch Einheirat, integriert.

Sowohl bei der ortsbürtigen als auch bei der fremdbürtigen Bevölkerung hatten bestimmte Stände die Funktion einer Schiene in der sozialen Mobilität der ständisch gegliederten Gesellschaft. Bot der Beamtenstand der einheimischen männlichen Bevölkerung die Chance, mit Talent zu den höchsten Stellen zu gelangen, so boten andererseits Großhandel, Finanz- und Manufakturwesen die Chance für die gesellschaftliche Etablierung der Zuwanderer.

Fragt man schließlich nach den Möglichkeiten der sozialen Integration und kulturellen Anpassung der Bevölkerung, so sind zwei Faktoren zu nennen: Einerseits waren es die bereits erwähnten Großhaushalte des Adels und des Bürgertums und andererseits die Hofquartierspflicht, d. h. die Pflicht der bürgerlichen Hausbesitzer, der hofzugewandten Bevölkerung Wohnraum zur Verfügung zu stellen. Beide Faktoren zusammen haben durch die mit ihnen verbundene Weitergabe von Normen und Verhaltensweisen oberer Schichten die gesamte Bevölkerung tiefgreifend beeinflußt. Dies ging so weit, daß Kleiderordnungen notwendig waren, um die Imitationsbestrebungen unterer Schichten abzufangen.

Die Residenzstadt Paris

Frankreich setzte das Vorbild für das politische System des Absolutismus. Seine Hauptstadt Paris war auch das Vorbild für die Bautätigkeit in den großen Residenzstädten Europas. 1528 ließen sich die französischen Könige endgültig in Paris nieder. Franz I. begann mit dem Aufbau des Louvre, Heinrich IV. begann mit umfassenden staatlichen Programmen die Neuorganisation des Straßennetzes, der Kanalisation und der Wasser-

Abb. 1.29: Paris, Louvre gegen Westen

leitungen in Paris, welches damals rund 100 000 Einw. zählte. Ein fester Stab von Fachleuten wurde eingesetzt und eigene Ämter gegründet. Der Finanzminister erhielt die Verantwortung für das Bauwesen und den Straßenbau übertragen. Seit damals untersteht die französische Hauptstadt dem Innenministerium und hat bis heute direkten Zugang zum staatlichen Budget.

Außerhalb von Paris errichtete Ludwig XIII. eine neue Residenz in Saint-Germain-en-Laye. Damit wurde das Konzept des Lebens auf Sommervillen römischer Eliten im Absolutismus wieder aufgegriffen. Die Sommervilla verwandelte sich in das Sommerschloß des Herrschers. Ludwig XIV. verließ den Louvre (Abb. 1.29) und übersiedelte mit seinem Hof in die neue Residenz von Versailles (Abb. 1.30), die nach und nach zu einer kleinen „künstlichen" Hauptstadt erweitert wurde und schließlich eine gleichgroße Fläche einnahm wie die Hauptstadt Paris. Ludwig XIV. besaß die organisatorischen und finanziellen Möglichkeiten, um eine ganze Landschaft zu verändern und neu zu gestalten. Die Hinausverlagerung des Hofes und der aristokratischen Gesell-

Abb. 1.30: Versailles

schaft aus Paris ist damit weit mehr als nur eine Fortsetzung des gesellschaftlichen Lebens der römischen Patrizier in den Sommervillen, welches als „Villeggiatura" in die Kulturgeschichte eingegangen ist. Sie bedeutet vielmehr eine teilweise Emanzipation vom städtischen Leben der Hauptstadt, wo Kirche, Universität und Bürgertum ihren Standort hatten.

Die „exzessive barocke Suburbanisierung" von Hof und Adel in Frankreich hat in Europa kein gleichwertiges Gegenstück gefunden. In Großbritannien blieb der Adel überhaupt auf dem Lande und schuf sich hier im selben Zeitraum großartige Paläste und Villen. In London, welches nach dem großen Flächenbrand von 1664 nicht durch eine umfassende Bautätigkeit der Regierung oder der Stadtplanung wiederaufgebaut worden ist, sondern durch eine Vielzahl privater Initiativen, errichtete der Adel nur seine Zweithäuser in der Stadt. Sie unterschieden sich von den „town houses" der bürgerlichen Oberschicht kaum und unterbrachen auch nicht die Straßenflucht der Reihenhausverbauung, wie dies bei den Stadtpalästen des französischen Adels mit dem zurückgesetzten Ehrenhof der Fall war. Auch sonst hat Großbritannien mit dem Palladianischen Klassizismus, der im 18. Jh. die englische Landhausarchitektur beherrschte, eine Sonderentwicklung genommen, auf die noch eingegangen wird.

Repräsentative Wertmaßstäbe im Städtebau, in der materiellen Kultur und in den Verhaltensnormen der städtischen Bevölkerung, ferner eine Vielfalt von nichtökonomischen Motivationsstrukturen, definiert über einen spezifischen Standeskodex, zählen zu den persistenten Phänomenen der Residenzstadt, welche ebenfalls analog zur mittelalterlichen Bürgerstadt nicht nach Nordamerika „auswanderte".

Die Industriestadt

Die okzidentale Stadt, wie sie Max Weber (1956) beschrieben hat, die Stadt des europäischen Bürgertums im hohen Mittelalter, die Stadt des Adels in der italienischen Renaissance, die barocke Residenzstadt des absolutistischen Landesfürstentums, diese historischen Stadttypen sind in unseren Vorstellungen zu einem diffusen, vielschichtigen Begriff von „Stadt" verschmolzen. Er gehört zu der Sorte von Begriffen, die Wittgenstein in den Gewohnheiten und dem Selbstverständnis der eingespielten Alltagspraxis aufspürt: Mit unserem Begriff der Stadt verbindet sich in europäischer Sicht eine Lebensform.

Als eine überschaubare Lebenswelt konnte die Stadt architektonisch gestaltet, sinnlich repräsentiert werden. Die gesellschaftlichen Funktionen des städtischen Lebens, politische und wirtschaftliche, private und öffentliche, die der kulturellen und der kirchlichen Repräsentation, des Arbeitens, des Wohnens, der Erholung und des Feierns, konnten in Formen und Funktionen der zeitlich geregelten Benutzung von gestalteten Räumen übersetzt werden. Es ist kein Zufall, daß die Darstellung von Max Weber (1956) von der „illegitimen Herrschaft der Stadt" in seinem Werk über „Wirtschaft und Gesellschaft" im vorindustriellen Zeitalter endet. Es ist kein Zufall, daß die Erhaltung historisch gewachsener Stadtquartiere, wenn auch als Luxussanierung vielfach kritisch reflektiert, in diesem Kontext weltweit an Stellenwert gewinnt.

Mit der industriellen Gesellschaft sind die beschriebenen Bezüge der städtischen Lebenswelt zu Ende gegangen. Die Fabrik als industrielle Produktionsstätte konnte in die Stadt nicht städtebaulich harmonisch integriert werden. Es ist kein Zufall, daß in der geographischen Stadtforschung lange Zeit umstritten war, ob Industriesiedlungen zu den Städten gezählt werden dürfen. Mit der Industrialisierung und Vergroßstädterung brechen die Schnittstellen zwischen den wirtschaftlichen und politischen Institutionen und den kleinräumigen Interessenbereichen der städtischen Bevölkerung auf.

In der industriellen Gesellschaft blieben Politik und Wirtschaft separiert. Planung für eine neue industrielle Ordnung war selten. Wenn Planung erfolgte, dann sporadisch und ohne bewußte Wahrnehmung der ökonomischen Zielsetzungen. Sie bewegte sich zwischen der Abhaltung von Architekturwettbewerben bei repräsentativen Großvorhaben – wie der Wiener Ringstraße – und der Vergabe von Aufträgen für öffentliche Arbeiten.

Der Kapitalismus brachte die Mobilisierung von Arbeitskräften, Boden und Kapital. Die Gebrauchs- und Prestigewertorientierung des Hausbaus wurde durch die Spekulations- und Profitorientierung abgelöst.

In der fußläufigen städtischen Gesellschaft war die mit der biologischen Existenz des Menschen eng verbundene Territorialität die Grundlage der Einheit von Realobjektraum, Aktions- und Wahrnehmungsraum. Aufgrund der neuen Verkehrs- und Kommunikationstechnologien entstanden und entstehen laufend immer weitere individuelle und institutionelle Konglomerate von Aktions- und Wahrnehmungsräumen, die sich vom Realobjektraum der Stadt separieren. Hierzu kommt ferner, daß mittels der Massenmedien bei der Weitergabe von Informationen Distanzen vernichtet werden und punktuelles Wissen überhandnimmt.

Last, not least ist entscheidend, daß die Industrialisierung und die Schöpfungen der Industriestadt bis heute in flächenhafter Weise die Städte prägen und ihre Erbschaft mit all den damit verbundenen Problemen, z. T. als schwere Hypothek, hinterlassen haben (Abb. 1.31 und 1.32).

Großbritannien ist das Mutterland der Industrialisierung gewesen, die von hier ausgehend zuerst in einer West-Ost-Bewegung und dann in einer Nord-Süd-Bewegung den europäischen Kontinent grundlegend verändert hat. Der Zeitpunkt der Anlagerung der Industrie an den älteren städtischen Baukörper war dabei von entscheidender Bedeutung. In Großbritannien setzte die Industrialisierung schon um die Wende vom 18. zum 19. Jh. ein. Um die Mitte des 19. Jh.s lebte bereits über die Hälfte der Gesamtbevölkerung in Städten. Dementsprechend explosionsartig wuchsen auch viele städtische Siedlungen während der ersten Hälfte des 19. Jh.s. Es ist begreiflich, daß Großbritannien daher mit allen Problemen der Verstädterung, der Wohnungsnot,

Abb. 1.31: Eine „christliche" Stadt, 1440

Abb. 1.32: Eine „industrialisierte" Stadt, 1840

der Überalterung des Baubestands und der Slumbildung am frühesten konfrontiert wurde.

In den englischen Industriegroßstädten erfolgte nahezu überall die Anlagerung eines oft recht breiten Fabrikgürtels an die Altstadt, die im Verlaufe der Gründerzeit zur City umgebaut wurde. Nach außen entstanden riesige monotone Flächen niedriger Reihenhäuser, welche durch die sogenannte „By-Law-Gesetzgebung" im Jahre 1884 in eine innere Zone der Back-to-Back-Reihenhäuser und eine äußere Zone von „By-Law-Häusern" getrennt wurden, in denen die bislang katastrophale Raumenge etwas gemildert war. Die innere Zone wurde inzwischen durch umfangreiche Slum-Clearing-Programme fast zur Gänze erneuert, die Back-to-Back-Häuser durch Wohnblockverbände des Public Housing, vereinzelt sogar durch Hochhäuser, ersetzt. Die veraltete innere Industriezone ist vielfach durch Schnellstraßenringe aufgebrochen worden.

Grundsätzlich gelangt man von innen nach außen in immer jüngere Wohngebiete.

Im Industriezeitalter veränderte sich das Stadtmittekonzept entscheidend. Die britische Industriestadt brach mit der Tradition der „Sozialen Mitte". Ihre Schöpfung, die Fabrik, brachte ein von den Produktionsstätten ausgehendes zentrifugales Ordnungsmoment ins Spiel. In der britischen Stadt, in welcher, anders als in Kontinentaleuropa, eine Urbanisierung des Adels nicht stattgefunden hat, gewann daher mit der Industrialisierung die „soziale Inversion" den Vorrang, d. h., die Stadtmitte wurde aus der sozialen Mitte zuerst im Gefolge der Citybildung zu einem „Bevölkerungskrater" und schließlich zu einem „sozialen Krater". Es war von entscheidender Bedeutung, daß Nordamerika mit der Industrialisierung die Konzeption der Industriestadt von Großbritannien übernahm.

Verglichen mit Großbritannien vollzogen sich Verstädterung und Industrialisierung in Deutschland mit einer Phasenverschiebung von nahezu einem halben Jahrhundert. Die Hauptverstädterungs- und Industrialisierungsphase fällt hier in die zweite Hälfte des 19. Jh.s, genauer gesagt in die Jahrzehnte zwischen 1870 und 1910, und damit in die Periode, die auch als Hoch- und Spätgründerzeit bezeichnet wird.

Inzwischen waren, dem französischen Vorbild des Manufakturzeitalters folgend, vor den Toren der größeren Städte Gewerbevorstädte emporgewachsen. Konkurrenzangst des eingesessenen Gewerbebürgertums und die ständige Revolutionsfurcht der Herrscherhäuser und der Aristokratie verhinderten in vielen Städten die Niederlassung großer Fabriken in unmittelbarer Nähe der Stadt und bewirkten, daß sich die Industrie verhältnismäßig abgesetzt von der Wohnverbauung am Außenrand der Stadt ansiedelte. Die freien Flächen zwischen dem älteren Vorstadtraum und einer peripheren hochgründerzeitlichen Industriezone wurden dann meist erst später durch die Mietshausverbauung geschlossen.

Anders als in Großbritannien konnte sich die gründerzeitliche Bautätigkeit in der Altstadt selbst nur in den wirklich großen Städten (Paris, Berlin, Wien, Budapest u. dgl.) durchsetzen, nicht dagegen in den Klein- und Mittelstädten, in denen schon relativ früh eine Suburbanisierung der Oberschichten in neue Villenviertel einsetzte und daher vorindustrieller Baubestand erhalten blieb.

Der Erste Weltkrieg bedeutete für das deutsche Städtewesen eine schärfere Zäsur als für das britische. Seit damals wurde der Stadtrand zum Experimentierplatz und Konkurrenzfeld verschiedener Bautypen und Rechtsformen des Wohnungswesens. Ein Stückwerk von Nutzungen entstand, teils im Anschluß an das vorgegebene Siedlungs- und Verkehrsnetz, teils losgelöst davon auf dem Stadtgebiet und über die Stadtgrenze ausufernd. Mit dem Ersten Weltkrieg war die Zeit flächenhafter zonaler Ausbreitung des Stadtkörpers endgültig vorbei. Neue Siedlungs- und Industriebänder folgen seither radialen und tangentialen Schnellbahnen und Schnellstraßen. Gründerzeitliche und jüngere Bebauung scheiden sich überall scharf voneinander, nicht zuletzt auch deshalb, weil die Zeit eines „perfekten kapitalistischen Systems", vor allem auf dem Wohnungsmarkt, mit dem Ersten Weltkrieg zu Ende war.

In den südeuropäischen Großstädten ist die Industrialisierung der Verstädterung nicht wie in Großbritannien vorangegangen, sondern gefolgt. Ähnlich wie im kontinentalen West- und Mitteleuropa entwickelte sich eine gewerbereiche Vorstadtzone. Die äußere Industriezone der Gründerzeit ist dagegen, wenn überhaupt, nur in Ansätzen ausgebildet. Der Erste Weltkrieg bedeutete hier keinen so scharfen Einschnitt für die Stadtentwicklung wie im Raum der Mittelmächte.

Kompakte Mietshausstrukturen schließen bis hin zur Gegenwart ziemlich unmittelbar an die ältere geschlossene Reihenhausverbauung an. Zur Einzelhaussiedlung kam es nur in den sozialen Extremschichten. So entstanden seit dem späten 19. Jh. einerseits die Villen der Oberschicht und andererseits die squattermäßigen Behelfssiedlungen der armen Leute. Letztere konnten inzwischen dank eines beachtlichen sozialen Wohnungsbaus zum Großteil beseitigt werden. Der rasche aktuelle Industrieaufbau, oft mit ausländischem Kapital finanziert, ließ längs der Autobahnen neue Industriesatelliten aufwachsen. Mailand bietet ein Beispiel dafür.

Die „Neue Stadt"

Das Konzept

Großbritannien hat die Weichen für die Industrialisierung und die Verstädterung gestellt; in Großbritannien waren die negativen Auswirkungen beider Prozesse am stärksten; in Großbritannien wurde daher auch zuerst nach einer Abhilfe gesucht und diese schließlich im Konzept der „Neuen Stadt" von Ebenezer Howard (1902) gefunden. In Vorwegnahme von Ideen des sozialen Wohlfahrtsstaats gelang es, einen neuen Stadttyp zu schaffen, der sich in nahezu allen wichtigen Merkmalen von den älteren Stadttypen abhebt (Abb. 1.33).

Im folgenden seien die Grundzüge vorgestellt. Grundsätzlich ging es um die Neuorganisation der „formlosen" und „inhumanen" grauen Masse der industriellen Großstadt und um ein Zurückführen der Stadtgröße auf einen „menschlichen Maßstab", d.h., man wollte die verlorengegangene Überschaubarkeit der Städte zurückgewinnen. Dabei ging es Howard keineswegs – wie dies in der späteren Literatur vielfach irrtümlich gesehen wurde – nur um die Schaffung von Gartenstädten, sondern um ein städtisches Siedlungsgebilde für 250 000 Menschen, in dem rund 58 000 Menschen in der Zentralstadt und die übrigen in sechs ringsum gelegenen Gartenstädten mit jeweils rund 32 000 Bewohnern untergebracht werden sollten.

Der ideengeschichtlich interessierte Leser wird die Zuordnung von sechs Städten zu einer Zentralstadt mit Erstaunen zur Kenntnis nehmen und sich daran erinnern, daß eine Generation später W. Christaller im Rahmen der zentralörtlichen Theorie als optimales Anordnungsprinzip für administrative Funktionen die Zuordnung von sechs Gemeinden zu einem Zentralen Ort angegeben hat. E. Howard hat überdies eine Gliederung der Gartenstädte in Teile mit unterschiedlichen Funktionen vorgesehen, ohne dabei explizit die erst später entstandene Nachbarschaftsidee anzusprechen.

Gerade in einem Land, in dem die soziale Segregation durch genormte Bautypen ein derartiges Ausmaß erreicht hatte wie in Großbritannien im 19. Jh., ist besonders bemerkenswert, daß Howard von einer sozialen Differenzierung sowohl der Kernstadt als auch der Gartenstädte ganz und gar Abstand nahm.

Recht interessant erscheint es jedoch, darauf hinzuweisen, daß er wenig attraktive Einrichtungen, darunter psychiatrische Kliniken, in den interurbanen Raum verbannte. Mit diesem Vorschlag beschritt er übrigens einen Weg, den auch die Kommunalbehörden in der Gegenwart gehen. Sie sind bestrebt, Einrichtungen der sozialen und technischen Infrastruktur mit geringer Attraktivität und hohen Störeffekten in das Umland der Städte abzuschieben.

Der große Erfolg, den die Idee der „Neuen Stadt" langfristig hatte, liegt zweifellos in dem neuen Konzept der Stadtmitte begründet. Gestaltung und Funktion der Stadtmitte aller Stadttypen wurzeln in den politischen Leitideen ihrer Zeit. Im Absolutismus bildete der Palast des Herrscherhauses den Mittelpunkt der Stadt, in der arbeitsteiligen industriellen Gesellschaft ist die Wirtschaftscity das Zentrum der Großstädte. Im Zentrum der „Neuen Städte" wurden nun – in Vorwegnahme der Ideologie einer Konsumgesellschaft – die für die menschlichen Bedürfnisse zentralen Einrichtungen der Versorgung mit Gütern und Diensten angesiedelt.

Ausgeklammert aus den Überlegungen blieb die dynamische Komponente der Entwicklung von Bevölkerung und Arbeitsstätten. Eine Erweiterung einer einmal gegründeten Stadt war nicht vorgesehen, sondern nur die Neugründung weiterer Städte an anderen Lokalitäten.

Ebenso einem Gleichgewichtsdenken verhaftet war auch die Vorstellung, daß derartige „Neue Städte" auf dem Sektor der Arbeitsplätze autark sein und die Zahl der Arbeitsplätze und die der Arbeitsbevölkerung im Einklang stehen sollten. Nur am Rande sei eingefügt, daß gerade diese Vorstellung der Realisierung dieses Konzepts die größten Schwierigkeiten bereitet hat und daß es außerhalb von Großbritannien den meisten der in der Nachkriegszeit geschaffenen „Neuen Städte" nicht gelungen ist, genügend Betriebe an sich zu ziehen, so daß sie zu häufig zu „Schlafstädten" am Rand von Agglomerationen geworden sind.

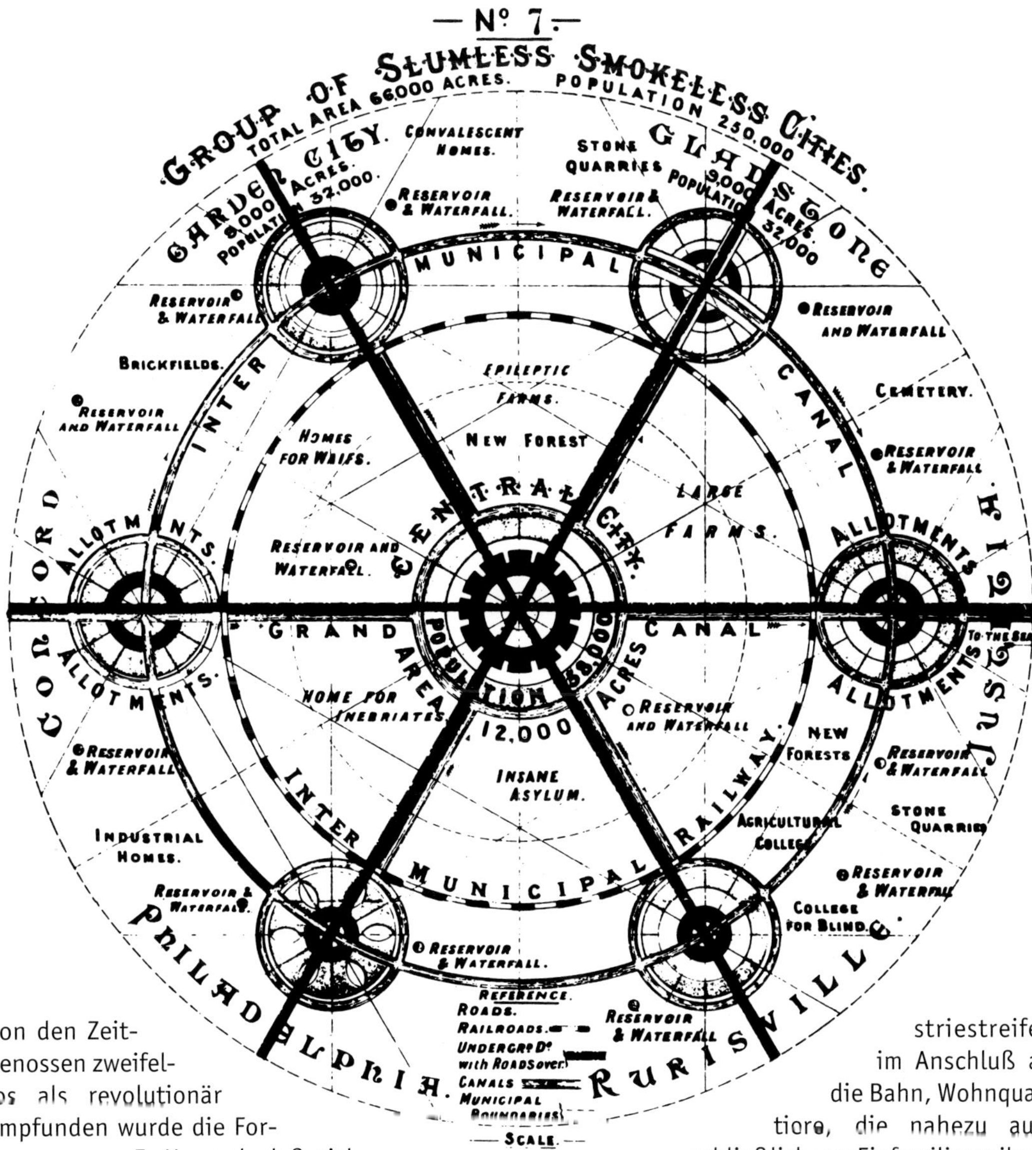

Abb. 1.33: Die Gartenstadt von Howard, 1902

Von den Zeitgenossen zweifellos als revolutionär empfunden wurde die Forderung von E. Howard, daß sich Grund und Boden im Eigentum der Stadt befinden müßte, um Spekulationen zu verhindern und die Entwicklung der Stadt steuern zu können. Im übrigen verblieb auch die Idee der „Neuen Stadt“ in der ersten Hälfte des 20. Jh.s mehr oder minder im Experimentierstadium, wobei sich folgende Haupttypen herausgebildet haben:

1) Der Prototyp der „Neuen Stadt“ konnte selbst in Großbritannien nur in einer einzigen städtischen Siedlung, nämlich in Letchworth, den Prinzipien von E. Howard folgend, ohne direkten Eingriff des Staates verwirklicht werden. 59 km nördlich von London gelegen, besitzt diese 1903 gegründete Gartenstadt alle wesentlichen Flächennutzungselemente, wie einen zentralen Geschäftsbereich, einen Industriestreifen im Anschluß an die Bahn, Wohnquartiere, die nahezu ausschließlich aus Einfamilienreihenhäusern bestehen, und einen Grüngürtel.
Auch das Ziel eines ausreichenden Arbeitsplatzangebotes wurde erreicht. 1965 besaß Letchworth etwa 200 kleine Gewerbe- und Industriebetriebe bei einer Einwohnerzahl von rund 25 000 Menschen.
1934 wurde die Idee der Neugründung von Städten dann von der britischen Raumordnungspolitik aufgegriffen und als Strategie zur Dezentralisierung des Wachstums der Region von London verwendet. Der eigentliche Boom der Neugründung von Städten setzte jedoch erst nach dem Zweiten Weltkrieg ein.
2) Die Konzeption der „Neuen Stadt“ als Zentraler Ort wurde ferner überall dort verwendet, wo – wie in Italien und den Niederlanden – in einem

letzten Auslaufen physiokratischer Bestrebungen des aufgeklärten Absolutismus Agrarkolonisationen erfolgten. In Italien stellen die trockengelegten Pontinischen Sümpfe, in der Campagna von Rom gelegen, ein Kernstück der Bonifikationen der dreißiger Jahre dar. Als zentrale Stadt wurde Latina, das bis 1947 Littoria hieß, gegründet. Aus der Zeit von Mussolini ist heute nur noch die zentrale Platzanlage mit anschließenden Wohnblöcken erhalten. In der Nachkriegszeit erfolgte ein starker Ausbau durch Industrieanlagen und Mietshäuser, nicht zuletzt aufgrund der Zuwanderung von Kolonisten, so daß zahlreiche Einzelhöfe nach der erst vor zwei Generationen durchgeführten Melioration wieder verfallen sind.

3) Große Bedeutung erhielt das Konzept der „Neuen Stadt" im Zusammenhang mit der Errichtung von industriellen Großbetrieben. Als Vorläufer dieser neuen Industriestädte können in Deutschland die Werksiedlungen angesehen werden, für die vor allem die Familie Krupp im Ruhrgebiet beispielgebend war. Auf diese Industriellenfamilie geht auch die Kruppsiedlung in Berndorf in Niederösterreich zurück, deren Kirche 1917 eingeweiht wurde (Abb. 1.34). Im Hinblick auf die Wohnbauformen haben diese Werksiedlungen durch die bevorzugte Verwendung des Einfamilienhauses mit Garten bereits das Gartenstadtkonzept vorweggenommen.

Das beste Beispiel für eine neuangelegte Industriestadt im Westen des Eisernen Vorhangs bildet Wolfsburg, 1938 als „Stadt des KdF-Wagens" gegründet. Durch das NS-Regime wurden großzügige Sonderverhältnisse geschaffen, welche der Trägergesellschaft einen raschen Erwerb von Grund und Boden gestatteten. Die ursprüngliche Planung sah auf der Höhe des Rückens im Süden des Werksgeländes – und damit gleichsam in Akropolislage – die Parteibauten vor, darunter ein Forum mit dem Rathaus. Diese Anlage wurde nach dem Zweiten Weltkrieg umgeplant, als die Gemeinde auch den Namen der alten Gutssiedlung annahm. 1947 wurde ein Plan für 35 000 Einw. erstellt, an die Stelle der Parteibauten trat ein Krankenhaus, die Bahnhofsstraße wurde zur zentralen Geschäftsstraße. Über diese ursprüngliche Planung ist Wolfsburg inzwischen längst hinausgewachsen; es zählte 1981 bereits 131 000 Einw.

In Westeuropa ist die Zahl von neuen Industriestädten auch nach dem Zweiten Weltkrieg bescheiden geblieben, während im Osten Europas in den ehemaligen Comecon-Staaten in Rußland und in Sibirien zahlreiche neue Industriestädte gegründet wurden.

Die Charta von Athen

In den oben vorgestellten Konzeptionen und Realisierungen von „Neuen Städten" ist eine grundsätzlich wichtige städtebauliche Idee implizit enthalten, nämlich die der säuberlichen räumlichen Trennung von städtischen Funktionen, insbesondere der Daseinsgrundfunktionen des Arbeitens und des Wohnens. Damit wurde einer der wichtigsten, im vollen Fluß begriffenen Prozesse der jüngeren Stadtentwicklung keineswegs nur im nachhinein sanktioniert, sondern, was noch viel wichtiger erscheint, vorweggenommen.

Zu diesen Feststellungen sind einige Bemerkungen angebracht. Die Separierung städtischer Funktionen vollzieht sich grundsätzlich auf zwei Ebenen, und zwar einerseits in Form der bereits angesprochenen Trennung der Daseinsgrundfunktionen Arbeiten und Wohnen und andererseits in Form einer Differenzierung der Arbeitsstättenstrukturen. Die Vorgänge auf beiden Ebenen verliefen und verlaufen nur teilweise synchron. Im Hinblick auf den räumlichen Niederschlag kommt der Stadtgröße eine entscheidende Bedeutung zu. Separierungsprozesse, welcher Art auch immer, setzten zuerst in den großen Städten ein. Dementsprechend ist die Trennung der Standorte von Wohnen und Arbeiten keineswegs erst ein Produkt des industriellen Zeitalters, sondern begann in den großen kontinentaleuropäischen Städten bereits im Mittelalter mit den Anfängen des Mietshauswesens und dem Entstehen von Verlaßgewölben (vermieteten Läden und Werkstätten) für Handels- und Gewerbetreibende. Beide Phänomene lassen sich in den großen europäischen Städten, wie Paris, Prag und Wien, bereits im 14. Jh. nachweisen. Mit der

Abb. 1.34: Krupp-Gründung Berndorf, Niederösterreich

Etablierung der staatlichen Behörden im Zeitalter des Absolutismus setzte ferner auch die innerstädtische Pendelwanderung der Beamten ein, die in Wien bereits für das 16. Jh. dokumentiert werden konnte.

Ebenfalls ins Mittelalter zurück reichen kleinzügige Viertelsbildungen spezifischer Branchen des Einzelhandels und der gewerblichen Produktion. Erst mit dem Stadtwachstum im industriellen Zeitalter erwies es sich als notwendig, Ausgrenzungen und Restriktionen für industrielle Nutzungen vorzunehmen, wie sie übrigens für bestimmte Gewerbe schon die mittelalterliche Stadtgemeinde gekannt hatte.

In allen Großstädten des deutschen Sprachraums entstanden im späten 19. Jh. die Vorläufer dessen, was wir heute als Flächenwidmungspläne bezeichnen. Im folgenden sei auf den Bauzonenplan von Frankfurt am Main hingewiesen, der in vorbildlicher Weise bereits im Jahr 1891 zwei Leitprinzipien herausstellte:

- Es erfolgte eine Regulierung der Gebäudehöhe durch die Einführung von zentral-peripher abnehmenden Bauklassen und damit Geschoßzahlen sowie
- eine funktionelle Trennung zwischen Wohngebieten, Mischgebieten und Industriegebieten unter Berücksichtigung der Bahnlinien und – im speziellen Fall von Frankfurt – des Hafengeländes entlang des Mains.

Diese Separierung der städtischen Funktionen wurde 1927 von der Bewegung der Urbanisten, angeführt von Le Corbusier, in der sogenannten „Charta von Athen" verankert, in der eine grundsätzliche Separierung der Daseinsgrundfunktionen der Bevölkerung, nämlich des Wohnens, des Arbeitens, der Verkehrsbedürfnisse, der Erholung, der Bildung usw., gefordert wurde. Es ist hier nicht der Platz, um auf die Bedeutung dieser Doktrin einzugehen. In weiterer Konsequenz führte sie dazu, daß von Architekten und Städtebauern nicht nur die oben genannten Funktionen räumlich getrennt wurden, sondern ebenso die einzelnen Wohnformen wie das Ein- und Mehrfamilienhaus, das Mietshaus und das Hochhaus. Wegen des steigenden Flächenbedarfs der einzelnen Funktionen mußte schließlich vor allem den ebenfalls nach Verkehrsarten getrennten Verkehrsbändern und -flächen zunehmend mehr Raum zugewiesen werden. Obwohl man heute in der theoretischen Diskussion schon wieder von dieser strikten Flächentrennung und dem Nachbarschaftskonzept abgerückt ist, gelang es bisher jedoch noch nicht, die inzwischen in eingespielten bürokratischen Prozeduren verankerten Prinzipien durch neue zu ersetzen.

Festzuhalten ist, daß in der „Neuen Stadt" – und das beeinflußt die Stadtplanung der Gegenwart entscheidend – die Frage der räumlichen Segregation der Gesellschaft von vornherein aus den Entwürfen ausgeklammert wurde. Ihre Mitte ist als sozial neutral zu definieren. Das Konzept war vielmehr getragen von der Überzeugung der Notwendigkeit einer Verbesserung der Lebensbedingungen der gesamten städtischen Bevölkerung. Es ging um mehr als die planmäßige Zuordnung von Menschen zu Arbeitsstätten. Es ging um die Befriedigung der Daseinsgrundbedürfnisse der Bevölkerung, d. h., bezogen auf die Einwohnerzahl, um eine Ausweisung bestimmter Flächen für Wohnen, Arbeiten, Erholen, Verkehr, Geschäftswesen, Schulwesen u. dgl.

Das Konzept der „Neuen Stadt" hat als gesellschaftspolitisches Leitbild weit über die städtische Sphäre hinausgegriffen und auch die Regionalpolitik und Regionalplanung des sozialen Wohlfahrtsstaates tiefgreifend beeinflußt. Brachte bereits der Liberalismus eine gewisse Aufweichung der dörflichen Strukturen im städtischen Umland, so vollzog sich im Zeichen des sozialen Wohlfahrtsstaates mit immer weiter ausgreifenden Arbeitsmarktregionen der großen Städte mittels der Pendelwanderung der Übergang zu dem „Stadt-Land-Kontinuum". Die ursprünglich vielfach zwischen Stadt und Land gelegenen Industriesiedlungen sind inzwischen zu Städten avanciert. Zweitwohnungswesen und Fremdenverkehr tragen wesentlich zur immer stärkeren städtischen Durchdringung des ländlichen Raumes bei, bedingen andererseits jedoch eine wachsende Benachteiligung desselben überall dort, wo die ökonomische Marginalität nicht durch ökologische Attraktivität ausgeglichen werden kann. Mit diesen Aussagen sind wir bereits tief in das 20. Jh. vorgestoßen, dem im politischen Systemvergleich ein eigenes Kapitel gewidmet ist.

Aktuelle Stadtentwicklung und politische Systeme

Abb. 2.1: Frankfurt, Hochhaussilhouette 1990

Überblick

- Das Leitthema lautet: Konvergenz oder Divergenz der Stadtentwicklung zu Beginn des 21. Jh.s?
- Die drei großen politischen Systeme der westlichen Welt bilden die Bezugsbasis:
  - das soziale Wohlfahrtssystem Europas,
  - das privatkapitalistische System der USA und
  - die Transformationsstaaten des Postsozialismus.
- Die politischen Systeme tragen entscheidend zur Divergenz der Stadtentwicklung bei. Sie beeinflussen
  - die normativen Prinzipien des Städtebaus und der Stadtplanung,
  - den Einsatz der Technologien,
  - die Struktur der Wirtschaft,
  - die institutionellen Organisationsformen und
  - die Segregationsprozesse der Gesellschaft im Stadtraum.
- Folgende Instrumente der Kommunalpolitik besitzen besondere Bedeutung:
  - Bauordnungen und Flächenwidmungspläne,
  - kommunale Aufgabenbereiche und
  - Steuersysteme.
- Weitere Faktoren bedingen die Divergenz:
  - die ererbte bauliche Struktur und Landnutzung,
  - die tradierten Normen und Verhaltensweisen der Bevölkerung sowie die tradierten Formen des Wohnbaus.

Einleitung

Die Effekte der Globalisierung bestimmen die Gegenwart. Konvergenzen der Entwicklung auf allen Ebenen von Staat, Gesellschaft und Wirtschaft sind das Ergebnis. Es stellt sich die Frage, ob die europäische Stadtentwicklung – wenn auch mit Abstand – der nordamerikanischen folgen wird oder, wie bisher, einen eigenen Weg in die Zukunft hat. Die Antwort verlangt eine Differenzierung von varianten und invarianten Faktoren der Entwicklung von Städten und städtischen Systemen.

Verfechter der These einer Konvergenz der Entwicklung können eine Reihe von invarianten Faktoren ins Treffen führen.

- Hierzu zählen sämtliche Technologien des Bauens, der Sachgüterproduktion, des Verkehrs, der Infrastruktur von Versorgung und Entsorgung, der Kommunikation und Information.
- Sie können darüber hinaus darauf hinweisen, daß die Abfolge der räumlichen Organisationssysteme der Gesellschaft von der arbeitsteiligen Gesellschaft über die Konsumgesellschaft bis zur Freizeitgesellschaft sich weitgehend unabhängig von den politischen Systemen vollzieht.
- Als ein schlüssiges Glied in der Beweiskette können sie belegen, daß die Instrumente der Stadtplanung, wie die Charta von Athen, längst international gültigen Maßstäben folgen.

Verfechter einer Divergenz der Entwicklung können auf folgende variante Faktorenkomplexe verweisen:

- die aktuellen politischen Systeme mit den Leitbildern und Maßnahmenpaketen zur räumlichen Organisation und Strukturierung von Städten;
- die persistenten Strukturen der Stadtentwicklung als ererbte bauliche Struktur und Landnutzung, die tradierten Normen und Verhaltensweisen der Bevölkerung und die institutionellen Organisationsformen;
- die städtebaulichen Gestaltungsprinzipien, darunter insbesondere die Formen des Wohnbaus.

Drei Unterschiede der nordamerikanischen und europäischen Stadtentwicklung erscheinen von wesentlicher Bedeutung:

- In Europa ist der Raum nicht wie in Nordamerika eine ubiquitäre Ressource. Der Boden ist knapp, die Bodenpreise sind hoch. Die hohe Bevölkerungsdichte führt zu anderen Formen im Städtebau, aber auch in allen anderen Kategorien städtischer Existenz. Phänomene der Unternutzung, der Extensivierung und des Brachfallens von Flächen, das Leerstehen von Objekten werden sehr rasch wahrgenommen und führen zu Gegenaktionen und Maßnahmen seitens der Behörden und der Bevölkerung.
- Städtische Systeme in Europa unterliegen Wohlfahrtsstrategien des Sozialstaates und damit pluralistischen Organisationssystemen – in der Wohnungswirtschaft, im Verkehr, bei der Entwicklung der sozialen und technischen Infrastruktur und, abgeschwächt, auch auf dem Arbeitsmarkt.

  Durch diesen Pluralismus werden Segmente auf den genannten Ebenen definiert, welche durch unterschiedliche Zugangsbedingungen voneinander separiert werden und jeweils spezifischen Allokationsbedingungen unterliegen. Besonders ausgeprägt ist diese Segmentierung auf dem Wohnungssektor, da durch die spezifischen nationalen Strategien in Europa Mechanismen der Marktwirtschaft, wie sie in Nordamerika funktionieren, partiell außer Kraft gesetzt wurden. Die Prinzipien der sozialen Chancengleichheit haben ferner massive sachliche und räumliche Umverteilungsstrategien im Gefolge und bedingen damit eine Reduzierung der Disparitäten innerhalb der Gesellschaft und ebenso innerhalb des räumlichen Siedlungssystems.
- Wesentliche Unterschiede zwischen Europa und Nordamerika ergeben sich schließlich aufgrund der politisch-administrativen Organisationsformen, allen voran der Gemeinde als unterster Ebene des Staates, und damit einer Institution, die in Nordamerika ebenso fehlt wie der Verwaltungsaufbau, der auf den aufgeklärten Absolutismus und die bürgerlichen Revolutionen zurückgeht.

Instrumente der Kommunalpolitik

Im folgenden sei ausschließlich auf den Komplex der persistenten Strukturen eingegangen, und zwar auf Bauordnungen und Flächenwidmungspläne, kommunale Aufgabenbereiche und Steuersysteme.

Bauordnungen und Flächenwidmungspläne

Die physische Struktur von Städten als dreidimensionales Gebilde von Freiflächen und verbauten Räumen wird entscheidend durch die Möglichkeiten der Einflußnahme von Stadtbehörden in Form von Bauvorschriften und Bauordnungen bestimmt. Die vertikale Struktur des Baukörpers hängt nicht nur von der Bautechnologie ab. So gab es z. B. die technische Möglichkeit des Hochhausbaus bereits im mittelalterlichen Italien. Die Wohntürme von San Gimignano beweisen es. Die Regierungen der Stadtstaaten zwangen jedoch die Adelsfamilien, ihre Turmbauten abzubrechen. Die Periode eines mittelalterlichen Hochhausbaus in Europa war damit zu Ende.

Die Begrenzung des Baukörpers der Städte in der Vertikalen wurde auch im Absolutismus beibehalten. Aufgrund der Technik der Ziegelbauweise mit dem Leiterngerüst entstand die einheitliche, ruhige Trauflinie einer maximalen Bauhöhe von 26 Metern, welche, erstmals in Paris 1795 in Bauordnungen verankert, über Europa hinweg als „Traufhöhenprinzip" Nachahmung fand und den europäischen Städtebau bis zum Ersten Weltkrieg bestimmte.

Nordamerika hat Beschränkungen des Bauens in der Vertikalen nie gekannt. Die Fortschritte der Bautechnologie können am Höherziehen der „skyscraper" abgelesen werden. Traditionelle städtebauliche Vorstellungen, genormte bautechnische Regulierungen und eingespielte verwaltungstechnische Durchführungsbestimmungen verzögerten den Hochhausbau in Europa fast um ein Jahrhundert. Die zentral-periphere Abstufung der Bauhöhe in Form eines Bauklassenprinzips behielt bis in die 50er Jahre des 20. Jh.s ihre Gültigkeit und wurde erst durch die Einführung der Geschoßflächenzahl und damit durch eine in der Vertikalen elastische Bauweise abgelöst. Damit ist auch in Europa der Hochhausbau auf die Bühne getreten (Abb. 2.1).

Allerdings unterscheidet sich seine Verortung im europäischen Stadtraum grundsätzlich von der in Nordamerika. Die neuen Landmarken der City – Banken, Versicherungen, Bürobauten von Großkonzernen und Hotels – halten einen Respektabstand zu den historischen Landmarken der Kirchen, Rathäuser und Schlösser. Es sind – und dies mag den Stadthistoriker interessieren – die historisch-topographischen Grenzen, die Narbenzonen der Städte, in denen man die technische Infrastruktur einbringen kann, die notwendig ist, damit Hochhäuser errichtet werden können. Hochhäuser entstehen ferner dort, wo traditionelle Bauklassen aneinanderstoßen, und markieren damit den Eingang zu älteren Vorstädten und Vororten. Hochhäuser sind überdies ein Instrument der Slumsanierung, ebenso werden sie aber auch bei Wohnsatelliten am Rande der Agglomeration verwendet. Sie markieren die Wachstumsfront des zentralen Geschäftsbezirks und bilden Cityauslieger, wie die UNO-City in Wien und La Défense in Paris (Abb. 2.2).

Ein neues architektonisches Element bilden die Bahnhofsüberbauungen, wie Montparnasse in Paris und der Franz-Josefs-Bahnhof in Wien.

Verkehrsknoten des Massenverkehrs werden in den Millionenstädten dadurch markiert. Hinsichtlich des anzustrebenden Musters von Hochhausbauten im Stadtgebiet bestehen jedoch nirgends städtebauliche Leitbilder.

Vergleichen wir mit Nordamerika. Hier nahmen die städtischen Behörden vor dem Ersten Weltkrieg im wesentlichen in zwei Richtungen Einfluß auf die physischen Erscheinungen von Städten: Erstens in Form von Brandschutzordnungen, zu deren wohl wichtigsten Bestimmungen die Anlage von Außenstiegen zählte, die man daher an allen Gebäuden bis zur Mitte der 50er Jahre des 20. Jh.s findet. Erst der technische Fortschritt durch die Anlage absolut feuerfester Stiegenschächte im Innern ließ sie überflüssig werden.

Zweitens bewahrten sich – noch auf die Landnahmezeit zurückgehend – amerikanische Stadtbehörden eine gewichtige Position in der Fest-

Abb. 2.2: Paris, La Défense von Westen

Abb. 2.3: Atlanta um 1970

legung des „open space", des Freiraums der Städte, und damit in der Straßenplanung. Von der rechtlichen Seite aus ist es damit den US-Stadtbehörden sehr viel leichter möglich, neue Autobahntrassen zu realisieren (Abb. 2.3). Unter dem Druck der großen Automobilkonzerne, denen überdies seit 1962 die Bundesregierung durch ein Autobahnsubventionsgesetz entgegengekommen ist, werden 90 % der Kosten von städtischen Interstate-Highways vom Staat übernommen, sobald ein gesamtstädtischer Verkehrsplan vorliegt. Aufgrund dieses Bedingungsrahmens des Zusammentreffens von Rechtslage, von Interessen der Großindustrie und staatlichen Subventionen ist ein gigantischer innerstädtischer Autobahnbau schon in den 1960er Jahren angelaufen, der den Niedergang der Downtowns auf der einen Seite und die Suburbanisierung der Bevölkerung auf der anderen wie die Auseinanderlegung von Flächennutzungen und die weitere Segregierung der Bevölkerung mitbedingt hat. Los Angeles sei als Beispiel angeführt, wo der 1971 vorliegende Stadtentwicklungsplan ein Gitternetz mit einer Maschenweite von 5 km für den Autobahnbau vorsah.

Erst sehr viel später als in Europa, nämlich in der Zwischenkriegszeit, entstanden in den USA Bauordnungen und Flächenwidmungspläne. New York machte 1916 den Anfang. 1926 wurde von der Bundesregierung der „Standard State Zoning Enabling Act" erlassen, der Kontrollbestimmungen für die Landnutzung, die Höhe der Gebäude usw. umfaßte, jedoch noch immer nicht von allen Staaten angenommen worden ist.

Grundsätzlich weisen US-amerikanische Flächenwidmungspläne eine große Ähnlichkeit mit ihren europäischen Gegenstücken auf, da sie ebenfalls in der Charta von Athen des Städtebaus verankert sind. Sie kamen aber zu spät, um die vorhandene, ausgeprägte physische und sozialökologische Gliederung der Städte zu verändern: die Hochhaussilhouette der Downtown, die Industriezone im Anschluß an den Central Business District (CBD) und die Position der Bahnhöfe, Müllablagerungsflächen u. dgl.

Änderungen dieser Strukturen erwiesen sich als unmöglich, nicht zuletzt aufgrund der mangelnden Bereitschaft der großen Hypothekenbanken, teure Objekte in billigen Nachbarschaften zu finanzieren. Trotz aller Zoning-Vorschriften war es nicht möglich, den Umbau in neue Bahnen zu lenken und Stadterneuerung in großem Umfang durchzuführen, so wie dies notwendig gewesen wäre.

Die Flächenwidmungspläne wurden jedoch wichtig für die Suburbs. Hier erhielten sie freilich eine ganz andere Funktion als in Europa. Suburbs der Oberschicht begannen seit den zwanziger Jahren sich gegen die aus der Stadt flüchtende Mittelklassebevölkerung durch Vorschriften über die Größe der Grundstücke und die Höhe der Hauswerte zu verbarrikadieren. Die Vororte der Mittelschicht schlossen sich diesem Vorbild an. Wohl waren ihnen campusartig aussehende Industriebetriebe als Steuerträger durchaus willkommen, ihre Restriktionen richteten sich aber gegen das Eindringen von Niedrigeinkommensbeziehern und insbesondere afroamerikanischer Bevölkerung.

Eine Art Schachspiel zwischen verschiedenen Suburbs begann, um unerwünschte Bewerber (welcher Art auch immer) abzuweisen. Flächenwidmungspläne wurden von den Suburbs zu einem Instrument der Segregation hochstilisiert und sind es überall dort geblieben, wo eine größere Differenzierung der Nachfrage nach Grund und Boden besteht.

Ein weiterer Unterschied kommt hinzu. Aufgrund der enormen Bautätigkeit war es nicht möglich, die auf die Einzelparzelle bezogenen Vorschriften, welche in den europäischen Rechtsnormen der Verbauung verankert sind, für Baupläne aufrechtzuerhalten. Es entstand das System der „Subdivision-Control": Eine Aufschließung wurde überhaupt nur bei Verbauung eines größeren Terrains gestattet, und dann musste für das betreffende Landstück eine private Firma Aufschließungspläne vorlegen und die Durchführung der Aufschließung übernehmen. Diese Prinzipien förderten private Großbaugesellschaften und Großbauprojekte und übertrugen der Privatwirtschaft eine Aufgabe, die in Europa den städtischen Behörden zukommt, nämlich die Anlage von Straßen, Kanälen, Lichtleitungen usw.

In den 1960er Jahren vollzog sich der Schritt zum „Planned Unit Development", dem gebün-

Abb. 2.4: Toronto, Luftbild, 1954

Abb. 2.5: Toronto, Luftbild, 1968

delten Paket des Angebotes von Schulen, Freizeiteinrichtungen, Geschäftszentren, Einfamilienhäusern und Arbeitsstätten, darunter neuen Leichtindustrien. Damit emanzipierten sich die Suburbs endgültig von der Kernstadt.

Ebenso wie im europäischen Mittelalter nicht alle Stadtgründungen reüssiert haben, war auch die Anlage derartiger integrierter „Neuer Städte" in den USA nicht immer und überall erfolgreich.

Eine Vorstellung vom Tempo der Bautätigkeit vermitteln Luftbilder von Toronto aus den Jahren 1954 und 1968, denen die planmäßige Strukturierung des mosaikförmigen Aufschließungssystems der Suburbs im oben angesprochenen Sinne zu entnehmen ist (Abb. 2.4 und 2.5).

Grundsätzlich beruht das Konzept dieser „integrierten Suburbs" auf dem der Neuen Stadt, wie sie von E. Howard in Großbritannien als Reaktion auf die Mißstände des industriellen Städtewesens erdacht worden war. Zu den Grundvoraussetzungen von Howards Modellen zählte die Kommunalisierung von Grund und Boden, weil nach seiner Auffassung nur dadurch die Bodenspekulation und alle daraus resultierenden Auswüchse beseitigt werden könnten.

Die Bodenfrage zählt seit Howard zur zentralen Thematik der städtischen Gesellschaftspolitik und Stadtplanung. Im Zusammenhang mit ihrer Ideologisierung brechen auch in der Forschung Gräben auf, z. T. zu Unrecht. Die nordamerikanische Entwicklung beweist nämlich, daß sich auch in einem marktwirtschaftlichen System aufgrund der Ideologie der bestmöglichen Vermarktung des Gesamtproduktes Planungskonzepte, wie das

Abb. 2.6: Sun City

der „Neuen Stadt", verwirklichen lassen. Die Realisierung ist sogar sehr viel leichter und in einer quantitativen Breite möglich, die den aufmerksam durch Nordamerika reisenden Europäer immer wieder in Erstaunen versetzt (Abb. 2.6). Freilich muß eine Einschränkung angebracht werden: Für marginale Bevölkerungsschichten ist in derartigen neuen Suburbs kein Platz.

Der angesprochene Suburbanisierungsvorgang hat in Europa andere Rahmenbedingungen als in Nordamerika. Hierzu zählen:

- Die historischen Siedlungsstrukturen eines Netzes von Kleinstädten und Dörfern und damit das daraus entstandene kleinzügige Mosaik der Gemeinden rings um die großen Städte, in denen die Bürgermeister die oberste Bauaufsicht innehaben und gemeinsam mit den lokalen Eliten die Flächennutzung bestimmen. Parzellenweiser Grundstücksverkauf und individuelle Verbauung erfolgen daher vielfach ohne übergeordnete Aufschließungs- und Planungsprinzipien.
- Mit Recht wurde für Frankreich das Wort von der „anarchischen Urbanisation" geprägt, das nun für weite Teile Europas Gültigkeit besitzt (Abb. 2.7). Aus Gründen, die hier nicht näher ausgeführt werden können, okkupieren seit der Zwischenkriegszeit, teils im Anschluß an Dörfer und Kleinstädte, teils unabhängig davon, Einfamilienhausgebiete in allen Größen, Qualitäten und Arten von Bau- und Rechtsformen, von genossenschaftlichen Reihenhaussiedlungen bis zu Übergangsnutzungen mit Brachparzellen als Kapitalanlage und Zweitwohnungen, weite Flächen des Stadtumlandes.
- Der aktuelle Suburbanisierungsprozeß wird ganz wesentlich durch den Ausbau der Massenverkehrsmittel und durch den Verkehrsverbund von Kleinstädten im Rahmen der Stadtregion mit der Kernstadt getragen.

Kommunale Aufgabenbereiche

Die Stadtbehörden in Europa haben einen weit größeren Aufgabenbereich als die in Nordamerika. Dieser geht im wesentlichen auf die Funktionen der mittelalterlichen Bürgergemeinde zurück, die in der Zeit des Absolutismus z. T. von der staatlichen Bürokratie übernommen wurden. Das Städtewachstum des 19. Jh.s brachte neue Aufgaben. Sie wurden vom technischen Städtebau, zunächst vielfach unter Beteiligung von Privatgesellschaften beim Bau der Massenverkehrsmittel und der Ver- und Entsorgungseinrichtungen, gelöst. Dieser Munizipalsozialismus an der Wende zum 20. Jh., dessen Maßstäbe in Wien von Bürgermeister Lueger gesetzt wurden, brachte ein neues Kapitel der europäischen Kommunalpolitik. Recht spektakulär vollzog sich in Wien noch die Verstadtlichung der öffentlichen Verkehrsmittel und anderer Versorgungseinrichtungen, wie der Gas- und Elektrizitätswerke. Weit unauffälliger folgten in der Zwischenkriegszeit die meisten Städte Europas dem Wiener Beispiel.

Gesellschaftspolitische Grundsätze des sozialen Wohlfahrtsstaates finden in die Investitions- und Tarifpolitik Eingang. Mit der Verbannung des Profitdenkens und der generellen Akzeptierung des Gemeinnutzenprinzips bei Sozial- und Infrastruktureinrichtungen bzw. einer Subventionierungsmaxime bei den öffentlichen Verkehrsmitteln unterscheiden sich die Verhältnisse grundsätzlich von denen Nordamerikas: Dort

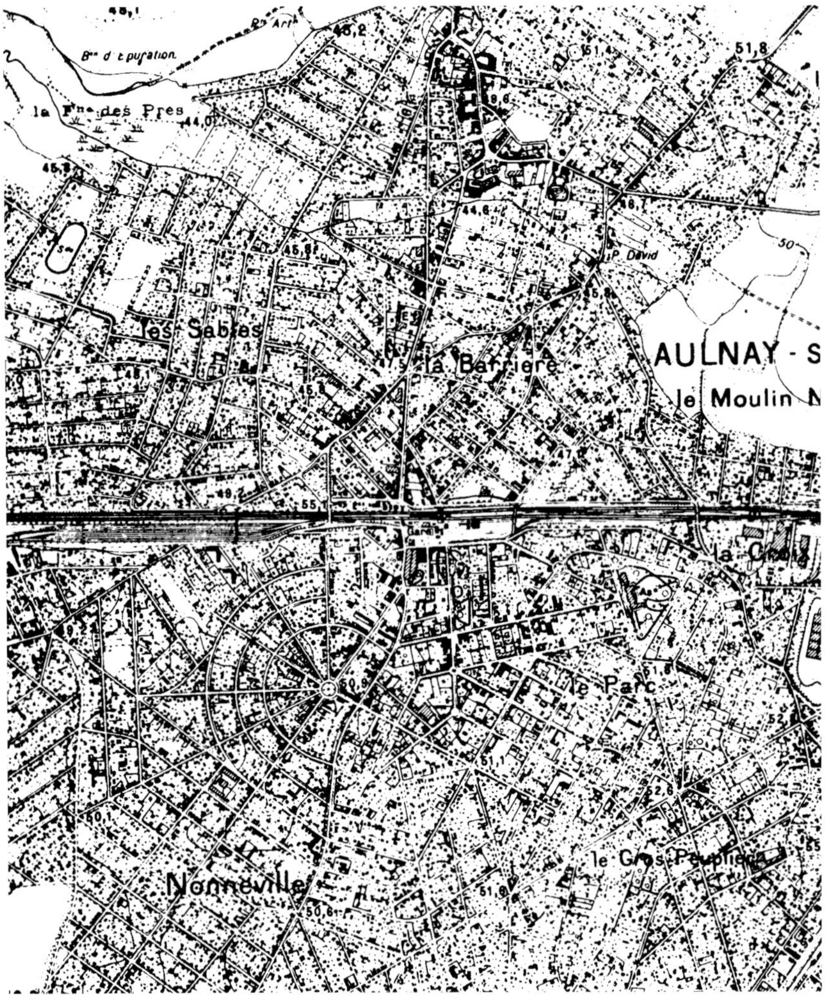

Abb. 2.7: Planung und chaotische Urbanisation, Frankreich

werden die anfallenden technischen und sozialen Infrastrukturleistungen fast durchwegs von Privatunternehmen erbracht, vielfach Großbetrieben, die, wie die der Elektrizitätsversorgung, häufig mehrere Staaten umspannen. Eine Verstärkung der Suburbanisierung entstand durch den Zusammenbruch der Massenverkehrsmittel, der, ungeachtet einer gewissen Subventionierung durch das Federal Government für den U-Bahn-Betrieb, bereits die Ebene von Millionenstädten erreicht hat. Auf die Unterschiede sowohl gegenüber den europäischen Wohlfahrtsstaaten als auch vor allem gegenüber den postsozialistischen Staaten wird noch zurückgekommen.

Die Konsequenzen der unterschiedlichen Aufgabenstruktur der Kommunalbehörden im Hinblick auf die räumliche Organisation von Städten liegen auf der Hand. Dort, wo der Magistrat die Betriebsführung hat, besteht in der Regel ein Qualitätsgradient vom Zentrum zur Peripherie und in vielen Fällen eine Unterversorgung des Stadtrandes. In den USA sind die Verhältnisse umgekehrt. Die Innenstadt und ältere Stadtteile sind häufig katastrophal schlecht ausgestattet, die technische Infrastruktur wurde vielfach erst nachträglich eingebracht, während andererseits die technische Ausstattungsqualität der jüngeren Suburbs, nicht zuletzt seit dem „Unit Area Development", durchwegs vorzüglich ist.

Die Unterschiede im Bereich der sozialen Infrastruktur akzentuieren die obigen Aussagen. Unter den Einrichtungen der sozialen Infrastruktur kommt zunächst dem Schulwesen ganz allgemein eine besondere Bedeutung für die soziale Differenzierung von Städten zu. In den meisten europäischen Staaten ist das Schulwesen verstaatlicht und durch einheitliche Lehrpläne und einheitliche Bezahlung der Lehrer geregelt. Bildungspolitik ist ein Mittel des Disparitätenausgleichs, und zwar sowohl auf der interregionalen als auch der intraurbanen Ebene.

Anders in Nordamerika: Es gibt kein staatlich finanziertes Schulwesen im europäischen Sinn. Die Schulen werden als lokale Schulen über Schuldistrikte verwaltet, die Erhaltung erfolgt mittels Lokalsteuern, welche im wesentlichen auf Einnahmen aus dem Haus- und Grundbesitz beruhen. Da es zu den Verhaltensnormen des Mittelstandsamerikaners zählt, den Kindern eine möglichst gute Schulbildung angedeihen zu lassen, ist es für jeden Familienvater selbstverständlich, daß er in den Suburb zieht, dessen Wohnstandard er sich mit seinem Einkommen gerade noch leisten kann. Der Sozialstatus des Suburbs findet nämlich über die Lokalsteuern in der Qualität der Schulen, sprich Ausstattung, Auswahl und Bezahlung der Lehrer usw., seinen Niederschlag. Auf diese Weise zählt das Schulsystem zu den entscheidenden Faktoren der ökonomischen und auch der ethnischen Segregation. Alle Versuche seit der Regierung Kennedy, dieses System mittels Schulbussen und Stipendien für Ausbildungsplätze für ärmere bzw. afroamerikanische Schüler zu ändern, sind bisher auf dem Experimentierfeld verblieben. Der äußerst mobile Nordamerikaner reagiert, wenn er es sich finanziell leisten kann, sehr rasch durch Umzug auf vermeintliche Verschlechterungen der Schulqualität.

Weitere Unterschiede zeigt der soziale Wohnungsbau: Er wurde in Europa in Zeiten der Wohnungsnot „geboren" und ist heute vielfach ein Instrument der Wahlgeometrie für sozialdemokratische Stadtverwaltungen: Kommunale Wohnbauten werden mit Vorliebe in bürgerlichen Wohnbezirken errichtet. Ganz anders ist die Situation in Nordamerika. Von flüchtigen ausländischen Besuchern häufig mit dem „Urban Renewal" gleichgesetzt, war und ist das Public Housing ausschließlich als Hilfsmaßnahme für die Ärmsten der Armen zu sehen, das heißt: Mit der Akkuratesse nordamerikanischer Bürokratie wird jedes Jahr überprüft, ob die Einkommen der Mieter nicht ein bestimmtes Limit überschreiten. Wer mehr verdient, muß ausziehen. Diese Aussiebung der Aufstiegswilligen hat das katastrophale Ergebnis erbracht, daß viele dieser Wohnsilos zu Horten des Verbrechens geworden sind und halb leerstehen, weil die Angst vor der Kriminalität die Menschen vertreibt. Da der soziale Wohnungsbau laut Gesetz nur 55 % des privaten Wohnungsbaus kosten darf, muß er mit den schlechtesten Standorten, zwischen Eisenbahngleisen, auf halb verfallenem Industrie- und Lagerplatzgelände usw., vorliebnehmen. Von einzelnen Städten wie New York abgesehen, hat der soziale Wohnungsbau mit insgesamt nur rund einem Prozent des Wohnungsbestands übrigens auch eine sehr viel geringere zahlenmäßige Bedeutung als in den europäischen Staaten. Auf seine Lage in der Transitionszone rings um die Downtown hat Schneider-Sliwa (1999) besonders aufmerksam gemacht.

Mit dem sozialen Wohnbau ist in Europa das „soziale Grün" untrennbar verbunden. Auch Nordamerikas Städte besitzen Stadtparks, die zumeist aus der Zeit der Stadtgründung stammen. Es handelt sich um Flächen, die von der Aufschließung ausgenommen und als Park angelegt wurden. Später haben einzelne Mäzene weitere Parks gestiftet. Seit dem Ersten Weltkrieg sind kaum mehr öffentliche Grünflächen entstanden. Neuanlagen, vom Klubsystem getragen, beschränken sich auf die Suburbs der Mittel- und Oberschicht.

Steuersysteme

Im Zusammenhang mit dem Schulsystem wurde bereits auf die Bedeutung der Lokalsteuern hingewiesen. Grundsätzlich besteht im privatkapitalistischen Wirtschaftssystem der USA nach wie vor eine hohe Besteuerung auf Haus- und Grundbesitz, aus der das Budget der lokalen Behörden gespeist wird. Daraus erklärt sich auch das oben gekennzeichnete Bestreben der wohlhabenden Bevölkerung eines Suburbs, einkommensschwache Schichten fernzuhalten, um damit die Qualität des Schulsystems nicht zu gefährden. Dieses Interesse erlischt begreiflicherweise bei Reduzierung der Haushaltsgröße infolge des Wegzugs der Kinder. Spätestens beim Eintritt in das dritte Lebensalter wird der Standort gewechselt und jener Suburb gewählt, in dem keine Schulen vorhanden sind. Durch die privatkapitalistische Regulierung des Wohnungsmarktes und die Koppelung des Schulwesens mit dem Lokalsteuersystem werden somit Prozesse der demographischen Segregation bedingt und beschleunigt. Es entstehen in großem Umfang Seniorenghettos, die als eine der wichtigsten und zugleich erschreckendsten Entwicklungstendenzen der modernen Suburbanisierung in den USA zu bezeichnen sind. Sie spielen vor allem in jenen Staaten eine Rolle, die im Winter mildes Klima aufweisen, wie etwa Florida.

In Europa haben wir zumeist vergessen, daß vor dem Ersten Weltkrieg die Besteuerung von Haus- und Grundbesitz ebenfalls eine Hauptstütze des staatlichen Budgets war. Als Beispiel sei die österreichisch-ungarische Monarchie genannt, in der auf die Hauszinssteuer 40 % des gesamten Staatsbudgets entfielen. Inzwischen sind im Gefolge der Entwertung von Haus- und Grundbesitz, der Mieterschutzgesetzgebung usw. die Steuern zu Anerkennungsgebühren herabgesunken. Es zählt daher zu den als immanent angesehenen Strukturproblemen von Wohnvororten, daß sie selbst dort, wo Mittel- und Oberschichten wohnen, aufgrund ihrer geringeren Steuereinnahmen Schwierigkeiten haben, ihre öffentlichen Aufgaben zu erfüllen.

Stadtentwicklung im politischen Vergleich

Der politische Systemvergleich belegt, daß der Stadtverfall zu den die politischen Systeme übergreifenden Erscheinungen in der westlichen Welt gehört. Die aus dem Gleichgewicht geratenen Proportionen zwischen dem Wachstum der städtischen Struktur und ihrer Erneuerung sind als Hauptursache anzusehen. Die Abb. 2.8 verdeutlicht dies.

Hierzu einige Aussagen: In Nordamerika ist aufgrund der Stadtflucht der Bevölkerung aus der Kernstadt Suburbia als neues Siedlungssystem entstanden. Es trägt die Counterurbanization, die Entstädterung. In diesem selbständigen sozioökonomischen Siedlungssystem lebt heute mehr als die Hälfte der Bevölkerung der USA.

Diese Bevölkerung von Suburbaniten hat freilich die Probleme in den Kernstädten aus dem Blickfeld geschoben. Hier sind in der Nachkriegszeit in einem sehr komplizierten Circulus vitiosus von fehlenden Reinvestitionen in den Baubestand, sinkenden Steuereinnahmen und bevölkerungsmäßiger Marginalisierung ausgedehnte Verfallsgebiete entstanden. Von diesem modernen Wüstungsprozeß in den Kernstädten kann man sich in Europa kaum eine Vorstellung machen. In den 1990er Jahren haben die Behörden überall mit massiven Sprengungs- und Abtragungsarbeiten versucht, einen Teil der verfallenen Objekte zumindest in unmittelbarer Nachbarschaft der Downtown zu beseitigen.

Abb. 2.8: Prozesse der Stadtentwicklung in Nordamerika und den postsozialistischen Staaten

Nordamerika	postsozialistische Staaten
→ Abfolge der Prozesse der Stadtentwicklung	
Stadtflucht Suburbanisierung Counterurbanization	Stadtwanderung Stadterweiterung Aufspaltung der Wohnfunktion Zweitwohnungsbewegung
→ Verfall im gründerzeitlichen Stadtgebiet	
in älteren Suburbs	
→ Erneuerung	
Rückkehr einer neuen Citybevölkerung zu den Kernstädten Gentrification	Umschichtung der Bevölkerung Zuwanderung anhaltend Altstadterneuerung

Nun ist Stadtverfall gleichzeitig Zustand und Prozeß. Als letzterer folgt er den Innovationsgesetzen und erfaßt dementsprechend einerseits immer jüngere Bausubstanz und breitet sich andererseits zentral-peripher aus. Konkret bedeutet dies, daß er sich, ausgehend vom gründerzeitlichen Baubestand der Kernstädte, gegenwärtig auch schon auf die älteren Suburbs und die Kleinstädte am Rande von großen Verdichtungsräumen ausbreitet.

Auch die Rückkehr von Teilen der Bevölkerung über die Gentrification hat das Fortschreiten des Verfalls nicht aufhalten können. Entsprechend dem Take-off des quartären Sektors hat sich nur in einzelnen großen Städten ein partieller Umbau der Innenstadt vollzogen.

Boston bietet ein Beispiel (Schneider-Sliwa, 1999).

Es besteht hinsichtlich der Verfallserscheinungen eine erstaunliche Parallele zu den Städten des Staatskapitalismus östlicher Prägung, in denen die Verfallserscheinungen ebenfalls auf fehlenden Reinvestitionen in den Baubestand beruhen. Die Gründe dafür sind hier freilich andere: Der private Mietshausbesitz wurde vielfach enteignet und steht – zumindest vorläufig noch – weitgehend unter staatlicher Verwaltung. Die staatlichen Budgets reichten nicht aus, um Stadterweiterung in Form des Baus von Großwohnanlagen sowie der Errichtung von Massenverkehrsmitteln zu betreiben und gleichzeitig in den älteren Baubestand zu investieren.

Entwicklung im Privatkapitalismus

Von der kurzen Phase kolonialer Abhängigkeit abgesehen, vollzog sich die Stadtentwicklung in Nordamerika im Zeichen des Liberalismus und damit auf einem von Angebot und Nachfrage diktierten Bodenmarkt, auf dem Bodenpreise, Rendite und Spekulation Regulative bilden.

Nachdem das politische System in den letzten 200 Jahren im großen und ganzen unverändert geblieben ist, können die Städte Nordamerikas geradezu als Modellfall dafür angesehen werden,

Abb. 2.9: *Luftbild Philadelphia 1970*

Abb. 2.10: *Verfallende Wohngebiete in Philadelphia 1981*

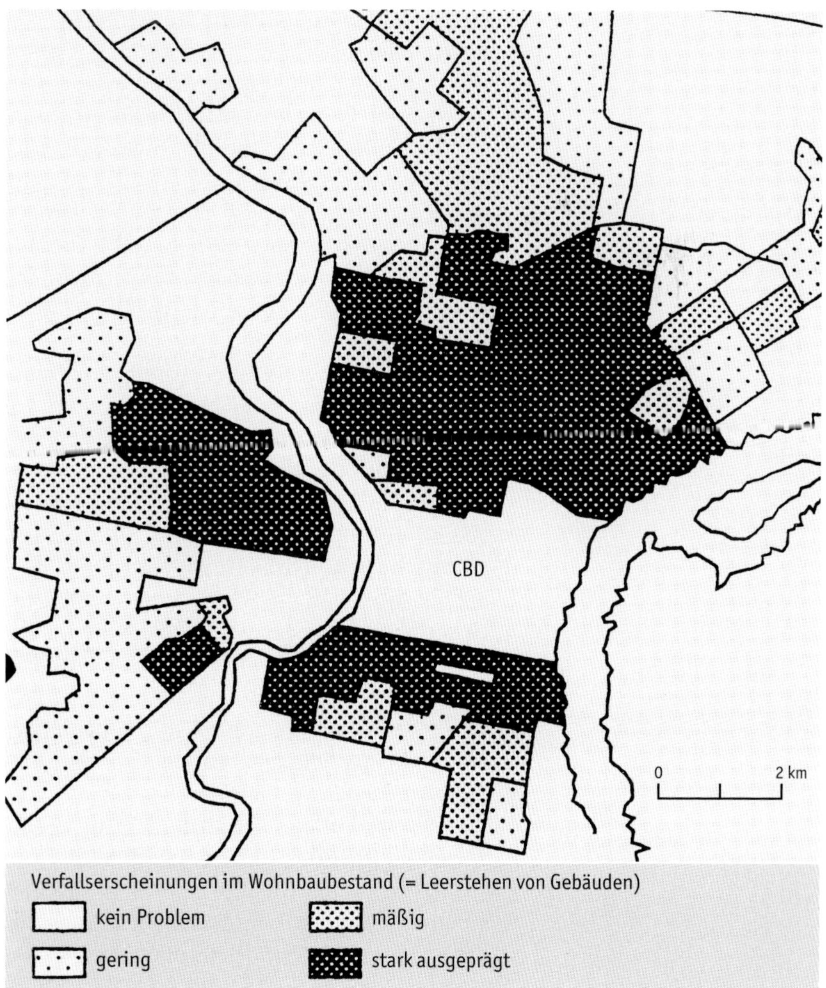

welche Konsequenzen sich aus der Anwendung privatkapitalistischer Spielregeln bei gleichzeitiger Veränderung der Technologie der Produktion, des Bauens und des Verkehrs für das städtische System ergeben.

Zum Verständnis der Stadtentwicklung bedarf es der Beachtung folgender Elemente:

- Renditedenken und Gewinnmaximierung bestimmen die sozialen Normen. Sie beeinflussen zutiefst das Investitionsverhalten der Bevölkerung und bedeuten konkret, daß Kapitalinvestitionen in Bauobjekte nur solange stattfinden, wie diese zur Steigerung des Marktwertes beitragen. Da besonders Banken und Versicherungen ihre Geldanlagen nur dort tätigen, wo sie eine entsprechende Rendite erwarten, ist es verständlich, daß abgewohnte Gebiete der Kernstädte als finanziell „tote Zonen" aus den Investitionsstrategien ausgeklammert werden. Selbst wenn einzelne Personen bereit wären, verfallende Objekte zu reparieren, so würden sie hierfür keine Kredite erhalten.

  Es ergibt sich daraus weiterhin, daß Stadterneuerung im Zuge eines ökonomischen Recycling-Denkens nur vollständige Abräumung ehemaliger Wohngebiete und deren Umfunktionierung zu Verkehrsflächen bzw. die Adaptierung ästhetisch attraktiver Teile in historisch-musealer Form für eine zahlungskräftige neue Citybevölkerung bedeuten kann.

- Die außerordentlich hohen Neubauraten zusammen mit dem technologischen Fortschritt haben die durchschnittliche Lebensdauer von Bauobjekten längst auf die menschliche Lebenszeit verkürzt und in jüngster Zeit eine weitere Reduzierung auf eine Generation bewirkt. In weiterer Konsequenz bedeutet dies, daß sämtliche Neubauten sehr rasch in die graue Zone von verschatteten Gebieten bzw. blighted areas (Blight = Pilzbefall) einrücken. Der Hausbesitz wird dementsprechend aus den aktuellen Bedürfnissen von einzelnen Personen und Haushalten und dem ökonomischen Nutzen für sie definiert, hat jedoch nur eine geringe Funktion im intergenerationalen Besitztransfer.
- Die kontinuierliche Anpassung an den Markt erfordert eine extrem hohe Mobilität der Produktionsfaktoren Arbeit und Kapital. Kapital wird sehr rasch abgezogen, wenn es in einem bestimmten Raum keine Erträge liefert. Leerstehende Objekte „stören" niemanden, da keinerlei kollektive Verantwortlichkeit für das gepflegte Aussehen von Städten außerhalb der „eigenen Nachbarschaft" besteht. Die Mobilität auf dem Arbeitsmarkt zählt zu den internalisierten Normen eines aufstiegsorientierten Sozialverhaltens.
- Durch den geringen Budgetanteil des öffentlichen Sektors sind Maßnahmen gegen die Ausbreitung von physischen Verfallserscheinungen aus öffentlichen Mitteln kaum finanzierbar. Im Gegenteil, in einer von den Vorzügen des Privatkapitalismus überzeugten Mittelschichtgesellschaft wird vor allem darauf geachtet, daß das Ausmaß der Sozialpakete nicht ausgeweitet wird. Dieses Verhalten trägt wesentlich dazu bei, daß die Verfalls-, Segregations- und Marginalisierungsprozesse weiter fortschreiten und sich die davon betroffenen Areale ausweiten.
- Von entscheidender Bedeutung für die Vorgänge von Verfall und Erneuerung ist das Steuersystem. Die Steuern auf Grund und Boden bilden die Grundlage für das Budget der Lokalbehörden und die Finanzierung der sozialen Einrichtungen. Dies bedeutet, daß damit kein Weg aus dem Teufelskreis von marginaler Bevölkerung – geringer Steuerkraft – geringen Einnahmen der Lokalbehörden – schlechten öffentlichen Einrichtungen, wie Schulen und Spitäler, herausführt.

Aufgrund dieses Bedingungsrahmens hat der Verfall von weiten Teilen der Kernstädte der USA, der in den 1950er Jahren das erste und einzige Mal statistisch zu erfassen versucht wurde, inzwischen ein für europäische Verhältnisse nahezu unvorstellbares Ausmaß erreicht. Rückwirkungen der enormen suburbanen Erweiterung der Metropolitan Areas auf die Kernstädte haben alle funktionellen Bereiche derselben betroffen.

- Es kam zu einem Niedergang zahlreicher zentraler Geschäftsbezirke. Dieser enorme Umfang des Commercial Blight wurde zum ersten (und letzten!) Mal von B. J. L. Berry für Chicago (1963) dokumentiert. Seither ist dieser Vorgang gleichsam aus dem öffentlichen Bewußtsein wie aus der „Wahrnehmung" der Stadtforschung ausgeblendet worden.
- Mit der räumlichen Verlagerung und Umschichtung der Industrie erfolgte ein ebenso eindrucksvoller Verfall des inneren Industriegürtels um die Downtown (Industrial Blight) (vgl. Abb. 3.35).
  In den letzten Jahrzehnten sind diese ausgedehnten Areale von leerstehenden Hallen und verwahrlosten Flächen verschiedentlich abgeräumt und durch Autobahntrassen ersetzt worden. Es gibt keine Statistik über leerstehende Objekte. Doch sind Schätzungen von rund 300 000 Industrieobjekten, die leerstehen, vermutlich zutreffend (Holzner 1997).
- Der Verfall der Wohnbausubstanz (Residential Blight) und die Slumbildung zählen jedoch zu den am stärksten flächenbestimmenden Phänomenen. In diesen innerstädtischen Wüstungsgebieten der spät- und postindustriellen Gesellschaft sind die Bodenpreise auf Null gesunken. Trotz der staatlichen Initiierung einer „Frontierbewegung", welche Interessenten für die Gebühr von 1 US-$ den Besitztitel an einem leerstehenden Objekt zuerkennt, schreitet der Verfall in den Wohngebieten um den CBD weiter fort. Das Beispiel von Philadelphia belegt den 5 bis 10 km breiten Ring des Verfalls in dieser großen Metropole im Nord-

Abb. 2.11: Sozialwohnungsbau am Cityrandbereich, St. Louis, 1999

osten der USA. Hier stehen rund 40 000 Häuser leer (Abb. 2.9 und 2.10). Ähnliche Werte wurden in jüngster Zeit für Baltimore angegeben. In St. Louis wurden soziale Wohnungsbauten auf abgeräumten Flächen errichtet (Abb. 2.11).

Stellt man die Frage, welche städtischen Gebiete von der „Produktion" von Kapital durch Bodenpreissteigerungen profitieren und neue Strukturen erhalten, so lautet die Antwort keineswegs, daß die Wolkenkratzer immer höher wachsen, wie dies noch vor einem Vierteljahrhundert zutraf. Eine allgemeine Aussage ist nicht mehr möglich, zu differenziert entwickeln sich die Metropolen der USA. Dagegen ist andererseits der „Urban Sprawl" keineswegs abgestoppt, sondern breitet sich in Exurbia in den ökologisch attraktiven Gebieten immer weiter aus. Auf die Thematik der Differenzierung der Downtown der amerikanischen Metropolen in der Gegenwart wird noch im Kapitel „Stadträume" eingegangen werden.

Kapitalbildung durch Bodenspekulation und Bodenpreissteigerung in Interessenverflechtung mit Autofirmen, Öltrusts sowie Großunternehmen der Bauindustrie, der Hypothekenbanken und des Autobahnbaus haben die Suburbanisierung zu einem selbststeuernden Vorgang gemacht. Suburbia ist zum tragenden Siedlungssystem der USA geworden.

Es zählt zu den faszinierenden Phänomenen, daß vor dem Hintergrund von weiten Wanderungsdistanzen und einer für europäische Verhältnisse geradezu unglaublichen Mobilität die Aussage, daß demographische, soziale und ethnische Kohorten „in getrennte Quartiere marschieren", nach wie vor Gültigkeit hat. Die nahezu ubiquitäre Ressource des zur Verfügung stehenden Siedlungsraumes hat bisher weder seitens der Bevölkerung noch seitens der Behörden zur „Wahrnehmung", geschweige denn zu Maßnahmen gegen das Entstehen „zentraler Wüstungsgebiete" in den nordamerikanischen Städten geführt.

Die antiurbane Haltung, welche den „suburban way of life" als tragende Säule des amerikanischen Siedlungssystems etabliert hat, fußt freilich nicht nur auf der technologischen Voraussetzung einer allseitigen Zugänglichkeit moderner Kommunikationsformen, von Konsumgütern und Dienstleistungen, sie beruht vielmehr auf der historisch-politischen Tatsache, daß die nordamerikanische Stadtentwicklung – zum Unterschied von Europa – das Vehikel der „bürgerlichen Stadtgemeinde" und des „Stadtbürgers" nicht mehr „importiert" hat.

Lutz Holzner (1996) hat mit Recht auf die politisch-ideologischen Unterschiede im Demokratieverständnis zwischen den USA und Deutschland hingewiesen. Sie sind sehr ausgeprägt und von Relevanz für den Gegensatz von kompakter europäischer Stadt und Suburbia in den USA. Das Demokratieverständnis der USA wird getragen von der Selbstverantwortung des Bürgers, der das Recht auf Leben und Freiheit, auf persönliches Glück (*pursuit of happiness*) einschließlich Besitz (*property*) und Privatsphäre (*privacy*) für sich beansprucht. Die Gleichheit wird nur als *equal opportunity* gefordert, bei der jedoch nicht *equal results* erwartet werden. Zentralismus und hierarchische Administration gelten als obrigkeitlich und undemokratisch und werden abgelehnt.

Das deutsche Grundrechtsverständnis beruht dagegen auf dem Anspruch auf Sicherheit der sozialen Existenz, d. h. also auf „equal results" aus einem egalitären Gesellschaftsverständnis heraus. Hierzu gehört auch die Gleichwertigkeit der Lebensverhältnisse in allen Teilräumen. Leitbilder einer weitgehend obrigkeitlich reglementierten Erhaltung und Pflege des Kulturerbes, darunter insbesondere von Städten, gehören zu den Staatsgrundgesetzen (z. B. im Freistaat Bayern). Ideen von Sozial- und Umweltverträglichkeit bzw. von sozialer (und/oder ethnischer) Mischung im geförderten Wohnungsbau werden allgemein akzeptiert.

Entwicklung im Postsozialismus

Entsprechend den Grundprinzipien sozialistischer Planung und Ideologie haben die Stadt und die städtische Lebensform im Staatskapitalismus das Vorbild für die Gesellschaftspolitik abgegeben. Stadtplanung und Städtebau waren zentrale Instrumente der zentralistischen und sektoralen Planung (Abb. 2.12). Insgesamt hat der Staatssozialismus durch staatlich vorgegebene einheitliche Wohnungsgrößen im öffentlichen Wohnungsbau, durch kollektive Lohnschemata u. dgl. eine vereinheitlichende Decke über die städtischen Siedlungen gebreitet und damit auch die neue Gesellschaftsklasse einer egalitär-gewerkschaftlich organisierten, kommunistischen Arbeiterschicht erzeugt.

In einem ersten Take-off gelang in Polen in den 60er Jahren des 20. Jh.s der Wiederaufbau der kriegszerstörten Städte. Danzig, Posen, Warschau seien als Beispiele genannt, eine staunenswerte Leistung und ein architektonisches Bekenntnis zum europäischen Urbanismus. Die sozialwissenschaftliche Forschung muß erst die Gründe für diesen beachtlichen, auch wirtschaftlichen Aufschwung erhellen, der damals die Staaten Ostmitteleuropas erfaßte – so lag z. B. das BNP der ČSSR Ende der 1960er Jahre annähernd in derselben Höhe wie in Österreich, und ebenso für das Abstoppen desselben in den 1970er Jahren.

Der Verfall zahlreicher Innenstädte setzte in massiver Form erst in den 1970er Jahren ein, als sich das Syndrom von Großorganisationen der Bauwirtschaft – Plattenbauweise und Großwohnanlagen – zu verfestigen begann und die Stadterweiterung nach einem kurzen Zwischenspiel von Altstadterhaltung und Denkmalschutz in Form von Großwohnanlagen den Vorrang erhielt (Abb. 2.13).

Die staatliche Bautätigkeit in den sozialistischen Staaten konzentrierte sich allerdings im wesentlichen auf die großen Städte und darüber hinaus im Zuge der massiven Industrialisierungspolitik auf die planmäßige Anlage von neuen Industriestädten. Sie wurden allerdings keineswegs als Innovationsträger in abgelegene ländliche Räume, sondern vielmehr in das weitere Umland von Agglomerationen hineingesetzt. Eine planmäßige Industrieansiedlungspolitik, wie sie im westlichen Mitteleuropa in entwicklungsschwachen Räumen als Mittel zum Disparitätenausgleich betrieben wurde, fehlte. Damit ist gleichzeitig auch noch ein weiterer wesentlicher Unterschied in der Zentrale-Orte-Politik angesprochen.

Die sozialistischen Staaten haben den Zentralen Orten eine Funktion zugewiesen, die sie im Westen nicht besaßen. Sie wurden aus konsumentenorientierten Zentren für ein ländliches

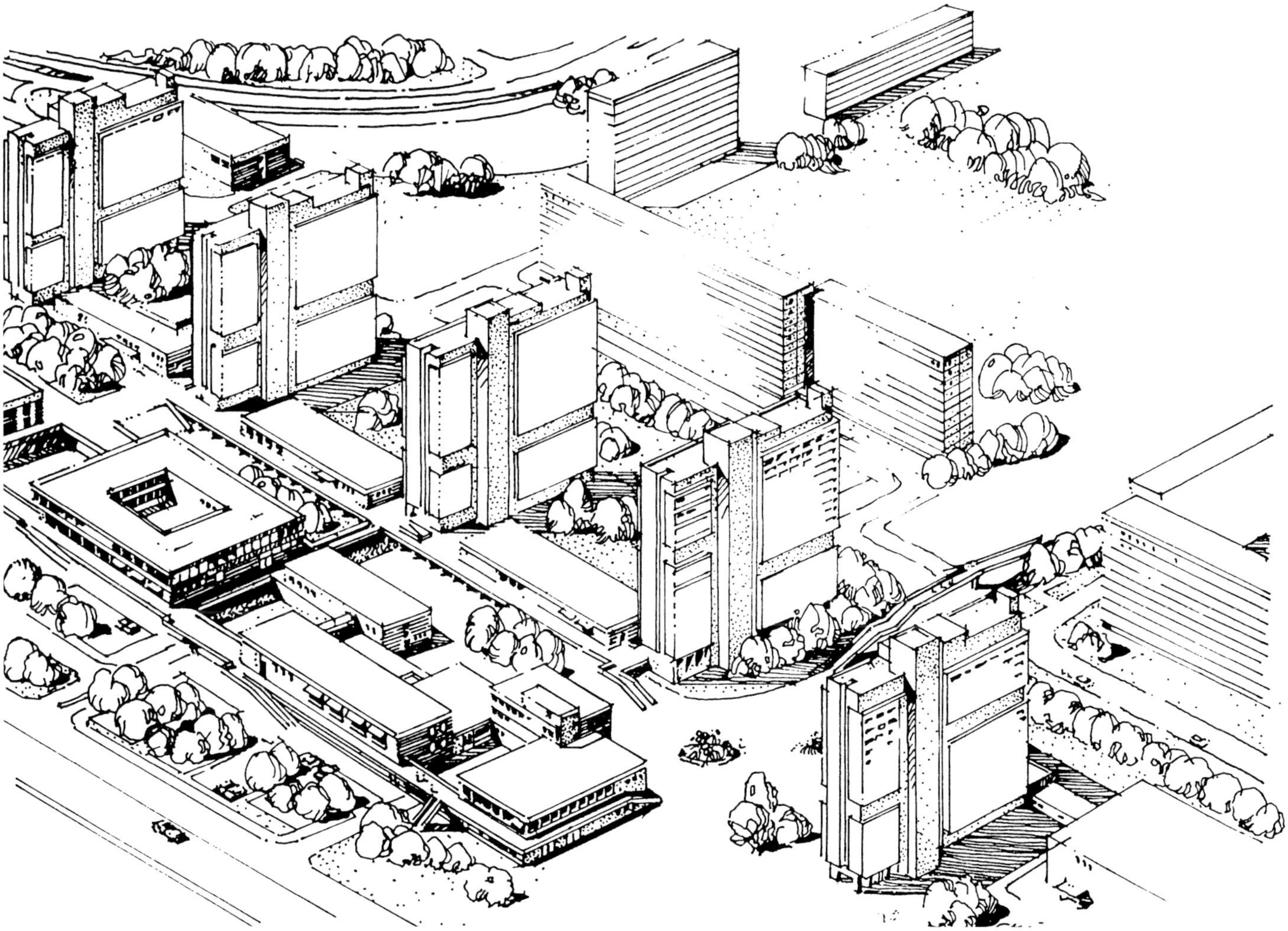

Abb. 2.12: *Halle-Neustadt, geplantes Stadtzentrum, ehem. DDR*

Abb. 2.13: Großwohnanlage Chemnitz, ehem. Sitz der SED in der DDR 1996

Umland zu „agrartechnologischen Vororten" für die kollektivierte Agrarwirtschaft des ländlichen Raums umfunktioniert. Maschinenreparaturstationen u. dgl. ersetzten das traditionelle zentralörtliche Gewerbe. Die Zentralen Orte wurden so vom sozialistischen System aus der konsumentenorientierten Ausrichtung herausgelöst und als Instrument für die Steigerung der Produktion verwendet.

Entsprechend der Top-down-Verteilung der zentralistischen Budgets kamen bei der Zuteilung von Einrichtungen der technischen Infrastruktur und von „sozialen Gütern" die unteren Stufen der Zentralen Orte zu kurz. Die Zentrale-Orte-Politik der sozialen Wohlfahrtsstaaten in den 1960er Jahren, die Bildungs- und Sozialeinrichtungen der mittleren zentralörtlichen Stufe zuteilte, fehlte und wird aller Voraussicht nach in den postsozialistischen Staaten kaum mehr nachgeholt werden.

Auch unter der Wirkung von Marktkräften ist eine Wiederbelebung der unteren Ränge des zentralörtlichen Systems nicht zu erwarten. Für diese Annahme sprechen Analogien hinsichtlich der Reduzierung des Einzelhandels in den Kleinstädten zum nordamerikanischen Siedlungssystem. Konzentrationsprozesse bei der Betriebsgrößenstruktur und die daraus resultierende Eliminierung von Kleinbetrieben im Einzelhandel bilden somit bei allen Unterschieden im Warensortiment und in der Branchendifferenzierung ein die Systeme des Privatkapitalismus und des Staatskapitalismus übergreifendes gemeinsames Merkmal. Die kleinen und selbst die mittleren Zentralen Orte waren die Verlierer im Staatssozialismus, und sie werden es aller Wahrscheinlichkeit nach auch in der Marktwirtschaft bleiben. Ausnahmen bilden nur jene ökologisch begünstigten Räume, in denen eine europäische Freizeitgesellschaft im Siedlungssystem Fuß fassen wird und wo Zentrale Orte zu Zentren von Freizeitregionen avancieren.

Irreversibel erscheint in Ostmitteleuropa ferner die Beseitigung einer besitzbürgerlichen Gesellschaft durch Enteignung und Diskriminierung, welche als tragende Schicht der Kleinstädte kaum wiederherstellbar ist. Die vermutlich noch Jahre andauernde Unsicherheit hinsichtlich der Eigentumsverhältnisse an Grund- und Hausbesitz wird hierzu maßgeblich beitragen.

Ein entscheidender Eingriff in die politisch-administrative Organisation der ostmitteleuropäischen Staaten war die Beseitigung der Gemeindeverfassung. Damit wurde das im westlichen Mitteleuropa für die räumliche Ordnung entscheidend wichtige autonome territoriale Widerlager der staatlichen Gesamtverfassung und Verwaltung beseitigt. Die Zusammenfassung der Gemeinden zu Großeinheiten, deren Größe mit amerikanischen Counties vergleichbar ist, läßt erneut einen Vergleich mit Nordamerika zu. Es wird daher ein langer und mühsamer Weg sein, eine Gemeindeverfassung wieder als Kernstück der demokratischen Organisation, vor allem des ländlichen Raumes, aufzubauen und Gemeinden mit entsprechenden rechtlichen Befugnissen und den kommunalen Aufgaben adäquaten Budgets auszustatten.

Wie erwähnt, rückte der ländliche Raum nicht ins Blickfeld sozialistischer Siedlungsplanung. Eine weitere Ausbreitung der anarchischen Urbanisation der Zwischenkriegszeit war die Konsequenz. Mit Nachdruck sei betont, daß aufgrund der informellen Strukturen und der vormonetären Marktsituation eine Gleichsetzung dieser von spontaner privater Initiative getragenen extensiven Siedlungsbewegung mit der Suburbanisierung nordamerikanischer und westeuropäischer Städte, wie sie in der Literatur aufgrund des formalen Merkmals der Einzelhausverbauung vielfach vorgenommen wird, unzutreffend ist. Dazu kommt ein Weiteres: Die sozialpolitische Einbeziehung der Wohnung als soziales Gut in das „social overhead" und die Zuteilung von Wohnungen zum Nulltarif an die Staatsbürger haben eine mächtige Bewegung der Aufspaltung der Wohnfunktion in Arbeitswohnungen und Freizeitwohnungen, und zwar einerseits in Form der z. T. verstaatlichten Mietshäuser und andererseits in Form der privaten Datschen entscheidend gefördert. Damit wurde das Zweitwohnungswesen staatlich subventioniert, das, in den Lebensstil integriert, vermutlich auch weiter fortbestehen wird. Allerdings kann unter dem Druck steigender Mieten eine Umwandlung von Zweitwohnungssiedlungen in Dauerwohnsiedlungen erwartet werden.

Auf die Schwierigkeiten der Anfänge des Marktes kann hier nicht eingegangen werden. Es sind im wesentlichen drei „Marktschrauben", an denen gleichzeitig, jedoch nicht synchron, gedreht wird: auf dem Bodenmarkt, dem Wohnungsmarkt und dem Arbeitsmarkt.

Die Privatisierung des Bodenmarkts zählt zu den mittelfristig wesentlichen Konsequenzen der Liberalisierung. Die Bedeutung der Kapitalbildung aus Eigentumstiteln an Grund- und Realitätenbesitz für die Entwicklung der Wirtschaft kann gar nicht hoch genug eingeschätzt werden. Ein Vergleich mit der Aufhebung feudaler Nutzungsrechte und der Umwandlung in marktfähige Eigentumsrechte in den liberalen Revolutionen des bürgerlichen Zeitalters drängt sich auf. Ebenso wie damals entstehen damit neue Klassengrenzen nicht nur nach dem Einkommen, sondern auch nach dem Vermögen an Realitätenbesitz. Erst im Postsozialismus erfolgt damit eine „neue" Proletarisierung, separieren sich Besitzende und Nichtbesitzer; Wohnklassen – analog zur britischen Gesellschaft – bilden sich. Die Stadtplanung wird mit einer „neuen Bodenfrage" konfrontiert, ebenso mit dem Grunderwerb durch Ausländer in attraktiven Lagen von Primatstädten und Freizeitregionen. Das aus dem westlichen Mitteleuropa bekannte Dilemma von Planungsbehörden, zwischen den Interessen der örtlichen und der ausländischen Bevölkerung abwägen zu müssen, weitet sich in die postsozialistischen Städte aus.

Nach dem Wegschieben der gemeinsamen Decke des Staatskapitalismus kommen in Ostmitteleuropa nationale Strategien der Wohnungswirtschaft zum Zug. Durch die vermutlich noch lange spürbaren Folgen der sozialistischen Städtebaupolitik auf dem Wohnungsmarkt wird im engeren Stadtumland eine neue Welle der anarchischen Urbanisierung zu rollen beginnen. Sie wird mitgetragen von der zu erwartenden steigenden Motorisierung und den steigenden Mieten in den Kernstädten bei gleichzeitig starkem Rückgang des öffentlichen Wohnungsbaus.

Während der Wohnungsmarkt aufgrund des dominierenden privaten Einfamilienhausbesitzes dem ländlichen Raum, den kleinen Orten und dem städtischen Umland neuen Wert verleiht, weisen andererseits auf dem Arbeitsmarkt als einzige die großen Kernstädte positive Effekte auf. Nur hier ist die notwendige Tertiärisierung der Wirtschaft erfolgt, ist der Umbau der staatlichen Großbetriebe und der notwendige Technologieschub im Gang. Allen voran werden wieder, wie in der Gründerzeit, die Primate-City-Effekte zum Tragen kommen. Nur in den Hauptstädten baut ausländisches Kapital den quartären Sektor auf. Nur in ihnen hat ein größerer Teil der Arbeitsbevölkerung die Chance, Erfahrung mit selbst wählbaren Karrierepfaden zu machen und die Ausbildung in ein marktfähiges Gut zu verwandeln. Sie sind die Innovationszentren für die Transformation des Arbeitsmarktes und ferner für die Übergangserscheinungen auf der Rückseite der modernen Kaufhaus-Konsumgesellschaft, welche im städtischen System äußerst rasch diffundierten. Es handelt sich einerseits um die massenhafte Neuauflage des Wanderhandels als eines Produkts z. B. des polnischen Gesellschaftssystems. In einem handelsmäßigen Vakuum, nicht zuletzt bedingt durch den Holocaust, sind hier im Zuge der Liberalisierung neue Formen des ambulanten Kleinhandels mit Waren aller Art entstanden. Wohl eine etwas längerfristige Übergangsform stellen andererseits die Kleinläden dar, die in einer Gründungswelle ganz großen Stils, begünstigt durch Kredite für Arbeitslose, Passagen und Hinterhöfe z. B. der ungarischen Metropole zu Tausenden besetzt haben. Ein Paradoxon, wenn man bedenkt, daß in Wien derzeit rund 10 000 Läden aufgrund der Gründung von Shopping-Centers am Stadtrand bereits leerstehen, und gleichzeitig ein organisatorisches Pendant zur skizzierten anarchischen Urbanisation.

Fassen wir zusammen: Die künftige Entwicklung in Ostmitteleuropa läßt sich als neue Gründerzeit interpretieren.

- Primate-City-Effekte werden als technologische Übersprungseffekte den positiven räumlichen Kontext bestimmen.
- Parallel dazu wird eine neue plutokratische Oberschicht entstehen.
- Im Gefolge von Entstaatlichung, Entagrarisierung und Entindustrialisierung wird sich eine breite Pufferzone von Subsistenz- und Doppel-

existenzen auf dem agraren und kommerziellen Sektor herausbilden.

- Entsprechend dem historisch hier stets geringen Besatz von Mittelschichten wird auch in unmittelbarer Zukunft keine Mittelschichtsgesellschaft entstehen.
- Es ist vielmehr eine Eindrittelgesellschaft im Entstehen, d. h., daß zwei Drittel der Gesellschaft aus der kargen Sicherheit der sozialistischen Planwirtschaft in die Unsicherheit und Risiken des Marktes transferiert wurden und mehr als die Hälfte mit einer „neuen Armut" konfrontiert ist.

Entwicklung in den sozialen Wohlfahrtsstaaten

Eine deutliche Übergangsstellung im Hinblick auf räumliche Muster und Vorgänge von Stadtverfall, Stadterneuerung und Stadtumbau nehmen die sozialen Wohlfahrtsstaaten Westeuropas ein, wo allerdings aufgrund der Differenzierung der nationalen Strategien der Wohnungswirtschaft von Staat zu Staat beachtliche Unterschiede auftreten. Einige Gemeinsamkeiten seien herausgestellt:

- Es bestehen segmentierte Märkte des Wohnens, Arbeitens und der Freizeit, d. h., spezifische Segmente des Angebots an Wohnungen, Arbeitsplätzen und Freizeitgelegenheiten sind jeweils aus dem Markt herausgenommen, entweder aufgrund spezifischer Eigentumsverhältnisse (Staat, Gemeinden, Genossenschaft usw.), durch Subventionierungen aller Art oder durch legislatorische Einschränkungen ihrer „Marktfähigkeit". Sehr wichtige Instrumente bestehen hinsichtlich der Abschöpfung von Spekulationsgewinnen bei Grund und Boden. Restriktionen der Flächennutzung sind die Regel. Ferner bilden Auflagen des Denkmalschutzes einen sehr wichtigen limitierenden Faktor, insbesondere in Stadtzentren.
- Die Segmentierung des Wohnungsmarktes zählt zu denjenigen Faktoren der Stadtentwicklung, deren Bedeutung man nicht hoch genug einschätzen kann. Grundsätzlich haben die einzelnen Segmente unterschiedliche Zugangsbedingungen: So besteht ein von Staat zu Staat unterschiedliches Bündel von Privilegierungen der Angehörigen bestimmter Institutionen (Parteien, Betriebe, Berufsstände), welche Wohnungen unter dem Marktpreis erhalten können. Eingriffe des Gesetzgebers reduzieren ferner das freie Verfügungsrecht der Hausbesitzer und weisen gleichzeitig den Mietern eine Art Pseudoeigentumsrecht zu. Getragen von politischer Doktrin, wird die Wohnungspolitik in bestimmten Staaten vielfach als Instrument einer Antisegregationsstrategie und in manchen Stadtgemeinden auch als Mittel der Wahlarithmetik benutzt.
- Außerordentlich wichtig ist in allen sozialen Wohlfahrtsstaaten die Tatsache, daß der Staat bzw. die Gemeinden die Aufgaben der technischen und sozialen Infrastruktur seit längerem wahrnehmen. Besondere Bedeutung kommt der Bildungspolitik und der Integration verschiedener Bevölkerungsgruppen über das öffentliche Schulwesen zu.

Stadtverfall fehlt als Begriff und als Erscheinung in Nordeuropa, in Deutschland und in der Schweiz fast völlig. Die Zerstörungen des Zweiten Weltkriegs haben in Deutschland weithin jenen Baubestand vernichtet, der heute in anderen Staaten vom Verfall bedroht ist. Die ordnungspolitischen Maßnahmen seitens der öffentlichen Hand unter Bezug auf die physische Struktur der Städte haben ferner eine alte und bedeutende Tradition. Der technische Städtebau im späten 19. Jh. erbrachte die Leistung der Sanierung der älteren Stadtteile durch die nachträgliche Einbringung technischer Infrastruktureinrichtungen.

Schon zu Beginn des 20. Jh.s hat sich zudem im deutschen Sprachraum der Denkmalschutz etabliert. Flächensanierungen und komplette Umbauten von Altstädten, wie sie die Stadtplanung in Großbritannien bereits in der Gründerzeit und dann wieder in den 1960er Jahren durchgeführt hat, fanden im deutschen Sprachraum keine Nachahmung. Vielmehr vereinigten sich Altstadterhaltung und Denkmalpflege rasch zu einer städtebaulichen Ideologie, welche die Grundlage für das neue Paradigma der nachhaltigen Entwicklung bildet.

Stadträume

Abb. 3.1: The Town (Victor Sevranckx 1922)

Überblick

- Städte sind zentrierte und gegliederte räumliche Gebilde. Folgende räumliche Glieder werden behandelt: die Stadtmitte, Stadtviertel, Stadtränder und postmoderne Megastrukturen.
- Die Stadtmitte ist der Motor der Stadtentwicklung und Symbol für das Image der Stadt.
  - Die denkmalgeschützte Altstadt ist ein weit verbreitetes Produkt des Denkmalschutzes in Europa und in den postsozialistischen Staaten; in den USA gibt es nur wenige Beispiele.
  - Die City in Westeuropa ist ein Produkt des tertiären und quartären Sektors.
  - Die Transformation zur City im Postsozialismus weist Sonderformen auf.
  - Die Downtown in Nordamerika befindet sich infolge der Suburbanisierung aller Teile der Wirtschaft in einer Existenzkrise gegenüber den Außenstädten.
- Stadtviertel sind wichtige Begleitelemente der Stadtentwicklung.
  - Ethnische, soziale und ökonomische Viertel bilden sich neu und lösen sich auf.
  - Das normative Konzept der Nachbarschaft ist im 20. Jh. in allen politischen Systemen verwendet worden.
- Stadtränder weisen in Abhängigkeit von den politischen Systemen mehrere Erscheinungsformen auf:
  - Vacant land in den USA,
  - Übergangssiedlungen in Europa sowie
  - Grüngürtel und Erholungsgebiete.
- Postmoderne Megastrukturen entstehen gegenwärtig
  - als Projekte der staatlichen und städtischen Planung,
  - durch Stadtmarketing und Public-private-Partnership,
  - als Erlebnisstädte und integrierte Großkomplexe von Freizeit- und Shopping-Centers.

Einleitung

Das Kaleidoskop der räumlichen Organisation von Städten deskriptiv einzufangen ist unmöglich, zu groß sind die Unterschiede in den historischen Entwicklungsprofilen und den aktuellen Prozessen. Es wird daher von drei Prämissen ausgegangen:

Die erste Prämisse lautet: Die Stadt ist ein zentriertes System. Sie weist daher eine Stadtmitte auf, deren Aussehen und Funktion im Laufe der Zeit gewechselt und kulturspezifische Ausprägungen erfahren hat. Die Darstellung beschränkt sich auf die großen Städte und hier auf 4 Typen: auf die denkmalgeschützte Altstadt und die City sowie auf die Transformation der postsozialistischen City in Europa und auf die Downtown in Nordamerika.

Die zweite Prämisse geht davon aus, daß Städte wachsende räumliche Gebilde sind, bei denen die Stadtmitte als Motor der Entwicklung jeweils spezifische neue Funktionen erhalten und ältere peripher abgegeben hat. Städte weisen daher auch historische und aktuelle Wachstumsränder auf, die nach den spezifischen, historischen Entwicklungsprofilen und politischen Systemen sehr unterschiedlich strukturiert sein können.

Schließlich gilt als dritte Prämisse: Städte sind gegliederte räumliche Gebilde. Sie sind daher, wenn auch nicht durchgehend, in Stadtteile und Stadtviertel gegliedert. Außerordentlich wichtig ist die normative Konzeption der Nachbarschaft geworden, welche bei der Viertelsgliederung der Neuen Stadt und ebenso bei amerikanischen Suburbs Modell gestanden hat. Zu den zumeist kleinzügigen und feingliedrigen, historisch gewachsenen Strukturen einer primären und sekundären Viertelsbildung kontrastieren die von den dominanten Institutionen von Staat und Wirtschaft gegenwärtig gebauten bzw. in Planung begriffenen Superstrukturen des metropolitanen Stadtraumes. Sie sind ein Produkt der neuen Doktrin des Stadtmarketings und Stadtmanagements, wonach Metropolen mittels Public-private-Partnership Schaustücke von Stadtumbau und integrierten Großkomplexen von Shopping-Centers, Erlebnis- und Freizeitparks als neue Landmarken der Konsum- und Freizeitgesellschaft erzeugen müssen (Abb. 3.2).

Abb. 3.2: New York in Las Vegas

Die Stadtmitte

Die Stadt ist ein zentriertes System. Ihrer Existenz liegt daher bis heute die Prämisse zugrunde, daß die Stadtmitte der Ort bester Erreichbarkeit ist und gleichzeitig als Motor der Stadtentwicklung fungiert. In zeitlich-räumlicher Perspektive wird dabei dem Stadtzentrum vom jeweiligen Gesellschaftssystem eine unterschiedliche Funktion zugeschrieben. In der mittelalterlichen Bürgerstadt und in der Residenzstadt des Barockzeitalters war das Stadtzentrum stets auch die „soziale Mitte" der Stadt. Die arbeitsteilige Gesellschaft des Industriezeitalters hat im Stadtzentrum die Arbeitsstätten mit der höchsten Rendite lokalisiert (City). Damit verschob sich der Zentrumsbegriff aus dem gesellschaftlichen in den ökonomischen Bereich. Die gesellschaftliche Zentrenfunktion wurde ausgeblendet bzw. als unwesentlich betrachtet. Die neue Stadt des 20. Jh.s definierte die Stadtmitte als sozial neutral und wies ihr andererseits Dienstleistungsfunktionen zu. Damit war der Weg für die Sichtweise der modernen Konsumgesellschaft gebahnt, welche der Stadtmitte das Einkaufsvergnügen sowie die Freizeit- und Erlebniswelt zuschreibt. Die Verknüpfung von Fußgängerzonen und Kaufhauskomplexen kommt dieser Ideologie bestens entgegen.

Die Zugänglichkeit der Stadtmitte und des gesamten Stadtraums wird von der Aufschließung und der Verkehrstechnologie bestimmt. Festzuhalten ist: Solange das Primat der öffentlichen Verkehrsmittel gewahrt wird, bleibt das Stadtzentrum der Ort der besten Zugänglichkeit im Stadtraum (und in der Agglomeration). Mit dem Pkw-Verkehr sinkt aufgrund der Stauungen und Parkplatzschwierigkeiten die Erreichbarkeit der Stadtmitte und ebenso der inneren Stadtteile im Vergleich zu peripheren Standorten der Stadtregion (Abb. 3.3).

Die eingangs erwähnte Prämisse der besten Erreichbarkeit der Stadtmitte ist heute nur noch teilweise gültig. Bodenpreiskrater und sichtbarer Verfall der Innenstädte sind ein Indikator für den „Verlust der Mitte" von Stadträumen in den USA und abgeschwächt auch in Europa. Dies ist einerseits das Ergebnis reduzierter Zugänglichkeit, andererseits aber auch die Folge der Preisgabe historischer Leitbilder von Städten zugunsten des Leitbilds von Suburbia, das verschiedene Versionen besitzt.

Aus der großen Zahl von Typen der Stadtmitte werden im folgenden vier ausgewählt: die denkmalgeschützte Altstadt, die City in Westeuropa und in den postsozialistischen Staaten in Mittel- und Osteuropa sowie die Downtown in Nordamerika.

Die denkmalgeschützte Altstadt

Der Denkmalschutz im 20. Jh. in Europa

Die Idee des Denkmalschutzes für den Profanbau ist erst im 20. Jh. entstanden und damit verhältnismäßig jungen Datums. Vergangene Bauperioden, darunter insbesondere die Barockzeit, haben mit größter Unbekümmertheit den älteren Baubestand beseitigt und dies als eine wesentliche Verschönerung des Stadtbildes aufgefaßt. Im 19. Jh. hat die Idee des „embellissement" in Frankreich die Haussmannsche Umgestaltung von

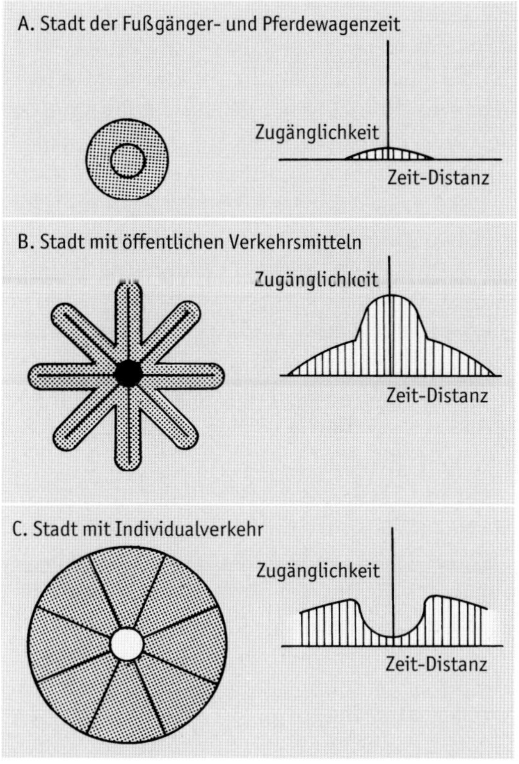

Abb. 3.3: Die Zugänglichkeit der Stadtmitte

Abb. 3.4: Salzburg mit Hohensalzburg 1998

Paris als Beispiel gesetzt. Die Epoche der Gründerzeit hat unter dem Motor der Industrialisierung und des enormen Bevölkerungswachstums, wie keine Zeit vorher und keine nachher, zerstörend in das ältere Gefüge der Städte eingegriffen. Zu Beginn des 20. Jh.s entsteht eine erste Gegenreaktion. Die Kräfte zur Bewahrung des wertvollen Bauerbes sammeln sich im Denkmalschutz.

1902 erließ Baden-Württemberg und 1907 Preußen ein Gesetz gegen „die Verunstaltung" von Siedlungen. Andere Länder und Staaten folgten. Durch die Entstehung der City in den historischen Stadtkernen ergibt sich, daß dort die Interessengegensätze zwischen den wirtschaftlichen Exponenten der Citybildung und den Verfechtern des Denkmalschutzes am schärfsten aufeinandertreffen.

Auf die Zäsur des Ersten Weltkrieges für die Stadtentwicklung in Europa wurde hingewiesen. Die Bautätigkeit verlagerte sich an den Stadtrand und in das Umland der Städte. Der Druck auf den Stadtkern ließ nach, nicht zuletzt dadurch gelang es dem Denkmalschutz seit der Zwischenkriegszeit, Terrain zu gewinnen.

Zu einer mächtigen Bewegung ist der Denkmalschutz allerdings erst nach dem Zweiten Weltkrieg geworden. Nach einer Periode der Industrialisierung des Wohnungsbaus, welche mit den „grands ensembles" in Frankreich beginnend über Europa hinweg z. T. monströse Großanlagen am Stadtrand errichtet hat, und nach einer Periode der Stadterweiterung, der Trabanten- und Satellitensiedlungen, findet man wieder zu den alten Stadträumen zurück. Schrittweise wird der Altbaubestand als kulturelle Ressource entdeckt. Altstadterhaltung und Denkmalpflege vereinigten sich rasch zu einer städtebaulichen Ideologie.

1975, im europäischen Denkmalschutzjahr, wurde erstmals die Gesetzeslage des Denkmalschutzes in den europäischen Staaten offengelegt. Die Perspektive konzentriert sich auf einzelne Städte, die sich als Modellprojekte etablieren können. Ihre Reihe ist bereits beachtlich lang: Brügge in Belgien, Rouen und Colmar in Frankreich, Rothenburg ob der Tauber in Deutschland, Amsterdam und Middleburg in den Niederlanden, Chester und Edinburgh in Großbritannien, Arcos de la Frontera und Trujillo in Spanien, Venedig, Siena und Bologna in Italien und Salzburg in Österreich (Abb. 3.4), um nur einige der bekanntesten Beispiele zu nennen. In Nordeuropa wurde u. a. die Altstadt von Stockholm unter Ensembleschutz gestellt (Abb. 3.5).

Abb. 3.5: Stockholm, Altstadt 1980

Der Preis für die fabelhafte Ästhetik der unter Denkmalschutz stehenden Altstädte ist hoch; er erfordert eine ausgedehnte Vermarktung der historisch-architektonischen Inhalte und eine ebenso tiefgreifende Veränderung in der sozialen Organisation.

Die Notwendigkeit einer „sozialen Erneuerung" der Altstädte im Gefolge der baulichen Investitionsmaßnahmen ist nicht sofort erkannt worden. Denkmalschutz galt vielmehr als Teil der physischen Planung. Man übersah, daß die Aufgabe mit der sehr kostspieligen Erneuerung der historischen Bausubstanz und der gleichzeitigen Modernisierung der technischen Infrastruktur aus öffentlichen Mitteln noch nicht erledigt ist, sondern daß es, um die laufende Instandhaltung zu gewährleisten, des privaten Interesses und Mitteleinsatzes bedarf.

Eine soziale Aufwertung der unter Denkmalschutz stehenden Bauten, eine Gentrification, um diesen aus der angelsächsischen Welt stammenden Begriff zu verwenden, ist daher erforderlich. Überall dort, wo diese Gentrification infolge zu geringen Potentials einer Stadt im Hinblick auf einkommensstarke und/oder an Denkmalschutzobjekten interessierte Schichten nicht stattfindet, können denkmalgeschützte Objekte auch nicht auf Dauer in gutem Zustand erhalten werden. Die ostdeutschen Städte, in denen in den 1960er Jahren Sanierungsmaßnahmen im Altbaubestand im großen Umfang erfolgten, die laufenden Kosten jedoch nicht vom Staat übernommen wurden, bieten ein Exempel für diese Feststellung.

Die europäische Bewegung des Denkmalschutzes hat im letzten Drittel des 20. Jh.s zwei wesentliche Verschiebungen der Perspektive erfahren, und zwar einerseits in Richtung auf den Ensembleschutz hin und andererseits durch Einbeziehung immer jüngerer Bauten.

Als Ensembles können ganze Straßen, Plätze oder Ortskerne einschließlich der darin vorhandenen Wasserflächen, Freiflächen und Grünanlagen unter Schutz gestellt werden. Ihre Erhaltung ist allerdings nur möglich, wenn die Belange des Denkmalschutzes in ein städtebauliches Gesamtkonzept eingebunden sind, das alle Bereiche wie Wirtschaftsförderung, Wohnungsbau, Sozialpolitik, Kulturförderung, Verkehrspolitik usw. umfaßt.

Die Zeitgrenze, bis zu der Zeugnisse der Geschichte und Kultur unter die Begriffsbestimmungen des Denkmalschutzes fallen, hat sich in der Nachkriegszeit synchron verschoben. Registrierte man zu Beginn des 20. Jh.s nur Bauten

Abb. 3.6: Alberobello, Süditalien 1978

bis zur Mitte des 19. Jh.s, d. h. vor der historisierenden Stilperiode der Gründerzeit, als denkmalschutzwürdig, so rückt heute in Deutschland bereits die sogenannte Wiederaufbauphase der fünfziger Jahre ins Blickfeld von Schutzbestimmungen.

Im abgelaufenen Vierteljahrhundert hat sich der Denkmalschutz aufgrund der Wiederentdeckung der Urbanität von historischen Stadtkernen und mitgetragen von dem Vorgang der Gentrification in Europa stetig ausgebreitet (Abb. 3.6). Deutschland hat dem Denkmalschutz durch ein 1991 begonnenes städtebauliches Förderprogramm eine neue Größenordnung verliehen. Mehr als 100 Städte in den neuen Ländern partizipieren daran.

Von Großbritannien ausgehend, sind seit den 1970er Jahren auch Bauten der sogenannten Industriearchäologie als schutzwürdig „entdeckt" worden. Damit geraten Bauwerke des technischen Städtebaus zunehmend in das Interessenfeld des Denkmalschutzes.

Insgesamt haben sich in Westeuropa seit den 1970er Jahren die nationalen Akzente verschoben. Staaten wie Italien und Spanien, die relativ spät in die Bewegung eingeschwenkt sind, haben aufgrund der alten urbanistischen Tradition nunmehr weitflächig Denkmalschutzprogramme installiert und gleichzeitig auch den Autoverkehr aus den historischen Stadtkernen verbannt. Fußgänger und Radfahrer beherrschen die Szene.

Getragen vom rasch steigenden internationalen Städtetourismus ist der Denkmalschutz in den 1990er Jahren eine „unheilige Allianz" mit den Tourismusinteressen eingegangen.

Am Beginn des 21. Jh.s, in einer Zeit der Liberalisierung des Boden- und Immobilienmarktes, ist es schwierig abzuschätzen, ob in den großen Städten die Aufrechterhaltung des Denkmalschutzes von Einzelobjekten gegenüber den Interessen von internationalen Investoren auf Dauer Priorität besitzen bzw. ob und mit welchen Kriterien die Behörden den Eigentümern gestatten werden, unter Denkmalschutz stehende Einzelobjekte, die ihnen „keinen Nutzen bringen", abreißen zu lassen.

Überträgt man die Konzentrationstendenzen der Wirtschaft auf das historische Bauerbe von Städten, so gelangt man zur Aussage, daß Modellstädte und Modellviertel des Denkmalschutzes einerseits als „nationale Monumente" bzw. andererseits als Vermarktungsobjekte des internationalen

Tourismus die größten Chancen auf Fortbestand haben. Die unteren Ränge des historischen Bau- und Kultursortiments bedürfen dagegen starker lokaler Lobbies, um weiter erhalten zu werden.

Der Denkmalschutz in den USA

Der Begriff „lokale Lobbies" gestattet ein Überblenden zu den USA. Im Unterschied zu der staatlichen Verankerung des Denkmalschutzes in Europa wird die Konzeption der *historical districts* in den USA überwiegend von Privatpersonen und privaten Institutionen getragen.

Es gibt zahlreiche private Organisationen, Sozietäten und Vereine, die sich die Denkmalpflege sowie die historische und kulturelle Erhaltung von Städtchen, historischen Stadtkernen, einzelnen Vierteln, Straßenzügen und Einzelobjekten zum Ziel gesetzt haben, wobei sie freilich unterschiedliche Interessen verfolgen. Genannt seien New Orleans, Charleston und Savannah im Süden sowie an der Ostküste insbesondere Philadelphia (Abb. 3.7) und Boston, in deren Altstadtteilen Straßenzüge als *historical districts* unter Schutz gestellt sind.

Nicht verhindern kann der Denkmalschutz in den USA die Ausnutzung der *air rights* über historischen Bauten, die mit Parkhäusern überall dort „überdacht" bzw. „ummantelt" werden können, wo eine Ausweitung des Cityrandes auf ältere Stadtteile erfolgt (Abb. 3.8).

Abb. 3.7: Philadelphia, Denkmalschutz 1970

Abb. 3.8: Washington, denkmalgeschützter Bau ummantelt von Park- und Bürohäusern

Der Denkmalschutz in den postsozialistischen Staaten

Polnische Städte

Das Wegziehen des Eisernen Vorhangs hat die Sicht auf den Osten Zentraleuropas wieder frei gemacht. Hier kann Polen für sich in Anspruch nehmen, als erster europäischer Staat nach den Zerstörungen des Zweiten Weltkriegs den Wiederaufbau in Richtung auf eine Rekonstruktution der Altstädte in ihrem vorindustriellen Ambiente, d. h. unter Weglassen der durch das 19. Jh. vorgenommenen Veränderungen, durchgeführt zu haben. Bereits in der unmittelbaren Nachkriegszeit wurden bekannte, aber auch weniger bedeutende mittelalterliche Städte nach alten Plänen wiederaufgebaut: Warschau, Krakau, Danzig,

Abb. 3.9: Posen, wiederaufgebauter Hauptplatz mit Rathaus 1962

Posen (Abb. 3.9), aber auch Städte des Deutschen Ritterordens, wie Thorn, Kulm und Schwetz. Mit dem Wiederaufbau der historischen Stadtkerne hat Polen ein klares Bekenntnis zur europäischen Architekturtradition abgelegt.

Als wohl einzigartiges Beispiel der Demonstration nationalen Selbstbewußtseins darf der Wiederaufbau von Warschau gelten (Abb. 3.10).

Hier fügte man liebevoll an die bis ins kleinste Detail rekonstruierte spätmittelalterliche und frühneuzeitliche Altstadt, der man ursprünglich nur Museums- und Wohnfunktion zuwies und die nunmehr zu einer Touristenattraktion geworden ist, ein barockes Palastviertel als Regierungs- und Repräsentationsviertel an. In den 1970er Jahren wurde das Königsschloß wiederaufgebaut (Abb. 3.11).

Deutlich abgesetzt entstand die neue City. Ihre Hochhauskonzeption vereinigt repräsentative und funktionelle Ideen (Abb. 3.12).

Als ein Geschenk der damaligen UdSSR sollte das Kulturhaus, von den Warschauern spöttisch als „Die Torte“ bezeichnet, das neue Warschau symbolisieren.

Die historische Stadt von Prag

Unter den Hauptstädten der postsozialistischen Staaten kann im Hinblick auf das historische Bauerbe Prag den ersten Rangplatz beanspruchen. Die historische Stadt von Prag gehört zum Weltkulturerbe. Die Zeitspanne der Existenz des politischen Systems des Staatssozialismus war zu kurz und das Erbe der historischen Vergangenheit zu mächtig, als daß eine durchgreifende Umgestaltung des älteren Baubestandes, wie z. B. in Sofia oder in einzelnen Städten der DDR, hätte erfolgen können. Es ist bezeichnend für die Entwicklung von Prag, daß, obwohl in der Stadtentwicklungsplanung ein zentriertes Modell zur Anwendung kam, sich ein „sozialistischer Städtebau“ in der Innenstadt nicht durchsetzen konnte. Es fehlen damit in Prag die totalitären Leitbildern gemäßen großen „Schaustraßen“ und Plätze. Gesamtstaatliche und gesellschaftliche Großbauten der kommunistischen Ära haben in Prag das Stadtzentrum nicht „erobern“ können. Aufgrund des „zentrierten“ Modells blieb die historische Stadt vielmehr das Zentrum der staatlichen Einrichtungen und auch das Zentrum des „kollektiven Konsums“.

Hier wurden neue Kaufhäuser errichtet, wie das Kaufhaus Maj, das Kaufhaus Druzba, das Haus der Mode, das Haus des Kinderbuches, das Kaufhaus Kottwa, ferner internationale Hotels, wie das Intercontinental, das Bürohaus Omnipol usw. Auch diese Einzelobjekte fügen sich in die bisherige Skyline ein und zerstören sie nicht. Der bereits in der Zwischenkriegszeit etablierte Denkmalschutz wurde nicht nur beibehalten, sondern als Ensembleschutz auf den gesamten Bereich der historischen Stadt ausgedehnt. Die verkehrspolitische Ideologie lautete ähnlich wie in der Wiener Altstadt: Verkehrsberuhigung (Parkbeschränkung), Einrichtung von Fußgängerzonen und Verkehrsbedienung durch die U-Bahn.

In Prag umfaßt der Bestand an sogenannten Baudenkmälern I. Klasse in der historischen Stadt 1423 Objekte, der Ensembleschutz erstreckt sich auf insgesamt 3673 Gebäude. Diese Zahlen belegen den in zahllosen Kunstführern dokumentierten Umfang des zu schützenden Baubestandes und geben eine Vorstellung von den Schwierigkeiten der Instandhaltung (Abb. 3.13 und Abb. 3.14).

Die Erneuerung der historischen Stadträume ist vor der politischen Trendwende ausschließlich als „nationale“ und gleichzeitig kulturelle Aufgabe gesehen worden. Im „Strategischen Plan“ für Prag ist im Internet (Januar 2001) nachzulesen: *„The historical centre has found it hard to resist the strong commercial pressure and has been overcome by the tide of cars and tourists. These are problems that need to be resolved in accord with the long-term goals of the city and in relation to the opportunities available.“* Ein konkretes Konzept für die mittel- bzw. langfristige Nutzung der historischen Stadträume wird jedoch nicht ausgewiesen. Die Fassadenrenovierungen täuschen über Unternutzung und Renovierungsbedürftigkeit von Teilen des historischen Baubestandes hinweg.

Abb. 3.10: Warschau, Hauptplatz, Zeichnung Karger

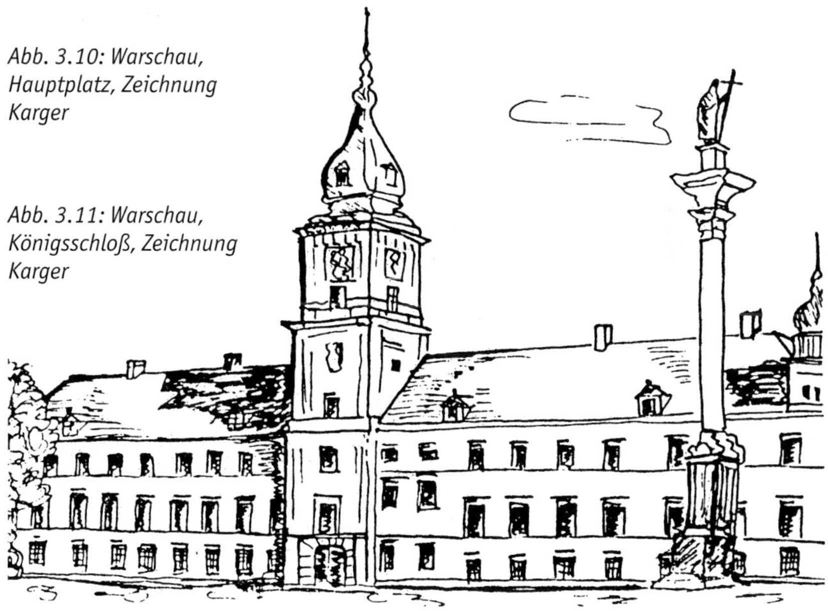

Abb. 3.11: Warschau, Königsschloß, Zeichnung Karger

Abzuwarten bleibt, welche Standortpolitik der Staat in seiner Hauptstadt im Hinblick auf die Bauten von Kultur und Bildung betreiben wird. Es wäre denkbar, daß in Prag, ähnlich wie in Wien, die Innenstadtorientierung von Universitäten und höheren Schulen aller Art nicht nur bestehen bleibt, sondern ausgebaut wird.

Nicht unterschätzt werden sollte aufgrund der derzeitigen Rechtsschwäche der Stadtplanung die Gefahr der Errichtung von Hochhäusern durch westliche Spekulanten. Die Idee australischer Interessenten, die Kleinseite zu einem „historischen Disneyland“ umzugestalten, möge nicht nur als Schimäre abgetan werden. Offen ist, in welcher Weise die historische Stadt von Prag künftig genutzt werden soll und wer dafür bezahlen kann und wird. Ein Problem für die Erhaltung und Erneuerung ist zum Unterschied von Wien auch darin zu suchen, daß eine einkommensstarke Prager Bevölkerung, welche eine autochthone Gentrification tragen könnte, fehlt. Damit ist die Altstadterhaltung auf Finanzmittel von auswärts angewiesen, deren Geber freilich auch die Ziele der Erneuerung vorschreiben könnten.

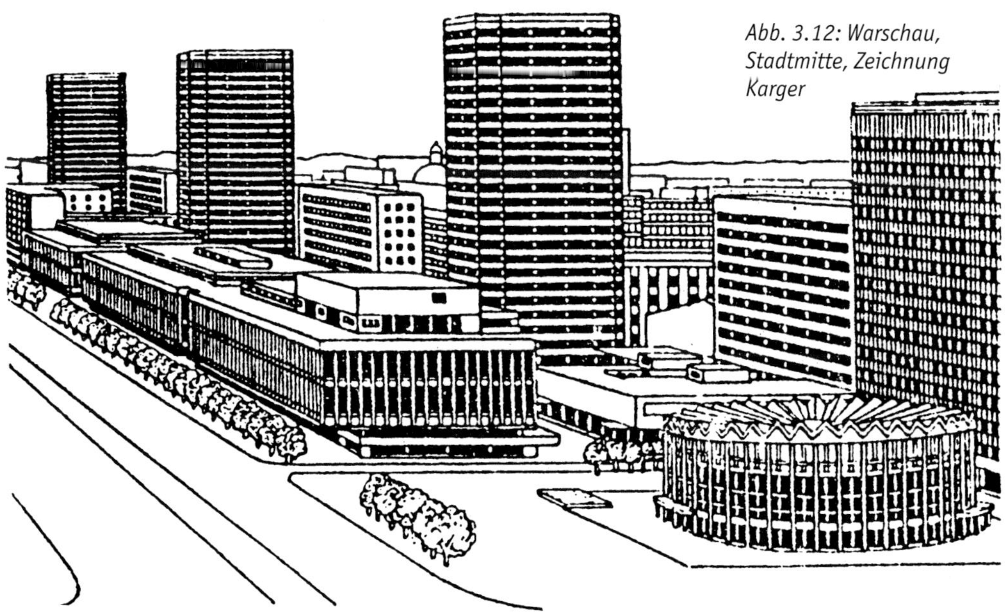

Abb. 3.12: Warschau, Stadtmitte, Zeichnung Karger

Abb. 3.13: Prag, Karlsbrücke mit Veitsdom und Hradschin

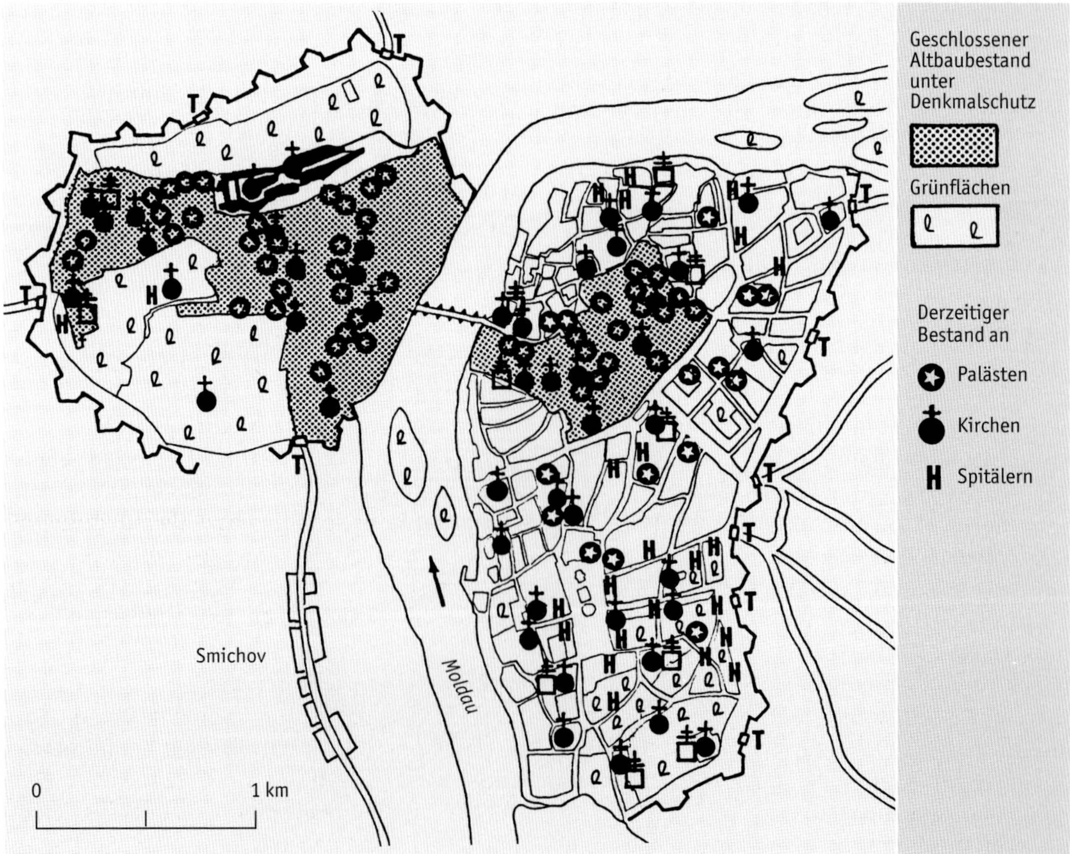

Abb. 3.14: Die Prager Städte um 1770 und der gegenwärtige Denkmalschutz

Die City in Westeuropa

Der von der Londoner City abgeleitete Begriff bezeichnet die Arbeitsstättenkonzentration des tertiären und quartären Sektors im Stadtzentrum der europäischen Groß- und Millionenstädte. Eine direkte Gleichsetzung mit dem in Nordamerika gebräuchlichen Begriff des Central Business District (CBD) ist aufgrund der Unterschiede im Hinblick auf Strukturen und Prozesse nicht möglich.

Der Einfluß politischer Systeme

Die Citybildung wird im allgemeinen als Pendant der Industrialisierung aufgefaßt. Dies ist nur teilweise richtig. Die Anfänge reichen in den europäischen Kapitalen wie London, Paris, Neapel und Wien vielmehr ins 18. Jh. zurück, als diese Städte mehr als 100 000 Einw. zählten. Der Aufbau eines bürokratischen Apparats, des sich organisierenden, absolutistischen Staates machte die Errichtung von Staats- und Verwaltungsbauten, häufig im Anschluß an den Herrscherpalast und teilweise durch Umwidmung von Adelsbauten in Regierungsbauten, notwendig. Derart entstand eine sehr charakteristische Polarität von Regierungscity und späterer Wirtschaftscity. Mit der Ausweitung der Regierungscity in die besten Wohnlagen der Stadtmitte hinein wurde ein Vorbild geschaffen, dem später die Wirtschaftscity folgte. Hierbei gaben häufig repräsentative Boulevards, wie die Champs-Elysées in Paris, der Kurfürstendamm in Berlin, die Zeugen eines absolutistischen Städtebaus und Leitschienen für die Ausdehnung der City ab. Charakteristische räumliche Strukturelemente der City, nämlich

- Asymmetrie im Hinblick auf Struktur und Dynamik (Wachstumsfront und Hinterfront) sowie die
- Ausbildung von Leitstrahlen der City,

zählen in den oben genannten Städten somit bereits zu den vorindustriellen Citymerkmalen.

Die liberale Periode des laissez faire, laissez passer hat die älteren städtebaulichen Traditionen in Europa nicht beseitigen können. Bauhöhenvorschriften folgten den älteren, bereits genormten und eingespielten Regulierungen sowie verwaltungsrechtlichen Durchführungsbestimmungen. Derart kam der technische Fortschritt der Stahl-Beton-Konstruktion um 1900 noch nicht zum Tragen. Die Befriedigung der wachsenden Raumansprüche brachte daher eine beachtliche Breitenausdehnung der City.

Die Verortung der einzelnen Cityfunktionen folgte hierbei grundsätzlich den Distanzprinzipien des Fußgängerverkehrs. Nicht nur die persönlichen Kontakte, sondern ebenso der Transfer von Schriftstücken durch Boten u. dgl. wurden bis zum Ende der Gründerzeit davon bestimmt. Das Resultat war eine extreme Viertelsbildung, insbesondere in den großen europäischen Kapitalen, die sich seither, zuerst im Wachstumsschock der Zwischenkriegszeit, dann aufgrund der neuen Verkehrstechnologie, des Autoverkehrs und der Informationsübermittlung, wohl verändert, aber stetig auch neu formiert hat.

Die nicht zuletzt durch die Steuerpolitik des liberalen Zeitalters begünstigte, enorme und gleichzeitig kostspielige Umbautätigkeit der Cityakteure in der Gründerzeit hat eine bauliche Substanz hinterlassen, die ein schwierig einzuschätzendes beharrendes Element im Rahmen der gegenwärtigen Entwicklung darstellt.

Die europäische Stadtplanung hat sich bis in die frühen 1960er Jahre kaum in der Mitte von städtischen Gemeinwesen engagiert, wenn man von Beispielen wie Stockholm bzw. dem Engagement einzelner Stadtverwaltungen in Deutschland im Zuge des Wiederaufbaus absieht.

Unter dem Druck der Verkehrsmisere in der Londoner City (Abb. 3.15) wurden zuerst von der britischen Stadtplanung Restriktionen im Hinblick auf die Ausweitung der City vorgenommen. Wenig später folgte Paris. Diese Maßnahmen wurden gesetzt, ohne daß über die Dimensionierung und Feingliederung bzw. Umstrukturierung der City konkrete Vorstellungen bestanden.

Es zeigte sich ferner, daß diese Maßnahmen insofern zu spät kamen, als sich in Reaktion auf die geänderten Standortbedingungen bereits ein spontaner Auszug bzw. die Niederlassung von Citybüros im Randbereich der Agglomeration ereignet hatten. Auf dieses Problem der Dezentralisierung der City aufgrund der veränderten Verkehrs- und Kommunikationstechnologie soll noch später eingegangen werden.

Abb. 3.15: Innenstadt, London 1988

Ähnlich wie die Citybildung als solche, setzt dieser Vorgang zuerst wieder in der obersten Größenstufe der Städte ein, während in mittleren Rängen der Konzentrationsprozeß im eng umgrenzten Citybereich weiter anhält.

Citybildung und Citybevölkerung

In der geläufigen Definition wird der Beginn der Citybildung im allgemeinen mit der Abnahme der Wohnbevölkerung im Stadtzentrum gleichgesetzt. Die „perfekte City" hat demnach keine Wohnfunktion mehr. Diese Separierung der Betriebsfunktion des tertiären und quartären Sektors von der Wohnfunktion hat damit in der Postmoderne eine bemerkenswerte Parallele zur orientalischen Stadt geschaffen, in welcher der Basar, als ökonomisches Zentrum der traditionellen orientalischen Stadt, in der Nacht geschlossen wird. Damit werden auch Probleme der Kriminalisierung des öffentlichen Straßenraums nachts „ausgeschlossen". In den Cities der westlichen Gesellschaften bedarf es des Einsatzes von privaten Wach- und Schließgesellschaften bzw. staatlicher oder städtischer Sicherheitsorgane zur Aufrechterhaltung der Sicherheit, ohne diese freilich gewährleisten zu können.

Überblickt man die letzten 200 Jahre, so sind im Verhältnis von City und Wohnfunktion drei Phasen zu unterscheiden:

Die erste Phase umspannt die Manufakturperiode und die Zeit der Frühindustrialisierung bis zur Mitte des 19. Jh.s. Gleichzeitig mit dem Wachstum des tertiären Sektors der Wirtschaft in den großen Städten nimmt im Stadtzentrum auch die Wohnfunktion zu. Dies ist dadurch bedingt, daß in den meisten Innenstädten das Höhenlimit der Bauordnung ausgeschöpft, d. h. höher und dichter verbaut wird.

In der zweiten Phase, welche der Gründerzeit, d. h. den Jahrzehnten von der Mitte des 19. Jh.s bis zum Ausbruch des Weltkriegs, entspricht, erfolgt die Ausweitung der Wirtschaftsfunktion auf Kosten der Wohnfunktion. Es kommt zur schrittweisen Reduzierung der Wohnbevölkerung. Dieser in der Vertikalen der Mietshäuser von unten nach oben, von Stock zu Stock fortschreitende Prozeß ist u. a. in Wien von der damals ganz vorzüglichen Stadtstatistik bei Großzählungen erfaßt worden.

Die Mieterschutzgesetze der kriegsführenden Staaten und verschiedene weitere Notstandsmaßnahmen, welche im Verlaufe beider Kriege erlassen wurden, stoppten die Entleerung der Innenstädte und leiteten einen Übergang zur drit-

Abb. 3.16: Innenstadt, Paris 1986

ten Phase ein, in der wir gegenwärtig stehen. Der Wiederaufbau in bombenzerstörten Städten sowie in jüngerer Zeit die Zuwanderung einer neuen „Citybevölkerung" brachten der Wohnfunktion im Citybereich erneut einen gewissen Wert. Es handelt sich dabei um familiär ungebundene, in der City beschäftigte Bevölkerungsteile – darunter viele alleinstehende, berufstätige Frauen und berufstätige Paare –, welche die Wohnlage in der City bzw. an ihrem Rande bevorzugen. Eine Ablösung des repräsentativen durch den funktionellen Wertmaßstab hat sich somit vollzogen. Das einst leitende Kriterium, nämlich der für das Ansehen maßgebende repräsentative Wohnstandort, hat an Gewicht verloren. Die Berufstätigkeit in der City wird immer mehr zum ausschlaggebenden Faktor. Diese Entwicklung wird weiterhin verstärkt durch die in vielen Staaten Europas zunehmende Trennung von „Arbeitswohnung" und „Freizeitwohnung", wobei als Standort der Arbeitswohnung Wohnlagen in der Innenstadt präferiert werden. Darüber hinaus bestehen in Resten zwei alte Konzepte des Wohnens in der Stadtmitte weiter fort.

Aus der mittelalterlichen Konzeption des „ganzen Hauses" ist in den Mietshäusern der Neuzeit die Wohnkonzeption der Einheit von Wohnung und Betriebsstätte entstanden. Den Großhandelsherren und Gewerbebürgern folgten später Bankiers und Kaufleute, dann die Angehörigen der freien Berufe, Rechtsanwälte, Steuerberater, Architekten und Ärzte, deren Zahl sich im liberalen Zeitalter stark vermehrte. Heute ist diese Einheit von Wohnen und Arbeiten weitgehend aufgelöst. Ein Comeback ist in speziellen Informationsberufen möglicherweise zu erwarten.

Das zweite alte Konzept der Wohnung in der Stadtmitte, nämlich das des Absteigequartiers, welches bis zu den Äbten und ländlichen Grundherren des Mittelalters zurückgeht, erlebt gegenwärtig eine Renaissance in den luxuriösen Apartmenthäusern, in denen sich Angehörige der internationalen High Society und des Jet-sets einmieten, um an der Erlebniswelt der City zu partizipieren. Freilich ist dieser Typ nicht nur europäischen Millionenstädten, sondern den Weltstädten schlechthin eigen.

Citybildung und Citybauten

Im Unterschied zu nordamerikanischen Städten haben Wirtschaftsunternehmen, wie Banken und Versicherungsgesellschaften, Zentralen von Industriekonzernen usw., bis in die Gegenwart nur selten die dominanten Positionen im Stadtzen-

Abb. 3.17: Wiener Innenstadt vom Stephansdom 1996

Abb. 3.18: Grazer Innenstadt vom Schloßberg 1997

trum gewinnen können. Nur in den stark zerstörten deutschen Städten konnten im Zuge des Wiederaufbaus die Bauten der Wirtschaft gleichsam in ihrem Standortrang aufrücken. Sie bestimmen manche Stadtkerne nunmehr viel nachdrücklicher als vor dem letzten Krieg (Düsseldorf, Frankfurt am Main, Hamburg).

Den Citybauten der Wirtschaft gelang es im wesentlichen erst in der liberalen Periode, für ihre Aufgaben eigenständige architektonische Lösungen zu finden. Banken und Kaufhäuser waren die ersten Exponenten.

Die Masse der Cityfunktionen, vor allem die zahllosen Klein- und Kleinstbetriebe, waren und sind bis heute nicht imstande, sich unterkunftsmäßig von den Wohnhäusern der Stadtmitte zu emanzipieren. Daraus ergibt sich der für Kontinentaleuropa charakteristische Prozeß der „Entfremdung der Mietshäuser", der letztlich bereits mit den Anfängen der Citybildung in den Großstädten der frühen Neuzeit einsetzte und mit dem Mietshaus in weite Teile der kompakten Verbauung expandiert ist. Eine ähnliche Entwicklung hat sich nach dem Zweiten Weltkrieg mittels der Okkupation von ehemals großbürgerlichen Villen der Gründerzeit durch Cityinstitutionen vollzogen.

Nur kurzfristig, nämlich im späten 19. Jh., entstanden in den großen europäischen Metropolen wie Paris, Berlin und Wien die sogenannten Geschäfts- und Wohnhäuser, bei denen der Architektenentwurf die Nutzung der unteren zwei bis drei Geschosse für Geschäftszwecke, der oberen Geschosse für Wohnungen vorsah. Mit der Idee einer funktionellen Entflechtung der städtischen Funktionen, die seit Beginn des 20. Jh.s zum allgemeinen Glaubensbekenntnis von Städtebauern und Architekten avancierte, blieb dieser gemischte Bautyp als historisches Relikt zurück. Es blieb ihm auch eine Ausweitung in die Wachstumsachsen der City und in die Subzentren versagt.

Der Boom der Gründerzeit und der damit verbundene radikale Umbau der Innenstadtgebiete vieler europäischer Groß- und Millionenstädte hat bis heute keine Wiederholung gefunden, wenn man von dem gleichsam erzwungenen Wiederaufbau in den im Zweiten Weltkrieg beschädigten deutschen und anderen Städten absieht. Nach wie vor bestehengeblieben ist das Korsett der Bauordnungen, durch das der Hochhausbau an Sonderbestimmungen gebunden ist. Nichtsdestoweniger ist das Interesse an einer Erweiterung der vertikalen Kubatur durch Dachausbauten ein Kriterium für die Wirtschaftskraft einer City, wie der Vergleich der Pariser, der Wiener und der Grazer Dachlandschaft belegt (Abb. 3.16, 3.17, 3.18).

Die Folgen der Beibehaltung dieser traditionellen städtebaulichen Prinzipien für die Cityentwicklung liegen auf der Hand. Der zentrale Geschäftsbezirk kann sich nicht in der Vertikalen, sondern nur flächenhaft in benachbarte Bezirke hinein ausweiten. Dadurch muß aber zwangsläufig – in Abhängigkeit von der Stadtgröße – der absolute und relative Anteil der Stadtmitte am tertiären und quartären Sektor aufgrund des steigenden Flächenbedarfs aller Funktionen abnehmen. Wenn die Dezentralisierung der Wirtschaftsfunktionen aus der amerikanischen Downtown und als Ergebnis deren Niedergang thematisiert wird, dann wird vielfach übersehen, daß ganz ähnliche Dezentralisierungsvorgänge in den großen europäischen Metropolen bereits im 19. Jh. abgelaufen sind. Allerdings mit dem Unterschied, daß hierbei nicht eine Suburbanisierung, sondern eine Aussiedlung von Cityfunktionen in periphere Teile des kompakten Stadtraums erfolgte (!).

Erst im letzten Drittel des 20. Jh.s sind in einzelnen Eurometropolen Auslieger der City bzw. Superstrukturen geschaffen worden.

Der Bauplan der City im deutschen Sprachraum

Das Problem der Standortdifferenzierung von Funktionen innerhalb der City spaltet sich auf in die Frage nach der viertelsweisen Auseinanderlegung von einzelnen Branchen bzw. in die nach dem Zusammentreten von charakteristischen Assoziationen, und zwar sowohl im Bereich des Geschäftslebens als auch auf dem Bürosektor.

Größenordnungen von Städten sind die wichtigste Determinante für die räumliche Konfiguration aller städtischen Erscheinungen. Das gilt auch für die räumliche Strukturierung der City. Im folgenden wird auf die Standortdifferenzierung für die kleine Großstadt mit 100 000 bis 200 000 Menschen (Abb. 3.19) und für die Halbmillionenstadt eingegangen (Abb. 3.20). Schließlich wird als Beispiel für die Millionenstadt Wien vorgeführt (Abb. 3.21).

Bei der kleinen Großstadt formieren sich Einzelhandel, Geld- und Versicherungswesen sowie Wirtschaftsdienste zum „harten Kern" der City. Die Banken sind noch nicht zahlreich genug, um ein eigenes Viertel zu bilden. Geldinstitute schalten sich vielmehr in die Front der Hauptgeschäftsstraßen der Innenstadt ein. Dasselbe gilt auch für die Kaufhäuser, bei denen gelegentlich zwei oder drei blockweise zusammentreten. An diesen harten Kern schließen randlich an: ein Citygewerberayon mit Werkstätten überwiegend spezialisierter Fertigungen, ferner Ergänzungsstraßen des Geschäftslebens für den sporadischen (langfristigen) Bedarf, in denen Möbel, Hausrat und Autos angeboten werden. Schließ-

Abb. 3.19: City einer kleinen Großstadt

Abb. 3.20: City einer Halbmillionenstadt

lich befinden sich noch Bauten der öffentlichen Verwaltung, Industrie- und Großhandelsbüros in der Randzone der City. Eine Viertelsbildung kommt in ihr meist nur ansatzweise oder überhaupt nicht zustande.

Demgegenüber weist die Halbmillionenstadt bereits eine Anzahl spezifischer Viertel auf. Im „harten Kern" sondern sich die Kaufhäuser meist als geschlossener Komplex von den kleinen Geschäftslokalen ab. Diese Zweiteilung ist in Köln im Gegensatzpaar von Schildergasse und Hoher Straße, in Frankfurt in dem von Zeil und Kaiserstraße sehr schön ausgebildet. Am Rande des Geschäftsdistrikts gruppieren sich die Banken in einem eigenen Viertel. Damit verbindet sich oft eine Ballung von Rechtsanwälten und Notaren. Desgleichen existiert ein spezielles Hotel- und Vergnügungsquartier, dem sich Luftfahrtlinien und Reisebüros zuordnen. Eine randständige Bürozone sondert sich meist von diesem Ergänzungsgebiet des harten Kerns der City. Hier bilden öffentliche Dienststellen größere Komplexe. Versicherungen häufen sich, die eine oder andere Industriebranche kann bereits durch eine Schwarmbildung ihrer Büros in Erscheinung treten. Im Geschäftsleben separieren sich Ladenzeilen für Kraftwagen bzw. Möbel.

Die Ausgestaltung der City auf der Ebene der Millionenstadt vollzieht sich durch eine stärkere Differenzierung im Bereich der Industrie- und Großhandelsbüros. Ein Textilviertel entsteht, Verwaltungszentralen von Bergbaubetrieben und Speditionen gruppieren sich, Zeitungen und Verlage erscheinen in einem oder mehreren Vierteln. Selbst die öffentlichen Dienststellen fächern sich auf, der städtische und der staatliche Behördenapparat beziehen getrennte Standorte, eigene Post- und Gerichtsviertel gelangen zur Ausbildung.

Während somit einerseits nahezu geschlossene Viertel mit der Dominanz einer bestimmten Betriebssparte entstehen, gewinnt andererseits der Citykern an Vielfalt.

City und Stadtplanung

Die europäische Stadtplanung hat sich, wenn man von Frankreich absieht, ganz allgemein erst reichlich spät in der Stadtmitte engagiert. Dies hat gute Gründe, denn die Hauptprobleme der kapitalistischen Wachstumsperiode der Großstädte lagen nicht im Stadtzentrum, sondern betrafen in erster Linie die völlig unzureichende Unterbringung der hereinströmenden Arbeitermassen. Das New-Town-Modell ebenso wie der in den 1920er Jahren mit Macht einsetzende soziale Wohnungsbau sind als Reaktionen auf diese Mißstände aufzufassen. Das Aktionsfeld von beiden war der Stadtrand, nicht der Stadtkern.

Erst die Motorisierungswelle der Nachkriegszeit und die damit ausgelöste Verkehrsmisere der dicht verbauten Innenstädte brachten eine Hinwendung der Planungsbehörden zu Cityfragen. Man fürchtete um den Verlust der Anziehungskraft des Stadtzentrums. Innenstadterneuerung heißt seitdem das Schlagwort des Städtebaus und der Stadtbehörden.

Welche Planungskonzepte stehen derzeit für die City zur Verfügung?

Die meisten Projekte konzentrieren sich auf Maßnahmen des Verkehrssektors und betrachten die Verbesserung der öffentlichen Verkehrseinrichtungen als Hauptaufgabe der städtischen Behörden.

Da das Geschäftsleben vielfach als Motor für die Dynamik der City angesehen wird – wie nachgewiesen werden konnten, zu Unrecht –, wurde, als neues Patent des Städtebaus ab den 1970er Jahren, die Fußgängereinkaufsstraße für das Allheilmittel zur Erhaltung und Wiederherstellung der Attraktivität der Innenstadt gehalten.

Eine weitere Gruppe von Behördenvertretern propagiert ferner den Schutz des historischen Stadtbilds, meist recht unbekümmert hinsichtlich der Fragen nach der Wirtschaftlichkeit eines derartigen Vorgehens und der Kostenübernahme.

Beide Zielvorgaben sind schwierig zu vereinen. Während nämlich die Bewahrung kunsthistorisch wertvoller Bausubstanz mittels des Denkmalschutzes zwangsläufig zu einer gewissen Versteinerung des Bodenmarkts und zur Abwanderung aktiver Cityelemente führt, bewirken andererseits alle kommunalen Maßnahmen zur besseren Verkehrsbedienung einschließlich der Errichtung von Fußgängereinkaufsstraßen einen Anstieg der Bodenpreise und damit eine Belebung der Bautätigkeit. Konflikte zwischen den privatwirtschaftlichen Exponenten der Citybildung sowie den städtischen und staatlichen Baubehörden sind damit an der Tagesordnung.

Nachdem die Erfahrungswelt der Planung nach wie vor sehr stark von den Faktoren des Stadtrandes, nämlich der Schaffung von Wohnraum und zugehörigen Versorgungseinrichtungen sowie von Verkehrsleitbildern bestimmt wird, ist einsichtig, daß bisher für die Förderung des Bürosektors kein Instrumentarium entwickelt wurde. Zwar wird seit den 1990er Jahren der Freizeit- und Erlebniswert der City, inspiriert vom Leitbild der modernen Konsum- und Erlebnisgesellschaft, ins Programm des Stadtmarketings aufgenommen, doch ist die City mehr als nur das ästhetisch attraktive und abwechslungsreich gestaltete

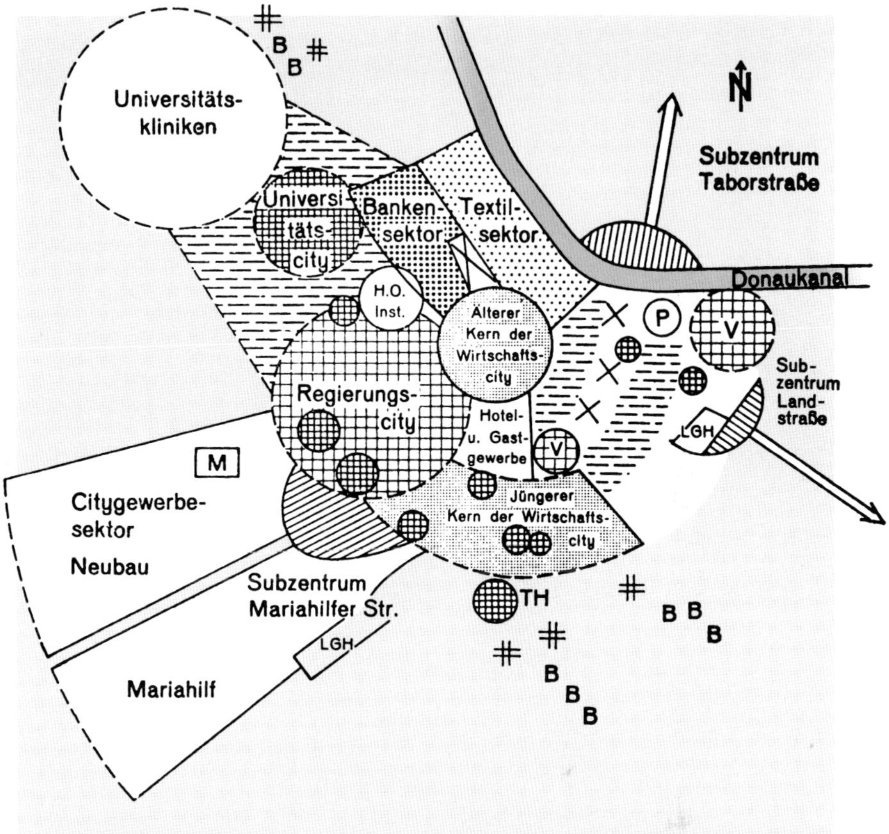

Schema der Wiener City			
M	Möbelviertel	V	Öffentliche Dienststellen
LGH	Lebensmittelgroßhandel	H.O. Inst.	Halboffizielle Institutionen
⊕	Kultur- u. Unterrichtsbauten	P	Post
X	Rückzugsgebiete der City	B	Botschaften
		###	Viertel freier Berufe

Abb. 3.21: Die räumliche Struktur der Wiener City

Zentrum für konsumfreudige Großstädter. Sie ist vielmehr das kompliziert gebaute Arbeitsstättenzentrum des tertiären und quartären Sektors der Wirtschaft. Diesbezüglich realistische, d. h. den Größenordnungen und Kultursituationen angepaßte Arbeitsstättenmodelle gibt es jedoch kaum.

Die Niederländische Planung hat in Rotterdam den erstaunlichen Nachweis erbracht, daß es möglich ist, eine Hochhaus-Innenstadt als Bankenviertel mit dem öffentlichen Verkehr zu verbinden, Fußgängern und Radfahrern eine Chance zu geben (Abb. 3.22) und darüber hinaus in Private-public-Partnership mit einem der größten globalen Unternehmer in der Produktion von neuen Erlebniswelten, de Jerde, die Beursplein neu zu gestalten.

Abb. 3.22: Rotterdam, Beursplein, Einkaufswelt

Abb. 3.23: Budapest, West-Ost-Trade-Zentrum 1994

Transformation der City im Postsozialismus

Überblick

Citybildung im Sinne der westlichen Welt war in der kommunistischen Ära kein städtebauliches Anliegen. Der Produktionsideologie der Ostblockstaaten entsprechend, hatte die Industrialisierung Vorrang. Dabei wurde durch die Nationalisierung der Industrie ein Konzentrationsprozeß gefördert, d. h., kleinere Betriebe wurden aufgelassen bzw. größeren angeschlossen. Die Nationalisierung des Handels führte zur Entstehung neuer staatlicher Großbetriebe, der kleinbetriebliche Einzelhandel blieb auf der Strecke. Nur Polen bildete eine Ausnahme.

Durch die Verstaatlichung von Grund und Boden wurde das Hindernis, welches Privateigentum für eine umfassende Planung darstellt, ausgeschaltet. Damit wurde auf eines der mächtigsten Instrumente der Bildung von Kapital – mittels Bodenspekulation und steigender Bodenpreise – verzichtet. Aufgrund der Trägheitseffekte staatlicher Planungssysteme kam es vielmehr zur Anwendung eines Reserveprinzips, d. h., sowohl bei der Gesamtfläche einer Stadt als auch bei der Ausgrenzung von Nutzungen wurden stets Reserven einkalkuliert. Diesem großzügigen Umgang mit Stadtfläche stand andererseits eine äußerst sparsame Zuweisung von Wohnfläche an den einzelnen Haushalt gegenüber.

Das Ende des kommunistischen Systems hat Entscheidungs-, Informations- und Verteilungsinstanzen, Immobilien-, Arbeits- und Wohnungsmärkte aus dem festgefügten Korsett des staatlichen Dirigismus herausgelöst. Die Privatisierung des Bodenmarkts zählt zu den wesentlichen Konsequenzen der Liberalisierung. Ein Vergleich mit der Aufhebung feudaler Nutzungsrechte und der Umwandlung in marktfähige Eigentumsrechte in den liberalen Revolutionen des bürgerlichen Zeitalters liegt nahe. Auf das Entstehen neuer Klassengrenzen nach Vermögen und Realitätenbesitz wurde bereits hingewiesen.

Citybildung ist wieder ein Thema der Stadtentwicklung geworden. Budapest und Moskau dienen als Beispiele.

Budapest

Citygestaltung wurde in Budapest in der kommunistischen Ära nicht thematisiert. Im Stadtentwicklungsplan war der Bereich der City eng umschrieben und ging nicht über den schon in der Gründerzeit mit Durchgängen und Passagen ausgestatteten nördlichen Teil der Altstadt von Pest hinaus. Überprüft man die Einwohnerentwicklung im V. Bezirk, dem eigentlichen Citybezirk seit der Gründerzeit, so registriert man mit Erstaunen, daß das Kriterium der Bevölkerungsab-

Abb. 3.24: Budapest, Donaufront von Pest 1995

nahme fehlt, welches nach allgemeiner Lehrbuchauffassung als erstes das Einsetzen der Citybildung anzeigt. In den 1960er Jahren ist sogar noch eine Zunahme der Zahl der Einwohner erfolgt und erst in den 1980er Jahren haben sich indirekt die Phänomene des Protomarktes, einer interessanten ungarischen Frühform der Marktwirtschaft, bemerkbar gemacht und die Bevölkerungszahl ist unter 50 000 Einw. abgesunken. Damit hat die Budapester City noch immer eine Wohnbevölkerung im Ausmaß einer Mittelstadt. Da eine Reduzierung der Wohnbevölkerung entsprechend den Interessen des internationalen Bürosektors in zügigem Tempo kaum möglich ist, bietet sich als einzige Lösung eine Cityausweitung in Nachbarbezirke hinein an.

Der Hauptmotor ist die Internationalisierung des Immobilienmarktes. Diese hat Budapest nach dem politischen Systemwechsel in extrem kurzer Zeit erreicht. Der rasant steigende Büroflächenbedarf steuert seine Aktivitäten. Es sind zwei große Nachfragesegmente vorhanden:

- ausländische Firmen, die als Repräsentanzen „schöne Büros" mit ca. 200 m^2 in Budapest brauchen,
- ungarische Unternehmer, die sich nur Kleinbüros mit zwei bis drei Räumen leisten können.

Die beiden Gruppen unterscheiden sich deutlich hinsichtlich der Auswirkungen auf den funktionellen und baulichen Vorgang der Citybildung. Die erste Gruppe ist der Motor für den Büroneubau, die zweite Gruppe bedingt den Entfremdungsvorgang von Wohnungen.

Für die ausländischen Nachfrager waren zunächst die älteren Büroflächen von Interesse, die durch Delogierung von Büros staatseigener Betriebe im Stadtzentrum verfügbar wurden. Im Stadterneuerungsgebiet kamen allein 1992 ca. 100 000 m^2 auf den Markt. Sehr rasch setzte dann der Büroneubau ein, ebenfalls in erster Linie für ausländische Firmen. Allein im Zeitraum 1990–1993 wurden insgesamt 63 Bürohäuser mit einer Gesamtfläche von 300 000 m^2 errichtet. Bis jetzt haben Bürohochhäuser die Skyline von Budapest noch kaum verändert, es gibt auch keine Bahnhofsüberbauungen, keine Imitation von Montparnasse, sondern die Präferenz von guten Eckpositionen des Hauptstraßennetzes (Abb. 3.23). Gleichzeitig erfolgen starke Overspill-Effekte des Büroneubaus über den Raum der City hinweg auf Außenposten, darunter auch auf die Budaer Seite.

Das Stadterneuerungsgebiet profitiert ferner besonders von der Umwandlung von Wohnungen in Büros vor allem durch ungarische Unternehmer. Der sehr zügige Umwandlungprozeß wird durch zwei Faktoren begünstigt: Erstens sind in

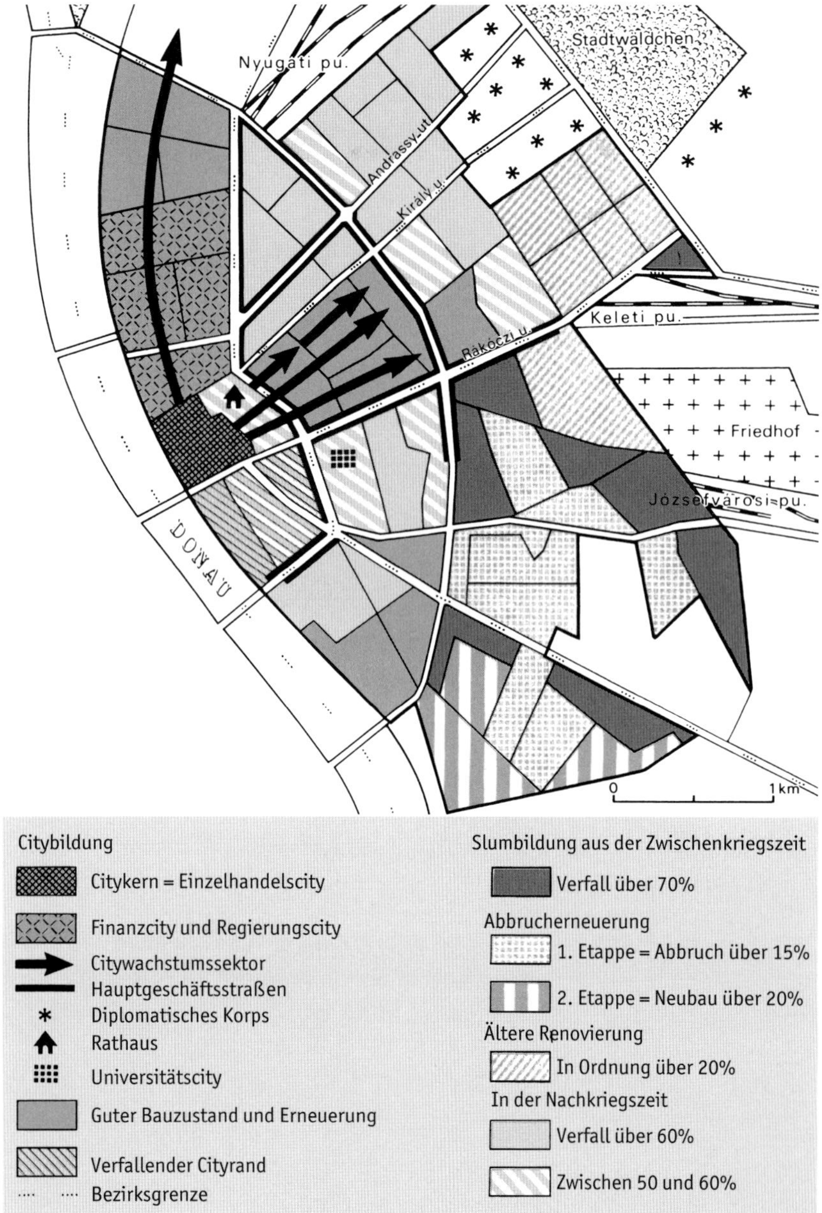

Abb. 3.25: Budapest, Cityschema

Budapest bisher noch keine Bürogebiete ausgewiesen worden, so daß die Umwandlung von Wohnungen in Büros im Unterschied zu Wien ohne Restriktionen möglich ist, und zweitens kommt die anhaltende staatliche Subventionierung der Privatisierung von Wohnungen, welche die Privatisierungsgewinne dem ehemaligen Mieter der Wohnung zuschreibt, dem Umwandlungsprozeß zugute.

Derart verbreitert sich der Citymantel mit zahlreichen Büros vor allem im VI. und VII. Bezirk zwischen dem Großen und Kleinen Ring. Hauptgewinner ist der VII. Bezirk, in dem zwischen 1990 und 1993 mehr neue Büros errichtet wurden als in der Innenstadt. Diese Umwidmung von Wohnungen in Büros wird weiter anhalten.

In der räumlichen Differenzierung der City ist eine neue Etappe eines Waterfront-Development in Sicht (Abb. 3.24). Schon die Gründerzeit hat in einer ersten Etappe die Lage Budapests an der Donau zu nutzen verstanden. Damals waren nationale Prestigesymbole, wie das Parlament, Kernstücke des Städtebaus. Die hohen Hypotheken für diese Schaustücke hat erst die Inflation nach dem Ersten Weltkrieg getilgt.

Infolge des zügigen Take-offs des tertiären und quartären Sektors verstärkt sich die sektorale Differenzierung in den an die Innenstadt anschließenden Sektoren. Diese profitieren in unterschiedlichem Maße vom Vorgang der Citybildung.

Die kommerzielle Stadterneuerung als ein z. T. selbsttragender Vorgang folgt dabei den räumlichen Sukzessionsprinzipien des hochrangigen Bürosektors, welcher stets an die besseren Wohnquartiere einer Stadt anschließt. Von dieser kommerziellen Stadterneuerung als Pendant zur Citybildung kann jedoch nur ein kleiner Teil des Stadterneuerungsgebiets profitieren. In den nach wie vor von der Wohnfunktion bestimmten Gebieten ist vielmehr eine Polarisierung der Entwicklung zu erwarten, und zwar einerseits eine Fortsetzung der „sozialistischen Gentrification" mittels der Mechanismen eines kapitalistischen Wohnungsmarkts und der vorgeschalteten Märkte aufgrund des Interesses ökonomisch potenter Nachfrager, darunter zahlreiche Ausländer, und andererseits eine fortschreitende Slumbildung überall dort, wo sich bei den Liegenschaftsverwaltungen der Lokalbehörden keine Interessenten für die abgewohnten Mietwohnungen einfinden (Abb. 3.25).

Die flächenhafte Ausdehnung von Verfallsgebieten in direktem Kontakt mit Regierungs- und Wirtschaftscity erzwingt die Frage, ob auch Budapest dem sozialökologischen Modell der nordamerikanischen Städte folgen wird und ob die Polarisierungsthese richtig ist, welche heute die angloamerikanische Stadtforschung als Paradigma für die metropolitane Entwicklung verkündet und nach der die Innenstädte aufgrund von City- und Slumbildung in zwei völlig verschiedene Stadthälften auseinanderfallen „müssen". Für deren Entwicklung zeichnen einerseits Citybildung durch das beschriebene Take-off des quartären Sektors und andererseits Slumbildung infolge des entstandenen sozialen Kraters von Armut und sozialen Desorganisationserscheinungen verantwortlich.

Festzuhalten ist, daß vor 1989 physischer Verfall und soziale Marginalisierung keineswegs deckungsgleich waren und Gebäude in schlechtem Zustand nicht nur von Randschichten bewohnt wurden. Es handelte sich zwar im Durchschnitt um ärmere Bevölkerungsschichten, aber keineswegs um „Outcasts", „Outlaws" oder „Drop-outs". Jetzt beginnen die Phänomene der sozialen Desorganisation zu greifen, es öffnet sich die Schere in den Einkommensverhältnissen, die Marginalisierung steigt, die Anteile von alten, alleinstehenden Personen, um die sich niemand kümmert, von Resthaushalten, von Arbeitslosen bzw. Erwerbstätigen mit nur sporadischem Einkommen, von Leuten in desolaten Lebensverhältnissen nehmen zu. Es kommt zur massenhaften Infiltration von Randgruppen.

Seit 1990 ist eine drastische Reduzierung der Mittel erfolgt, so daß de facto Stadterneuerung als öffentliche Aufgabe nicht mehr existiert. Als Aufgabe der Privatwirtschaft ist Erneuerung andererseits nur möglich, wo eine Veränderung der Nutzung in Richtung von der Wohn- zur Geschäfts- und Büronutzung erfolgt und die Kapitalinvestitionen durch entsprechend angehobene Mieten honoriert werden. Dies ist der derzeit wichtigste Trend.

Die zweite Möglichkeit der Gentrification, einer Stadtwanderung einer neuen Citybevölkerung in Verbindung mit einer bausozialen Aufwertung, hat bisher jedenfalls noch nicht zu in gleicher Weise sichtbaren Erneuerungsprozessen geführt wie in westlichen Städten. Unmittelbar neben der City, am „grauen Cityrand", stoßen daher die sozialen Kontraste hart aufeinander.

Ebenso wie in anderen Metropolen erfolgt auch in Budapest die Ausdehnung der City in die besseren Viertel hinein, längs der genannten Hauptgeschäftsstraßen und in die westlichen Villenvororte. Der Stadtverfall ist andererseits ein unaufhaltsamer Prozeß in den zwischen den Citystrahlen liegenden Interstitien. Abbruchserneuerung – von wem auch immer finanziert – ist die einzige Lösung.

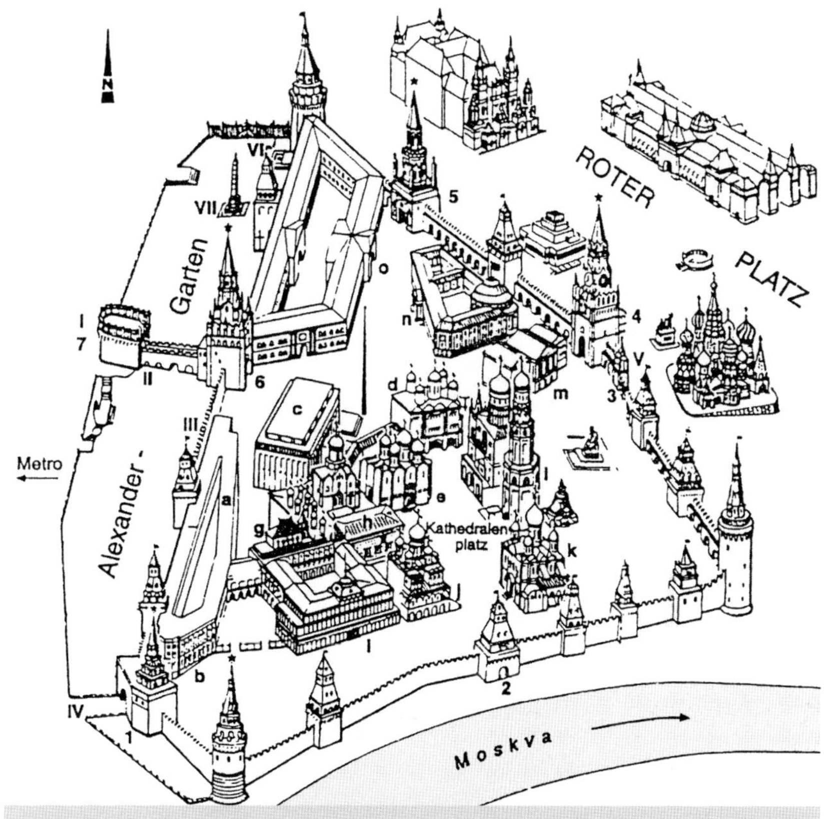

Kremlmauer: I Haupteingang II Garderobe III Kassen, Kioske IV Eingang Rüstkammer V Offizieller Eingang VI Grabmal des unbekannten Soldaten VII Obelisk für bekannte Revolutionäre 1 Borovíckij-Turm 2 Geheimgangsturm 3 Zarenturm 4 Erlöserturm 5 Nikolaustor 6 Dreifaltigkeitstor 7 Kutáfja-Turm

Kremlgebäude: a Lustschloß b Rüstkammer c Kongreßpalast der Sowjets d Patriarchenpalast (Museum) mit Zwölf-Apostel-Kathedrale, davor Große Kanone e Mariä-Entschlafens-Kathedrale f Kirche Mariä Gewandniederlegung g Terempalast h Facettenpalast i Kreml-Palast mit Großem Kreml-Palast j Mariä-Verkündigungs-Kathedrale k Erzengel-Kathedrale l Glockenturm „Iván der Große", davor Große Glocke m Kreml-Theater (ehem. Sitz des Obersten Sowjet), gegenüber Lenin-Denkmal n Senat o Arsenal

Abb. 3.26: Der Kreml in Moskau

Moskau

Moskau besaß auch im kommunistischen Regime eine Sonderstellung und besitzt sie durch die Zugriffsmöglichkeiten auf das staatliche Budget noch heute. Aufgrund der Größe der russischen Metropole vollzieht sich der Umbruch von Gesellschaft und Wirtschaft in einem anderen Maßstab als in kleineren Hauptstädten der ehemaligen Comecon-Staaten. Die Entwicklungsstränge selbst sind jedoch identisch mit denen in Budapest:

Abb. 3.27: Moskau, Roter Platz mit Basilius-Kathedrale

Abb. 3.28: Moskau, Eingang zum GUM

- ein Take-off des Einzelhandels und des Bürosektors,
- die Nachfrage nach erstklassigen Wohnungen sowie
- Ambitionen des Bürgermeisters der Stadt, Moskau möglichst rasch in die Liga der Weltstädte zu bringen.

Diese haben zu weitflächigen Renovierungen des historisch wertvollen Baubestands im Zentrum, darunter auch von zahlreichen orthodoxen Kirchen, geführt (Abb. 3.26 und 3.27). So hat die Stadt in eigener Regie den alten Handelsstadtteil Kitaj Gorod komplett rekonstruiert, wie überhaupt die Wiederbelebung vorrevolutionärer Standorte für die Ausweitung der Bürocity wesentlich ist. Dabei beläßt man die historischen Fassaden und verbaut Freiflächen und Hinterhöfe, um Kleinbüros zu schaffen. Hierbei schließt die Stadt Verträge mit Investoren ab, welche sich verpflichten, die Hälfte des Bauvolumens als Wohnungen der Stadt zur Verfügung zu stellen, während die andere Hälfte in ihrem Eigentum verbleibt und in Büros umgewandelt werden kann.

Gleichzeitig wurden große städtebauliche Projekte zur Schaffung von Büro- und Einzelhandelsflächen internationalen Standards lanciert. Mit einem Zuwachs zwischen jährlich 180 000 bis 350 000 m^2 Bürofläche der oberen Qualitätskategorie ab 1994 (Lenz 2000) hat Moskau bisher freilich noch nicht den Durchschnitt der Zunahme von Frankfurt in den späten 1980er Jahren erreicht.

Im Einzelhandel wird das westliche Weltstadtmodell sehr rasch nachgeholt. Luxusgüter trennen sich klar vom Normalangebot. Die Nachfrage der sogenannten „neuen Russen" nach Konsumgütern hat eine Ausweitung der Einzelhandelsflächen und ein breites Spektrum von neuen Dienstleistungen in der Innenstadt gebracht. Dem russischen Winterklima gemäß ist ein dem Montrealer Modell nachgebildetes Untergrund-Einkaufszentrum entstanden.

Im Hinblick auf die Sektoren der Wirtschaft folgt auch Moskau dem skizzierten Transformationsmodell der Primatstädte, wobei die Einbußen an Industriearbeitsplätzen durch den Gewinn an Stellen im tertiären und quartären Sektor nicht nur gedeckt, sondern sogar wesentlich übertroffen werden. Die Moskauer City erlebt daher eine neue Gründerzeit. Aufgrund der Nachfrage haben Mieten und Kaufpreise auf dem Büroimmobilienmarkt Weltmarktniveau erreicht.

Eine vollständige Liberalisierung des Bodenmarktes ist allerdings noch nicht in Sicht. Vielmehr werden von der Stadt Erbpachtverträge mit einer Laufzeit von 49 Jahren geschlossen. An Einnahmen durch die Grundsteuer und den Handel mit Nutzungsrechten an Immobilien bezog die öffentliche Hand im Jahr 1995 umgerechnet eine halbe Milliarde US-$ (Stadelbauer 1996).

Auf dem Wohnungsmarkt der Moskauer Innenstadt orientierten sich die Preise der renovierten Wohnungen an den Büromieten und betragen das 30fache der Peripherie. Gentrification und ein zügiges Abschieben vor allem der Bewohner in Gemeinschaftswohnungen und der Angehörigen der einstigen politischen Nomenklatura an den Stadtrand sind das Ergebnis. Ausländische Manager und „neue" Russen kommen als Nachfrager zum Zug.

Amtlicherseits ist ein zentral-peripheres Bodenwertgefälle vorgegeben. Damit wird die Stadtmitte von Moskau auch von der Planung zur sozialen Mitte erklärt. Eine Analogie zu den Residenzen und Metropolen des Kontinents in der Gründerzeit, wie Wien, Berlin oder Paris, tut sich auf (Abb. 3.28, 3.29).

Die Downtown in Nordamerika

Überblick

Zum Verständnis der Downtown in Nordamerika sei der Ausspruch eines Politikers über Chicago an den Anfang gestellt: *„Chicago was not only a place, but a process. Every generation put its hand on it and around it, leaving a mark if not a memorial. Still Chicago existed at least as much for tomorrow as for today. Tomorrow will have its own say-so."* Die Aussage lautet daher: Die Downtown kann man nicht als einen Standort beschreiben, sondern muß sie als einen Prozeß begreifen, in dem Auf- und Abstieg einander ablösen. Um ein Bild zu gebrauchen: Der Aufstieg ist mit dem Image der Wolkenkratzer verbunden und zumeist mit New York oder San Francisco assoziiert. Den Abstieg bis zum Wüstwerden hin symbolisieren die „fabulous ruins of Detroit", die man im Internet bestaunen kann. Für beide Vorgänge ist kein Vergleich mit europäischen Verhältnissen möglich und angebracht.

Abb. 3.29: Turmhaus an der Moskwa, Wohnungen und Büros

Anders als in Europa besteht keine Generationen überdauernde relative Stabilität einer kompakt verbauten Stadt, in der die Frage nach dem sozioökonomischen Wandel der jeweils höchstrangigen Einrichtungen des Arbeitsstättenzentrums im baulichen Gehäuse thematisiert werden kann. Vielmehr bildet der Central Business District als Konzentration von hochrangigen Arbeitsstätten in der Downtown das in ständigem Abbruch und Neubau befindliche bauliche Pendant einer wachsenden und sich verändernden metropolitanen Wirtschaft.

Um den Wendepunkt der Entwicklung und den Niedergang zu verstehen, ist die Gesamtentwicklung der Metropolitan Areas einzublenden. Auf

Abb. 3.30: Detroit, polnisches Viertel 1970

die Entwicklung des für europäische Maßstäbe unglaublich weitflächigen Stadtlandes mit einem immer extensiver werdenden Mosaik von Siedlungsflächen, Shopping-Malls, Industrial Parks und Bürostädten im anhaltenden Vorgang der Counterurbanization wurde bereits hingewiesen. Der Raum ist in Nordamerika zum Unterschied von Europa – wie schon mehrfach betont– eine scheinbar unbegrenzte, ubiquitäre Ressource.

Bis zu den ersten Jahrzehnten der Nachkriegsentwicklung war der Central Business District ein Spiegelbild des Aufstiegs der Wirtschaft, ihrer Krisen und Einbrüche. Dann emanzipierte sich die Wirtschaft von diesem Standort. Zuerst folgte der Einzelhandel der Wohnbevölkerung hinaus in die Suburbs bzw. eilte dieser sogar rasch voraus, dann folgten die Industrie und schließlich der Bürosektor, der sich in Form der Edge Cities in Distanz zu den alten Downtowns längs der Ringautobahnen neu etablierte.

Die Verflechtung der Wirtschaftsentwicklung und der Entwicklung des Central Business District reicht jedoch als Erklärung nicht aus. Der entscheidende Unterschied gegenüber Europa besteht im gesellschaftlichen Prozeß der zügigen Zu- und Abwanderung sowie der innerstädtischen Sortierung der Bevölkerung.

Die Sortierung der Bevölkerung

In Amerika war und ist die Stadtmitte nicht die soziale Mitte der Stadt, sondern durch die Übernahme des britischen Industriestadtmodells hat sich ein zentrifugaler gesellschaftlicher Schichtungsvorgang vollzogen. Bereits der dritte Präsident der Vereinigten Staaten, Jefferson, hat eine klare antiurbane Haltung vertreten. Er hat den Städten alles moralische Übel zugeschrieben und die europäische Stadtidee schlichtweg abgelehnt.

Die amerikanische Stadt hatte daher von vornherein die gesellschaftliche Funktion, die Zuwanderer in den „American way of life" einzuführen, sie zu akkulturieren, um sie dann in Suburbs ziehen zu lassen! Dieser Vorgang vollzog sich in mehreren Wellen: von der europäischen Einwanderung vor dem Ersten Weltkrieg aus Nordwest- und Zentraleuropa bis schließlich aus Süd- und Osteuropa hin. Hierzu kam die Binnenwanderung der Afroamerikaner von Süden nach Norden im 20. Jh. und nach dem Zweiten Weltkrieg die Zuwanderung aus Lateinamerika und Ostasien. Dieser sehr differenzierte Vorgang wies in den einzelnen Wellen ein unterschiedliches Tempo der Akkulturierung, Anpassung, Integration und Suburbanisierung auf. Die Bereitschaft zum Konnubium und damit zur echten Integration war dabei auf seiten der angloamerikanischen Mittelschicht sehr unterschiedlich. Ein Beleg hierfür ist der US-Bevölkerungszensus, welcher explizit die *races* anführt und hierbei auch alle „Mischungen" unterscheidet, darunter *hispanics*, *white* und *other races*. Im Zensus des Jahres 2000 sind nur 2,4 % der Bevölkerung als *mixed races* eingestuft. Selbst unter der „weißen" Bevölkerung hielten sich süd- und osteuropäische Zuwanderer lange separiert. Intakte osteuropäische Nachbarschaften bestehen in einzelnen Metropolen aber bis heute (Abb. 3.30).

Das Modell des Schmelztiegels trifft daher auf die amerikanische Stadt nur sehr eingeschränkt zu, sie wird vielmehr von extremer Segregation nach ethnischen, religiösen, sozioökonomischen und demographischen Merkmalen bestimmt, unter denen die erstgenannten absolute Priorität besitzen. In diesem mehr als 100 Jahre umspannenden Migrations- und Sortierungsprozeß sind in den großen Kernstädten Ghettokonglomerate mit einer Vielzahl von ethnischen Ghettos entstanden, die allerdings in den Großregionen des Kontinents unterschiedliche Zusammensetzungen aufweisen. Chicago bietet ein gutes Beispiel (Abb. 3.31).

Die Daten des Zensus 1981 belegen zum letztenmal im Detail das Muster der ethnisch-anthropologischen Viertelsbildung. Der Hauptvorgang seit den 1960er Jahren war die Ausweitung der zwei Megaghettos der afroamerikanischen Bevölkerung bis zur Grenze der Kernstadt im Süden und Westen, und zwar längs der Hauptlinien der Subways, welche als Verkehrsmittel weitgehend von der afroamerikanischen Bevölkerung benutzt werden. Durch das afroamerikanische Megaghetto wurde im Süden die University of Chicago völlig eingeschlossen, das ausgedehnte jüdische Ghetto ebenso weggeschoben wie die Wohnbereiche der Italiener; von den europäischen Immigranten verblieben als einzige westeuropäische Gruppe die Iren im Kontaktbereich zu den Afroamerikanern.

Die Zuwanderungswelle der Nachkriegszeit hat neue Elemente in das ethnische Mosaik von Chicago gebracht, und zwar Hispanier und Asiaten. Zwischen und an den Rändern der Ghettos der Afroamerikaner haben sich die rasch wachsenden Nachbarschaften der hispanischen Zuwanderer plaziert, deren Anteil an der Bevölkerung im abgelaufenen Jahrzehnt von 18 auf 26 % (2000) zugenommen hat und die zu mehr als 60 % aus Mexiko stammen. Sie haben Polen, Tschechen und Juden zu peripherer Abwanderung veranlaßt. Filipinos und Inder bilden den Hauptanteil der Zuwanderer aus Asien, daneben sind die Vietnamesen die am schnellsten wachsende Gruppe. Sie alle wohnen in klar abgegrenzten, verhältnismäßig kleinen Vierteln in einer Art Pufferzone zwischen den Ghettos der Afroamerikaner und dem weißen Mittelschichtmilieu.

Dieses Ghettokonglomerat in der Kernstadt von Chicago stellt keineswegs eine festgeschriebene räumliche Einheit dar, sondern unterliegt ständigen Veränderungen. An der citywärtigen Seite wird die verfallene Bausubstanz, sobald die Lokalsteuern länger als ein Jahr nicht bezahlt werden, durch die Behörden abgeräumt. Riesige, kilometerbreite, ungenutzte Freiflächen entstehen rings um die Wolkenkratzer und isolieren diese immer mehr von verfallenden Wohnvierteln.

Bereits 1980 war im Bericht der President's Commission (S. 76) nachzulesen: „Es erfolgt eine zunehmende Ghettoisierung der Armen und ethnischen Minderheiten in den Kernstädten mit gleichzeitig anhaltender hoher Arbeitslosigkeit. In den Armutsbezirken verfällt die Organisation der öffentlichen Dienstleistungen, welche für Wohlfahrts- und Armutsprogramme zuständig sind, die Kriminalität steigt an."

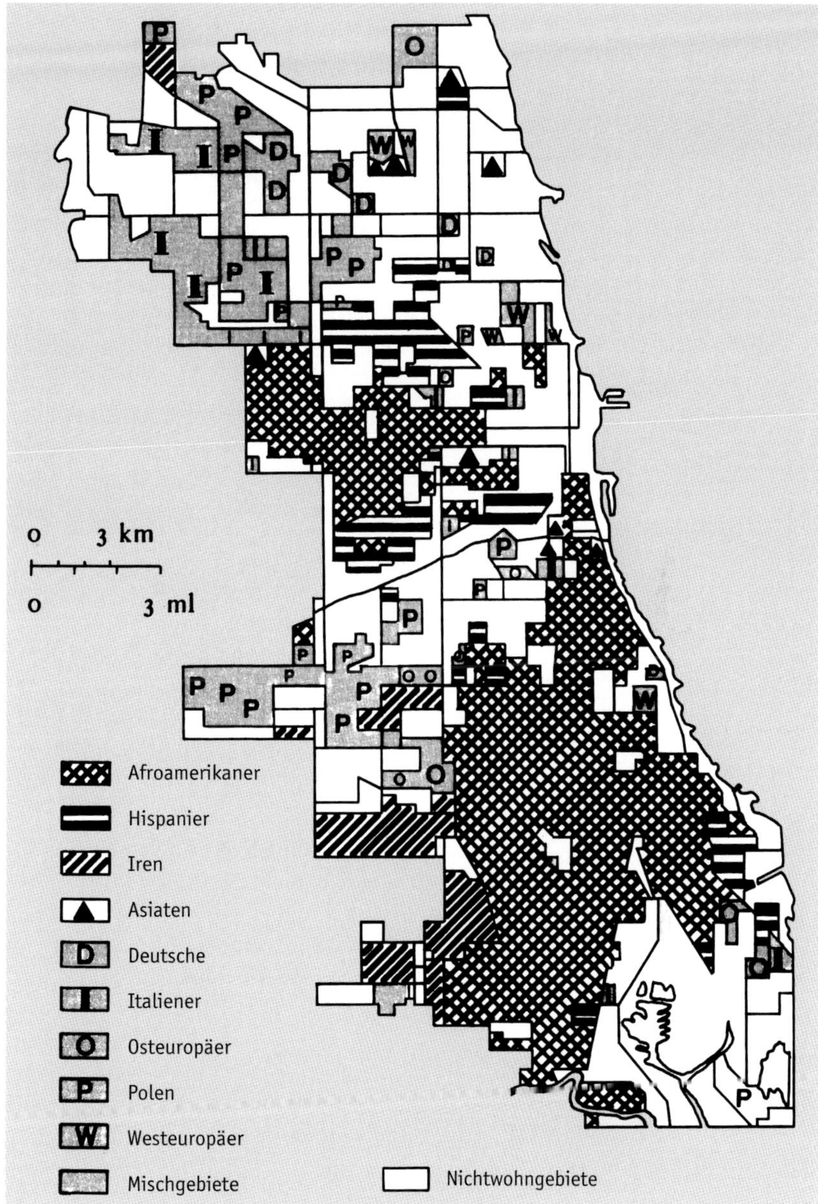

Abb. 3.31: Das Ghettokonglomerat in Chicago

An dieser Aussage über die residuale sozioökonomische Position der Gebiete um die Downtown hat sich bis heute nichts geändert. Die Aussage erfordert jedoch in räumlicher Hinsicht eine Erweiterung insofern, als der Prozeß der ethni-

Abb. 3.32: Verschiebung eines Hauses in Chicago

schen Ghettoisierung immer weiter auf neue Standorte im metropolitanen Raum ausgreift.

Die Suburbanisierung des Ghettos ist der letzte Schritt im Gefolge der Top-down-Suburbanisierung der Bevölkerung. Ethnische Aufsteiger wandern in die Suburbs ab. Zurück bleiben die Arbeitslosen, Armen, Unfähigen, Hilflosen und Aussteiger sowie diejenigen, die sich jenseits des Gesetzes bewegen. Die im Ghetto aufwachsende Jugend gerät in eine immer tiefere Isolierung, da sie mögliche Vorbilder und Eliten verloren hat. David Harvey (2000) hat in seinem Buch „Spaces of Hope" eindrucksvoll die Nachbarschaft des international berühmten Johns-Hopkins-Spitals in Baltimore beschrieben, deren Bewohner bestenfalls als Reinigungspersonal in den Aids-Abteilungen arbeiten dürfen, jedoch nur dann eine Chance haben, als Patienten aufgenommen zu werden, wenn sie an einer extrem seltenen Krankheit leiden.

Im Vergleich zu den beschriebenen Megaghettos sind die durch Gentrification entstandenen Viertel flächenmäßig klein, ebenso die neuen Intown-Entwicklungen am Rande der Downtown, welche zumeist als „gated communities" entstehen. Auf das Phänomen des „gating" wird noch eingegangen.

Das Wolkenkratzer-Image

Die Entwicklung der amerikanischen Stadt beginnt mit einem Reißbrettschema, das aus dem Repertoire der Stadtplanung in Europa stammt, im Hinblick auf Straßenbreite, Block- und Parzellenform jedoch Unterschiede aufweist. Diesem Aufschließungsprinzip ist überdies bei der Übertragung nach Nordamerika die Corporate Identity der europäischen Bürgergemeinde als übergeordnetes Ordnungsprinzip abhanden gekommen.

Sehr vereinfacht lassen sich drei Bauperioden der amerikanischen Großstadt unterscheiden:

- die Holzhausstadt der Pionierzeit,
- die kompakte Stadt der Ziegelbauweise nach europäischem Vorbild sowie
- die Wolkenkratzerstadt.

Mit Abstand die beste Dokumentation einer Downtown als permanente Großbaustelle bietet das Werk von Harold M. Mayer und Richard G. Warde (1969) „Chicago. Growth of a Metropolis". Über 1000 Bilder begleiten den Leser von der visuellen Dokumentation des Präriehafens 1830–1851 bis zum Eisenbahnknoten 1851–71. Chicago war ebenso wie die anderen Städte in dieser Periode eine aus Holz gebaute Stadt, die sich auf das Verschieben von Holzbauten von einem Ort zu einem anderen hin spezialisiert hatte und damit berühmt geworden ist (Abb. 3.32). Der große Brand von 1871, der nahezu 100 000 Menschen obdachlos machte, hat der Holzbauweise in der Downtown ein Ende bereitet. Dem Einfamilienhaus in den amerikanischen Suburbs blieb diese allerdings bis heute erhalten.

Nur kurz ist die Periode einer scheinbaren Ähnlichkeit mit der kompakten Reihenhausaufschließung europäischer Städte. In den 1870er und 1880er Jahren entstanden ganze Straßenzüge mit 5- bis 7geschossigen Ziegelbauten und historisierenden Fassaden. Der städtebauliche Entwurf von Chicago von Burnham (Abb. 3.33) aus dem Jahre 1909 orientiert sich am Städtebau von Camillo Sitte.

Das Panorama aus dem Jahr 1913 von J. W. Taylor belegt dagegen schon zahlreiche Hochhäuser, die dem damaligen Höhenlimit von 20 Stockwerken folgten. Der Erste Weltkrieg war für die amerikanischen Städte ebenso eine Zäsur wie für die europäischen, allerdings im positiven Sinn.

Die Zwischenkriegszeit brachte den wirtschaftlichen Aufschwung und schließlich den Vorsprung von Nordamerika gegenüber dem europäischen Kontinent. Das „Chaos der Urbanisierung", um Mumford (1979) zu zitieren, beginnt mit der Errichtung von Wolkenkratzern in der Zwischenkriegszeit. Gemäß der Devise „Individualismus ist Trumpf" entstehen die Einzelobjekte ohne Rücksicht auf die Gesamtperspektive der Stadt. Sie repräsentieren die ökonomische Macht von Einzelunternehmen der Wirtschaft. In der Skyline spiegelt sich die Oligarchie der führenden Konzerne, die für das Privileg, den höchsten Tower in einer Stadt zu besitzen, zunächst die städtischen Behörden unter Druck setzen, um die Höhenlimits der Bauten hinaufzusetzen, um dann in Krisenzeiten die neuerbauten Objekte rasch weiterzuverkaufen.

Die Architekturschule von Chicago erreichte in der Zwischenkriegszeit Weltrang. Zahlreiche Kreationen der Architektenwettbewerbe wurden in den Jahren vor der Wirtschaftskrise 1929 in Chicago selbst errichtet und das erste Waterfront Development hochgezogen.

Die Voraussetzungen für das Ende des Wachstums des zentralen Arbeitsstättensektors entstanden bereits in der Zwischenkriegszeit, als infolge der Flucht der Mittelschichten in die Suburbs die Stadtgrenze zu einer sozialen Grenze wurde und sich die Durchführung von weiteren Eingemeindungen aufgrund des Widerstands der Mittelschichten als unmöglich erwies.

Die endgültige Fragmentierung und Auflösung der amerikanischen Stadt erfolgte in der Nachkriegszeit. Die Kernstädte verloren Bevölkerung und Steuermittel durch massive Auslagerungen und Schließungen von Betrieben von der Produktion bis zum Bürosektor hin.

Nahezu in jedem Jahrzehnt wurden Versuche gestartet, den Niedergang der Kernstädte aufzuhalten, zuerst durch „urban renewal" in den 1950er und 1960er Jahren, dann in der gigantischen Aktion des Stadtautobahnbaus im Zuge der Bundesautobahnprogramme unter Eisenhower bis Johnson, welche die Haussmannschen Boulevarddurchbrüche in Paris im 19. Jh. weit in den Schatten stellten. 8600 Meilen Stadtautobahnen wurden vielfach in einer Breite von zwei Stadtblöcken durch ältere Arbeiterwohnviertel und ethnische Nachbarschaften geführt. Dabei trennte man durch die Autobahntrassen zumeist die Downtown vom anschließenden Stadtraum. Die Errichtung dieser Verkehrsbarriere kann als Zeichen dafür gewertet werden, daß man der Downtown kein sonderliches Flächenwachstum mehr zugetraut hat.

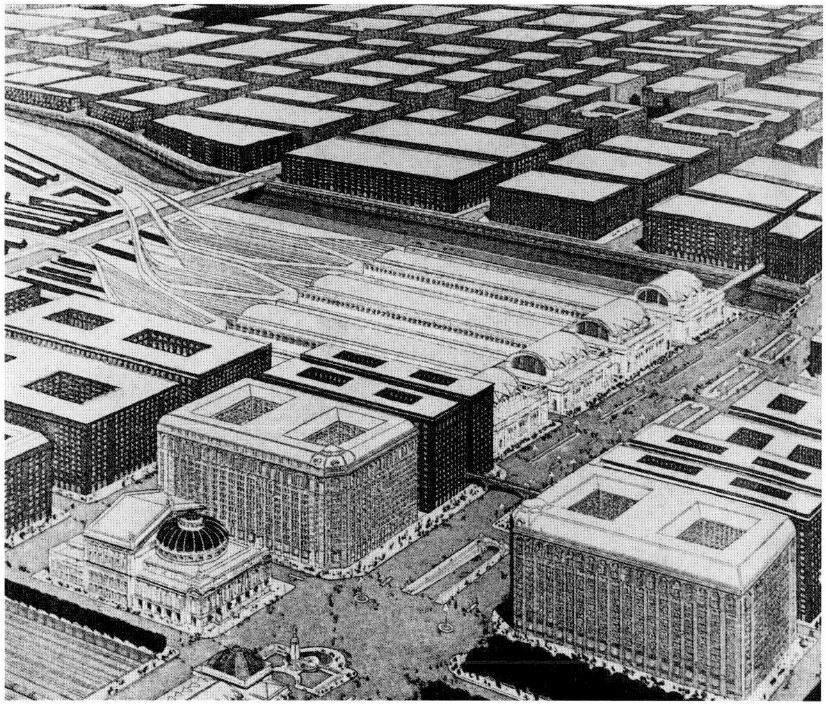

Abb. 3.33: Burnhams städtebaulicher Entwurf für Chicago, 1909

Inzwischen war der Prozeß der Suburbanisierung weit fortgeschritten. Außenstädte, die sogenannten „Edge Cities", entstanden, welche ebenfalls eine Downtown aufweisen. Die Umorientierung der Arbeitsstätten auf die Downtowns der Edge Cities war der wichtigste Vorgang im letzten Drittel des 20. Jh.s, der noch nicht abgeschlossen ist. Die Entstehung dieser Bürostädte am Außenrand des suburbanen Raums steht in einem Zusammenhang mit dem millionenstarken Neueintritt von Frauen in den Arbeitsmarkt aufgrund der steigenden Scheidungsraten und sinkenden Reallöhne Ende der 1970er Jahre. Die Schaffung von Büroarbeitsplätzen im suburbanen Raum gestattete es ihnen, die Rolle als Hausfrau aufzugeben. Die Anschaffung eines Zweitautos, zuerst von VW, dann von japanischen Firmen, war eine weitere Voraussetzung. Diese Feminisierung des Arbeitsmarktes kam der Autoindustrie, dem Individualverkehr, der Suburbanisierung und den Downtowns der Edge Cities zugute. Dabei hat sich der Zeitaufwand der Pendler nicht erhöht, sondern, wie die Statistik belegt, im Durchschnitt von rund einer halben Stunde in den 1970er Jahren auf 20 Minuten am Ende der 1990er Jahre verringert.

Abb. 3.34: Karte der Innenstadt von Detroit mit Ruinen

Der Wolkenkratzer als bauliches Symbol der Downtown ist in die neuen Downtowns ausgewandert, welche versuchen, eine ausgeprägte architektonische Identität zu entwickeln, wenn auch ihre Skyline bisher noch flacher geblieben ist als die Silhouette der Downtown in den Kernstädten.

Die Diversifizierung der Entwicklung

Die Nachkriegsentwicklung hat das Erscheinungsbild der amerikanischen Downtown diversifiziert. Mehrere Faktoren zeichnen dafür verantwortlich.

- Von der in den 1960er Jahren massiv einsetzenden Entindustrialisierung, die alle Innenstädte betraf, wurde besonders der sogenannte *rustbelt* betroffen, das einstige „Super-Ruhrrevier" im Nordosten und in der Mitte der Vereinigten Staaten. Hier befand sich das Zentrum der Stahl-, Automobil- und Rüstungsindustrie der USA. Hier erfolgte der spektakulärste Niedergang von Kernstädten. Auf die „fabulous ruins of Detroit" wurde bereits hingewiesen.
- Entscheidend für das Stadtzentrum wurde das Standortverhalten der Zentralbüros von Großkonzernen. Sie sind infolge der Körperschaftssteuern wichtige Steuerzahler für die Stadt und benötigen einen Mantel von weiteren unternehmensbezogenen Dienstleistungen.
- Für die Investitionstätigkeit selbst sind, durch die Gesetzgebung gestützt, seit den 1980er Jahren Public-private-partnership-Unternehmen entstanden, welche z. T. die klassischen Planungsbehörden abgelöst haben. Sie sind im allgemeinen ein Merkmal der großen Metropolen und agieren in den alten Downtowns ebenso wie in den Downtowns der Außenstädte. Diese neuen Großagenturen sind von der politischen Verwaltung der Stadt unabhängig und können Entscheidungen ohne öffentliche Anhörung treffen sowie Wertpapiere zur Finanzierung ihrer Projekte ausgeben. Konkret handelt es sich um eine neue Organisationsform der Aufschließung, der Bautätigkeit und des Marketing, bei der Entscheidungsfindung und öffentliche Mittel im Interesse ökonomischer Erfolge und Renditen eingesetzt werden. Es ist einsichtig, daß eine flächendeckende Sanierungspolitik für verfallene Stadtgebiete daher kein Thema darstellt.
- Die Megaprojekte selbst werden durch wenige führende Firmen ausgeführt: Es handelt sich um Kongreßzentren, Sportstadien, Luxushotels, Museen, Theater, Konzerthallen, Luxus-Wohnanlagen und „Superstrukturen" mit gemischter Nutzung in einem internationalen architektonischen Design.
- Die Effekte der Konsum-, Freizeit- und Erlebnisgesellschaft kommen in der Kreation von Freizeit- und Erlebnisstädten bzw. Superstrukturen zur Geltung.
- Durch die Planung wird z. T. bei großen Metropolen eine neue funktionale Aufteilung für ausgewählte Nutzungen am Rande der Downtown vorgenommen. Es werden Viertel für Hotels, für Behörden, für das Einkaufen usw. ausgewiesen und die Realisierung erfolgt stets durch privatwirtschaftliche Unternehmungen. Die sogenannten „new towns" in town können als „gated communities" auch eine Wohnfunktion für mittlere und höhere Einkommensklassen übernehmen, wie auch sonst Elemente der

Suburbs, z. B. Einkaufsmalls, nunmehr von den Downtowns der Kernstädte übernommen werden.

- Die Effekte der Einwanderung von Hispaniern aus Kuba, Zentralamerika und Mexiko betreffen stärker die Downtowns in Kalifornien, Texas und Florida, während die Nord-Süd-Wanderung von Senioren und jungen Berufstätigen aus dem „Frostbelt" in den „Sunbelt" in erster Linie auf die Suburbs gerichtet ist. Anhand von Beispielen aus zwei Metropolen, Detroit und Los Angeles, seien allgemeine Phänomene im folgenden illustriert.

Aufstieg und Verfall: Detroit

Detroit ist mit Abstand das beste Beispiel für den rasanten, auch in seinen Ruinen architektonisch noch immer greifbaren Aufstieg einer Millionenstadt in der ersten Hälfte des 20. Jh.s und gleichzeitig ein noch mehr beeindruckendes Beispiel des Verfalls seit den 1960er Jahren. In einer großartigen Internetserie hat der Künstler und Computerfachmann A. Boileau, beginnend 1997, die Gebäude der Innenstadt von Detroit in dem Bemühen dokumentiert, vor der Spitzhacke zu retten, was in einer ehemaligen „corporate city", einer Stadt der Konzerne, die in dieser Stadt jedoch nicht mehr investieren, zu retten ist.

Detroit ist die Stadt des Automobils im 20. Jh. – man muß hinzufügen: gewesen. In den ersten beiden Jahrzehnten des 20. Jh.s begann hier die zweite industrielle Revolution in einem unglaublichen, nicht vorhersehbaren Tempo. Heute sind die meisten Bauten aus dieser Zeit verlassen, verfallen und zum Großteil zerstört. Im folgenden einige Details (Abb. 3.34 bis 3.38).

1904 errichtete Henry Ford die erste Autofabrik, die sogenannte Piquette Avenue Plant. Sie blieb bis 1911 in seinem Eigentum. Das Objekt steht heute mit Ausnahme einer Wäscherei im Erdgeschoß leer. Europäer mag erstaunen, daß in diesem Gebäude nicht schon längst ein amerikanisches Automuseum entstanden ist. 1909 erbaute Albert Kahn eine der berühmtesten Fabriken in der Industriegeschichte, die sogenannte Model T Plant von Ford, in der täglich 1000 sogenannte Tin Lizzies erzeugt wurden, später dann Traktoren, der Betrieb wurde 1970 stillgelegt.

Abb. 3.35: Detroit, The Model T Plant 2001

Detroit ist ein besonders gutes Beispiel für das Wüstwerden des alten Zentrums auf Kosten der neuen Edge Cities an den Rändern der Metropolitan Region. 1975 wurde in Detroit von der American Motors Corporation 20 km außerhalb des Stadtzentrums in dem Southfield genannten Shopping-Center ein erster Bürohochhauskomplex errichtet. 1988 hatte Southfield allein, die weiteren 7 inzwischen entstandenen Außenstadtzentren im Detroiter Raum nicht mitgerechnet, mit über 7 Mio. m^2 bereits mehr Bürofläche als das Stadtzentrum mit 6 Mio. m^2. Weitere 11 Bürogebäude mit über 700 000 m^2 wurden bis 1990 fertiggestellt. Southfield ist damit zu einer Bürostadt mit 75 000 Einw., über 300 000 Arbeitsplätzen und über 4000 Geschäften geworden.

Abb. 3.36: Detroit, Ford Model T (li.) und Model S (re.) 2001

Abb. 3.37: Sprengung des Hudson's Department Store, Downtown, Detroit 2001

80 der 500 größten Firmen der USA haben hier entweder ihren Hauptsitz oder zumindest ihre regionale Hauptverwaltung. Ferner gibt es 35 Banken und 70 Werbeagenturen (Holzner 1996, S. 99).

Zeitlich komprimiert auf zwei Generationen haben sich damit in Detroit Neubau und Verfall vollzogen, gegründet auf Standortverlagerungen der Corporate Investments. Die Investitionen wurden auf allen Gebieten, beginnend mit dem Einzelhandel, über das Hotelgewerbe bis zur Autoindustrie und zum Geldwesen hin, aus der Downtown abgezogen und an die Peripherie in neu gegründete Suburbs und Städte verlagert. Die Sprengung der sogenannten „Seven Sisters", des Kraftwerks für die Detroiter Autoindustrie und einst eine Landmarke von Detroit am Seeufer, besitzt Symbolcharakter für das ökonomische Ende der Autostadt Detroit. Der nahezu völlige Niedergang des Eisenbahnpersonenverkehrs wird in Detroit durch den isoliert stehenden, verfallenden Hauptbahnhof besonders eindrucksvoll demonstriert. Die Innenstadthotels sind verfallen und wurden zum Großteil bereits gesprengt. Das ehemalige YMCA Hostel wird dieses Schicksal in absehbarer Zeit teilen.

Das National Theater war eines der ersten Theater der 1920er Jahre. Es ging den Weg von vielen anderen Theatern in der Downtown, aus denen zuerst billige Kinos, dann „strip joints" geworden sind und die schließlich leerstehen, bevor sie abgetragen werden. Derzeit werden Überlegungen angestellt, aus dem ehemaligen National Theater ein auf afroamerikanische Filme spezialisiertes Kino zu machen.

Besonders makaber für Mitglieder der sozialen Wohlfahrtsstaaten ist das Schicksal der psychiatrischen Klinik, die 1870 als Eastern Michigan Asylum errichtet worden ist. Sie verfügte über 3100 Betten, wurde 1997 geschlossen und sodann gesprengt. Das unglückliche Stigma von geistiger Krankheit hat eine Umnutzung des prachtvollen, riesigen und gut erhaltenen Gebäudekomplexes auf einem Areal von über 25 000 m^2 verhindert. Niemand wollte darüber nachdenken, jedermann wünschte nur, diese Einrichtung zu eliminieren. Eine andere Klinik im Raum von Detroit wurde in ein Gefängnis umgewandelt. Hinzugefügt sei, daß mit der Einführung ambulanter medikamentöser Behandlung seit den späten 1960er Jahren nicht nur sehr viele Kliniken dasselbe Schicksal erlitten, sondern daß Millionen von geistig kranken und behinderten Menschen einfach auf die Straße gestellt und ihrem Schicksal überlassen worden sind.

Aus der ethnisch vielfältigen Vergangenheit von Detroit haben sich interessante bauliche Objekte erhalten, darunter die sogenannte „Greektown", welche in den 1960er Jahren ein beliebtes Unterhaltungsviertel war. Als die Downtown zusammenbrach, konnte sich die Gemeinde der griechischen Eigentümer von Restaurants, Kaffeehäusern, Bäckereien und Gemischtwarenläden als einzige halten. Erst als es plötzlich in den 1980er Jahren schick wurde, in die „Greektown" auszugehen, wurden die Lokale aufgekauft und durch dem Trend entsprechende Lokale und Boutiquen ersetzt. Das einstige Flair ist verlorengegangen, die griechische Bevölkerung ist in die Suburbs abgewandert. Die Unterhaltungsfunktion des Straßenzugs besteht jedoch weiter.

Auch die jüdische Bevölkerung ist aus der Stadt in die Vororte gezogen. In der Detroiter Innenstadt haben sich noch 14 Synagogen erhalten, welche heute überwiegend von christlichen Sekten genutzt werden.

Die Frage nach der Wohnbevölkerung in einer Stadt mit Hunderten leerstehenden Industrie- und Kulturbauten stellt sich mit Notwendigkeit. Es ist die afroamerikanische Bevölkerung, welche in der Kernstadt geblieben ist. Sie stellt heute drei Viertel der Bewohner. Damit nimmt Detroit bei insgesamt knapp unter 1 Mio. Einw. die erste Stelle unter den amerikanischen Metropolen im Hinblick auf den Anteil der Afroamerikaner ein. Es ist daher auch nicht erstaunlich, daß in Detroit das bisher einzige Museum für afroamerikanische Geschichte errichtet worden ist. Grundsätzlich besteht derzeit ein von der Bundesregierung und den Städten geförderter Trend, neue Museen einzurichten.

In den 1970er Jahren wurde in Detroit, wie auch in anderen großen, vom Verfall gezeichneten Kernstädten der USA der Versuch unternommen, ein Comeback der Wirtschaft und eine Erneuerung des Baubestandes zu starten. Bundesmittel dienten als Starthilfe. Es entstand die gegenwärtige Landmarke von Detroit, das Renaissance-Center, das vor kurzem von General Motors als Standort des Zentralbüros für 72 Mio. US-$ erworben wurde. Die Errichtung hatte vor 20 Jahren jedoch 350 Mio. US-$ gekostet.

Der Experimentcharakter dieser Downtown-Erneuerung geht auch daraus hervor, daß der gleichzeitig mit dem Renaissance-Center als Hochbahn errichtete „People Mover" mit einer Länge von 5 km als „The Train to Nowhere" bezeichnet wird (Abb. 3.38). Ein leerer Zug fährt um leerstehende Objekte.

In der Nachbarschaft der Wayne State University sind Bestrebungen zur Erhaltung von architektonisch wertvoller Bausubstanz in jüngster Zeit partiell erfolgreich. Die aus Bundesmitteln unterstützte jüngste Bewegung der Finanzierung von Stadions und Kasinos hat auch Detroit erreicht. Das alte Tigerstadion wurde abgetragen. Zwei neue Stadien sind im Bau, drei große Hotelkasinos in Planung.

Abb. 3.38: Detroit, People Mover fährt um Ruinen, 2001

Während die Metropolitan Region weiter wächst, angefacht von Steuernachlässen, welche Neuaufschließungen begünstigen, hat inzwischen der Prozeß des Verfalls und des Abbruchs auch die Suburbs von Detroit erfaßt. Auch hier begegnet man wieder dem Zyklus von Niedergang und Verfall in einer neuen Generation, wobei die aus den 1960er Jahren stammenden Gebäude nicht mehr die architektonische Qualität der in der Downtown abgetragenen erreichen.

New Downtown (?): Los Angeles

Los Angeles wird als eine Stadt angesehen, „in der 100 Suburbs eine City suchen", d. h., Los Angeles gilt als das Paradebeispiel für die aufgelöste Stadt. Gleichzeitig wird Los Angeles immer als die Stadt mit den meisten Rassenkrawallen beschrieben, der Nichtkenner wird daher eine

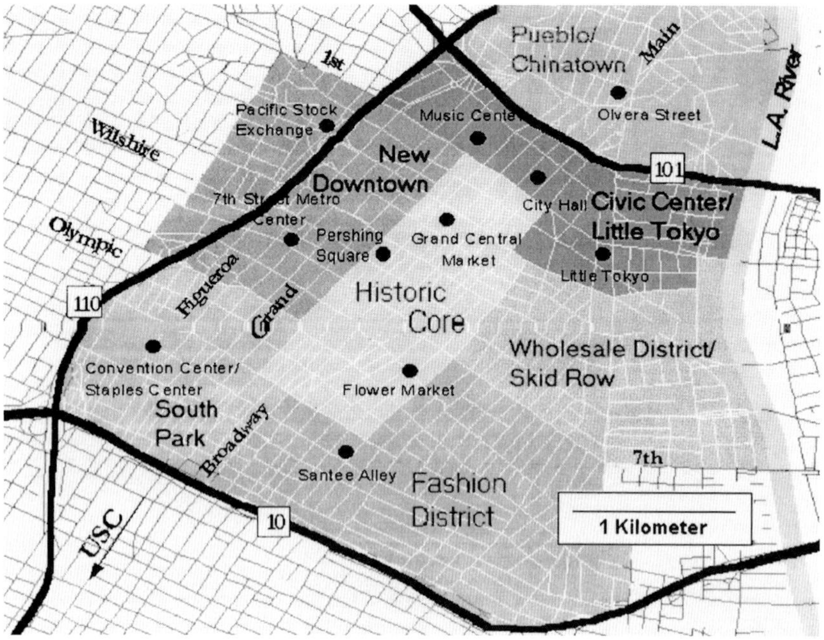

Abb. 3.39: Los Angeles, Downtown, Viertelsgliederung

verfallene Downtown erwarten. Noch dazu, wenn er die historischen Daten heranzieht und diesen entnehmen kann, daß im Jahre 1920 noch über drei Viertel aller kommerziellen und professionellen Unternehmen von Greater Los Angeles in der Downtown angesiedelt waren, wohin täglich über 1,2 Mio. Menschen aus den Suburbs und der Metropolitanen Region zur Arbeit und zum Einkaufen pendelten, mehr Menschen als die damalige Wohnbevölkerung von Los Angeles City betrug (Fogelson 1970). Im Jahre 1930 befand sich schon über die Hälfte aller Unternehmen außerhalb der Downtown von Los Angeles, und heute arbeiten dort nur noch 8 % der Beschäftigten der Metroregion. Vom Standpunkt des Verlusts an Arbeitsplätzen gesehen, besteht damit durchaus eine Parallele zu Detroit.

Allerdings manifestiert sich ein wesentlicher Unterschied in bezug auf die Bevölkerung. Los Angeles ist eine Metropole mit sehr starker Zuwanderung von hispanischer und ostasiatischer Bevölkerung. Damit mag es zusammenhängen, daß die alte Downtown nicht flächig zerstört worden ist, sondern in Dutzenden Straßenzügen und Baublöcken sowie in Hunderten von Gebäuden noch das Aussehen einer amerikanischen Großstadt aus der Zwischenkriegszeit bewahrt hat. In diesem baulichen Gehäuse ist ein entscheidender Wandel der Bevölkerung und Nutzung eingetreten.

Im folgenden einige Streiflichter. Sie stammen aus der im Internet zugänglichen Walking Tour durch die Downtown Los Angeles, welche vom Geographical Institute of Southern California unter der Leitung von C. Roseman eingerichtet wurde.

Der Komplex der Downtown besteht aus mehreren Teilen, die eine außerordentlich große architektonische, kulturelle und ökonomische Diversität aufweisen (Abb. 3.39):

- Der historische Kern liegt beiderseits des Broadway, der einstigen Hauptgeschäfts- und Unterhaltungsstraße der europäischen Immigranten mit zahlreichen Kaufhäusern, Spezialitätengeschäften sowie medizinischen und kommerziellen Dienstleistungsunternehmen. Der Broadway ist heute im Erdgeschoß zur Einkaufsstraße für die spanischsprechende Bevölkerung geworden, von der ein Großteil mit dem Bus kommt, die oberen Geschosse stehen leer. Der Broadway Department Store wurde in ein Verwaltungsgebäude mit mehr als 1700 Staatsangestellten umgewandelt. Ebenso wie der Broadway verdankt der Grand Central Market zwischen Broadway und Hill Street, das erste 1917 in Los Angeles errichtete feuer- und erdbebensichere Gebäude, den hispanischen Zuwanderern seinen lebendigen Fortbestand. Zahllose Kleinstände für exotische Lebensmittel aller Art und ein pittoreskes Ambiente machen es zu einer Touristenattraktion. Ebenso erhielt sich der Juwelendistrikt, der zweitgrößte in den USA. Zahlreiche Theater sind zu Kinopalästen für die spanischsprechende Bevölkerung geworden (Abb. 3.40). Das 1906 gegründete Nobelhotel „Alexandria" gehört inzwischen zu den „Los Angeles Historical Monuments", wie überhaupt in Los Angeles ein viel stärkeres Bewußtsein für historische Baudenkmäler besteht als in Detroit. Es ist allerdings zu vermuten, daß der Bedarf an historischem Ambiente durch die Hollywooder Filmindustrie zur Erhaltung zahlreicher Objekte ganz wesentlich beigetragen hat. Jedenfalls ist die große Zahl an Theatern, welche zu Großkinos umfunktioniert worden sind, auf Hollywood zurückzuführen. Die südlich parallel zum Broadway verlaufende Spring Street galt seinerzeit als die Wallstreet des Westens, bevor 1960 die Wanderung nach Bunker Hill zur New Downtown begann. 1972 verlagerte die Los Angeles Bank of America ihr Hauptquartier nach Bunker Hill. Als letzte Einrichtung hat die Pacific Stock Exchange in den späten 1980er Jahren ihre Pforten geschlossen.

- Das nach Norden anschließende Civic Center umfaßt die größte Konzentration von Regierungsstellen und Regierungsangestellten der Vereinigten Staaten außerhalb von Washington. Die Gründe liegen auf der Hand. Es handelt sich um die Büros des größten County im Staat Kalifornien, Los Angeles, und der zweitgrößten Stadt mit mehreren Staats- und Bundesfunktionen.
- Auf der Südseite des historischen Zentrums liegt der Modedistrikt, der einen starken Aufwärtstrend besitzt. Hier befinden sich Tausende von Großhändlern, Gewerbebetrieben und Einzelhandelsgeschäften. An den meisten Tagen, besonders an Samstagen, sind die Straßen voll mit nach Billigangeboten suchenden Menschen. Das Kleidungsviertel breitet sich in das ehemalige Textilindustrieviertel aus und überlagert das ehemalige Wohngebiet der afroamerikanischen Gemeinde, deren Feuerwehrgebäude heute ein Museum ist. Es haben sich einzelne Subviertel für bestimmte Waren, Sortimente und Herkunftsländer entwickelt. Die Männerbekleidung ist in der Hand der Italiener. Durch die Zuwanderung von hispanischer Bevölkerung hat auch dieser Distrikt sehr an Lebendigkeit gewonnen, wobei das Einzelgeschäft den Ton angibt. Die Wall Street, in der sich ein Geschäft an das andere reiht, ist eine wichtige Durchfahrtsstraße durch den Fashion District (Abb. 3.41). Im Zentrum des Viertels liegt der California Mart, der größte Großhandelsmarkt in den Vereinigten Staaten mit 1200 Mietern und einer Modeschule. Hinsichtlich der Architektur bietet das Viertel eine große Vielfalt an Gebäuden, wobei die Palette von um 1910 errichte-

Abb. 3.40: Los Angeles Theater
Abb. 3.41: Los Angeles, Wall Street, Einzelhandel 1999

Abb. 3.42: Los Angeles, neues County-Gefängnis 2000

Abb. 3.43: Los Angeles, Union Rescue Mission 2000

ten Bauten bis zu brandneuen Einzelgeschäften reicht. Bemerkenswert sind ferner die Märkte, der Großhandelsmarkt für Blumen und ein von Japanern, Russen und Chinesen um 1910 gegründeter City Market, der inzwischen durch den viel größeren Seven Street Terminal Market eingeholt worden ist. Als eine der Landmarken von Los Angeles liegt im Osten des Modeviertels das Coca-Cola Building.

- Im Osten des historischen Stadtkerns schließt ein Stadtteil mit Großhandelslagerhäusern und einem Spielwarendistrikt an, der in wesentlichen Teilen als das Gebiet der ehemaligen Skid Row, durch besonders schwierige soziale Desorganisationsphänomene gekennzeichnet ist. Die Unsicherheit wird recht eindrucksvoll durch das festungsartige Gebäude der Polizeizentrale in Los Angeles dokumentiert, welches mitten in der Skid Row gelegen ist. Die zwei Parkanlagen in diesem zur afroamerikanischen Gemeinde gehörenden Gebiet, Gladys Park und San Julian Park, sind beide „gated green areas". Los Angeles wurde vielfach als die Hauptstadt der Obdachlosigkeit beschrieben, und es gibt eine Fülle von Artikeln über die Versuche der mexikanischen Zuwanderer in Los Angeles, Squattersiedlungen, so wie sie es von den Rändern mexikanischer Städte gewohnt sind, zu errichten. Diese Ansätze zum „squatting" wurden meist binnen kurzer Zeit von der Polizei geräumt, ohne daß damit Versuche endgültig gestoppt werden konnten. Die illegale Zuwanderung aus Mexiko hält weiter an. In der Skid Row sind mehrere, von karitativen Stellen organisierte private Einrichtungen für Obdachlose entstanden. Darunter befindet sich die Union Rescue Mission, das größte private Obdachlosenheim in den Vereinigten Staaten mit 25 000 m^2 Fläche, in dem 1000 Obdachlose übernachten können. Staatliche bzw. städtische Einrichtungen für die Obdachlosen fehlen bisher (Abb. 3.43).
- Langsam geht die Transformation im Viertel des South Park vonstatten, wo die Planer eine gemischte Wohn- und kommerzielle Nutzung anstreben. Als Elemente der Public-private-Partnership entstanden die Kongreßhalle und ein Stadion, welche den Autobahnanschluß nutzen. Noch nicht entschieden ist die weitere Nutzung der Postzentrale, die noch in Hollywoodfilmen Verwendung findet, und des alten Bahnhofsgebäudes, das ebenso wie die Post im spanisch-mexikanischen Stil errichtet wurde.
- Im Nordosten des Behördenviertels und der Stadtautobahn ist im Zuge der extensiven Bauwelle von neuen Gefängnissen in den Vereinigten Staaten das große neue County-Gefängnis errichtet worden, eines unter vielen, mit dessen Neubau der Staat versucht, den Bedarf für die Unterbringung von 2 Millionen Häftlingen zu decken (Abb. 3.42).

In diesem Stadtteil liegt auch die Chinatown, welche – zwar räumlich verschoben – ein historisches Relikt aus der Zeit darstellt, als die chinesische Bevölkerung durch Gesetz in einem geschlossenen Viertel siedeln mußte. Es handelte sich dabei um eine Form der primären Ghettobildung, welche durch Anordnung der jeweiligen politischen Machthaber entsteht. Durch den Tourismus hat sich dieses Relikt in Los Angeles wie auch in anderen Städten erhalten. Dagegen ist das historische Little Tokyo im Süden des Civic Centers in den 1970er und 1980er Jahren nahezu vollständig der Stadterneuerung zum Opfer gefallen. Nur 13 Häuser an der First Street sind erhalten geblieben und stehen seit 1986 unter Denkmalschutz. Ebenso unter Denkmalschutz steht die ehemalige Dorfkirche, die Missionskirche Queen of Angels Church, welche 1822 erbaut worden ist (Abb. 3.45). Der Ordenspfarrer Bruder Luis Olivares hat sie zum Central Sanctuary für Zentralamerikaner und illegale Immigranten erklärt.

- Die New Downtown ist zum Großteil das Produkt der Anstrengungen der Community Redevelopment Agency der Stadt. Seit den 1960er Jahren koordiniert diese Agentur die Investitionen von Millionen Dollars, um eine neue Downtown mit einem ausgeprägten Wolkenkratzerprofil zu erzeugen, welches zum Weltstadtstatus von Los Angeles beitragen soll. In Los Angeles und anderen großen Metropolen sind die exorbitanten Leerstände in den bereits bestehenden Bürotürmen kein Grund, um Investoren von der Errichtung weiterer Türme abzuhalten. Der sogenannte Library Tower ist mit einer Höhe von 1017 Fuß (310 m) das höchste Gebäude westlich von Chicago und östlich von Hongkong. Seinen Namen erhielt er durch den Ankauf der Air rights von der Los Angeles Central Library für eine Unterstützung zur Renovierung derselben (Abb. 3.44).

Die Neue Downtown von Los Angeles partizipiert an der aktuellen Entwicklung auf dem Shoppingsektor, wonach das Design der suburbanen Malls nunmehr die Downtown erobert. Auf diesen mit dem Problem des „gating" zusammenhängenden Vorgang wird ebenso wie auf die Situation der öffentlichen Verkehrsmittel in Los Angeles im Kapitel „Determinanten und Leitbilder" eingegangen.

Abb. 3.44: New Downtown, Library Tower 2000

Abb. 3.45: Los Angeles, Queen of Angels Church 2000

Stadtränder

Städte sind wachsende Systeme: Hierbei sind zwei Regelkreise zu unterscheiden, die einerseits von der Zunahme der Bevölkerung und andererseits vom zunehmenden Flächenbedarf für die städtischen Funktionen (Wohnen, Arbeiten, Bildung, Freizeit, Verkehr usw.) unter den jeweiligen Gegebenheiten von wirtschaftlichem Wachstum und technischer Innovation gesteuert werden.

Die politökonomischen Effekte von Plan und/oder Markt bewirken wichtige Unterschiede des Wachstums der physischen Stadtstruktur. Im folgenden werden in vereinfachter Form die Effekte des Privatkapitalismus, des ehemaligen Staatskapitalismus und von sozialen Wohlfahrtsstaaten auf das Stadtwachstum dargestellt.

Brachflächen in den USA

Im privatkapitalistischen Gesellschaftssystem der USA gehört es implizit zu den Mechanismen des Wachstums von Städten, daß die von der Privatwirtschaft aus der Bodenspekulation und damit den steigenden Bodenwerten gemachten Gewinne dazu verwendet werden, den Prozeß der Aufschließung voranzutreiben und in technische Einrichtungen zu investieren. Damit wird eine sich aufwärts drehende Spirale in Gang gesetzt. Die Aufschließung bewirkt ein weiteres Ansteigen der Bodenpreise in randlichen Lagen, wodurch weitere Gewinne erzielt werden. Konkret bedeutet dies, daß im nordamerikanischen Stadtsystem zwei breite Spekulationszonen vorhanden sind: Auf die innere Spekulationszone um das Stadtzentrum (CBD), welches gegenwärtig durch Verfall und Slumbildung in großen Kernstädten gekennzeichnet ist, wurde schon eingegangen, ebenso auf die Anlage von Stadtautobahnen in dieser Zone. Weit eindrucksvoller, zumindest im Flächenausmaß, sind die um Kernstädte und Suburbs vorhandenen, ausgedehnten peripheren Flächen von Spekulationsbrache, von „vacant land". Das Ausmaß des vacant land wurde zum ersten und letzten Mal Mitte der 1950er Jahre registriert, betrug damals je nach der Einwohnerzahl der Kernstädte und Suburbs zwischen 20 und 60 % und war in den kleinen Suburbs relativ am größten (Bartholomew 1955) (Abb. 3.46).

Das völlige Außerachtlassen der riesigen Brachflächen in den wissenschaftlichen Lehrbüchern und in der Öffentlichkeit demonstriert, daß die Nichtnutzung von Flächen bzw. Objekten im kapitalistischen System der USA nicht als Problem, sondern als eine Selbstverständlichkeit betrachtet wird. Das Beispiel von Detroit hat dies klar gezeigt.

Abb. 3.46: Brachflächen am Stadtrand in den USA (Jacksonville, Illinois)

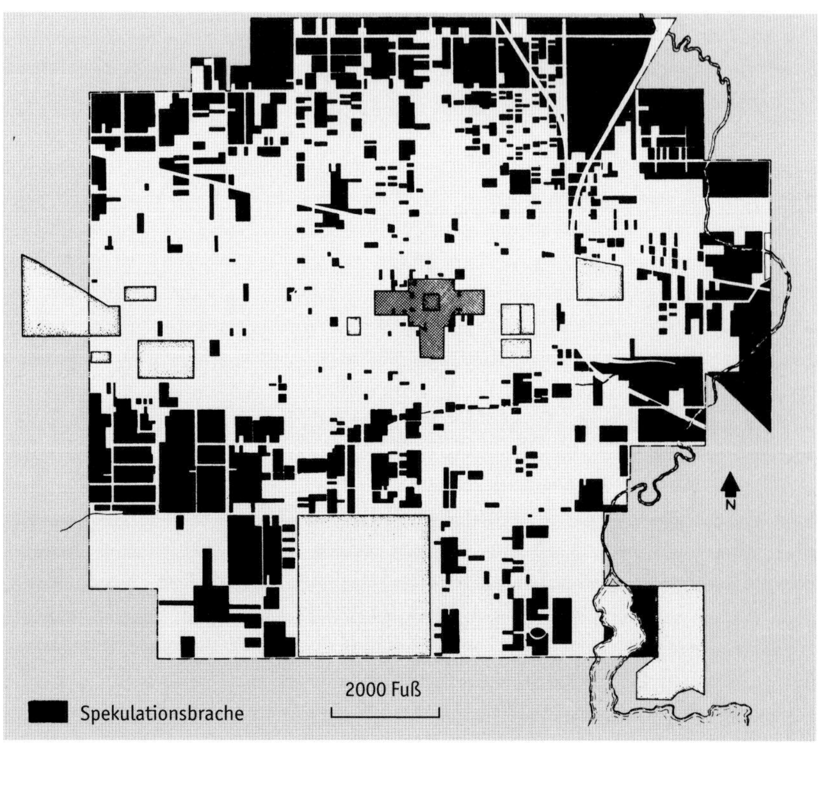

Übergangssiedlungen in Europa

An den Stadträndern von kontinentaleuropäischen Städten kann man ablesen, was ein politischer Systemwechsel bedeutet. Auch sie besaßen im Liberalismus der Gründerzeit ein Spekulationsvorfeld. Es ist in den Notjahren des Ersten Weltkriegs von sogenannten „Notgärten", die später in Kleingartenanlagen („Schrebergärten") umgewandelt wurden, besetzt worden. Vielfach entstanden ausgedehnte Übergangssiedlungen, z. T. Vorläufer einer Zweitwohnungsperipherie.

Nach dem Ende des Ersten Weltkriegs kennzeichneten in ganz Kontinentaleuropa spontane Siedlungen das Weichbild der Großstädte in nahezu allen Staaten. Sie sind als ein Resultat des politischen Systemwechsels nach dem Ersten Weltkrieg aufzufassen. Infolge des Fehlens von kontrollierter Flächennutzung und staatlichen Ordnungsmächten entstanden ausgedehnte Übergangssiedlungen, zu denen die Pavillons der „chaotischen Urbanisation" in Frankreich ebenso zählen wie die vielfach illegalen Okkupationen von Grund und Boden in der Umgebung von großen Städten Zentraleuropas (Wien, Budapest, Bukarest, Belgrad, Sofia, Warschau). Darin äußerte sich die Tatsache, daß die Nachfolgestaaten rechtsschwächer waren als die österreichisch-ungarische Monarchie, in der es nicht möglich gewesen wäre, daß arme Zuwanderer illegal am Rande der großen Städte ihre Hütten errichtet hätten. Der Vergleich mit den Squattersiedlungen am Rande der großen Städte in der Dritten Welt, in denen die staatliche und städtische Ordnungsmacht den Stadtrand nicht mehr erreicht, drängt sich auf.

Grüngürtel und Erholungsgebiete

Hinsichtlich der Planung und Regulierung des Wachstums von Agglomerationen setzte Großbritannien zu Beginn des 20. Jh.s die Standards mit zwei wichtigen Konzepten: Auf das Konzept der „Neuen Stadt" wurde schon eingegangen. Das zweite Konzept war der Grüngürtel („Green Belt"). Die Schaffung eines Grüngürtels setzt eine staatliche Kontrolle der Flächennutzung voraus und annulliert damit liberale Spielregeln des Bodenmarkts hinsichtlich der freien Verfügbarkeit über die Nutzung städtischer Grundstücke. Von London ausgehend, ist der Grüngürtel auch in anderen Städten des ehemaligen britischen Empire zu einem rechtsverbindlichen Bestandteil von Flächenwidmungsplänen geworden.

Der Stadtentwicklungsplan von Ottawa (Abb. 3.47) zeigt den mehrere Meilen tiefen Grüngürtel. Durch das anhaltende Stadtwachstum entstand eine charakteristische Overspill-Bewegung von Bevölkerung und Einrichtungen zu den Satellitenstädten. Man gelangt zur allgemeinen Aussage, daß das Wachstum der Stadt grundsätzlich durch einen Grüngürtel nicht behindert werden kann und diesem daher nur Gliederungsfunktion in der städtischen Agglomeration mit eventuellen „Wohlfahrtswirkungen" zukommt (Wesche/ Kugler-Gagnon 1978).

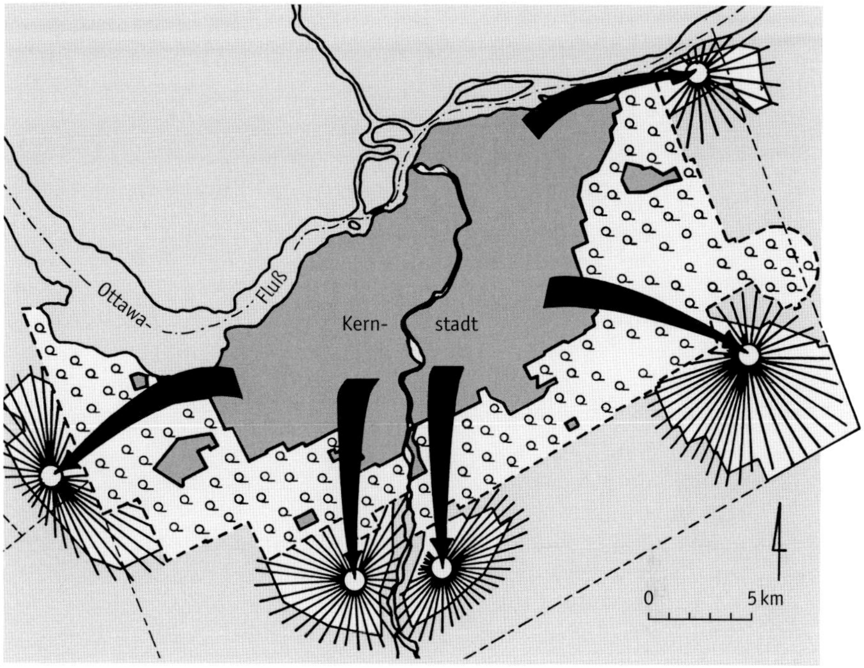

Abb. 3.47: Grüngürtel und „Overspill" von Satellitenstädten in Ottawa

Selbst die Metropole, welche das Vorbild für die Grüngürtel gesetzt hat, London, sieht sich heute trotz vorausschauender Positionierung des Grüngürtels vor einem ganz ähnlichen, jedoch insgesamt weit großflächigeren Overspill-Problem wie Ottawa. Im Großraum von London sind mit den Edge Cities in Nordamerika vergleichbare Strukturen im Entstehen.

Unter den dichtverbauten kontinentaleuropäischen Städten ist der Grüngürtel vor allem in Wien (Abb. 3.48) beispielhaft verwirklicht worden. Auf den Begründer des Munizipalsozialismus, Bürgermeister Lueger, geht der Beschluß des Wiener Gemeinderats von 1905 zurück, 4400 ha Wald und Wiesenflächen im Stadtgebiet unverbaut zu erhalten. Hierbei ging es in Wien zum Unterschied von der englischen Green-Belt-Idee darum, der fortschreitenden Mietshausverbauung ein Gegengewicht zu bieten. In der Nachkriegszeit gelang sogar eine Erweiterung durch die Einbeziehung der Areale von internationalen Gartenbauausstellungen. Aber auch in Wien ist in

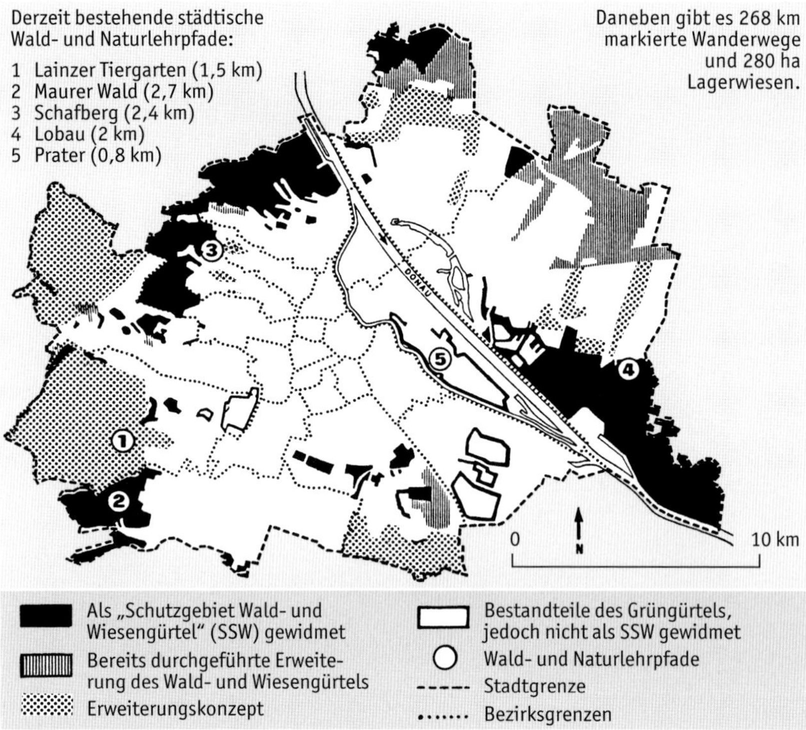

Abb. 3.48: Grüngürtel in Wien

Abb. 3.49: Walderholungsgürtel von Moskau

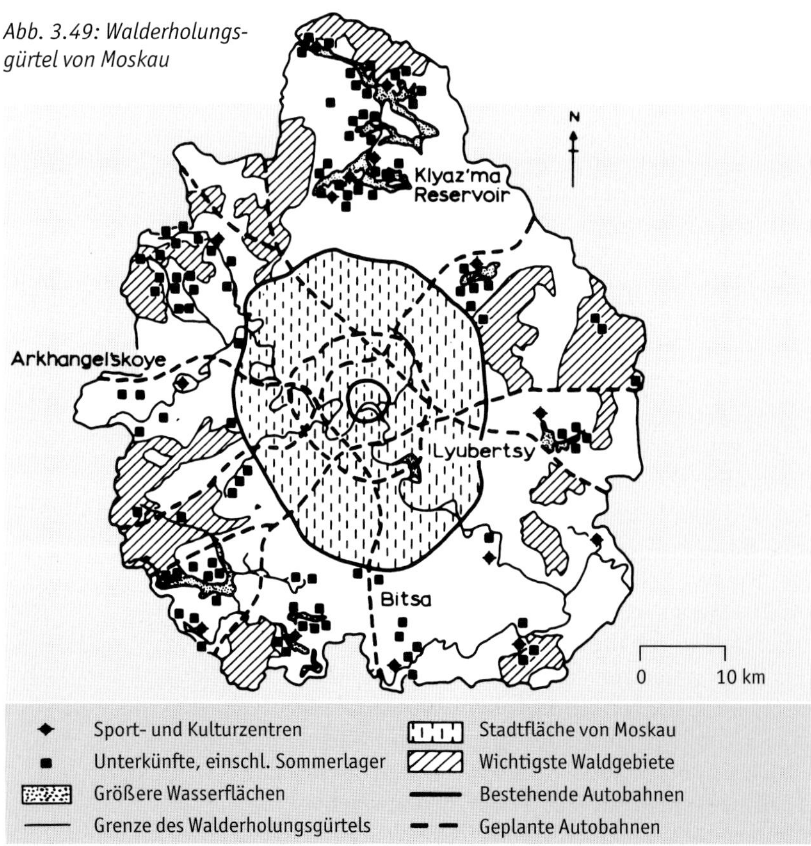

der Nachkriegszeit die Stadterweiterung im Süden und Osten über den Grüngürtel hinweg in bis dahin unverbautes Terrain gegangen.

Auch in den USA wurden verschiedentlich Grüngürtelkonzepte in die Stadtentwicklungsplanung aufgenommen, sie konnten jedoch aufgrund der enormen Suburbanisierung nirgends als randliches Element von Kernstädten realisiert werden. Die Schaffung von öffentlichen Grünflächen und Erholungsanlagen fehlt als aktueller Vorgang in den USA. Bei den älteren City Parks handelt es sich um Areale aus der Zeit der Stadtgründung bzw. um private Stiftungen aus der Zeit vor dem Ersten Weltkrieg. Klubsystem und Privatbesitz, d. h. Institutionen der mittleren und oberen Schichten, sind Voraussetzungen für die Schaffung von Erholungseinrichtungen, Sportanlagen u. dgl. Sie beschränken sich auf die Suburbs.

Ganz anders ist die Situation in den ehemaligen sozialistischen Ländern, wo es zu einer Dichotomie von ausgedehnten staatlichen Erholungsgebieten und umfangreichen privaten Zweitwohnungsgebieten (Datschen) gekommen ist. Diese beiden wichtigen Elemente des Umlandes von Stadtregionen fehlen in den Metropolitan Areas der USA.

Abb. 3.49 zeigt das staatliche Erholungsareal von Moskau, dessen Anlage mit einem schon 1935 im Stadtentwicklungsplan integrierten Grüngürtelkonzept begonnen hat. Die Erholungszone hat insgesamt eine Tiefe von 20 bis 40 km und schließt umfangreiche Sport- und Kulturzentren ein. In den meisten größeren Städten der UdSSR ist das Grüngürtelkonzept in die Stadtentwicklungsplanung integriert worden. Vor der politischen Wende waren in Moskau weitere Areale in Planung.

Die Transformation in den postsozialistischen Staaten wird die bestehenden Unterschiede in der Strukturierung der Stadtränder nicht beseitigen. Allerdings ist auch hierbei eine „Rückkehr der Geschichte" zu erwarten. Historische sektorale Unterschiede in der Attraktivität des Stadtrandes leben mit der Etablierung des Boden- und Immobilienmarktes akzentuiert auf. Dies betrifft die Entwicklung der ausgedehnten Flächen von Zweitwohnsitzen zu Dauerwohnsitzen ebenso wie die Privatisierung von öffentlichem Eigentum, welche bisher von Staat zu Staat unterschiedliche Tendenzen aufweist.

Stadtviertel

Ein Exkurs über Begriffe

In den Großstädten verdichtet sich das kulturelle Potential und potenzieren sich die Probleme und Konflikte der Gesellschaft. Unsere großen Städte sind nicht nur vielfach unwirtlich geworden, sondern haben auch die überschaubaren Dimensionen gesprengt. Diese Aussage gilt nicht nur für die Bewohner, sondern auch für die politischen Entscheidungsträger. Als Utopie bleibt freilich der Wunsch nach einer Rückkehr zum „menschlichen Maßstab", zu überschaubaren „kleinen" Stadträumen bestehen.

Trotz aller Einwände gegen die Brauchbarkeit des Konzepts von Vierteln als gliedernde Instrumente für die gesamte räumliche Organisation von großen Städten hat der Viertelsbegriff selbst seine Griffigkeit in der alltäglichen Lebenspraxis ebensowenig verloren wie seinen Stellenwert als räumliche Grundkategorie in der Stadtplanung und Stadtforschung.

Der Begriff stammt aus dem territorialen Eingebundensein des Individuums in fußläufige Distanzen und damit verknüpfte Wahrnehmungshorizonte. In den europäischen Städten versucht eine sozialwissenschaftliche und volkskundliche Forschung mit theoretischen Konstrukten wie „Territorialität", „Identität" und „Heimat" „lebensräumliche Areale" zu erfassen. Voraussetzung für deren Existenz ist freilich das Vorhandensein kleinteiliger, historisch-topographischer Strukturen (ehemalige Dörfer, Vororte, Vorstädte), eine Dominanz des Fußgängerverkehrs, eine gewisse Immobilisierung traditioneller (eingesessener) Schichten und das Vorhandensein lokaler Kommunikationsorgane und Institutionen (Zeitungen, Vereine bzw. Institutionen, Kirchen u. dgl.) sowie damit letztlich das Entstehen von „Subkulturen".

In den amerikanischen Städten hat der Markt die Funktion eines viertelsbildenden Instruments übernommen. Über die Faktoren Bodenpreis, Miete und Hauswert erfolgt bei der Neuaufschließung von Suburbs eine rigide ökonomische, soziale, ethnische und letztlich demographische Segregation der Bevölkerung, wobei derartige Neuaufschließungen nur für mittlere und obere Schichten der Bevölkerung und nicht für die Grundschichten vorgenommen werden.

In den ehemals planwirtschaftlich gesteuerten Städten ist das normative Prinzip der Nachbarschaft in einem hierarchischen Ordnungsprinzip der Stadtgestaltung verwendet worden, welches sich an den Bedürfnissen der Grundschichten der Bevölkerung orientieren sollte.

Der Viertelsbegriff sensu stricto geht zurück auf die Antike und tritt uns erstmals in der ägyptischen Hieroglyphe für „Stadt" entgegen (Abb. 3.50). Ein Kreisring umschließt ein schräggestelltes Straßenkreuz und symbolisiert damit die

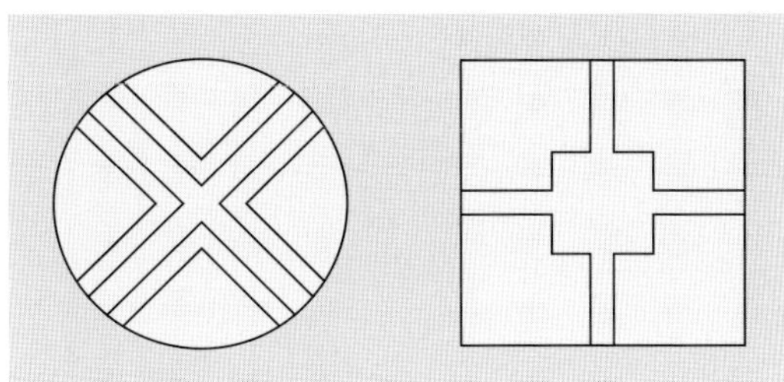

Abb. 3.50: Hieroglyphe für „Stadt"

Gliederung der Stadt in vier Teile. In den Städten des europäischen Mittelalters wurden Stadtviertel als politisch-administrative Einheiten verwendet. Im Falle von kriegerischen Ereignissen sammelten sich die wehrfähigen Männer in den einzelnen Vierteln auf bestimmten Plätzen. In Wien bestand eine derartige Viertelseinteilung bis zur Entfestigung im 19. Jh. Bei diesen politisch-administrativen Vierteln handelt es sich um klar begrenzte räumliche Einheiten, die jedoch nicht mit sozialer und ökonomischer Homogenität gleichgesetzt werden können.

Viertelsbildungen sind allen Gesellschaften mit Klassenschichtung eigen. Dazu gehört die Viertelsbildung der römischen Antike ebenso wie die des industriellen Zeitalters, mit Arbeiter-, Mittel- und Oberschichtvierteln. Die sozialen Wohlfahrtsstaaten haben eine Wohnklassengesellschaft nach institutionellen Bauträgern und Wohnformen in staatsspezifischer Form hervorgebracht, während derzeit die Konsumklassengesellschaft unterschiedliche Lebensstile in Beruf und Freizeit und damit auch im Wohnumfeld entstehen läßt.

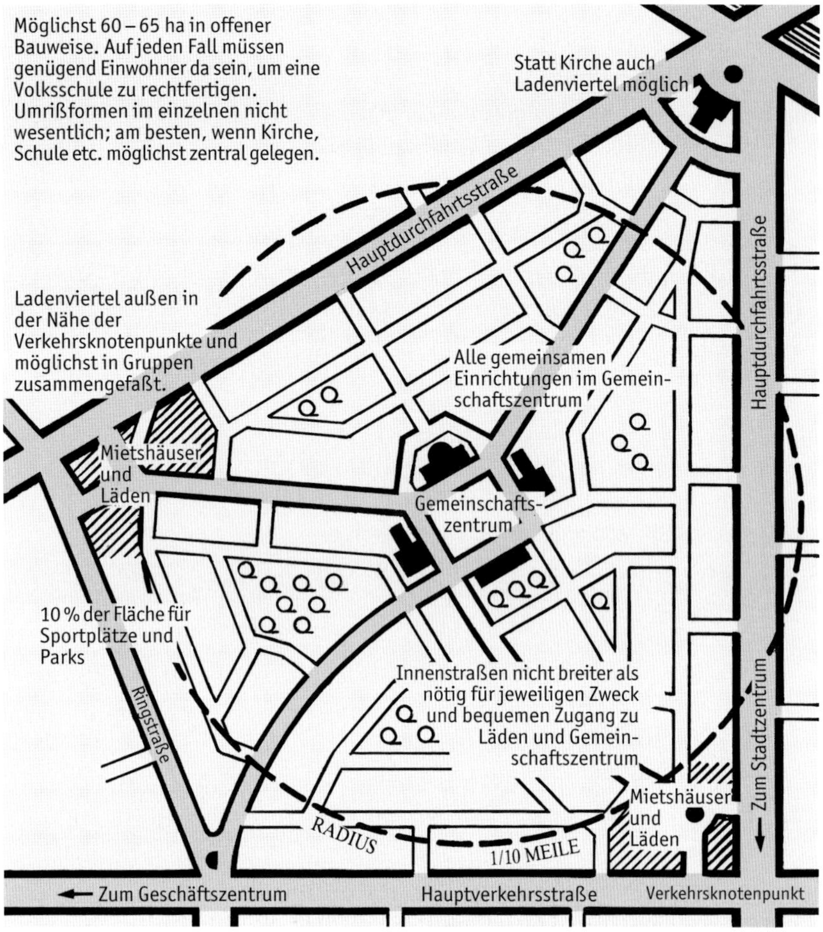

Abb. 3.51: Nachbarschaftseinheit nach C. J. Perry

Von den ökonomischen Funktionen bestimmte Viertel, wie Bankenviertel, Einkaufsviertel oder Hafenviertel, sind ebenfalls zu nennen. Die genannten Viertel gehören im wesentlichen der geschlossenen Verbauung an, d. h., sie besitzen einen Straßen- und Baublockbezug.

In der wissenschaftlichen Forschung wird der Viertelsbegriff sowohl für strukturelle als auch für funktionelle Raumeinheiten verwendet. Im erstgenannten Fall läßt sich ein Viertel als eine relativ homogene Einheit definieren, welche spezifische Merkmale besitzt. Diese Merkmale können aus der lebensweltlichen Erfahrung der Stadtbewohner stammen bzw. auf sachwissenschaftlich fundierten, theoretischen Zugängen beruhen. Daraus ergibt sich in weiterer Konsequenz, daß je nach Sichtweise und Merkmalen unterschiedliche Viertelsgliederungen von ein und demselben Stadtraum entstehen können. Die Ausführungen des Historikers können z. B. ein Viertel unter Bezug auf den ehemaligen Wohnstandort berühmter Männer und Frauen eingrenzen, die des Kunsthistorikers unter Bezug auf die denkmalgeschützten Altbauten. Zum Unterschied von diesem strukturell definierten Viertelsbegriff ist die zweite Kategorie des Viertelsbegriffs auf Mittelpunkte zentriert. Dazu zählen u. a. Geschäftsviertel, welche Einzugsbereiche von Benutzern aufweisen.

Nun sind derartige Viertel keineswegs stabile Einheiten. Mit der Änderung der Zahl der viertelsbildenden Objekte bzw. Bevölkerungselemente können sich Viertel vergrößern, aber auch auflösen bzw. zerfallen. Es zählt zu den Grundtatsachen der bisherigen Entwicklung von europäischen Städten, daß sich die sozioökonomischen Veränderungen schneller vollziehen als der Umbau und Neubau der physischen Substanz. In einem baulichen Gehäuse kommt es daher zur Sukzession von Bevölkerungsgruppen und Betrieben. In jeder neuen Entwicklungsperiode des städtischen Gesamtsystems erneuert sich daher auch der sozioökonomische Inhalt von Vierteln. Umfang und Art der Veränderungen sind dabei abhängig von den gesellschaftlichen und ökonomischen Prozessen im gesamtstädtischen System, also externen Effekten, die sich in zentrumsnah gelegenen Vierteln zumeist sehr viel rascher geltend machen als an der Peripherie einer städtischen Siedlung.

Tief in die Stadtgeschichte zurück reichen ethnische Viertelsbildungen. Hierbei gibt es politisch-institutionell geschaffene primäre Viertel, zu denen das jüdische Ghetto gehört bzw. die Fernhandelsviertel. Auf die sekundäre Ghettobildung wurde bei der Darstellung der amerikanischen Downtown eingegangen. Nach ethnischen und/oder religiösen Merkmalen entstandene Viertel in Städten waren durch die gesamte Stadtgeschichte hindurch krisenanfällig und gelegentlich Krisenherde. Die Viertelsbildung in Jerusalem ist wohl noch für einige Zeit das beste Beispiel für einen internationalen Konfliktherd.

Das normative Konzept der Nachbarschaft

Auf das normative Konzept der Nachbarschaft wurde bereits bei der Darstellung der Neuen Stadt hingewiesen. Es stammt aus Nordamerika, wo es von C. L. Perry in den 20er Jahren des 20. Jh.s entwickelt wurde. Es hat seither die privatwirtschaftliche Aufschließung der amerikanischen Suburbs tiefgreifend bestimmt. Bedingt durch die familienorientierte Gesellschaftsordnung wurde ein Volksschulsprengel als Grundlage für die Bemessung der Größe der Nachbarschaft gewählt. Die Volksschule wurde im Verein mit anderen Einrichtungen, darunter der Kirche und einem Gemeinschaftshaus, zumeist im Zentrum der Nachbarschaft angeordnet. Geschäftszentren wurden eher an die umgrenzenden Durchfahrtsstraßen der Nachbarschaft gelegt (Abb. 3.51).

Die Vorstellungen über die zweckmäßige Größe schwanken in den einzelnen Staaten um einen Mittelwert von 6000 Einw. zwischen 4000 und 12 000 Menschen. Bei der Übernahme der Nachbarschaftsidee in andere gesellschaftspolitische Systeme wurde nicht beachtet, daß aufgrund der Finanzierung der Schulen aus der Realitätenbesteuerung das Sozialmilieu von amerikanischen Schulen weit homogener ist als anderswo. Eine derartige Nachbarschaft stellt daher eine lebendigere territoriale Interessen- und Kontaktgemeinschaft dar als die aus der städtebaulichen Retorte stammenden Gegenstücke in vielen europäischen Städten.

Eine hierarchische Zusammenfassung von derartigen Nachbarschaftseinheiten war in den Neuen Städten die Regel. Unabhängig von der Idee der Neuen Stadt hat das Nachbarschaftskonzept die planmäßige Aufschließung von Stadtrandern vor allem nach dem Zweiten Weltkrieg mitbestimmt und auch in die Stadtplanung der sozialistischen Länder Eingang gefunden.

Dabei war die kommunistische Stadtplanung zum Unterschied vom Westen sehr wohl imstande, ein hierarchisches Sprengelsystem mit der Nachbarschaftseinheit als unterster Basis über ganze Städte zu stülpen. Moskau lieferte hierzu mit einer vierstufigen räumlichen Hierarchie das Vorbild für andere Großstädte. Die oberste Stufe der Planungszonen mit 600 000 bis 1 Mio. Einw. führte über zwei Stufen hinunter zur Stufe des sogenannten Mikrorayons mit 4000 bis 20 000 Einw. In diesem Pendant der Nachbarschaft waren Versorgungszentren freilich nur mehr teilweise vorhanden.

Postmoderne Megastrukturen als Kennzeichen der Metropolen

Projekte der staatlichen und städtischen Planung

Die Globalisierung der Ökonomie ist mit dem sehr raschen Wachstum des quartären Sektors verbunden. Die Verortung des entstehenden Bürobedarfs ist unterschiedlich gelöst worden. Die französische Stadtplanung bietet mit der Schaffung einer zweiten City unmittelbar an der Grenze der kompakten Kernstadt von Paris ein in der städtebaulichen Tradition der großen barocken Sichtachsen des französischen Absolutismus veran-

Abb. 3.52: La Défense in Paris, Luftbild 2000

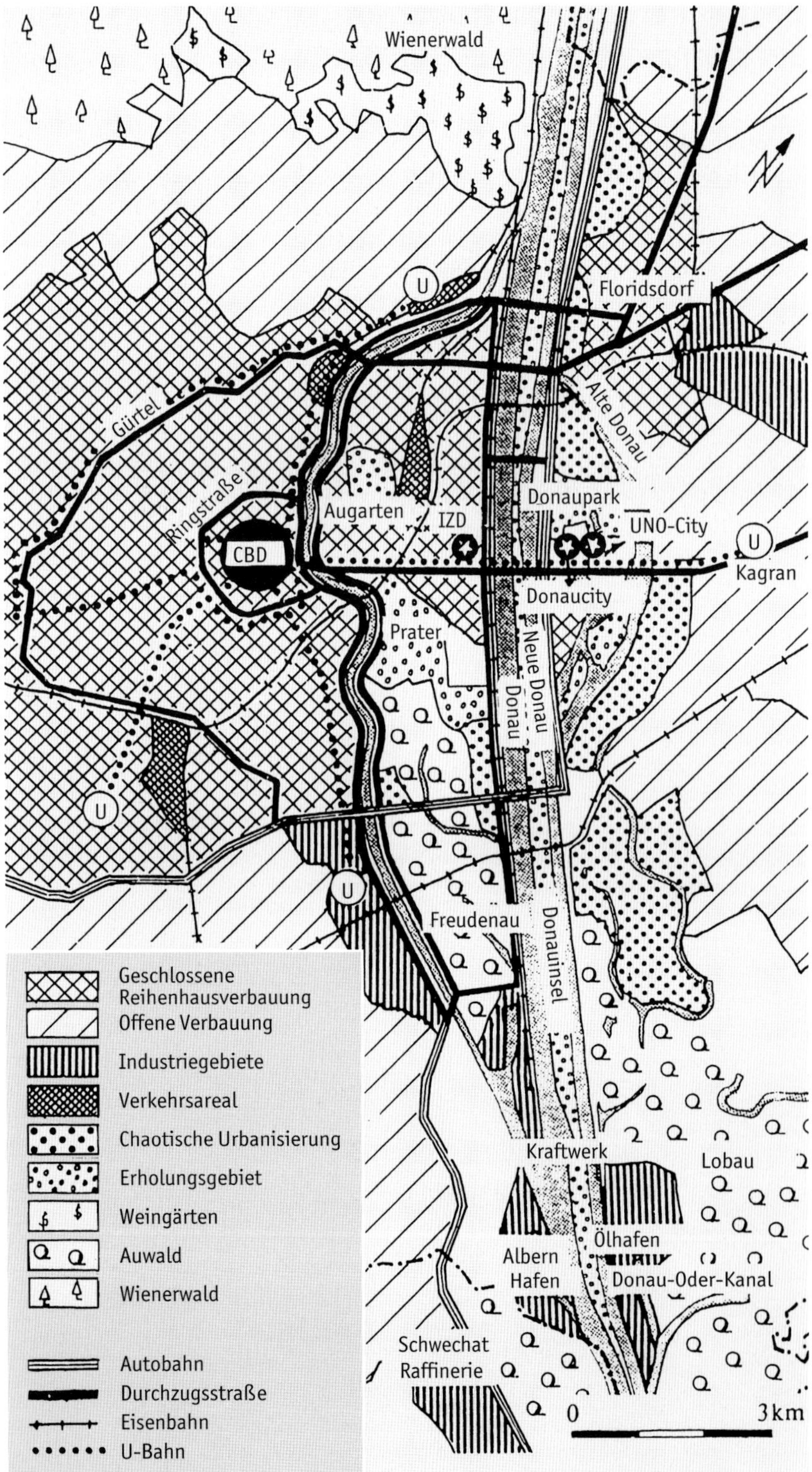

Abb. 3.53: Wien an der Donau

kertes Modell. Französische Architekten haben Paris auch als die Hauptstadt der „Republik der Pharaos" bezeichnet, nicht ganz zu Unrecht. Paris untersteht seit der Zeit des Absolutismus direkt dem Innenminister und hat überdies direkten Zugang zum staatlichen Budget. Die nationalstaatliche Doktrin, den Status von Paris als Kulturmetropole der Welt zu erhalten und auszubauen, haben von de Gaulle über Mitterrand bis zu Jacques Chirac, dem gegenwärtigen Staatspräsidenten und vorherigen Oberbürgermeister der französischen Kapitale, alle französischen Präsidenten vertreten.

Die Konzeption der großen Ost-West-Sichtachse, welche vom Louvre über die Champs Elysées mit der Fortsetzung nach Versailles bereits vorhanden war, wurde mit dem Ausbau von La Défense (Abb. 3.52) akzentuiert und gleichzeitig durch den U-Bahn-Bau auch in das öffentliche Verkehrssystem integriert. Die Pariser Tradition von Haussmann wird damit fortgeführt, gleichzeitig über die Stadtgrenze hinausgegriffen und eine enorme bausoziale Aufwertung im ehemaligen Vorortebereich bewirkt. Wenn auch die Gesamtangaben über die Bürofläche im Ausmaß von 1,6 Mio. m^2 und 100 000 Beschäftigte sowie ein Einkaufszentrum von 120 000 m^2 im internationalen Vergleich beachtlich sind (immerhin 14 von 20 der führenden französischen Firmen besitzen hier ihr Zentralbüro), so verdient die Konzeption der Beseitigung schlechter Wohnquartiere, welche schon vor Haussmann die Pariser Stadtplanung beherrscht hat, stärkere Beachtung.

Die gleiche Kombination von städtebaulicher Repräsentation und Slumbeseitigung kennzeichnete auch die Bahnhofsüberbauung von Montparnasse, wo mit 209 m der höchste Büroturm auf dem Kontinent errichtet wurde, der erst 1990 durch den Messeturm in Frankfurt am Main mit 256 m auf den zweiten Rangplatz verwiesen worden ist.

Zu den ebenfalls international renommierten Großprojekten der staatlichen und städtischen Planung gehört die Integration der Donau in die Stadtlandschaft von Wien (Abb. 3.53). Anders als in Budapest war Wien in der Gründerzeit nicht an die Donau gerückt. Die damals durchgeführte Do-

Abb. 3.54: Wien, UNO-City 1999

nauregulierung separierte durch Bahngleise, Industrieanlagen und das sogenannte „Überschwemmungsgebiet" den östlichen vom westlichen Stadtraum. Die Einbindung des Donaugeländes in den Stadtkörper begann mit dem Bau der UNO-City durch den österreichischen Staat und wurde von der Stadtgemeinde in der schrittweisen Entwicklung eines „Waterfront Development" fortgesetzt, welche sich mit dem Großvorhaben der Docklands in London und dem Hafenumbau in Rotterdam vergleichen läßt. Durch den Bau eines zweiten Donaubetts, um künftige Flutkatastrophen auszuschließen, entstand eine Insel von 21 km Länge und einer Breite von 70 bis 210 m. Durch die Errichtung eines Kraftwerks unterhalb von Wien bildete sich ein 20 km langer Stausee. Mit dem Ausbau des kollektiven Freizeitraums der Donauinsel wurde intuitiv eine richtungsweisende städtebauliche Idee kreiert und für das bipolare Konzept von Arbeits- und Freizeitgesellschaft ein neues Planungsleitbild gefunden. Demnach gehören die „große, grüne Wiese", Erholungsflächen und Sportanlagen in einer Zeit der Freizeitgesellschaft nicht mehr an den Rand, sondern in die Mitte der Stadt mit bester Erreichbarkeit für alle durch den öffentlichen Verkehr.

Dem Konzept „Wien an die Donau" entspricht in weiterer Konsequenz die Schaffung einer „Donau-City" mit einem umfangreichen Komplex von Büro- und Wohnbauten, welche in einer Public-private-Partnership errichtet werden und deren Kern die UNO-City bildet (Abb. 3.54).

Stadtmarketing und Public-private-Partnership

Die Wachstumsorientierung der neoliberalen Politik in den 1980er Jahren hat in den USA und in Großbritannien den Wettbewerb zwischen den Städten gefördert und gleichzeitig Verantwortlichkeiten und Interventionen seitens des Staats zurückgenommen und teilweise neu definiert. Im Zentrum dieser wachstumsorientierten Politik stehen Strategien zur Herstellung eines positiven „Business Climate". Dazu gehören öffentliche Investitionen in Kultur- und Freizeiteinrichtungen sowie massive direkte und indirekte Subventionen für Unternehmer. In den USA und in Groß-

Abb. 3.55: London, Docklands 2001

britannien werden vor allem die Unternehmen der Bau- und Immobilienwirtschaft bei der Errichtung von Bürobauten, Einkaufszentren, Hotels und Wohnungen für den gehobenen Bedarf gefördert. Es wurde bereits darauf hingewiesen, daß damit neue halböffentliche Agenturen außerhalb der traditionellen Strukturen der Kommunalverwaltung entstanden sind.

Diese neuen Formen wurden zunächst in den USA und Großbritannien angewendet, haben sich aber auch in den europäischen Großstädten – wenn auch unter anderen institutionellen und politischen Rahmenbedingungen und mit unterschiedlichen Schwerpunkten – entwickelt. Auch hier wird akzeptiert, daß große Städte im Wettbewerb zueinander stehen und Firmen wie Spitzenmanagern attraktive Angebote als mögliche Standorte machen müssen. In Broadgate, London, wurde zu Beginn der Planungen eines Bürokomplexes eine Umfrage bei potentiellen Mietern durchführt, welche zusammenfassend folgende Aussage erbrachte: *„They all wanted pretty much the same prestige high quality headquarters buildings with vast floor areas for dealing rooms and provision through raised floors and suspended ceilings for all the cabling and services"* (New Builder Broadgate Supplement, 1991). Neben der Installationsmöglichkeit von moderner Kommunikationselektronik ist also das Prestige der Hauptfaktor für die Ansiedlung der Zentralbüros von Unternehmen. Die Gebäude sollen Großzügigkeit, Einzigartigkeit und Internationalität vermitteln und von weltbekannten Stararchitekten entworfen und gebaut sein. Es besteht die Auffassung, daß mit internationaler Medienpräsenz bei der Eröffnung eines derartigen Objekts der Bekanntheitsgrad einer Stadt erheblich gesteigert werden kann. Architektonisch auffällige Lösungen, wie die großflächige Überbauung von Verkehrsflächen, werden daher auch als Teil des Stadtmarketings angesehen, um sowohl Investoren als auch Touristen anzuziehen und die Internationalität einer Stadt herauszustellen. Nicht immer ist freilich der Optimismus gerechtfertigt, daß derartige Großprojekte sich zu Kristallisationskernen für die Aufwertung ganzer Stadtteile entwickeln können.

Zu den Großprojekten dieser Art zählt die Revitalisierung der Hafenstandorte in Großbritannien. Hierbei ist es z. T. zu spektakulären Umbauten gekommen. Die Entwicklung begann in den 1980er Jahren unter der Thatcher-Regierung, welche in kommunale Entscheidungsprozesse eingriff und die Wettbewerbsorientierung der Kommunalpolitik gefördert hat. Ähnlich wie in Paris bei La Défense war auch in London nationales Prestige im Spiel, als man die abgewirtschafteten Londoner Docklands völlig umzugestalten begann (Abb. 3.55). Allerdings war der Staat nicht im gleichen Umfang als Finanzier beteiligt. Investitionsorientiert waren die Unternehmungen aber auch hier, ebenso wie in Liverpool, Manchester, Newcastle und Cardiff. Doch die Annahme der 1980er Jahre, daß sich die Belebung der Immobilienmärkte, konkret der Anstieg der Grundstückspreise, positiv auf andere Wirtschaftsbereiche auswirken würde, hat sich keineswegs überall als richtig herausgestellt. Das Problem der „Belebung" der revitalisierten Hafenzonen konnte nur in Hull durch einen privaten Yachthafen gelöst werden. In Southampton erfolgte – initiiert durch die örtliche Universität – der Ausbau des Hafengebietes zu einem ozeanographischen und schiffahrtstechnischen Forschungsstandort. In Swansea wurde ein Maritime-Quarter als touristisches Ausflugsziel geschaffen.

Erlebnisstädte

Eurodisney

Die französische Hauptstadt hat nicht nur als erste Stadt in Europa eine echte zweite City bekommen, sondern erhielt – ebenso von der Regierung gefördert – die Erlebnisstadt „Eurodisney" als einen Bestandteil der Agglomeration. 1987 akzeptierte die sozialistische Regierung das Projekt, 1988 unterzeichnete Jacques Chirac den Vertrag mit der Disney Company. Die erste Erlebnisstadt auf dem Kontinent entstand in Marne la Vallée im Südosten von Paris. Der französische Staat erhoffte sich von der Unterzeichnung des Projekts Disneyland eine Rettung des schon fast gescheiterten Regionalplanungskonzepts für Marne la Vallée, der vierten Trabantenstadt im Raum von Paris. Sie war im Boom des Spätgaullismus in einer Entfernung von 30 km von der Hauptstadt errichtet worden. Die Stadt verfügte damals bei rund 200 000 Einw. über nur 62 500 Arbeitsplätze, so daß ein beachtlicher Teil der Einwohner nach Paris pendeln mußte.

Der Vertrag mit der Disney Company war mehr als ein schlichter Public-private-Partnership-Deal. Der französische Staat übernahm für 40 % des Kreditvolumens die Ausfallshaftung, verlängerte die S-Bahn und die Autobahn als Verbindung mit dem TGV und dem Flughafen und schuf damit die infrastrukturellen Voraussetzungen für die Errichtung von Eurodisney. Außerordentliche Baugenehmigungen wurden gewährt und in einem Sondergesetz der Mehrwertsteuersatz von 18,6 auf 7 % ermäßigt. Als Gegenleistung erhoffte sich der Staat rund 12 000 neue Arbeitsplätze und eine Erhöhung des Steuereinkommens der Region.

Dieser von der Walt Disney Company gebaute größte Vergnügungspark von Europa umfaßte im ersten Bauabschnitt 1992 einen Komplex von sechs großen Hotels mit insgesamt 5200 Betten auf einem Gelände von 600 ha mit weiteren 400 ha für Parkplätze. In der zweiten Bauphase wurden ein Einkaufszentrum mit 22 000 m^2, ein Bürokomplex mit 30 000 m^2 und Gewerbeflächen mit 57 000 m^2, ferner 570 Einfamilienhäuser und ein Golfplatz errichtet. In der Projektion des Gründungskonzepts hatte man eine Frequenz von jährlich 10 bis 12 Mio. Besuchern, darunter die Hälfte Franzosen, 40 % andere Europäer sowie 10 % aus aller Welt erwartet. Diese Erwartungshaltung hat sich nicht gleich am Anfang, jedoch nach knapp einem Jahrzehnt realisiert. Zum Jahresbeginn 2001 wurde der einhundertmillionste Besucher begrüßt.

Entsprechend ihrer Corporate Identity bieten die Erlebnisparks von Walt Disney überall in der Welt dasselbe Muster von thematischen Attraktionen, die sie aus der Comics- und Kinoproduktion des Begründers schöpfen. Das Magic Kingdom mit Achterbahnen, Delphinarien, Märchenschlössern und Planetarien sowie mit Popcorn-, Zuckerwatte- und Hamburgerverkaufsständen wurde direkt aus Florida importiert. Auch die Hotels sind Teil einer wohldurchdachten Inszenierung. Eurodisneyland ist eine mächtige, wirtschaftliche und massenkulturelle Freizeitindustrie, die nicht mit anderen bereits vorhandenen Freizeitparks vergleichbar ist. Ihre Manager verfügen über 35 Jahre an Erfahrung. Jedes Jahr werden von Walt Disney Imagineering Zerstreuungsautomaten und neue technologische Spiele erfunden. Während der Ausbau von Eurodisneyland nach Plan voranschreitet, stagnieren die anderen Freizeitparks Europas. In Frankreich sind es besonders jene, die sich von nationalen Comic- und Literaturfiguren inspirieren lassen, da sie mit viel zu wenig Kapital ausgestattet sind. Andererseits wird Eurodisney mit Gesamtinvestitionen von rund 10 Mrd. EURO ausgebaut.

Die Architektur der „Event City"

Als gelungene Beispiele der Wiederbelebung der Städte werden die sogenannten Event Cities gefeiert, Erlebniswelten für Spektakel, Vergnügen, Konsum und Unterhaltung. Shopping Malls, Themenparks und Vergnügungszentren, Unterhaltung und Event in einem sind zu neuen Markenzeichen der Metropolen geworden.

Der „Papst" der Event Cities und Architekt des Universal City Walk ist Jan Jerde, ein Großunternehmer auf dem Sektor der Shopping Cities, dem etwa 80 Mio. m^2 Fläche gehören. Er ist überzeugt davon, daß eine angenehme Atmosphäre der Schlüssel zum Erfolg eines Einkaufszentrums ist. *„Shopping is a communal act"* (Holzner 1996,

Abb. 3.56: Universal City Walk, Los Angeles 2001

S. 87). In der Anlage seiner Shopping-Centers ist er vor allem am Raum zwischen den Objekten interessiert. Hierbei hat er sich am früheren Disney Art Director John DeCuir orientiert, dessen spektakulärster Erfolg das äußere Design der Olympischen Spiele 1984 in Los Angeles gewesen ist (mit Fahnen, Zeltplanen, Lichteffekten, Symbolik, kurz: „die Welt als Plakatwand").

Im Zeitraum von 1977 bis 1998 wurden von seinem Unternehmen 24 derartige Event Center in den USA gebaut, 19 in Asien (in Japan, Südkorea, Taiwan, Indonesien, Peking und Kuwait), vier in Frankreich und je eines in Großbritannien und in den Niederlanden.

Seiner eigenen Aussage gemäß versucht Jerde der Veränderung von Stadt und Architektur in der Erlebnisgesellschaft Rechnung zu tragen. Er setzt dabei städtebauliche Mittel ein und versucht, der Entfremdung des Menschen in der Stadt entgegenzuwirken und eine neue Form des öffentlichen Raumes zu gestalten. Quasi in Rückbesinnung auf klassische Formen der Urbanität setzt er sich „gegen innerstädtische Wüsten ein, die von suburbanen Wucherungen" umgeben sind. Statt einer Architektur der Funktion entsteht eine Architektur des Vergnügens.

Für die Olympischen Winterspiele in Salt Lake City 2002 wird das verfallene Stadtgebiet um den ungenutzten Bahnhof im Rahmen einer Art Stadterneuerung in Form einer Mischung von Unterhaltungseinrichtungen und Einzelhandelsgeschäften wiederbelebt werden.

Als Beispiel für Jerdes Konzept sei der Universal City Walk, eine Flaniermeile auf dem Gelände der ehemaligen Universal-Studios, im Norden von Hollywood in Los Angeles, kurz vorgestellt (Abb. 3.56).

Der Universal City Walk ist ein 500 m langer Boulevard, der verstreute Teile des Universal-Filmstudiokomplexes verbindet. Die Quintessenz von Los Angeles' architektonischem Flair wurde bei der Gestaltung verwendet. Sie umfaßt Geschäfte, Restaurants, Bars, Nachtklubs, Theater, Büros, Konferenzräume und Hotels in interessanter Abfolge und bietet eine stimulierende Atmosphäre für den dahinschlendernden Fußgänger. Es ist ein Platz, um zu arbeiten, zu lernen und sich zu unterhalten – ein „urban village".

Ganz diesem neuen Trend der „künstlichen Paradiese" folgen auch die Betreiber des Europaviertels in Frankfurt am Main. Unter dem Slogan „Innerstädtisches Wohnen mit hohen qualitativen Ansprüchen" werben sie für das umstrittene Projekt.

An dieser Stelle sei innegehalten und mit einem historischen Verweis abgeschlossen. Er blendet zurück zur griechischen Polis und erinnert daran, daß in deren Amphitheater die gesamte Bevölkerung der Stadt dem Schauspiel auf der Bühne zusehen konnte.

4

Determinanten und Leitbilder

Abb. 4.1: Die monotone Vielfalt der neuen Städte, Frankreich

Überblick

- Das Kapitel visualisiert Determinanten und Leitbilder für die Stadtentwicklung in den Bereichen von Politik, Städtebau und Technik.
- Das Verhältnis von Öffentlichkeit und Privatheit besitzt einen hohen Stellenwert für die Erklärung der räumlichen Organisation der Gesellschaft.
  - Das Primat der Öffentlichkeit kennzeichnete die Stadtkulturen der Antike.
  - Das Primat der Privatheit bestimmt die orientalische Stadt.
  - In der europäischen Stadt setzte die Privatheit erst mit der bürgerlichen Gesellschaft ein.
  - Die Privatisierung des öffentlichen Raums ist ein wichtiger Vorgang in den USA.
- Die Thematik des Städtebaus umfaßt:
  - die Symbolik der gebauten Kubatur in der historischen Dimension,
  - das Gegensatzpaar von Repräsentation und Funktionalität,
  - die Abfolge der städtebaulichen Leitbilder im 19. und 20. Jh.,
  - die Leitbilder von Urbanismus und Antiurbanismus.
- Die Technologien des Bauens und des Verkehrs sind aufs engste mit den Ideologien der politischen Systeme verbunden.
  - Dichotomien bestehen als standardisierte Polarisierung der Bautechnologie zwischen dem Massenwohnungsbau und dem industriellen Bau von Einfamilienhäusern.
  - In der Verkehrstechnologie stehen die Verfechter des öffentlichen Verkehrs denen des Individualverkehrs gegenüber.

Einleitung

Das Kapitel versucht, Determinanten und Leitbilder für die Stadtentwicklung in den Bereichen Politik, Städtebau und Technik zu visualisieren.

Im Bereich der Politik geht es um die Aufteilung des Stadtraums in öffentliche, halböffentliche und private Bereiche. Die Thematik besitzt einen hohen Stellenwert und zieht sich durch die Stadtgeschichte. Sie ist verbunden mit der Frage nach der Offenheit und Geschlossenheit von Stadtvierteln und Straßenräumen. Sie reicht im Planmaßstab hinunter bis zur Frage der Zugänglichkeit von Häusern und Wohnungen und schließlich bis zur Tabuisierung von Wohnräumen.

Im Bereich von Städtebau und Stadtgestaltung geht es um mehrere Themen: Die Frage nach der Symbolik der gebauten Kubatur in der historischen Dimension ordnet sich in die breitere Fragestellung nach dem städtischen Kulturerbe der Menschheit ein, das gegenwärtig bereits international aufgelistet wird und für künftige Generationen erhalten werden soll.

Kunstgeschichte und Kunstsoziologie beschäftigen sich seit langem mit den Fragen nach der Abfolge repräsentativer Stile in der Architektur und nach der Funktionalität in der architektonischen Gestaltung gebauter Substanz. Der Gegensatz von Repräsentation und Funktionalität zählt zum zweiten großen Themenbereich, zu welchem anzumerken ist: Es besteht eine „Diktatur" der Profession der Architekten und Städtebauer von Vitruv über Palladio und weiter zu Camillo Sitte und zu Le Corbusier, die im Verein mit den jeweiligen Auftraggebern und den spezifischen politischen Machtverhältnissen sowie den ökonomischen und technologischen Möglichkeiten der jeweiligen Zeit die Repräsentation ebenso verkündet wie die Funktionalität (Abb. 4.1, 4.2) beschworen haben, wenn dies erforderlich erschien. Auch die Modelle der dreidimensionalen baulichen Stadtgestaltung mit dem Gegensatz von kompakter Stadt und offener Suburbia gehören hierzu. Der Städtebau im 19. und 20. Jh. hat im Verein mit der Stadtplanung eine ganze Kette von Konzepten entwickelt, darunter als letztes das normative Konzept der nachhaltigen Entwicklung der Stadt, verbunden mit der Forderung nach Entkoppelung von Flächenverbrauch und Wirtschaftswachstum.

Abb. 4.2: Transamerica-Tower, San Francisco 1988

Die Technologien des Bauens und des Verkehrs sind aufs engste mit den Ideologien des Privatkapitalismus und noch immer mit dem Erbe des ehemaligen Staatskapitalismus verbunden, welche eine standardisierte Polarisierung der Bautechnologie zwischen dem industriellen Bau von Einfamilienhäusern und dem Massenwohnungsbau erzeugt haben.

In der Verkehrstechnologie stehen die Verfechter der fußgängergerechten und der autogerechten Stadt einander gegenüber. Dabei mündet die in der biologischen Existenz des Menschen begründete Frage nach Territorialität, Exklusion und Inklusion ein in die Frage nach dem Stellenwert der fußläufigen Gesellschaft und den Face-to-Face-Kontakten in einer Zeit, in der virtuelle Sichtweisen und virtuelle Welten die Köpfe der Menschen in der westlichen Welt zu füllen beginnen und ihre Handlungsweisen bestimmen.

Öffentlicher, halböffentlicher und privater Raum

Zur Begriffsbildung

Es ist das Verdienst von Bahrdt (1961), das Begriffspaar von öffentlicher und privater Sphäre als Kriterium der Stadtbildung als erster herausgearbeitet zu haben. Bahrdt schreibt (S. 38f.): „Eine Stadt ist eine Ansiedlung, in der das gesamte, auch das alltägliche Leben die Tendenz zeigt, sich zu polarisieren, d. h. entweder im sozialen Aggregatzustand der Öffentlichkeit oder in dem der Privatheit stattzufinden. Es bildet sich eine öffentliche und eine private Sphäre, die in engem Wechselverhältnis stehen, ohne daß die Polarität verlorengeht. Die Lebensbereiche, die weder als öffentlich noch als privat charakterisiert werden können, verlieren hingegen an Bedeutung. Je stärker Polarität und Wechselbeziehung zwischen öffentlicher und privater Sphäre sich ausprägen, desto städtischer ist, soziologisch gesehen, das Leben einer Ansiedlung. Je weniger dies der Fall ist, desto geringer ist der Stadtcharakter einer Ansiedlung ausgebildet."

Bahrdt entwickelt den Begriff „Öffentlichkeit" aus der sozialen Interaktion des Marktgeschehens heraus: „Beliebige, flüchtige, dennoch nach strengen Regeln verlaufende soziale Kontakte auf Märkten zwischen einander beinahe unbekannten Individuen bei gleichzeitig möglicher Ausklammerung der jeweiligen Sozialgefüge, denen diese Individuen sonst angehören, sind nichts Selbstverständliches ..." (ebenda, S. 38), und weiter: „Der Markt ist die früheste Form einer Öffentlichkeit im soziologischen Sinn. ... Die Begegnungen werden nach gewissen Regeln abgewickelt und fallen dann meist wieder auseinander. Obwohl sie reibungslos verlaufen, bedeuten sie keine Bindungen." Bahrdt bezeichnet sie als teilintegriert.

Um diese Aussagen über soziale Interaktionen in der Öffentlichkeit in die gebaute Umwelt des Stadtraums übertragen zu können, bedarf es des Begriffs der Zugänglichkeit, d. h. der „accessibility", und zwar der uneingeschränkten Zugänglichkeit. Die Verwendung dieses Begriffs in einer räumlich orientierten Stadtforschung eröffnet neue Aussagen. Zunächst sei festgehalten, daß es äußerst schwierig ist, zu diesem Begriff in der Zeit-Raum-Dimension der Stadt vergleichende Aussagen zu treffen.

Der Begriff des öffentlichen Raums ist abhängig von den politischen Normen und dem Monopol bzw. der Oligarchie von Institutionen, die über den „öffentlichen Raum" und „öffentliche Einrichtungen" als gebaute Kubatur Verfügungsrechte und Kontrollfunktionen ausüben, zu denen auch ein zeitlicher Rhythmus der Zugänglichkeit gehört. Der private Raum kann als individueller Raum über Besitz- und Eigentumstitel abgesichert sein oder nur zur Nutzung zur Verfügung stehen.

Nun hat Bahrdt die interessante Aussage getroffen, daß Lebensbereiche bestehen, die weder als privat noch als öffentlich zu bezeichnen sind. Diesen hat er eine negative Funktion für die Stadtbildung zugeschrieben. Derartige Bereiche können einerseits durch die staatlichen Institutionen geschaffen werden. Sie seien im folgenden als „halböffentlich" bezeichnet. Andererseits können sie seitens derjenigen Gruppen eingerichtet werden, denen Individuen angehören. Auf derartige räumliche Bereichsbildungen sei der Begriff „halbprivat" angewendet.

Unabhängig davon sei angeführt, daß in den Interaktionen über gruppenspezifische Interessen und Zwecke eine Segmentierung der Nutzung des Raums erfolgt. Als Beispiele seien Sportarenen und Theater genannt, zu deren Veranstaltungen nicht eine aus Zufallsprinzipien erklärbare Menge, sondern eine a priori segmentierte Gruppe von Interessenten herbeiströmt.

Im Verlauf der Perioden der Stadtentwicklung hat sich das Verhältnis von Öffentlichkeit und Privatheit in Abhängigkeit von der Gesamtorganisation der Gesellschaft verschoben.

Das Primat der Öffentlichkeit in den Stadtkulturen der Antike

Auf die Bedeutung der Öffentlichkeit in der griechischen Polis wurde hingewiesen. Bahrdt schreibt hierzu (1961, S. 55): „Für unsere Vorstellungen kannte z. B. die antike Polis kaum so etwas wie eine abgesicherte Privatsphäre, dagegen eine glänzende Öffentlichkeit, die den Demokraten von heute neidisch macht." Wir finden – gerade in der antiken Demokratie – rücksichtslose Eingriffe in jene Sphäre, die wir heute als privat bezeichnen würden.

Philosophisch untermauert wird dieses Primat der Öffentlichkeit durch die „Politeia" des Aristoteles, worin die beiden Bereiche *oikos* und *politeia* als Inbegriff menschlichen Seins und menschlicher Selbstverwirklichung herausgehoben werden. Der Staat umfaßt die Gesamtheit der Bürger, er ist eine Gemeinschaft zum Zwecke eines vollkommenen und sich selbst genügenden Daseins sowie eines glücklichen und tugendhaften Lebens. Aristoteles erachtet ihn von Natur aus als höherrangig, früher und fundamentaler als die Familie und den einzelnen. Dementsprechend ist der Mensch von Natur aus ein *zoon politikon*.

Auf die allen Bürgern zugängliche Vielzahl von öffentlichen Bauten in der griechischen Polis wurde bereits hingewiesen. Nun war es im kleinen Raum der Polis und später auch in der mittelalterlichen Bürgerstadt leichter, eine politische Öffentlichkeit auszubilden und zu behaupten; die Ordnungen einer relativ kleinen Stadt lassen sich jedoch nicht auf große territoriale Einheiten und damit auch nicht auf große Städte übertragen. Bereits die antike Republik scheiterte daran, daß es nicht gelang, die politische Organisation der Polis auf die Bedürfnisse des Römerreichs umzuformen. Es blieb als Ausweg nur die Monarchie mit bürokratischer Verwaltung durch Freigelassene – also durch Nichtbürger – übrig.

Mit der Größe des Reichs und der Größe der Stadt verschob sich das Verhältnis von Öffentlichkeit und Privatheit. Diese Aussage trifft auf das kaiserliche Rom zu. Die Ansprüche an öffentliche Leistungen wurden größer. Cäsar und Augustus öffneten bereits zu Lebzeiten ihre Privatgärten in Rom der Allgemeinheit und vermachten diese in ihren Testamenten dem Volk von Rom. Der Diokletianspalast in Split ist von seinem Erbauer nie bezogen worden, seine Anlagen wurden sofort für eine öffentliche Nutzung freigegeben (Abb. 1.11).

Cicero hat in seiner Schrift „De re publica" dem öffentlichen Bereich einen weit herausragenden Stellenwert zugeschrieben. Privatleben und Privatsphäre erschienen den Römern dagegen so wenig interessant, daß nur wenige lateinische Quellen darüber berichten. Im übrigen bedeutet der Terminus *privatus* im Lateinischen nicht abgeschirmt oder intim, sondern er beinhaltet nur eine besitzrechtliche Zuordnung. Darauf verweist noch heute der Begriff des Privatrechts.

Die *domus* des römischen Bürgers hatte keinen explizit als privat zu deklarierenden Bereich. Im Unterschied zum griechischen Wohnhaus, auf dessen Aufteilung in *andronitis* und *gynaeconitis* noch später eingegangen wird (vgl. Kapitel „Wohnraum und Gesellschaft"), war das römische Wohnhaus nicht strikt in einen öffentlichen und einen privaten Bereich unterteilt. In den Anweisungen zur Errichtung einer Domus schreibt Vitruv: „... man muß seine Aufmerksamkeit darauf richten, in welcher Weise in Privatgebäuden die Zimmer gebaut werden müssen, die allein dem Hausherrn gehören und wie die, die auch Leuten, die nicht zur Familie gehören, zugänglich sind. Denn in die Privaträume haben nicht alle Zutritt, sondern nur geladene Gäste, z. B. in die Schlafräume, Speisezimmer, Baderäume und die übrigen Räume, die gleichen Gebrauchszwecken dienen. Allgemein zugängliche Räume aber sind die, in die auch uneingeladene Leute aus dem Volk mit Fug und Recht kommen können, d. h. Vorhallen, Höfe, Peristyle und solche Räume, die in derselben Weise benutzt werden können. Daher sind für Leute, die nur durchschnittliches Vermögen besitzen, prächtige Vorhallen, Empfangssäle, Atrien nicht notwendig, weil diese Leute anderen durch ihren Besuch ihre Aufwartung machen, aber nicht von anderen besucht werden."

Mit diesem Zitat ist gleichzeitig ein Phänomen belegt, das durch die Gestaltung von Wohnräumen und Häusern bis in die Gegenwart reicht, nämlich die Asymmetrie in der Zugänglichkeit von Wohnungen im Vergleich zwischen Personen, welche unterschiedlichen Gesellschaftsschichten angehören. Der Höherstehende machte keine Gegenbesuche bei dem jeweiligen Bittsteller, falls doch, wurde dies als eine besondere Auszeichnung betrachtet.

Abgesehen davon konnte der römische Patrizier in seiner *domus* eine Privatheit im Sinne des modernen Begriffs, der darunter auch Ungestörtsein, eine gewisse Intimität versteht, schon deshalb nicht erwarten, da er Sklaven und Freigelassene zur Aufrechterhaltung des Haushaltsbetriebs und zu persönlichen Dienstleistungen in einem ganz anderen Umfang herangezogen hat, als dies in modernen, egalitären Gesellschaften der Fall ist. Dementsprechend gab es in römischen Städten keine Vorrichtungen, um Passanten oder Nachbarn den Einblick in die Sphäre der *domus* zu verwehren. Römische Beamte haben ihre Amtsgeschäfte oft zu Hause abgewickelt, haben zu Hause Verhandlungen anberaumt und Sitzungen abgehalten.

Der Beginn der Privatheit in der europäischen Bürgerstadt

Das Primat der Öffentlichkeit gegenüber der Privatheit war auch für die mittelalterliche Bürgerstadt kennzeichnend. Ein wichtiges bauliches Element waren, mitbedingt durch die häufig extrem langen Baublöcke, die Durchgänge und Durchhäuser für den fußläufigen Verkehr und selbst für den Wagenverkehr, um die erheblichen Umwege zu vermeiden.

Die Karte der Durchgänge in der Wiener Altstadt um die Mitte des 19. Jh.s bietet eine Vorstellung von dieser auf einem Allmendedenken beruhenden Einrichtung, welche nur dort, wo sich adeliger Besitz in der Barockzeit ausgedehnt hatte, verschwunden ist. Beim Umbau der Altstadt in der Gründerzeit sind weitere dieser „freiwilligen", nur nachts geschlossenen Durchgänge beseitigt worden (Abb. 4.3). Derartige Durchgänge gab es auch in den Vorstädten. Auch in anderen großen Städten bestanden solche Durchgänge, die je nach der gegenwärtigen sozioökonomischen Struktur des betreffenden Viertels instandgehalten sind und gelegentlich sogar zu großartigen Galerien umgestaltet wurden (Abb. 4.4).

In der Konzeption des „ganzen Hauses" der mittelalterlichen Bürgerstadt stand das Haus, ja sogar die Stube als Aufenthaltsort der Familie, Mitbürgern und auswärtigen Geschäftsfreunden offen.

Erst der Liberalismus hat mit der bürgerlichen Gesellschaft wieder der Privatsphäre von Haus und Wohnung durch den Gesetzgeber einen erhöhten Schutz zugebilligt. Als eine „Hauskultur" mit geladenen Gästen ist in der ersten Hälfte des 19. Jh.s die Biedermeierkultur entstanden, welcher das Verhalten der adeligen Gesellschaft als Vorbild diente.

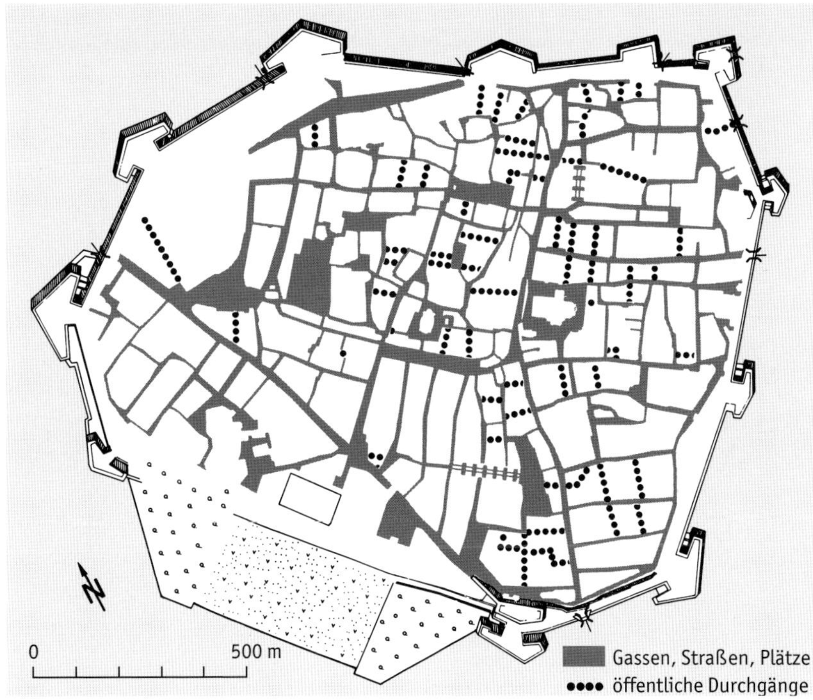

Abb. 4.3: Durchgänge in der Wiener Altstadt, 19. Jh.

Aus Großbritannien diffundierte das Prinzip der *privacy*. Es handelt sich dabei um ein Prinzip der Segmentierung, der Kammerung, der Aufspaltung in soziale und räumliche Untereinheiten, die sich gegen Einflüsse von außen soweit wie möglich abzuschirmen versuchen.

Im 19. Jh. hat die soziale Oberschicht Europas private Rückzugsräume eingebaut: Clubs, aristokratische und bürgerliche Circles, Cabaretts und Kaffees, vertrauliche Zimmer ... überziehen die Stadt wie ein Netz. Auf trivialere Art schaffen sich die dominierenden Klassen, die sich vor der Menge fürchten, in den öffentlichen Einrichtungen schützende Nischen. Theaterlogen, Kabinen auf Schiffen und in Badeanstalten, Abteile für die erste Klasse schützen vor der Promiskuität und erhalten die Unterschiede.

Erst im 19. Jh. gelang es dem Bürgertum, als Klasse durch den bürgerlichen Lebenserwerb Pri-

Abb. 4.4: Galeriendurchgang in Mailand 1995

vatheit zu erlangen und da die bürgerliche Hausfrau sich nicht am Erwerbsleben beteiligte, eine Alltagskultur des bürgerlichen Familienlebens zu entwickeln. Daraus resultierte eine Ideologisierung des Familienlebens, das als sittliche Norm gefordert und nach außen abgeschirmt wurde. Die in zahllosen Gemälden festgehaltene Idylle der familiären Szenerie in der Wohnung beruhte auf der strikten Trennung von Öffentlichkeit und Privatheit. Nur der Familienvorstand ist außer Haus und geht Geschäften nach.

Das Bürgertum des 19. Jh.s konnte es sich leisten, seinen entwickelten Anspruch nach abgeschlossener Privatsphäre umzusetzen. Räumliche Separierung ist das erste Merkmal der bürgerlichen Wohnung. Daneben existiert eine rigorose Funktionstrennung der vorhandenen Räume: Schlaf- und Wohnbereich, dieser geteilt in Salon, Speisezimmer und Herrenzimmer, in Haushalten der oberen Mittelschicht und der Oberschicht sind auch Kinderzimmer vorhanden. Das Schlafzimmer wurde völlig tabuisiert (das Bett ist als Doppelbett angeblich unter Napoleon entstanden). Das Bett, im Rokoko bevorzugter Mittelpunkt des gesellschaftlichen Lebens, verschwindet hinter die Türen des Schlafzimmers – noch heute ist der Schlafraum für Besucher unzugänglich.

Die kleinbürgerliche Perpetuierung der Konventionen, im Wohnbereich und im Wohnverhalten oft erstaunlich vehement vorgetragen, entsprach nicht der wirtschaftlichen Lage dieser Schicht, die sich hinsichtlich der zur Verfügung stehenden Wohnfläche nicht wesentlich von den Arbeitern unterschied, sondern ihrem Aufstiegswillen. Ein großer Teil der Mittelschichten lebte für diese Orientierung am Aufstieg, welche den Wohnkomfort der besseren Kreise zum Vorbild nahm. Die „gute Stube" ist das Resultat dieses Akkulturierungsversuchs.

Ein Exkurs: Das Primat der Privatheit in der orientalischen Stadt

Aussagen über die orientalische Stadt erscheinen angebracht, da zwei europäische Halbinseln zu verschiedenen Zeiten in den Einflußbereich orientalischer Reichsbildungen einbezogen wurden, nämlich die Iberische Halbinsel und Südosteuropa. Auf der Pyrenäenhalbinsel hat die Maurenherrschaft die aus der Römerzeit stammenden Städte grundsätzlich umgestaltet. Das Sackgassenprinzip – entsprechend der ethnischen und wirtschaftlichen Viertelsbildung – setzte sich durch. Die Islamisierung äußerte sich in der Errichtung zahlreicher Moscheen, die später vielfach in katholische Kirchen umgewandelt wurden. Begreiflicherweise sind orientalische Elemente in den südlichen Teilen Spaniens, wo die Maurenherrschaft nahezu 800 Jahre gedauert hat, am besten erhalten geblieben. Städte wie Sevilla bieten sich als Beispiel an (Abb. 4.5).

Im osmanischen Herrschaftsbereich in Südosteuropa sind große Verwaltungszentren, wie Sarajevo, als orientalische Städte mit all ihren Kennzeichen, dem Sackgassengrundriß, den Viertelsbildungen, den Großbauten von Moscheen, öffentlichen Bädern und Schulen, den Karawansereien und der *carsija*, dem Basar, entstanden. Der Bürgerkrieg hat die Reste, welche unter Denkmalschutz standen, zerstört. Besonders zu bedauern ist die weitgehende Zerstörung von Mostar (Abb. 4.6). Andere orientalische Altstädte, wie die von Niš, wurden komplett abgetragen und durch Wohnbauten ersetzt. Bulgarien hat andererseits als erster Staat aus der türkischen Zeit stammende Stadtbilder, wie in Plovdiv, vollständig unter Denkmalschutz gestellt und restauriert, wobei alteingesessene Minoritäten, wie die Armenier, die eine eigene Kirche und Schule besitzen, beteiligt waren.

Nach diesem Einschub zurück zum Thema: Nach Wirth (1991) ist Privatheit das dominante Grundprinzip und das wichtigste und auffallendste Kennzeichen der orientalischen Stadt.

Die Stadt im Orient gliedert sich – ja sie zerfällt nicht selten – in eine größere Zahl von streng voneinander abgeschlossenen Quartieren. Die wenigen Verbindungen zwischen den Quartieren können in der Regel sogar mit Toren verschlossen werden (Abb. 4.7).

Die Erschließung der Wohnquartiere in der orientalisch-islamischen Stadt geschieht überwiegend über Sackgassen. Diese sind nicht das Zufallsergebnis eines ungeregelten Bauens, sondern sie werden bewußt angelegt. Die Befugnisse der für die städtische Ordnung verantwortlichen Institutionen (*muhtasic*) sind in den Sackgassen bereits eingeschränkt. Juristisch gehören letztere damit teilweise schon zur Privatsphäre der angrenzenden Häuser, auch ein unerwünschter Verkehr von quartierfremden Passanten wird durch Sackgassen von der Privatsphäre des Hauses ferngehalten.

Der Wohnbezirk der Häuser öffnet sich grundsätzlich nur nach innen, auf einen oder mehrere zentrale Höfe hin. Die Außenwand ist in der Regel fensterlos und dementsprechend abweisend. Der Zugang von der Gasse zum Hof erfolgt durch einen mehrfach abgeknickten Korridor, so daß selbst bei geöffneter Eingangstür der Blick in das Innere des Hauses verwehrt bleibt (Abb. 4.8).

Es ist bezeichnend für die meisten arabisch-islamischen Haustypen, daß die Einzelbauten zu größeren, teppichartigen Formationen verknüpft werden können, in denen die Kontur der individuellen Elemente verschwimmt oder aufgehoben

Abb. 4.5: Durchgang in Sevilla 1980

Abb. 4.6: Mostar vor dem Bürgerkrieg 1985

Abb. 4.7: Schema zum Aufbau der komplexen Zellenstruktur der maghrebinischen Stadt

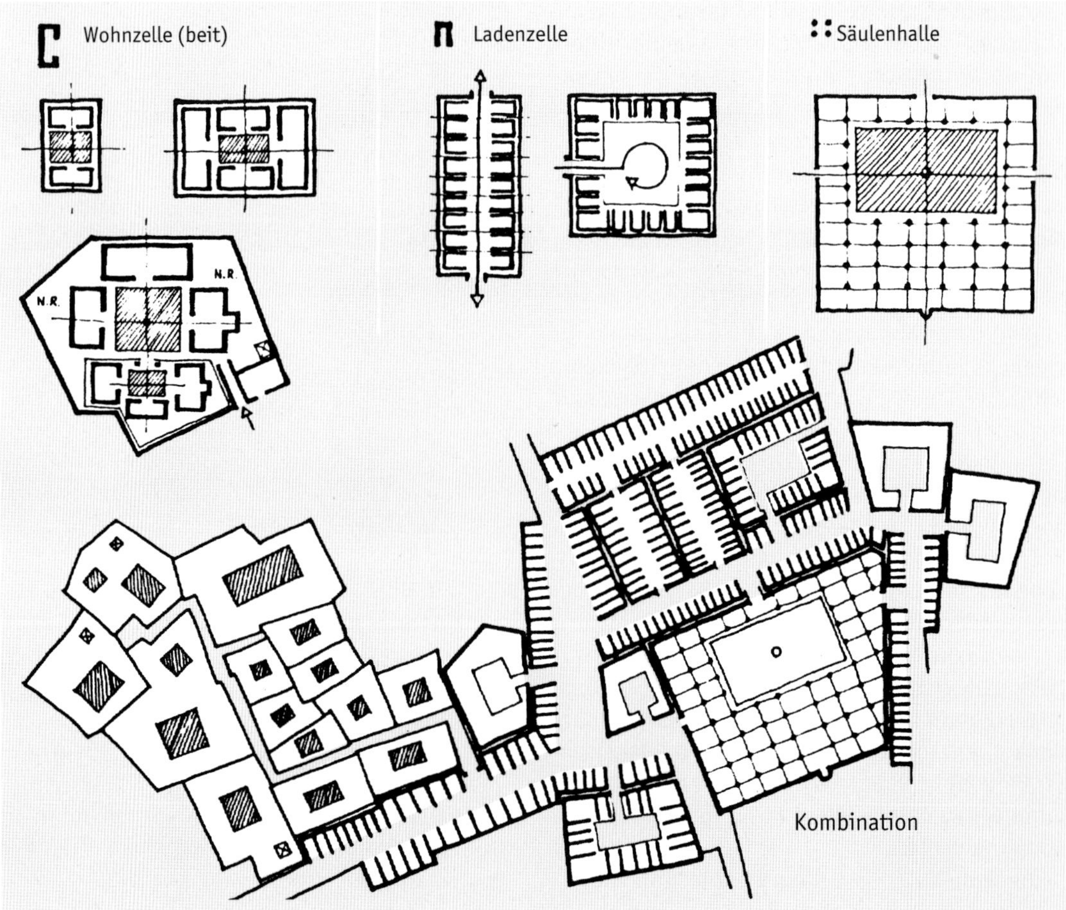

Abb. 4.8: Tiefblick auf Innenhofhäuser in Sevilla in Südspanien 1970

wird. Ein Blick auf Luftaufnahmen von Fes, Aleppo oder Bagdad bestätigt dies. Die genaue Identifikation der Bestandteile wird dadurch erschwert, daß nebeneinanderliegende Hauseinheiten nur eine gemeinsame Trennmauer haben, daß die Dachterrassen mosaikartig aneinandergekettet und Gassenabschnitte und Innengänge in das zusammenhängende Bauvolumen integriert sind. Als deutlichstes Kriterium für die innere Unterteilung des Baugefüges erweisen sich die Hohlformen der Innenhöfe und Lichtschächte. Jeder dieser vertikalen Einschnitte ist der Brennpunkt einer sozialen und räumlichen Untereinheit einer Hausgemeinschaft.

Besondere Beachtung verdient die Behandlung des Wegenetzes im Verhältnis zum Baukörper. Die Wegführungen innerhalb des Quartiers entstanden selten aufgrund bewußter planerischer Entscheidungen, sondern als Ergebnis von jahrhundertealten Gewohnheiten, die sich mit dem Wachstum der Stadt immer mehr verfestigten. Oft gingen die Wegführungen auf frühere Feldwege zurück, die dann bei fortschreitender Verbauung des Agrarlands beibehalten wurden. Bezeichnend für das Raumverständnis und das besondere Verhältnis des Hauses zur Gasse ist das arabische Konzept der „Fina", gemäß welchem jedem Hauskörper auf seinen freien Seiten je ein Streifen zugeordnet ist, den der Besitzer als seinen Anteil am öffentlichen Raum nach eigenem Gutdünken nutzen kann. Der Besitzer war aber auch für die Reinhaltung seiner Fina verantwortlich. Die Interpretation dieses privaten Hoheitsrechts war dehnbar und gestattete auch die Überbauung des Luftraums über der Fina mit Vorkragungen und Erkern oder ganzen Gassenüberbrückungen, die so hoch angesetzt werden mußten, daß ein Reiter auf einem Kamel noch ungehindert passieren konnte

Das Konzept der Fina bietet einen Schlüssel zur Tendenz der Privatisierung des öffentlichen Raumes. Es klärt auch die rechtliche Lage der Sackgasse, die im Grunde nichts anderes ist als das Resultat zweier zusammengelegter Finas: Das Fehlen eines öffentlichen Mittelstreifens weist sie als privaten Zugang aus, im Falle von verschiedenen Hausbesitzern entlang einer Sackgasse wurden die zusammengelegten Finas als gemeinschaftlicher privater Raum so genutzt, daß keinem der Anlieger ein Schaden widerfuhr (Bianca 1991).

Die Privatisierung des öffentlichen Raumes in den USA

Die Begriffe von öffentlichem, halböffentlichem und privatem Raum sind nicht festgeschrieben, sondern in ihrer juristischen Definition und Ausdehnung sowie in ihrem Ineinandergreifen abhängig von den politischen Systemen. Aufgrund der Veränderung gesellschaftlicher Parameter können selbst im gleichen politischen System Veränderungen erfolgen, wie dies gegenwärtig im privatkapitalistischen System der USA der Fall ist. Hier laufen seit längerem drei Vorgänge ab, welche die Bedeutung des öffentlichen Raumes für die städtische Gesellschaft reduzieren und einen Bedeutungsgewinn des halböffentlichen und des privaten Raumes bewirken. Sie seien in einem einfachen Schema festgehalten (Abb. 4.9).

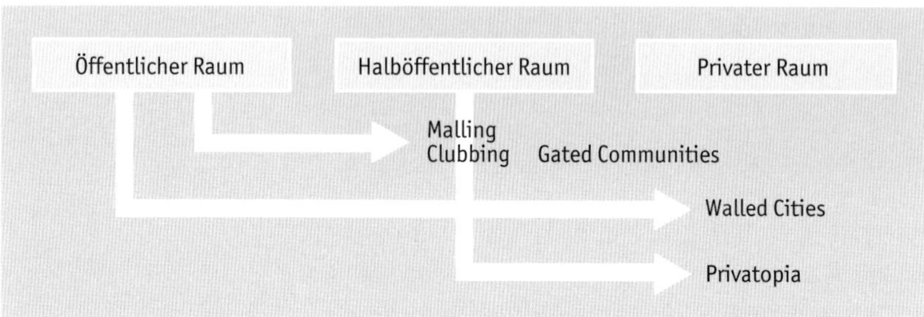

Abb. 4.9: Die Privatisierung des öffentlichen Raumes in den USA

Es handelt sich um folgende Vorgänge:

- Die als *malling* bezeichnete Ausbreitung und schließlich Dominanz von geschlossenen Geschäfts- und Konsumkomplexen (Kowinski 1986),
- die Privatisierung des öffentlichen Raumes, welche als *gating* bezeichnet wird und von den „watched neighborhoods" der Suburbs über „Common Interest Developments" (CID) zu den „Gated Communities" und „Walled Cities" führt, und
- die Zusammenbindung von *gating* und *malling* in „Privatopia". Es handelt sich um das neue Ghetto einer nach Lebensstilen differenzierten, postindustriellen amerikanischen Gesellschaft, welches dem Vorgang einer primären Ghettobildung folgt, d. h. sich selbst aus der „Stadt" ausschließt und sich von dieser mittels „privater Lokalbehörden" legislativ-administrativ zu emanzipieren bestrebt ist.

Die rasche Verbreitung dieser Wohnform wird von Frantz (2001) als Indikator für die zunehmende soziale und politische Fragmentierung der US-Großstädte angesehen. Ein immer größerer Anteil der Bevölkerung ist mit den Standards der öffentlichen Dienstleistungen und der von den Stadtverwaltungen bereitgestellten Infrastruktur unzufrieden und sucht abgeschottete Siedlungen auf.

Allerdings handelt es sich hier um eine neue Form der Privatisierung. Ein beträchtlicher Teil der Wohnsiedlungen, die heute in den Vororten der amerikanischen Großstädte errichtet werden, befindet sich im gemeinschaftlichen Privatbesitz der Hauseigentümer. Die gewählten Vertreter der Homeowners' Associations sind für Verwaltung und Instandhaltung dieser Privatsiedlungen (Common Interest Developments) verantwortlich, deren Planung und Bau in der Hand von privaten Projektentwicklern liegen, was auch sonst der Fall ist. Den städtischen Behörden kommt nur noch die Aufgabe zu, die eingereichten Pläne zu begutachten und zu genehmigen. Die Finanzierung sowie die Gestaltungs- und Kontrollfunktion werden vom Rat der Hauseigentümer und seinen Ausschüssen ausgeübt.

Malls und Malling

Das Symbol des öffentlichen Raumes, der Marktplatz, wurde von den Promotoren der modernen Shopping-Malls nachgeahmt. Die Entwickler der Malls und ihrer Ableger, nämlich der Unterhaltungsstädte wie South Street Seaport in New York, haben das Ambiente authentischer Reproduktionen von *main street, frontier towns* und *colonial towns* geschaffen.

Das erste moderne Shopping-Center in den USA war die 1923 eröffnete Kansas City's Country Club Plaza. Wäre nicht die Depression gewesen, so hätten Shopping-Center schon in der Zwischenkriegszeit eine Blüte erlebt. Bis 1946 wurden nur neun gebaut. Die erste geschlossene Mall, Southdale, öffnete im Oktober 1956 in Edina, Minnesota.

Malls sind mehr als eine Kollektion von Geschäften. Malls sind kontrollierte Einrichtungen. Das Angebot unterliegt einer sorgfältigen und rigiden Kontrolle. Nicht zugelassen sind Billigläden, Alkoholgeschäfte, Pornoshops, Secondhand-Läden und Reparaturwerkstätten (Holzner 1996). Unerwünschten Personen wird der Zutritt verwehrt: Vertretern der Heilsarmee, in einigen Fällen Teenagern, selbstverständlich Obdachlosen.

Verboten sind alle sozialen und politischen Aktionen, welche im öffentlichen Raum gestattet sind. Malls sind somit in dieser Hinsicht private Einrichtungen und die Benutzer werden als passive Konsumenten definiert, denen ein Kaleidoskop von Bildern und Impressionen als „stilisierte Version des Karnevals" geboten wird.

Festzuhalten ist: Die Malls sind die privatwirtschaftlich kontrollierten Straßen der amerikanischen Metropolitan Areas. Sie haben sich damit auch – zum Unterschied von Europa – gegenüber den Fußgängerzonen durchgesetzt, welche in der überwältigenden Mehrheit der Fälle nicht angenommen worden sind (Robertson 1990). Inzwischen wurden Fußgängerzonen durch überdachte, klimatisierte und bewachte Malls ersetzt oder dort, wo sie noch bestehen, verlassen, da sie mit Ausnahme der Universitätsstädte zu Treffpunkten von Drogensüchtigen, Obdachlosen und Jugendgangs geworden waren. Malls sind somit Repräsentanten einer privatwirtschaftlich organisierten und kontrollierten Konsumklasse der Bevölkerung, welche alle unerwünschten Elemente an den öffentlichen Raum zurückverweist. Die Konsequenz des wachsenden Anteils einer „privaten Bunkerarchitektur" ist einsichtig. Sie besteht im Anschwellen aller Formen der Desorganisation in den verbleibenden öffentlichen Räumen, seien es Straßenräume oder sonstige nicht kontrollierte, öffentliche Einrichtungen bzw. leerstehende und verfallende im Privateigentum befindliche Flächen und Objekte (Lichtenberger 1990).

Gating

Die Privatisierung des öffentlichen Raumes durch die Einfriedung und Ummauerung von Gemeinden, welche als *gating* bezeichnet wird, ist in den amerikanischen Metropolitan Areas ein junger Vorgang, der in den späten 1980er Jahren einsetzte und lawinenartig weiterwächst. Der Vorgang ist komplex. Mehrere Bedingungen, welche einander wechselweise verstärken, sind die Voraussetzungen. Es handelt sich dabei um:

1) die juristischen Grundlagen für die Schaffung von privatwirtschaftlichen territorialen Organisationsformen,
2) die Effekte des Markts,
3) die Fragmentierung der Lebensstile sowie
4) die individuellen Bedürfnisse, deren Spannweite sich zwischen Exklusivität und Sicherheit vor Kriminalität bewegt.
5) Nicht zu unterschätzen ist ferner, daß „Gated Communities" über die Kontrolle des sozialen Umfelds gleichzeitig auch stabilere monetäre Ressourcen aufweisen als „normale" Suburbs.

Im Sozialraum hat sich der Vorgang des *gating* als Top-down-Bewegung von den Oberschichten über die Mittelschichten ausgebreitet und nunmehr bereits die Grundschichten erreicht. Räumlich ist die Bewegung zunächst bei der Errichtung von neuen Suburbs entstanden und greift analog zum *malling* in den 1990er Jahren auf bestehende Suburbs und die Kernstädte aus. Diese neue Enclosure-Bewegung in bestehenden Stadtteilen muß sich zum Unterschied vom *gating* in den Suburbs, welches kaum die Aufmerksamkeit der Öffentlichkeit erweckt hat, mit der Genehmigung durch Bundesgesetze und durch die Lokalbehörden auseinandersetzen, wobei Konflikte unvermeidlich sind.

- Die rechtliche Grundlage, der Common Interest Development (CID) war die Voraussetzung für die rasante Entwicklung des gating. Als CID wird eine Institution für eine territoriale Einheit definiert, in welcher die Bewohner gemeinsam Flächen und Einrichtungen besitzen. CIDs legen als eine Art Privatbehörde die Konventionen und Restriktionen fest, bevor noch ein einziges Stück Eigentum verkauft ist. Damit wird die Altersstruktur ebenso a priori festgelegt wie die Farbe des Anstrichs der Häuser, Stil und Farbe der Vorhänge, Größe der Haustiere und Zahl der Kinder (wenn beides überhaupt erlaubt ist) und die Regeln für die Patio- und Landschaftspflege bis zum Hissen der amerikanischen Flagge. CIDs haben eine Tendenz zur Autokratie, denn sie sind nicht dazu angehalten, die Rechte von „self-expression", „free association" und „free speech" zu beachten. CIDs waren die Vorläufer der Gated Communities. Die Zahl der CIDs hat von 1000 in den frühen 1960er Jahren auf über 80 000 im Jahr 1984 zugenommen. In den späten 1980er Jahren lebte einer von 8 Amerikanern in einer Art von Common Interest Development. Bereits im ersten Viertel

Abb. 4.10: Rentnersiedlung in der Nähe von Fort Meyers, Florida

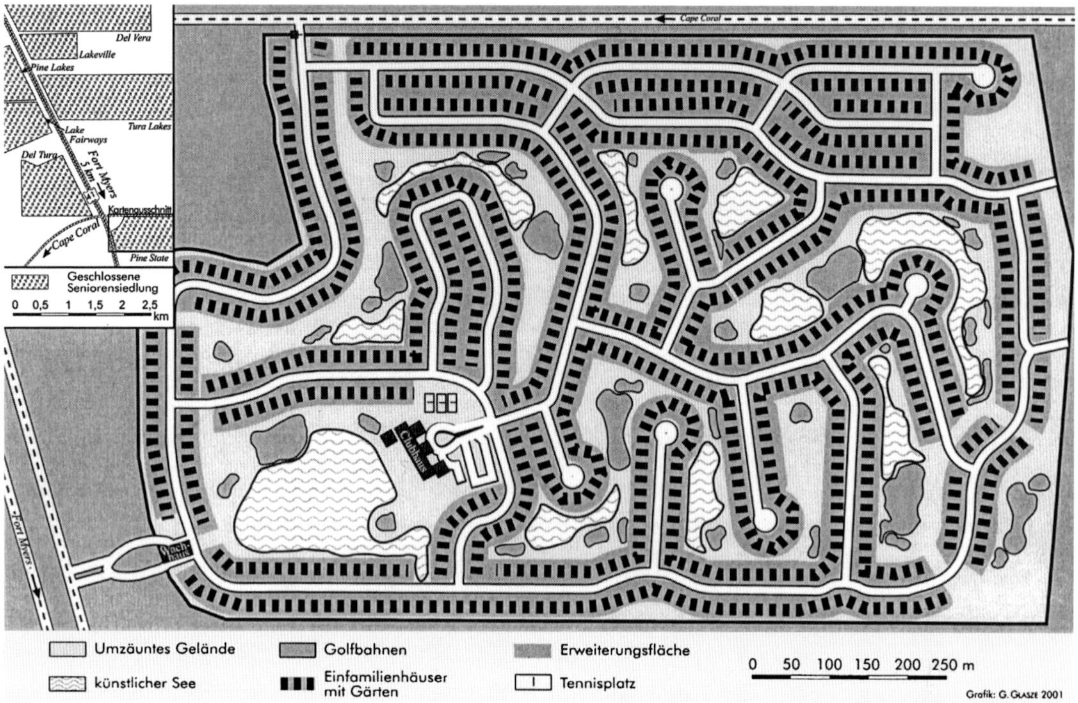

des 21. Jh.s werden CIDs die Hauptform von Hauseigentum darstellen. Damit wird die jahrzehntealte Politik der Segregation von Wohngebieten weitergeführt. Bauunternehmer, Hypothekenbanken und die Bundesregierung unterstützen CIDs als eine Form zur Stabilisierung von Landnutzung und Eigentumswerten.

- Die Entwicklung der CIDs war mit einer Veränderung der Bauformen der Suburbs, von den freistehenden Einfamilienhäusern zu Reihenhausanlagen, zu Mehrfamilienhäusern und Apartmenthäusern, verbunden und brachte damit bei sinkenden Realeinkommen in den 1980er Jahren weitere Aufträge für die Bauindustrie. Ebenso wurden von den Aufschließungsgesellschaften blitzartig die Vermarktungschancen des gating erkannt. Die Nachfrage nach Objekten in Gated Communities erhöhte die Hauswerte und ließ gleichzeitig in den benachbarten, nichtbefestigten Siedlungen die Immobilienpreise fallen. Derzeit werden 8 von 10 Neubauten bereits in Gated Communities errichtet.
- Die postindustrielle Gesellschaft hat eine Fragmentierung nach Lebensstilen mit sich gebracht. Die Reduzierung der Arbeitszeit und der traditionellen sozialen Bindungen im Verein mit hohem Wohlstand haben die zeitlichen und finanziellen Freiräume für individuelle Lebensgestaltungen geschaffen. Lebensstile sind als ein neues Amalgam aus Altersklassen, Haushaltstypen und sozialen Schichtkriterien, wie Bildung und disponibles Einkommen, unter den Effekten der Konsum- und Freizeitgesellschaft entstanden. Sie sind nicht städtische Lebensstile sensu stricto. Ihre räumliche Ausprägung haben sie über die Privatisierung des öffentlichen Raumes in den Gated Communities der USA gefunden, als sich unter bestimmten juristischen Voraussetzungen der Markt um ihre räumliche Kommerzialisierung angenommen hatte.
- Pull-Effekte der Exklusivität spielen ebenso eine Rolle wie die exzessiv ansteigende Kriminalität, welche neue Fluchtbewegungen ausgelöst hat.

Statistische Daten über Gated Communities fehlen. Blakeley und Snyder schätzten 1997 (S. 7), daß 3 Mio. Haushalte in ca. 20 000 Gated Communities leben. Von anderen Autoren wurden bereits 1994 30 000 Einheiten angegeben. Rechtlich ist eine Abspaltung von den Lokalbehörden und die Gründung von „privaten Behörden" im Gange.

Blakeley und Snyder haben 1997 eine Typisierung der Gated Communities vorgelegt und hierbei drei Haupttypen, und zwar nach dem Lebensstil, nach der Exklusivität und auf Basis der Sicherheit und des Schutzes vor Kriminalität, unterschieden:

1) Die Lebensstil-Communities waren die ersten einer Massenmarktentwicklung. Es handelt sich um Siedlungen für spezifische Lebensstile, wie diejenigen von Senioren von Ehepaaren nach dem Auszug der Kinder („empty nesters"), für spezifische Freizeitaktivitäten, wie Golf- bzw. Country-Stil, sowie um neu angelegte Städte.

- Zu ihnen gehören im Sunbelt die Seniorensiedlungen in Florida, Südkalifornien und Arizona. Sie weisen einerseits dort, wo sie Produkte der nationalen Kette von „Leisure Worlds" darstellen, ein standardisiertes Design auf, reichen jedoch bis zu sehr individuellen Ausführungen mit exklusiver Vielfalt der Landschafts- und Wohnraumgestaltung. In allen sind untere Altersgrenzen festgelegt. Durchgehend handelt es sich um autarke Enklaven mit eigenem Bussystem und privaten Sicherheitsbeamten. Ein ausgefeiltes Monitoringsystem garantiert, daß unerwünschte Personen nicht einmal die Busse betreten können. Die Grenzen werden durch Wälle, Zäune, Gräben und Barrikaden geschützt. Dem Einkommen, der Bildung und den Lebensstilen entsprechend werden gesellschaftliche Klubs angeboten und Freizeitaktivitäten organisiert, die als Pakete offeriert werden. Von den Organisatoren wird einerseits ein ebenso sorgloses Leben garantiert, wie andererseits auch ein aktiver Lebensstil angeboten wird (Abb. 4.10).
- In den 1980er Jahren ist eine große Zahl von Golfklub-Subdivisions im Nordosten, rings um Chicago, in Iowa und Minnesota, entstanden. Sie entsprechen dem Lebensstil von Country Clubs, die auf „members only" ausgerichtet sind und bei denen das gesamte Klubareal einschließlich der Straßen kontrolliert wird. Viele Gemeinden weisen auch Tennisklubs, Schwimmareale, Pologründe usw. auf.
- Neu angelegte Städte umfassen eine Vielzahl von Haustypen, welche nach Größe, Stil und Preis differenziert sind. Sie weisen zunehmend „gated subdivisions" auf, und zwar zumeist bei den teuren Wohneinheiten (Abb. 4.10). Es besteht eine Übereinstimmung mit den verwendeten Wohnbauformen insofern, als Siedlungen mit Reihenhäusern und hoher Dichte nur gelegentlich eingefriedet sind, während luxuriöse Villages, rings um Seen und mit Golfplätzen ausgestattet, immer eingefriedet sind, ebenso wie die Resort Villages als Zweitwohnungsanlagen (Abb. 4.11).
- In Staaten mit einem hohen Anteil von Gated Communities, wie Kalifornien und Arizona, werden auch Siedlungen in mittlerer Preislage eingefriedet (Abb. 4.12, 4.13).

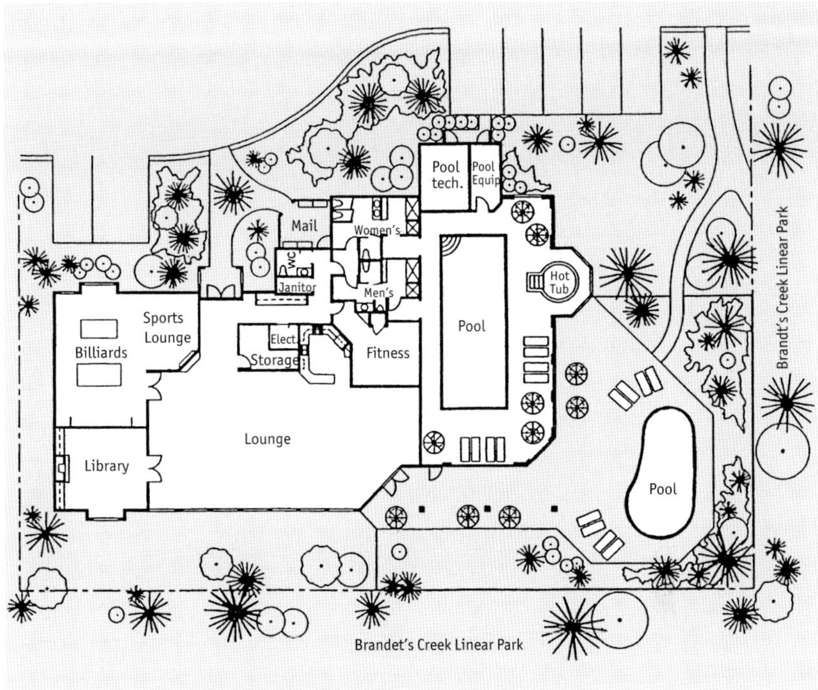

Abb. 4.11: Gated Freizeit-Community, Kanada

Nur am Rande sei vermerkt, daß die generell steigende Kriminalität in den USA auch vor den Einfriedungen nicht haltmacht. Von Green Valley, einer Gated Community außerhalb von Las Vegas, in Nevada, werden auch innerhalb der Community selbst Serienvergewaltigungen, Raub und Drogenmißbrauch gemeldet (Blakeley/Snyder 1997).

2) Die „Elite Communities" sind die traditionellen Gated Communities. Sie setzen eine Tradition fort, die in dieser Form in Europa nicht vorhanden ist: Von der Ostküstenaristokratie in Florida reicht der Bogen bis zu den Hollywoodstars um Los Angeles; Bel Air in Kalifornien, Newport, Rhode Island, und Forest Hills sowie Larchmont, New York, sind als Beispiele

Abb. 4.12: Bewachte Toranlage in Coral Gables Estates, Kernstadt Phoenix

zu nennen. In diesen elitären Gated Communities geht es um die Exklusivität, dementsprechend repräsentativ werden die Eingänge gestaltet. Die Einkommensskala reicht von den Enklaven der Reichen und Berühmten mit demonstrativem Reichtum, über das Topmanagement bis zum mittleren, professionellen Management, dessen Vertreter den Rahmen für exklusives Wohnen anstreben, ohne über exklusive Einkommen zu verfügen. Allgemeine Videoüberwachung und individuelle Hauswarnsysteme zählen zu den gebräuchlichen Sicherheitsvorkehrungen.

3) Die aus Angst vor Kriminalität entstehende dritte Hauptgruppe der Gated Communities umfaßt bereits bestehende Wohngebiete der Mittel- und Grundschichten und seit wenigen Jahren auch Anlagen des Public Housing.

- Aus Angst vor Kriminalität sehen es selbst die Grundschichten, welche ältere Wohnsiedlungen bewohnen, als eine Notwendigkeit an, sich innerhalb einer kriminellen Umgebung abzusichern. Hierzu seien zwei Beispiele genannt: Athena Heights im Süden von Central Los Angeles ist nur einige Blöcke von Normandie und Florence, dem Epizentrum der Krawalle in Los Angeles, entfernt und weist einige großartige alte Häuser, aber ebenso bescheidenere Bungalows der 1950er Jahre auf. Ein anderes Beispiel bietet die Five-Oaks-Nachbarschaft in der Nähe von Downtown Dayton, Ohio, welche durch Durchfahrtsverkehr von Prostitution und Drogenhandel betroffen ist. 1992 wurde ein neuer Flächenwidmungsplan mit einem „gate off" der Straßen verabschiedet und zugleich acht Mini-Nachbarschaften mit jeweils eigenem Eingang geschaffen.
- Während in den Arbeitersiedlungen das gating erst begonnen hat, sind die Wohnsiedlungen von Mittelschichten mit Apartment- und Reihenhäusern in den Suburbs von Los Angeles, Chicago, Atlanta und Miami nunmehr bereits generell von Wällen umgeben. Da die Kosten des gating bei höherer Wohndichte auch für untere Mittelschichten erschwinglich geworden sind, ist im inneren Ring der Suburbs insofern ein dramatischer Wandel im Gang, als sich eine Bewegung der Mittelschichten von ihren freistehenden Einfamilienhäusern zu Apartmenthäusern und Reihenhausanlagen hin vollzieht.
- Besonderes Interesse verdient das gating von Objekten des Public Housing, des öffentlichen sozialen Wohnungsbaus, der aufgrund seines Bedingungsrahmens dem Prinzip huldigt, daß aufstiegswillige Bewohner, welche eine gewisse Einkommensgrenze überschreiten, ausziehen müssen (Lichtenberger 1989). Diese Objekte werden daher als Horte der Kriminalität in den Kernstädten angesehen. In einigen Fällen sind nunmehr Munizipal- und Lokalbehörden darangegangen, Wächterhäuser und Zäune zur Überwachung dieser Komplexe einzurichten. Eine Maßnahme, welche mit der zynischen Frage kommentiert werden kann, ob diese neue Form des gating von Public Housing zum Schutz der in Sozialbauten lebenden Bevölkerung vor der Umgebung oder umgekehrt zum Schutz der Umgebung vor den Sozialbaubewohnern eingerichtet worden ist. Als Beispiel sei Potomax Gardens, Washington D. C., angeführt, ein großer sozialer Wohnbaukomplex, der 1992 von der Behörde gegen den Willen der Bewohner eingezäunt wurde. Es stellte sich jedoch heraus, daß die Sicherheitsmaßnahmen mit Identifizierungskarten,

Sicherheitskameras und 24stündigem Wachdienst Drogenhandel und Vandalismus innerhalb der Anlage drastisch reduzierten. Über die durch diese Maßnahme bedingte Stigmatisierung ist die Diskussion noch nicht abgeschlossen.

- Eindrucksvoll ist das Gating von den verhältnismäßig kleinen Kirchen christlicher Sekten von Geschäften und von einzelnen Häusern.

Walled Cities und Privatopia

Ebenso wie Gated Communities einerseits als eine Neuentwicklung im Rahmen der Suburbanisierung und andererseits in den Kernstädten entstehen, gilt dies auch für „Privatopia". Nicht nur „Neue Städte" entstehen als „Walled Cities", sondern selbst in der Kategorie der neuen Zentren des tertiären Sektors im äußeren Ring der Metropolitan Areas, den Edge Cities, den Bürostädten, gibt es bereits ein Beispiel für eine Walled City. Es handelt sich um Los Colinas in der Metropolitan Area von Dallas, wo 1992 bereits 30 000 Menschen hinter elektrischen Zäunen lebten (Garreau 1992).

Diese Entwicklung von Privatopia im Rahmen der Ausbildung von Suburbia als ein neuer Teil des Siedlungssystems ist jedoch nur eine Seite der Medaille. Das Pendant dazu bildet in den Downtowns die Entstehung von gewaltigen ineinandergeschachtelten Komplexen als baulicher Ausdruck für die Polarisierung der Gesellschaft.

In Atlanta hat ein riesiger Komplex von miteinander verbundenen Gebäuden die historische Downtown völlig beseitigt. Verglaste Skyways verbinden die verschiedenen Atrien und Lobbies und isolieren ihre Benutzer von den darunter gelegenen öffentlichen Straßen. Dasselbe gilt für Minneapolis, wo die Downtown Mall das Innere der historischen Gebäude nach und nach aufgezehrt hat und nur die Fassaden bestehen ließ. Eine perfekte Separierung zwischen dem privaten Raum innerhalb und dem öffentlichen Raum außerhalb entspricht der räumlichen Apartheid zwischen der weißen Mittelklasse in bewachter und mit künstlichem Klima ausgestatteter „privater Architektur" und den im öffentlichen Raum verbleibenden Studenten, Minoritäten und armen Leuten.

Abb. 4.13: Airpark Estates, Carefree, Metro-Phoenix

In Montreal und Dallas sind beachtliche Untergrundstädte mit einem maulwurfsbauähnlichen Netz von Tunnels errichtet worden. Die bereits von Le Corbusier propagierte Trennung der Verkehrsebenen ist in den amerikanischen Metropolen als Segregationsinstrument benutzt worden.

Die duale Stadt

Gated Communities sind ein Mikrokosmos des umfassenderen räumlichen Musters der Fragmentierung der Metropolen, bei welchem einerseits dem Verfall der Kernstädte das Wachstum von Suburbia gegenübersteht und andererseits eine Unterteilung in reiche und arme Bevölkerungsgruppen erfolgt.

Das Verlassen der Idee des öffentlichen Raums ist nicht nur in den „self-contained" Städten der Peripherie des metropolitanen Raumes zu sehen, sondern auch darin zu erkennen, daß Städte um den exklusiven Zugang zu Ressourcen, wie z. B. um die Privatisierung der Küste, kämpfen.

Die Markterfolge der Entwicklungsgesellschaften haben den unglaublich raschen Aufschwung der Gated City im abgelaufenen Jahrzehnt weiter begünstigt. Im selben Zeitraum hat die ethnische Segregation ebenfalls zugenommen. Bereits 1980 lag der Segregationsindex der Afroamerikaner bei 79 %, derjenige der Hispanier bei 49 % und jener der Asiaten bei 43 %. Der Zensus des Jahres 1990 belegt bereits eine weitere Segregation der einzelnen „races", um den Begriff

Abb. 4.14: Gated Community, Warschau 2001

der US-Statistik zu verwenden, nach den Einkommensverhältnissen. Das bedeutet, daß sich die Position der armen Minoritäten, insbesondere der Afroamerikaner, weiter verschlechtert hat.

Die duale Stadt, charakterisiert durch segmentierte Wohnungs- und Arbeitsmärkte, wird zu einer immer härteren Realität. Wenn die weiße Mittelklasse nicht nur aus der Kernstadt, sondern auch aus den inneren Suburbs und schließlich aus ganzen Staaten (wie Kalifornien) flüchtet und wenn Mauern errichtet werden, um diejenigen zu schützen, die bleiben, werden die armen Nachbarschaften zunehmend vom munizipalen Arbeits- und Sozialmarkt ausgeschlossen. Die armen Nachbarschaften in den Kernstädten formen ein neues, residuales Landnutzungs- und Sozialmuster. Sie reagieren nicht mehr auf den normalen Immobilienmarkt. Selbst die Annullierung der Bodenpreise zieht keine Käufer und Financiers an. Das Schicksal dieser Nachbarschaften beruht daher nicht, wie in vorangegangenen Jahrzehnten, auf dem Funktionieren des Marktmechanismus. Damit ist das privatkapitalistische System am Ende. Auf der anderen Seite führt der Trend in Richtung auf Abkopplung und Privatisierung zu einer Reduktion der Sozialkontakte und der Sozialkontrakte. Das Ergebnis ist eine in bezug auf den Raum und den Lebensstil atomisierte „civil society".

Die Entwicklung privatisierter Lokalbehörden und Gemeinden ist ein Teil des allgemeinen Trends der Fragmentierung. Der daraus resultierende Verlust des sozialen Kontakts schwächt die gegenseitige Verantwortung und den sozialen Kontrakt. Wir sprechen nicht mehr vom Staatsbürger, sondern vom Steuerzahler.

Nordamerika ist in der Nachkriegszeit der Trendsetter in vielen Bereichen der Gesellschafts- und Wirtschaftsentwicklung gewesen. Mit Aufmerksamkeit muß daher die europäische Stadt- und Regionalplanung alle neuen Phänomene verfolgen, welche sich jenseits des Atlantiks abspielen.

Gating in Europa

Gating nach nordamerikanischen Maßstäben ist in der europäischen staatlichen Organisation nicht möglich, da die derzeitigen demokratischen Verfassungen der europäischen Staaten eine Privatisierung von territorialen Einheiten als selbständige Rechts- und Steuereinheiten nicht gestatten. Selbstverständlich ist es jedoch möglich, Objekte mit Alarmanlagen und Sicherheitskräften auszustatten.

Nun hat die Frage der Sicherheit in Europa stets eine große Rolle gespielt. Schon in der mittelalterlichen Bürgerstadt wurden die Stadttore in der Nacht geschlossen, der Nachtwächter ermahnte durch seine Rufe zum Schließen der Haustore. In der Barockzeit wurden die Paläste durch eine eigene Leibwache des jeweiligen Fürsten geschützt. In den kontinentaleuropäischen Mietshäusern, allen voran in Frankreich, hatte der Concierge (Hauswart) Kontroll- und Informationsfunktionen, die bei modernen Appartementhäusern der Doorman übernommen hat.

Die Frage, ob eine neue Welle des physischen Gating auf die europäischen Städte im Zuge der Globalisierung der Migration und der Osterweiterung der EU zurollen wird, ist derzeit offen. Es ist schwierig zu beurteilen, ob die Entstehung von exklusiven Einzelanlagen und Hochhausobjekten mit hohen Sicherheitsstandards als Spitze des Eisbergs oder als kleine, driftende Eisscholle zu interpretieren ist. Dies gilt besonders für die politisch-rechtlich instabilen Transformationsstaaten. Villengebiete und moderne Wohnanlagen beginnen sich durch Sicherheitsanlagen bereits deutlich sichtbar abzugrenzen. Warschau bietet hierfür Beispiele (Abb. 4.14).

Städtebauliche Leitbilder und gebaute Kubatur

Die normativen Prinzipien des Städtebaus und der Stadtplanung bestimmen die physische Struktur von Städten ganz wesentlich. Der Städtebau versteht sich als Stadtgestaltung im weitesten Sinn. Er war und ist in seinen besten monumentalen Leistungen architektonische Repräsentation und Symbol für die Selbstdarstellung geistiger Werte, religiöser Ideen, politischen und wirtschaftlichen Machtanspruchs. Gleichzeitig ist er ein Teil der Kunst und bedeutende Künstler, die sich von bisher gültigen Lösungen distanzierten, haben ihn daher immer entscheidend beeinflußt.

Die Symbolik der gebauten Kubatur

Die Symbolik der gebauten Kubatur ist als Thematik vielschichtig. In der historischen Dimension ordnet sie sich ein in die Frage nach dem städtischen Kulturerbe der Menschheit, welches gegenwärtig bereits international aufgelistet wird und für künftige Generationen erhalten werden soll. Es umfaßt außer den Monumentalbauten auch große historische Ensembles wie z. B. die Wiener Ringstraße, daher auch Platzräume, Straßenzüge, aber auch ganze Städte.

Am besten untersucht ist die Symbolik von Monumentalbauten. Ihre Palette reicht dabei von den Tempeln und öffentlichen Bauten der antiken Kultur zu den Domen und Rathäusern des Mittelalters, über die Paläste der absolutistischen Flächenstaaten weiter zu den Regierungs- und Verwaltungsbauten der Nationalstaaten des 19. Jh.s bis schließlich zu den Hochbauten internationaler Konzerne im abgelaufenen 20. Jh.

Die Erschließung der dritten Dimension im Städtebau ist, wie bereits ausgeführt, nicht nur eine Frage der Bautechnologie. Die Überreste mittelalterlicher Wohntürme in italienischen Städten beweisen dies ganz deutlich. Zweifellos wäre in den mauerumschlossenen, dicht bevölkerten europäischen Städten bereits im Spätmittelalter und in der frühen Neuzeit ein Hochhausbau entstanden, wenn nicht die Stadtrepubliken Italiens die Abtragung derartiger Türme veranlaßt hätten, nicht zuletzt deshalb, um den inneren Frieden der Stadtgemeinde sicherzustellen.

Seit dem Mittelalter blieb daher der Symbolgehalt der baulichen Hochstruktur mit dem Kirchenbau verbunden (Abb. 4.15).

Dementsprechend hat sich auch das Fürstentum der Barockzeit – vermutlich unreflektiert –

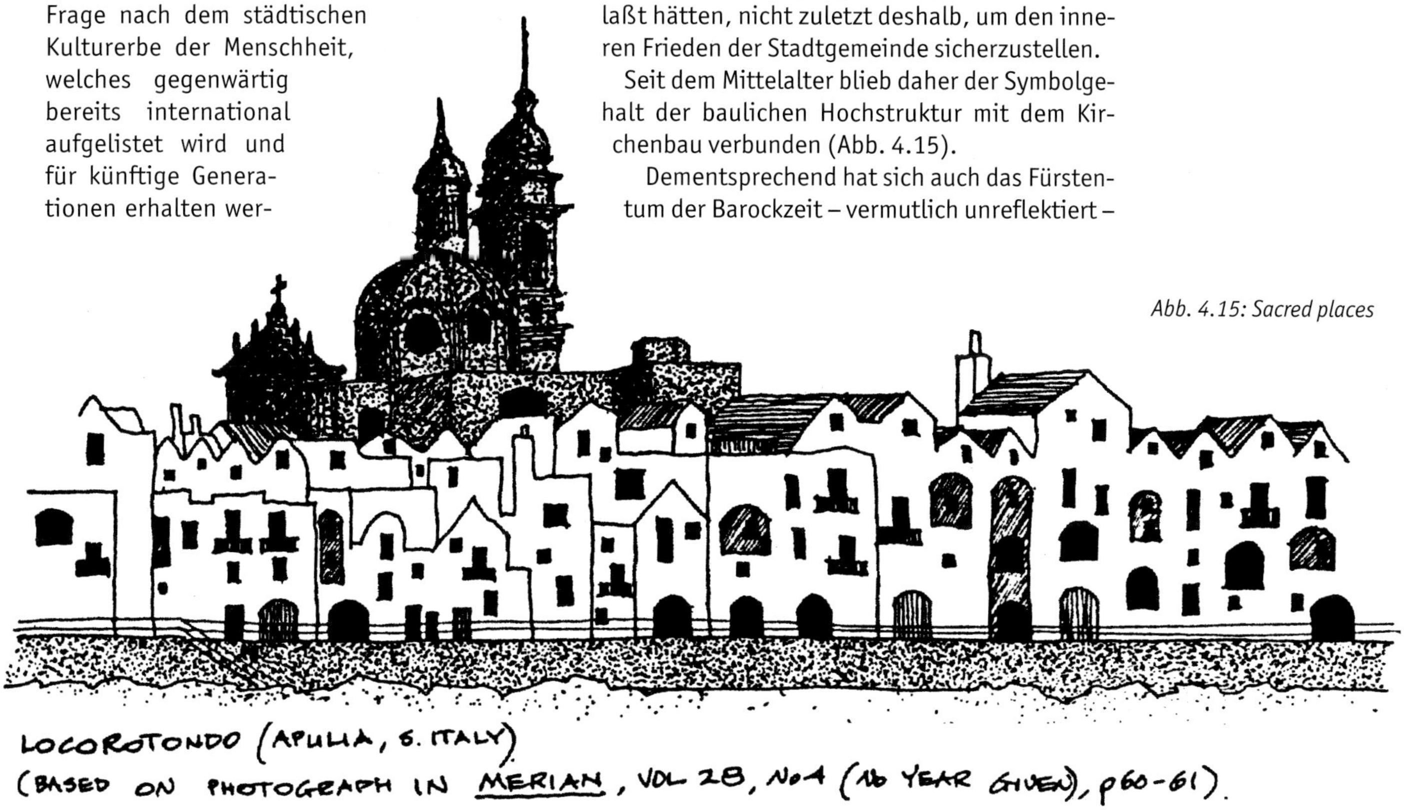

Abb. 4.15: Sacred places

veranlaßt gesehen, weiträumig in der Horizontalen ausgebreitete Baukörper als Symbole von Glanz und Macht zu wählen. Die Silhouette der Städte wurde nicht verändert. Erst das liberale Zeitalter hat es gewagt, freilich nur ausnahmsweise, neue vertikale Akzente, wie den Eiffelturm in Paris, mittels der Stahlkonstruktion zu setzen. Selbst im Bauboom der Gründerjahre blieb das Traufhöhenprinzip der Bauordnungen unangetastet. Die Vertreter der Citybildung konnten sich nicht durchsetzen. Dies gelang ihnen nur in Nordamerika, wo sie in harter Konkurrenz darin wetteiferten, die ökonomische Kapazität und zugleich die finanzielle Stabilität in einem Wolkenkratzer zur Schau zu stellen und damit gleichzeitig Reklame zu machen. Der enorme Einsatz von Kapital erforderte freilich auch eine äußerst rasche Amortisierung, nicht zuletzt aufgrund der sehr raschen architektonischen und technischen Alterung derartiger Bauten. Die in den Raum projizierte Vertikale der im Stadtzentrum enorm angestiegenen Grundstückspreise besitzt inzwischen Varianten in anderen angelsächsischen Siedlungsräumen der Erde, in Australien, Neuseeland und Südafrika. Die Wolkenkratzersilhouette hat sich im Zuge der Globalisierung der Ökonomie in alle Metropolen der Erde ausgebreitet.

Grundsätzlich verschieden von diesem, der ökonomischen Repräsentanz von Konzernen entsprechenden Hochhausbau ist die Verwendung des Hochhausbaus in ehemals sozialistischen Ländern, wo er stets im Verbund einer gesamtstädtischen Konzeption verwendet wurde, und zwar in architektonischer Akzentuierung politischer und kultureller Werte. Hierzu gehören Kulturhäuser, Universitäten u. dgl.

Repräsentation und Funktionalität

Die völlig unterschiedlichen Ideologien des amerikanischen und des europäischen Städtebaus werden einem klar, wenn man vom Repräsentationsbegriff ausgeht. Dieser ist ein integrierender Bestandteil des europäischen Städtewesens, der freilich im Zuge der Industrialisierung mit dem Aufkommen funktioneller Gesichtspunkte an Gewicht verloren hat.

Die Anfänge des Repräsentationsprinzips findet man bereits in der mittelalterlichen Bürgerstadt. In ihrer kontrastreich gegliederten Silhouette, die wir in Vogelschauperspektiven des 17. Jh.s und bei Museumsstädtchen bewundern können, spiegelt sich die architektonische Selbstdarstellung geistiger Werte, religiöser Ideen und politischer Ordnungsprinzipien wider. Die strikte soziale Kontrolle der Bürgergemeinde manifestiert sich in der Art und Weise, wie sich die individuell gebauten Häuser zu Platzfronten zusammenschließen. Selbst die Befestigungen vereinigten militärische Aufgaben mit der Selbstdarstellung der Macht und des Reichtums der Bürgergemeinde in der Akzentuierung der Stadttore und Türme.

Dieses Repräsentationsprinzip wird vom barocken Städtebau des Absolutismus zu einem Höhepunkt geführt, wobei freilich aufgrund der anderen politischen Ordnungsprinzipien auch andere Ausdrucksmittel Verwendung fanden. Das europäische Barock ist ein Phänomen der Residenzstädte. Es entspricht dem Geschmack und dem Repräsentationsbedürfnis des Absolutismus und erhielt durch die politischen und zeremoniellen Ansprüche des absoluten Fürsten seine Impulse.

Vor allem in Frankreich standen der Städtebau und die Stadtplanung immer im Dienste des Staates. Hierbei war es nicht nur der königliche Wille zur Repräsentation, sondern die „École des Beaux Arts", welche den „Großen Stil" über ganz Europa verbreitete, wo er sich in der Weite Rußlands in der Planung von St. Petersburg niederschlug. Die Planung von Washington durch L'Enfant war die überzeugende Demonstration der französischen Schule des Städtebaus in Nordamerika. Im Kolonialzeitalter gelangte der „Große Stil" in alle Kolonialräume der Erde.

Welche sind seine baulichen Elemente? Vom „Großen Stil" werden die geraden Straßen wiederentdeckt und zum Programm erhoben. Die den Straßenraum begrenzenden Gebäude erhalten eine zusammenhängende Fassadengestaltung. Der Straßenraum erweitert sich zum Boulevard, um Platz für das neue Fortbewegungsmittel der Kutsche zu schaffen. Weiträumige Boulevards und Alleen mit perspektivischen Durchblicken zu monumentalen Bauwerken gehörten daher zu den beliebten städtebaulichen Mitteln des „Embellissement" der Fürstenstadt (Abb. 4.16).

An die Stelle des Aufblicks zum Dom oder zur Hauptkirche in der mittelalterlichen Bürgerstadt trat der Blickfang der Schaufront von Schlössern mit zugeordnetem Straßenfächer bzw. das kreisförmig aufgestellte Monument mit zugeordnetem Alleenstern.

Im politischen System ist der Zusammenhang zwischen „Großem Stil" und zentralistischer Herrschaft offensichtlich. Seine Verwirklichung setzt ungehinderte Entscheidungsfreiheit in politischer und finanzieller Hinsicht voraus. Ohne klare Autorität sind alle Pläne zum Scheitern verurteilt. In dieser Hinsicht bieten die amerikanischen Bestrebungen von Daniel Burnhams beeindruckenden Entwürfen ein gutes Beispiel. Nur in Washington war es möglich, einen Entwurf im „Großen Stil" für eine ganze Stadt durchzusetzen, da diese als einzige amerikanische Metropole eine zentralisierte Verwaltung unter der Kontrolle des Kongresses besitzt. Ansonsten konnte sich die City-Beautiful-Bewegung auf den Philippinen besser durchsetzen als in den Vereinigten Staaten.

Der Anspruch auf absolute Macht erklärt die Vorliebe der totalitären Regime der 30er Jahre unter Hitler, Mussolini und Stalin für den „Großen Stil".

Der „Große Stil" faßt die Stadt als Gesamtkunstwerk auf. Während die Gartenstadt und die Moderne eine monumentale öffentliche Sphäre ablehnen, wurde sie im „Großen Stil" zelebriert. Während Gartenstadt und Moderne das Wohnen in den Mittelpunkt stellen, wurde dieses vom „Großen Stil" in die Monumentalität der gesamten Stadt einbezogen. Daraus resultiert auch die Gestaltung von Platzräumen und Straßenfluchten durch die jeweiligen Entscheidungsträger, während die Häuser dahinter den Bürgern in der Gestaltung überlassen blieben.

Friedrich der Große hat aus italienischen Kupferstichen höchst eigenhändig die Fassaden für die Häuser hoher Staatsbeamter ausgesucht.

Die Ästhetik des „Großen Stils" hat in Kontinentaleuropa tiefgreifenden Einfluß ausgeübt. Im Absolutismus folgte das Bürgertum dem Vorbild des Adels und zog Schaufronten vor ältere Fassaden. Der Bürger baute nach Adelsart.

Von diesen Bestrebungen führt eine Entwicklungslinie zum vielkritisierten Fassadenkult der Gründerzeit des späten 19. Jh.s. Selbst die Mietskasernen mit den Substandardwohnungen der Arbeiter wurden an der Straßenfront mit reicher Ornamentik verkleidet, welche in starkem Kon-

Abb. 4.16: Berlin, Broebes' Entwurf für den Schloßplatz mit Königsstraße und Tor nach Entwurf von de Bodt 1701

Abb. 4.17: Englische Reihenhausverbauung, 1895

trast zu den trostlosen Mauern der Hinterhöfe stand. Es verdient in diesem Zusammenhang auch festgehalten zu werden, daß nur unmittelbar nach dem Zweiten Weltkrieg eine Art „Facelifting" bei der Erneuerung des gründerzeitlichen Baubestandes erfolgt ist, während mit dem Erstarken des Denkmalschutzes der historisierende Stil der gründerzeitlichen Fassaden wieder Anwert bekommen hat.

Die Tradition barocker Fassadengestaltung – selbst bei Mietshäusern für die Grundschichten der Bevölkerung – hat Großbritannien allerdings ebensowenig wie Nordamerika je übernommen. Schon von dieser schlichten Äußerlichkeit her bestehen entscheidende Unterschiede in der Gestaltung der gründerzeitlichen Reihenhäuser in Großbritannien und der Mietshäuser in den USA.

Der „Große Stil" kommt in der Zeit der Industrialisierung nochmals in den großen öffentlichen Bauten über weite Teile Europas hinweg zum Tragen. Der Staat baut in seiner Hauptstadt. Dies gilt für die Budapester Schaufront zur Donau hin ebenso wie für die Ringstraße in Wien und das Wilhelminische Berlin, insbesondere aber für die Umgestaltung von Paris unter Haussmann.

Auf die Verwendung des „Großen Stils" durch die totalitären Staaten in der Zwischen- und Nachkriegszeit wurde oben bereits hingewiesen. Selbst kleine, wirtschaftsschwache Comecon-Staaten haben versucht, den „Großen Stil" mit bescheidenen Mitteln zu imitieren. Die Verwendung des Konzepts der Magistrale bei neuen Industriestädten, wie z. B. in Nova Huta in Polen, ist hier ebenso anzuführen wie das Bestreben um repräsentative Stadteinfahrten. In Belgrad und in Bukarest geleiteten bereits in den späten 1960er Jahren, monumentale Schaufronten neuer Wohnbauten, deren Fassaden inzwischen abgebröckelt sind, den Besucher in das Stadtzentrum.

Es wäre nun falsch, derartige repräsentative Wertmaßstäbe dem nordamerikanischen Städtebau völlig abzusprechen. Geht man in der amerikanischen Stadtentwicklung zurück, so kann man feststellen, daß nicht nur in Washington, sondern auch in anderen Städten der Neuenglandstaaten, wie z. B. vor allem in Philadelphia und Boston, repräsentative Konzeptionen mit großen Boulevards und Platzgestaltungen durchaus Anwendung fanden. Die City-Beautiful-Bewegung hat, initiiert vor allem von Daniel Burnham in Chicago, der auch als Haussmann Amerikas bezeichnet wird, eine Errichtungswelle von Civic Centers, Boulevards und Parkways gebracht. Seit damals zieht sich durch die amerikanische Stadtplanungsliteratur auch die Vorstellung, daß neben den Central Business District (CBD) auch ein Central Cultural District (CCD) zu setzen sei, um die amerikanische Stadtmitte attraktiv zu gestalten.

Wie stark architektonischer Individualismus, repräsentiert durch Großkonzerne, in der amerikanischen Innenstadt am Werke ist, demonstriert ihre Skyline, die ihren ersten großen Boom in der Zwischenkriegszeit erlebt hat, als die dort ansässigen Großbetriebe miteinander wetteiferten, den höchsten Wolkenkratzer zu errichten. Eine städtebauliche Gesamtkonzeption fehlte und fehlt hierbei völlig. Diese in manchen Städten recht eindrucksvolle Skyline kontrastiert mit der atemberaubenden Häßlichkeit der die Downtown umgebenden älteren Stadtteile. Das ist ein Hinweis darauf, daß die tatsächliche Bauentwicklung Nordamerikas ausschließlich von ökonomischen Grundsätzen dirigiert wurde und wird und sich die Stadtbehörden nur zögerlich veranlaßt sehen, verfallene Strukturen zu beseitigen, da die Prinzipien ökonomischer Stadtentwicklung mit den Parametern der Bodenpreise und Landrenten uneingeschränkt gültig sind.

Der Funktionalismus im Bereich des Bauens ist ein Produkt des industriellen Zeitalters und des technischen Städtebaus. „Form follows function" ist die Devise, welche Industriebauten ebenso wie allen anderen technischen Bauten bestimmte Formen zuweist.

Der Funktionalismus im Wohnungsbau wird in der englischen Reihenhausverbauung in Europa zu einem ersten Höhepunkt geführt (Abb. 4.17). Das Gitternetz von Manhattan bietet bereits frühere Beispiele einer „tenement structure", mit unglaublich miserablen Wohnbedingungen für die Immigranten, welche die von Engels und Marx in England beschriebenen Wohnverhältnisse in den Schatten gestellt haben (Abb. 4.18).

Das liberale Zeitalter beendet ferner die finanziellen Möglichkeiten einer nichtökonomisch definierten Repräsentation. Der Städtebau wird in die Verwaltung integriert und zu einer Behörde umfunktioniert, die Reglementierung der Bautätigkeit wird in die entwickelte Bürokratie umgesetzt, in Gesetzgebung, Vorschriften und Maßnahmen. Nur wenige repräsentative Gesamtkunstwerke entstehen. Die Ringstraße in Wien ist als ein Beispiel anzusehen.

Der Funktionalismus im Städtebau wurde bereits oben apostrophiert, er bezieht seinen sozialen Hintergrund aus der Notwendigkeit der Bändigung des Wachstums von großen Städten und der Wohnungsnot. Seine neuen Prinzipien sind durch die Separierung der Funktionen im Stadtraum in der Charta von Athen niedergelegt.

Die Ablösung der Repräsentation durch das Prinzip des Funktionalismus wird jedoch dirigiert und bestimmt durch die schrittweise Verschie-

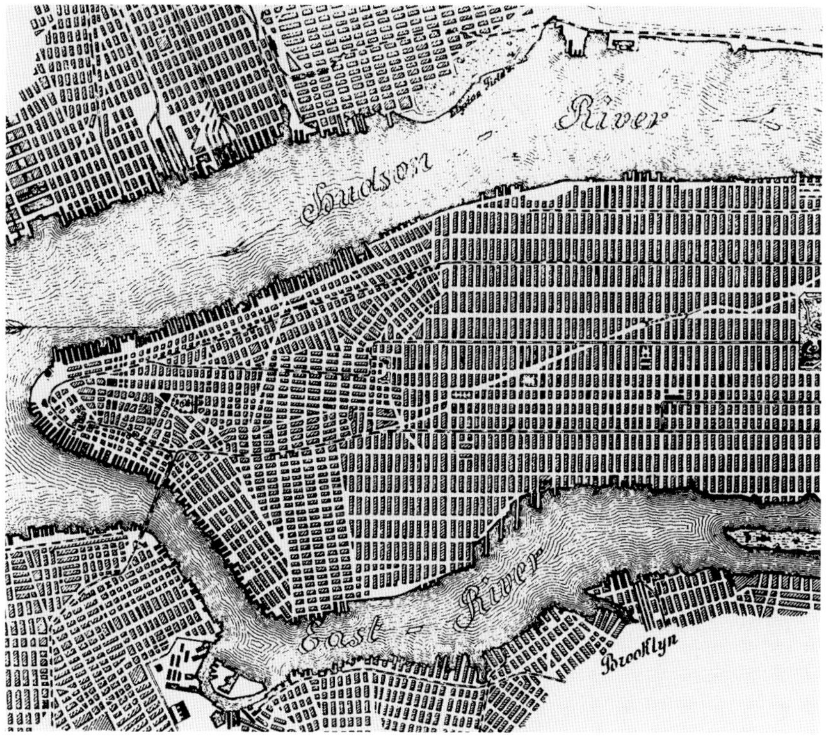

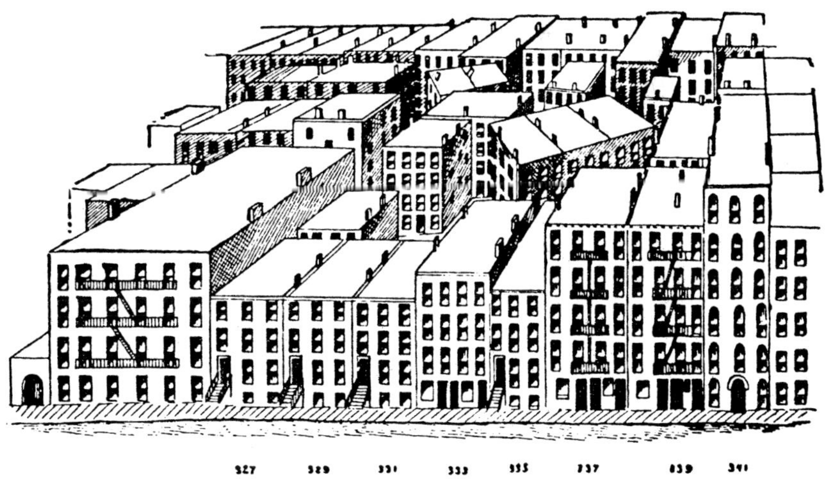

BIRD'S-EYE VIEW OF AN EAST SIDE TENEMENT BLOCK. (FROM A DRAWING BY CHARLES F. WINGATE, ESQ.)

Abb. 4.18: New York, 1811, Doppeldecker-Mietshäuser

bung in der Dominanz der Wohnverhältnisse der ersten Gesellschaft, von Hof und Adel, zur zweiten Gesellschaft, der bürgerlichen Gesellschaft, und schließlich durch das Gleichziehen des sogenannten vierten Standes, der Arbeiterschaft.

Mit der grundsätzlichen Veränderung der gesellschaftlichen Organisation vollzieht sich auch ein schrittweises Abgehen vom Repräsentationsprinzip im Kontext des Wohnens, das allerdings keineswegs vollständig verschwindet.

Der Funktionalismus entsteht überall dort, wo eine standardisierte Arbeitsteilung in Architektur umgesetzt wird. Je funktioneller, d. h. je mehr der Arbeitsteilung entsprechend, eine Form wird, desto geringer wird bei stabilem Baumaterial die Möglichkeit, die Funktionen eines Raumes, d. h. die Form, zu verändern. Dieses Problem des Funktionalismus in der Wohnarchitektur ist bisher ungelöst geblieben.

Der Funktionalismus im Bereich einer massenhaften Wohnungsproduktion für die Grundschichten der Bevölkerung beginnt in den großen europäischen Städten im 19. Jh. und wird, wenn auch gewandelt, in der Zwischenkriegszeit weitergeführt. Auch die gesamte zweite Hälfte des 20. Jh.s bis in die Gegenwart wird vom Funktionalismus dominiert, der schließlich zu einer monotonen Vielfalt der Gestaltung von Wohnkomplexen führt, wie sie u. a. französische Städte zeigen.

Der Städtebau im 19. Jahrhundert

Im Hinblick auf die ästhetischen Gestaltungsprinzipien folgte der Städtebau im 19. Jh. noch weithin den Richtlinien, die einerseits an den monumentalen Prinzipien des absolutistischen Städtebaus orientiert waren und andererseits auf den bereits in der vorindustriellen Zeit aufgestellten verwaltungsrechtlichen Gesichtspunkten der Reihenhausaufschließung fußten. Der Städtebau wurde – nicht nur von Camillo Sitte, sondern auch von den meisten seiner Zeitgenossen – als Kunst aufgefaßt und mit der größten Selbstverständlichkeit überdies auf die großen Städte zugeschnitten.

Einen Beleg für die gängigen Konzeptionen des Städtebaus, welche noch der Tradition der geschlossenen Reihenhausverbauung verhaftet waren, bildet die Planung für den 22. Wiener Gemeindebezirk von Otto Wagner, einem Hauptvertreter der Wiener Richtung des Städtebaus. Folgende Merkmale des Projekts verdienen eine Hervorhebung (Abb. 4.19):

- Einer zentralen Achse wurden repräsentative und wirtschaftliche Funktionen, Amtsgebäude, Schulen und Geschäfte, zugeordnet. Ohne explizit Einzugsbereiche zu formulieren, war eine Streuung verschiedener Einrichtungen, darunter insbesondere von Schulen und Grünflächen, in der Rasteraufschließung vorgesehen. Angaben zur sozialen Struktur, d. h. zur Wohnungsgröße und -ausstattung, fehlen.
- Als Verbauung waren 7- bis 8geschossige Wohnbauten in geschlossener Reihenhausverbauung vorgesehen.
- Aufgrund eines Verbauungsgrades von 50 % war auf der zur Verfügung stehenden Fläche von 619 ha die Unterbringung von 150 000 Einw. in rund 30 000 Wohnungen vorgesehen. Die daraus zu errechnende Dichte von 500 Einw. pro Hektar Nettobauland mag für die Stadtplanung der Gegenwart im deutschen Sprachraum sehr hoch erscheinen, entsprach aber durchaus der damals in kontinentaleuropäischen Millionenstädten üblichen Einwohnerdichte.

Das 19. Jh. war das Jahrhundert des technischen Städtebaus. Dieser ging gleichsam in den Untergrund der Städte und hat die großartigen Leistungen der Stadtsanierung in der zweiten Hälfte des 19. Jh.s vollbracht (Wasserleitungen, Kanalisation, Strom- und Gasleitungen u. dgl.).

Im Zuge der immer umfangreicher werdenden Aufgabenbereiche der Stadtbehörden ist der Städtebau im späten 19. Jh. schließlich in die Bautätigkeit der Kommunalbehörden integriert worden. Sein Aufgabenbereich ist dem folgenden Zitat von Victor Böhmert (1882, S. 169) zu entnehmen: „Nach und nach entstehen aus der Selbstverwaltung der deutschen Städte alljährlich die stolzesten Schöpfungen für die Wohlfahrt der Bürger. Enge und schmutzige Straßen verschwinden, um geräumigen Plätzen und Verkehrswegen Platz zu machen, prächtige Schulen, Kirchen und Museen, Justiz- und Verwaltungs-

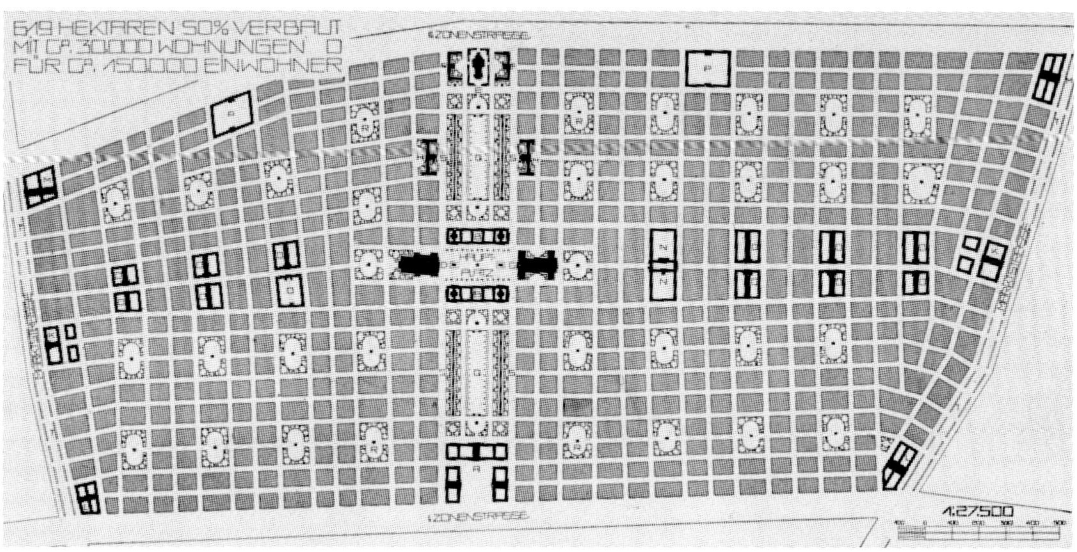

Abb. 4.19: Otto Wagner: Planungsschema für den 22. Wiener Bezirk, 1911

gebäude, Kranken- und Versorgungsanstalten, Bahnhöfe und Postgebäude, Schlachthäuser, Wasserversorgungs- und Gasanstalten, schöne öffentliche Anlagen, Volksbibliotheken und zahlreiche gemeinnützige Institute legen Zeugnis ab von dem neuen Leben, das in unsere Gemeinden eingezogen und vorzugsweise der Förderung des Gesamtwohls der Gemeindeangehörigen gewidmet ist."

Der Städtebau im 20. Jahrhundert

Zwischen Urbanismus und antiurbanem Leitbild

Das Ende des Ersten Weltkriegs brachte gleichzeitig das Ende der kompakten Stadt und das Ende des traditionellen Städtebaus in weiten Teilen Europas. Dies hatte folgende Konsequenzen:

1) Das Ende der Reihenhausverbauung bedeutete das Abgehen von einem der ältesten Prinzipien des Städtebaus und die Aufgabe der traditionsreichen Elemente der Straße und des Hofes.
2) Mit dem Verzicht auf die Rasteraufschließung verschwand der Baublock als funktionsneutrales Prinzip, welches die Auswechslung der Funktionen gestattet.
3) Gleichzeitig erfolgte eine Änderung in der dritten Dimension der Kubatur. Das Prinzip der Traufhöhe und damit der Grundsatz einheitlicher Bauhöhenklassen in der Bauordnung wurde durch das in der Höhe elastische Prinzip der Geschoßflächendichte ersetzt.
4) Gleichzeitig kam es zur Polarisierung zwischen Urbanisten und Vertretern einer antiurbanen Haltung; damit erfolgte die Polarisierung der Wohnformen von Hochhaus und Einfamilienhaus.
5) Beide Gruppen propagierten die Entflechtung und Separierung von städtischen Funktionen in der räumlichen Gliederung von Städten. Die Charta von Athen vollzog die Trennung von Flächennutzungskategorien und von verschiedenen Verkehrsebenen.

Zwei neue Konzepte bestimmten den Städtebau des 20. Jahrhunderts:

- die Hochhausstadt und
- die Gartenstadt als „Neue Stadt".

Nur die Ideologie des Urbanismus, das Bekenntnis zur großen Stadt, lebte weiter. An die Stelle des Baublocks trat das freistehende Hochhaus. Le Corbusier, der optimistische Befürworter der Lebensform der großen Stadt, schuf in der Zwischenkriegszeit die Hochhausstadt, die „ville contemporaine", in der er 3 Mio. Menschen unterbringen wollte und vor Dichtewerten bis zu 2000 Einw. pro Hektar nicht zurückschreckte. Er kreierte erstmals die Hochhauscity mit 60stöckigen Bürobauten im Zentrum, umgeben von einem Wohndistrikt, in dem achtstöckige Wohnbauten im Zickzack aneinandergereiht waren. Zwischen den Hochhäusern befanden sich Grünflächen und zentrale Einrichtungen. Außerhalb einer ausgedehnten Grünlandschaft waren Gartenstädte mit Einfamilienhäusern angeordnet. Mit seinen Projekten vollzog Le Corbusier den Schritt in eine damals utopische Zukunft des Städtebaus. Seine Ideen brachten in weiterer Folge einen grundsätzlichen architektonischen Wandel, dessen Bedeutung für die Stadtentwicklung gar nicht hoch genug eingeschätzt werden kann (Abb. 4.20 und 4.21).

Die erste Hälfte des 20. Jh.s gehörte nicht den urbanistischen Großprojekten. Sehr viel mächtiger als die Bewegung der Urbanisten war die Gartenstadtbewegung, welche, von Großbritannien ausgehend, große Teile Nordwesteuropas erfaßte. Sie ebbte im deutschen Sprachraum ab und wandelte sich in Frankreich zur chaotischen Urbanisierung der „pavillons" ganz ähnlich der Entwicklung an den Stadträndern in Ostmitteleuropa und Südosteuropa. Mit dem Konzept der Neuen Stadt gelang es Howard, in Vorwegnahme von Ideen des sozialen Wohlfahrtsstaats, einen Stadttyp zu schaffen, der sich in nahezu allen wichtigen Merkmalen von älteren Stadttypen abhebt und dessen Bestandteile noch die zweite Hälfte des 20. Jh.s bestimmt haben.

Die gegliederte und aufgelockerte Stadt

Stadtplanung und Städtebau standen in der zweiten Hälfte des 20. Jh.s in Europa vor dem Problem, die Vorgaben des sozialen Wohlfahrtsstaats mit den Interessen der zunehmend mächtiger werdenden Wirtschaft verbinden zu müssen. Damit war von vornherein, z. T. nicht reflektiert, ein Zickzackkurs vorprogrammiert, der sich in der Schwerpunktverschiebung von der Innenstadt zur Außenstadt und wieder zurück manifestiert. Ebenso äußert er sich in der Beschäftigung mit immer kleineren Räumen und Detailfragen bis zur „Behübschung von Fußgängerzonen" und zur „Bepflanzung von Grüninseln im Verkehr".

Dazu kommt außerdem die schrittweise Sättigung des Bedarfs an weiterer Bebauung infolge des fehlenden Bevölkerungswachstums in den meisten Städten, insbesondere in Deutschland.

Unter dem neuen Leitbild einer „gegliederten

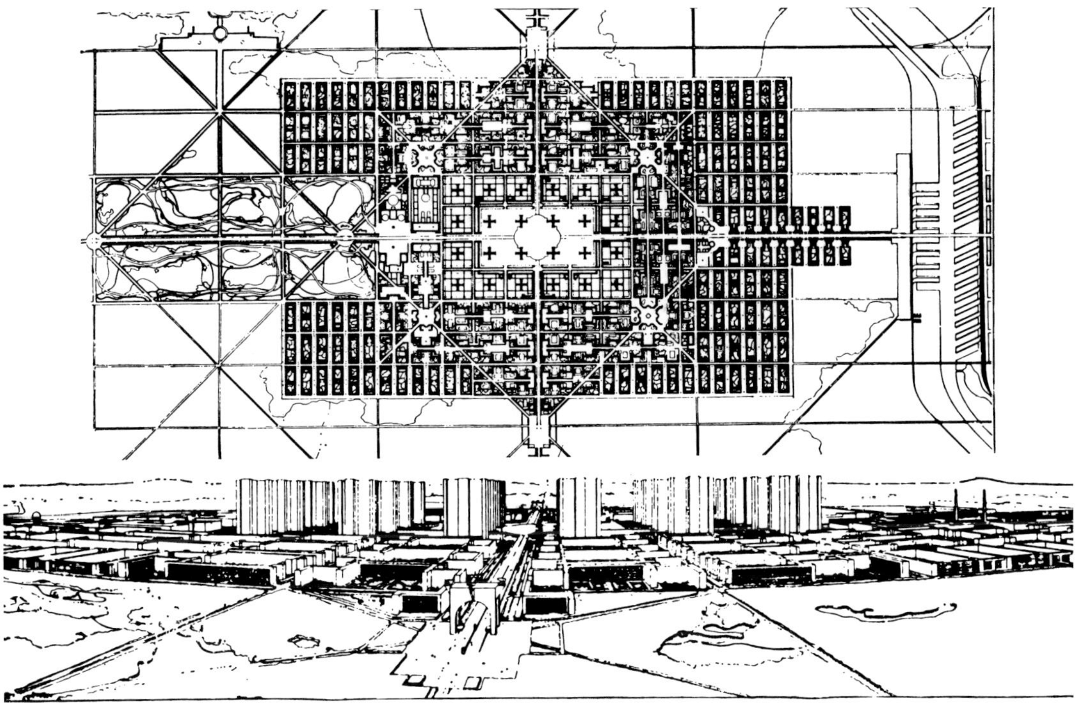

Abb. 4.20: Le Corbusier: La ville contemporaine

Abb. 4.21: Wohnpark Alterlaa, Wien

und aufgelockerten Stadt" verbergen sich die Zielvorgaben der Gartenstadtbewegung, der Charta von Athen und des Nachbarschaftskonzepts. Sie kamen schon in den 1950er und 1960er Jahren als Hintergrundverständnis beim Wiederaufbau der im Zweiten Weltkrieg zerstörten Städte, insbesondere der historischen Stadtkerne, zum Zug. Aufgrund des bestehenden Straßennetzes, der erhaltenen Anlagen des unterirdischen Städtebaus (Versorgungs- und Entsorgungsleitungen), des Parzellenbesitzes und des Wiederaufbauwillens der Bevölkerung sind allerdings nur mäßige Veränderungen der Stadtstrukturen erfolgt. Die eigentliche Zweigleisigkeit begann in den 1960er Jahren mit dem Modell der autogerechten Stadt, welche aber sehr rasch wieder mittels Ausbau des öffentlichen Verkehrs, in Großstädten bis zum U-Bahn-Bau hin, im Verein mit Satelliten- und Trabantenstädten, abgefangen wurde. Schweden hat hierfür das Vorbild gesetzt.

Über Europa hinweg entstanden Großwohnanlagen unter dem Motto der Stadterweiterung, von denen einzelne inzwischen wieder abgebrochen wurden. Kahlschlagsanierungen des Altbaubestandes waren die Kehrseite der Medaille. Die Erdölkrise von 1973 brachte eine Neubewertung historischer Stadtstrukturen, die zu ihrer Erhaltung und Aufwertung führte. Die Rückkehr zur Stadterneuerung wurde durch das Denkmalschutzjahr 1975 akzentuiert.

Nachhaltige Stadtentwicklung

Gleichzeitig mit dem Slogan „Urbanität durch Dichte" erfolgte eine funktionelle Aufwertung der Stadtkerne durch Fußgängerzonen. Andererseits begann die Exurbanisierung und die Gründung von Shopping-Centers auf der „grünen Wiese". Die ökologische Bewegung, welche im wesentlichen eine Bewegung des deutschen Sprachraums darstellt, fügte weitere Akzente hinzu. Die Begriffskette wird über die „ökologische" Stadterneuerung zur „nachhaltigen Stadtentwicklung" weitergeführt und greift in immer kleinere Raumeinheiten hinein, um schließlich mit Themen wie Baumaterialien und Heizkosten zu argumentieren.

Gerade die Stagnation und Abnahme der Bevölkerung bei gleichzeitigem Wirtschaftswachstum bot auf allen Linien die Möglichkeit einer Verbesserung der städtischen Bau- und Infrastruktur und gestattete den Aufwand von kleinräumigen Lösungen. Durch die Vielzahl von Investitionen und Maßnahmen haben nicht nur historische Altstadtkerne, sondern auch ältere Stadtteile neue Wohn- und Lebensqualität gewonnen.

Die Konzentration auf die Planung in der Innenstadt, welche von einer sozialen Aufwertung begleitet wurde, schob die räumlichen Trends, welche sich an der Peripherie vollzogen, beiseite. Hierzu gehören die als „Zersiedlung" gerügte und als Problem betrachtete extensive Beschlagnahme weiter Räume im Stadtumland durch Ein- und Zweifamilienhäuser ebenso wie die weiterhin anhaltende und sogar zunehmende separierte Ansiedlung von Wohnsiedlungen, Arbeitsstätten, Versorgungs- und Freizeiteinrichtungen, welche durch den motorisierten Individual- und Wirtschaftsverkehr verursacht wird.

Diese Entwicklung stand in einem Widerspruch zu den räumlichen Ordnungsprinzipien der nachhaltigen Stadtentwicklung, d. h. dem Bemühen um eine Erhöhung der Dichte und Kompaktheit baulicher Strukturen, der Nutzungsmischung, der Förderung sozialer Mischungen nach Einkommensklassen, Haushaltstypen und Lebensstilgruppen im Wohnbau und schließlich dem dritten räumlichen Ordnungsprinzip, der sogenannten Polyzentralität, d. h. der Mehrkernigkeit städtischer Strukturen. Festzuhalten ist, daß eine „nachhaltige Stadtentwicklung" ohne Wachstum realisiert werden muß.

In Deutschland fehlen die Voraussetzungen des Wachstums und der Nachfrage. Große, erschlossene Gewerbeflächen liegen brach. Öffentliches Kapital ist in diesen Flächen gebunden und fehlt in anderen. Bei Gewerbeansiedlungen handelt es sich meist um eine Verlagerung von Betrieben, die dank öffentlich geförderter Rationalisierung nun mit der Hälfte ihrer Arbeitskräfte auskommen und in ihren alten Standorten ein strukturelles und städtebauliches Loch hinterlassen. Ähnlich verhält es sich mit Büro- und Dienstleistungsflächen. Sie werden für Nutzungen errichtet, für die heute kaum eine Nachfrage besteht. Leerstände von neuen Strukturen werden aufgefüllt von Nutzern, die an ihren alten Standorten Leerflächen hinterlassen. In neue Wohnungen ziehen in erster Linie Haushalte, die mehr Fläche oder eine bessere Ausstattung wünschen, meist aber schon bisher gut versorgt waren. Angesichts von Größe und Umsatz exurbaner Einkaufszentren erhält die Stadtmitte eher die Funktion eines schönen Schaufensters für Waren, die dann anderswo eingekauft werden.

Kompakte Stadt – Zwischenstadt – Städtenetze

In den 1990er Jahren wurde das Konzept der kompakten und durchmischten Stadt wieder als Leitbild der europäischen und nationalen Programme der Stadtpolitik aktiviert. Es findet sich überdies in zahlreichen Stadtentwicklungsplänen und städtebaulichen Konzepten deutscher Großstädte. 1994 wurden in der „Charta Aalborg" höhere Bebauungsdichten und Mischnutzungen in der europäischen Kampagne für zukunftsbeständige Städte als Richtlinien genannt. Als Bild steht die europäische Stadt des 19. Jh.s ohne ihre Nachteile und mit den Ausstattungsqualitäten von morgen zur Diskussion.

Zur Begründung wird angeführt, daß städtische Lebensformen von immer mehr Menschen angestrebt werden, durch die Dienstleistungsgesellschaft ein Zuwachs bei den wohn- und stadtverträglichen Arbeitsplätzen erfolgt und neue Produktions- und Umwelttechnologien als „saubere" Fabriken in die Stadt integriert werden können.

Die großflächigen Industrie-, Verkehrs- und Militäranlagen in zentraler Lage bilden eine Art Planungsfenster, welches für Strategien der Innenstadtentwicklung und Nachverdichtung genutzt und für Superstrukturen verwendet werden kann.

Einen regen Zuspruch hat das Konzept der „Zwischenstadt" als begriffliche Klammer für die Raumstrukturen im Einflußbereich der großen Städte erhalten. Nach Sieverts (1997) ist die Zwischenstadt weder Stadt noch Land, sondern weist Eigenschaften von beiden auf. Nach seiner Aussage verschließen der Städtebau und die Politik die Augen vor der Tatsache, daß über 30 % der deutschen Bevölkerung in der Zwischenstadt leben. Allerdings spricht er nicht von einer Amerikanisierung der Siedlungsstrukturen, sondern fordert eine europäische Alternative zur „Stadt in der 2. Moderne". Er plädiert ebenso für eine Berücksichtigung neuer Lebensstile, u. a. im Freizeit- und Einkaufsverhalten, und für eine Neudefinition der Cityfunktionen sowie für verstärkte Anstrengungen zur Gestaltung der Zwischenstadt.

Es ist einsichtig, daß diese Diskussion im deutschen Sprachraum erfolgt, wo keine klaren hierarchischen Strukturen des Städtewesens wie in Frankreich vorhanden sind, d. h. die Frage der Stadtgröße und der Bedeutung der Stadt in kontinentaler und globaler Sicht nicht einmal andiskutiert wird.

Kritisch ist darauf zu verweisen, daß das Leitbild der kompakten Stadt angesichts des extensiven Flächenverbrauchs im Stadtumland in Deutschland kaum glaubhaft zu machen ist und auch das Leitbild der Stadt der kurzen Wege mit der Realität nicht übereinstimmt. Im Vergleich zur nordamerikanischen Entwicklung ist vielmehr anzumerken, daß zum Unterschied von Nordamerika eher längere Wegstrecken entstanden sind, jedenfalls was den Zeitaufwand angeht.

Für die Entwicklung der städtischen Peripherie existiert bisher kein Leitbild. Auch die Beschreibung der Zwischenstadt hat keine neue städtebauliche Ideologie erzeugt.

Aus globaler Sicht können die in Deutschland derzeit im Entstehen begriffenen sogenannten „Städtenetze" als ein Versuch gesehen werden, die betreffenden Verdichtungsräume, die jeweils eine Stadt als Zentrum aufweisen, auf die Ebene von Eurometropolen zu bringen.

Kompakte Stadt und Netzwerkstadt in den Niederlanden

Das Beispiel der Niederlande demonstriert, welchen entscheidenden Einfluß das politische System und die Gesetzgebung der Planung auf die Stadtentwicklung ausüben können. In den Niederlanden wird sowohl mit dem Leitbild der kompakten Stadt als auch mit dem der Stadtnetze operiert.

Die Niederlande sind ein Land mit stark wachsender Bevölkerung (1950 10,1 Mio., 1995 15,4 Mio. Einw.) und weit zurückreichendem Primat der öffentlichen Planung. Bereits 1901 wurde vom Parlament ein Wohnungsgesetz verabschiedet, das den sozialen Wohnungsbau begründete und die Gemeinden mit mehr als 10 000 Einw. verpflichtete, für Stadterweiterungen sogenannte „Ausbreitungspläne" zu erstellen und zur Grundlage von Baugenehmigungen zu machen. Die Gemeinden erhielten die Möglichkeit, Hausbesitzer zur Instandhaltung zu verpflichten, Wohnungen für unbewohnbar zu erklären und verfallene Gebäude zu beseitigen. Bauverbot und Enteignung wurden wichtige Instrumente kommunaler Planung. Zusammen mit dem bereits im 19. Jh. ausgearbeiteten Erbpachtrecht bildete dies die Basis für eine aktive kommunale Bodenpolitik (Rosemann 1992).

Entsprechend der Bevölkerungsdichte hat die niederländische Stadtplanung frühzeitig auf das Konzept der kompakten Stadt zurückgegriffen und der Zersiedlung mit planerischen Mitteln energisch Einhalt geboten. Es gibt daher kaum Streusiedlungen und Gebiete mit freistehenden Einfamilienhäusern. Forciert wurden ein verdichteter Flachbau und gemischte Wohnformen hoher Dichte in den Erweiterungsgebieten am Stadtrand sowie Umnutzung und Nutzungsintensivierung in den Innenstadtgebieten. Zwei neue Städte wurden erbaut, Lelystadt und Almere. Letztere wurde erst 1975 gegründet und hat 1994 bereits die 100 000-Einwohner-Grenze überschritten. Insgesamt ist eine massive, planmäßige Stadterweiterung mit ein- und zweigeschossigen Reihenhäusern erfolgt. Der soziale Wohnungsbau – auf den mit rund 40 % der höchste Anteil am Gesamtwohnungsbau in den westlichen Gesellschaften entfällt – war der wichtigste Motor für die Stadtentwicklung. Die weitere Neubauproduktion wird sich jedoch in wachsendem Maße in Form von Eigentumswohnungen vollziehen.

Der Anteil des kommunalen Grundbesitzes ist allgemein sehr hoch, in Amsterdam beträgt er 80 %. Seit 1924 werden Grundstücke ausschließlich in Erbpacht vergeben. Durch die Preiskontrolle ist Bauland generell billiger als in anderen Staaten Westeuropas. Ebenfalls gering sind die Preisunterschiede vom Stadtzentrum zur Peripherie hin, sie liegen bei etwa 150 %. Dadurch können auch in zentralen Lagen soziale Wohnbauprojekte realisiert werden. Nach Jahrzehnten eines strikt standardisierten Wohnungsneubaus wurde Mitte der 1980er Jahre eine sogenannte „Wohnmilieudifferenzierung" akzeptiert. Bereits 1988 hat Rotterdam für das gesamte Stadtgebiet ein solches Konzept aufgestellt.

Die Globalisierung der Ökonomie hat auch die niederländische Stadtplanung vor die neue Aufgabe gestellt, in der Konkurrenz zwischen den europäischen und außereuropäischen Metropolen attraktive Standorte für internationale Konzerne anzubieten. Dadurch ist eine neue Zielformulierung für die Randstadt entstanden. Umfangreiche Umstrukturierungsprogramme in Rotterdam, Amsterdam und Den Haag sind in Durchführung. 1988 hat die Reichsregierung die Initiative ergriffen und in fünf Städten Projekte der Public-private-Partnership mit Vorleistungen auf dem Verkehrssektor und Mitteln aus verschiedenen Förderprogrammen initiiert. Im Rahmen eines der größten Projekte, dem Kop van Zuid, dem alten Hafengebiet von Rotterdam, wurden Büros und Gewerbeflächen mit einer Gesamtnutzfläche von 480 000 m^2 und derzeit 5180 Wohnungen errichtet (Abb. 4.24).

Eine weitere Reichsplanung bezieht sich auf das Konzept der sogenannten VINEX-Standorte, um die geordnete Aussiedlung von Gewerbe aus den schlecht erreichbaren Innenstädten an Autobahnringe u. dgl. zu gewährleisten. Das Beispiel eines derartigen VINEX-Standortes ist das Gebiet um den Hauptbahnhof in Den Haag. Es handelt sich bei VINEX analog zu Japan um das Konzept der Netzwerkstadt, die sich nicht mehr konzentrisch um eine historisch gewachsene Innenstadt entwickelt, sondern die sich in ihrem Wachstum an den Netzwerken des Verkehrs mit bester Erreichbarkeit orientiert. Es entstehen regionale Netzwerke, deren Verbindungskapazität größer ist als die Anbindung an die bisherigen Stadtzentren. Das hat zur Folge, daß sich ehemalige Stadtränder in Zwischengebiete und weiter in neue Entwicklungsgebiete umwandeln und daß sich neue, größere städtische Einheiten herausbilden, deren planerische Koordination ebenfalls neue und größere Verwaltungseinheiten auf regionaler Ebene erforderlich macht. Auf längere Zeit wird sich, trotz des Widerstands der Bevölkerung, der Prozeß der Regionalisierung im Bereich der Randstadt nicht aufhalten lassen.

Technologien des Bauens und des Verkehrs

Überblick

Drei Sektoren der technologischen Entwicklung sind für die Stadt von besonderer Bedeutung: die Technologie des Bauens, die Entwicklung der technischen Infrastruktur (auch als unterirdischer Städtebau bezeichnet) und die Technologie des Verkehrs. Diese Technologien sind in den generellen technischen Fortschritt eingebunden. Ihre Entwicklungsstufen sind jedoch nicht gleichgeschaltet. Es gehört vielmehr zum Charakteristikum der Stadtentwicklung, daß in bestimmten zeitlichen Abschnitten jeweils bestimmte Technologien beherrschend aufgetreten sind. Dabei waren der Einsatz der Technologien und ihre Koppelung stets von gesellschaftspolitischen Zielsetzungen abhängig.

Ein Zeitschema bildet das Auftreten neuer Technologien in den genannten Sektoren ab (Abb. 4.22).

Der technische Fortschritt begann in der Gründerzeit mit der Einrichtung von Pferdestraßenbahnen, welche sich in den 50er Jahren des 19. Jh.s in den USA und in den großen europäischen Städten ausbreiteten (1850 New York, 1854 Paris). In den späten 80er Jahren des 19. Jh.s folgten die elektrischen Straßenbahnen. Sie waren um 1890 schon in über 50 nordamerikanischen Städten in Betrieb. Wenig später, 1895, wurde in Boston die erste Untergrundbahn eröffnet. Um die Jahrhundertwende folgte eine Reihe anderer Städte in Nordamerika und in Europa diesem Beispiel.

Die Großleistung der Gründerzeit war jedoch der unterirdische Städtebau und damit die sogenannte Assanierung der alten Großstädte, vor allem in der Mitte und im Westen Europas. Sosehr man heute unter sozialpolitischen Gesichtspunkten geneigt ist, diese Epoche im Hinblick auf ihre Versäumnisse im Wohnungsbau zu kritisieren, so sehr muß man doch andererseits ihre Glanzleistungen im unterirdischen Städtebau bewundern. Erst im letzten Drittel des 20. Jh.s, nach fast 100 Jahren, war in den gründerzeitlichen Stadtgebieten eine Erneuerung der damals eingebrachten unterirdischen Netze erforderlich.

Zum Unterschied von den Fortschritten der Bau- und Verkehrstechnologie hat die technische Infrastruktur der Versorgung und Entsorgung der Städte bisher keinen echten Fortschritt erfahren. Nach wie vor sind Leitungsnetze erforderlich, auch wenn in den letzten Jahrzehnten die Kapazitäten der Anlagen (z. B. Fernheizwerke, Kläranlagen u. dgl.) ganz wesentlich erhöht wurden. Der unterirdische Städtebau ist damit technologisch gegenüber seinen beiden Partnern, dem oberirdischen Städtebau und den Verkehrsleitsystemen, relativ zurückgeblieben und seine Erneuerung wird überdies zunehmend kostenaufwendiger.

Die geringe Kapazität von traditionellen Leitungssystemen stellt einen wesentlichen Faktor für die hohen Kosten einer durchgreifenden Stadterneuerung dar, da nicht nur ein Austausch der lokalen Netze, sondern die Neuanlage von Verbindungen höherer Ordnung zu Vorflutern u. dgl. erforderlich ist.

Hinsichtlich der Technologie des Bauens zeichnet sich in der Gegenwart eine Zweiteilung ab. Auf der einen Seite hat die Stahlbetonbauweise (in Form von Montage- oder Fertigteilbauweise) die Wohnanlagen und den Wohnhochhausbau erobert, auf der anderen Seite ist es aber zu einer Standardisierung der Einfamilienhäuser in Form

Abb. 4.22: Entwicklungsschema von Technologien

	Bauen	Verkehr	Technische Infrastruktur
Gründerzeit	Ziegelbauweise erste Hochbauten 1880 Stahlbauweise CBD, USA Elektr. Aufzüge Stahlbetonbauweise	**Öffentlicher Verkehr** Pferdestraßenbahn Straßenbahn Stadtbahn U-Bahn	**Glanzzeit unterirdischen Städtebaus** Liniennetze: Kanalisation Licht, Gas, Wasser
Zwischenkriegszeit	**Holzfertigteilbauweise**	Bus Elektrifizierung der Straßenbahn **PKW**	
Nachkriegszeit	**Montagebauweise** **Glas-Aluminium-Konstruktion**	Innerstädtische Autobahn	Fernwärme

Abb. 4.23: Suburbane Entwicklung Oakland Bay, Kalifornien 1980

von Fertighäusern gekommen. Auch hierfür hat Nordamerika das Vorbild abgegeben.

Diese Zweiteilung in Montagehochhaus und (Holz-)Fertighaus entspricht auch den beiden derzeit zur Anwendung kommenden städtischen Verkehrstechnologien: den Massenverkehrsmitteln auf der einen Seite und dem Individualverkehr auf der anderen.

Es gehört zu den faszinierenden Tatsachen des gegenwärtigen Städtewesens, daß sich zwei Staaten, die nur dünn besiedelt sind und in denen der Boden keine knappe Ressource darstellt, nämlich die USA und Rußland, aufgrund der bis vor kurzem unterschiedlichen politischen Ideologien für die Extremlösungen entschieden haben: einerseits für das Primat des Pkws und des Einfamilienhauses und andererseits für das Primat der Massenverkehrsmittel und des Montagehochbaus. In Europa versucht man hinsichtlich der Technologie des Bauens und des Verkehrs, ebenso wie in anderen Bereichen, einen mittleren Weg zu gehen.

Aufgrund des Gesagten zeichnen sich auch ganz generell die Artefakte vorindustrieller Technologien ab, wie sie vor allem kleinere Städte kennzeichnen, nämlich erstens die Ziegel- und Steinbauweise, vor allem in den Einfamilienhausgebieten Europas, und zweitens der Fußgängerverkehr. Auch hier geht die Tendenz dahin, den Fußgänger in „Reservate" zu verweisen, und zwar in die Fußgängerzonen der Innenstadt, auf die Fußgängerwege europäischer Stadtrandsiedlungen und in die Shopping-Center amerikanischer Suburbs und damit in einen halböffentlichen Raum. In jüngeren amerikanischen Suburbs ist der fußläufige Verkehr so „aus der Mode gekommen", daß man die Gehsteige abgeschafft hat.

Standardisierte Polarisierung der Bautechnologie

Wohn- und Monumentalbau unterscheiden sich in Vergangenheit und Gegenwart nicht nur hinsichtlich der Gesamtarchitektur, sondern auch in bezug auf die verwendeten Materialien. Die Innovation zukunftsweisender Materialien erfolgte stets beim Monumentalbau. Die Backsteingotik von Kirchen und Rathäusern Nordwesteuropas entstand zu einer Zeit, als die Masse der Wohnbauten in diesem Raum noch der älteren Tradition des Fachwerkbaus verhaftet war. In der Zeit der mittelalterlichen Bürgerstadt und der barocken Stadt des absolutistischen Landesfürstentums wurden in erster Linie lokale Baumaterialien (Fachwerk, lokale Steine) verwendet, welche, im Verein mit lokalen Bauweisen, zum besonderen Reiz des aus dieser Periode erhaltenen Baubestands beitragen.

Erst in der Gründerzeit gelang es der Ziegelindustrie, das Bauen mit lokalen Materialien zu verdrängen, vor allem dort, wo sich das Mietshaus durchsetzen konnte. Nur in Südeuropa, einem Raum mit einer alten Steinbautradition, werden beim Einfamilienhausbau bis in die Gegenwart lokale Steine verwendet.

Die in der Gründerzeit auf der Basis von Ziegelwerken entstandenen Kapitalgesellschaften bildeten ihrerseits wieder ein verzögerndes Element gegenüber der Einführung der Betonfertigteilbauweise in der Nachkriegszeit.

Anders war die Situation in Nordamerika. Vor allem in den Nordstaaten beherrschte die Holzbauweise die gesamte ältere Stadtentwicklung. Es wurde bereits darauf hingewiesen, daß die amerikanische Downtown im 19. Jh. als Holzhausstadt begonnen hat.

Nur äußerst kurz war die Phase der Ziegelindustrie. Diese wurde bereits nach einer Generation von der Stahlbetonbauweise abgelöst. Zusammengedrängt auf ein halbes Jahrhundert hat Nordamerika eine erstaunliche Hochhausentwicklung in den Downtown Areas erlebt. Während sich die ersten Hochbauten Mitte der 80er Jahre des 19. Jh.s auf der Basis hydraulischer Aufzüge noch einer gemischten Stahl- und Ziegelbauweise bedienten, setzte in den 90er Jahren, nach Einführung der elektrischen Aufzüge (1887), bereits die Stahlbetonbauweise ein. Schon 1913 erreichte in New York das Woolworth-Gebäude 60 Geschosse.

Die Holzbauweise blieb allerdings dem Einfamilienhaus erhalten. Die Anfänge der Massenproduktion von Einfamilienhäusern in den USA reichen weit zurück. Sie beruhen auf den sogenannten Ballonrahmenhäusern, deren leichte Holzrahmenkonstruktion auf die Mitte des 19. Jh.s zurückgeht. Schon gegen Ende dieses Jahrhunderts konnten bei Sears Häuser mit Preisen zwischen 2000 und 2500 US-$ gekauft werden. Das vorgeschnittene Material kam in Eisenbahnwaggons und wurde mit Wagen und Pferd zu den einzelnen Hausstandorten gebracht. Die Boxen umfaßten alle Teile des Rahmens, bereits entsprechend bearbeitet und numeriert. Schränke u. dgl. waren bereits als Einbauten vorgesehen. Nur das Fundament, der Kamin und die Stukkatur mußten am Ort der Errichtung erzeugt werden. Schon 1900 konnte das Versandhaus Sears in einer Werbung feststellen, daß man in den bereits gebauten Häusern eine Stadt mit ca. 25 000 Personen unterbringen könnte. Zwischen 1900 und 1937 verkaufte Sears auf diese Weise 100 000 Häuser.

Abb. 4.24: Holzfertigbau eines Einfamilienhauses, USA 1988

Der eigentliche Boom des Fertighauses begann unmittelbar nach dem Zweiten Weltkrieg. Die Un-

Abb. 4.25: Sozialer Wohnungsbau in Katowice 1999

ternehmer Levitt, Eichler und Henri J. Kaiser organisierten den Hausbau im großen Maßstab und erzeugten standardisierte Häuser, welche mit den traditionellen, vor Ort gebauten Häusern nahezu identisch waren. Die Veteranen, die aus dem Zweiten Weltkrieg zurückkamen, erwarteten als Dank für ihren Einsatz ein eigenes Haus. Mit einem entsprechenden Kredit ausgestattet, konnten sie ihre Träume in kurzer Zeit verwirklichen. Es war genug billiges Land in der Weite des Raumes vorhanden. Die Häuser wurden mit Lastwagen zu den Standorten hin transportiert und in Reihen aufgestellt, ähnlich den Montagehallen der Autoindustrie. Die großen Bauunternehmen konnten 150 Häuser pro Woche aufstellen und die Käufer zwischen mehreren Modellen wählen. 1947 entstand Levitt-Town als erster Fertighaus-Suburb. Er umfaßte insgesamt 6000 Häuser mit viereinhalb Zimmern, welche rund 12 % ihrer jeweils 60 x 100 Fuß großen Grundstücke besetzten (Abb. 4.23 und 4.24).

Sehr rasch folgten weitere Suburbs. Heute bedeutet der Hausbau das Zusammensetzen von standardisierten Teilen sehr unterschiedlicher Gestalt. Die Zusammensetzung der einzelnen Teile erfolgt nach wie vor auf der Baustelle.

Im Unterschied dazu werden seit den 1970er Jahren Wohnwagen analog wie Autos erzeugt und ebenso finanziert. Ihre Produktion beansprucht nur drei Tage, und sie kommen bereits fertig möbliert und ausgestattet vom Band und werden in den meisten Fällen nur einmal zu ihrem ersten Standort hinbewegt. Wohnwagenparks können aufgrund der symbolischen Formen ihrer Umwelt, d. h. umgeben von Terrassen, Gartenanlagen u. dgl., nicht von normalen Suburbs unterschieden werden. Die Industrie bezeichnet den Wohnwagen daher auch als „industrielles Haus".

Wenden wir uns Europa zu. Die Unterschiede sind gravierend. Der erste wesentliche Unterschied besteht darin, daß eine derartig frühe Entwicklung der Bauindustrie wie in Amerika fehlt. Aus Gründen, die schwer zu fassen sind, blieb das Baugewerbe (vergleichbar der Landwirtschaft) lange vorindustriellen Strukturen verhaftet, nicht zuletzt infolge des Nachwirkens zünftischer Organisationsformen. Erst auf dem Wege über die großen technischen Infrastrukturleistungen, vor allem des unterirdischen Städtebaus, und die umfangreichen Regulierungsarbeiten (z. B. die Donauregulierung bei Wien, die mit den Maschinen, die auch beim Suezkanalbau zum Einsatz kamen und mit rund 50 000 Arbeitern von 1870 bis 1873 bewerkstelligt wurde) entstanden in den Großstädten um die Jahrhundertwende gleichfalls große Bauunternehmen.

In der Nachkriegszeit ist den Kommunalbehörden bzw. Genossenschaften als Großauftraggeber die Rolle von Innovatoren zugefallen, indem sie aus Kostengründen beim sozialen (genossenschaftlichen) Wohnungsbau die Fertigteilbauweise einführten und damit einem Beispiel folgten, das sozialistische Länder schon früher geboten haben. Die Einführung der Betonplattenbauweise und die sukzessive Verdrängung des Ziegelbaus bei der Errichtung von großen Wohnanlagen hatten weitere Konsequenzen. Montagebauweise und Kranstraße erfordern Großbaustellen und bewirken derart eine Vergrößerung der Aufschließungseinheiten. In Westeuropa hat Frankreich mit den „grands ensembles" zweifellos die mit Abstand größten Wohnblöcke erstellt, die als „Sarcellites" längst erstrangige soziale Konfliktherde darstellen, um deren Sanierung sich eine massive „Sozialtherapie" bemüht.

Die Großbautechnologie, beruhend auf Großbaukombinaten, Plattenbauweise und Großwohnanlagen, bestimmte den Baustil in den ehemaligen sozialistischen Staaten. Von oben nach unten durchstrukturierte, mehrstufige territoriale Einheiten prägten die flächenhafte Stadterweiterung unter dem Einfluß der ehemaligen UdSSR. Der Mikrorayon mit rund 1500 Wohneinheiten bildete die unterste Einheit, welche über eine mittlere Ebene zu Großeinheiten von 100 000 Einw. zusammengefaßt worden ist. Das Prager Beispiel spiegelt am deutlichsten von allen ehemaligen Hauptstädten des Comecon die Leitlinien der Stadtgestaltung mit weiträumigen Eingemeindungen, U-Bahn-Bau und der Errichtung von „Neuen Städten" in Form von hierarchisch organisierten Großwohnsiedlungen wider (Abb. 4.26).

Originelle Lösungen von Kubatur und Fassaden sind trotz sparsamster Ausführung zu finden (Abb. 4.25).

Die beiden industriellen Großfertigungen, die Holzfertighausindustrie und die Betonplattenbauweise der Großwohnanlagen, verdrängen traditionelle Bauformen aus der Neubautätigkeit. Derart sind z. B. mehrgeschossige Bauten in Nordamerika aus der Palette der Neubauformen weitgehend verschwunden.

Ebenso ist einsichtig, daß sich die anfangs durch Großbauträger gestützten Fertigteilindustrien nunmehr als eigenständige Bauinitiatoren entwickeln, die ihrerseits ihre Promotoren unter Druck setzen können und einen Groß(wohn)baustil fortschreiben, den der „Bürger" selbst, zumindest in Mitteleuropa, nicht mehr haben will.

Fassen wir zusammen: Insgesamt sind es derzeit drei Produkte der Bauindustrie, welche die Entwicklung der großen Agglomerationen bestimmen, wobei deren Bedeutung in Zukunft noch weiter zunehmen wird:

- der monumentale Hochhausbau des tertiären und quartären Sektors (für Büros, Krankenhäuser, Konferenzzentren u. dgl. bzw. für Wohn- und Wirtschaftsnutzung), der zumeist als individuelle architektonische Lösung konzipiert ist. Architektenwettbewerbe sind hierbei die Regel. Sein Standort ist keineswegs ausschließlich die City, vielmehr entstehen Cityausleger an Verkehrsknoten des Massenverkehrs bzw. der Autobahnen im Randbereich von Agglomerationen, in den USA in den Edge-Cities;
- der Montagewohn(hoch)bau in standardisierter Ausführung und
- die standardisierte Vielfalt des Fertighauses als Einfamilienhaus.

Wie das nordamerikanische Beispiel zeigt, sind als Konsumgüter bewertete Holzfertighäuser, entsprechend dem technischen Fortschritt, einem sehr raschen Wertverfall ausgesetzt (Zunahme der Zahl der Badezimmer, der Schlafräume, der Garagenplätze usw.). Packard (1971) konnte daher in seinem Buch „The Wastemakers" die Zukunftsvision einer Stadt entwickeln, die jedes Jahr von ihrer Bevölkerung verlassen und dann dem Erdboden gleichgemacht wird, um die anfallenden Reinigungs- und Reparaturarbeiten zu vermeiden.

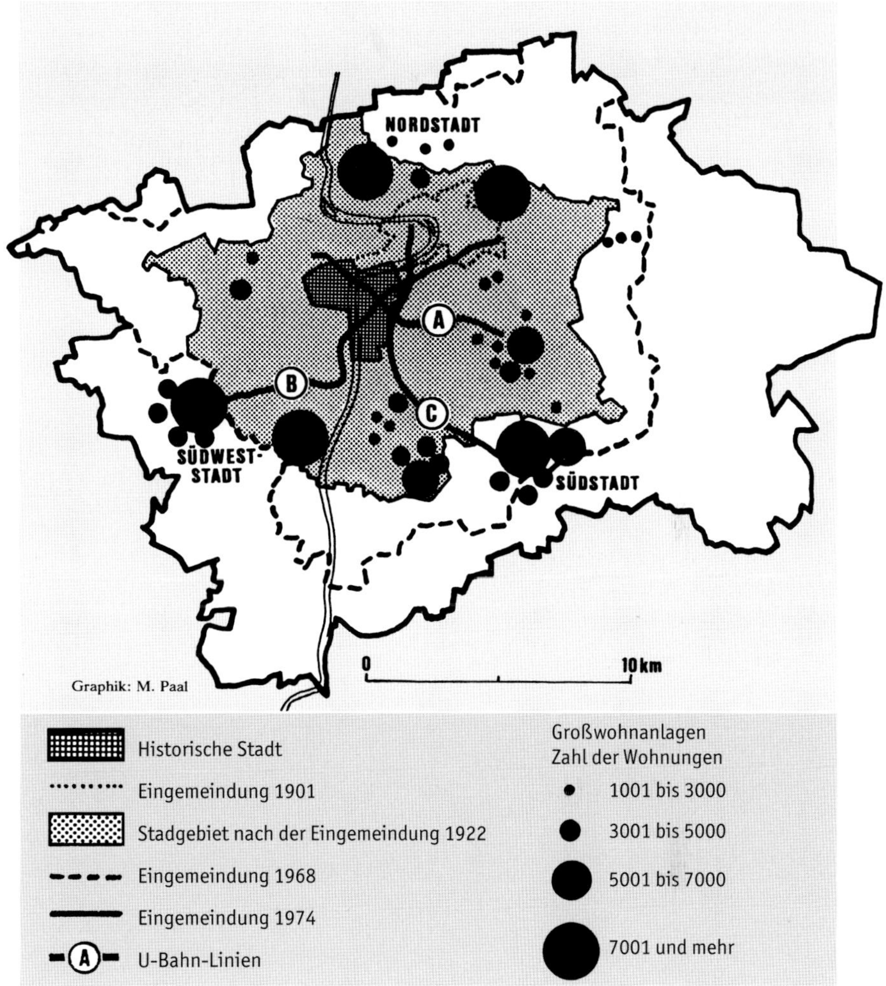

Abb. 4.26: Eingemeindungen, Neubaustandorte und U-Bahn-Linien in Prag 1991

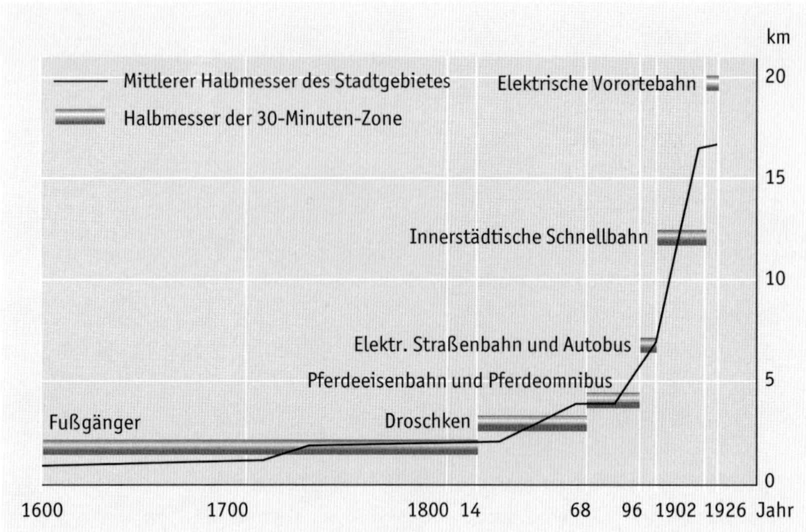

Abb. 4.27: Das Wachstum der Stadtfläche in Abhängigkeit vom öffentlichen Personennahverkahr

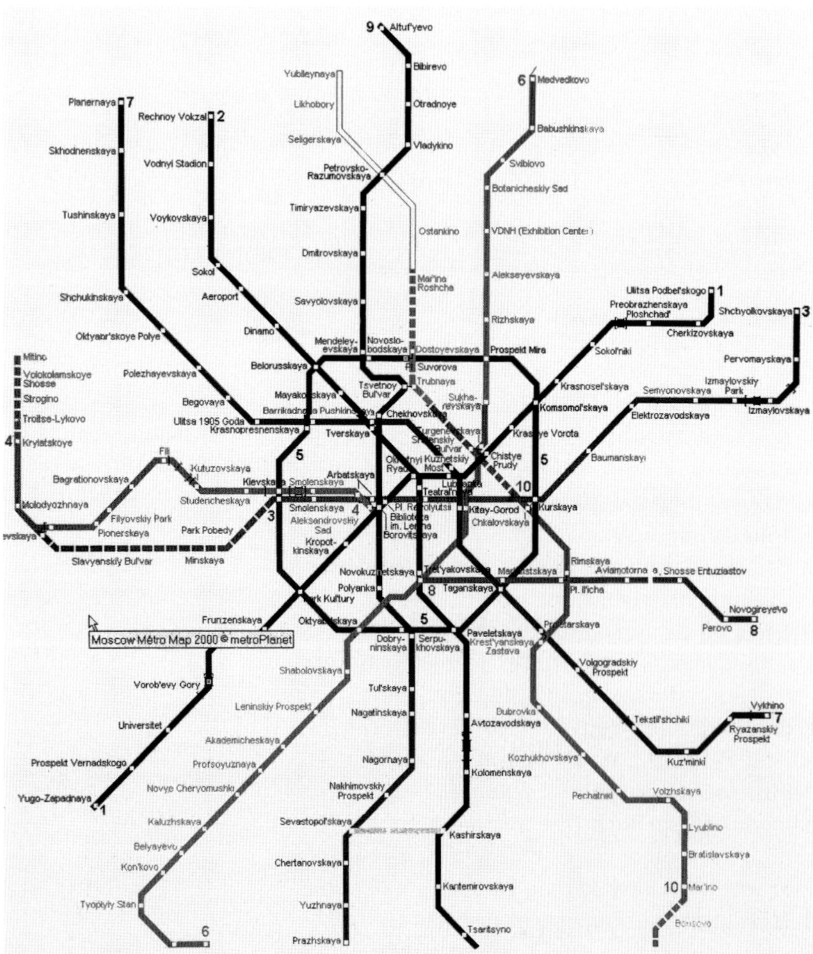

Abb. 4.28: Moskau, U-Bahn-Netz

Öffentlicher Verkehr versus Individualverkehr

Die Zusammenhänge zwischen den Fortschritten der Verkehrstechnologie und der Stadtentwicklung sind äußerst vielschichtig, die räumlichen Auswirkungen dagegen unmittelbar einsichtiger als bei den Fortschritten der Bautechnologie. Im folgenden können nur einige wichtige Aspekte herausgegriffen werden.

Aufgrund der oben skizzierten Abfolge der Einführung immer rascherer innerstädtischer Massenverkehrsmittel ergab sich ganz allgemein eine Veränderung des Bewegungsraums der städtischen Bevölkerung. Anhand des Berliner Beispiels sei diese Wechselwirkung zwischen dem Wachstum der Stadtfläche und dem Ausbau der innerstädtischen Massenverkehrsmittel skizziert (Abb. 4.27). Hierbei wurde als Gradmesser für die Reichweite eine auf das Stadtzentrum bezogene 30-Minuten-Isochrone gewählt. Betrug in der Zeit des Fußgängerverkehrs der in diesem Zeitraum zu durchmessende Radius rund 2,5 Kilometer, so erhöhte er sich durch die Einführung eines regelmäßigen Droschkenverkehrs (1814) bereits auf 4 km. Die Einrichtung von Pferdestraßenbahnen und Omnibussen (1868) erweiterte ihn auf knapp 5 km. Mit der Hochgründerzeit war bereits eine potentielle Ausdehnung der Stadtfläche auf das knapp Sechsfache des Fußgängerzeitalters erfolgt. Eine sprunghafte Erweiterung des Verkehrseinzugsbereichs brachte um die Jahrhundertwende die Anlage von elektrischen Straßenbahnen (1896) und innerstädtischen Schnellbahnen (1902). Letztere bedienten bereits ein Stadtgebiet mit einem Durchmesser von rund 25 km. Dieser Durchmesser vergrößerte sich mit der Erbauung der elektrischen Vorortebahn (1926) auf 40 km.

Mit den genannten Verkehrsmitteln sind unterschiedliche Standortmuster von Funktionen verbunden. Die Linien von Straßenbahnen und Autobussen haben im dichtverbauten Gebiet aufgrund des geringen Haltestellenabstandes zur Entwicklung eines linienförmigen Musters des Geschäftslebens beigetragen. Die „ribbon development" in den amerikanischen Städten folgte dem gleichen Prinzip wie die Geschäftsstraßen in den europäischen Städten. Aufgrund der Bedeutung von Bahnhöfen für den innerstädtischen Quell- und Zielverkehr entwickelte sich die Bahnhofsstraße häufig zur führenden Geschäftsstraße einer Stadt.

Infolge der drastischen Reduzierung des Bahnverkehrs in den USA sind die Bahnhöfe und mit ihnen die Bahnhofsstraßen seit den späten 1960er Jahren vielfach verödet. Als Gegenbeispiel sei Japan angeführt, wo bei enorm steigendem Personenverkehr Bahnstationen und Geschäftszentren als integrierte Einheiten geschaffen wurden (Schöller 1976). Diesem Beispiel ist inzwischen die Schweiz gefolgt.

Die Abhängigkeit der Stadtmitte im Hinblick auf die Zugänglichkeit wurde bereits dargestellt (vgl. Abb. 3.3) und darauf verwiesen, daß das Primat der öffentlichen Verkehrsmittel nur so lange gewahrt bleibt, als das Stadtzentrum den Ort der besten Zugänglichkeit im Stadtraum darstellt. Mit dem Pkw-Verkehr sinkt hingegen aufgrund der Stauungen und Parkplatzschwierigkeiten die Erreichbarkeit der Stadtmitte und ebenso der inneren Stadtteile im Vergleich zur Peripherie.

Das Primat der öffentlichen Verkehrsmittel wurde in den ehemals sozialistischen Staaten zur Planungsdoktrin erhoben und dementsprechend der öffentliche Verkehr, insbesondere der U-Bahn-Bau, forciert.

Die Moskauer U-Bahn ist heute mit 8,9 Mio. Passagieren pro Tag und 3 Billionen im Jahr die am stärksten frequentierte U-Bahn der Welt. Ihre Konstruktion begann 1932 mit eleganten und weiträumigen Stationen. Sie galt als Kunstwerk und gleichzeitig als nationales Symbol. Die Moskauer U-Bahn ist 269 km lang und hat 160 Stationen (Abb. 4.28). Die Züge sind identisch mit jenen in anderen zur ehemaligen UdSSR bzw. einst zum Comecon gehörenden Millionenstädten, so z. B. in St. Petersburg, Nowgorod, Minsk, Kiew, Charkow und selbst in Budapest und Prag.

Im Unterschied zu Europa, wo alle Millionenstädte über U-Bahnen verfügen, war der Bau von U-Bahnen in den USA in der 2. Hälfte des 20. Jh.s kein Thema. Die Verkehrspolitik wurde und wird vom Individualverkehr diktiert. Als Gegenbeispiel zu Moskau sei auf Los Angeles verwiesen, eine Metropolitan Area mit 12 Mio. Einw. Los Angeles galt bis in die 1980er Jahre als diejenige Großmetropole der westlichen Welt, die keine öffentlichen Verkehrsmittel besaß. Die letzten Straßenbahnen wurden 1961 eingestellt. Der Bau eines U-Bahn-Netzes startete 1985 mit großartigen Plänen. Gebaut wurde nur eine U-Bahn-Strecke zwischen der Union Station in der Downtown und North Hollywood mit einer Länge von 17,1 Meilen, zwei weitere Strecken mit einer Länge von 20 bzw. 23 Meilen stellen Reaktivierungen von vorhandenen Bahntrassen dar. Insgesamt stehen für den schienengebundenen Verkehr rund 100 km zur Verfügung. Dies wäre an sich eine durchaus beachtliche Strecke. Die Frequenz ist jedoch bisher äußerst bescheiden geblieben. Auf allen Strecken zusammen werden am Tag (Schnitt Juli 2000) 205 000 Fahrgäste befördert. Zum Verlauf der Strecke im Sozialraum der Metropole sei angemerkt, daß analog zu Chicago auch in Los Angeles die Nord-Süd-Strecke der Metro von North Hollywood nach Long Beach am Pazifik durch den Armutskorridor der Metropole führt. Dies belegt eindeutig, daß der öffentliche Verkehr im gesellschaftlichen System der amerikanischen Metropolen einen anderen Stellenwert besitzt als in Europa.

Nun wäre es unrichtig anzunehmen, daß der Ausbau von Straßen und Autobahnen in der sozialistischen Stadtplanung kein Gewicht besessen hätte. Das Beispiel von Moskau mit vorbildlich ausgebauten, an die historischen Torstraßen anknüpfenden Radialen und einem kreisförmigen Netz von Schnellstraßen und Autobahnen belegt das Gegenteil.

Abb. 4.29: Verkehrsflächen in Los Angeles

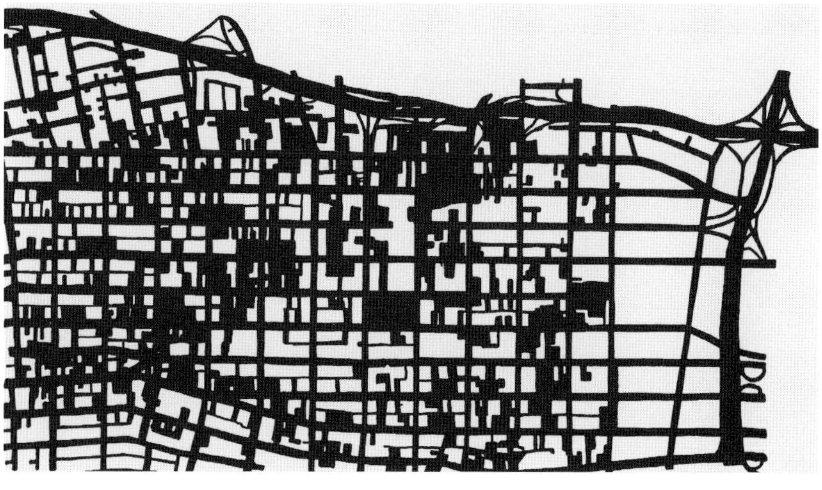

Abb. 4.30: Fußgängerstraßen in Kopenhagen

Ähnliches gilt für Prag, wo sich die tschechische Regierung seinerzeit bemüht hat, das Moskauer Vorbild im U-Bahn- und Straßenbau nicht nur zu erreichen, sondern wenn möglich sogar zu überbieten. In monumentaler Granitbauweise ausgeführt, mit sorgfältig ausgebildeten Oberflächen der Wände und Decken, perfekten Beleuchtungsverhältnissen und übersichtlicher Orientierung ausgestattet, werden die U-Bahnen von den tschechischen Architekten mit Stolz als „eine alltägliche Schule des Geschmacks und der bürgerlichen Moral" bezeichnet.

Los Angeles gilt trotz des U-Bahn-Baus noch immer als die mit Abstand größte „autogerechte Stadt" Amerikas. Eine Dokumentation hierzu bietet die Karte der Verkehrsflächen der Kernstadt von Los Angeles (Abb. 4.29), in welcher außer den Autobahnen auch die Flächen für den ruhenden Verkehr, Autoabstellplätze und die Flächen des Autohandels eingetragen sind. Der Flächenbedarf des Autoverkehrs in der Metropolitan Area ist aus der Landnutzungsstatistik zu entnehmen. Diese belegt, daß ein Drittel der Fläche der Metropolitan Area von Los Angeles als Verkehrsfläche klassifiziert ist.

Zum Unterschied von Amerika hat die autogerechte Stadt in Westeuropa nur kurzfristig als Leitbild gedient. Es erfolgte bereits in den 1960er Jahren eine Abkehr von der „autogerechten Stadt" mit Straßendurchbrüchen, Fußgängerunterführungen usw. Ein duales Modell der Verkehrsentflechtung überschwemmte unter dem Slogan „Jeder Klein- und Mittelstadt eine Fußgängerzone" Europa mit Lösungen verschiedener Art. Neue Zielsetzungen standen Pate:

- Dem Fußgänger sollte die Stadt wieder „zurückgegeben" werden (Verkehrsentflechtung),
- das zentrale Geschäftszentrum sollte gestärkt und
- der historische Baubestand erhalten werden.

In der Realität sind in Abhängigkeit von der historisch-topographischen Struktur der jeweiligen Städte sehr unterschiedliche Lösungen entstanden.

Fußgängerbereiche rückten seit dem Denkmalschutzjahr 1975 auf den ersten Platz der Zielsetzungen der Innenstadtplanung. In den 1980er Jahren gewann das Ziel der flächenhaften Verkehrsberuhigung an Bedeutung. In den 1990er Jahren trat dazu die Zielsetzung, in der Innenstadt eine gehobene Lebensqualität zu „inszenieren" (Abb. 4.30).

Zu Beginn des 21. Jh.s besitzt nahezu jede deutsche Stadt in den alten und neuen Bundesländern Fußgängerstraßen und größere Bereiche umfassen oft Netzwerke von 4 bis 9 km. Fußgängerbereiche sind nunmehr Instrumente des Stadtmarketing geworden, wobei nach einer Phase der Funktionalität derzeit Lebensqualität und die Inszenierung von Events im Vordergrund stehen. In der wettbewerbsorientierten Welt wird mit dem Image von Produkten geworben. Dabei werden auch Ereignisse und Symbole vermarktet.

Fußgängerbereiche sind inzwischen die Bühne einer hedonistischen Freizeitgesellschaft. Dazu gehören die von öffentlicher wie privater Seite inszenierten Freiraum-Events, Open-air-Konzerte, ja ganze Kulturprogramme auf zentralen Plätzen, Bürgerfeste, historische Märkte und Festivals, die sich oft über die gesamte Innenstadt erstrecken.

Die Anatomie der Stadt

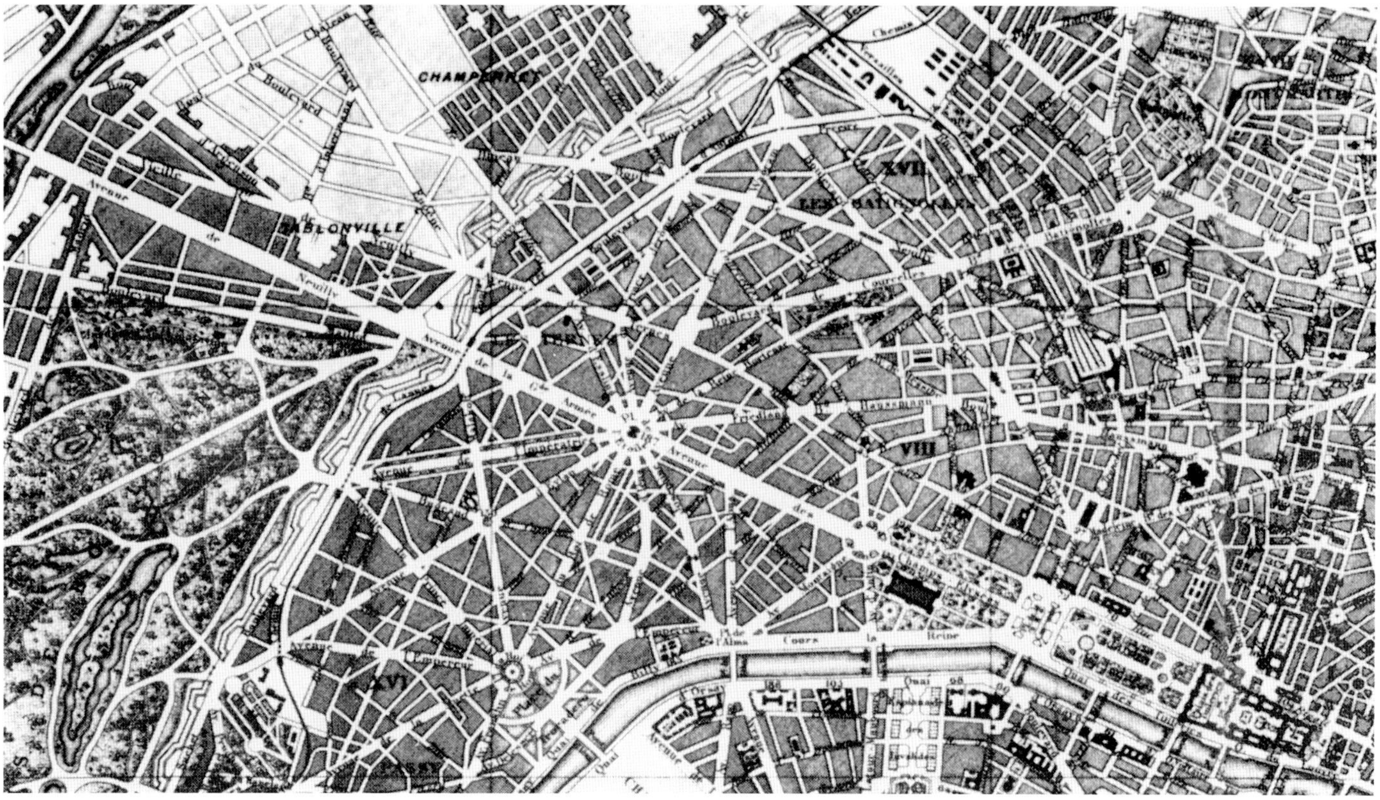

Abb. 5.1: Ausschnitt aus dem Plan von Paris, 1873

Überblick

Das Kapitel demonstriert die Langlebigkeit des Stadtplans:

- Das Nachwirken von Grenzen wird durch die Entfestigung der europäischen Städte und durch die Beispiele der Errichtung der Wiener Ringstraße auf dem ehemaligen Befestigungsgelände sowie der Gestaltung des einstigen Mauerbereichs im Gefolge der Wiedervereinigung von West- und Ostberlin demonstriert.
- Der Stadtplan wird auf zwei Ebenen erschlossen: Auf einer mittleren Analyseebene werden die historischen Grundformen der Aufschließung von Städten – Raster- und Sackgassensystem – mit ihren Variationen und Überlagerungen einander gegenübergestellt.
- Ein historischer Exkurs zur Metrik des Grundrisses belegt auf einer tiefer gelagerten Ebene die außerordentliche zeit- und kulturspezifische Variabilität des Parzellensystems.
- Den Baublöcken als wichtigen Planungseinheiten in der kompakten Stadt wird die Struktur von Anlagen in der aufgelockerten Stadt gegenübergestellt.
- Die Funktionen von Boulevards und Plätzen als öffentliche Freiräume in der kompakten Stadt werden im historischen Rückblick aufgerollt.
- Städte sind dreidimensionale Gebilde, daher wird abschließend auf die dritte Dimension der Stadt eingegangen: auf traditionelle städtebauliche Leitbilder, das Auftreten des Hochhausbaus und die Verzögerung des Wolkenkratzerbaus in Europa, auf das Frankfurter Wolkenkratzermodell und die Entwicklungsperioden des amerikanischen Wolkenkratzers.

Einleitung

Mit dem Kapitel über die Anatomie der gebauten Umwelt wird die Reihe der Kapitel eröffnet, die sich mit der Mikroebene der Stadt beschäftigen. Peter Hall (2000) hat in seinem Kommentar zur Urban Future 21 die physische Struktur der Stadt als die Hardware bezeichnet, deren die Gesellschaft als Software bedarf. Dieser zunächst attraktiv klingende Vergleich setzt eine Übereinstimmung zwischen physischem Stadtraum und der Gesellschaft voraus, die in Wirklichkeit nicht besteht, und zwar aus drei Gründen:

1) Die Bestandteile der physischen Struktur der Stadt weisen eine unterschiedliche Lebensdauer auf. So ist der Stadtplan als Stadtgrundriß im engen Wortsinn viel langlebiger als die darauf errichteten Gebäude und sonstigen Einrichtungen und überdauert vielfach mehrere historische Perioden der Stadtentwicklung.
2) Die Voraussetzung, daß synchron zur Abfolge der Generationen eine komplette Auswechslung der physischen Struktur von Städten erfolgt, trifft nicht zu. Im Gegenteil, bisher hat die sozialwissenschaftliche Stadtforschung – zumindest in Europa – in erster Linie den Wandel der Gesellschaft im baulichen Gehäuse thematisiert.
3) Der Vergleich enthält ferner implizit einen Umweltdeterminismus, weil auf einer bestimmten Hardware – wie allgemein bekannt – nur eine bestimmte Software implementiert werden kann. Konkret würde dies bedeuten, daß die gesellschaftliche Entwicklung vom physischen Stadtraum determiniert wird. Dieser Determinismus sollte zu einem Possibilismus relativiert werden.

Die folgenden Ausführungen demonstrieren, daß die Grundrißstrukturen von Städten viel langlebiger sind als die darauf errichteten Gebäude. Eine Spurensuche ist angesagt. Diese sucht nach den Spuren vergangener historischer Perioden im Stadtplan. Die Auswahl der Beispiele ist auf die europäische Stadt ausgerichtet, da diese aufgrund ihrer langen Vergangenheit eine sehr komplizierte Anatomie aufweist.

Der erste Abschnitt ist dem Thema der Befestigung und Entfestigung der europäischen Städte gewidmet. Mauer und Graben waren bis zur liberalen Gemeindeverfassung des 19. Jh.s Ausdruck städtischer Existenz und damit zugleich einer rechtlichen Sonderstellung, die die Stadt von dem umgebenden flachen Land abhob. Obwohl in den meisten Städten des Kontinents bereits mehr als ein Jahrhundert seit der Abtragung der Stadtmauern verstrichen ist, gelang es nirgends, diese ehemalige Grenze im Stadtplan auszulöschen. Nicht zuletzt deswegen, da das ehemalige Befestigungsareal im Zuge der gründerzeitlichen Bautätigkeit gleichsam als eine selbständige Bauaufgabe behandelt wurde.

Der Stadtplan wird auf zwei Ebenen erschlossen: auf einer mittleren Ebene unter Berücksichtigung der grundsätzlichen Unterschiede in der historischen Typologie der Aufschließung zwischen der geschlossenen Reihenhaus- und der offenen Verbauung. In der offenen Verbauung wird durch das Prinzip der Aufschließung von „planned unit areas", um den amerikanischen Begriff zu verwenden, eine neue Zwischendecke eingezogen, welche dem Mosaikprinzip des Stadtwachstums seit dem Beginn des 20. Jh.s und der Charta von Athen entspricht.

Auf einer unteren Ebene wird den Baublöcken als wichtigen Planungseinheiten in der kompakten Stadt damit die Struktur von Anlagen in der aufgelockerten Stadt gegenübergestellt und auf den dadurch bedingten, grundsätzlichen Bruch in der Stadtentwicklung eingegangen.

Ein wichtiges Element der kompakten Stadt sind die Freiräume in der Verbauung, welche im historischen Rückblick scheinbar unterschiedliche, in Wirklichkeit jedoch sehr ähnliche Funktionen besessen haben.

In einer Zeit, welche die Metrik von Aussagen einfordert, ist ein kleiner Exkurs über Parzellengrößen und -formen angebracht, die eine erstaunliche zeit- und kulturspezifische Variationsbreite besitzen.

Städte sind dreidimensionale Gebilde, daher wird abschließend auf die dritte Dimension der Stadt und insbesondere auf die Wolkenkratzersilhouette amerikanischer Städte eingegangen.

Grenzen und Grenzziehungen

Befestigung und Entfestigung von Städten

Historische Städte waren befestigte Städte. Mauer und Graben waren seit der Antike bis in die Neuzeit Ausdruck städtischer Existenz. Wohl hat es auch befestigte Märkte und sogar Dörfer gegeben, aber sie blieben stets eine Ausnahme. Die Befestigungen hatten mehrere Funktionen: Sie besaßen zunächst mit den Mauern, Türmen und Toren eine militärische Funktion. Sie sollten eine Sicherheit geben, die im ländlichen Raum nicht in dieser Form gewährleistet war. Die Mauern trennten aber in historischen Perioden auch zwei Rechtssphären. Die Metapher „Stadtluft macht frei" erinnert an diesen Rechtsvorteil der Städter gegenüber den Bewohnern des Landes. Dieser Rechtsvorteil ist durch die Liberalisierung und die Aufhebung der feudalen Rechtstitel annulliert worden. Schließlich waren die Befestigungen auch die Grenze zwischen zwei „Steuersphären". Stadttore waren wie Mautstellen an Grenzübergängen Steuereinnahmestellen der jeweiligen politischen Herrschaft für Produkte aller Art. Sie waren ebenso Kontrollstellen für alle Personen, welche die Stadt betreten wollten. Stadtbefestigungen waren damit sehr viel „besser kontrollierte" Grenzen als die weit „offeneren" Staatsgrenzen der demokratischen Staaten der Gegenwart.

Als Bauwerke haben Mauern und Tore im Laufe der Stadtgeschichte eine sehr unterschiedliche architektonische Ausbildung erfahren. Antike Stadtkulturen haben monumentale Mauern und Tore hinterlassen, in denen die politisch-militärische Macht von Großreichen repräsentiert worden ist. Bei Vitruv sind Angaben über die Stadtmauern nachzulesen und darüber, daß Türme auf den Mauern einen Pfeilschuß voneinander entfernt sein sollten. Vom Mittelalter zur Neuzeit entwickelte sich die militärische Verteidigungstechnik von den einfachen Mauern des Mittelalters zu den viel Platz beanspruchenden barocken Anlagen.

In den Stadtplänen europäischer Städte sind bei näherem Hinsehen die ehemaligen Mauerbereiche zumeist ebenso zu erkennen wie die einstigen Torstraßen. Selbst in großen Städten findet man einen Fortbestand von spezifischen Torfunktionen.

Die Thematik der Befestigung und Entfestigung ist mit der Thematik der Stadterweiterungen verbunden. Diese beschränkten sich keineswegs auf die Neuzeit. Schon im Hochmittelalter kam es in vielen größeren Städten zur Anlage eines weiteren Mauerrings, sei es, um bereits bestehenden Vorstädten Schutz zu bieten, sei es, um Raum für neue Stadtteile zu schaffen. Manche große italienische Stadt, wie Florenz und Bologna, aber auch Städte im deutschen Sprachraum, wie Köln und Wien, haben sogar mehrmals ihre Mauern über den römischen Kern hinaus vorgeschoben. Dasselbe gilt für Paris.

Bevölkerungswachstum und Ausbau der ländlichen Siedlungen durch Rodung und Intensivierung der Agrarwirtschaft bildeten die Voraussetzungen für die Expansion des städtischen Lebensraums. Bei sorgfältiger Analyse der Grundrisse sind diese älteren Ausbauten meist noch deutlich im Straßen- und Parzellensystem zu erkennen, oft wirken sie sogar in der baulichen Gestalt und im Funktionsgefüge nach.

Waren stark befestigte Städte schon im Mittelalter Schrittsteine und Bastionen der politischen Raumbildung gewesen, so konzentrierten sich mit der Ausformung der absolutistischen Staaten militärische Überlegungen und Investitionen vor allem auf die Residenz- und Festungsstädte und bescherten ihnen einen platzheischenden Um- und Ausbau der Fortifikationen.

Für die sternförmigen Anlagen mit Bastionen, Ravelins und dem Glacis, einem Schußfeld vor den Mauern, schufen italienische Festungsbaumeister der Renaissance meisterhafte Modelle. In der österreichischen Monarchie vollzog sich die Erneuerung der wichtigsten Verteidigungsanlagen meist unter der Leitung italienischer Ingenieure und Stadtbaumeister. Von dieser Umbautätigkeit blieb jedoch die Masse der europäischen Kleinstädte unberührt. Diese Unterscheidung ist von Belang, sind es damit doch zwei grundverschiedene Typen von Wehranlagen, die später von der Entfestigung betroffen waren.

Politische Machtentfaltung, frühkapitalistische Organisationsformen und von merkantilistischen

Ideen gefördertes Manufakturwesen verliehen Frankreich im 17. und 18. Jh. die politische und kulturelle Hegemonie auf dem Kontinent. Die dadurch ausgelöste frühindustrielle Welle der Verstädterung spiegelt sich in der Entwicklung der städtischen Einwohnerzahlen (1715: 18 Mio., 1789: 27 Mio.) wider. Getragen von den Ideen des „Aggrandissement" und des „Embellissement" vollzog sich die Neu- und Umgestaltung der städtischen Bausubstanz. Auf diese Weise setzte Frankreich jene urbanistischen Vorbilder, die bis ins 19. Jh. weltweite Nachahmung fanden.

Dabei überschneiden sich im französischen Städtebau zwei z. T. gegenläufige Tendenzen. Die forcierten Fortifikationsmaßnahmen schufen einerseits neue Barrieren gegen das Wachstum der Städte, das man andererseits durch die planmäßige Anlage von neuen Stadtteilen und die Sprengung des einengenden Mauerrings zu fördern und in geordnete Bahnen zu lenken versuchte.

Die ersten Stadterweiterungen des 17. Jh.s waren Kompromisse zwischen beiden Konzepten. Sie vollzogen sich noch im Schutz von neuerrichteten Mauern, wie etwa im Fall von Marseille, das im Osten der mittelalterlichen Altstadt längs einer Nord-Süd-Tangente eine Neustadt erhielt. Ähnliches gilt für Lille, welches Vauban 1674 mit einem neuen, wesentlich größeren Festungskleid versah.

Im Zeitalter Ludwigs XIV. übertraf Frankreich im Festungsbau bald die zuerst imitierten italienischen Muster und errichtete seine Sperrforts an der vorgeschobenen Nordgrenze in Flandern und entlang der soeben gewonnenen Rheinlinie. (1679 Huningue, Sarrelouis, Longwy, 1681 Montlouis, 1692/93 Mountdauphin, 1698 Neuf-Brisach). Ältere, frontnahe Städte bekamen einen neuen Festungsgürtel, wie Lille, Arras, Dünkirchen und Valenciennes im Norden, Straßburg, Belfort und Besançon im Osten, Perpignan und Bayonne im Süden, im Vorland der Pyrenäen, Toulon und Calais an der Küste des Mittelmeeres bzw. des Atlantiks. Im Gegensatz dazu begann das Ancien régime im Innern von Frankreich mit der „Entfestigung" großer Städte.

Das maßgebliche Vorbild hierzu setzte Paris. Nachdem noch Ludwig XIII. die Stadtmauer nach Westen vorverlegt hatte, um die Tuilerien einzuschließen, gab Ludwig XIV. den Befehl zur Abtragung dieser Fortifikationen und damit den Auftakt zur Anlage des innersten Boulevardrings. Die Pläne von Bullet und Blondel (1676) lassen den großzügigen Entwurf erkennen, bei dem dekorative Tore und Brunnen die repräsentative Wirkung der baumbepflanzten Alleen erhöhen sollten. Freilich gelangten von den geplanten Monumentaltoren nur zwei zur Ausführung.

Die erste „Entfestigung" von Paris war keine endgültige. Trotz heftigen Protestes der Pariser Bevölkerung wurde 1785 mit der Errichtung einer neuen Umwallung, der Mauer der Fermiers Généraux, begonnen, die nach anfänglichem Zögern der Direktorialregierung während der Revolution ihre Vollendung fand. Sie diente in erster Linie als Steuergrenze und bestand als solche bis 1859. Erst Napoleon III. ließ sie abtragen, als er die Nachbargemeinden in die Hauptstadt eingliederte. Unangetastet blieben die außerhalb dieser Zollmauer erst 1841–45 errichteten neuen Fortifikationen der französischen Metropole.

Die Geschichte der Festung Paris zeigt klar, daß den Hauptstädten der modernen Staaten bis in die Gegenwart eine überragende strategische Schlüsselposition bei kriegerischen Auseinandersetzungen zukam. In Wien versuchte man beim Anrücken Napoleons in fieberhafter Eile, die längst schadhaft gewordenen Basteien wieder instandzusetzen, ein freilich vergebliches Bemühen. Die Einnahme der Festung Paris beendete den Deutsch-Französischen Krieg 1870/71, der Fall von Berlin den Zweiten Weltkrieg.

Die Festungswerke besaßen aber nicht nur militärische Bedeutung. Sie bildeten darüber hinaus eine eminent wichtige soziale und wirtschaftliche Barriere zwischen der Stadt und den vor allem in der Neuzeit aufwachsenden Vorstädten. Ein höheres soziales Prestige schied den Bürger der Stadt vom Bewohner der Vorstadt ebenso wie die im Gefolge davon andersartigen wirtschaftlichen Aufgaben.

Vergessen wir nicht, daß es vor allem die permanente Angst des österreichischen Kaiserhauses vor den unzufriedenen Arbeitermassen der Vorstädte war, die die Entfestigung von Wien so lange hinauszögerte. Ähnliche Motive haben in fast allen größeren Städten eine nicht zu unterschätzende Rolle gespielt.

Kaum hoch genug bewerten kann man die Aufgabe der Stadtmauer als Steuerschranke. Die Stadttore waren ähnlich modernen Grenzübergängen polizeiliche Kontrollstationen des Verkehrs von Reisenden und Gütern, zugleich Mautstellen und damit Einnahmequellen für die städtischen und landesfürstlichen Finanzen. In Wien ging diese Funktion an den 1701 rings um die Vorstädte errichteten Linienwall über, in Berlin übernahm dieselbe Aufgabe die von Friedrich dem Großen errichtete Akzisemauer. Die Anlage der Mauer der Fermiers Généraux in Paris erfolgte auf Betreiben der Steuerpächter.

Die Entfestigung der Städte hatte auch im liberalen Zeitalter mit Schwierigkeiten zu kämpfen. Es ging nicht nur um die Abtragung der Stadtmauer, die Zuschüttung des Stadtgrabens und die Verbauung des Glacis. Die Stadterweiterung war mehr als eine bloße städtebauliche Aufgabe. Sie hatte eminente Konsequenzen in administrativer, sozialer und wirtschaftlicher Hinsicht, nicht zuletzt auf dem Umweg über den Bodenmarkt und damit die Beeinflussung der Bodenpreise. Die mit der Stadterweiterung verbundene verwaltungsmäßige Ausdehnung des Stadtgebiets wurde damals wie heute von beiden Parteien, den zu inkorporierenden Vorstädten und Vororten auf der einen und der Stadtgemeinde auf der anderen Seite, oft mit recht scheelen Blicken betrachtet. Erstere fürchteten die höheren Steuersätze und damit ein Ansteigen der Lebenshaltungskosten, was vor allem die unteren Bevölkerungsschichten empfindlich traf, letztere die enorme Bürde, die sie u. a. mit der Sanierung, d. h. der Anlage von Wasserleitungen, Kanalisation usw., aber auch sonstigen städtischen Pflichten übernahm, wobei sie häufig nur wenig zahlungskräftige Bürger hinzugewann.

Das zumeist recht ausgeprägte periphere Gefälle von sozialem Status und wirtschaftlichem Wohlstand bildete in vielen europäischen Großstädten eine nur mühsam zu beseitigende und lange nachwirkende Hürde gegen längst fällige Eingemeindungen. Der Verlauf der heutigen Pariser Stadtgrenze entspricht noch immer im wesentlichen der oben erwähnten frühgründerzeitlichen Befestigungsanlage, die inzwischen freilich beseitigt worden ist und an deren Stelle heute der Boulevard Périphérique als kreisförmige Autobahn verläuft.

Fragen wir nach dem Ablauf des Entfestigungsvorgangs und der damit verbundenen Stadterweiterung auf dem europäischen Kontinent, so können wir feststellen, daß sich darin bis zu einem gewissen Grad die Ausbreitung der Verstädterung widerspiegelt. Dementsprechend waren zuerst auch nur die großen Städte davon betroffen.

In Frankreich folgte Bordeaux als erste Stadt dem Pariser Vorbild. Diese Stadterweiterung war das Werk von Tourny (1754 – 57), welcher die Zitadelle durch eine großzügige Platzanlage und den Mauerkranz durch Boulevards ersetzte. Dijon, Nevers und Nancy setzten diese Reihe fort.

Auf deutschem Boden ahmten zuerst norddeutsche Städte das französische Beispiel nach. Berlin, als Hauptstadt von Brandenburg-Preußen, machte den Anfang (Stadterweiterung 1734). Hannover, die Hauptstadt des gleichnamigen Kurfürstentums, schloß sich 1763 an. Das bayerische Königshaus griff die gleichen Intentionen in seiner Hauptstadt (München 1791) und in den von ihm erworbenen Provinzen im Rheingebiet (Mannheim 1798, Hauptstadt des Kurfürstentums Pfalz; Düsseldorf 1801, Hauptstadt des Herzogtums Berg) auf.

Diese Entwicklungsphase fiel bereits in die Napoleonische Zeit, in der vor allem die freien Reichsstädte zur Schleifung ihrer Festungswerke gezwungen wurden: 1801 Ulm, 1802 Bremen, 1804 Frankfurt am Main, Hamburg und Lübeck. Weitere Exempel gehören derselben Ära an, wie 1797 Braunschweig (Hauptstadt des gleichnamigen Herzogtums), 1805 Hildesheim (Sitz des Bischofs von Hildesheim) und 1807 Breslau (Hauptstadt von Schlesien, preußische Provinz).

Wallpromenaden und Grünflächen entstanden an der Stelle des Befestigungsareals. Damit blieb unter anderen Vorzeichen die Trennung zwischen der nunmehrigen „Altstadt“ und den Vorstädten erhalten.

In den Jahrzehnten nach dem Wiener Kongreß, im Vormärz, siegten erneut die Kräfte der Beharrung. Erst das Zeitalter des Liberalismus mit seinem geradezu explosionsartigen Bevölkerungswachstum zerbrach die wehrhafte Geschlossenheit der Städte. In rascher Folge entledigten sie sich ihrer längst hemmend und überflüssig gewordenen Mauerringe.

Wien stand im deutschen Sprachraum am Anfang dieser Entwicklung und setzte das wohl berühmteste Beispiel für die Anlage von Ringstraßen, das in den folgenden Jahrzehnten, wenn auch in abgewandelter und bescheidenerer Form, von vielen Städten nachgeahmt wurde. Die folgende Aufstellung erhebt keinerlei Anspruch auf Vollständigkeit: 1857 Würzburg, 1862 Augsburg, 1873 Stettin, 1875 Mainz, 1881 Köln und 1895 Danzig.

Die Entfestigung der größeren deutschen Städte dauerte bis zum Ersten Weltkrieg an, nahm jedoch ebenso wie in Frankreich die Festungsstädte aus. Erst 1920 beschloß die Deutsche Nationalversammlung ein Gesetz für alle Festungsstädte, wonach das ehemalige Festungsgelände für Siedlungen, Kleingärten und Sportanlagen genutzt und enteignet werden konnte. Diese Maßnahme betraf vor allem Köln und Königsberg. Ebenso wurde in Paris seit 1919 das Festungsgelände (La Zone), das bis dahin Bausperrgebiet war und zu einem Elendsquartier zu werden drohte, durch Sportplätze, Parkanlagen (Bois de Boulogne, Bois de Vincennes) sowie mit modernen Wohnblöcken verbaut. Die Cité Universitaire und das Luftfahrtministerium entstanden auf diesem Areal.

Die Stadterweiterungen auf spanischem Boden gehören durchweg der zweiten Hälfte des 19. Jh.s an. Allzusehr hatte das über Jahrhunderte dauernde Abenteuer der Kolonisierung Amerikas Bevölkerung und Wirtschaft des Landes geschwächt. Erst der Verlust der wertvollsten Überseebesitzungen brachte eine Wiederbesinnung auf die Belange des Mutterlands. Die Sprengung der Mauergürtel setzte bei den Großstädten ganz allgemein um 1860 ein. Als Prototyp diente die Neustadt von Barcelona. Ähnlich wie in Wien schrieb man auch hier einen Wettbewerb für die Stadterweiterung aus. Der preisgekrönte Entwurf von Antonio Rovira y Trias gelangte jedoch nicht zur Durchführung, sondern der schon früher von der Regierung insgeheim gebilligte Vorschlag von Ildefonso Cerda y Suner. An der Stelle der Wälle wurden die Rondas, 30 bis 40 m breite Alleestraßen, um die Stadt herumgelegt. Die Verbauung der nach außen anschließenden Stadterweiterungsgründe erfolgte in Form großer Blöcke, deren Hauptvorzug die großen Freiflächen im Inneren waren.

Die Madrider Erweiterung folgte dem Plan von Barcelona (1868). Valencia begann 1865 mit dem Abbruch der verfallenen mittelalterlichen Stadtmauer. Sevilla, Bilbao und San Sebastián folgten gleichfalls in den 60er Jahren. Der Einfluß des Haussmannschen Konzepts ist bei den Durchbrüchen durch die Altstadt und den neu angelegten Paseos nicht zu übersehen.

Später als in Spanien begannen die Entfestigungen in Italien. Nur die Hafenstädte Genua und Neapel hatten sich schon so früh ihrer Befestigungen entledigt, daß ihre Spuren nur mit Mühe im Grundriß feststellbar sind. Ansonsten verharrte noch um die Wende zum 20. Jh. die Mehrzahl der italienischen Städte in dem Mauerkleid, das ihnen das späte Mittelalter oder die frühe Neuzeit angemessen hatte. Bei manchen von ihnen, wie Siena und Arezzo, war es nicht einmal voll ausgefüllt, sondern umschloß noch ansehnliches Gartengelände. Brescia, Ferrara, Parma, Piacenza, Modena und Lucca können als weitere Vertreter dieser Gruppe genannt werden. Die heutige Metropole Oberitaliens, Mailand, befand sich damals gerade in Umgestaltung. Teilweise hatte man den Mauerring bereits durch Boulevards ersetzt, teilweise standen noch die Wälle. Nur Florenz war schon früher in die Reihe der „Ringstraßenstädte" eingeschwenkt. Bereits 1865 hatte es seine dritte Stadtmauer (Terzo Cerchio), die 1284 – 1327 gleichzeitig mit dem Dom erbaut worden war, abgetragen. Französischen Vorbildern folgend, ließ man nur die Tore als historische Monumente stehen. An der Stelle der Befestigungen wurde der breite Viale di Circonvallazione angelegt, der unter verschiedenen Namen die rechtsufrige Altstadt umschließt.

Die unterschiedliche Wachstumsintensität der städtischen Gemeinwesen im Industriezeitalter bildete zweifellos einen wesentlichen Faktor für den Zeitpunkt und die Art der Stadterweiterung, obgleich keineswegs ein klarer Zusammenhang zwischen wirtschaftlicher Expansion, Einwohnerzahl und dem Zeitpunkt der Abtragung der Festungswerke besteht.

Roms Innenstadt wird bis zum heutigen Tag von der spätantiken Aurelianischen Mauer umgeben; Mittelstädte, wie Siena und Ferrara in Italien oder Chester in Großbritannien, zeigen sogar mit einem gewissen Stolz ihre alten Tore, Türme und Zinnen. Bei den zahlreichen Kleinstädten und den wenigen Mittelstädten, die ihre mittelalterlichen Wehranlagen meist im Verein mit einem historischen Stadtbild bis in die Gegenwart erhalten haben, verschmelzen nunmehr Traditionsbewußtsein und die Interessen der Fremdenverkehrsindustrie. Wall und Graben, in vielen Fällen Ausdruck einer konservativen Geisteshaltung der Bevölkerung und zugleich sichtbares Zeichen für die wirtschaftliche Stagnation in der jüngeren Vergangenheit, sind eine Sehenswürdigkeit und damit Kapital für den Fremdenverkehr geworden.

Zwei Grundkonzepte städtebaulicher Gestaltung fanden im Zuge der Stadterweiterung Anwendung:

- Die radiale oder tangentiale Boulevardallee als Hauptachse von neugegründeten Stadtteilen bzw. Vorstädten (Beispiele: Berlin, München, Marseille, Madrid usw.), wobei die Idee der barocken Sichtachse Pate stand. Eine asymmetrische Ausweitung des Stadtgebietes war die Konsequenz. Bei großen Städten wurden häufig mehrere derartige Radien bzw. Tangenten an die Altstadt angefügt.
- Der Boulevardring, d. h. die Verbauung des ehemaligen Fortifikationsareals durch einen repräsentativen, kreisförmigen Straßenzug, der häufig als Basis für die peripher fortschreitende Anlage neuer Quartiere diente.

Beide Ideen wurden zweifellos in Frankreich geboren und hier bereits in verschiedener Weise miteinander kombiniert und variiert. Die Effekte der Stadtgröße auf die Gestaltung des Ringstraßenkonzepts sind an den Beispielen von Mittel-, Groß- und Millionenstädten klar zu erkennen:

1) Periphere Erscheinungen, wie Industriebetriebe und Lagerplätze, städtische Versorgungseinrichtungen, wie Gaswerke usw., fanden auf dem ehemaligen Glacis stets dann ihren Platz, wenn die Vorstädte klein und von weiten Freiflächen umgeben waren und die Bodenpreise dementsprechend nur niedrige Werte erreichten. Dies traf zumeist für die Mittelstädte zu. Amiens in Nordfrankreich ist als Beispiel zu nennen.
2) Einen wichtigen Schritt bedeutete die Einplanung von Parkanlagen und Promenaden auf dem ehemaligen Glacis. Eine solche Lösung fand vor allem dort Anklang und Verwirklichung, wo die Altstadt selbst bereits so dicht verbaut war, daß der Besitz eines Privatgartens innerhalb der Mauer schon als Luxus galt. Verschiedene Richtungen der europäischen Gartenarchitektur haben bei der Ringgestaltung in den deutschen Städten mitgewirkt. So wurde z. B. in Bremen eine „englische Anlage" geschaffen. Derartige Parkanlagen gaben häufig den Anreiz zur Aussiedlung gehobener Bevölkerungsschichten aus der Altstadt. Würzburg bietet ein schönes Beispiel für die gelungene Verbindung zwischen Grünflächen und guten Wohnvierteln in der Pufferzone zwischen Altstadt und Vorstädten. Während sich in Würzburg die neuen Wohngebiete an der Außenseite des Ringparks hinziehen, wechseln in Braunschweig abschnittsweise Grünanlagen und gute Wohngebiete. Auch dort, wo keine Parks die Stelle des ehemaligen Schußfeldes einnahmen, weist diese Ringzone nicht selten eine bessere Wohnqualität als die Altstadt auf (z. B. in Köln).
3) Die Ausweitung der Cityfunktionen in den Ringbereich fand schließlich überall dort statt, wo, durch das anhaltende Wirtschaftswachstum bedingt, der in der Altstadt zur Verfügung stehende Raum zu knapp wurde bzw. auf Repräsentation angewiesene Wirtschaftsbetriebe den Standort am Ring dem in der Altstadt vorzogen. Dabei kam es zwischen der Ringstraße und der Altstadt meist zu einer Aufgabenteilung im Geschäftsleben, im Großhandel und im Geld- und Versicherungswesen.
4) Sonderfälle stellen schließlich die Hauptstädte oder Regionalzentren dar, in denen das Terrain des ehemaligen Festungsgürtels, ähnlich wie in Wien, für die Anlage von repräsentativen Bauten Verwendung fand (z. B. Kopenhagen, in kleinerem Ausmaß Brünn).

Abb. 5.2: Tiefblick auf das „Kaiserforum" in Wien

In Abhängigkeit von den lokalen Gegebenheiten treten selbstverständlich übergreifende Kombinationen der genannte Elemente auf. So wurde der Standort des Hauptbahnhofs sehr wesentlich von der im 19. Jh. herrschenden Verkehrssituation bestimmt.

In allen Fällen, besonders aber bei den beiden letztgenannten, kam es zu einer unterschiedlichen Ausformung der einzelnen Abschnitte der Ringstraße sowohl in baulicher als auch sozialwirtschaftlicher Hinsicht, wobei die Einflüsse aus den benachbarten Altstadt- und Vorstadtquartieren sowie das Verkehrsnetz zur Geltung kamen.

An Hand von zwei Beispielen aus dem deutschen Sprachraum, den ehemaligen Residenzen Wien und Berlin, sollen die erwähnten Grundkonzepte von Stadterweiterungen kurz vorgeführt werden.

Die Wiener Ringstraße

Die Wiener Ringstraße zählt zu den Glanzleistungen europäischen Städtebaus im 19. Jh. Das vielzitierte Handschreiben von Kaiser Franz Joseph, Ende 1857, in dem dieser die Abtragung der Basteien befahl, ist die erste und letzte Großtat des Herrscherhauses in seiner Hauptstadt, bei der die Stadtbehörden erst gar nicht um ihr Einverständnis gefragt wurden. Sie steht damit an einem Wendepunkt der europäischen Geschichte, am Ende des absolutistischen Landesfürstentums und am Beginn der liberalen Ära und ist in ihrem Wesen beiden Epochen verhaftet.

Zwar erfolgte die Ausschreibung eines internationalen Architektenwettbewerbs, doch erhielt dann das Baudepartement des Innenministeriums den Auftrag, auf dieser Grundlage einen neuen Plan auszuarbeiten, in dem auch die Funktion der Ringstraße als militärisches Areal Berücksichtigung finden mußte. Die Durchführung übernahm die Stadterweiterungskommission. Auch diese unterstand dem Innenministerium. Die Bautätigkeit selbst gehorchte bereits kapitalistischen Spielregeln. Große Baugesellschaften schalteten sich bei der Finanzierung ein und übernahmen die Errichtung der Monumental- und Wohnbauten.

Das Repräsentationsbedürfnis eines Großstaats, der sich damals mit 34 Mio. Einw. (1860) durchaus mit Deutschland und Frankreich messen konnte, bediente sich der Tradition der barocken Residenzstadt. Wie in der Barockresidenz blieb der Herrscherpalast gleichsam die „soziale Mitte" der Stadt. Glanz und Kernstück des gesamten städtebaulichen Konzepts ist das Kaiserforum der Hofburg, von dem allerdings infolge des Ausbruchs des Ersten Weltkriegs der zweite Flügel nicht mehr errichtet werden konnte, so daß die Schließung des Forums, mit Museen und Hofstallungen, unterblieb (Abb. 5.2).

Die Ringstraße bot der österreichisch-ungarischen Monarchie das repräsentative Forum für die Symbole der politischen und kulturellen Macht. Hier entstanden Parlament, Rathaus, Universität, Museen, Oper und Burgtheater. Es war ein historisch gebildetes Zeitalter, das baute. Man wählte das Stilkleid der griechischen Antike für das Parlament, orientierte sich beim Rathaus an den Vorbildern der freien Reichsstädte des Mittelalters und folgte bei der Universität der Besinnung der italienischen Renaissance (Abb. 5.3).

Der Ringstraße fiel die Aufgabe zu, den oberen Bevölkerungsschichten Wohnraum zu bieten. So erscheint die Ringstraße gleichsam als der sozial aufgewertete Rahmen um die Altstadt. Abb. 5.4 bietet einen Beleg für die ausgeprägte soziale und ökonomische Segregation in der liberalen Gründerzeit. Viertelsweise separierten sich die Angehörigen des Adels, der bürgerlichen Oberschicht, z. B. der Bankiers und Unternehmer, sowie des Bildungsbürgertums und der freien Berufe, etwa der Ärzte und Rechtsanwälte.

Abb. 5.3: Ringstraße: Parlament, Rathaus, Universität

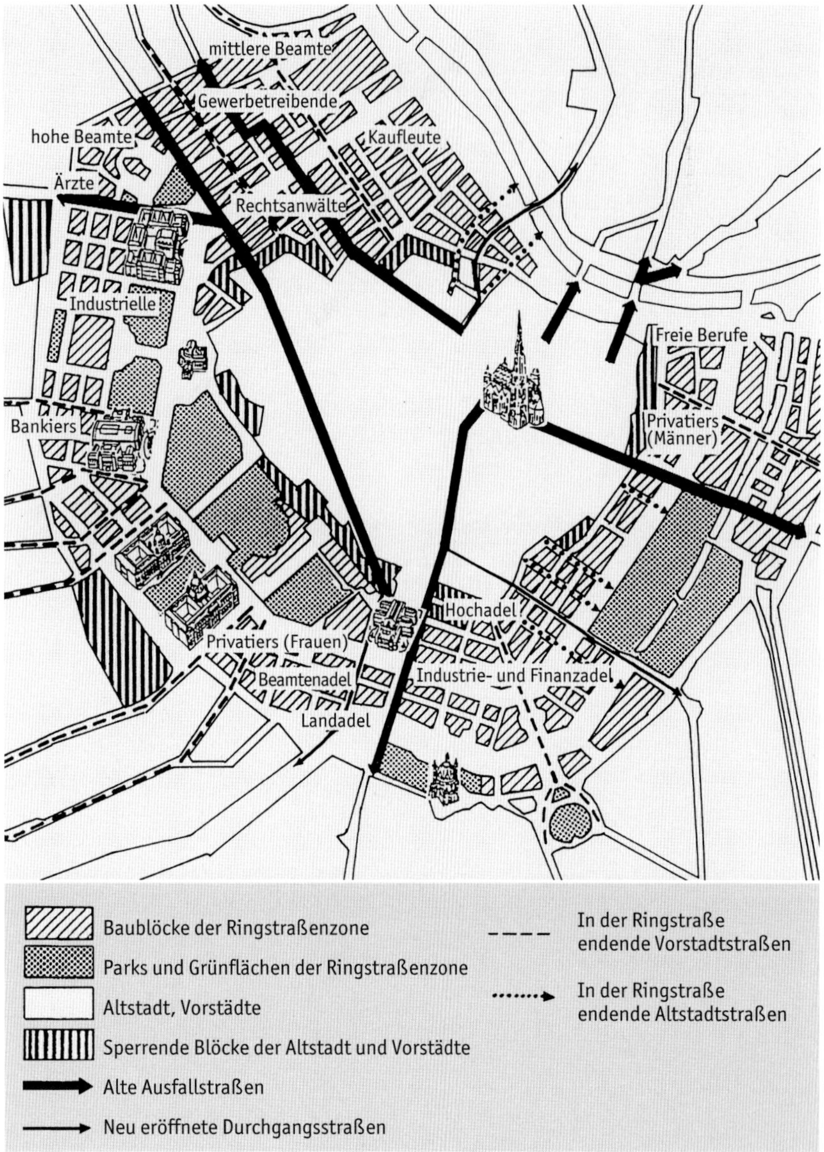

Abb. 5.4: Sozialgeographie der Ringstraße, Wien, 1910

Ursprünglich nicht als Ausweitungsfeld für wirtschaftliche Aktivitäten vorgesehen, wurde die Ringstraße jedoch bald von den Kräften der Citybildung erfaßt. Der Prozeß der „Entfremdung" der Mietshäuser setzte ein, wenn auch viertelsweise mit unterschiedlicher Intensität, und hält bis in die Gegenwart an.

Diese Einbeziehung in die Citybildung durchlöcherte schon im kaiserlichen Wien die städtebauliche Konzeption, welche Monumentalbauten, Nobelmietshäuser und Parkanlagen als ihre Bausteine verwendet hatte.

Die Ringstraße entstand in einer Epoche stärksten Wachstums der städtischen Agglomeration und damit der städtischen Wirtschaft, in einer Zeit freilich, in der die Schaffung zentraler Geschäfts- und Bürodistrikte noch nicht als Aufgabe des Städtebaus erkannt war.

Bei dieser Ansiedlung von Cityfunktionen im Ringstraßenbereich überlagerten und ergänzten einander drei Vorgänge:

Erstens kam es zu einem sektorenweisen Ausgreifen von Unternehmen aus der Altstadt, z. B. von Textilniederlassungen, Banken, Verlagen und Modesalons.

Zweitens gewann die Ringstraße neue Tätigkeitsbereiche, darunter die Höheren Schulen, die Mehrzahl der Zentralbüros der im Zuge des Industrialisierungsprozesses neu auftretenden großen Wirtschaftsunternehmen, die Hauptquartiere der Berg- und Hüttenwerke, der eisenverarbeitenden Industrie und der Zuckerindustrie. Dazu kamen die Generalrepräsentanzen des Versicherungswesens, die Dienstleistungen des Verkehrs, die Schiffahrtslinien und der Autohandel. Die ersten halboffiziellen Einrichtungen, wie Kammern und Vereine, faßten hier ebenfalls Fuß.

Ferner übernahm die Ringstraßenzone, unterstützt durch die großen öffentlichen Grünflächen des Stadtparks, des Volksgartens und des Rathausparks, jene Erholungsfunktion für die Bevölkerung der Altstadt, welche vor der Abtragung der Basteien das Glacis innehatte. Die zahlreichen Restaurants und vor allem die großen Eckkaffeehäuser waren nicht nur Treffpunkte von Gelehrten, Künstlern und Studenten, sondern besaßen auch eine wirtschaftspolitische Aufgabe, indem zahlreiche geschäftliche Transaktionen in ihnen zur Abwicklung gelangten. Nicht in den städtebaulichen Projekten vorgesehen, entstanden erst nachher aus Palästen bzw. Wohnhäusern die internationalen Hotels, wie das Imperial oder das Grand Hotel (heute Internationale Atomenergiekommission), am Kärntner Ring für ein internationales Publikum.

Die Berliner Stadterweiterung

Im deutschen Sprachraum beschritt Berlin zuerst den Weg neuzeitlicher Stadterweiterung. Diese verdient unser besonderes Interesse, weil sich dabei der absolutistische Städtebau gleichsam an einem Schulbeispiel demonstrieren läßt. Vier Hohenzollerngenerationen, vom Großen Kurfürsten bis zu Friedrich dem Großen, haben dazu beigetragen, Berlin in einem Umfang repräsentativ auszugestalten wie sonst keine deutsche Residenz. Sie vertraten damit eine völlig andere Politik als die in ihre internationalen Angelegenheiten verstrickten Habsburger.

Der Große Kurfürst begann mit der baulichen Erweiterung von Berlin in Form der Neuanlage von Flüchtlingsstädten, die freilich keine rechtliche Selbständigkeit besaßen. Er gründete im Westen der an sich nur kleinen Berliner Altstadt Friedrichswerder (seit 1658) und die Dorotheenstadt (beiderseits einer Esplanade Unter den Linden, 1674). Sein Sohn Friedrich III. (später König Friedrich I.) fügte im Süden eine weitere Neustadt, die Friedrichsstadt (1686), im Rasterschema hinzu. Sein Enkel Friedrich Wilhelm I. ließ 1730 einen neuen Erweiterungsplan erstellen und umgab das Ausbaugebiet mit einer Mauer. Berlin erhielt damit einen, dem Wiener Linienwall ähnlichen, zweiten Mauerring. Er bestand bis 1861 und diente wie in Wien als Steuergrenze.

Gleichzeitig begann 1734 die Abtragung der Befestigungen um die Altstadt. Das frei gewordene Areal wurde in Baustellen eingeteilt und die Grenze zwischen Altstadt und Vorstädten verwischte sich allmählich (Abb. 5.5).

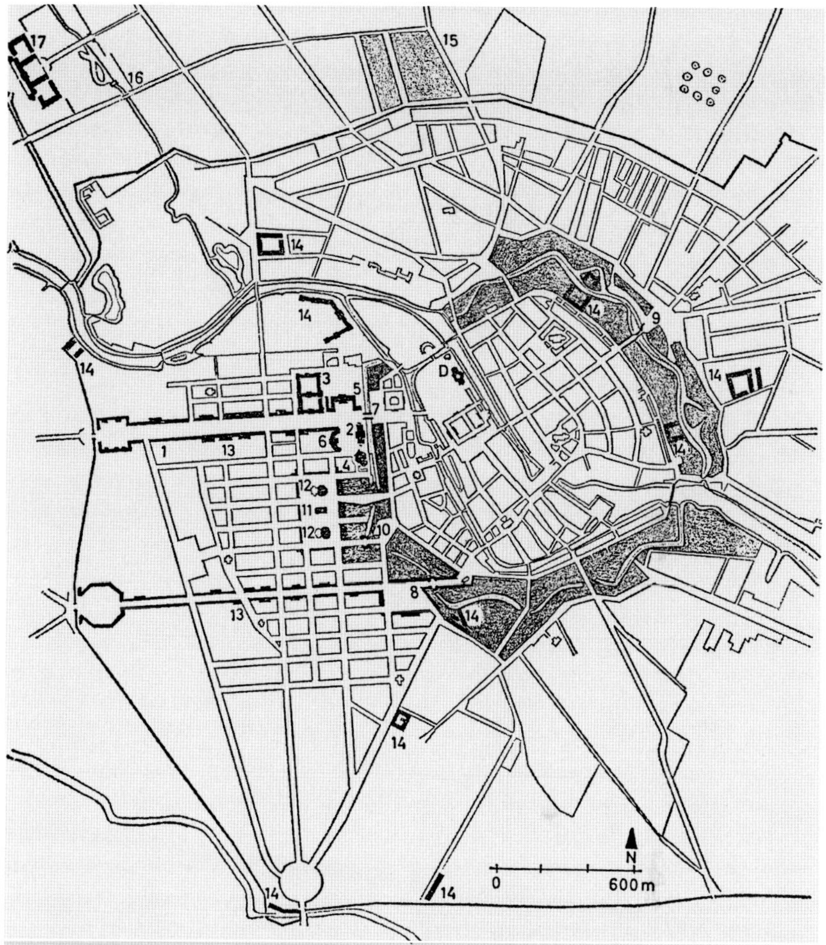

1 Unter den Linden
2 Oper (1741)
3 Marstall mit Akademie (1745)
4 Katholische Hedwigskirche (1747)
5 Palais Prinz Heinrich (1754)
6 Bibliothek (1775)
7 Brücke (1774) am Lustgarten
8 Brücke mit den Spittelkolonnaden (1776)
9 Königsbrücke (1777)
10 Mohrenstraßenbrücke (1780)
11 Komödienhaus (1774)
12 Kirchtürme am Gendarmenmarkt (1780–85)
13 Leipzigerstraße
14 Kasernenneubau
15 Voigtland, Kolonie für Bauhandwerker
16 Pankemühle
17 Invalidenhaus (1747)
D Neuer Dom (1747–50)

Abb. 5.5: Die Berliner Stadterweiterung zur Zeit Friedrichs des Großen

Vergleichbar der späteren Wiener Ringstraße wurden die neuen Stadtteile repräsentativ ausgestaltet. Diese Aufgabe übernahm Friedrich der Große. In der Folge konzentrierte sich die gesamte Bautätigkeit des preußischen Staats in unerhörtem Ausmaß auf die Hauptstadt. Die kleineren Provinzstädte haben davon kaum etwas gespürt.

Zwischen der Berliner Stadterweiterung und der Wiener Ringstraße bestehen manche Parallelen. Freilich nicht auf dem Felde baulicher Gestaltung, sondern mehr im sozialen und funktionellen Bereich. Auch in Berlin rückte dieses neuparzellierte Gelände rasch zur vornehmsten Wohngegend auf. Adel, Geheimräte und Unternehmer waren im späten 18. Jh. die tragenden Sozialgruppen. Im 19. Jh. wurde es von der Citybildung erfaßt. Verschiedene spezielle Viertel entstanden. Im Anschluß an das Regierungsviertel „Unter den Linden" und das damit verbundene Diplomatenviertel siedelten sich nach Süden hin die Großbanken, der Textilgroßhandel, das Zeitungswesen und die zentralen Verwaltungsbüros der führenden Industriekonzerne an. Die Ähnlichkeit mit der Wiener Ringstraßenzone drängt sich auf. Freilich hat dieser Vergleich heute nur noch historische Bedeutung. Die Berliner City wurde im letzten Weltkrieg radikal ausgelöscht. Bei der Teilung Berlins kam das Areal der ehemaligen City zu Ostberlin und wurde im Stil des sozialistischen Städtebaus der Stalinära wieder aufgebaut.

Die Wiedervereinigung von West- und Ostberlin

Berlin ist mehr als vier Jahrzehnte lang eine geteilte Stadt gewesen (Abb. 5.6). Die Einigung Deutschlands hat auch die beiden Stadthälften wieder vereint. Das Luftbild entlang der ehemaligen Mauer zwischen West- und Ost-Berlin belegt eindrucksvoll, welch riesige Areale unmittelbar im Anschluß an die „grüne Lunge" des Tiergartens zur Verbauung zur Verfügung stehen (Abb. 5.7).

Eine Jahrhundertlösung hätte Platz gehabt. Eine Jahrhundertlösung kam jedoch nicht zustande. Die Bundesrepublik Deutschland ist ein föderalistischer Staat; eine städtebauliche Demonstration des Staates in der Mitte seiner wiedergewonnenen Hauptstadt, wie sie ein zentralistischer Staat wie Frankreich unternommen hätte, war daher nicht zu erwarten. Dies auch aus einem weiteren Grund, denn Berlin ist nicht nur die Hauptstadt eines Bundesstaates, dessen einzelne Länder keine zu großartige Hauptstadt wünschen, sondern Berlin ist außerdem die Hauptstadt eines Staates, der mit großer Sorgfalt „nationale" Repräsentationsattitüden vermeiden muß.

1999 ist die Bundesregierung von Bonn nach Berlin übersiedelt. Berlin wurde zum Schauplatz einer Diskussion über die Zukunft der Gestaltung der europäischen Stadt, dementsprechend divergierend waren die Meinungen. Die städtebauliche Lösung der Gestaltung der „neuen Mitte" verblieb schließlich im Rahmen der traditionellen Elemente des europäischen Städtebaus mit Beibehaltung der Traufhöhe und der Blockstruktur.

Nun stellt sich die Frage: Was baut der Staat in seiner Hauptstadt, und was baut die Wirtschaft? Zunächst zum Staat. Hier lautet die Antwort: Mit der Anordnung eines etwa einen Kilometer langen „Bandes des Bundes" wird ein Symbol für die Verbindung der beiden ehemals geteilten Stadthälften geschaffen. In monumentaler Form neu errichtet wurde das Bundeskanzleramt, weitere Bauten werden z. T. unter Verwendung der Baukubatur der DDR-Vergangenheit komplett erneuert. Der Umbau des Reichstags in das Gebäude des Bundestags ist abgeschlossen. Damit ist eine neue Landmarke entstanden. Die Bautätigkeit umfaßt die Bereiche Spreebogen, Spreeinsel und Wilhelmstraße/Leipzigerstraße. Der Umbau der Museumsinsel wird der internationalen Qualität der Berliner Museumstradition zu neuem Glanz verhelfen.

Nun zur Frage: Was baut die Wirtschaft? Hier ist sofort eine Einschränkung angebracht, um zu hochgestochene Erwartungen zurückzuschrauben. In der Zeit der Bonner Regierung hat der westdeutsche Föderalismus die hochrangigen Funktionen des quartären Sektors in mehreren Städten gleichsam verteilt: Frankfurt wurde zum Bankenzentrum und zum größten Flughafen, Köln zur Kapitale der Versicherungen, Hamburg übernahm die Hafenfunktionen, München etablierte sich im EDV-Bereich und als Kulturmetropole und Stuttgart als ein weiteres Fenster der westdeutschen Exportindustrie. Ein „Run" von seiten der Großunternehmen der Wirtschaft auf die Berliner „Baustelle" war daher nicht zu er-

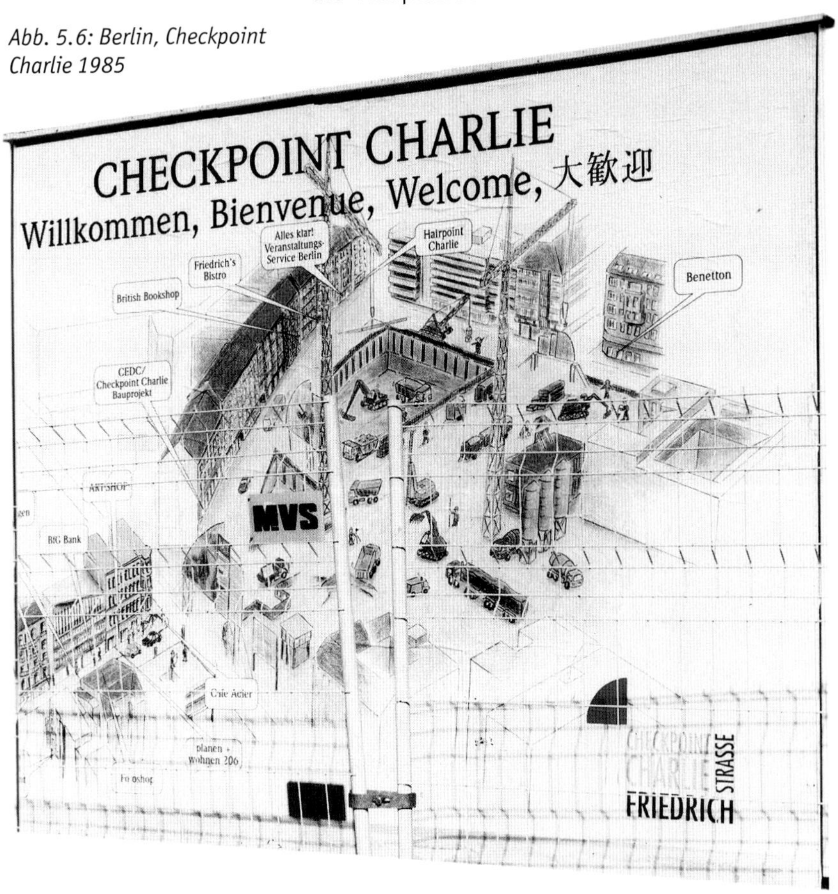

Abb. 5.6: Berlin, Checkpoint Charlie 1985

Abb. 5.7: Berlin, Luftbild, Mauerbereich im Jahr 2000

warten. Auch die Bautätigkeit der Wirtschaft ist in Berlin, verglichen mit Frankfurt am Main, daher eher bescheiden, wenn man die herzeigbare architektonische Kubatur als Meßlatte verwendet.

Bisher ist ein Komplex weitgehend fertiggestellt, nämlich im Bereich des Potsdamer Platzes. Hierbei haben drei Großunternehmen ihre Großprojekte realisiert: DaimlerChrysler, Sony und ABB.

DaimlerChrysler hat die sogenannte „Debis-Gesellschaft" für das Potsdamer-Platz-Projekt und das Immobilienmanagement gegründet. Sony

Abb. 5.8: Berlin, Sony Center am Potsdamer Platz, Berlin

und ABB sind zur Umsetzung ihrer Projekte Joint-ventures mit international etablierten Bau- und Immobilienunternehmen eingegangen. Insgesamt wurden durch die drei Unternehmen rund 3 Mrd. EURO investiert und 750 000 m^2 Bruttogeschoßfläche errichtet. Hierbei ist die Europazentrale von Sony mit der Errichtung eines 100 m hohen gläsernen Uhrturms bereits aus der vorher beschriebenen städtebaulichen Diktion einer ruhigen Horizontale ausgebrochen. Insgesamt ist ein eigener Stadtteil mit ausgeprägtem Gastronomie- und Entertainmentcharakter mit Theatern, einer Spielbank, dem Grand-Hyatt-Hotel und der Niederlassung der Berliner Filmfestspiele entstanden. Den Mittelpunkt des Sonyzentrums bildet das Forum, ein mit Glas und Stoff überdachter, 4000 m^2 großer öffentlicher Platz (Abb. 5.8).

Insgesamt ist ein Touristenmagnet entstanden. Dies entspricht auch der Initiative der Wirtschaft bei der Neuschaffung von baulichen Strukturen in der Stadtmitte, welche auf die Freizeitgesellschaft ausgerichtet ist. Mit dem Sony-Uhrturm ist ein vertikaler Akzent in der Stadtmitte gesetzt worden, ein weiterer wird in unmittelbarer Nähe der Gedächtniskirche in Form eines Büroturms in der City West entstehen. Die Schaffung einer Wolkenkratzersilhouette wie in Frankfurt ist bisher aber noch nicht in Sicht. Die Stadtplanung und der Städtebau in Berlin sind überdies in den nächsten Jahren noch damit beschäftigt, die Infrastruktur zu erneuern und beide Stadtteile wieder zu verbinden. Auch der Zentralbahnhof harrt der Fertigstellung.

Berlin war mehr als vier Jahrzehnte lang eine geteilte Stadt. Es war das Experimentierfeld für den Städtebau in West und Ost. Die ehemalige Stadtmitte von Berlin wurde zum Schaustück des Städtebaus im Comecon. In Westberlin übernahm der Kurfürstendamm die Funktion der City. Der Prozeß der Veränderung in der Stadtstruktur und insbesondere in der Stadtmitte kann nach einem Jahrzehnt noch nicht abgeschlossen sein. Es bleibt abzuwarten, ob es gelingt, den Dualismus zwischen West und Ost durch eine integrierte „neue Stadtmitte" zu überwinden.

Historische Grundrißformen

Rastersystem und Sackgassenprinzip

Mit den Begriffen der „geschlossenen" und „offenen" Verbauung werden zwei Bereiche der Aufschließung umschrieben, die gegenwärtig einerseits mit der Ideologie der kompakten Stadt und andererseits mit der Ideologie der aufgelokkerten Stadt unscharf verbunden werden können. Die geschlossene Verbauung ist das klassische Aufschließungsprinzip aller Stadtkulturen der Erde bis zum Ende des 19. Jh.s gewesen. Sie ist durch Straßenräume, welche Baublöcke umschließen, gekennzeichnet. In der offenen Verbauung stehen die Bauten als Einzelobjekte bzw. als Anlagen frei inmitten unverbauten Areals. Die geschlossene Verbauung endet nicht abrupt, sondern weist einen lückenhaften Rand auf, der sich mit der offenen Verbauung verzahnt.

Über beide Bereiche hinweg lassen sich – sehr vereinfacht – zwei Grundformen der Aufschließung gegenüberstellen: der allseits durchgängige Straßenraster und das Sackgassenprinzip.

Der Straßenraster wird gerne als „Schachbrettschema" etikettiert. Zu Unrecht, denn ein echtes Schachbrettschema hat selbst Hippodamus von Milet nicht verwendet (vgl. Abb. 1.3), vielmehr setzt sich sein vielzitiertes Modell aus rechteckigen Blöcken zusammen.

Das Rasterschema findet sich auch im Hochmittelalter als Aufschließungsprinzip der Bürgerstadt und kennzeichnet den Kolonisationsraum einerseits in Ostmitteleuropa bis weit nach Osten hinein und ebenso den Südflügel mit den Bastides in Frankreich und den Städten der Reconquista in Spanien. Freilich weist es nicht die geometrische Exaktheit der antiken Grundrisse auf.

Gegenüber der antiken Stadt verändert das mittelalterliche Rasterschema seine funktionelle Ausrichtung insofern, als sich die Stadtmitte – durch einen Rechteckplatz repräsentiert – zum sozialen Organisationszentrum der Stadt entwickelt. Damit entsteht ein sozialer Gradient vom Stadtzentrum zur Mauer hin. Die wenig angesehenen und störenden Gewerbe saßen an der Mauer.

Der von Dürer entworfene Stadtplan (vgl. Abb. 1.22) belegt sehr klar zwei Besonderheiten des

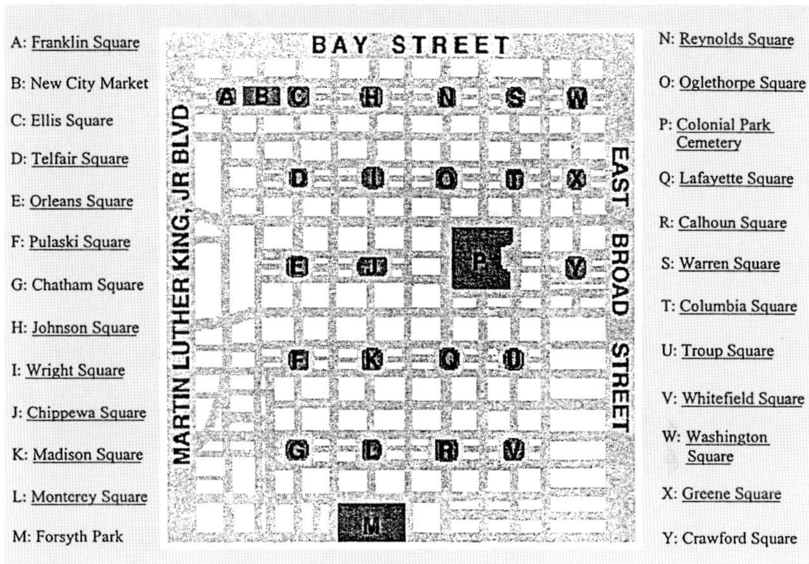

Abb. 5.9: Savannah, Schachbrettschema (Internet) 2000

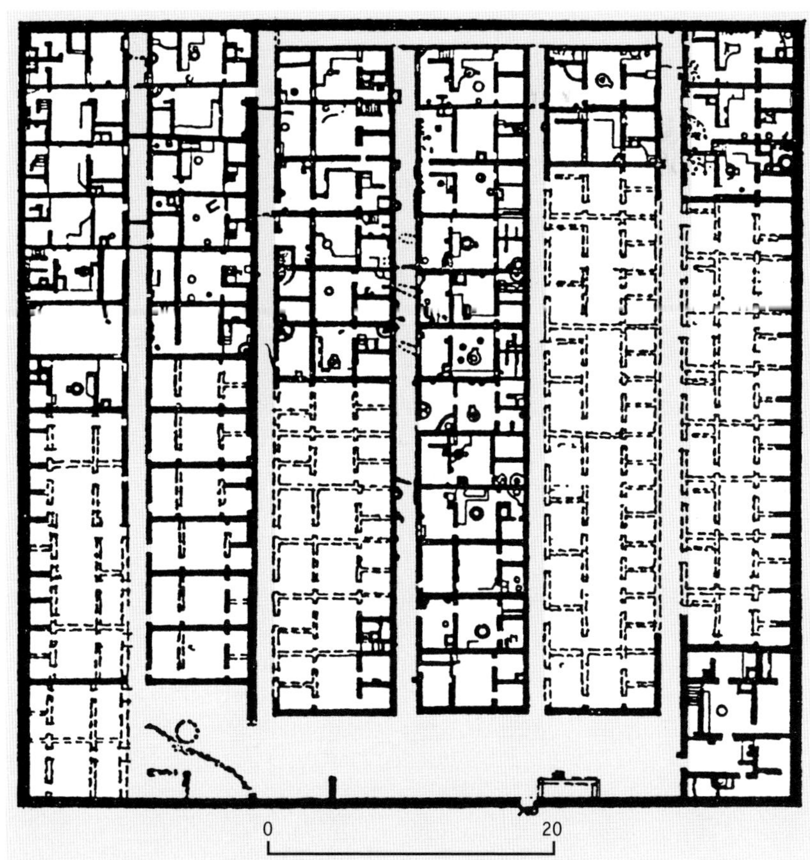

Abb. 5.10: Werkssiedlung auf Langstreifen, Tell el Amarna, Ägypten

Abb. 5.11: Hintergasse mit Infrastruktur, Vancouver 1970

Abb. 5.12: Feuerstiegen, Downtown Chicago 1994

Grundrisses der mittelalterlichen Bürgerstadt, welche bis in die Gegenwart Bedeutung besitzen:

- die Verwendung von Langstreifenblöcken, welche von Durchgängen gequert werden, und
- das damit zusammenhängende Vordergassen-Hintergassen-Prinzip, welches auf der Struktur des mittelalterlichen Bürgerhauses beruht. Es kennzeichnete die Ackerbürgerhäuser ebenso wie die großen Patrizierhäuser der Fernhändler, in deren Häuser von hinten die Wagen einfuhren, während man von der Vorderseite her die Gewölbe betrat. Auf diese horizontale Differenzierung der Häuser wird später noch eingegangen werden.

Die Übertragung des Rasterschemas nach Nordamerika erfolgte bereits mit neuzeitlichen Vermessungsstandards und ging mit einer zu wenig beachteten Umwandlung einher.

Wie das Beispiel von Savannah zeigt, wurde das Vordergassen-Hintergassen-Prinzip in das amerikanische Schachbrettschema integriert (Abb. 5.9). In den Südstaaten waren derartige Hintergassen („alleys") zugleich die Gassen der Sklavenquartiere, in den Nordstaaten brachte man in die Hintergassen die Infrastruktur ein (Abb. 5.11). Dorthin öffneten sich vielfach auch die Feuerstiegen (Abb. 5.12).

Das Vordergassen-Hintergassen-Prinzip hat seine Bedeutung bis hin zu den Fußgängerzonen der Städte in der Gegenwart behalten und äußert sich im Intensitätsgefälle des Geschäftslebens in den Durchgängen, welche von der Hauptstraße zur Hintergasse führen.

Langstreifenblöcke wurden nicht erst als Aufschließungselemente in der mittelalterlichen Bürgerstadt verwendet, sondern bereits in der ägyptischen Hochkultur, wo sie bei planmäßig angelegten Arbeitersiedlungen im Zusammenhang mit dem Pyramidenbau Verwendung fanden. Hierbei wurden Reihenhäuser nach dem Prinzip der Minimierung der Straßenfläche in schmalen, langen Streifenblöcken aneinandergefügt, wobei die Hauseingänge jeweils auf einer Seite lagen (Abb. 5.10).

Dieses Ordnungsprinzip der Langstreifenaufschließung mit sehr schmalen Reihenhäusern beherrscht die Entwicklung der britischen Industriestadt (vgl. Abb. 4.19) und findet sich in Variationen auch sonst im Nordwesten Europas. Derartige Schmalstreifen konnten in Großbritannien eine Länge von bis zu 250 m erreichen. Mit dem Britischen Empire wurde die Schmalstreifenaufschließung auch in die Kolonien, vor allem nach Indien, übertragen.

Während bei der Schmalstreifenaufschließung Hofräume fehlen bzw. nur in ganz minimaler Form vorhanden sind, ist es bei der Aufschließung ländlicher Flurformen (Gewann- und Streifenfluren) im städtischen Umland, insbesondere im kontinentalen Mittel- und Westeuropa, zur Ausbildung extrem tiefer Parzellen (Langparzellen) gekommen, die später durch Durchbruchsgassen mit ganz schmalen Grundstücken z. T. ersetzt bzw. im Zuge von Durchbrüchen auch quer zerhackt wurden.

Auf das zweite Grundprinzip der Aufschließung, die Sackgasse, wurde bereits im Kapitel „Öffentlichkeit und Privatheit" ausführlich eingegangen (Abb. 5.13). Zum Unterschied vom grundsätzlich allseits offenen Rasterschema, in welches wohl nachträglich zentrierende bzw. Hierarchien erzeugende Elemente eingebaut werden können, entspricht das Sackgassensystem der orientalischen Stadt a priori einer hierarchischen Raumstrukturierung. Es besteht ein räumlicher hierarchischer Aufbau von Familie, Großfamilie und lokaler Viertelsbildung nach herkunftsmäßigen, religiösen und ethnischen Gruppen. Der hierarchischen Anordnung von Wohnquartieren und Subzentren entsprechen spezifische Straßen- und Gassentypen (Abb. 5.14).

Es ist nicht weiter erstaunlich, daß das Sackgassenprinzip, welches über die Nachbarschaftsidee auch in die moderne Stadtplanung Eingang gefunden hat, in Neubaugebieten planmäßig angewendet wurde und im Gefolge der Suburbanisierung immer wieder neue Variationen erlebt hat.

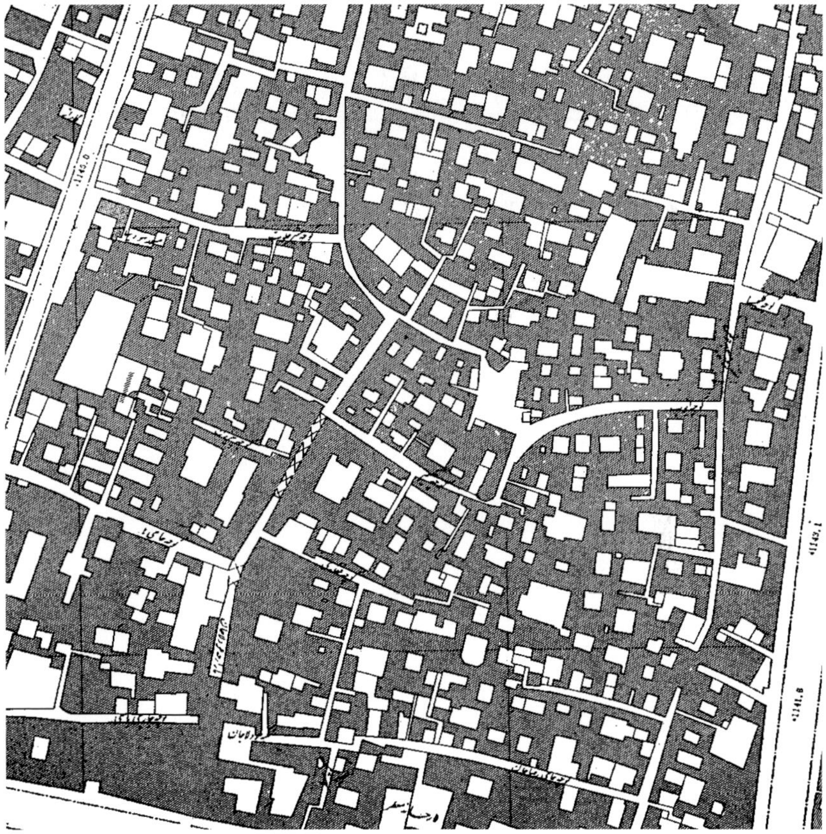

Abb. 5.13: Sackgassen, Altstadt, Teheran

Abb. 5.14: Das hierarchische Sackgassensystem der orientalischen Stadt

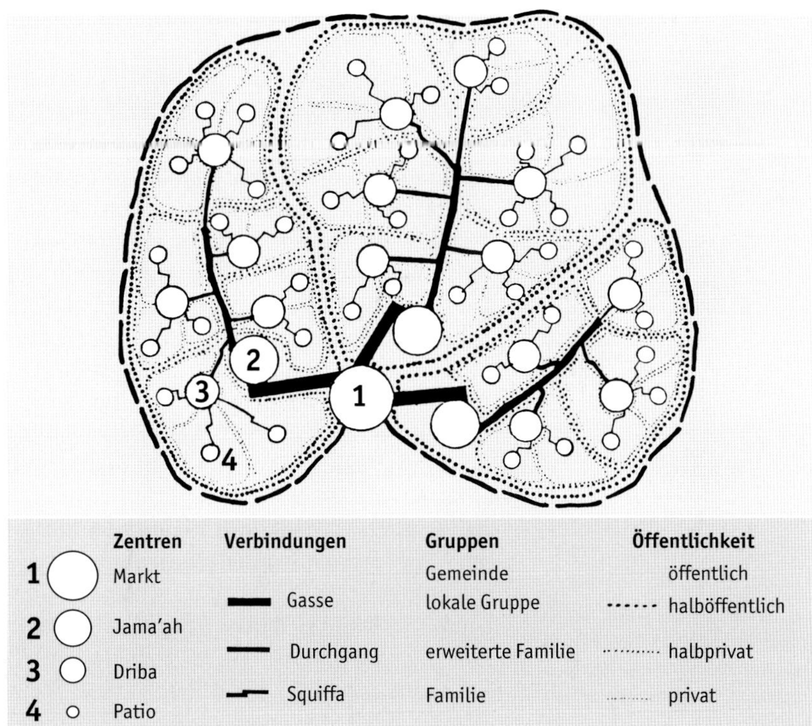

Umstrukturierungen

Die Stadtgeschichte demonstriert, daß die Aufschließung, d. h. die Festlegung von Straßen, Baublöcken und Parzellen, bei geordneten Rechtsverhältnissen immer der Verbauung vorangegangen ist und daß die einmal festgelegten Grundrisse stets eine größere Stabilität bewiesen als die darauf errichteten Objekte. Die „geheime Herrschaft des Katasters" und Investitionen in Leitungssysteme u. dgl. haben zur Persistenz über lange Zeiträume beigetragen.

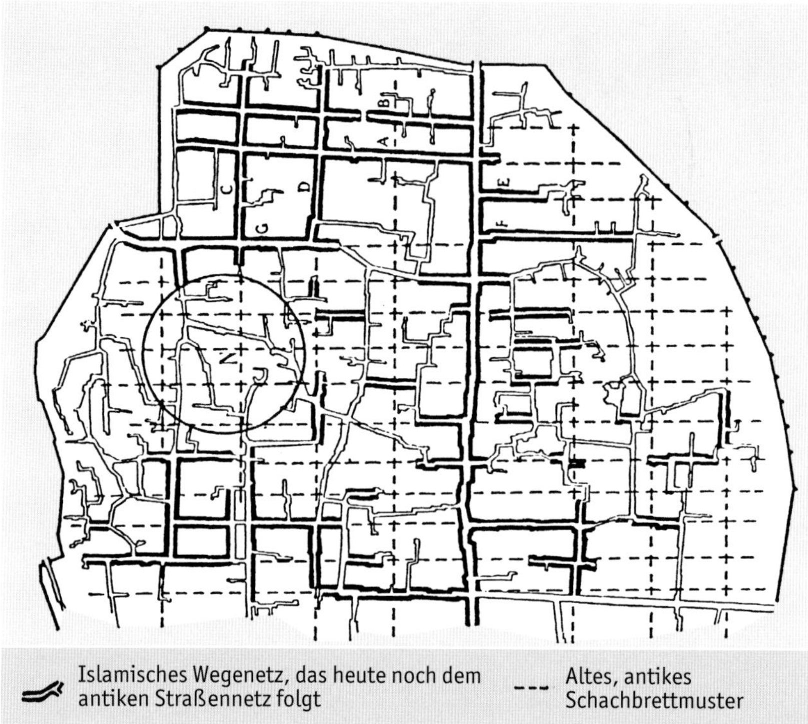

Abb. 5.15: Reorientalisierung eines römischen Schachbrettgrundrisses

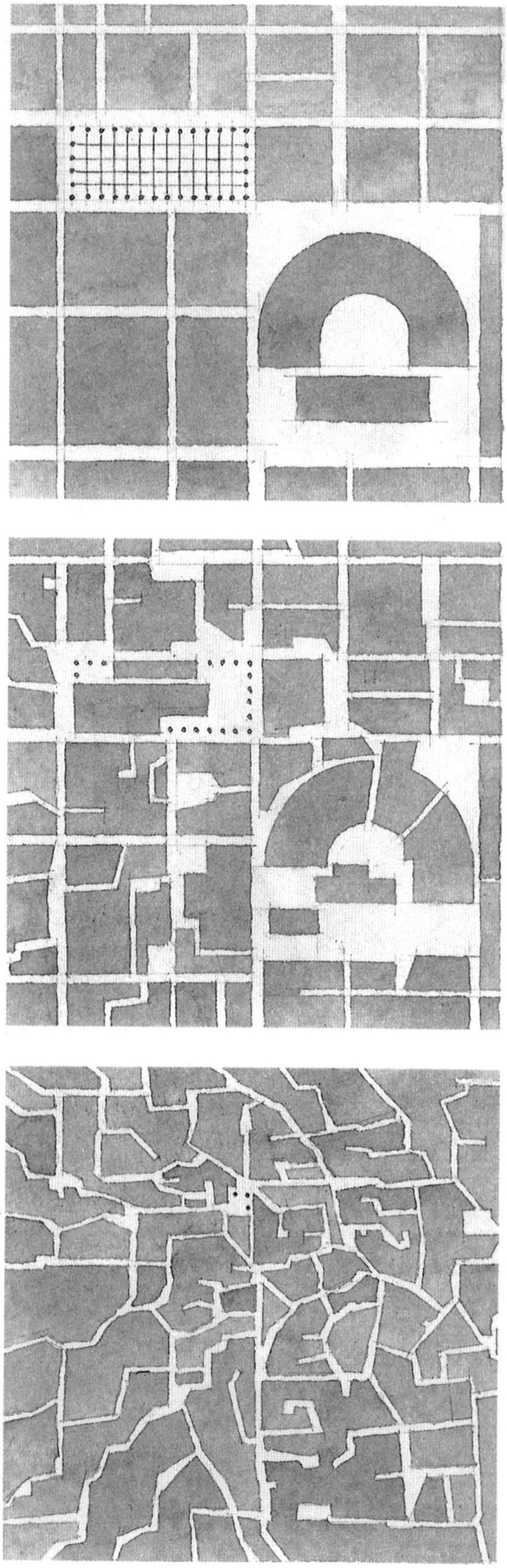

Abb. 5.16: Schrittweise Umwandlung einer römischen Kolonie in eine islamische Stadt

Grundsätzliche Umstrukturierungen des einmal festgelegten Stadtplans sind nur durch den Zusammenbruch von politischen Systemen, durch Eingriffe totalitärer Systeme bzw. schwerste Kriegszerstörungen erfolgt. Im folgenden einige Beispiele:

- Die stärksten Veränderungen haben sich nach dem Zusammenbruch des Römischen Reiches in den Städten vollzogen, die in den orientalischen Kulturbereich der Bevölkerung eingegliedert wurden. Eines der bekanntesten Beispiele stellt die Adaptierung von Damaskus an das orientalische Sackgassenprinzip dar (Abb. 5.15). Während hier jedoch ein Teil der Straßenzüge aus der römischen Zeit weiterverwendet wurde, hat sich in anderen Städten ein schrittweiser Übergang von der Gitterstruktur einer römischen Kolonie zu einem orientalischen Straßennetz hin vollzogen (Abb. 5.16). Die öffentlichen Einrichtungen der römischen Stadt, das Amphitheater und ein offener Markt, wurden privatisiert und das Baublocksystem sowie der rechtwinkelige Straßenraster durch kleine Gassen innerhalb der Blöcke aufgebrochen. Nach der Umwandlung gibt es kaum noch offene Plätze in der Stadt. Lediglich die geraden Passagen erhiel-

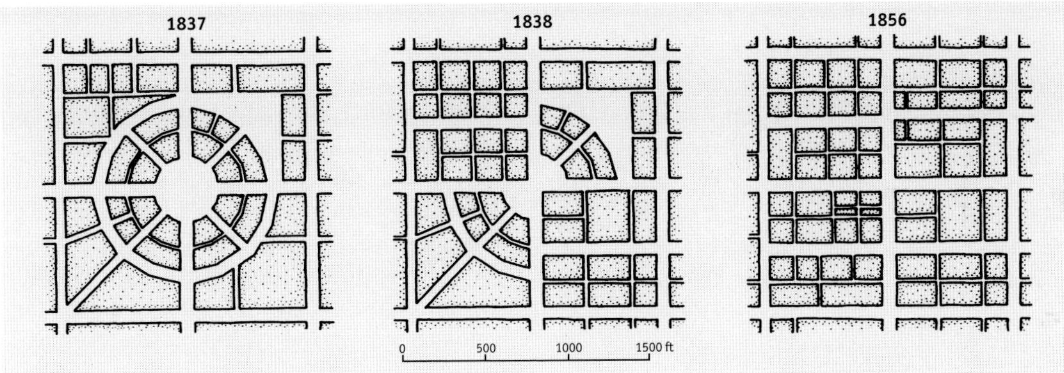

Abb. 5.17: Die Umformung vom Radial- zum Schachbrettschema in Circleville, Ohio, 1837–1852

ten sich als Reststücke des einst durchgehend offenen Straßenrasters.

- Bei der Anlehnung europäischer Bürgerstädte an römische Vorläufer blieben im Falle einer Restbevölkerung die römischen Stadtmauern und Teile des Baublocksystems erhalten. Florenz ist ein Beispiel dafür, wo im Mittelalter in den auf die Römerzeit zurückgehenden Baublöcken im Altstadtkern der Adel Wehrtürme erbaute. Die mittelalterlichen Siedlungen in römischen Stadtanlagen weisen eine beachtliche Spannweite auf. Im Falle von Trier konnte die mittelalterliche Stadt den römischen Mauerring nicht füllen (vgl. Abb. 1.9), andererseits sind manche Städte, wie z. B. Wien (Vindobona), bald über den römischen Mauerring hinausgewachsen.
- Das Rastersystem beherrschte die Stadtentwicklung in Nordamerika. Versuche, Radialstraßen einzubauen, um die Monotonie zu durchbrechen, erwiesen sich als Fehlschläge. Nicht rechteckig zugeschnittene Parzellen waren auf dem liberalen Grundstücksmarkt nicht marktfähig, d. h., sie waren nicht verkäuflich. Das Schicksal von Circleville, wo eine Rückführung einer Radialanlage in ein Schachbrett erfolgte, bildet einen Beleg hierfür (Abb. 5.17).
- Andererseits hat das Durchbruchsystem der Boulevards nach dem Pariser Vorbild weltweit Erfolge gehabt. Es wurde auch in unterschiedlicher Intensität bei der Modernisierung orientalischer Städte angewandt. Es ist begreiflich, daß bei Hauptstädten, wie z. B. Teheran, ein besonders dichtes, die gesamte Altstadt überlagerndes System von Durchbruchsstraßen Anwendung fand (Abb. 5.18). Durch derartige Durchbruchsstraßen ist nicht nur das ältere Straßen- und Blocksystem zerhackt worden, sondern gleichzeitig ist damit ein linienförmiges Muster neuer wirtschaftlicher Aktivitäten (Geschäftsstraßen, Citybüros u. dgl.) und eine ebenfalls linienförmige Ausbreitung oberer Bevölkerungsschichten entstanden, welche sich partiell zu einem – stets jedoch nur losen – Netzwerk verknüpft und die Flächen alter Baustruktur, mit anderer sozioökonomischer Differenzierung, umschließt. Besondere Brisanz kommt derartigen pluralistischen Strukturen gegenwärtig in den orientalischen Städten zu.

Abb. 5.18: Überlagerung eines orientalischen Straßennetzes durch Boulevarddurchbrüche

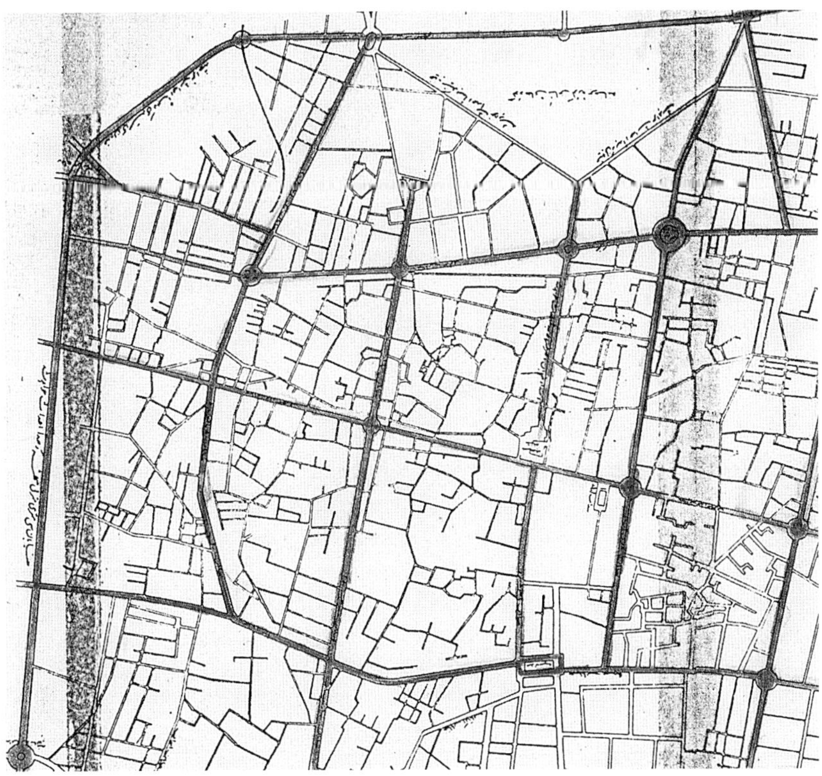

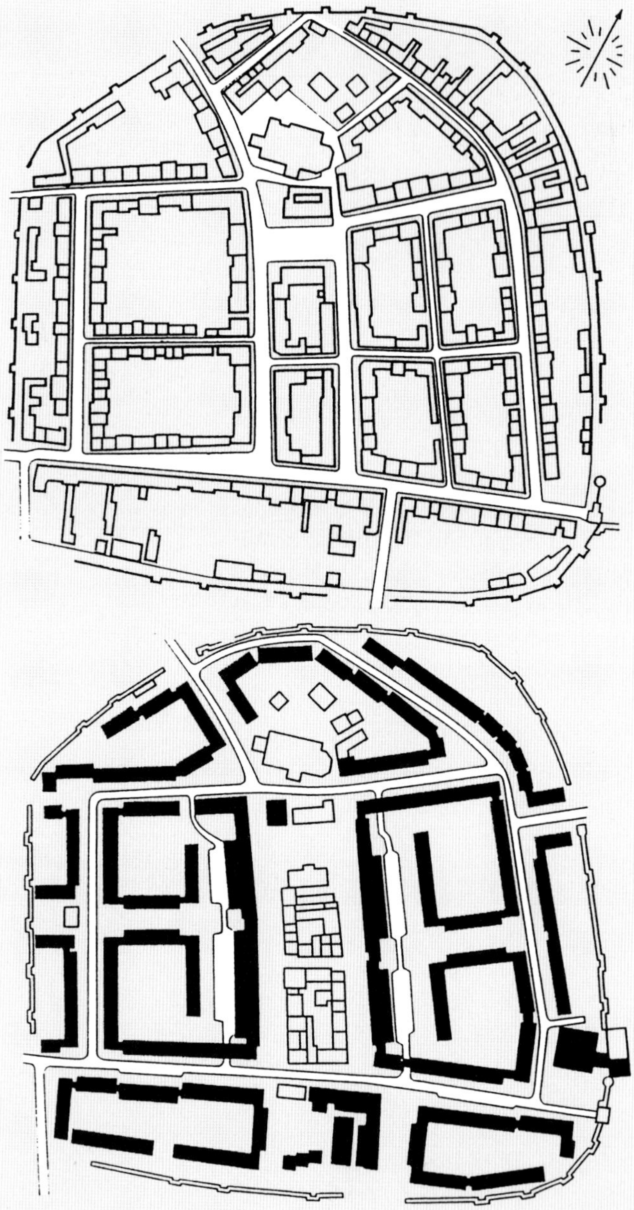

Abb. 5.19: Abriß und Umgestaltung von Bernau, ehem. DDR

- Die schweren Zerstörungen des Zweiten Weltkriegs sind nicht spurlos an den betroffenen Städten vorbeigegangen. Auf Polen wurde bereits hingewiesen, wo man mit minutiöser Sorgfalt zahlreiche Städte im mittelalterlichem Gewand unter Berücksichtigung des Grund- und Aufrisses ohne die späteren Zu- und Umbauten vor allem der Gründerzeit wiedererrichtet hat. In Deutschland, insbesondere in Ostdeutschland, sind jedoch beachtliche Veränderungen von mittelalterlichen Grundrissen erfolgt. Abriß und Umgestaltung von Bernau sind ein Beispiel dafür (Abb. 5.19).
- Die zweite Hälfte des 20. Jh.s hat verschiedentlich flächenhafte Räumungen von Slumgebieten gebracht. In Madrid wurden ebenso wie in anderen südeuropäischen Städten Squattersiedlungen am Stadtrand durch Plananlagen des sozialen Wohnungsbaus ersetzt.
- In nordamerikanischen Metropolen wurden im Zuge des Stadtautobahnbaus breite Breschen durch verslumte Wohnquartiere der Grundschichten rings um den Central Business District geschlagen und im letzten Jahrzehnt flächige Räumungen von leerstehenden Stadtteilen durchgeführt. Große Flächen sind zu urbanen Wüstungen geworden, teilweise sind soziale Wohnbauten (vgl. Abb. 2.11) oder sogenannte „Infillings“ in Form von Reihenhausanlagen, zumeist als „Gated Communities“ entstanden.

Ein historischer Exkurs: Zur Metrik des Grundrisses

Zur Erleichterung des Verständnisses für historische Stadtstrukturen, Straßenraster, Baublöcke, Parzellen und Häuser ist es erforderlich, dem historischen Exkurs zur Metrik des Stadtgrundrisses eine kurze Übersicht über die derzeit gültigen Vorschriften des Städtebaus in Deutschland bezüglich der Grundformen von Wohnhäusern voranzustellen (Müller 1979, S. 100 f.), wobei jeweils Untergrenzen angegeben sind:

Freistehendes Einfamilienhaus	*20 m x 30 m = 600 m²*
Einfamilienreihenhaus	*8 m x 32 m = 256 m²*
Gartenhofhaus	*12 m x 15 m = 180 m²*

Meßsysteme finden sich bereits in den Hochkulturen der Antike. Hierbei benutzte man die Maße des menschlichen Körpers, die, wie die Länge des Unterarms (Elle) oder des Fußes, die Spanne zwischen gestrecktem Daumen und kleinem Finger, die Handbreite (römisch palm) und die Fingerbreite (Zoll), als Mittel zur Längen- und – darauf aufbauend – zur Flächen- und Raummessung verwendet und durch idealisierte ganzzahlige Beziehungen miteinander verknüpft wurden. Das Duodezimal- und das Dezimalsystem haben beide als Grundeinheit das Fußmaß verwendet, wobei es allein in Deutschland vor der Einführung des metrischen Systems über 100 verschiedene Fußmaße gegeben hat. Das englische Maßsystem hat in der Relation von *inch* und *foot* noch das Duodezimalsystem beibehalten.

Die Vermessungstechnik der Römer

Vitruv informiert über die Vermessungstechnik der Römer. Im Unterschied zu anderen Kulturgütern haben die römischen Maße (Elle = 24 Zoll, Fuß = 16 Zoll) den Zusammenbruch des Römischen Reichs nicht überlebt.

Die Vermessung des Lands wurde von Fachleuten, den *agrimensori* oder *gromatici*, durchgeführt. Die römischen Städte waren nach einem einheitlichen Plan angelegt. Am Schnittpunkt der beiden einander kreuzenden Hauptstraßen, von *cardo* und *decumanus*, lag das Forum mit den größten öffentlichen Gebäuden. Die Anlage der Städte orientierte sich aber nicht an den Himmelsrichtungen, sondern paßte sich der Landschaft an. Von Vitruv wird die Ausrichtung nach den Windrichtungen empfohlen.

Das Vermessungsgerät, die *gruma*, mit der die rechtwinklig zueinander stehenden Linien des Straßennetzes markiert wurden, bestand aus vier jeweils 45 cm langen Holzstangen, an deren Enden Bleilote hingen. Die Stange, an der die Leisten mit den Bleiloten befestigt waren, wurde so in den Boden gesteckt, daß das Leistenkreuz genau über dem Mittelpunkt des Kreises lag, der in einem fest im Boden verankerten Stein eingezeichnet war (Abb. 5.20).

Vitruvs grundlegendes Werk „De Architectura" gibt uns heute noch die Grundzüge des römischen Städtebaus wieder: Teilung in Haupt- und Nebenstraßen, Orientierung der Straßen nach Himmelsrichtung und Windschutz, Beschaffenheit der Baustoffe und Mauerverbände. Ein Teil der neuen Stadtgründungen, die aus den Kolonien des alten Römischen Reiches überliefert sind, zeigt noch die Grundformen des römischen Castrums.

Größe und Form der Baublöcke hängen direkt mit der Anzahl der Grundstücke zusammen, in die sie unterteilt sind.

Die Streifenblöcke der griechischen Gitternetze waren z. B. für 4 bis 10 Häuser konzipiert, welche Rücken an Rücken lagen. Als Beispiel sei Olympus genannt, wo 37 x 90 m (3330 m^2) große Blöcke der Länge nach durch eine Gasse unterteilt wurden. In Priene hatten die Blöcke ein Ausmaß von 37 x 49 m. Auf jedem Block standen 4 bzw. 8 Häuser. Dieses Format entsprach etwa dem römischen Gitter, dessen Blöcke jedoch wesentlich größer waren.

Abb. 5.20: Römische Gruma nach Vitruv

In Florenz hatten die Blöcke eine Seitenlänge von etwa 60 m (3600 m^2), in Aosta von 70 x 80 m (5600 m^2). Die Blöcke waren dem Forum angepaßt, dessen Ausmaße verschieden groß waren, dementsprechend variierten auch Größe und Form der Blöcke in der Nachbarschaft. Die Nutzung der Blöcke war höchst unterschiedlich, es gab reine Ladenblöcke, Blöcke von mehrstöckigen Wohnhäusern oder Einfamilien-Atriumhäusern mit Geschäften im Erdgeschoß. Die Proportionen blieben jedoch gleich, da meist nur ein- oder mehrstöckige Gebäude mit einem Innenhof errichtet wurden.

Die Metrik der mittelalterlichen Bürgerstadt

Auf die Unterschiede der mittelalterlichen Bürgerstadt im Grundrißsystem gegenüber der römischen Stadt wurde hingewiesen. Dort, wo eine Siedlungskontinuität aus römischer Zeit bestand, konnte sich das Baublocksystem der römischen Städte nur in Ausnahmefällen erhalten. Häufig wurden zwei Blöcke miteinander verbunden und in Längsrichtung in schmalere Streifen unterteilt.

Die Forschungen zum Stadtplan der hochmittelalterlichen Gründungsstädte Mitteleuropas verwenden Begriffe wie Axialanlage mit Rippengrundriß oder Gitternetzgrundriß. Die bei der Vermessung zugrundegelegten Maße waren regional unterschiedlich: Im allgemeinen wurden das Fuß, die Elle (= Doppelfuß) und die Rute mit 12 Fuß Länge verwendet. Die Werte in Schlesien betrugen 28,8 cm, 57,6 cm und 3,46 m. Der Marktplatz in Breslau wurde in Nord-Süd-Richtung mit 30 Ruten = 104 m und in West-Ost-Richtung mit 36 Ruten = 125 m, d. h. im Verhältnis 5 : 6 ausgesteckt. Die Baublocktiefe betrug 70 bis 73 m = 20 bis 21 Ruten, die Baublocklänge 42 Ruten = 147 m (Nitz 1998).

Die Blöcke bestehen im Normalfall aus zwei Grundstücksreihen, die mit ihren Rückseiten aneinanderstoßen, d. h., die rechteckigen Blöcke sind entlang ihrer inneren Längsachse halbiert.

Die Länge des Fußes variierte zwischen 29 cm in Deutschland und 32,5 cm in Frankreich, die Rute zwischen 3,50 m und 3,90 m. In den schlesischen und polnischen Städten wurde in Ellen gemessen, die Rute zu 6 Ellen. In Frankreich gab es schon das Dezimalsystem.

Im Hochmittelalter entstanden teilweise extrem schmale, jedoch tiefe Parzellen, in Basel findet man Häuserzeilen mit einer Grundfläche von 4 x 46 m (184 m^2), in Bern von 7 x 53 m (371 m^2) und in Genf von 7 x 65 m (455 m^2).

In den Neugründungen des späten Mittelalters wurden überwiegend Langblöcke mit schmalen Straßenfronten der Grundstücke verwendet. Dabei wurde die Größe der Blöcke und der einzelnen Grundstücke von Anfang an durch die jeweilige Art des Gebäudes und die Nutzung bestimmt. Sehr tiefe Grundstücke finden sich noch bis ins 19. Jh. In Lodz, einer polnischen Stadt mit Textilproduktion, wurde das Viertel der Leinenweber um 1820 so konzipiert, daß es den Bewohnern möglich war, auf den langen, schmalen Grundstücken (20 x 300 m) ihren eigenen Flachs anzubauen.

Die Metrik der Aufschließungen im 19. Jahrhundert

Im 19. Jh. entstanden in England, auf billigem Bauland am Rande der Städte, schmale, lange Blöcke mit Reihenhäusern ohne Zwischenräume. Die extreme Ausschlachtung der Grundstücke durch die sogenannten Back-to-back-Häuser ist aus der Angabe ersichtlich, daß auf einem Hektar im Durchschnitt 150 Häuser errichtet wurden, deren Frontseite nur etwa 3 m maß.

Erst der Public Health Act von 1875 verbesserte die Bauweise durch die Festlegung einer Minimalstraßenbreite von 12 m und die Vorschrift eines Mindestabstands zwischen den Häuserreihen. Jedoch blieb die Straßengestaltung weiterhin im Ermessen der Planer und die Länge der Blöcke hing von der Größe des zur Verfügung stehenden Areals ab. Häuserreihen von 250 m Länge waren entlang von Bahngleisen keine Seltenheit. Immerhin lagen bei den sogenannten „By-law"-Häusern nur noch 50 bis 75 Häuser auf einem Hektar.

In den USA gehen die Dimensionen von Straßen, Blöcken und Grundstücken auf die Kolonialzeit zurück. Die Hauptstraßen wurden breit angelegt und waren kaum schmäler als 23 m. Als typische Grundstücksmaße können diejenigen von Savannah von 18 x 27 m (20 x 30 Yards bzw. 486 m^2) oder Marietta, Ohio, von 27 x 57 m (30 x 65 Yards oder 1538 m^2) gelten. Die Standardgröße der Grundstücke in den Städten der Eisenbahngesellschaften lag bei 15 x 43 m (645 m^2).

Da in der angelsächsischen Welt bis heute die englischen Maße gelten, seien sie hier angeführt:

2,54 cm		*1 inch*
30,48 cm	=	*1 foot*
91,44 cm	=	*1 yard*
5,03 m 1 pole	=	*5 yard*
20,12 m 1 chain	=	*4 pole*

Mit zunehmender Bevölkerungsdichte wuchs jedoch der Druck, die ursprünglichen Blöcke durch neue Straßen und Gassen zu unterteilen. In Philadelphia setzte die Fragmentierung bereits früh ein. Die großen Blöcke wurden durch schmale Gäßchen zerteilt. Allerdings konnten durch die Auffüllung der Blöcke auch wesentlich mehr Menschen Grundbesitz erwerben. So waren um 1930 ca. 50 % der Häuser von Philadelphia von ihren Eigentümern bewohnt.

Als Beispiel sei New York angeführt, wo die 2000 Blöcke des Plans von 1811 (vgl. Abb. 4.20) in 8 x 30 m (240 m^2) große Grundstücke mit der Schmalseite zur Straße hin unterteilt wurden. Um die Mitte des 19. Jh.s entstanden auf Grundstücken, die für Einfamilienhäuser konzipiert waren, Mietshäuser, die 90 % und mehr der Grundfläche einnahmen, die sogenannten Dum-

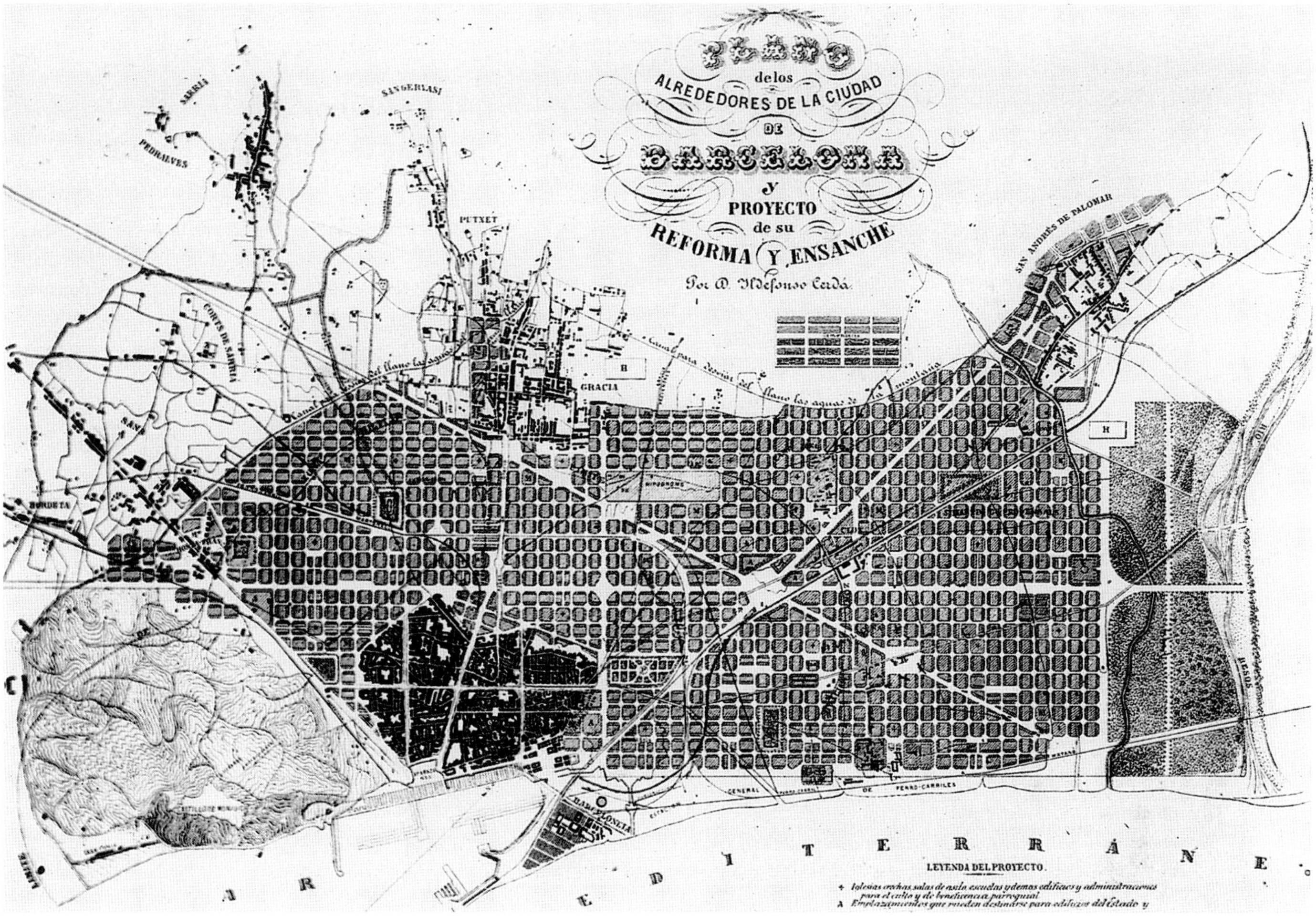

Abb. 5.21: Plan von Barcelona (1858) von Cerda

bell-Häuser. Die Wohnverhältnisse waren in ihnen noch schlechter als in den Back-to-back-Häusern in Großbritannien.

Relativ spät, erst um 1900, wurden die katastrophalen Mißstände endlich erkannt. Die ersten großen Slumsanierungen führten zu einer Zusammenlegung von Parzellen. Allerdings wurde auch damit das grundsätzliche Problem der Schaffung von humanitären Ansprüchen genügenden Wohnquartieren für die Grundschichten der Bevölkerung nicht gelöst.

Die Metrik des Grundrisses wird in den kontinentaleuropäischen Städten in der Gründerzeit einerseits durch das Vorbild der Haussmannschen Durchbrüche in Paris und andererseits durch eine weitflächige Aufschließung mit Reihenmietshäusern bestimmt. Auf die Umgestaltung von Paris durch Haussmann wird noch eingegangen. Massive Eingriffe in die Baustruktur, Enteignung und großflächiger Abbruch schufen die Einteilung in neue, große Blöcke und ersetzten das feinmaschige Straßennetz des Mittelalters.

Auf die Planung von Otto Wagner, 1910 in seinem Buch „Die Großstadt", in dem er die Anlage eines weitmaschigen Gitters mit blockfüllenden, siebenstöckigen Wohnhäusern um den historischen Stadtkern von Wien herum plante, wurde bereits eingegangen. Ähnliche Pläne wurden von James Hobrecht bei der Erweiterung von Berlin und von Ildefonso Cerdas in Barcelona verwirklicht. In Hobrechts Berlin wurden die vorgesehenen Blöcke in der Größe von 250 x 150 m mit fünfstöckigen Mietskasernen in hintereinandergestaffelten Trakten zugebaut.

Cerda plante außerhalb der mittelalterlichen Stadtmauern von Barcelona ein gleichförmiges Gitter von über 26 km^2 Ausdehnung auf ebenem Gelände. Die Straßenbreite und die Höhe der Gebäude betrug jeweils 20 m. Für Cerdas war der quadratische Block der Ausdruck mathematischer

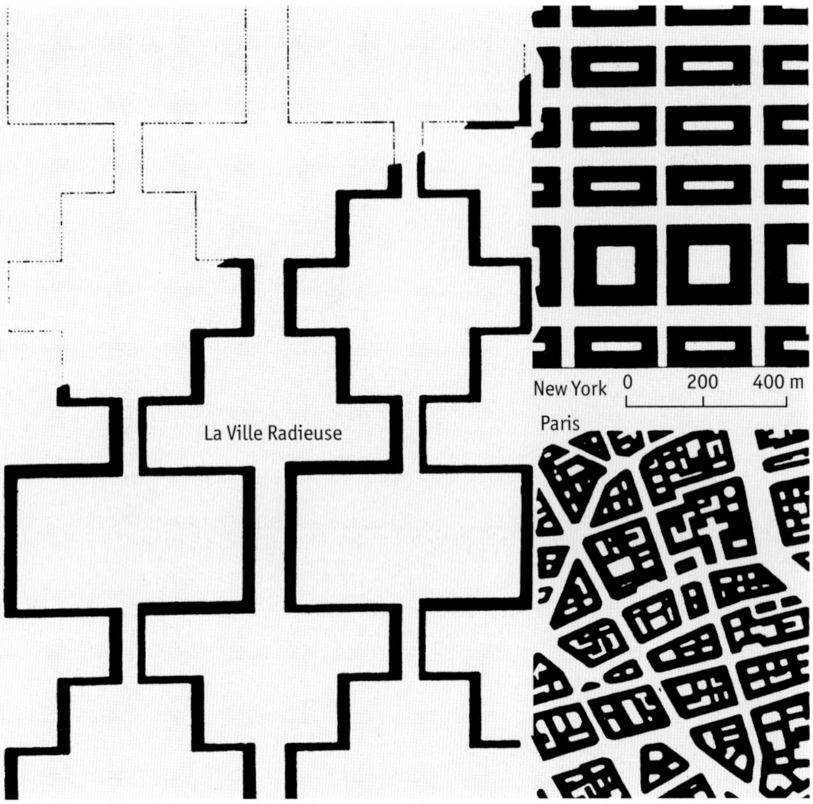

Abb. 5.22: Baublöcke in Paris, New York und La Ville Radieuse

und sozialer Gleichheit. Dabei setzte er ein Limit von 4 Stockwerken je Haus und 28 % bebauter Fläche je Block. Doch im Laufe der etwa 100 Jahre, in denen Cerdas Plan umgesetzt wurde, vervierfachte sich die Wohndichte. Heute sind teilweise bis zu 90 % der Blöcke mit 12stöckigen Häusern bebaut.

Der Plan aus dem Jahr 1858 (Abb. 5.21) zeigt das Blockgitter und die geplanten Boulevards, welche im Stile Haussmanns das Straßennetz der Altstadt aufbrechen.

Die klassische Metrik beruht auf dem Maßstab der kompakten Stadt, auf Baublöcken, Einzelparzellen, Reihenhäusern, Straßen und Plätzen. Der Aufbruch der Reihenhausverbauung ist die größte städtebauliche Revolution gewesen. Zusammen mit dem Hochhaus änderte sich damit der gesamte dreidimensionale Stadtraum.

Abb. 5.22 belegt die Unterschiede hinsichtlich des Grundrisses zwischen den klassischen Baublöcken von Paris, den Baublöcken von New York, wo sich über Straßenschluchten Hochhäuser auftürmen, und der Wolkenkratzerstadt von Le Corbusier, wo jede Wohnung eine freie Aussicht auf die Grünanlagen und den Himmel bietet.

Der Baublock als städtebauliches Element

Der Baublock ist das städtebauliche Basiselement der kompakten Stadt und in der modernen Stadtstatistik die unterste Aggregierungseinheit für die statistischen Großzählungen. Nichtsdestoweniger hat der Baublock ein sozioökonomisches Janusgesicht, da er zwei Welten angehört, die zwar aufeinander bezogen sind, aber getrennt voneinander existieren: einerseits die Welt der öffentlichen Plätze und Straßen und andererseits die Welt der Häuser, deren private Individualität dadurch gesichert ist, daß der Zugang zu jedem einzelnen Objekt im allgemeinen nur über den öffentlichen Raum erfolgt. Untereinander haben die einzelnen Objekte kaum Verbindungen. Dieses Faktum des Nebeneinanders von unterschiedlich alten Objekten auf z. T. unterschiedlich großen Parzellen, welche unterschiedliche Funktionen und gesellschaftliche Strukturen aufweisen, gehört zu den spezifischen Merkmalen von mehrfach überbauten Teilen der europäischen Innenstädte.

Daraus erwächst auch das Problem, das Paradigma der nachhaltigen Stadtentwicklung bei großen, komplex gebauten Städten zu realisieren. Das 20. Jh. hat die Idylle beseitigt, welche Bahrdt (1961, S. 67) beschreibt, wonach in der Mitte dieser Blöcke Gärten lagen und „das Privatleben, sofern es sich unter freiem Himmel abspielte, durch die Häuser selbst von der Öffentlichkeit der Straße geschieden und die Wohnräume durch die Mauern von der Straße, auf der es keinen motorisierten Verkehr gab, ausreichend geschützt waren. Die Fenster der repräsentativen Räume waren Fenster zur Öffentlichkeit. Bei Bedarf konnten Fensterläden und Vorhänge vor dem Einblick von außen schützen."

Um das städtebauliche Problem einer sanften Stadterneuerung zu erklären, sei zunächst darauf hingewiesen, daß bei der Festlegung von Bauordnungen – über Europa hinweg – in den Städten mit Mietshausstruktur versäumt worden ist, klare Vorschriften über die Verbauung der hofseitigen Anteile von Grundstücken zu machen, d. h., es fehlen Regelungen über die Art und Weise der

Verbauung der Innenhöfe. Erst das Prinzip des Minimums an „lichter Weite" hat für die einzelne Parzelle den Gebäudeabstand im Falle der Staffelung von Bauobjekten auf tiefen Parzellen geregelt, ohne jedoch eine mittlere Ebene kollektiv gültiger Bestimmungen für die privatwirtschaftlich und damit auch besitzmäßig zersplitterte Nutzung der inneren Baublockstruktur zu finden. Nun muß man gerechterweise betonen, daß eine derartige neue rechtliche Ebene mit drastischen Einschränkungen der privaten Nutzungsrechte im liberalen System des städtebaulichen Planungsprozesses in den meisten westeuropäischen Staaten nicht möglich gewesen wäre. Nicht zuletzt deshalb, weil die aus der historischen Entwicklung der großen Verbauungsperioden der Stadt ererbte Baublockstruktur kaum einer übergreifenden, neuen städtebaulichen Ordnung zugänglich ist, außer wenn eine kommunale Bodenpolitik entsprechend vorgearbeitet hat bzw. eine Absiedlung der Bevölkerung vorgenommen wurde.

Drei Beispiele aus Wien und ein Beispiel aus Budapest demonstrieren im folgenden die städtebauliche Problematik.

Festzuhalten ist erstens, daß Baublöcke schwieriger zu sanieren sind als Wohnanlagen am Stadtrand, und zweitens, daß weiträumige Blöcke in guter Lage leichter kommerziell wieder in Wert zu setzen sind als ein Stückwerk von kleinen Parzellen. Daraus entsteht das Paradoxon, daß Arme-Leute-Quartiere zu Schaustücken des Denkmalschutzes avancieren können.

1) Die Vorstadt Spittelberg im VII. Wiener Gemeindebezirk ist ein Beispiel dafür (Abb. 5.23). Im Zuge der Denkmalschutzbewegung wurde der Spittelberg zu einem der ersten Sanierungegebiete des Magistrats. Er steht damit als Prototyp für andere, ebenfalls kleinzügig aufgeschlossene Straßenzüge und Baublöcke, in denen ein Fortbestand der Altbauten durch den Denkmalschutz gesichert ist. Die Vorstadt Spittelberg stellte den ersten Fall einer echten Bodenspekulation mit extremer Ausnutzung von kleinen Parzellen im Raum der Wiener Vorstädte dar, als um 1700 – nach der Türkenbelagerung – Flüchtlinge, Ungarn, Slowenen und Kroaten, angesiedelt wurden. Infolge der ungewöhnlichen Kleinheit der Parzellen konnte sich der alte Baubestand trotz der Nähe zur City in der Gründerzeit erhalten. Diese weit überdurchschnittliche Persistenz von auf besonders kleinen Parzellen stehenden Objekten gehört zu den allgemeinen Regeln der Stadtentwicklung.

Der sehr schlechte Bauzustand und die völlig unzureichenden sanitären Verhältnisse hatten nach dem Zweiten Weltkrieg den Verfall und den Abbruch von einigen Häusern zur Folge. Die Gemeinde Wien hat daraufhin einen Teil der Häuser aufgekauft und eine komplette Sanierung mit Entkernung durchgeführt. Das Sanierungsgebiet umfaßt 80 Objekte mit 573 Wohnungen. Im Auftrag der Gemeinde Wien

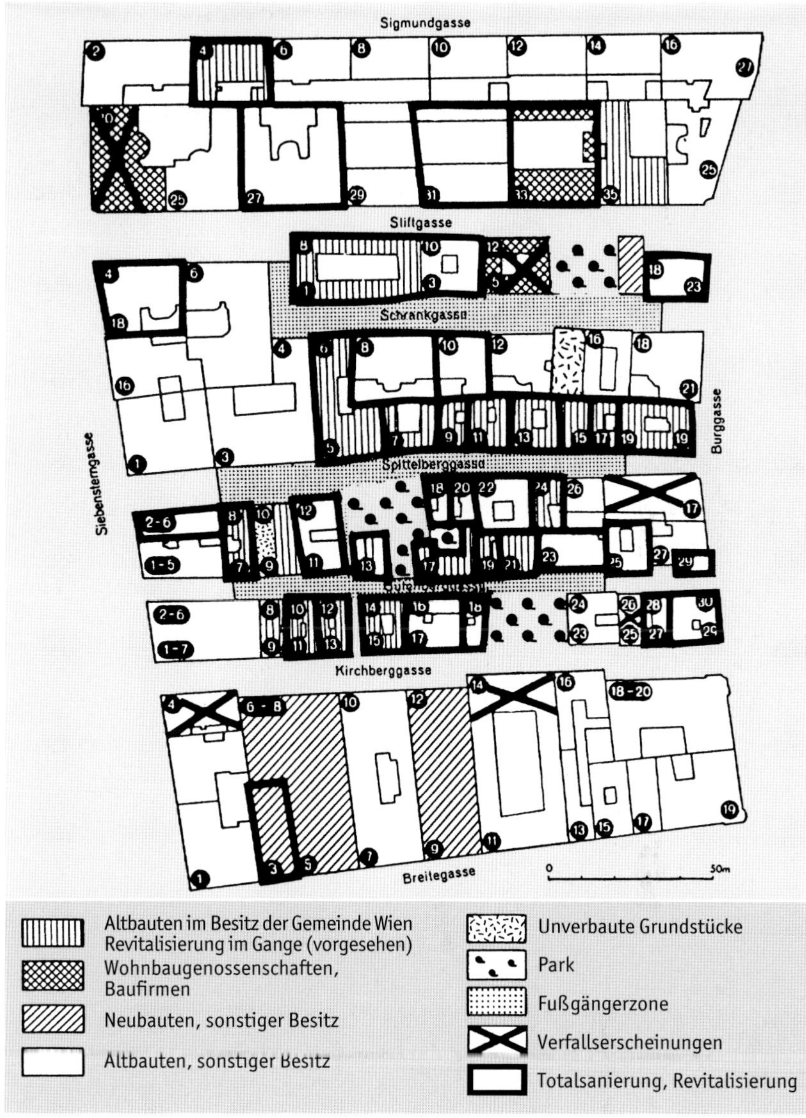

Abb. 5.23: Wien, Denkmalschutz, Spittelberg (VII. Bezirk)

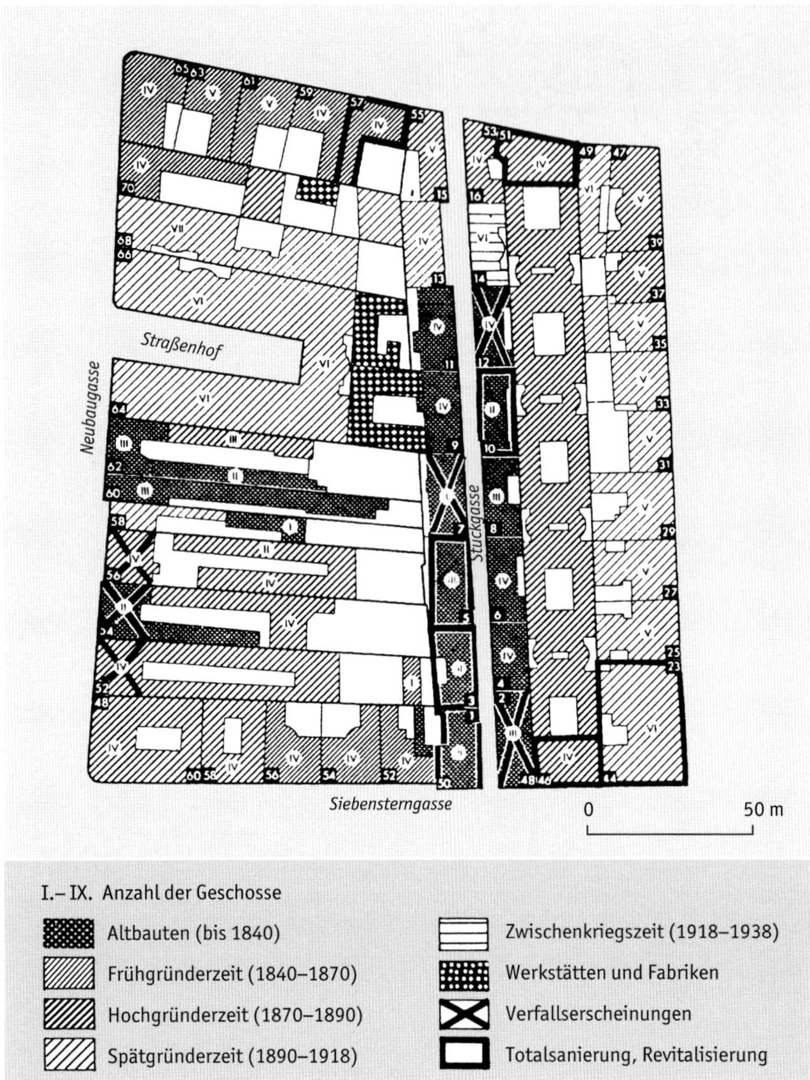

Abb. 5.24: Wien VII, Durchbruchsgassen und Baublöcke mit Hof- und Seitenflügelhäusern

übernahm eine Genossenschaft die Bauführung und Wohnungsvergabe (GESIBA). Die Finanzierung erfolgte mittels Wohnbauförderung und Altstadterneuerungsfonds. Der Spittelberg ist eines der Paradebeispiele für eine „konservierende" und gleichzeitig „revitalisierende" Stadterneuerung im Wiener Stadtgebiet geworden, bei der man freilich das soziale Milieu völlig verändert hat. Aus der einst überfüllten Kleinhandwerker- und Taglöhnervorstadt, in der u. a. Galanteriewaren hergestellt wurden, ist, unterstützt durch die Einrichtung von Fußgängerstraßen, z. T. auch eine Freizeitattraktion (mit Kleinbühne und periodischen Marktveranstaltungen) geworden.

2) Das Nebeneinander von extrem tiefen Parzellen und Durchbruchsgassen mit aus verschiedenen Bauperioden stammendem Baubestand sei anhand eines weiteren Beispiels illustriert (Abb. 5.24). Das Hauptproblem bildet der außerordentlich hohe Überbauungsgrad der Parzellen, der durchgehend die gegenwärtigen Normen der Bauordnung überschreitet. Die beiden durch den Durchbruch der Stuckgasse getrennten Baublöcke bieten einen Querschnitt durch die Wiener Bauentwicklung. Der Baubestand umfaßt Seitenflügelhäuser des Biedermeier, Stutzflügelhäuser der Frühgründerzeit, das interessante Durchhaus des Adlerhofs, welches 1874 errichtet wurde und ein Extrembeispiel für die Verbauung von ehemaligen Hausackerfluren bildet, bis hin zu einem der in Wien eher seltenen Straßenhöfe aus der Spätgründerzeit.
Aufgrund der oben belegten Zementierung der Bauentwicklung durch das vorhandene Parzellensystem ist eine durchgreifende Neustrukturierung derzeit schlecht vorstellbar und infolge der extrem hohen Verbauungsdichte eine soziale Marginalisierung zu befürchten.

3) Im Wiener Gemeindebezirk Wieden, in dem rund ein Viertel aller Häuser Innengärten besitzt, ist das sogenannte „Planquadrat" ein Modell für die Begrünung von Innenhöfen geworden (Lichtenberger 1978). Hierbei war die Zielsetzung der Stadtgemeinde, durch die Schaffung eines Gartenhofes zu demonstrieren, daß es nur der Einbindung der Bevölkerung in den Planungsprozeß bedarf, um eine allgemein akzeptierte, kollektiv genutzte Parkanlage an der Stelle des ursprünglich besitzrechtlich zersplitterten Parzellensystems von privaten Hausgärten und Innenhöfen zu schaffen. Leider hat dieses mit viel Publicity über die Massenmedien bekanntgewordene Beispiel, dessen Auswahl von der Verfasserin gemeinsam mit einem Team des Österreichischen Fernsehens erfolgte, nicht Schule gemacht. Folgende Gründe sind hierfür anzuführen:

- erstens die hohen Kosten für den notwendigen Erwerb von zumindest Teilen des Baubestandes durch die öffentliche Hand, welcher für die Realisierung derartiger Modelle eine unabdingbare Voraussetzung darstellt,

- zweitens der hohe Organisations-, Arbeits- und Materialaufwand für die Instandsetzung und die hohen Kosten für die laufende Pflege und Kontrolle eines allgemein zugänglichen Gartenhofareals und
- drittens Interessenkonflikte zwischen Privatbesitz bzw. Privatnutzung und kollektiver Nutzung.

Aus Abb. 5.25 lassen sich ferner interessante Individualisierungstendenzen erkennen, welche bei den Mietern in den Gemeindebauten aufgetreten sind, die jeweils hauseigene „Privatgärten" aus der kollektiven Nutzung durch den Gartenhofverein ausgegrenzt haben. Damit wird belegt, daß die in der Stadt insgesamt festzustellenden Abgrenzungstendenzen des „kleinen, privaten Grüns" gegenüber dem „großflächigen, kollektiven Grün", die auch sonst in der Grünflächennutzung in Wien vorhanden sind (z. B. Schrebergärten versus frei zugängliche Donauinsel), bereits auf der Mikroebene bestehen.

Die rechtliche Differenzierung des Stadtraums in öffentlichen, halböffentlichen und privaten Raum überlagert derart als übergeordnetes gesellschaftliches Organisationsphänomen das kommunalpolitische Problem der Grünflächenversorgung in Städten.

4) Abschließend sei noch das Stadterneuerungsexperiment der 80er Jahre in Budapest vorgestellt. Der Baublock 15 im VIII. Bezirk stellte das „Herzeigeobjekt" dar. Zu Planungsbeginn befanden sich im Block 9 staatseigene Wohngebäude mit 303 Wohnungen, mehrere Industriehallen, eine Synagoge und ein Wohnhaus im Eigentum der Israelitischen Gemeinde, eine Schule und drei leere Parzellen im Besitz des Staates. Im Laufe der Erneuerung wurden 143 Wohnungen und 6 Gebäude abgerissen, Wohnungen, die im Durchschnitt nur 42 m^2 Wohnfläche hatten, zusammengelegt und neue Wohnungen mit durchschnittlich 68 m^2 geschaffen, Erdgeschoßwohnungen in Geschäfte und Dienstleistungseinrichtungen umgewandelt. Die Bevölkerung wurde nahezu komplett ausgesiedelt. Auf den leeren Parzellen wurden zwei Wohngebäude mit 47 Komfortwohnungen mit einer Durchschnittsfläche von 64 m^2 errichtet (Abb. 5.26). Federführung und Kon-

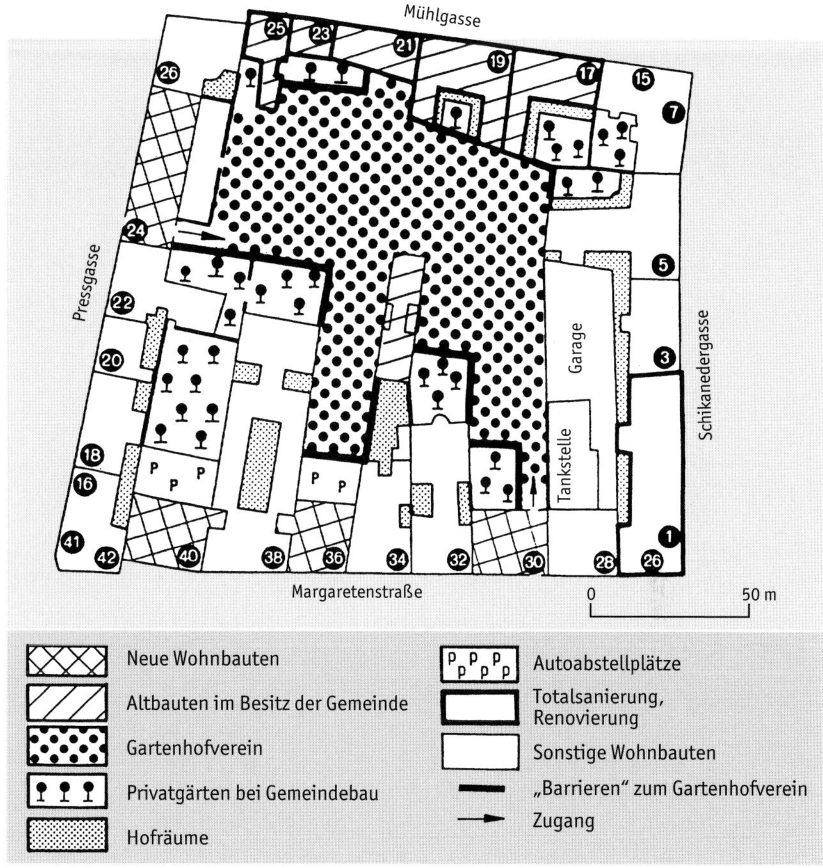

Abb. 5.25: Wien IV, „Planquadrat" mit Park

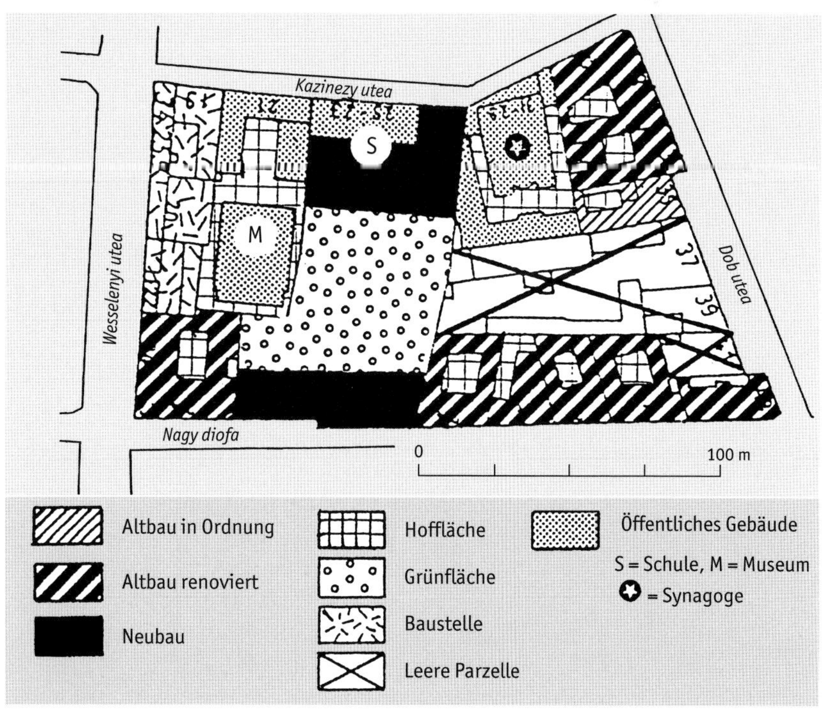

Abb. 5.26: Budapest, „Herzeige"-Block, 1993

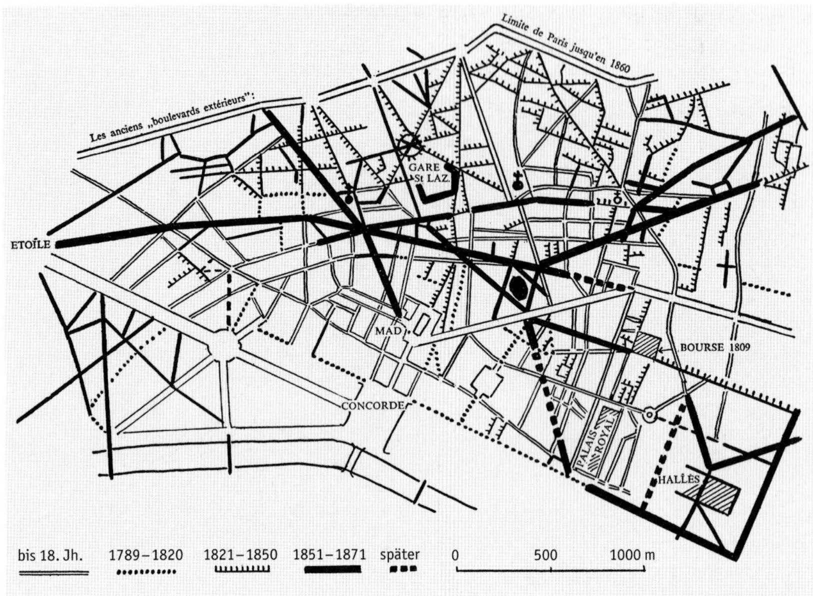

Abb. 5.27: Etappen von Straßendurchbrüchen, Paris

trolle erfolgten durch verschiedene Liegenschaftsverwaltungen bzw. Fachunternehmen. Sie wurden vom Operativen Komitee des Bezirksrats koordiniert und unterstanden der Aufsicht des Hauptstädtischen Rats.

Der Baublock umfaßte außer der Synagoge, die bei der Erhebung 1993 noch funktionslos war, zwei weitere öffentliche Einrichtungen, nämlich das Industriemuseum und eine Schule, welche mit ihrem funktionslosen Nebeneinander die fehlende funktionelle Sichtweise der Blockerneuerung eindrucksvoll demonstrieren.

Der in der Planung vorgesehene, kollektive Grünraum des Innenhofs wurde von der Bevölkerung nicht akzeptiert. Die Grünfläche wurde an die Schule angebunden. Die durch „sozialistische Gentrification" gekennzeichneten, renovierten Altbauten sind ebenfalls – was derzeit in Budapest noch die Ausnahme bildet – abgesperrt und für Passanten nicht mehr zugänglich.

Die Reduzierung der allgemeinen Zugänglichkeit von Wohnbauten und Grünflächen zählt in Budapest zu den sehr rasch wirksamen Effekten der Liberalisierung, welche sich in Form von verstärkter Beachtung von Privateigentum niederschlagen. Auch in der ungarischen Metropole können sich die bisher üblichen Zwischenformen des halböffentlichen Grüns nicht halten.

Boulevards und Plätze

Die Funktion von Boulevards

Die Idealstädte im Sinne des Städtebaus haben, selbst wenn man ihre Variationsbreite ins Kalkül zieht, nur einen Bruchteil der Städte gestellt. Der Städtebau als ordnende Gestaltungsaufgabe hat stets nur einen Teil der tatsächlichen Stadtentwicklung beeinflussen können. Bereits verhältnismäßig früh, und zwar ab der Barockzeit, verschob sich der Schwerpunkt auf Teilaufgaben. Dabei ist es, wenn man von sozialistischen Ländern absieht, im wesentlichen auch bis in die Gegenwart geblieben.

Die im Barock geschaffene architektonisch-städtebauliche Grundordnung derartiger Teilaufgaben mit dem Erlebnis der Raumsteigerung vom Tor (Auftakt zur Straße – Platz, Sammlung) zum Zielbau (Schloß bzw. sonstiger Monumentalbau) hat sich mit der Konzeption großer axialer Durchbrüche und Platzgestaltungen seit damals behauptet. Die Entdeckung perspektivischer Wirkungen, von Gesetzmäßigkeiten des Kontrasts baulicher Gestaltung, der Steigerung und auch der Harmonie haben ohne Einbeziehung extremer vertikaler Dominanten zweifellos eine Vollendung erfahren.

Die Entwicklungsreihe geht vom ersten Auftakt in Rom unter dem Papst Sixtus V., der die Verbindung aller Hauptkirchen durch Straßendurchbrüche und die Neugestaltung der Plätze zum Ziel hatte, bis hin zu den Durchbrüchen der französischen Könige in Paris. Auf die Straßendurchbrüche in Form großartiger Boulevards wurde bereits hingewiesen. Die völlige Zerhackung älterer Grundrißstrukturen, die kaum mehr zu rekonstruieren sind, ist Abb. 5.27 zu entnehmen. Seit Ludwig XIV. hat nahezu jede Generation zu diesem Muster von Durchbrüchen beigetragen, so daß auch die Durchbrüche von Haussmann im Prinzip bereits ältere Vorläufer besitzen (vgl. Abb. 5.1).

Georges Eugéne Haussmann (1809 – 1891) gelang als Präfekt von Paris eine unglaubliche Leistung. Mit Hilfe des Gesetzes über die Sanierung ungesunder Wohnungen im Jahr 1850 legte er 1853 – 70 in Paris ein Netz breiter Boulevards und Straßen von über 100 km Gesamtlänge an und führte selbst im historischen Stadtkern flächenhafte Abbrüche durch. Die Anlage der neuen Boulevards verband er mit der Einbringung der technischen Infrastruktur, von Wasserleitungen, Kanalisation und Gasleitungen sowie der Schaffung eines öffentlichen Verkehrsnetzes, zunächst mit Pferdeomnibussen. Gleichzeitig wurde auch die aus dem 18. Jh. stammende Zollgrenze abgeschafft und eine Reihe von Siedlungen bis zu den äußeren Befestigungsanlagen hin eingemeindet. Die Durchführung des Programms verschlang die enorme Summe von 2,5 Mrd. Francs, die als Bankkredite aufgenommen wurden. In dieser Periode des Haussmannschen Regimes stieg die Einwohnerzahl von Paris von 1,2 auf 2 Mio. Das von Haussmann installierte Prinzip der Boulevards als Durchbruchsstraßen vereinigte mehrere Prinzipien. Es sollten damit

- Truppenbewegungen ermöglicht,
- der Verkehr verbessert,
- Slumgebiete beseitigt und
- längs dieser Boulevards die Nobelbauten der Bourgeoisie angelegt werden.

Diese Grundprinzipien im Hinblick auf die Verbesserung des Verkehrs und der inneren Sicherheit sowie die bausoziale Aufwertung haben Boulevarddurchbrüche auch zu einem wichtigen Instrument der Umstrukturierung von orientalischen Städten, aber ebenso zu einem Instrument der Neubautätigkeit in spanischen und lateinamerikanischen Städten werden lassen.

Mit dem Boulevard hat Haussmann – ohne es voraussehen zu können – auch einen Straßentyp geschaffen, der als einziger im Autozeitalter dem Fußgänger eine Gleichberechtigung neben dem Autofahrer einräumt. Ansonsten haben Fußgänger diese Gleichberechtigung verloren, da sie ebenso wie Kinder und Jugendliche auf bestimmte Plätze und ausgeschilderte Fußgängerbereiche verwiesen werden. Überall dort, wo es keine Gehwege mehr gibt, wie in den meisten Suburbs der USA, können sie den Straßenraum auch nicht mehr benutzen.

Auf das sehr facettenreiche Problem der Relation von Fußgänger und Autofahrer in der Stadt sei hier nicht eingegangen, illustriert sei nur die Veränderung des Straßenraumbezugs durch den Autofahrer im Vergleich mit dem Fußgänger. Es ist einsichtig, daß der Autofahrer nicht nur die Details von Bauten und Geschäften, sondern ebenso die Fußgänger selbst ausblendet (Abb. 5.28).

Aufgrund des Wahrnehmungshorizonts von Autofahrern ist in Nordamerika die Imageanalyse von Städten entstanden (Lynch 1960). Die wahrgenommenen Elemente der physischen Gestalt der Stadt sind de facto Orientierungshilfen für die Bewegung des Autofahrers im Stadtraum.

Abb. 5.28: Straßenwahrnehmung: Fußgänger vs. Autofahrer

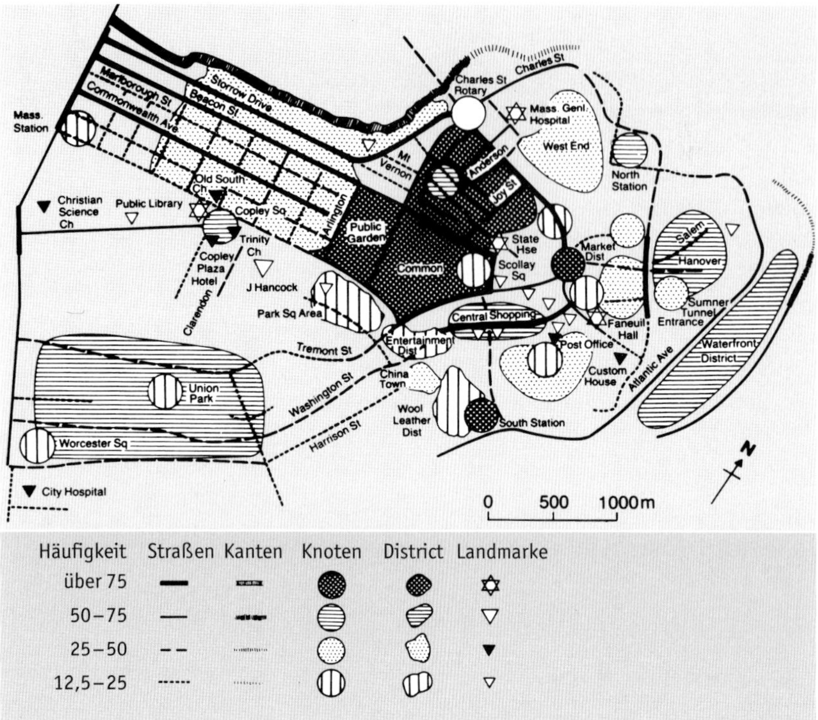

Abb. 5.29: Das Image von Boston

Hierbei handelt es sich um dominante Vertikalstrukturen, Landmarken, Leitlinien von Schnellstraßen und Knoten, zwischen denen amorphe „graue Flächen" liegen, welche der Aufmerksamkeit keinen Anreiz bieten. Es ist einsichtig, daß der einzelne Autofahrer überdies aufgrund seiner Bildung, seines Einkommens und seines persönlichen Aktivitätsfelds unterschiedliche Informationen speichert (Abb. 5.29).

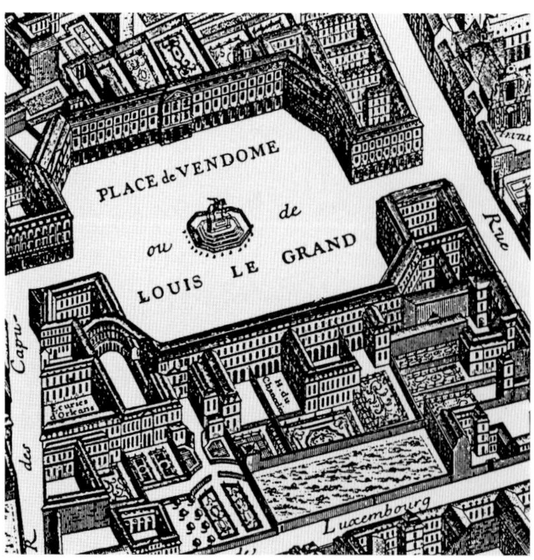

Abb. 5.30: La Place de Vendôme von Ludwig XIV. in Paris

Die Funktion von Plätzen

Plätze gehören zum wesentlichen Inventar der städtebaulichen Substanz. Überall dort, wo sie auf die mittelalterlichen Marktplätze zurückgehen, sind sie nach wie vor wirtschaftliche Zentren und Mittelpunkte städtischer Aktivität geblieben.

Die großartigsten Plätze in Europa stammen aus der Renaissance bzw. wurden in der Barockzeit im Zeichen des aufgeklärten Absolutismus – wie in Paris der Place de Vendôme – in bereits vorhandene bauliche Strukturen hineingesetzt (Abb. 5.30). Zum Unterschied von den mittelalterlichen Marktplätzen erhielten sie Repräsentationsaufgaben.

Den gründerzeitlichen Platzanlagen, in einem funktionsneutralen Straßenraster ausgespart, gelang es dagegen im allgemeinen nicht mehr, städtisches Leben an sich zu ziehen. Selbst bedeutende städtebauliche Konzepte der Gründerzeit, wie die architektonisch gut gelungene, arkadengeschmückte Piazza-Imitation an der Rückfront des Wiener Rathauses auf der Ringstraße, konnten die Erwartungen bezüglich eines lebendigen Geschäftslebens nicht erfüllen.

Unabhängig von diesen und anderen nicht erfolgreichen, zur Geschichte des Städtebaus und der Architektur gehörenden Erwartungen ist jedoch europaweit – verstärkt durch die Etablierung der Einrichtung von jährlich wechselnden Kulturhauptstädten – die Festivalisierung des städtischen Lebens zu einem neuen, durchaus erfolgreichen Konzept geworden, welches an die lokale und die von auswärts herbeiströmende postindustrielle Freizeitgesellschaft erfolgreich vermarktet wird (Abb. 5.31).

Wenn von einem Wiederfinden der „wahren Dimensionen des städtischen Lebens" gesprochen wird, so sollte man nicht vergessen, daß die architektonisch attraktiv gestalteten Stadträume in der vorindustriellen Stadt als „Bühne zur Inszenierung der großen Spektakel" dienten, angefangen von Hinrichtungen und Hexenverbrennungen, kirchlichen Umzügen, über die pompösen Kutschenauffahrten bei persönlichen Anlässen des Herrscherhauses bis zu den im Kirchenjahr fix eingeplanten großen Prozessionen. An diesen selbstverständlichen Attraktionen des städtischen Lebens nahm jeder Bürger in seinem besten Gewand teil. Der Korso auf bestimmten Boulevards gehörte zu den Ritualen der adeligen Gesellschaft und später der bürgerlichen Oberschicht.

Vor allem die großen Plätze waren mit den militärischen Aufmärschen Schauplätze der Machtdemonstration von oben (Abb. 5.32), und sie waren und sind auch die Schauplätze der Reaktion der Bürger, von Revolutionen, Protestmärschen, Kundgebungen aller Art, von Streiks sowie Aufmärschen zum 1. Mai usw. In den mediterranen Städten ziehen sie die abendliche Heerschar der Jugendlichen an. Davon machten selbst kommunistische Systeme, wie Albanien, keine Ausnahme, wo man die am Tag völlig leeren, großen Plätze von Tirana am Abend mit zehntausend Menschen gefüllt erleben konnte.

Straßenparaden in großen europäischen Metropolen, selbst in Zürich, die Verhüllung des Reichstagsgebäudes in Berlin, Klangwolken in Linz, pastellfarbene Lichtinszenierungen der Plätze in Lyon und aufgerüstete Erlebnisbahnhöfe zeugen davon, daß die bühnenkonforme Ausstattung der Stadt in den öffentlichen Räumen zunimmt.

Gleichzeitig belegen z. T. bereits über das Internet arrangierte Diskussionsforen, Expertenwerkstätten und Koordinationsausschüsse die politisch vermarkteten Bestrebungen der Entscheidungsträger, den Bürger in den Planungsprozeß zu integrieren. Demokratisierung desselben ist angesagt.

Eine Fülle von Begriffen aus dem journalistisch verbrämten Jargon der Planer– wie städtische Lebensqualität, Urbanität, Stadtgestalt usw.– wird von Betroffenen und Entscheidungsträgern in unterschiedlicher Weise verstanden und benutzt und trägt deshalb nicht selten zur Verwirrung oder zu gegensätzlichen Interpretationen bei.

Mit dem Begriff der „Urbanität" verbinden viele Stadtbewohner das Bild einer lebhaften Soziabilität im öffentlichen Raum und in besonderem Maße auf den städtischen Plätzen. Im Vergleich zu den übrigen Kategorien öffentlicher Räume (Passagen, Grünräume, Baulücken, Straßen usw.) bietet der städtische Platz einerseits Raum für eine Vielfalt von traditionellen Nutzungsarten wie z. B. das Flanieren und die Begegnung. Er ist

Abb. 5.31: Siena, Piazza del Campo mit Rathaus 1997

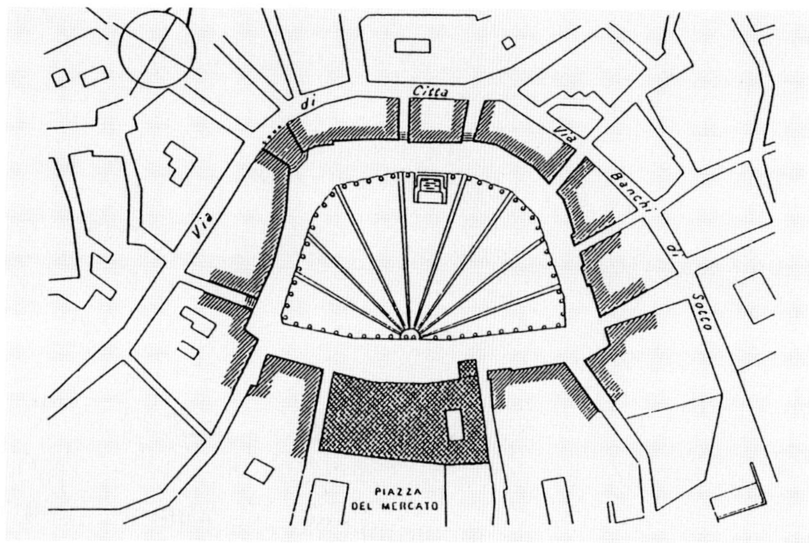

Abb. 5.32: Siena, Plan der Piazza d'el Campo

Abb. 5.33: Rom, Petersplatz 1975

Abb. 5.34: Madrid, Plaza Mayor 1972

andererseits auch eine Plattform für das Entstehen neuer Straßensportarten (Inlineskating, Citybiking, Skateboarding usw.) geworden.

Entsprechend der Ausrichtung bedarf der Platz nunmehr neuer „Möblierungen", die freilich einem raschen Wechsel der Mode unterworfen und auf bestimmte Nutzergruppen zugeschnitten sind bzw. Nutzungsvielfalt stimulieren, unterstützen oder behindern können.

Nur wenig beachtet wird von den zahlreichen Nutzern der architektonische Rahmen selbst, dessen Erhaltung zumindest in Europa mit größter Selbstverständlichkeit von der Allgemeinheit erwartet wird (Abb. 5.33 und 5.34).

Die dritte Dimension

Einleitung

Die Stadtgeschichte belegt, daß die vertikale Struktur des Baukörpers nicht nur von der Bautechnologie abhängt, sondern auch von den Bauordnungen. Die Überreste mittelalterlicher Wohntürme in italienischen Städten beweisen dies ganz deutlich. Vermutlich wäre in den mauerumschlossenen, dicht bevölkerten europäischen Städten bereits in der frühen Neuzeit der Hochhausbau allgemein gebräuchlich geworden, wenn nicht die Stadtrepubliken Italiens die Abtragung derartiger Wohntürme angeordnet hätten, um den inneren Frieden der Städte sicherzustellen.

Seit dem Mittelalter blieb daher der Symbolgehalt der baulichen Hochstruktur unangetastet mit dem Kirchenbau verbunden. Im liberalen Zeitalter wurde auf der Pariser Weltausstellung 1855 zwar die Höhe der Stahlkonstruktion des Eiffelturms (317 m) viel bestaunt. Doch blieb selbst im Bauboom der Gründerjahre das Traufhöhenprinzip der Bauordnungen unangetastet, für welches die Bauordnung von Paris 1795 mit 25 m Traufhöhe das Vorbild gesetzt hatte.

Die Vertreter der Citybildung konnten in Europa einen Hochhausbau nicht durchsetzen. Die Durchsetzung gelang den Exponenten der Wirtschaft nur in Nordamerika, wo sie darin wetteiferten, die ökonomische Kapazität und zugleich finanzielle Stabilität ihrer Unternehmen in einem sich gegenseitig überbietenden Wolkenkratzerbau zur Schau zu stellen. Der enorme Einsatz von Kapital erforderte freilich auch eine äußerst rasche Amortisierung und enorme Steigerung der Grundstückspreise und Mieten. Die Wolkenkratzer werden damit zum Spiegelbild für die gleichsam in den Raum projizierte Vertikale der im Stadtzentrum enorm angestiegenen Grundstückspreise.

Grundsätzlich unterscheidet sich von dieser Verwendung des Wolkenkratzerbaus für die Repräsentanz von Wirtschaftsunternehmen die städtebauliche Verwendung von Hochbauten in ehemals sozialistischen Ländern. Hier übernahm der Hochbau monumentale repräsentative Aufgaben im Verband einer gesamtstädtischen Konzeption und hatte die Funktion, politische und kulturelle Werte (Kulturhäuser, Universitäten u. dgl.) zu akzentuieren (Abb. 5.35).

Die Standorte des Hochhausbaus

Die Verortung des Hochhausbaus in Europa unterscheidet sich grundsätzlich von der in Nordamerika. Dort reflektiert die Vertikalstruktur der Skyline den Gipfel der Bodenpreise in der Stadtmitte, während umgekehrt in den europäischen Städten unter dem Einfluß des Denkmalschutzes und dem Druck der öffentlichen Meinung die Stadtmitte von Hochhäusern ausgespart bleibt. Damit halten die neuen Landmarken der Banken, Versicherungen, Großkonzerne und Hotels einen Respektabstand zu den traditionellen Landmarken der Kirchen, Rathäuser und Schlösser. Aus Gründen des Anschlusses an die Hauptstränge der Ent- und Versorgung etablieren sich Hochhäuser in den Narbenzonen der städtischen Verbauung vor allem dort, wo traditionelle Bau-

Abb. 5.35: Wolkenkratzersilhouette von europäischen, nordamerikanischen und russischen Millionenstädten

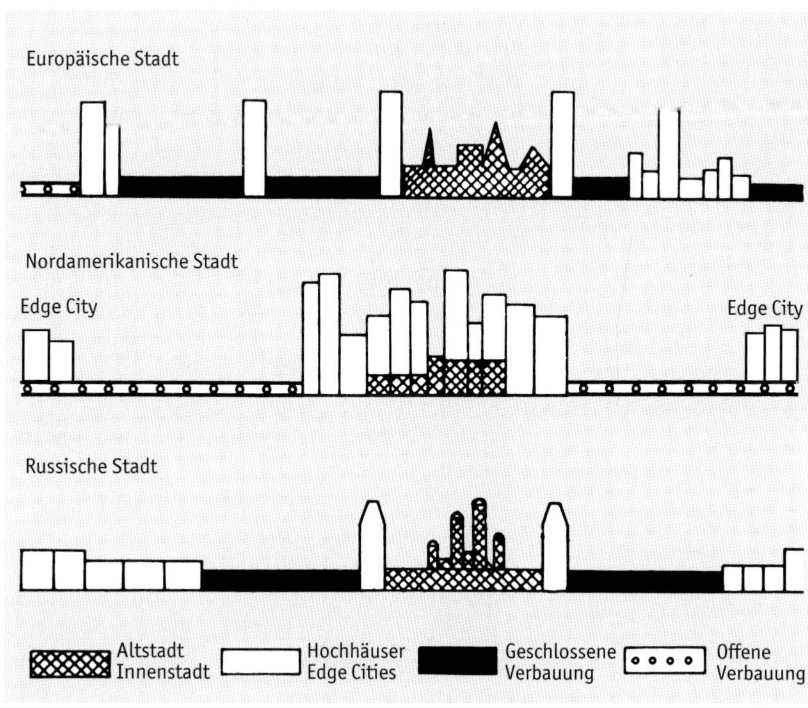

klassen aneinanderstoßen und ehemalige Stadtgrenzen durch Freiflächen oder niedrige Objekte nachwirken. Häufig markieren neue städtebauliche Dominanten nicht nur den Rand der Altstadt, sondern in zentripetaler Weise auch die Eingänge zu älteren Vorstädten und Vororten. Mit dem Ansteigen der Bodenpreise wird der Hochhausbau immer stärker ein Element von Stadtrand- und Satellitensiedlungen.

Entsprechend der Stadtgröße bestehen charakteristische Unterschiede in bezug auf Größe und Standort der Hochhäuser. In Millionenstädten kennzeichnen Hochbauten die Wachstumsfront des zentralen Geschäftsbezirks, durch den Nahverkehr stark frequentierte Bahnhöfe, die Knoten der städtischen Massenverkehrsmittel sowie Auslieger der City, ferner sind sie zu einem Instrument der Slumsanierung geworden.

In den Mittelstädten fehlt im allgemeinen die Stadterneuerung durch Hochbauten, und in den kleinen Städten sind Hochhäuser in der Regel ein Kennzeichen neuer Wohnanlagen am Stadtrand und auf diesen beschränkt.

Der Wolkenkratzerbau

Hochhaus und Wolkenkratzer

Hochhaus und Wolkenkratzer werden in der Literatur nicht exakt getrennt. Faßt man als Hochhäuser alle Objekte auf, welche die Traufhöhe der Bauklassen deutlich überschreiten, so sind bereits nach dem Ersten Weltkrieg in einzelnen Großstädten Europas derartige Objekte entstanden. Sie haben sich in der Nachkriegszeit bis in die Mittelstädte und selbst in Kleinstädte ausgebreitet. Die europäische Stadtentwicklung ist damit im 20. Jh. durch eine Top-down-Ausbreitung von Hochhäusern gekennzeichnet.

Bereits in der Zwischenkriegszeit hat Nordamerika das „goldene Zeitalter" des Wolkenkratzers erlebt und eine neue vertikale Silhouette errichtet. Die Hochhausentwicklung in Europa ist daher auch nicht mit der amerikanischen Wolkenkratzerentwicklung zu vergleichen, weil die Vergleichsobjekte verschiedene vertikale Maße aufweisen.

Setzt man eine Marke von ±100 m als Höhenuntergrenze für Wolkenkratzer an, so gelangt man zur Aussage, daß Objekte dieser Höhe bisher in Europa eine Rarität geblieben sind.

Die Entwicklungsperioden in Nordamerika

Der Wolkenkratzer hat das Image der nordamerikanischen Stadt geprägt. Mit dem Aufbau einer Wolkenkratzersilhouette haben sich die großen Metropolen sichtbar profiliert, allen voran New York und Chicago, gefolgt von Boston, Philadelphia, San Francisco und den Aufsteigern Dallas, Houston und Atlanta.

Schueller (1990) unterscheidet unter Bezug auf die technischen Fortschritte und die Architektur folgende Generationen der Wolkenkratzer in den USA (Abb. 5.36, Abb. 5.37):

Stadt	Jahr	Gebäude	Zahl der Geschosse	Fuß
1. Generation				
Chicago	1872	Portland-Block	6	
Chicago	1883	Montauk-Block	10	
Chicago	1888	The Rookery	11	
Chicago	1891	Monadnock-Gebäude	16	
2. Generation				
New York	1908	Singer-Gebäude	47	614
New York	1909	Metropolitan Life Ins.	50	675
Das „goldene Zeitalter"				
New York	1913	Woolworth-Gebäude	60	792
New York	1931	Empire State Building	102	1250
New York	1932	Chrysler Building	77	1045
3. Generation				
New York	1972	World Trade Center	110	1358
Chicago	1974	Sears Building	109	1454

Abb. 5.36: Generationen der Wolkenkratzer in den USA

1) Die erste Generation gehörte dem letzten Viertel des 19. Jh.s an und war durch ihren Experimentiercharakter gekennzeichnet. Der technische Fortschritt führte zur Stahlskelettbauweise mit freistehenden Türmen sowie vom dampfgetriebenen Aufzug zum hydraulischen und schließlich zum elektrischen Aufzug. Die Architektenschule von Chicago setzte die Maßstäbe.
2) Die zweite Periode begann im 20. Jh. Der „ökonomische" Wolkenkratzer begann sich herauszubilden. Der Schwerpunkt der Bautätigkeit

Abb. 5.37: Berühmte Wolkenkratzer in den USA

verschob sich nach New York, wo mit dem Singer Building und dem Metropolitan Life Insurance Tower bereits vor dem Ersten Weltkrieg ein deutlicher „Sprung in die Höhe" gelang. Zum erstenmal wurden historische Turmmodelle nachgebildet. Der gotische Stil wurde 1913 beim Woolworth Building verwendet, welches oft als die „Kathedrale des Commerce" bezeichnet und als erster „echter" Scyscraper gepriesen wurde. Durch die mehrgliedrige Struktur hat der Architekt Saarinen vermutlich die Revision des New Building Code (1916) mit der Definition des Setback-Towers beeinflußt, durch dessen Form Belichtung und Belüftung benachbarter Lagen gesichert werden sollten.
Knapp nach dem Ersten Weltkrieg wurde die Scyscraper-City von Architektur und Stadtplanung bereits als Symbol der amerikanischen Stadt und als Grundlage der städtischen Ordnung angesehen. Nur ein Jahrzehnt später hat Le Corbusier als Reaktion auf die Straßenschluchten in New York seine in Grünanlagen eingebettete Wolkenkratzerstadt kreiert. In der Zwischenkriegszeit wurde bei den Wolkenkratzern vielfach der Art-déco-Stil als Verkleidungselement verwendet, unabhängig von der inneren Struktur. Hierher gehören das Chrysler Building und das Empire State Building, dem es gelang, 40 Jahre lang den Rekord zu halten, das höchste Gebäude der Welt zu sein. Es war dies die Krönung des goldenen Zeitalters des amerikanischen Wolkenkratzerbaus. Lineare, geometrische Muster drücken Funktion, Effizienz und Ökonomie aus, glorifizieren Materialismus und Business. Wolkenkratzer werden für Großunternehmen Symbol und Werbung zugleich.

3) Vorzüglich ausgestattete und sicher funktionierende Wolkenkratzer waren das Resultat der dritten Periode des Wolkenkratzerbaus, welche nach dem Zweiten Weltkrieg einsetzte. Als Hauptvertreter entstanden das World Trade Center in New York und das Sears Building in Chicago.

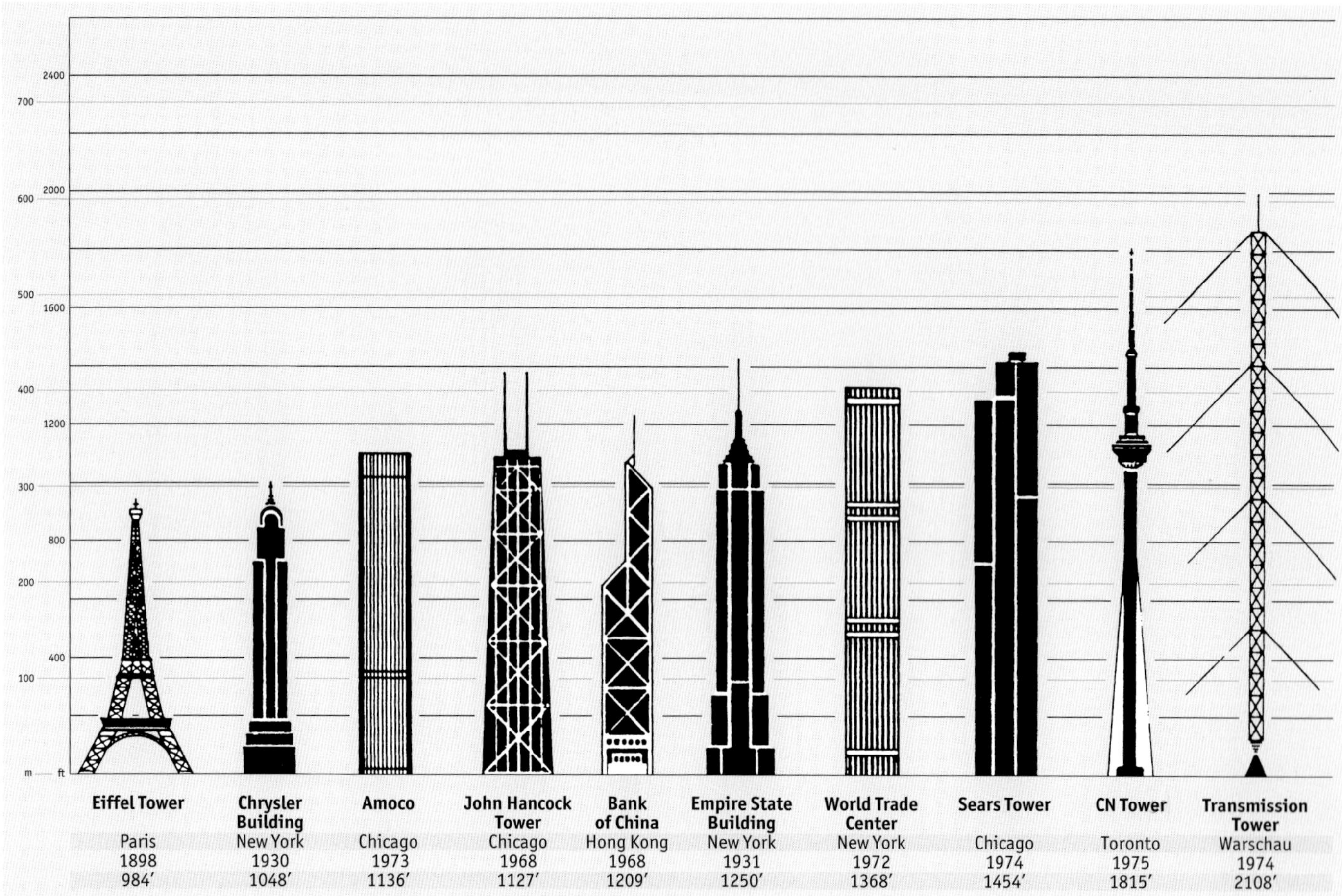

Abb. 5.38: Wolkenkratzersilhouetten von europäischen, nordamerikanischen und russischen Millionenstädten

4) Nach einer gewissen Zäsur bietet in der gegenwärtigen vierten Periode Art déco erneut eine Inspirationsquelle.

Die Errichtung von Hochhäusern beinhaltet auf einem privatkapitalistischen Grundstücksmarkt stets stark spekulative Elemente. Da die Fertigstellung von Wolkenkratzern meist einige Zeit benötigt, kann inzwischen eine Marktsättigung eintreten. Musterbeispiel hierfür ist das Empire State Building in New York, der großartige Abschluß des Wolkenkratzerbooms der frühen 30er Jahre, bei dem von seiner Fertigstellung im Jahre 1931 bis zur vollständigen Vermietung der zur Verfügung stehenden Büroräumlichkeiten 11 Jahre vergingen. Auf das gegenwärtige Problem der Wolkenkratzercity in Nordamerika wird im Kapitel „Bürosektor" eingegangen.

Die Wolkenkratzersilhouette der USA als sozioökonomischer Indikator

In Europa läßt sich die ökonomische Bedeutung einer Stadt nicht aus der Hochhaussilhouette ablesen. Wenn in Frankfurt am Main Wolkenkratzer errichtet werden, in München und Hamburg jedoch nicht, dann kann man daraus – anders als in den USA – keine Rückschlüsse auf die Wirtschaftskraft ziehen, sondern nur vermuten, daß juristische und mentale Barrieren gegenüber dem Wolkenkratzerbau bestehen.

Es stellt sich die Frage, ob die Wolkenkratzersilhouette in den USA als sozioökonomischer Indikator gelten kann. Im folgenden hierzu die Antwort: Die Metropolitanisierung der Bevölkerung äußert sich in Form einer klaren Zweiteilung in kleinere und größere Metropolen, wobei die Einwohnerzahl von 1,5 Mio. Einw. die Trennmarke bildet, ab der die Zahl von 8 Wolkenkratzern gleichsam obligatorisch wird. In den kleinen Metropolen besteht kein Zusammenhang zwischen der Zahl der Wolkenkratzer und der Einwohnerzahl. Metropolen mit 1 Mio. Einw. weisen einen bis sechs Wolkenkratzer auf. Der Anteil der Afroamerikaner variiert in einer Bandbreite von nahe Null bis 70 %, auch sonst ist die sozioökonomische Strukturierung sehr unterschiedlich.

In den Metropolen mit mehr als 1,5 Mio. Einwohnern besteht andererseits ein signifikanter Zusammenhang zwischen den Wolkenkratzern und der Einwohnerzahl: Die Zahl der Wolkenkratzer steigt mit der Einwohnerzahl an. Interessanterweise ist der Zusammenhang mit der Einwohnerzahl der Kernstädte weit schwächer ausgeprägt. Dies ist ein klarer Hinweis auf deren unterschiedliche Situation, welche als Verfall oder neuer Aufstieg am Beispiel der Downtown von Detroit und Los Angeles beschrieben worden ist.

Ein interessanter und gleichzeitig überraschender Zusammenhang besteht zwischen der Zahl der Wolkenkratzer und der ethnischen Zusammensetzung der Bevölkerung. Die Aussage lautet: Je mehr Wolkenkratzer eine große Metropole aufweist, desto höher ist der Anteil der nichtweißen Bevölkerung. Diese Aussage bedarf einer Interpretation, weil darin das Paradoxon der wirtschaftlichen Kapazität, gemessen an der Zahl der Wolkenkratzer und der Dominanz einer Wohnbevölkerung mit unterdurchschnittlichem Einkommen, die nicht als Verursacher des Wolkenkratzerbaus angesehen werden kann, enthalten ist. Die Aussage ist deswegen brisant, weil sie sich nicht nur auf die Kernstadt, sondern auf die gesamte Metropolitane Region bezieht.

Damit gelangen wir zu der Feststellung, daß nicht mehr nur eine Suburbanisierung, sondern eine Exurbanisierung der weißen Bevölkerung aus den großen Metropolitan Areas erfolgt, die mit der Entstehung von Edge Cities in einem Zusammenhang steht. Der „Produktionszyklus" der Wolkenkratzer in den Downtowns der meisten Metropolen ist an einem Wendepunkt angelangt. Die Wolkenkratzer sind das Symbol des Höhepunkts der Wirtschaftskraft der Downtown, der inzwischen im allgemeinen überschritten worden ist. Die lange Zeit mögliche, eine phantastische Höhe erreichende Steigerung von Bodenpreisen und Mieten ist beendet. Zwar werden als Ergebnis eines Wirtschaftsbooms bei gleichzeitig niedrigem Zinsfuß immer noch Wolkenkratzer in einzelnen Downtowns errichtet, ihre Rentabilität ist jedoch in Frage gestellt. In den Edge Cities begnügt man sich mit „niedrigeren Hochhäusern" und niedrigeren Mieten. Diesen gehört die Zukunft.

Die „Rückständigkeit" Europas

Traditionelle städtebauliche Leitbilder, Bauordnungen und Vorstellungen über das Image von Städten haben den Wolkenkratzerbau in den europäischen Städten bis zur Gegenwart herauf weitgehend verhindert. Erst an der Wende vom 20. zum 21. Jh. ist in Deutschland wieder eine Diskussion darüber entbrannt, nachdem sich Frankfurt in der Nachkriegszeit zur bisher einzigen Wolkenkratzerstadt Kontinentaleuropas entwickelt hat.

Im Vergleich zur globalen Ausbreitung des Wolkenkratzers in allen ehemals dem Commonwealth angehörenden Staaten, in Lateinamerika und in vielen Metropolen Asiens sind Wolkenkratzer von amerikanischen Dimensionen in den europäischen Metropolen bisher eine Ausnahme geblieben. Es fehlt nicht nur, von wenigen Standorten abgesehen, die Nachfrage auf dem Immobilienmarkt, welche die hohen Investitionen rechtfertigen würde, sondern es bestehen nicht zu unterschätzende mentale Barrieren bei den Entscheidungsträgern. Es ist derzeit schwierig abzuschätzen, ob diese künftig abgebaut werden können oder ob unter dem Druck der Freizeitgesellschaft und des Stadttourismus, vereint mit der grünen Bewegung die historisch-architektonisch wertvollen Innenstädte auch weiterhin für den Wolkenkratzerbau tabu bleiben werden.

Selbst Weltmetropolen wie London und Paris haben noch keinen Hochhausentwicklungsplan beschlossen, wie dies 1999 in Frankfurt mit den Stimmen aller Fraktionen geschehen ist. Zwar sind in London seit der Beseitigung der Höhenbeschränkungen (1963) in wachsender Zahl Hochhäuser entstanden, nur etwa ein Dutzend überschreitet jedoch die genannte Marke von 300 Fuß. Ähnliches gilt für die Kernstadt von Paris.

Das Frankfurter Wolkenkratzermodell

Frankfurt am Main ist das Bankenzentrum von Deutschland und hat durch die Etablierung der Europäischen Zentralbank andere kontinentaleuropäische Konkurrenten überrundet. Das 1997 errichtete Commerzbankgebäude ist mit 259 m derzeit das höchste Bürohochhaus Deutschlands. Freund hat 1999 drei Hochhausgenerationen unterschieden, von denen die erste in den 50er Jahren die Höhe des Doms (95 m) nicht erreicht hat, ebenso wie die Objekte der 60er Jahre, von denen eine erhebliche Anzahl inzwischen entweder total saniert oder bereits abgebrochen (!) wurde. Erst die 70er Jahre generierten einige Wolkenkratzer, wie den Altbau der Commerzbank und den Turm der Hessen-Thüringischen Landesbank. Mit der dritten Generation setzte der „extravagante" Wolkenkratzerbau mit postmoderner Architektur ein. Insgesamt listet Freund in Frankfurt 20 Wolkenkratzer auf. Nichtsdestoweniger „wäre es unrichtig, in Frankfurt von einer amerikanischen Stadtstruktur zu sprechen". Die Wolkenkratzer stehen in beachtlichem Abstand voneinander. Dank der baulichen Kontinuität zur Altstadt und der Wallgrünflächen besteht ein „attraktives Freilichtmuseum moderner Bürohausarchitektur" (Freund 1999, S. 102).

Frankfurt besitzt unter den deutschen Großstädten eine singuläre Position. In den beiden nach Berlin größten Städten, Hamburg und München, ist die Errichtung von Wolkenkratzern durch kommunalpolitische Entscheidungen bisher bewußt verhindert worden. Die Argumentation ist bekannt. Sie lautet, daß die traditionsreiche Silhouette mit dem Image der Stadt verbunden ist und durch ihre ästhetische Einmaligkeit nicht nur die Identifikation der Einwohner bewirkt, sondern auch einen ökonomischen Wert für die Standortwahl von Unternehmern und den Städtetourismus darstellt.

Wohnraum und Gesellschaft

Abb. 6.1: Hundertwasserhaus, Wien

Überblick

- Das Kapitel bietet eine historisch-komparative Analyse der städtischen Wohnbauformen und ihrer spezifischen sozialen Organisation.
- Die historische Kette der Wohnbauformen beginnt mit dem Hofhaus, welches seit der Antike bis zu modernen Wohnanlagen immer wieder Neuauflagen erlebt hat. Der Wohnturm ist dagegen ein kurzfristiges Importprodukt feudaler Oberschichten des Agrarraumes im Mittelalter, während das Bürgerhaus ebenso wie das spätere kontinentaleuropäische Mietshaus Eigenschöpfungen der europäischen Stadt darstellen und für alle Bevölkerungsschichten gebaut wurden.
- Die historische Dichotomie von Einfamilienhaus und Massenmietshaus bietet die Grundlage für den Nord-Süd-Vergleich in Europa ebenso wie für einen Vergleich zwischen den USA und Kontinentaleuropa.
- Die Aufspaltung der Wohnfunktion in Europa als schichtenübergreifendes Massenphänomen des Zweitwohnungswesens der Gegenwart läßt sich über das bürgerliche Landhauswesen im 19. Jh. zur Villeggiatura in der Toskana und bis zur Villa und Villeggiatura im Römischen Reich zurückverfolgen.
- Historische und aktuelle Unterschiede der Segregation im Wohnhaus werden thematisiert als
  - Schichtenmodell von Wohnkarrieren,
  - im Hinblick auf horizontale und vertikale Segregation in den Mietshäusern und
  - unter Bezug auf die Wohnungen hinsichtlich Öffentlichkeit und Privatheit, demographischer Segregation, innerer Zugänglichkeit und ihrer Funktionalität als moderne Wohnmaschine.

Einleitung

Zwei Begriffe stehen in der Kapitelüberschrift: Wohnraum und Gesellschaft. Sie stehen für den zweigeteilten Aufgriff des Themas. Es geht erstens um die Frage nach den städtischen Wohnbauformen im Rahmen einer historisch-komparativen Analyse und zweitens um die räumliche Anordnung und Einbindung der jeweiligen Gesellschaft in den Wohnraum der Stadt auf der Mikroebene von Wohnhäusern und Wohnungen.

Einen Zugang zum Thema bieten die Aussagen von Aristoteles. In der griechischen Polis war das Haus des Bürgers ein Eigenhaus, für dessen Errichtung er folgende vier „Ursachen" angab:

An erster Stelle steht die *causa finalis*, d. h. der Zweck, zu dem ein Haus erbaut wird. Damit wird in die Zukunft hinein gedacht, und zwar in einem aus der Generationenfolge resultierenden Zeitbegriff. Diese zukünftige Funktion des Hauses wirkt ihrerseits auf alle Entscheidungen, die mit dem Bau des Hauses zusammenhängen, zurück.

Die *causa efficiencia* umfaßt die Aussagen über die Mittel, d. h. über den Einsatz von Kapital und Arbeitskräften, mit denen das Haus gebaut wird.

Ferner bedarf es der *causa formalis*, des Bauplans, der auswählend die Materialien ordnen läßt, die als *causa materialis* ebenfalls beim Hausbau notwendig sind.

Erweitert man das Beispiel durch die Einfügung einer Änderung der Gesellschaftsstruktur, so können sich Zwecke und Mitteleinsatz und damit die Funktion des Hauses ändern.

In die wissenschaftliche Sprache der Gegenwart übersetzt, geht es um die Frage nach der institutionellen Organisation der Bautätigkeit, d. h. nach den Bauträgern, es geht um die Wohnformen und Wohnverhältnisse der Bevölkerung und schließlich um die Kapitalaufbringung. Einige Zusammenhänge seien aufgelistet:

1) Die historischen Wohnverhältnisse bilden die präziseste Meßlatte für die „soziale Distanz" zwischen spezifischen Sozialschichten. Den in einem politischen System führenden sozialen Schichten gelingt es stets am besten, ihre Wohnvorstellungen zu realisieren. Legt man die Konzeption des Eigenhauses zugrunde, so könnte man in diesem Zusammenhang eine Liste vom Eigenhaus des Römischen Reiches (*domus*) über das Patrizierhaus des Mittelalters, den barocken Adelspalast bis zur Villa der Gründerzeit aufstellen. Die Identifikation mit einem eigenen Haus ist jedoch im Verlauf des Wachstums der Städte grundsätzlich immer weniger Menschen möglich gewesen. Derart zieht sich auch die Umwandlung des Eigenhauses in das Mietshaus durch die Stadtgeschichte. Sie beginnt, wie gezeigt werden wird, bereits im antiken Rom.
2) Bei den Wohnvorstellungen kommt es ferner in zeitlicher Folge häufig zu einer partiellen Übernahme der Leitbilder der oberen Schichten durch mittlere und schließlich untere Schichten.
3) Nur in den Spitzenprodukten des Wohnbaus wird die Ebene architektonisch-künstlerischer Leistung erreicht, während die Masse der Bauten stets in konventionellen Vorstellungen bzw. standardisierten Formen verbleibt.
4) Die Ausbreitung von bestimmten Wohnbauformen kann – ähnlich wie bei anderen Kulturgütern – auf zwei Ebenen erfolgen: als regionaler Ausbreitungsvorgang und in Abhängigkeit von der Stadtgröße. Während die kleineren Städte von kapitalaufwendigen Bauten nicht erreicht werden, besteht in den nach der Stadtgröße obersten Rängen stets die größte Vielfalt an Formen.

Im folgenden wird unter dem Begriff „Eigenhaus" ein Dachbegriff verstanden, der das eigene Haus bezeichnet, welches sowohl eine Villa, ein Bungalow, ein Einfamilienhaus, aber auch ein Reihenhaus, eine Domus oder ein mittelalterliches Bürgerhaus sein kann.

Wohnformen sind Elemente der regionalen und nationalen Kulturen. Wie im gesamten humanwissenschaftlichen Bereich ist die Begrifflichkeit nicht beliebig über Sprachgrenzen hinweg transportierbar. Aber auch innerhalb des deutschen Sprachraums sind gewisse Begriffe für Wohnbauten, aber auch für Einzelelemente eines Wohnhauses nicht allgemein gebräuchlich. Die bekannten Nord-Süd-Unterschiede in der Idiomatik der Sprache äußern sich auch auf dem Gebiet der Bau- und Wohnkultur.

Historische Wohnbautypen

Überblick

Die Fragestellung des Kapitels ist ambitioniert. Sie lautet: Welche Grundformen des Wohnens lassen sich in der Stadtentwicklung verfolgen? Gibt es nur einen oder mehrere Stammbäume von Wohnbautypen? Welche Wohnformen haben die meisten Ableger und Verästelungen, welche weisen nur eine kurzfristige Existenz auf? In welchem Zusammenhang stehen die Wohnformen mit der räumlichen Organisation der Gesellschaft? Welche Innovationen erfolgen in Zusammenhang mit den Änderungen von politischen Systemen?

Die Ausführungen werden durch Grundrisse ergänzt, bei denen ein einheitlicher Planmaßstab den präzisen metrischen Vergleich gestattet. Sie sind auf folgende Grundformen des Wohnens und deren Entwicklungslinien zentriert:

1) Die älteste Wohnform der Stadt ist das Hofhaus, welches die Grundform des Wohnens in den alten Hochkulturen bildet und im Orient wie auch in China bis in die Gegenwart tradiert worden ist. Das Hofhaus wurde von der griechischen Polis übernommen und im Römischen Reich weiterentwickelt. Hier ist es einerseits in sozial differenzierter Form als Eigenhaus errichtet und andererseits bereits zum Mietshaus ausgebaut worden.
   Mit der Kolonisation haben es die Spanier und Portugiesen als sogenanntes Patiohaus nach Lateinamerika exportiert.
   Als Innovation erscheint das Hofhaus im deutschen Sprachraum in der Renaissance als arkadengeschmückte Wohnform gehobener Bevölkerungskreise und entwickelt sich weiter über geistliche Stiftshöfe bis herauf zu den kommunalen Wohnhöfen des Munizipalsozialismus.
2) Der zweite Grundtyp des Wohnens, der Wohnturm, hat in Städten nie jene Bedeutung erlangt wie der Wohnhof. Er kennzeichnet als feudales Wohnelement die Frühzeit italienischer Stadtstaaten, die sich damit sehr wesentlich von den Bürgerstädten im Norden der Alpen unterschieden.
3) Das Grundelement der europäischen Stadt bildet jedoch das Bürgerhaus, welches ebenso wie alle anderen Grundformen des Wohnens ein soziales Set von Typen entwickelt hat. Von diesem Bürgerhaus gehen mehrere Entwicklungsreihen aus:
   - Eine Linie führt in Nordwesteuropa zum Town house und zum Etagenhaus, in dem gelegentlich schon Stockwerkseigentum praktiziert wurde;
   - eine weitere führt vom Ackerbürgerhaus zum Vorstadt- und Manufakturhaus und
   - eine dritte, ebenfalls im Nordwesten Europas, vom Kleinhaus zum Back-to-back-Haus sowie zum Einfamilienreihenhaus.
4) Der Adelspalast ist überall dort ein weiteres Grundelement von Städten, wo diese Residenzfunktion erlangen konnten. Auf die Bedeutung der Urbanisierung des Adels für die Stadtentwicklung von Kontinentaleuropa wurde bereits hingewiesen.
5) Das kontinentaleuropäische Mietshaus ist das Grundelement der jüngeren Stadtentwicklung und hat mehrere nationale und ebenso architektonische und soziale Ausprägungen erfahren. Es bildet das Schlußglied in der Reihenhausverbauung der kompakten Stadt.

In der offenen Verbauung rings um die kompakte Stadt sind seit dem 19. Jh. weitere Grundelemente des Wohnens entstanden, die Reihenhaussiedlungen und die Wohnanlagen sowie die freistehenden Einzelobjekte von der Villa über den Bungalow bis zum Cottage. Während bis herauf ins 19. Jh. im Zuge der Vorstadtbildung die Wohnformen der Stadt in die Vorstädte „exportiert" worden sind, findet im Gefolge von Stadterneuerung und Stadtumbau nunmehr ein umgekehrter Vorgang statt, insofern, als Wohnanlagen des Stadtrands Slumquartiere der Innenstadt ersetzen und im Zuge des „in-filling" rings um amerikanische Downtowns nunmehr Reihenhausanlagen im Vorfeld der Hochhäuser der Downtown entstehen.

Das Hofhaus der alten Stadtkulturen

Bereits im Rahmen der Behandlung der antiken Stadtkulturen wurde auf das Hofhaus hingewiesen. Es handelt sich dabei um die älteste Wohn-

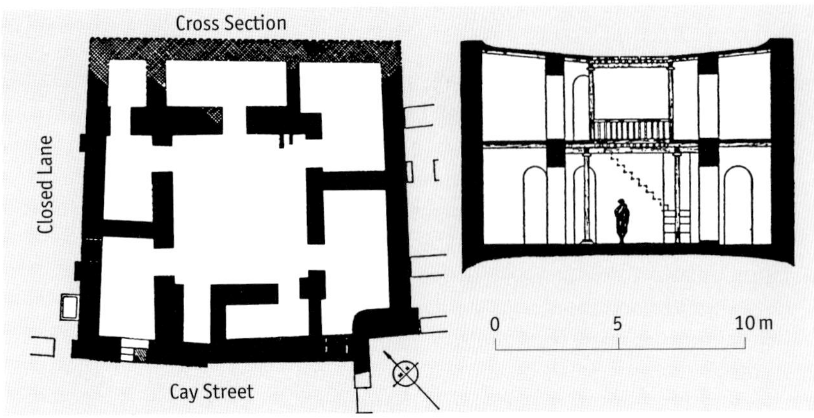

Abb. 6.2: Altorientalisches Hofhaus

form in Städten. Sie ist bereits in der altorientalischen Stadt belegt (Abb. 6.2), tritt aber auch in der chinesischen Stadt auf (Abb. 6.3). Im folgenden wird auf das Hofhaus in den Städten des Römischen Reichs ausführlicher eingegangen.

Das römische Hofhaus

Das römische Hofhaus tritt uns in zwei Ausprägungen entgegen, als Eigenhaus und als Mietshaus. Die ein- und zweigeschossigen Hofhäuser des Mittelmeerraumes sind archäologisch durch Ausgrabungen, vor allem in Olynth und Pompeji (Brödner 1989, Zanker 1995), sehr gut dokumentiert und in der Entwicklung vom sogenannten *Pastahaus* zum *Atriumhaus* mit späterer Erweiterung zum *Peristylhaus* bestens belegt. Die Ausgrabungen bieten ein idyllisches Bild der *domus*, des Stadthauses der römischen Patrizier.

Das Patrizierhaus: die Domus

Bereits im 4. Jh. v. Chr. ist die Gestaltung des Atriumhauses festgelegt, von dem wir mehrere Beispiele noch heute in den kampanischen Städten besichtigen können. Das Haus war völlig nach innen gerichtet, falls sich an der Außenseite Fenster befanden, so waren sie klein und unregelmäßig angeordnet. Das Atrium war nicht nur das räumliche Zentrum, sondern auch die Hauptlichtquelle für die Zimmer. Es war überdacht, allerdings wies das Dach in der Mitte eine Öffnung auf, das sogenannte *compluvium*, unter dem ein Bassin, das *impluvium*, lag, in welchem das Regenwasser gesammelt wurde. Das Wohnhaus wurde von der Straße her durch ein *vestibulum* (Vorplatz vor dem Haus), das später in den Baukörper einbezogen wurde und zwischen den zur Straße hin geöffneten Läden (*tabernae*) lag, betreten. Haustüren (*ianuae*) schlossen den Wohnbereich vom öffentlichen Straßenraum ab und Flure (*fauces*) führten in die Halle des Atrium. Zu beiden Seiten des Umgangs schlossen sich Räume mit mehr oder weniger breiten Öffnungen zum Atrium hin an, die in den meisten Fällen wohl mit Vorhängen, seltener mit Holztüren, geschlossen wurden (Schlaf- und später auch Wirtschaftskammern). Die Flügelräume (*alae*), zur Halle vollständig geöffnet, bildeten hier den Abschluß der Zimmerreihe. Gegenüber der Eingangsseite lag eine Zimmerreihe, deren Rückfront auf einen kleinen Garten ging (Abb. 6.4). In der Mitte befanden sich das *tablinum*, seitlich davon ein schmaler Durchgang und je ein bis zwei Räume, deren Verwendungszweck nicht immer eindeutig identifiziert werden konnte (Abb. 6.5). Bemerkenswert ist die Höhe der Badekultur, welche bis heute nicht erreicht worden ist (Abb. 6.6).

Als der hellenistische Einfluß in der römischen Kultur stärker wurde, der Reichtum und mit ihm die Ansprüche an die Lebenshaltung wuchsen, wurde das Atriumhaus durch den Peristylteil erweitert. Dieses römische Haus ist – dies ist ein wesentlicher Unterschied zum griechischen Haus – in höchst bewußter Weise auf Blickachsen angelegt. Derart gewährt es auf der dem Eingang entgegengesetzten Seite einen kunstvoll gestalteten Ausblick in den Garten, den *hortus*, bzw. in den von Säulen umgebenen Gartenhof, das *Peristyl*.

Auf den Übergang vom öffentlichen zum privaten Raum im römischen Haus wird noch beson-

Abb. 6.3: Chinesisches Hofhaus

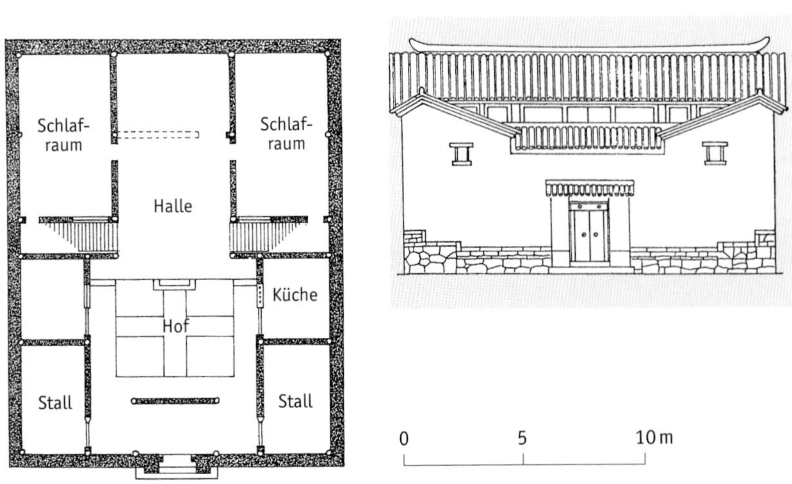

ders eingegangen. Es ist schwierig, mit dem heutigen Begriff von Privatheit der Wohnung, geschützt durch den Gesetzgeber, die Situation der römischen Gesellschaft zu charakterisieren. Heute besteht nur wenig Raum für den Empfang von Gästen und die Repräsentation nach außen hin, welche zum Wohnen der römischen Oberschicht gehörten.

Das römische Mietshaus

Während in Städten wie Pompeji Hofhäuser als Eigenhäuser, von Luxusbauten bis zu einfachen Flachbauten der Kleinbürger hin, noch um die Zeitenwende in größerer Zahl vorhanden waren, wurde mit dem Anwachsen Roms und der übrigen Großstädte infolge der dadurch bedingten Verteuerung von Grund und Boden der mehrgeschossige Mietshausbau in der Kaiserzeit die Regel. Die neueren Ausgrabungen in Ostia und Pompeji zeigen meist Mietshäuser mit 3 und 4 Obergeschossen, vielfach nach der Straße hin mit Balkons und Loggien ausgestattet, mit Läden im Erdgeschoß und Grundrissen, die vom Grundriß des heutigen Etagenhauses nicht mehr allzuweit entfernt sind (Abb. 6.7, Abb. 6.8).

Anders war die Situation in Rom. Hier wurden die *insulae* nach und nach immer höher. Bereits Augustus setzte – nicht zuletzt unter dem Eindruck der zahlreichen Einstürze von Häusern – die Bauhöhe mit 21 m fest, was ungefähr sechs bis sieben Stockwerken entsprach. Trajan reduzierte die Höchstgrenze später wieder auf 18 m und damit auf fünf bis sechs Stockwerke. Die oberen Stockwerke waren in einzelne, unterschiedlich große Wohnungen (*cenacula*) aufgeteilt, in denen die unteren und mittleren Bevölkerungsschichten lebten. Die Mauern waren maximal 45 cm stark und das Gebälk aus Holz. Die Herstellung des Mietshauses erfolgte vielfach in ausgemauertem Holzfachwerk. Fließendes Wasser gab es nur im Erdgeschoß, ebenso Toiletten, in den

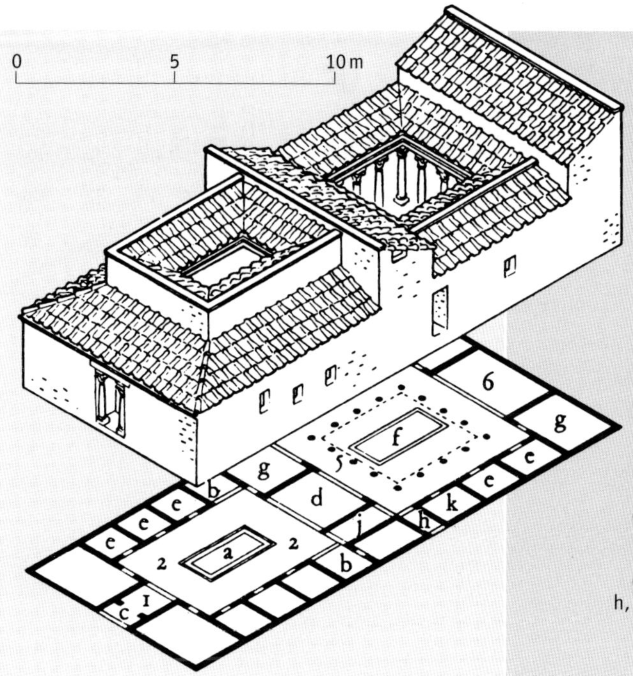

Abb. 6.5: Römisches Hofhaus: Domus

Abb. 6.4: Durchsicht in den Gartenhof eines Domus

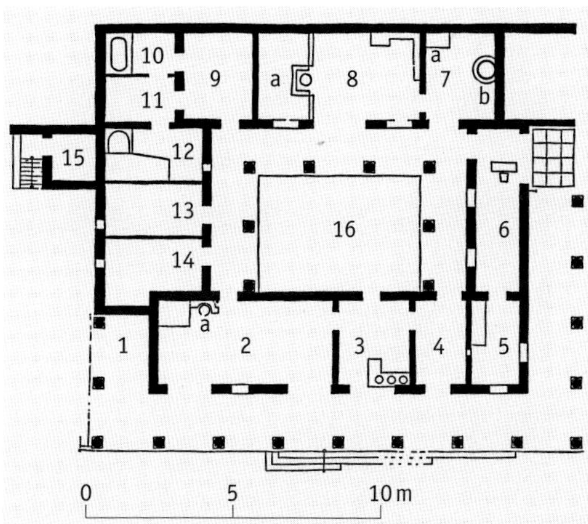

Abb. 6.6: Römisches Hofhaus in Augst, Schweiz

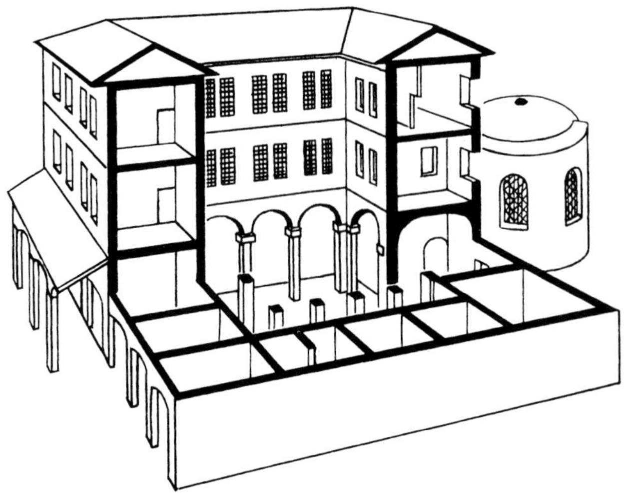

Abb. 6.7: Römisches Mietshaus, Querschnitt

Abb. 6.8: Römisches Mietshaus in Ostia, Ansicht

Stockwerken standen Behälter an den Treppenabsätzen (*dolinum*). Zum Kochen wurden kleine, tragbare Kohlepfannen verwendet. Es gab keine Glasfenster, die Fensteröffnungen wurden mit Holzläden oder Vorhängen verschlossen. Auch ungenügend belüftete und belichtete Kellerwohnungen fanden sich in erheblichem Umfang.

Es ist einsichtig, daß aufgrund der Bevorzugung des Erdgeschosses hinsichtlich der Infrastruktur eine vertikale Differenzierung der Mietshäuser die Regel war, ein Phänomen, welches bis herauf zum Aufzugbau am Ende des 19. Jh.s das europäische Mietshauswesen kennzeichnete.

Die Errichtung von Mietshäusern entwickelte sich zu einem der wichtigsten Wirtschaftszweige in Rom und war gekennzeichnet durch eine ausgedehnte Grundstücksspekulation und ein auf Profit bedachtes Bauunternehmertum. Sanierungsbedürftige Stadtviertel mit schmalen Gassen und stark überbelegten Mietshäusern setzten sich scharf von den weiträumigen Patriziervierteln mit komfortablen Palästen und riesigen Parkanlagen ab. Diese Polarisierung in Gesellschaft und Stadtraum im antiken Rom nimmt die Entwicklung vorweg, welche europäische Großstädte, wie u. a. Paris und Wien, dann im späten 18. Jh. durchlaufen haben.

Abb. 6.9: Grundriß eines Patiohauses in Puebla, Mexiko

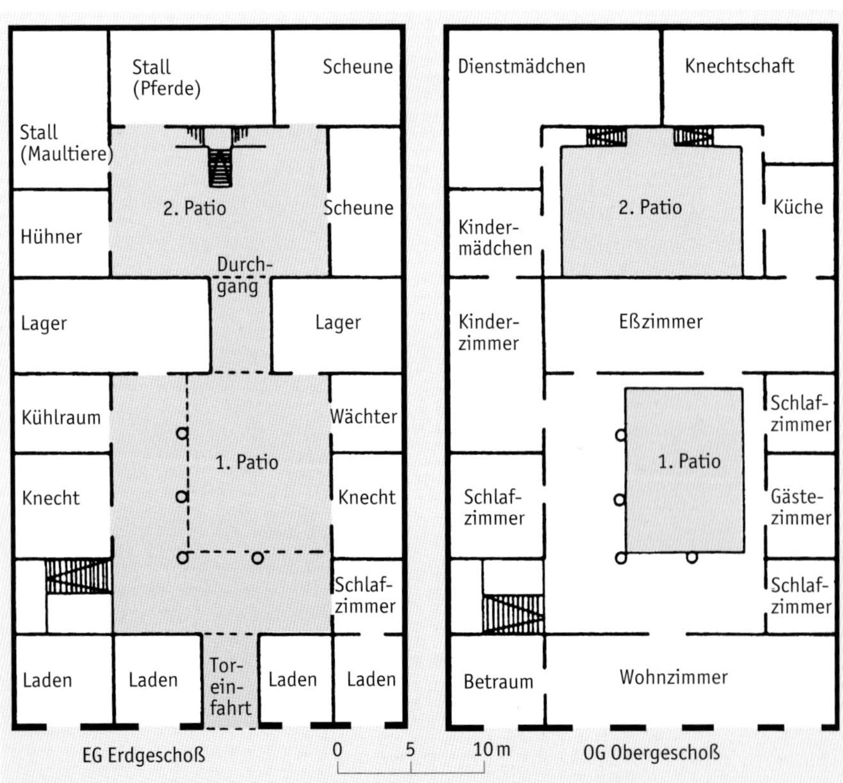

Die Ausbreitung des Hofhauses

Die Araber haben die Tradition des Hofhauses im ganzen südlichen Mittelmeerraum und auch in Spanien fortgesetzt. Im Zuge der Kolonisation Lateinamerikas durch Spanier und Portugiesen ist das *Patiohaus* von der Iberischen Halbinsel dorthin übertragen worden.

In den Neusiedlungsländern Lateinamerikas hat das Hofhaus – entsprechend dem sozialen Status seiner Bewohner – als Patiohaus eine sehr breite Ausdifferenzierung erfahren (Abb. 6.9, Abb. 6.10). Die Palette reicht von den großzügigen, palastartigen Patiohäusern der landbesitzenden Hazienderos bis zu den auf wenigen Quadratmetern errichteten, behelfsmäßigen Patiohäusern am Stadtrand. Die Entwicklung zu Großwohnhöfen blieb hingegen unbedeutend. Es kam vielmehr zur massenhaften Erstellung von bescheidenen Patiohäusern durch kapitalistische Unternehmer, die aus der Vermietung dieser traditionellen Bauform beachtlichen Profit erzielten. Agrarreformen verschiedener Staaten führten vielfach zu einem Kapitaltransfer der Hazienderos in einen derartigen spekulativen Hausbau, der nach außen hin noch die Illusion des Eigenhauses wahrt.

Ebenso wie in Lateinamerika das Hofhaus am Stadtrand spontan und gesteuert bei Parzellierungen weiterverwendet wird, ist dies auch in den orientalischen Städten der Fall, wo sich damit freilich in erster Linie die noch stärker im Traditionellen verharrenden Schichten identifizieren, während Oberschichten und obere Mittelschichten, vor allem die Bildungseliten, bereits die europäischen Wohnformen der Villa und des Appartementhauses übernommen haben.

Das Hofhaus ist in den einzelnen Kulturkreisen durch eine sehr unterschiedliche Abschirmung des Privatlebens gegen die Öffentlichkeit der Straße hin gekennzeichnet. Auf die perfekte „Privatheit" in der orientalischen Stadt wurde bereits hingewiesen. In der römischen Stadt bestand hingegen ein fließender Übergang zwischen Öffentlichkeit und Privatheit. Auch das Patiohaus in Lateinamerika kehrt die Fenster zur Straße hin.

Im europäischen Mittelalter blieb das Hofhaus im wesentlichen auf den mediterranen Bereich beschränkt. In den maurischen Städten Spaniens war es die wichtigste Wohnform.

Auf dem Experimentierfeld moderner Architektur ist das Hofhaus nochmals als Eigenhaus verwendet worden, konnte sich aber in Europa als Wohnhausform in der offenen Verbauung nicht durchsetzen.

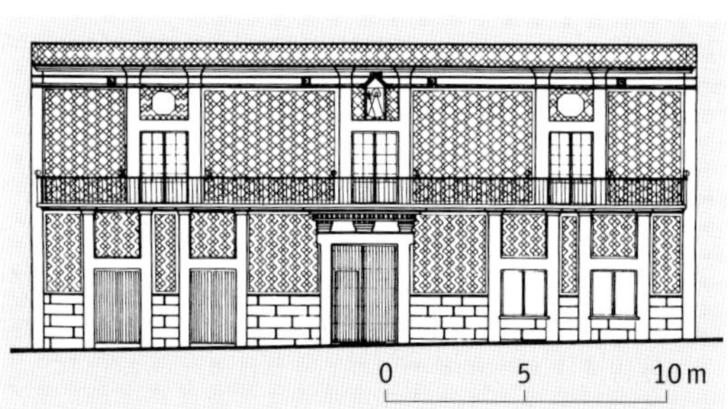

Abb. 6.10: Fassade eines Patiohauses in Puebla, Mexiko

Die europäische Stadt

Die historische Kette der Wohnbautypen

Die europäische Stadt blickt auf eine mehr als tausendjährige Geschichte zurück und hat in diesem langen Zeitraum eine äußerst vielschichtige gesellschaftliche und bauliche Entwicklung erfahren. Der Versuch, aus der regionalen und zeitlichen Fülle der Erscheinungsformen einen Stammbaum herauszuarbeiten, mag manchen zum Widerspruch auffordern. Es geht hier darum, zu zeigen, welche Bauformen als immanente Grundelemente in jedem neuen gesellschaftlichen Abschnitt der Stadtentwicklung fortbestehen bzw. welche nur periodenspezifisch sind und dann verschwinden.

In einem eigenen Abschnitt wird noch auf den Nord-Süd-Gegensatz eingegangen. Er bietet auch die Plattform für die Eröffnung. In der bürgerlichen Sichtweise der Interpretation der Stadt steht das Bürgerhaus des Mittelalters an erster Stelle. Zu Recht, wenn man von einem Stadtbegriff ausgeht, bei dem die Stadt über kein Umland verfügt und sich einen virtuellen Lebensraum durch Handel und Gewerbe schaffen muß.

Dieser Stadtbegriff ist jedoch durch einen zweiten Stadtbegriff zu ergänzen, der uns in den Stadtstaaten Mittel- und Oberitaliens entgegentritt. Hier gehört der *Contado* zum Besitz der Stadt, und von dort wurde der Wohnturm als „Geschlechterturm", als ein ursprünglich ländlicher Wohnsitz, in die Stadt importiert und in den Baublöcken der römischen Stadtreste, in Konkurrenz zur Vertikalen der Kirchen aufgetürmt.

Es handelt sich um eine ebenso imposante wie zeitlich beschränkte Bauform mit dem Kernraum in Mittelitalien, die Ausläufer auch in die Städte nördlich der Alpen entsendet. Sie beendet ihre Karriere zu dem Zeitpunkt, als die andere in der klassischen Antike wurzelnde Form, das Hofhaus, Platz beanspruchend zurückkehrt. Es handelt sich hierbei um die wichtigste Form städtischer Baukultur, insofern, als das Hofkonzept immer wieder neue Auflagen erhält und sich aller städtischen Funktionen auch außerhalb der Wohnfunktion bemächtigt.

Die Klöster bedienen sich seiner ebenso wie Spitäler und später die Paläste des Adels. Im aufgeklärten Absolutismus wird die Palette öffentlicher Einrichtungen damit versorgt, von den Spitälern bis zu Verwaltungsgebäuden und den Gefängnissen. Der Hof als zentraler Platz kann alle städtischen Funktionen in sich aufnehmen.

Als Wohnhof etabliert sich das Hofhaus zuerst in der Renaissance und breitet sich von Italien aus, wobei im Herkunftsland die Tradition der römischen *Insula* bis zur Gegenwart herauf fortlebt. Nördlich der Alpen entsteht aus den Meierhöfen der Klöster durch Umbau der Wohnhof der geistlichen Stifte. Auf derselben Grundidee des geräumigen Wohnhofes läßt die Entwicklung in der Gründerzeit einzelne Arbeiterwohnhöfe entstehen, bis schließlich ein großer Bauherr, die Munizipalregierung großer Städte, diese Wohnhofidee in der Zwischenkriegszeit zu sozial, aber auch architektonisch beachtenswerten Realisierungen bringt.

Nun zur historischen Kette des Bürgerhauses. Ein soziales Set von vier Hauptvarianten: das Patrizierhaus, das Handwerkerhaus, das Ackerbürgerhaus und das Kleinhaus bleiben in einer durch den Parzellenzuschnitt gleichsam auf Dauer fixierten sozialen Schiene.

Das Patrizier- oder Erbbürgerhaus auf breiter und tiefer Parzelle nimmt im Verlauf der barokken Umgestaltung der Stadt in Kontinentaleuropa Anleihen beim Palastbau auf, um schließlich zu einem Mietshaus der Ober- und Mittelschichten zu mutieren.

Auf der schmalen Parzelle geht die Entwicklung im Nordwesten des Kontinents zum Town house weiter, dessen Spannweite vom Stadthaus des Adels bis zum Etagenhaus für kleine Leute reicht und ebenso wie andere Grundformen städtischen Wohnens in der Neuzeit für alle Schichten spezifische Wohnformen bereithält.

Das Ackerbürgerhaus entwickelt besonders in den Vorstädten drei Äste: einen in Richtung auf das Manufakturhaus und zur Hinterhofindustrie, den zweiten zum Wohnflügelhaus für mittlere und untere Beamte und einen dritten mit offenen Gängen im ersten, später im zweiten Stock, der sich zum Mietshaus für Grundschichten der Bevölkerung wandelt.

Das Kleinhaus der Bürgerstadt findet sich in der industriellen Entwicklung als Back-to-back-Kleinstreihenhaus, fortgeführt durch das englische By-law-Haus und schließlich verbessert in den Reihenhäusern der Gartenstadt.

Der Adelspalast okkupiert die Residenzstadt ab dem 16. Jh. Seine die Horizontale beanspruchende Form verändert die Struktur der Bürgerstadt. Einerseits verdrängt der Adel das Bürgertum hinaus in den Vorstadtraum, andererseits bewirkt er dessen Akkulturierung, welche sich im Wohnbau und im gesellschaftlichen Leben niederschlägt. Der Adelspalast bleibt dabei kein städtisches Element wie das Bürgerhaus, sondern er bildet die Wohnform des Adels in der Stadt und gleichzeitig in den neuerbauten Schlössern „im Freien". In Frankreich distanziert sich der Adelspalast von der Front der Reihenhäuser durch den Ehrenhof, im deutschen Sprachraum ordnet er sich ebenso wie in Italien und Spanien in die Front der Reihenhäuser ein. Die Adelsgesellschaft benötigt die Stadt als barocke „Konsumgesellschaft" und bereichert deren gewerbliche Produktion durch die Nachfrage nach Luxusgütern. Das Leben des Adels ist jedoch abgehoben von der Stadt und vollzieht sich in der Sphäre der ersten Gesellschaft zwischen der Residenz des Fürsten und den jeweiligen Winter- und Sommerschlössern. Der „Zug ins Freie" wird vom Adel eröffnet und dann vom Bürgertum nach der Entfestigung fortgesetzt.

Dieses Bürgertum benötigt jedoch in der Zeit des Stadtwachstums seit dem 16. Jh. Wohnraum in der Stadt. Das kontinentaleuropäische Mietshaus entsteht und findet im 19. Jh. zu nationalen und schichtspezifischen Ausprägungen. Wie die Schilderungen der Lady Montague belegen, war es ein erstaunliches Erlebnis für britische Reisende, daß z.B. in Wien verschiedene soziale Schichten im gleichen Haus lebten und dieselbe Treppe benützten.

Damit sind zwei soziale Phänomene beschrieben, welche entscheidend für die kontinentaleuropäische Stadt waren und bis in die Gegenwart wichtig geblieben sind: der saisonale Wechsel von Wohnsitzen zuerst des Adels, später des Bürgertums (eine Bewegung, die zum Zweitwohnungswesen der Gegenwart heraufführt) und der soziale Mix der Wohnbevölkerung in den Mietshausstrukturen.

Der „Zug ins Freie" ist in den bis ins 19. Jh. befestigten europäischen Städten spät erfolgt, zuerst in Großbritannien, welches den klassischen Landhausstil von Palladio schon Anfang des 19. Jh.s in den suburbanen Villenstil umgemünzt hat. Das freistehende Einzelhaus hat jedoch in Europa nicht die Großanbieter gefunden, welche seine weitflächige Verbreitung in einer genormten Form massenhaft vermarktet hätten, wie dies in Nordamerika der Fall war, wo es ab der Zwischenkriegszeit und im Laufe des 20. Jh.s als Konsumartikel perfektioniert worden ist.

Die großen Bauträger nach dem Ersten Weltkrieg haben entweder die Einfamilienreihenhäuser der Gartenstadt oder die Wohnanlage als Wohnbauform für die Erweiterung der Stadt ins Freie verwendet.

Der Wohnturm

Der Wohnturm bestimmte die dritte Dimension der Stadt in Mittel- und Oberitalien, dem Kerngebiet seiner Entstehung. In Florenz bestanden um die Mitte des 13. Jh.s ca. 300 Türme. Großartige Beispiele findet man in mehreren Städten noch heute, etwa die 15 Türme in San Gimignano. Auf der Stadtansicht von Siena von Lorenzetti, im Rathaussaal der Stadt (vgl. S. 23, Abb. 1.12), wird die Bauweise des Wohnturms demonstriert, die nichts mit der Leitertechnik zu tun hat, sondern bei der das jeweilige Arbeitsgerüst im Mauerwerk fixiert und mit dem Höherziehen desselben weiter nach oben versetzt wurde. Wohntürme haben in manchen Städten sehr beachtliche Höhen erreicht und standen in der Vertikalen zu den Kirchen in Konkurrenz.

Wohntürme sind ihrer Herkunft nach ein Element einer wehrhaften Einzelsiedlung. Sie sind ein Importprodukt aus dem ländlichen Raum, ein Symbol für die wehrhafte Unabhängigkeit von feudalen Familien. Als solche wurden sie aus dem ländlichen Raum von der Stadt übernommen und haben in ganzen Nestern die Baublöcke besetzt, deren Grundmauern auf die römischen Städte zurückgehen, wie z. B. in Florenz (Abb. 6.11).

Abb. 6.11: Zentrum von Florenz mit römischen Baublöcken und Wohntürmen

Diese sehr frühe Urbanisierung einer landbesitzenden Herrenschicht seit dem 11. Jh. und ihre Verschmelzung mit der städtischen Händlerschicht hat den Städten in weiterer Konsequenz ebenso eine Blüte gebracht, wie dies in der späteren Urbanisierung des Adels in Kontinentaleuropa nördlich der Alpen in der Zeit der absolutistischen Fürstentümer der Fall gewesen ist.

Als Beispiel ist der Wohnturm von Petrarca in Arezzo abgebildet (Abb. 6.12, Abb. 6.13), der heute unter Denkmalschutz steht und demonstriert, daß zum Turmbau meist ein weiterer Trakt gehörte, der auch das komfortable Wohnen gestattete. Um den unentwegten Fehden zwischen den Familien ein Ende zu bereiten, haben die im

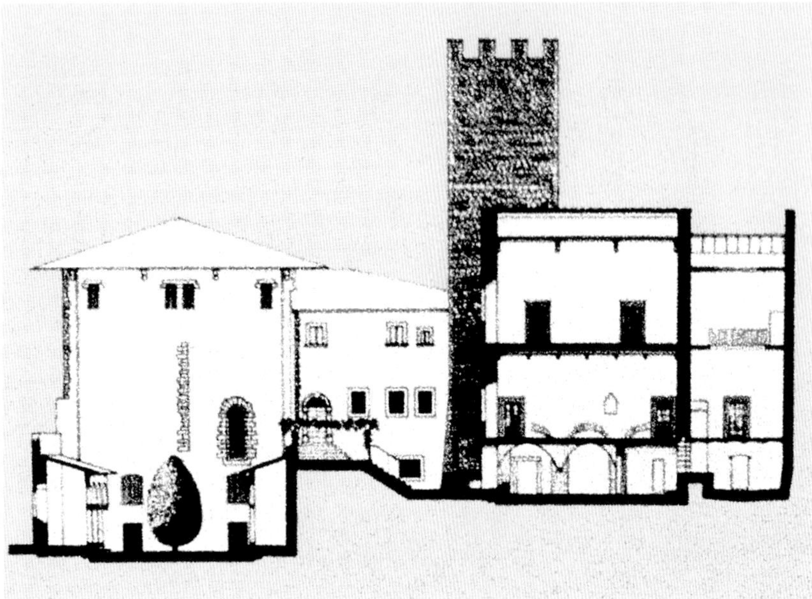

Abb. 6.12: *Aufriß des Wohnturms von Petrarca, Arrezzo*

Abb. 6.13: *Ansicht des Wohnturms von Petrarca, Arezzo 1997*

13. Jh. stärker werdenden Stadtregierungen die Neuerrichtung von Türmen verboten und eine Kappung der bestehenden angeordnet. Im Untergeschoß befestigte Palazzi haben deren Nachfolge angetreten. Ihre Erbauer waren Fernhändler, Unternehmer, Bankiers, deren wirtschaftliche Grundlage bis ins 19. Jh. die Landwirtschaft der *Villa-Fattoria* und deren *Mezzadria* im Stadtumland geblieben ist (Sabelberg 1984).

Das europäische Bürgerhaus

Das europäische Bürgerhaus stellt eine Neuschöpfung dar, die der neuen politischen und sozialen Ordnung der Bürgergemeinde entspricht. Der Bezug zwischen Privatheit und Öffentlichkeit ist gegenüber dem Hofhaus insofern deutlich verschoben, als symbolhaft in der Fassadengestaltung das wirtschaftliche Potential und – damit zumeist verbunden – das politische Ansehen des Bürgers zur Darstellung gelangt.

Ein weiteres kommt hinzu: Otto Brunner (1930) hat für das mittelalterliche Bürgerhaus den Begriff des „Ganzen Hauses" geprägt, eine Selbstversorgungseinheit, in der der Haushalt auch alle Lebensvollzüge einschließt. Das Ganze Haus vereinigte unter einem Dach häufig in denselben Räumen Arbeiten, Schlafen, Essen, Beten, Erholung, Mann und Frau, Kinder und Gesinde. Das europäische Bürgerhaus umschließt das gesamte Tätigkeitsspektrum der Bürgers, d. h. seine wirtschaftliche Tätigkeit, aber ebenso auch sein Privatleben, während ersteres im Hofhaus fehlt. In der orientalischen Stadt wurde diese Funktion an den Basar delegiert. Das Bürgerhaus hat ebenso wie das Hofhaus im Hinblick auf die architektonische Ausgestaltung eine beachtliche soziale Spannweite entfaltet. Beide Formen haben sich im Zusammenhang mit dem Stadtwachstum zu Mietshäusern entwickelt.

Das soziale Set des Bürgerhauses

Das europäische Bürgerhaus ist durch ein soziales Set von vier Hauptvarianten vertreten: das Patrizierhaus, das Handwerkerhaus, das Ackerbürgerhaus und das Kleinhaus. Diese unterscheiden sich bereits durch die Parzellengröße und -breite.

1) Das Patrizierhaus besteht aus mehreren nebeneinanderstehenden Baukörpern, welche gegen die Straße hin aneinandergereiht sind, während der nach innen anschließende Hofraum für Wirtschaftszwecke, Stallungen, als Lagerraum und zur Unterbringung von Dienst-

boten diente. Diese mehrgliedrigen Patrizierhäuser – eine in nur wenigen Städten vertretene Gruppe von Häusern der großen Kaufleute und Fernhändler – standen auf sehr geräumigen, wenn auch zumeist unregelmäßig geschnittenen Parzellen.

2) Das Handwerkerhaus unterscheidet sich deutlich vom Patrizierhaus. Es entspricht der Vorstellung vom „Winkelwerk" schmaler, spitzgiebeliger Häuser, welche man mit den mittelalterlichen Städten verbindet, wobei davon ausgegangen wird, daß jeder derartige Giebel einer Grundparzelle entsprochen hat. Auf den schmalen, tiefen Parzellen waren zumeist nur zwei bis drei Fensterachsen zur Straße hin möglich (Abb. 6.14).
Das zur Gänze überwölbte Erdgeschoß diente als Laden oder Werkstatt. An einer Längsseite führte eine geradarmige Stiege ins Ober- oder Wohngeschoß, das gewöhnlich gegen die Gasse oder den Hof hin je eine große Stube aufwies, während die dunkle Zwischenzone für Alkoven, Küche und Stiegenvorplatz verwendet wurde. Die Verbindung zum Hoftrakt erfolgte meist durch offene Gänge.
Allen diesen Bauten war eines gemeinsam, nämlich die funktionelle Differenzierung in der Längserstreckung des Hauses. Stets waren die Wohnräume gegen die Straße, die Wirtschaftsräume gegen den – häufig nur schmalen – Hofraum hin ausgerichtet. Im Zuge des Stadtwachstums kam es nun zur Hereinnahme von Mietparteien, meist auf dem Wege über Aufstockungen.

3) Von den Handwerkerhäusern unterscheiden sich die Ackerbürgerhäuser, die vor allem für Landstädte kennzeichnend waren und auf einer breiteren Parzelle errichtet wurden. Die langen Seitenflügel besaßen ursprünglich agrare Funktionen. Es war stets eine Einfahrt von der Straße in den Hof vorhanden, worin ein grundsätzlicher Unterschied gegenüber den Handwerkerhäusern bestand. Ackerbürgerhäuser kennzeichneten die meisten Vorstädte.

4) Von den zumeist ebenerdigen Kleinhäusern mit nur ein bis zwei Räumen sind nur wenige Beispiele aus der frühen Neuzeit erhalten geblieben. Die Kleinhäuser der mittelalterlichen Bürgerstadt waren Eigenhäuser von entweder wenig angesehenen Gewerben in der charakteristischen „Hans an der Mauer"-Situation auf zumeist winzigen Parzellen bzw. gehörten Angehörigen der nichtbürgerlichen Schichten.

Abb. 6.14: Fassaden von Bürgerhäusern in Flandern

Die Umstrukturierung im Barock

Der politische Systemwandel vom mittelalterlichen Territorialstaat zum absolutistischen Flächenstaat äußerte sich in einer grundlegenden Änderung der Baugesinnung und Architektur. Die Renaissancepaläste und Wohnhöfe wurden zum Vorbild für die bürgerliche Stadtgesellschaft. Sichtbar wird dieser Vorgang auf den historischen Stadtansichten durch den Wandel von der gotischen zur barocken Dachlandschaft.

Die barocke Umstrukturierung erfaßte vom Mediterranraum ausgehend die Habsburgermon-

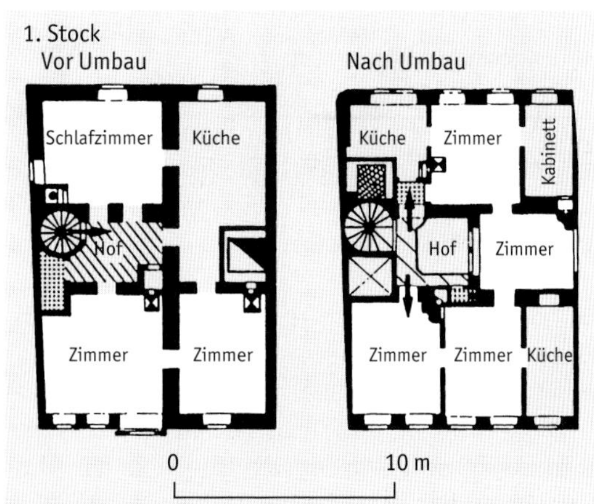

Abb. 6.15: Barocker Umbau eines gotischen Handwerkerhauses, Wien

Abb. 6.16: Renaissance-Blendfassaden von Bürgerhäusern, Gmünd, Niederösterreich

archie und Frankreich. Die Räume der Hansestädte und Nordwesteuropas wurden von dieser Bewegung nicht ergriffen (Abb. 6.15).

Mit der barocken Umgestaltung traten auch striktere Bauregulierungen in Kraft. Der bis dahin zulässige Holzbau (Holzstiegen und dgl.) wurde durch Stein und Ziegel ersetzt.

Der Wandel von der gotischen zur barocken Bauweise ist durch zwei Elemente gekennzeichnet:

1) Die Längsgliederung des mittelalterlichen Hauses, wie sie sich im tragenden Mauerwerk in zur Straße senkrecht stehenden Streifen widerspiegelt, in denen die Räume in der Tiefe der Parzelle hintereinander angeordnet werden, wird nunmehr von einer Quergliederung abgelöst.
2) Gleichzeitig erfolgt die Dachdrehung vom Giebel- zum Traufhaus, welche den Aufriß der Stadt entscheidend verändert.

Dieser Wandel des Grundrisses schuf die Voraussetzung für die spätere Anlage von doppelhüftigen Straßentrakten und für eine Standardisierung von Wohnungstypen.

Um breit zur Straße blickende Häuser zu schaffen, war eine Zusammenlegung von Parzellen erforderlich. Kapitalschwächere Hausbesitzer begnügten sich mit dem Vorziehen von Blendfassaden vor die mittelalterlichen Baukörper der Häuser. Derartige Blendfassaden sind bis heute ein Kennzeichen des Altbaubestands in Teilen des süddeutschen Raumes und in den Inn-Salzach-Städten (Abb. 6. 16).

Diese Umstrukturierung des Hauses war in den stark wachsenden Residenzstädten wie Wien mit einer massiven Zunahme der Zahl der Mietparteien verbunden, vor allem in den großen, geräumigen Häusern der bürgerlichen Oberschicht der Stadt. In Wien war bereits um die Mitte des 16. Jh.s das Mietshauswesen in voller Entwicklung begriffen. 70 % der Wohnungen in Bürgerhäusern wurden bereits von Mietern eingenommen (Lichtenberger 1977, S. 53), das Verhältnis der Mieter zu den Hausbesitzern betrug bereits zu diesem Zeitpunkt 2 : 1 und stieg bis zur Mitte des 17. Jh.s auf rund 7 : 1 an. Allerdings mußten nahezu zwei Drittel der Mieter mit Kleinst- und Kleinwohnungen vorliebnehmen.

In dieser frühen Entwicklung des Mietshauswesens und der damit verbundenen Mengung von verschiedenen sozialen Gruppen in den Wohnhäusern liegt ein Hauptunterschied zwischen dem westlichen und dem südlichen Kontinentaleuropa einschließlich des Raumes der ehemaligen österreichischen Monarchie gegenüber Nordwesteuropa. Als Beleg wird der barocke Umbau eines großen, auf drei Parzellen angelegten, ehemaligen Erbbürgerhauses in Wien in ein barockes Mietshaus vorgeführt (Abb. 6.17, Abb. 6.18):
Ein Haupttrakt von ca. 24 m Tiefe war in drei zur Straßenfront senkrecht stehende Streifen unterteilt, die jeweils durch ein separates Grabendach überdeckt waren und jeweils einem schmalen gotischen Haus entsprachen, dessen Räume hintereinanderlagen. Das Hinterhaus bestand aus einhüftigen Trakten rings um einen großen Hof (16 x 20 m). Im Erdgeschoß lagen Stallungen und Wagenremisen, in den Obergeschossen reihten sich Stuben und Kammern aneinander, die durch einen Außengang mit dem Haupttrakt verbunden waren. Durch den barocken Umbau im Jahre 1749 entstanden allein im 1. Stock vier Wohnungen von sehr unterschiedlicher Größe .

Das Town house

Das Bürgerhaus auf schmaler und tiefer Parzelle hat sich in Nordwesteuropa zum sogenannten Town house entwickelt, dessen architektonische Ausstilisierung nach dem großen Brand von London im Jahr 1664 die Stadtentwicklung bis zum Ersten Weltkrieg bestimmt hat (Abb. 6.19, Abb. 6.20). Im 19. Jh. ist aus dem Town house das Etagenhaus entstanden, welches in jedem Stockwerk eine Wohnung aufweist. Allerdings

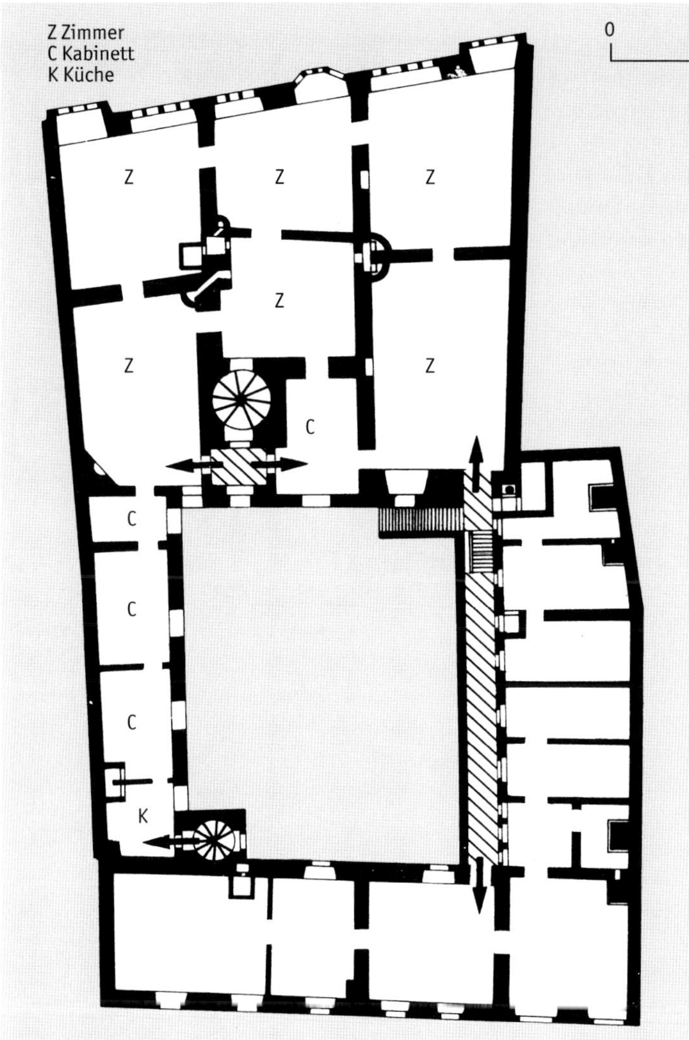

Abb. 6.17: Besitzbürgerhaus vor barockem Umbau, Wien

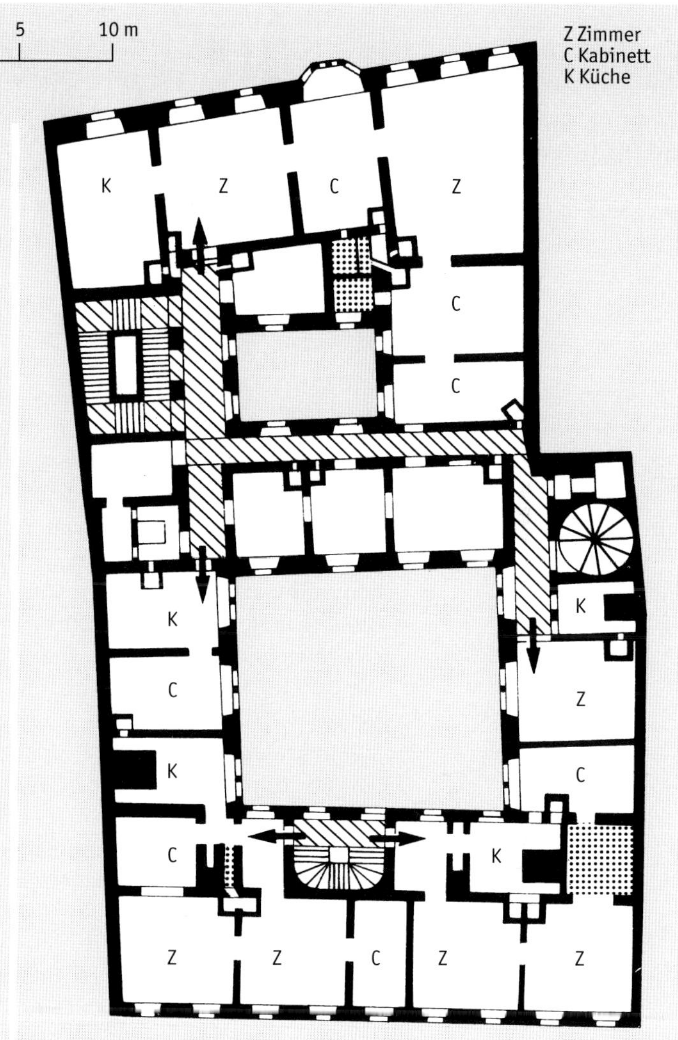

Abb. 6.18: Barocke Umwandlung in ein Mietshaus, Wien

wurde dabei die Tradition des Stockwerkeigentums, welche sich bereits in vorindustrieller Zeit nicht wirklich durchsetzen konnte, nicht aufgegriffen, sondern es entstanden Mietshäuser mit teilweise völlig einheitlicher Fassadengestaltung. Damit wurde von privaten Großunternehmen eine architektonische Struktur vorweggenommen, die auf dem Kontinent den Munizipalbehörden in den Großwohnanlagen des 20. Jh.s vorbehalten blieb. Die festgeschriebene und gleichsam versteinerte, kleinzügige Parzellenstruktur der Town houses und Etagenhäuser umfaßt den Nordwesten des Kontinents, von Großbritannien über Nordfrankreich und Belgien bis nach Norddeutschland.

Ebenso wie das Bürgerhaus mehrere soziale Varianten besitzt, so gilt dies auch für das Town house. Von den großräumigen, klassizistischen Town houses, in denen der landsässige britische Adel seine Stadtwohnungen hatte, reicht das Set bis zu den Etagenhäusern im Ruhrgebiet, in denen die einzelnen Etagen in Kleinstwohnungen aufgeteilt wurden.

Dieses Etagenhaus, aus verschiedenen Materialien – zum Teil sogar aus Holz, vorwiegend jedoch aus Ziegeln – errichtet, hat sich in den nordamerikanischen Städten im 19. Jh. als dominante Bauform stark ausgebreitet und bestimmt noch gegenwärtig den Raum um den Downtown-Distrikt, wenn dieser nicht inzwischen abgeräumt worden ist, vor allem in den alten Städten des Nordostens, wie Boston und Philadelphia, aber auch in San Francisco, wo derartige Stadtteile teilweise unter Denkmalschutz stehen.

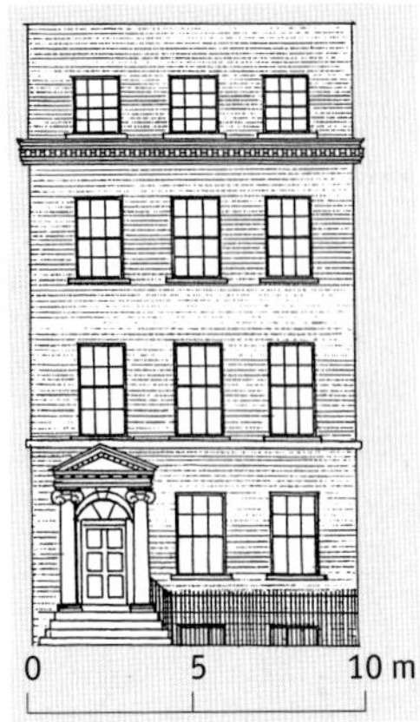

Abb. 6.19: Town house der Aristokratie, London, 18. Jh.

Je nach ursprünglicher Qualität der Ausstattung, des Materials und der Lage im Stadtgebiet haben derartige Town-house-Viertel eine unterschiedliche Entwicklung genommen. Vielfach boten sie einer zweiten Generation von Mietern, nämlich europäischen Zuwanderern, wie Italienern, Polen, Deutschen und Skandinaviern, eine erste Heimstatt. Die Errichtung von Etagenhäusern ging in Nordamerika mit dem Einsetzen des Booms der freistehenden Einfamilienhäuser im wesentlichen in den frühen 20er Jahren zu Ende. Wie bereits mehrfach betont, hat sich in Großbritannien der Adel nicht urbanisiert. Im Stadtbild fehlen daher Paläste. Ihre Stelle nehmen die Stadthäuser des englischen Landadels ein, die in die Kategorie der „Zweithäuser" einzureihen sind.

Der Grundriß des Stadthauses entstand unter dem Einfluß des adeligen Landsitzes, des *Manor house*. Das Kernstück des adeligen Herrenhauses, ein Hallenhaus, bildet die Hall, die bis zum First des meist zweigeschossigen Gebäudes reichen kann. Hier befinden sich die Feuerstelle und der Eßplatz der Familie. Eine derart flächenbeanspruchende Bauweise war in London infolge des Parzellenzuschnitts nicht möglich. Die Wohnform wird zur „Gefangenen des Aufschließungssystems", die Breite der Parzellen beträgt maximal 8 m, die Tiefe zwischen 25 und 40 m. Es müssen daher die Funktionen in den Geschossen übereinandergeschichtet werden. Damit kommt es zum „Leben in der Vertikalen" (Abb. 6.21, Abb. 6.22). *Folgende Merkmale der Stadthäuser des Adels entwickelten sich seit der Tudor-Zeit: Es ist ein ausgebautes Kellergeschoß vorhanden, in dem sich neben der Küche und den Vorratsräumen die Schlafgelegenheiten des Personals und des Butlers befinden sowie die diesem anvertraute Silberkammer mit dem Familiensilber. In der Höhe des Gehsteigs schiebt sich zwischen Keller- und Erdgeschoß ein Lichtgraben ein, über welchen mittels einer Wendeltreppe ein Zugang zum Kellergeschoß von der Straße aus möglich ist, ohne das Haus betreten zu*

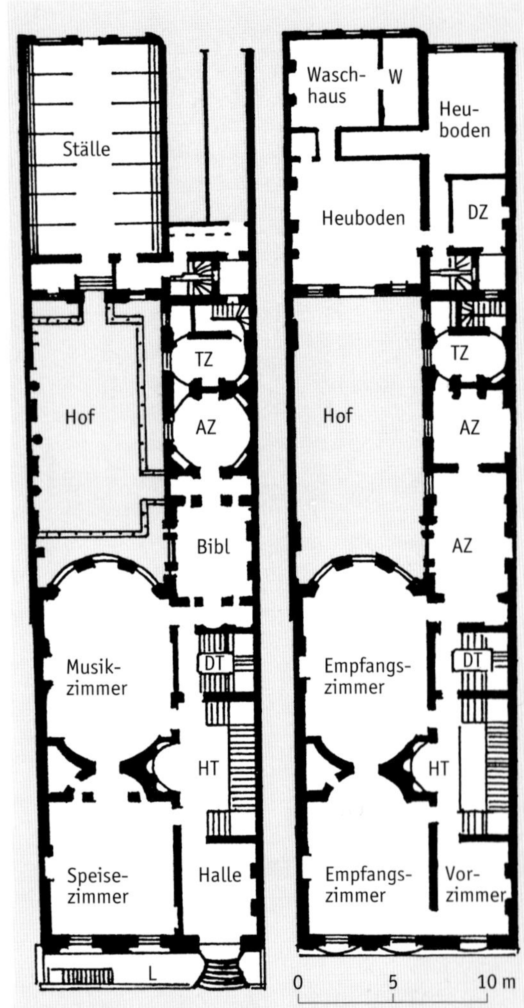

L	Lichtgraben zum Kellergeschoß	Bibl	Bibliothek
DT	Dienstpersonaltreppe	W	Wäscherei
AZ	Ankleidezimmer	TZ	Toilettenzimmer
HT	Herrschaftstreppe	DZ	Dienstpersonalzimmer

Abb. 6.20: Grundriß eines Town house der Aristokratie, London, 1772

müssen. Der Lichtgraben ist durch ein Gitter vom Gehsteig abgetrennt. Der eigentliche Zugang zum Haus erfolgt über eine den Lichtgraben überbrükkende Treppe. Durch das Portal gelangt man in die Entrance hall, einen schmalen Hausflur, welcher zur Treppe führt. Die parallel zum Flur angeordneten Zimmer beherbergen an der Vorderfront den Dining-room und an der Rückfront die Bibliothek und das Closet, ein Privatraum, der in seiner Funktion etwa dem mittelalterlichen Solar entspricht.

Der erste Stock ist der Mittelpunkt des familiären und gesellschaftlichen Lebens. Hier befindet sich über dem Dining-room des Erdgeschosses der

Drawing-room, das am aufwendigsten ausgestattete Zimmer des Hauses, und gegen die Gartenseite der Ladies' Drawing-room und ein Schlafzimmer. Weitere Schlaf- und Gästezimmer liegen im zweiten Stock. Im Dachgeschoß ist weiteres Personal untergebracht.

In den besseren Häusern verbinden zwei Treppen die Geschosse, wobei die repräsentative Haupttreppe bis zum Drawing-room reicht.

Größe und Funktion einzelner Räume wie Musicroom, first und second Drawing-room verweisen auf die Oberschicht, deren Leben von gesellschaftlichen Ereignissen und Verpflichtungen bestimmt war. Repräsentation war der Leitgedanke bei der Gestaltung der Räume: Halbkreisförmige Abschlüsse der Stirnwände sowie kreisrunde und elliptische Formen vermitteln den Eindruck größerer Raumtiefe. Mehrere Mauerdurchbrüche unterstreichen diese Wirkung.

Der mittlere Teil, der aus einer Flucht en suite angeordneter, kleinerer Räume besteht (Dressing-room, Library, Powdering-room usf.), ist nur etwa 5 m breit und spart damit einen parallel dazu en-

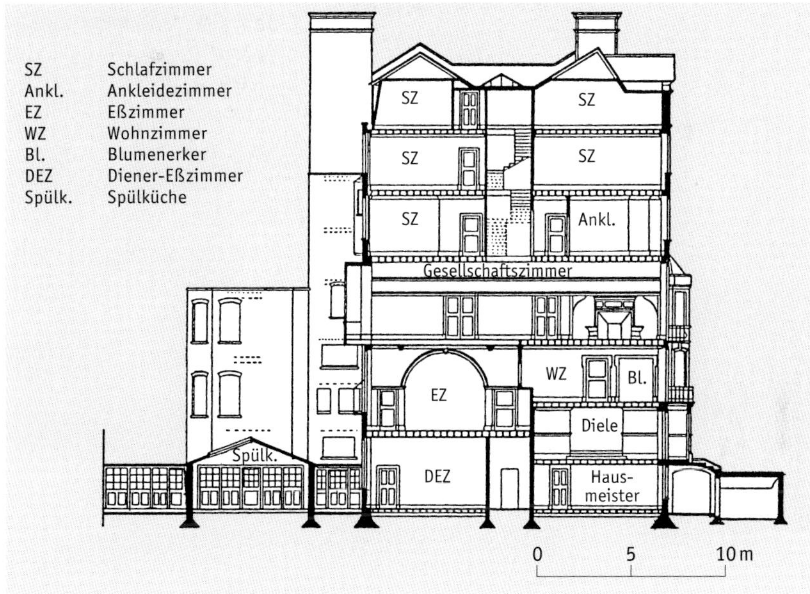

Abb. 6.21: Viktorianisches Reihenhaus der Oberschicht, London, Aufriß

Abb. 6.22: Viktorianisches Reihenhaus der Oberschicht, London, Grundriß

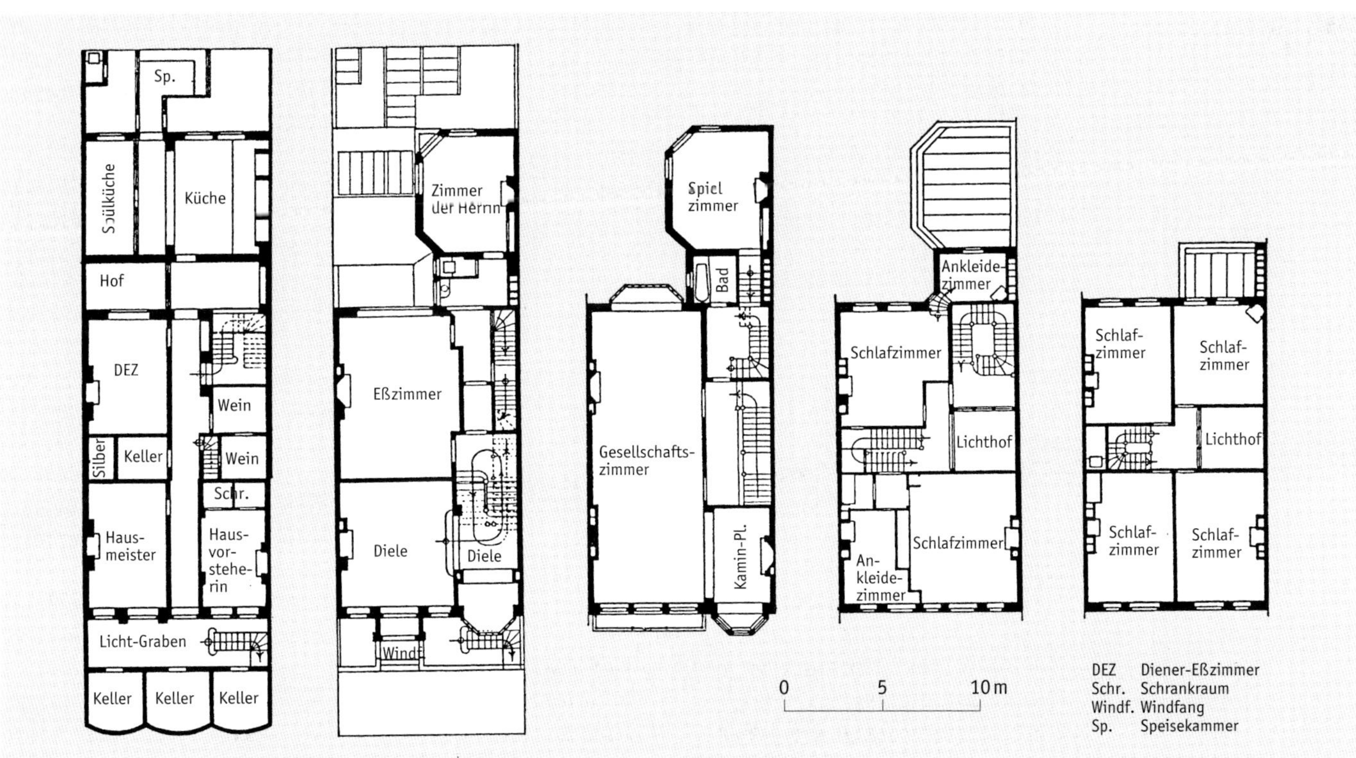

Abb. 6.23: Barockes Seitenflügelhaus, Wien 1970

denden gepflasterten Lichthof aus. In den Mews, den Stallgebäuden, sind Stallungen und Kutschen, Waschhaus, Heuschober, Wohn- und Schlafräume der Kutscher und Pferdeknechte untergebracht.

Das 19. Jh., d. h. das viktorianische Zeitalter, brachte mehr Wohlstand und technischen Komfort, zugleich jedoch auch einen verstärkten Wunsch nach mehr Privacy. Dies bedeutete, daß eine relativ große Fläche auf Korridore aufgewendet wurde, die zusammen mit der Hall bis zu einem Drittel der Geschoßfläche betragen konnte. *„Such a room plan isolated the members of the family not only from the visitors and servants but one from another. Parents dwell separate from each other. The nursery, especially, cannot be distant enough from the abode of polite parents"* (Olson 1986, S. 102). Die komplette Segregation von Familie und Hauspersonal spielt eine entscheidende Rolle.

So wurde in weit größerem Maße als im 18. Jh. zwischen Personal- und Herrschaftstreppe unterschieden. Der Dining-room besitzt zwei Türen, eine für das Personal, die andere für die Familie. Wichtig war auch die Lage des Drawing-room zum Dining-room. Die viktorianische Familie, die ihr Abendessen einnahm, versammelte sich im Drawing-room und zog von hier in den Dining-room. Da dies zum Ritual des Dinner gehörte, mußte zwischen beiden Räumen eine gewisse Distanz bestehen. So stieg man z. B. vom ersten Stock in das Eßzimmer hinab!

Vom Ackerbürgerhaus zum Seitenflügelhaus

Die Ackerbürgerhäuser sonderten sich durch die größere Breite von den Handwerkerhäusern. Es war auch stets eine Einfahrt von der Straße in den Hof vorhanden. Ackerbürgerhäuser kennzeichneten die meisten Vorstädte.

Mit dem Verschwinden der agraren Funktion wurden, vor allem in den größeren Städten, im 18. Jh. die Seitenflügel umfunktioniert, und zwar im wesentlichen in drei Richtungen:

1) Sie wurden zu Manufakturhäusern um- und ausgebaut. Im Vordertrakt richtete sich im ersten Stock der Manufakturist seine Großwohnung ein, in den Seitentrakten befanden sich die Werkstätten bzw. die Quartiere für die gewerblichen Hilfskräfte. Von diesem Manufakturhaus führt eine Entwicklungsreihe zur Hinterhofindustrie, auf die noch später eingegangen werden wird.
2) Eine weitere Zweckwidmung derartiger Seitenflügel bestand in der Aufteilung in Einraumwohnungen für Grundschichten der Bevölkerung. Bereits im Mittelalter hat es in einzelnen Städten des Hansebereiches (z.B. in Lübeck oder Hamburg, sogenannte „Gänge") derartige Entwicklungen gegeben. Sie weisen eine Ähnlichkeit mit den Patiohäusern Lateinamerikas auf, bei denen, wenn sie auf tiefer Parzelle errichtet wurden, vielfach auch die Seitentrakte (*Conventillo*-Typ) als Wohnquartiere für Unterschichten genutzt wurden und dies nach wie vor werden (Abb. 6.23).
3) Als bessere bausoziale Variante geben sich die mit einem Stiegenhaus ausgestatteten Wohnflügel zu erkennen, welche den Bedarf an Wohnungen für mittlere und niedrige Beamte befriedigten, während das Arbeiterwohnflügelhaus offene Gänge aufwies.

Derartige Seitenflügelhäuser sind seit dem ausgehenden 18. Jh. zu kennzeichnenden Merkmalen der Vorstadtbildungen der großen Städte, wie Budapest, Wien, Prag und München, geworden, finden sich aber ebenso in Frankreich wie in Siebenbürgen und sind überdies ein Kennzeichen des industrialisierten ländlichen Umlandes.

Vielfach adaptiert und erneuert bilden sie mit ihrer meist beachtlichen Mengung verschiedener Nutzungen dort, wo sie massiv auftreten, echte Problemgebiete der Stadtplanung. Als Neubauform werden sie in der Gründerzeit vom Mietshaus abgelöst. Als Umbauform aus dem dörflichen Gehöft entwickeln sie sich in den umschriebenen Räumen durch die Verstädterung von Dörfern jedoch bis in die Gegenwart weiter.

Vom mittelalterlichen Kleinhaus zum Einfamilienreihenhaus

Kleinhäuser als Reihenhäuser für untere Bevölkerungsschichten besitzen eine bis in die Antike zurückreichende Tradition (Tell el Amarna in Ägypten).

Die Kleinhäuser der mittelalterlichen Bürgerstadt waren Eigenhäuser von entweder wenig angesehenen Gewerben in der charakteristischen „Hans an der Mauer"-Situation, auf zumeist winzigen Parzellen bzw. gehörten Angehörigen der nichtbürgerlichen Schichten

Von den zumeist ebenerdigen Kleinhäusern mit nur ein bis zwei Räumen sind nur wenige Beispiele aus der frühen Neuzeit erhalten geblieben (Abb. 6.24).

Im Hanseraum nehmen die winzigen, zweiräumigen Gängehäuser auf tiefen Grundstücken die zweigeschossigen Back-to-back-Häuser vorweg, welche, auf einer Grundfläche von 14 m², in der ersten Hälfte des 19. Jh.s in den britischen Industriegebieten in massenhafter Form auf sehr langen, schmalen Baublöcken – zumeist im Baurecht und auf den Gründen der adeligen Landbesitzer – errichtet worden sind.

M. R. G. Conzen hat die Entwicklungsperioden der Reihenhäuser für die Grundschichten der Bevölkerung ab der Mitte des 18. Jh.s untersucht (Abb.6.25, Abb. 6.26, Abb. 6.27). Die erste große Wachstumsphase der Wirtschaftsentwicklung von 1750 bis 1840 fällt mit den großen Kanal- und Straßenbauten zusammen und brachte in den Altstädten die Auffüllung der mittelalterlichen bürgerlichen Hausstellen mit kleinsten Arbeiterhäusern. Darauf folgt die früh- und mittelviktorianische Periode von 1840 bis 1860, bzw. bis 1875 mit den berüchtigten *Back-to-back*-Häusern, welche inzwischen durchgehend im Zuge der Slumsanierung beseitigt worden sind.

Abb. 6.24: Kleinhaus, Brügge 1976

Der Public Health Act von 1875 enthielt eine Vorschrift zur Errichtung separater Vorder- und Hintereingänge in jedem Haus. Es entstanden die sogenannten *By-law*-Häuser (benannt nach den auf das Gesetz ausgerichteten Ortsstatuten). Das Problem des Zugangs zu den Hinterseiten der Hausreihen wurde in den Midlands durch tunnelartige Zugänge im Erdgeschoß jeder Reihe gelöst. Dieser Haustyp wird daher auch als *Tunnel-backhouse* bezeichnet. In anderen Gebieten wurden Hintergäßchen (*alleys*) angelegt. Schließlich folgte der Haustyp der *Back-wing*-Reihenhäuser, der sich nicht nur für die Arbeiter, sondern auch für Angehörige der Mittelschichten durchsetzte. Erst die Baugesetze der Zwischenkriegszeit schufen mit den Doppelhäusern der Gartenstadtbewegung *Terrace houses* für Bezieher mittlerer Einkommen.

Das Einfamilienreihenhaus bildete ein wesentliches Element des Stadtwachstums im Nordwesten Europas bis zum Ersten Weltkrieg. Ursprünglich als Einfamilienhaus konzipiert, wandelte es sich durch Einliegerwohnungen und Mansardenausbau vielfach in ein Mehrfamilienhaus (Abb. 6.28).

Auf die kontinentaleuropäische Übernahme dieser Wohnform in der Zwischenkriegszeit durch

Abb. 6.25: Through-Reihenhaus, Großbritannien

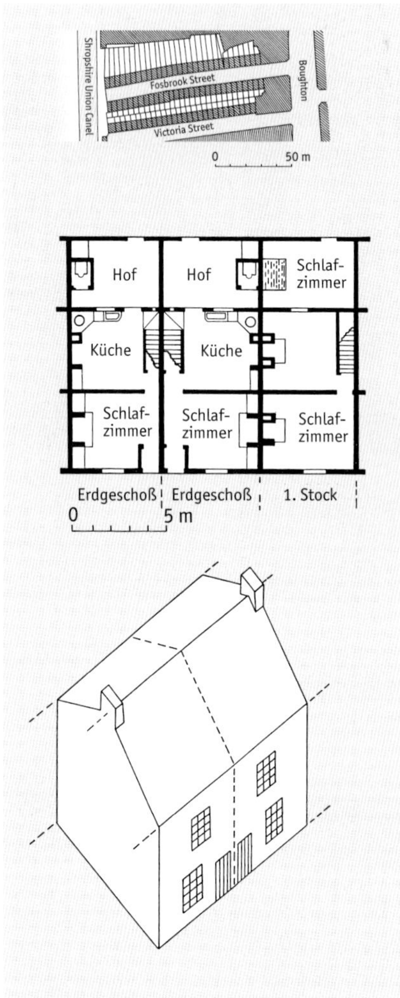

Abb. 6.26: Back-wing-Reihenhaus, Großbritannien

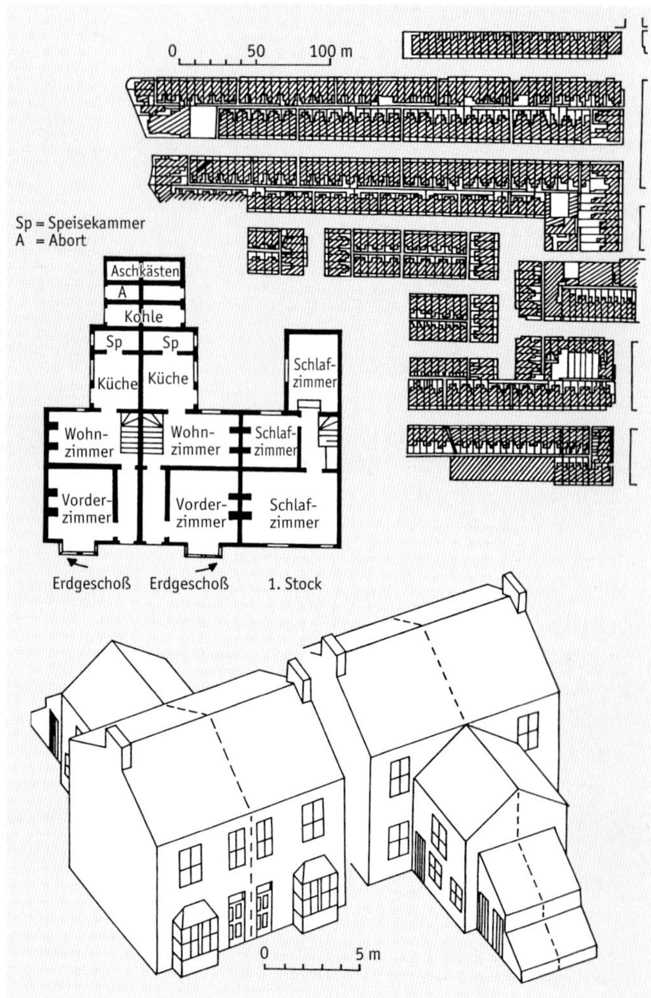

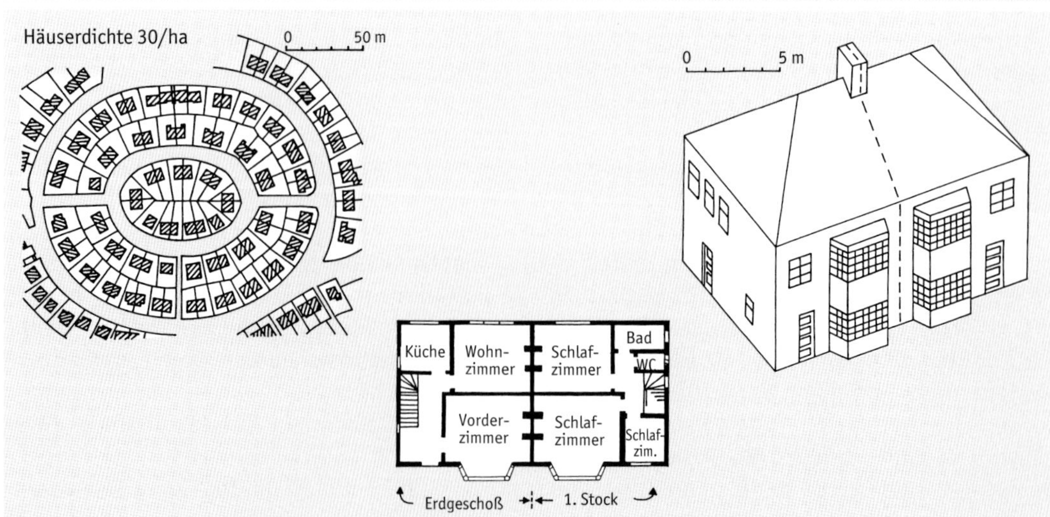

Abb. 6.27: Doppelhaus der Gartenstadt, Großbritannien

genossenschaftlichen und kommunalen Wohnungsbau wird noch eingegangen werden. Hierzu waren Sondergenehmigungen erforderlich, da die Terrace houses im Hinblick auf Material und technische Ausführung wesentlich unter den Qualitätsnormen der städtischen Wohnhäuser in Kontinentaleuropa lagen, nicht unterkellert waren und die Raumhöhe nur 2,20 m betrug.

Ähnlich dem Etagenhaus ist auch das Einfamilienreihenhaus nach Nordamerika transferiert worden und kennzeichnete vor allem im Nordosten, u. a. in Philadelphia, den Ausbau älterer Suburbs.

Abb. 6.28: Reihenhaus, Den Haag 1996

Der Adelspalast

Im Verhältnis des Adels zur Stadt lassen sich in Europa drei Räume unterscheiden:

1) Im Mediterrangebiet, insbesondere in Italien, war der Adel vom Mittelalter an stadtsässig.
2) Im kontinentalen West- und Mitteleuropa gab es wohl bereits im Mittelalter in einzelnen Residenzen Adelshäuser, doch begann die eigentliche Urbanisierung des Adels und der Bau von Palästen erst mit dem absolutistischen Landesfürstentum in der Renaissance und erreichte seinen Höhepunkt in der Barockzeit. Der Adel ließ sich im Anschluß an das Schloß des Landesfürsten nieder. Aus der „Bürgergasse" wurde die „Herrengasse". Auf die Bipolarität der Residenzstädte, d. h. von „Adelsstadt" und „Bürgerstadt", wurde bereits hingewiesen. Sie wirkt häufig bis zur gegenwärtigen Zweiteilung in Regierungscity und Wirtschaftscity nach.
3) In Großbritannien ist der Adel auf dem Land, d. h. auf seinen Schlössern, geblieben, die er im Barock umbaute. In den Städten besaß er Zweithäuser als Town houses, die sich in der Fassadengestaltung nicht von den Stadthäusern des Bürgertums unterschieden. In der Zeit der Frühindustrialisierung fehlte in den Städten die Schicht des Adels, die sich auf dem Kontinent im Verein mit dem Bürgertum gegen die Anlagerung der Industrie unmittelbar an den Stadtkörper gewehrt hat. Überdies folgte das Bürgertum schon zu Beginn des 19. Jh.s dem Vorbild des Adels und begann mit der Errichtung von Villen und Cottages außerhalb von London.

Dort, wo der Adelspalast in die städtische Baustruktur integriert wurde, hat er zweifellos das bürgerliche Bauen entscheidend beeinflußt (Abb. 6.29). Es bestehen architektonische Querverbindungen zu den geistlichen Stiftshöfen und ebenso zum großbürgerlichen Mietshaus der Manufakturperiode.

In der baulichen Gestaltung sind Adelspaläste „Solitärpflanzen" und beugen sich keiner Form der Standardisierung. Zur Illustration einige Beispiele aus dem reichen barocken Bauerbe Prags (Abb. 6.31).

Gemeinsam ist ihnen allen das absolute Überwiegen der Repräsentationsräume, die – von einem zentralen Prunksaal ausgehend – in Zimmerfluchten angeordnet sind, ferner das Zurücktreten von privaten Räumen und die strikte Separierung des Dienstpersonals.

Adelspaläste sind geradezu Modelle für die spätere Umfunktionierung geworden. Die Palette reicht vom Aufkauf durch den Staat und die Umwandlung in Regierungsbauten bis zur Niederlassung von Banken und Versicherungen, ebenso aber auch bis zur Umwandlung in Mietshäuser mit recht vielfältigen Funktionen. Außerhalb Frankreichs wurden Adelspaläste nicht nur im Barock errichtet, wobei diese Epoche sicherlich

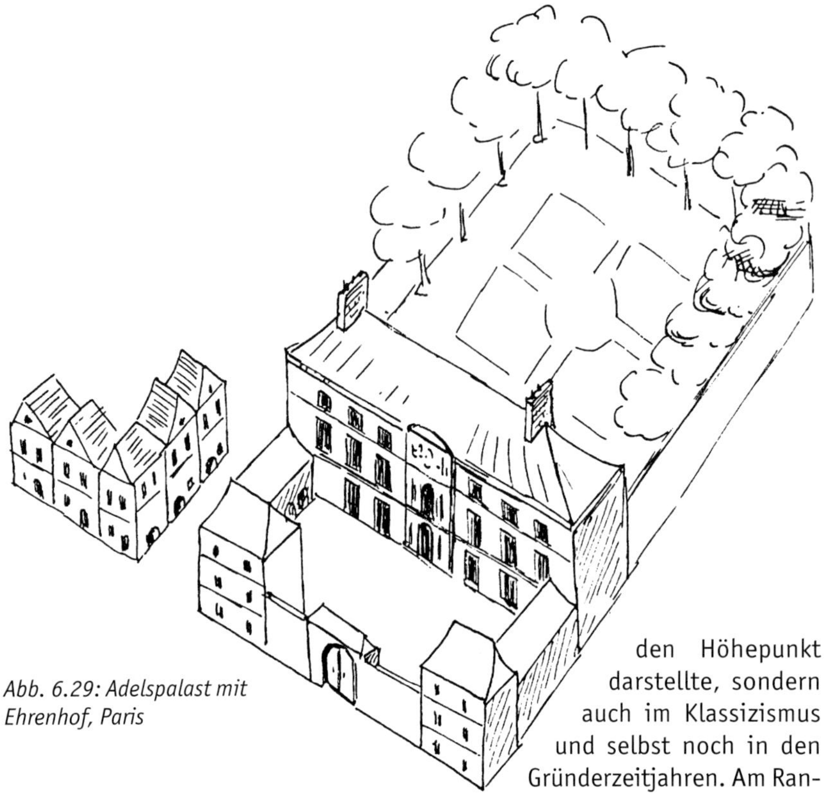

Abb. 6.29: Adelspalast mit Ehrenhof, Paris

den Höhepunkt darstellte, sondern auch im Klassizismus und selbst noch in den Gründerzeitjahren. Am Rande sei vermerkt, daß im Zuge der Ringstraßenverbauung in Wien der Adel einige Paläste errichtete, von denen einer, das Palais Württemberg als Hotel Imperial, zu *dem* „Nobelhotel" von Wien geworden ist (Abb. 6.30).

Auf die Vorbildwirkung Frankreichs für die europäischen Fürstenhäuser wurde bereits hingewiesen. Die Hof- und Adelsgesellschaft hat in Frankreich ihre höchste Ausstilisierung erfahren (Elias 1983). Bezeichnend für die Wohnweise der Hof- und Adelsgesellschaft war, daß ein bedeutender Teil von ihr zugleich ein Logis im Schloß von Versailles und ein Hotel in der Stadt Paris hatte und überdies zumeist noch Landhäuser besaß. Von dort bezogen ihre Mitglieder nicht nur ihre Namen, sondern gewöhnlich auch einen großen Teil ihrer Einkünfte. Die Stadthäuser des Adels waren je nach dem Rang des Besitzers verschieden groß.

Abb. 6.30: Zimmer im Hotel Imperial, Wien

Im folgenden eine Beschreibung nach der Enzyklopädie von 1777 (Genfer Ausgabe, S. 72): *„Die Teile des Gebäudes sind um einen rechteckigen Hof gruppiert, dessen Mittelbau die Gesellschaftsräume beherbergt. In den anschließende Teilen der beiden Flügel liegen einander die Schlafzimmer der Dame und des Herren, mit eigenem Besuchszimmer, Garderobe usf., durch den Hof getrennt, gegenüber."*

Soziologisch wird durch die gleiche Anlage der Wohn- und Schlafräume für Mann und Frau in den Schlössern der höfischen Aristokratie symbolisiert, daß die soziale Stärke der Frau annähernd gleich groß war wie die des Mannes. Es handelt sich überdies nicht um eine Ehe und nicht um eine Familie, sondern um ein „Haus".

„Das Schwergewicht des Lebens liegt in den Gesellschaftsräumen, die mehr Fläche als beide Appartements privés einnehmen. Sie sind zweigeteilt. In ihrer Mitte liegt der große Salon, das Zentrum der höfischen Gesellschaft, auf der einen Seite gefolgt von den Appartements de société mit kleinerem Salon, Eßsaal und Büfett für die Salongeselligkeit des persönlichen Verkehrskreises am Nachmittag, auf der anderen Seite liegt das Appartement de parade, zu dem kleinere Paradesalons und Paradeschlafräume gehören. Hier werden, meist am späten Vormittag, die offiziellen Visiten gleich und höher stehender Menschen empfangen und alle Affairen des höfischen Lebens verhandelt. Das Paradeschlafzimmer dient zum Empfang von hohen und besonders zu ehrenden Gästen, hier nimmt, auf dem Lit de parade die Dame als Repräsentantin des Hauses offizielle Besuche, z. B. nach einer Entbindung, entgegen.

Insgesamt besteht eine strikte Separierung der Herrschaft vom Dienstpersonal. Dieses ist in den

Abb. 6.31: Barockpaläste: a) Michna, b) Lobkowitz, Prag

näher zur Straße liegenden Teilen untergebracht. Hier liegen auch Ställe, Küchen und Vorratsräume, hier spielt sich das Leben der ,domestiques' ab. Bezeichnend ist das Vorhandensein von Antichambres, daher auch die Bezeichnung ,antichambrieren'. Hier warten die livrierten Lakaien auf die Befehle der Herrschaft.

Kennzeichnend ist die Unbekümmertheit der Herrenschicht gegenüber der Dienstbotenschicht in bezug auf intime körperliche Vorgänge, ein Ausdruck der Gleichzeitigkeit von ständiger räumlicher Nähe und ständiger sozialer Ferne."

Eine Vorstellung über die Zahl der Personen, welche in vorindustrieller Zeit in einem Adelspalast lebte, bietet das Palais Kinsky in Wien im Jahr 1830 (Lichtenberger 1977, S. 176).

„Diese Familie des österreichischen Hochadels bewohnte den Palast in einem Dreigenerationenverband von drei Familien; einschließlich alleinstehender Verwandter waren es insgesamt 26 Personen. Vom Dienstpersonal waren 17 Personen bereits in Wien eingebürgert (darunter 3 Ehepaare), 59 Bedienstete waren auf der sogenannten Fremdenliste verzeichnet. Insgesamt wohnten über 100 Personen in diesem Palast."

Das Aussehen ihres Hauses ist für die seigneurale Gesellschaft ein Symbol für den Rang eines „Hauses" in der Zeit, nämlich eines Generationen überdauernden Geschlechts gewesen. Der Rang verpflichtet zum Besitz und zum „Aufmachen" eines entsprechenden Hauses. Was vom bürgerlichen Wirtschaftsethos aus gesehen als Verschwendung erscheint („Wenn er Schulden machen mußte, warum schränkte er sich nicht ein?"), ist vom Standpunkt der höfischen Gesellschaft aus ein Teil des Standesethos gewesen.

Der Satz *„noblesse oblige"* ist in seiner ursprünglichen Bedeutung die Kurzfassung eines Ethos, das sich von dem wirtschaftlich orientierten Ethos berufsbürgerlicher Schichten unterscheidet. Der Kaufmann muß zur Aufrechterhaltung seiner sozialen Existenz seine Ausgaben nach seinen Einnahmen richten, der Grandseigneur des Ancien régime muß zur Aufrechterhaltung seiner sozialen Existenz seine Ausgaben nach den Erfordernissen seines Ranges richten.

Eine der wichtigsten Schranken, die die beiden Adelsformationen der französischen Gesellschaft, die des Schwertes und die der Robe, von der Masse des Volkes trennten, war das gesetzliche Verbot, sich an irgendwelchen kommerziellen Unternehmen zu beteiligen. Auf diese Weise sein Einkommen zu vermehren galt als unehrenhaft und hatte den Verlust des Titels und des Ranges zur Folge.

Die auf soziale Abhebung, auf Prestige und Repräsentation abgestellte Bauweise der Adelshäuser blieb zunächst bereits im Ancien régime nicht ohne Wirkung auf die Hausgestaltung der unteren Schichten. Transformiert und vereinfacht sank diese Weise der Formung und Fassadengestaltung immer weiter von oben nach unten. Mit dem Ende des Ancien régime haben die bürgerlichen Schichten das Verlangen nach sozialer Abhebung, Repräsentation und Prestige weitergetragen.

Hofhaus und Großwohnhof

Nach einer Zäsur im Mittelalter kam in der Renaissance aufgrund von dynastischen Beziehungen und mit italienischen Ingenieuren und Maurern, welche für den Bastionsbau der Festungsstädte geholt wurden, die Wohnhofidee nach Mittel- und Westeuropa, in die österreichische Monarchie und nach Frankreich.

Abb. 6.32: Renaissance-Arkadenhof, Wien

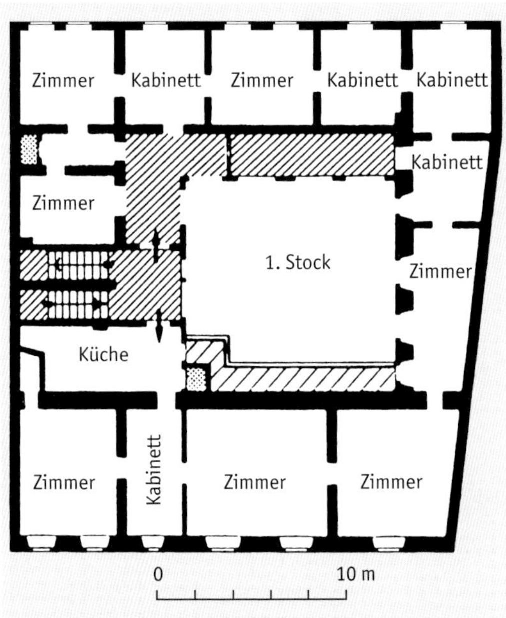

Abb. 6.33: Arkadenhöfe, Granada, Spanien 1978

Bereits als Mietshaus konzipiert, ist der *Renaissance-Arkadenhof* ein Ableger des mediterranen Hofhauses (Abb. 6.32, Abb. 6.33).

Die bis dahin unbekannte Bauidee der Ausrichtung des Hauses auf den Hof als architektonischen Mittelpunkt erforderte die nahezu quadratische Form der Parzelle und eine allseitige Umschließung des Hofes mit Trakten annähernd gleicher Breite, deren aneinandergereihte Räume von Laubengängen (Arkaden) aus belichtet und zum Teil auch betreten werden. Großzügige, zumeist zweiarmige Stiegen mit geraden Läufen waren ein entscheidender Fortschritt gegenüber den halsbrecherischen Wendeltreppen der gotischen Bürgerhäuser. Die große Toreinfahrt in den Hof gestattete und verweist auf den Besitz von Wagen und Pferden. Die Bewohner derartiger Häuser waren Bürger, „die Rosse vermögen". Dementsprechend herrschten bei den zumeist drei- bis viergeschossigen Bauten große Wohnungen vor; der Hausbesitzer wohnte im ersten Stock, die anderen Geschosse waren vermietet.

In besonders großzügiger Weise wurde die Hofhausidee dann im 17. und 18. Jh. in den *Wohnhöfen der Klöster* verwirklicht (Abb. 6.34). Geistliche Stifte besaßen in den mittelalterlichen Städten häufig größere Besitzungen, welche als Meierhöfe die städtische Bevölkerung mit Milch versorgt haben, gleichzeitig aber auch als Absteigquartier für den Abt dienten. Mit dem Auftreten einer neuen Schar von Wohnungsinteressenten, nämlich den Beamten, welche der Staat des aufgeklärten Absolutismus benötigte, erfolgten ein Abriß der Meierhöfe und der Neubau von großen Wohnhöfen, deren Wohnungen auf die Bedürfnisse des mittleren und oberen Beamtentums zugeschnitten waren. Für Gewerbetreibende war kein Platz vorhanden. Werkstätten, Lagerräume oder Verkaufsräume waren nicht vorgesehen.

Die bauliche Form des Großwohnhofes wurde ein Jahrhundert später, in den Spekulationsjahren der Gründerzeit, für die Arbeiterschaft verwendet. Es entstanden *Arbeitergroßwohnhöfe* mit einem „Zellensystem" von Kleinstwohnungen. Italienische und spanische Großstädte bieten zahlreiche Beispiele für derartige Anlagen mit frei umlaufenden Gängen an der Hofseite, von

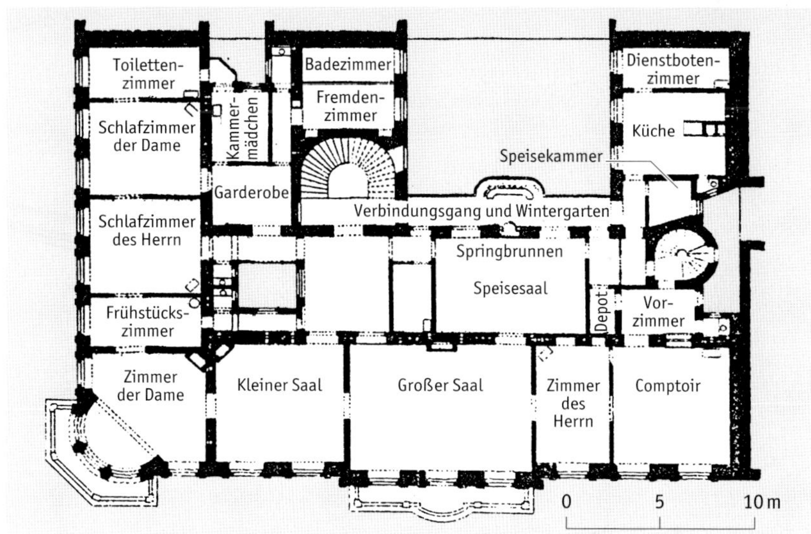

denen aus die Ein- oder Zweiraumwohnungen betreten werden. Diese *insulae* stellen in gewissem Maß Nachfahren der Wohnhöfe dar, welche bereits im antiken Rom gebaut worden waren.

Der Großwohnhof der Gründerzeit in der Form des Außenganghauses wurde nicht nur für die Grundschichten der Bevölkerung gebaut, sondern es gab ein komplettes „soziales Set" von Wohnhäusern, welches mit Kleinstwohnungen für die Grundschichten der Bevölkerung über die Mittelschichten bis zu den Oberschichten hin reicht.

In diesem Zusammenhang ist ein Einschub über die gut untersuchten *Außenganghäuser in Budapest* angebracht. In Budapest ist die gründerzeitliche Entwicklung verspätet, dann jedoch – gemessen an der Stadtgröße – in um so größerem Tempo erfolgt (Abb. 6.35). Die gesellschaftliche Entwicklung konnte damit nicht Schritt halten. Feudale Gesellschafts- und Haushaltsstrukturen mit einer großen Zahl an familienfremden Personen, Hauspersonal und gewerblichen Hilfskräften hielten sich länger als in anderen Großstädten. Andererseits kamen Bauspekulation und profitorientierte Bautätigkeit, ungebremst durch eine lange Mietshaustradition (wie in Wien), voll zum Zuge, angeheizt von den explosiv steigenden Bodenpreisen. „Billig bauen" lautete die generelle Parole. Sie betraf gleicherweise das Aufschließungssystem wie die Grundrißgestaltung der neugebauten Mietshäuser und Wohnungen. Derart wurde von seiten der Bauträger grundsätzlich eine komplette Umbauung des Hofes, unabhängig von der Größe der Wohnungen, vorgenommen, und zwar in Form der Außenganghäuser. Zu diesem Außengang öffnen sich die Küchen und Nebenräume, von ihm aus betritt man die Wohnungen. Nur die Repräsentationsräume von Nobelwohnungen sind für die Gäste direkt vom Treppenhaus aus zugänglich (Abb. 6.36, Abb. 6.37).

Die Außenganghäuser sind ein Hauptproblem der Budapester Innenstadterneuerung, da der Außengang bei Wohnungszusammenlegungen nicht

Abb. 6.34 (oben links): Geistlicher Wohnhof, Wien

Abb. 6.35: Gründerzeitliche Nobelmietshäuser, Budapest 1980

Abb. 6.36: Gründerzeitliches Nobelmietshaus, Budapest

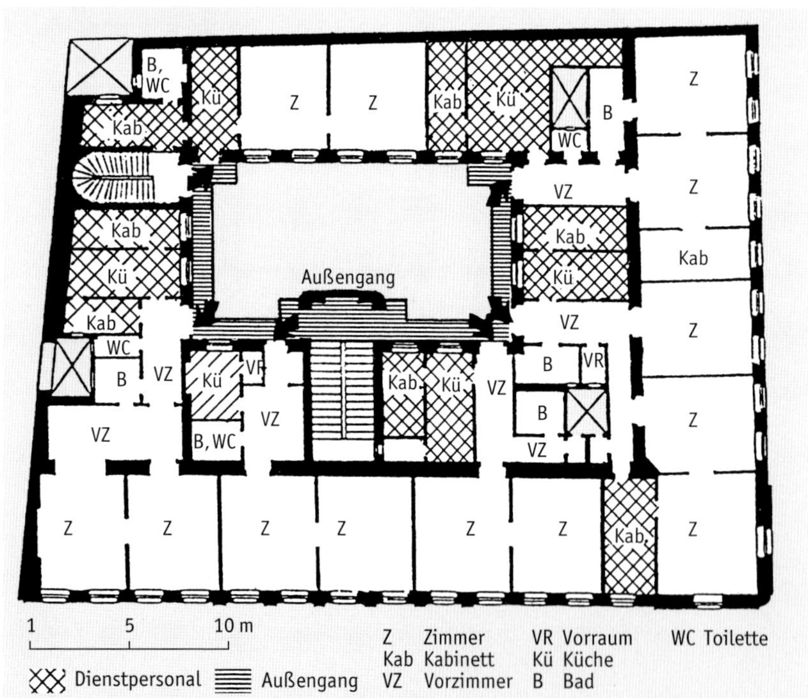

Abb. 6.37: Gründerzeitliche Nobelwohnung, Budapest

Abb. 6.38: Gründerzeitliches Mittelstandsmietshaus, Budapest

beseitigbar ist. Seine Mängel sind beachtlich, da der Zugang zu den Wohnungen und zu den Gemeinschaftstoiletten direkt vom Freien aus erfolgt und damit im winterkalten Klima von Budapest ein Wetter- und Kälteschutz fehlt. Darüber hinaus sind nur die straßenseitigen Wohnungen gut belichtet und belüftet. Beim größeren Teil der Hofwohnungen ist Querbelüftung unmöglich. Die Beleuchtungsverhältnisse in den Hofwohnungen sind durch die Enge des Hofes vor allem in den unteren Etagen schlecht.

Auch die sozialen Konsequenzen des Budapester Gründerzeithauses mit einem offenen Außengang liegen auf der Hand. Das „Sichtbarsein im Außengang" bedeutet, daß das Wohnen im Budapester Mietshaus einen eher kollektiven, das Alltagsleben einen intensiveren gemeinschaftlichen Charakter hat als in den westlichen Hauptstädten.

Das Nobelmietshaus in Budapest weist Gemeinsamkeiten mit dem Wiener Nobelmietshaus auf, darunter die vertikale Differenzierung der Wohnungsgröße, die häufige Separierung von Herrschafts- und Dienstbotenstiegen, in den Wohnungen selbst die Trennung zwischen Repräsentationssphäre, Privatsphäre der Familie und Dienstbotenbereich. In einem nicht untersuchten Ausmaß haben Aufteilungen der Wohnungen und die Umwandlung in Büros sowie auch die umgekehrte Entwicklung stattgefunden.

Bemerkenswert an den Budapester Nobelwohnungen ist die an den französischen Palastbau erinnernde gleichwertige Raumzuteilung an die Dame des Hauses. Sie besitzt eine Parallele zum französischen Palastbau und ist in dieser Form weder bei den Wiener noch bei den Berliner Nobelwohnungen der Gründerzeit zu finden.

Auch die Mittelstandswohnungen der Gründerzeit lagen hinsichtlich ihrer Größe z. T. noch über den Standards kommunistischer Wohnungszuteilungsnormen (Abb. 6.38). Alle Mittelstandswohnungen, selbst die mit nur zwei Zimmern, besaßen ein Dienstbotenkabinett (!), überall hatte das Vorzimmer die Funktion, den Dienstbotenteil, sprich Küche und Dienstbotenkammer, von den Räumen der Herrschaft zu separieren. Der Fassadenkult hat ähnlich wie in Wien bausoziale Unterschiede nicht sofort von der Straßenseite her sichtbar gemacht.

Die deutlichen Unterschiede in der Wohnungsgröße und Grundrißgestaltung zwischen dem Straßentrakt und dem Hoftrakt sind auch bei der Revitalisierung des Arbeitermietshauses erhalten geblieben (Abb. 6.39). In dieser Hinsicht haben somit die gründerzeitlichen Mietshäuser alle Konzepte vorweggenommen, welche der moderne Wohnungs- und Städtebau unter dem Schlagwort des „sozialen Mix" als neue Idee propagiert.

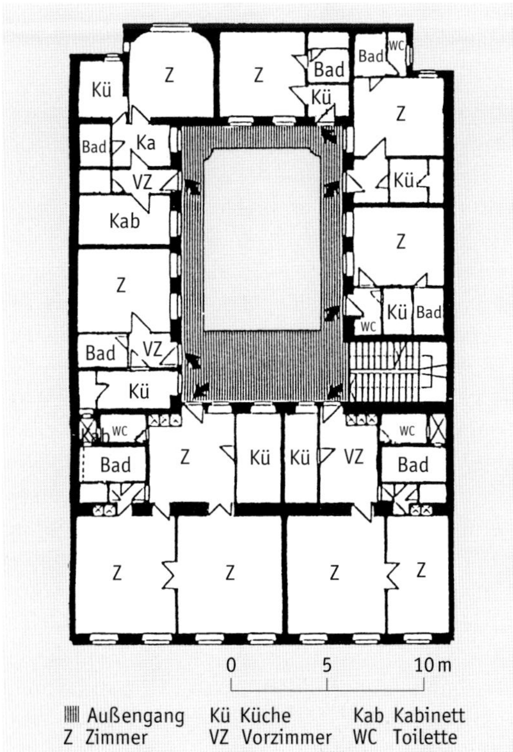

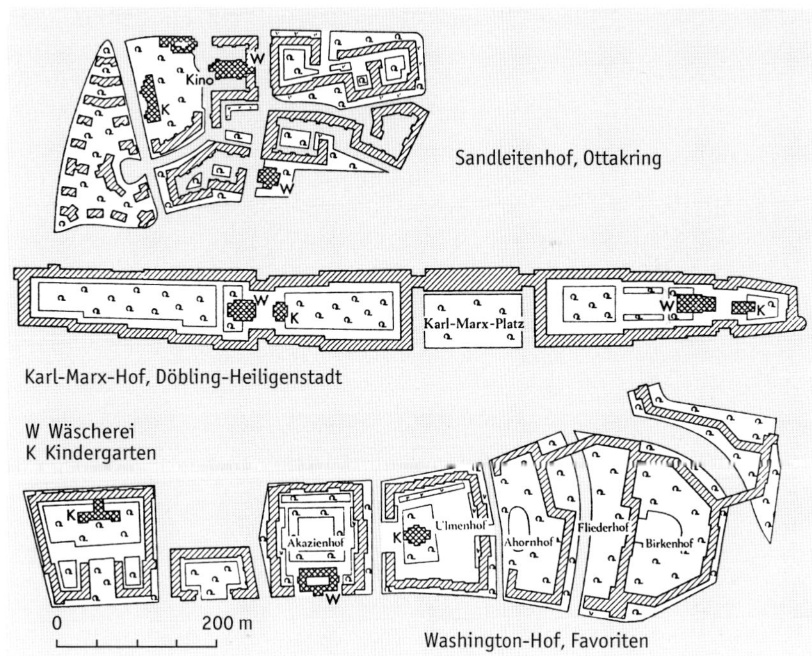

In dem gesamten umschriebenen Zeitraum befand sich der Wohnhof als Miethaus in der Interessensphäre von renditesuchenden geistlichen und weltlichen Hausbesitzern. Das Ende des Ersten Weltkriegs veränderte nicht nur die politische Landkarte Europas, sondern auch die Stadtpolitik. Das allgemeine Wahlrecht brachte sozialdemokratische Mehrheiten. Der soziale Wohnungsbau wurde in vielen Städten des Kontinents der wichtigste Programmpunkt der Munizipalregierungen. Im Anschluß an Arbeiter-Großwohnhöfe der Gründerzeit entstanden zuerst in Wien die *kommunalen Wohnhöfe der Zwischenkriegszeit*. Sie übertreffen in ihren Dimensionen alle Vorläufer bei weitem (Abb. 6.40, Abb. 6.41). Großanlagen, wie der Karl-Marx-Hof, bieten rund 6000 Bewohnern Platz. Im Inneren der Blöcke befinden sich Grünflächen sowie Spiel- und Sportplätze. Sie sind mit Wohlfahrtseinrichtungen, wie Ambulatorien, Kindergärten und Bädern, ausgestattet. Der Zuschnitt auf die Grundschichten der Bevölkerung ist aus der Wohnungsgröße ersichtlich, die zwischen 38 und 57 m^2 liegt.

In der Gliederung der Baumassen spürt man – bei aller betonten Sachlichkeit – das Streben nach Monumentalität als Ausdruck eines politischen Machtbewußtseins. Nicht als Glieder eines bereits bestehenden Baukörpers, nicht als Reihenmietshäuser im bisher üblichen Sinne, wollen die Großanlagen aufgefaßt werden, sondern als Einzelobjekte mit einer jeweils besonderen Note der Gestaltung. Hinsichtlich der Stellung zum Straßennetz und zu den Fluchtlinien werden sie in einem Maße hervorgehoben, wie dies bisher nur bei Repräsentativbauten üblich war. Man durchbrach bewußt das Rasterschema des Stra-

Abb. 6.39 (oben links): Revitalisiertes Arbeitermietshaus der Gründerzeit, Budapest

Abb. 6.40: Karl-Marx-Hof, Wien 1997

Abb. 6.41: Grundrißentwicklung der Kommunalbauten in Wien

ßennetzes und riegelte im Bebauungsplan vorgesehene Quergassen ab.

In der späten Nachkriegszeit ist die Wohnhofidee im sozialen Wohnungsbau „aus der Mode gekommen" und wurde durch Großblöcke ersetzt. Sie separierte sich auch vom kompakten Stadtkörper und mutierte zu einem Bestandteil der Großaufschließung am Stadtrand.

Das kontinentaleuropäische Mietshaus

Das kontinentaleuropäische Mietshaus weist eine vielschichtige Vergangenheit auf. Es stellt einerseits eine Fortentwicklung des Hofhauses dar, bei dem schrittweise der Hofraum reduziert wurde, und fußt andererseits auf dem Seitenflügelhaus. Ab der Mitte des 18. Jh.s rückte vor allem das erstere rasch zu einer standardisierten Großform auf, als aus dem Manufakturwesen großgewordene Unternehmer, Bankiers und Großhändler den Bau von Mietshäusern als sichere und äußerst rentable Form der Geldanlage entdeckten. Das Vorbild hierfür lieferte Neapel, das an der Wende des 18. zum 19. Jh. mit rund 350 000 Einwohnern nach Paris die zweitgrößte Stadt des europäischen Festlandes war. Dieser Bautyp breitete sich vor allem in den großen Städten Frankreichs und Österreichs aus.

Studiert man die aus dieser Periode des klassizistischen Baustils erhaltenen Wohnbauten großer Städte (Wien, Paris, Madrid usf.), so ist man beeindruckt von der Auswirkung der rationalen Geisteshaltung der Zeit der Aufklärung auf die Grund- und Aufrißgestaltung. Der Verzicht auf die Palastgliederung und die gleichförmige Behandlung der Geschosse ist weit mehr als nur ein neues Stilmerkmal des Wohnbaus, er ist Ausdruck einer neuen Baugesinnung. Die bis dahin übliche individuelle Anordnung der Räume innerhalb einer Wohnung und ebenso der einzelnen Wohnungen zueinander wird endgültig von einer schematischen Gruppierung abgelöst, die zwangsläufig aus dem großen Bedarf an Wohnraum resultierte. Der Ursprung des modernen, standardisierten Massenmietshauses liegt damit in dieser Zeit und somit wesentlich früher, als im allgemeinen angenommen wird.

Abb. 6.42: Fassade eines frühgründerzeitlichen Mietshauses, Wien

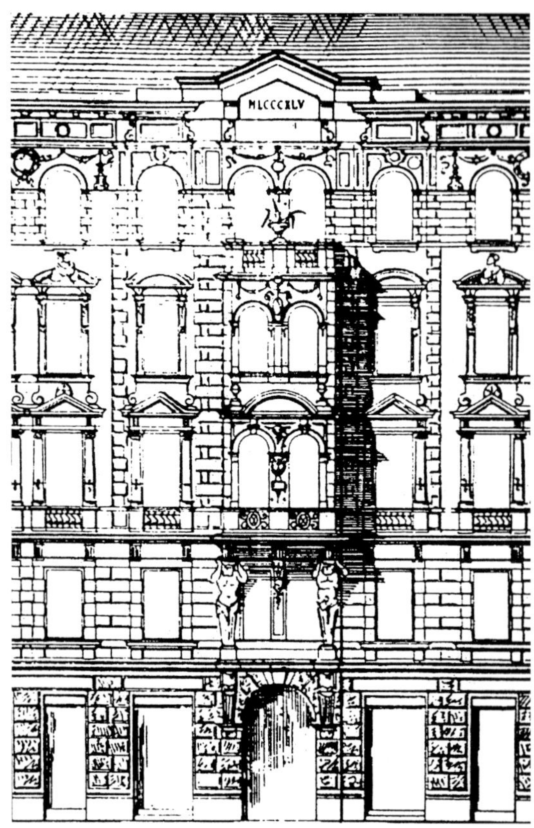

Abb. 6.43: Fassade eines hochgründerzeitlichen Mietshauses, Wien

Ein ganz wesentlicher Vorgang war das Höherwachsen der Verbauung im Verlauf der Gründerzeit unter dem Druck steigender Bodenpreise und Mieten infolge des Bevölkerungswachstums der großen Städte. Das Wiener Beispiel demonstriert sehr eindrucksvoll das Höherziehen von 4geschossigen Frühgründerzeithäusern zu 5geschossigen Hochgründerzeitbauten bis zu den 6geschossigen Mietshäusern der Spätgründerzeit (Abb. 6.42, Abb. 6.43, Abb. 6.44).

Im Hinblick auf Grundrißgestaltung und Gesamtanlage wurden bereits an der Wende vom 18. zum 19. Jh. viele Lösungen vorweggenommen, welche in standardisierter Form dann oft um ein Jahrhundert später in den Neubaugebieten der Städte zur Anwendung gelangten:

1) der einfache Straßentrakter,
2) der Doppeltrakter auf tieferen Parzellen mit zentralem Stiegenhaus,
3) das rationalisierte Langparzellenhaus auf den tiefen Parzellen mittelalterlicher Stadtkerne sowie
4) die Fortführung der Hofhäuser bei gleichzeitiger Reduzierung des Hofes als Vorläufer der gründerzeitlichen Nobelmietshäuser.

Im Hinblick auf das Parzellierungssystem ist jedoch festzuhalten, daß die Mietshausverbauung keineswegs – wie man annehmen sollte – mit einer Revolution in der Aufschließung einhergegangen ist. Das Berliner Beispiel belegt vielmehr, daß man auch weiterhin eine Parzellierungsform beibehalten hat, die noch an der Aufschließung von Familienhäusern orientiert war (Abb. 6.45).

Die Parzellen bebaute man mit schmalen, aber tiefen Mietshäusern mit fünf bis sechs Geschossen und ein bis zwei Höfen aufgrund der 1853 endgültig verabschiedeten und in Kraft getretenen Bauordnung. Das Schema zeigt drei für Berlin charakteristische Mietshausbebauungen.

In all diesen Bauten bestand eine beachtliche Differenzierung in der Vertikalen, insofern, als im ersten Stock zumeist die Wohnung des Hausbesitzers bzw. eine sonstige Großwohnung lag, in den darüberliegenden beiden Geschossen war die Etage dann meist auf zwei Wohnungen aufgeteilt, und in den obersten Geschossen befanden sich vier oder noch mehr Wohnungen. Aufgrund dieser ausgeprägten vertikalen Gliederung der Bauten bestand auch eine entsprechende Mengung der Sozialschichten.

Zu dieser Gliederung in der Vertikalen trat überdies stets auch die bereits aus dem mittelalterlichen Bürgerhaus geläufige Gliederung in der Horizontalen des Hauses, insofern, als Hintertraktwohnungen meist kleiner und die Mieten

Abb. 6.44: Fassade eines spätgründerzeitlichen Mietshauses, Wien

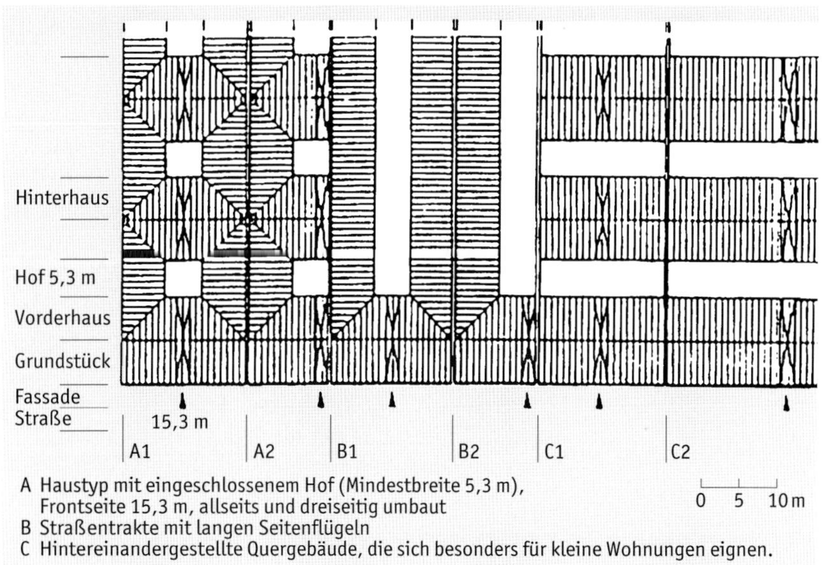

Abb. 6.45: Berliner Wohnhausgrundrisse um die Mitte des 19. Jh.s

Abb. 6.46: Nobelmietshäuser im Rathausviertel, Wien 1970

niedriger waren und daher auch bescheidenere Bevölkerungsgruppen hier wohnen konnten.

Dem größeren Anwert der Straßenseite von Häusern trug man vielfach schon in der Manufakturzeit durch ein entsprechendes Parzellierungssystem Rechnung, bei dem anstelle der bisher üblichen tiefen Parzellen nur mehr kurze Parzellen verwendet wurden. Eine Kappung der Seitenflügel war die Folge. Es entstand das „Stutzflügelhaus", das in weiterer Folge dann mit dem Großmietshaus der Altstädte in der Gründerzeit zur gründerzeitlichen Mietshausserie verbunden wurde.

Wie bereits betont, verbindet sich in der generellen Auffassung erst mit der Gründerzeit die Konzeption vom Auftreten des Mietshauses. Diese Auffassung ist jedoch zu revidieren, denn die Anfänge des Mietshauses reichen, in Abhängigkeit von der Stadtgröße, bereits an die Wende vom Mittelalter zur Neuzeit zurück. Das ältere Mietshauswesen diente in erster Linie dazu, den Wohnungsbedarf von kleinbürgerlichen Schichten zu befriedigen.

Ab der Mitte des 19. Jh.s reihte sich mit der Industrialisierung und der sprunghaft steigenden Verstädterung der sogenannte „vierte Stand" in die Schar der Wohnungssuchenden ein. Die traditionellen Haushaltsgemeinschaften, in denen der Gewerbeherr für die Unterbringung seiner Gehilfen und Lehrlinge verantwortlich war, lösten sich mehr und mehr auf.

An einem Set von Bautypen, dem Nobel-, Mittelstands- und Arbeitermietshaus, seien die gründerzeitliche Lebensform und die aktuelle Planungsproblematik illustriert. Von der Tradition des Seitenflügelhauses her führt der Weg zum Arbeiterwohnhaus als Gangküchenhaus mit Zimmer-Küche- bzw. Zimmer-Küche-Kabinett-Wohnungen sowie mit einem langen Innengang an der Hofseite, an dem auch der Wasserauslauf und die Toiletten angelegt sind.

Vor allem im Hinblick auf die Anwendung der Bauordnungen und damit die Bauqualität, aber zum Teil selbst in der Fassadengestaltung unterscheidet sich das Arbeitermietshaus in der späten Gründerzeit kaum nennenswert vom bürgerlichen Mietshaus (vgl. Abb. 6.57b). Beide weisen 7 bis 11 Fensterachsen auf, nur hat das bürgerliche Mietshaus keine Innengänge, da in jedem Stockwerk meist nur zwei Wohnungen und im Hausflur eine Portierloge zu finden sind. Der abgebildete Wohnungstyp der Dreizimmerwohnung mit Dienerzimmer, Vorzimmer und Küche entspricht etwa dem durchschnittlichen Lebensstandard der bürgerlichen Mittelstandsgesellschaft, die bis zum Ende des Jh.s imstande war, in jedem Haushalt auch einen eigenen Dienstboten zu haben. Der beachtliche Größensprung zwischen bürgerlicher und Arbeiterwohnung belegt die Wohnklassengesellschaft der Erbauungszeit.

Deutlich abgehoben vom bürgerlichen Mietshaus ist das Nobelmietshaus (Abb. 6.46, Abb. 6.47), das aus der Palasttradition vielfach noch die Trennung der Herrschafts- und Dienstbotenstiege übernimmt (Abb. 6.48, Abb. 6.49), ebenso aber auch die Größe seiner der Repräsentation dienenden Räumlichkeiten, darunter den Salon mit Ausmaßen bis zu 60 m^2. Mit der Flucht von Durchgangszimmern längs der Straßenfront und der Anordnung der Nebenräume gegen den Hof hin hatten derartige Wohnungen des Großbür-

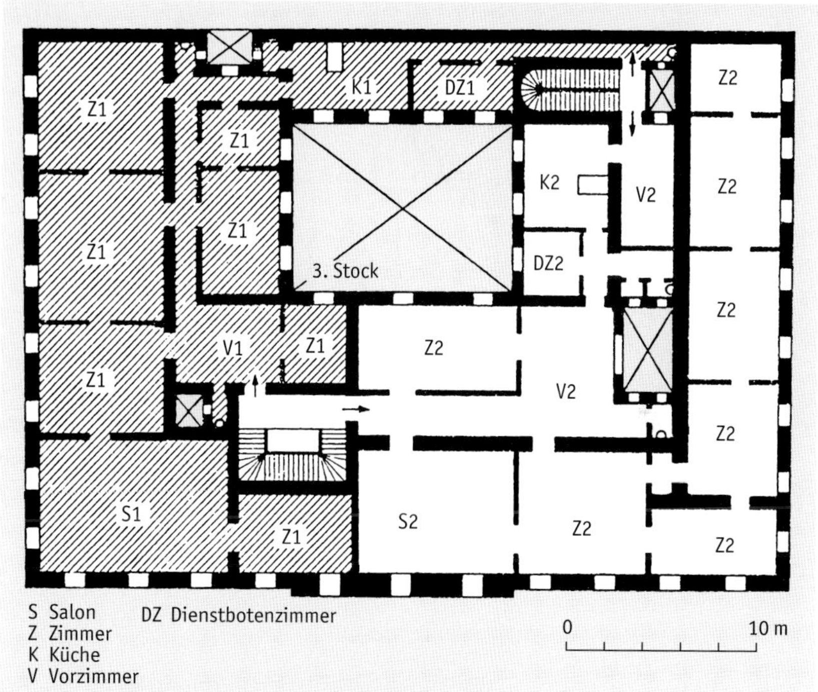

Abb. 6.47: Grundriß einer Nobelwohnung, Wien

Abb. 6.48: Herrschaftsstiege, Ringstraßenhaus, Wien 1970

Abb. 6.49: Dienstbotenstiege, Ringstraße, Wien 1970

Abb. 6.50: Durchblick in eine aufgeteilte Nobelwohnung, Wien 1970

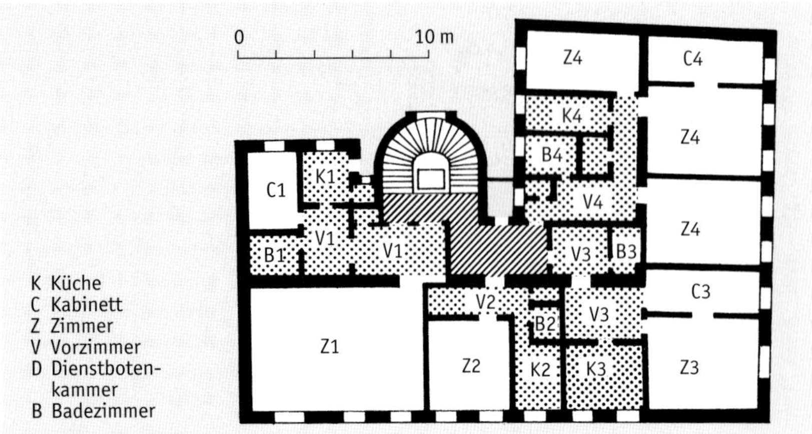

Abb. 6.51: Teilung einer Nobelwohnung, Wien

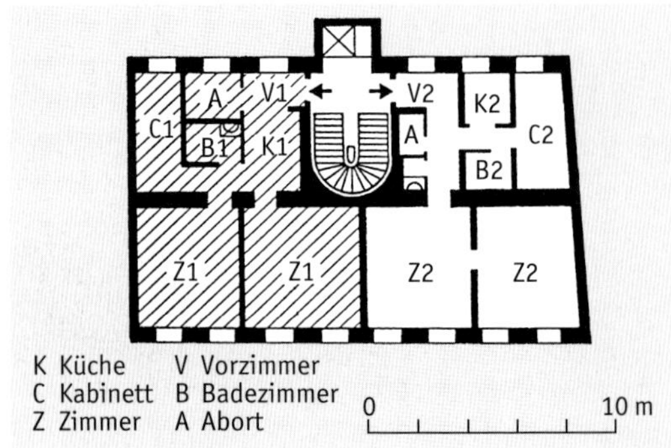

Abb. 6.52: Gründerzeitliches Arbeitermietshaus, Zusammenlegung von Wohnungen, Wien

gertums im ursprünglichen Ausmaß 300 m^2 und mehr.

Die aktuelle Situation dieser Wohnbautypen ist unterschiedlich. Die Nobelwohnungen sind zu groß dimensioniert und zu aufwendig, als daß sie von Mittelschichthaushalten erhalten werden könnten. Sie werden daher geteilt (Abb. 6.50, Abb. 6.51) bzw. in Zentrumsnähe in Citybüros umgewandelt.

Die bürgerlichen Mietwohnungshäuser befinden sich derzeit in einem Prozeß der Wiederinwertsetzung, der nicht mit dem Vorgang der *Gentrification* zu verwechseln ist.

Anders ist die Situation bei den Arbeitermietshäusern. Einst in der Zeit der großen gründerzeitlichen Zuwanderung überfüllt, mit Belagsdichten von 6 bis 10 Menschen pro Raum, ist ihre Bevölkerung heute überaltert. Ihre Nachfolge treten ausländische Zuwanderer an. In günstiger Lage ist eine spontane Revitalisierung, durch öffentliche Kredite gefördert, im Gange. Die Lösung lautet: Zusammenlegung der Wohnungen (Abb. 6.52). Die Berechtigung dafür ist aufgrund der oben erwähnten, guten Bauqualität gegeben. Damit ist ein Prozeß im Fortschreiten, der zeigt, daß nicht nur Abriß oder echte *Gentrifikation* die beiden Auswege darstellen, sondern daß bei entsprechender Förderung in sozialen Wohlfahrtsstaaten ein dritter Weg der Beseitigung von Substandardwohnungen besteht, indem gleichzeitig auch die Wohnungsnot von jungen, in den Arbeitsmarkt eintretenden Bevölkerungsgruppen beseitigt wird.

Damit ist das Kleinstwohnungsproblem angesprochen, welches alle großen Mietshausstädte in Europa, wenn auch in unterschiedlichem Maße, aus der Gründerzeit geerbt haben. Umfeld- und Bauqualität der für die Arbeiter errichteten Bauten sind sehr unterschiedlich. In diesem Zusammenhang sei auf Schottland hingewiesen, wo der (aufgrund der dynastischen Beziehungen) französische Einfluß in einem mehrgeschossigen Mietshausbau zur Geltung kam. Davon wurden rund drei Viertel zwar für die Grundschichten der Bevölkerung, aber ebenfalls in solider Natursteinbauweise errichtet. Von den Wendeltreppen aus konnten in einem Stockwerk fünf bis acht Wohnungen über Passagen erreicht werden.

Die in den großen Städten der ehemaligen Habsburgermonarchie in der Gründerzeit geschaffene Wohnklassengesellschaft der Mietshäuser hat in sehr ähnlicher Form auch in Frankreich bestanden, wo drei Mietshausklassen unterschieden wurden.

Wohnanlagen

Das Ende des Ersten Weltkriegs hat mit dem Zusammenbruch des kapitalistischen Wohnungsmarktes private Kapitalgeber für den Mietshausbau für lange Zeit ausgeschaltet. Öffentliche Institutionen, Stadtgemeinden, Länder und Genossenschaften übernahmen die Errichtung von Mietshäusern. Gleichzeitig damit erfolgte eine grundsätzliche Änderung der städtebaulichen Konzeption. Die traditionelle Reihenhausverbauung wurde aufgebrochen. Wohnblöcke traten an die Stelle der Reihenmietshäuser (Abb. 6.53, 6.54, 6.55) die sich zu Großanlagen in den Dimensionen von historischen Stadtteilen gruppieren.

Worin liegen nun die Hauptunterschiede derartiger moderner Wohnblockverbände gegenüber den gründerzeitlichen Mietshäusern? Hierzu im folgenden einige Feststellungen:

Abb. 6.53: Wohnanlagen, Frankreich

- Auf das Abgehen von der Parzellenaufschließung und die in einem Zug erfolgende Verbauung eines größeren Areals wurde bereits hingewiesen.
- Bei der Anordnung der Anlagen wurden unterschiedliche Stellungen und Gruppierungen verwendet. Dasselbe gilt für die Bauhöhe, wobei ab einer bestimmten Geschoßzahl Aufzüge eingebaut werden, so daß Hochbauten als Orientierungsmarken Verwendung finden. In mittleren Breiten werden nach Süden die Loggien ausgerichtet, nach Norden dagegen die Nebenräume.
- Wohnanlagen werden für Bezieher mittlerer und unterer Einkommen errichtet, Großwohnungen mit über 150 m^2 daher im allgemeinen nicht mehr erstellt. Die Unterschiede bezüglich der Wohnungsgröße werden von Überlegungen hinsichtlich Haushaltsgröße und Familienstruktur bestimmt. Derart werden demographische Segregationsprozesse eingeleitet bzw. begünstigt.
- Einer neuen Wertschätzung erfreut sich das oberste Geschoß, in dem der Ausbau zu einem Penthouse bzw. zur Maisonette erfolgt, bei der Wohn- und Schlafräume in zwei Ebenen angeordnet sind.
- Das ältere Prinzip der Einheit von Wohnung und Betrieb bzw. Wohnung und Büro wird aufgegeben. Erst in allerjüngster Zeit findet es mit der Überlegung der Schaffung von EDV-Arbeitsplätzen wieder Beachtung. Funktionelle Überlegungen im Hinblick auf den Bewegungsablauf in einem „Normalhaushalt" bestimmen den Zuschnitt der Wohnungen (vgl. unten).

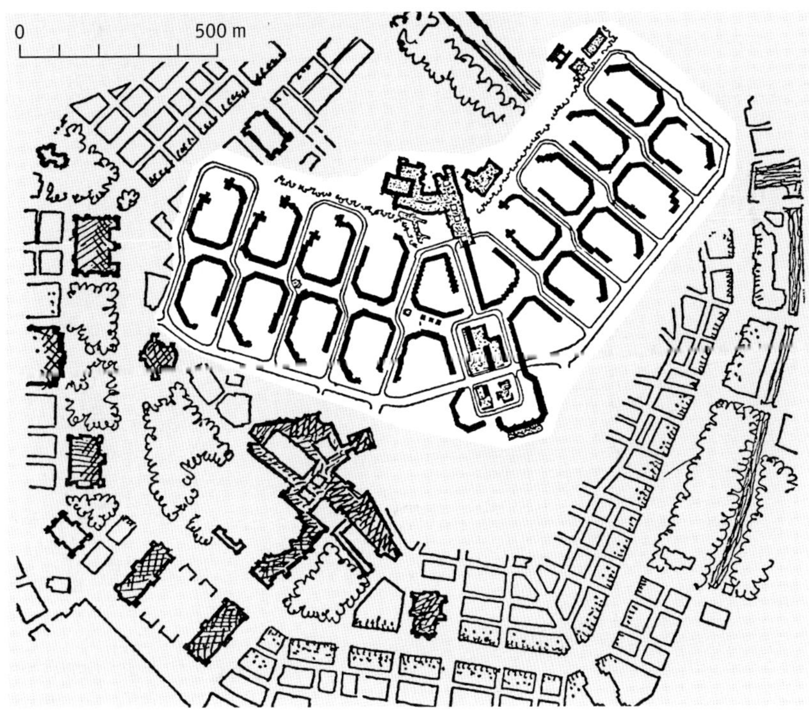

Abb. 6.54: Größenvergleich der Wohnstadt Steilshoop, Deutschland, mit der Wiener Ringstraße

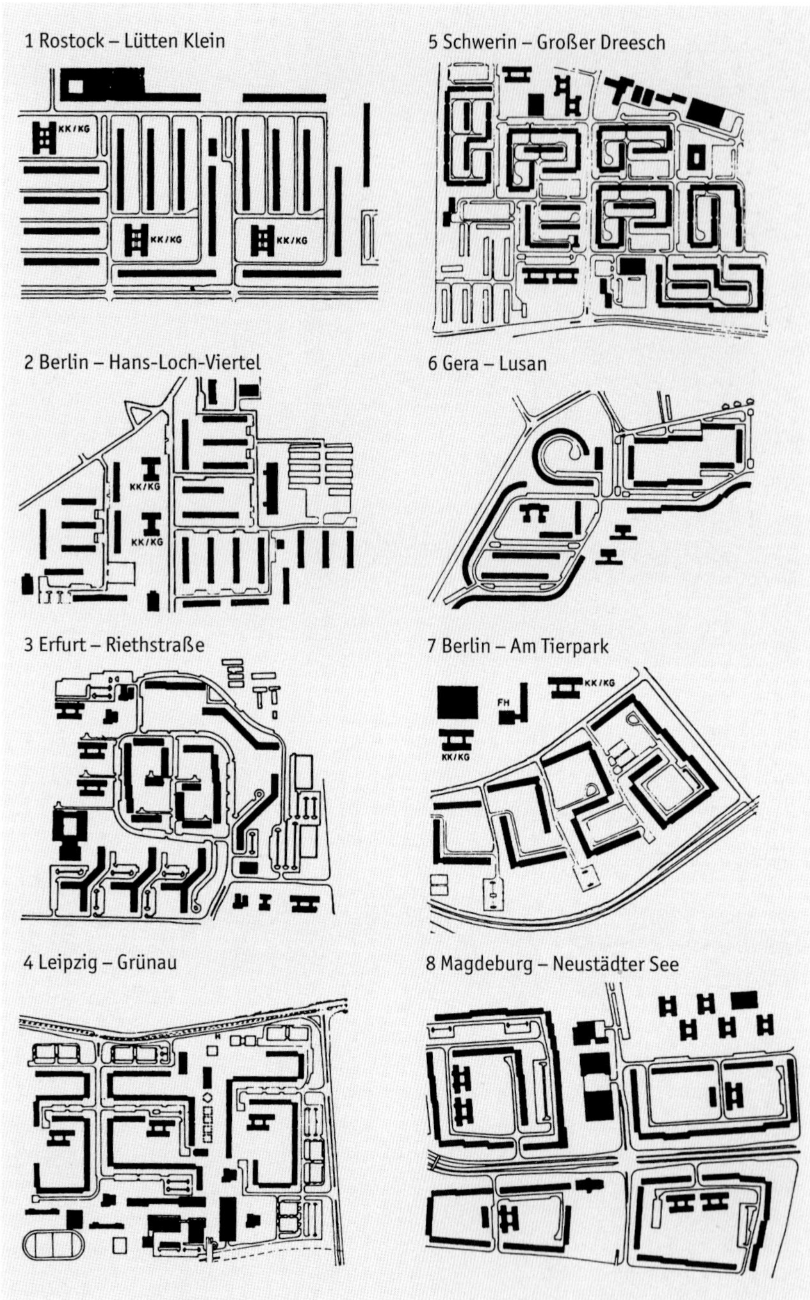

Abb. 6.55: Wohnanlagen, ehem. DDR

- Last, not least bedeutet die Wohnanlage den Austausch eines Mietshauses, dessen Tor jeder Bewohner benützen muß, durch ein Stiegenhaus und ebenso den Austausch des öffentlichen Straßenraums als Bewegungs-, Wahrnehmungs- und Kontaktraum in einem bestimmten Stadtteil durch einen jeweils von dem Milieu der Wohnanlage abhängigen Bewegungs-, Wahrnehmungs- und Kontaktraum.

Mietshaus versus Einfamilienhaus

Europäischer Nord-Süd-Gegensatz

Die europäische Wohnbauentwicklung könnte man mit dem folgenden Untertitel versehen: „Auseinandersetzung des Eigenhauses mit dem Mietshaus". Dabei tritt uns das Eigenhaus in zwei Zentren entgegen, die sich im Zuge des Verstädterungsprozesses jedoch nicht in gleichem Maße behaupten konnten. Ein Zentrum liegt in Nordwesteuropa, das etwa mit dem ehemaligen Hanseraum identisch ist, ein zweites Zentrum auf der südlichen Iberischen Halbinsel.

Im Nordwesten ist das auf mittelalterliche Traditionen zurückgehende schmale Reihenhaus mit zwei bis drei Fensterachsen in der Fortentwicklung zum Town house hin von Großbritannien nach Angloamerika „ausgewandert", im südlichen Zentrum hat der Leittyp des Patiohauses den städtischen Wohnbau in Lateinamerika bestimmt. Während jedoch in Lateinamerika die Tradition des Hofhauses bis zur Gegenwart herauf lebendig blieb, ist sie in Spanien abgerissen, nachdem das Mietshaus seinen Siegeszug antrat.

Der Ursprung dieses mehrgeschossigen kontinentaleuropäischen Mietshauses mit seiner breit gegen die Straße hin gelagerten Front geht auf die italienischen Stadtstaaten zurück. Sein Vorrücken auf Kosten des Eigenhauses zählt zu den tiefgreifenden, auf das gesamte gesellschaftliche System zurückwirkenden Prozessen der europäischen Stadtgeschichte. Vorweggenommen sei, daß es diesem Mietshaus jedoch nicht gelang, in der Neuen Welt festen Fuß zu fassen. Es blieb eine Angelegenheit des europäischen Kontinents und trägt bis heute wesentlich zur Besonderheit von dessen Städtewesen bei.

Seine Ausbreitung vollzog sich einerseits als regionaler Ausbreitungsprozeß von Süden nach Norden und andererseits in Abhängigkeit von der Stadtgröße im Rahmen der Verstädterung. Der letztgenannte Zusammenhang ist in Abb. 6.56 illustriert.

Im Zuge des seit dem Mittelalter etappenweise fortschreitenden Wachstumsprozesses der Städte kommt dem Schwellenwert von rund 20 000 Einwohnern eine entscheidende Bedeutung zu. Seine Überschreitung bietet dem Mietshaus das notwendige Substrat an Bevölkerung. Im Mittelalter erreichten nur wenige Städte außerhalb des orientalischen Kulturkreises diese Größenordnung, in der Neuzeit nahm ihre Zahl rasch zu.

Mit wachsendem Bedeutungsgewinn unterlag das Mietshaus Veränderungen hinsichtlich der baulichen Gliederung und Gestaltung, der Organisationsform, der Bautätigkeit und schließlich auch hinsichtlich der Mietparteien.

Im kontinentalen Mittel- und Westeuropa brachte der Aufbau der absolutistischen Staaten mit ihrem wachsenden Beamtenapparat und dem gewaltigen Heer von Zubringerdiensten für Hof und Adel einen ersten Einbruch in die ständisch differenzierte Eigenhausstruktur der Bürgerstadt mit dem Patrizierhaus, dem Handwerkerhaus, dem Ackerbürgerhaus und dem „Kleine-Leute"-Haus.

Die neue Mietshausform für Beamtenschaft und Hofpersonal läßt sich in Gestalt arkadengeschmückter Renaissancehöfe von Italien über Wien nach Krakau, Warschau und Lublin verfolgen. Ein anderer Ast reicht von Südfrankreich bis nach Paris.

Zu standardisierten Großformen rückten diese Mietshäuser dann im späten 18. Jh. auf, als in den damals großen Städten des Kontinents, darunter in Neapel, Wien und Paris, im Manufakturwesen groß gewordene Unternehmer und Bankiers den Bau von Großmietshäusern als ebenso sichere wie gewinnbringende Kapitalanlage betrachteten. Der zuerst in Neapel entwickelte Bautyp des klassizistischen Großmietshauses mit Mittel- und Großwohnungen eroberte alle damals großen Städte in Kontinentaleuropa einschließlich der Iberischen Halbinsel.

Steigt man in der Größenordnung der Städte tiefer hinab in das Stockwerk der Mittelstädte, so erkennt man, daß in Mittel- und Westeuropa um die gleiche Zeit auch hier schon das Mietshaus seinen Einzug gehalten hatte. Freilich erscheint es in anderer baulicher Gestalt, nämlich als Ableger des barocken Gewerbebürgerhauses, dessen tiefe Flügel in Wohnungen aufgeteilt werden. Dieser Typ des sogenannten Seitenflügelhauses reicht von Frankreich bis nach Siebenbürgen, findet sich aber gleichfalls in den Vorstädten von Budapest, Wien, Prag und München und strahlt sogar in das industrialisierte dörfliche Umland der Hauptstädte aus, so zum Beispiel in das Wiener Becken.

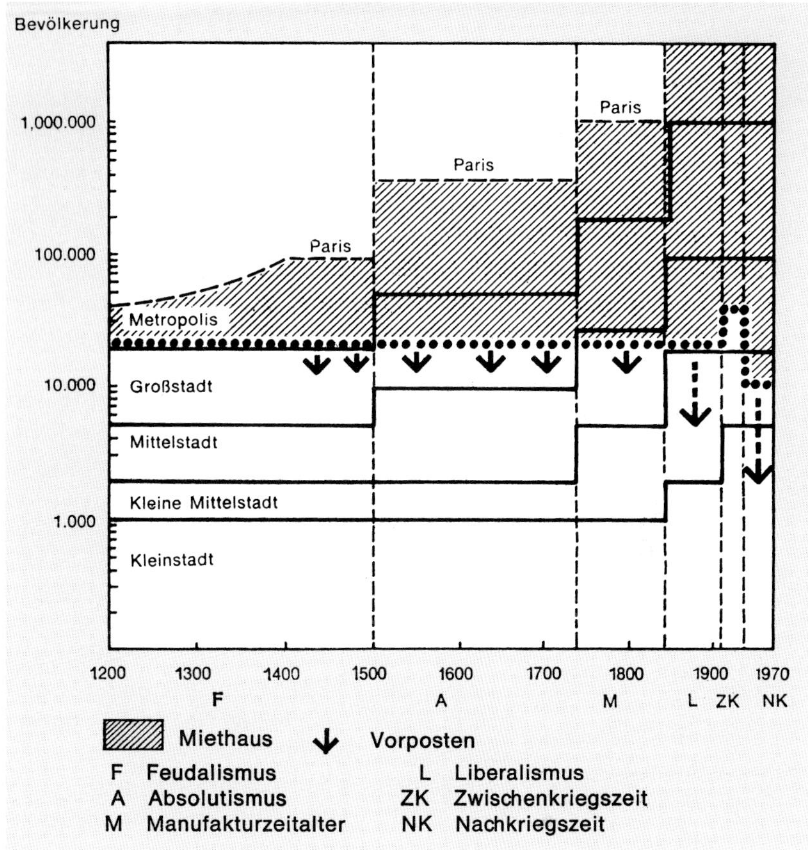

Abb. 6.56: Die Ausbreitung des Mietshauses als Funktion der Stadtgröße seit dem Mittelalter

Diente dieses ältere Mietshauswesen in erster Linie dazu, den Wohnungsbedarf des bürgerlichen Mittelstandes zu befriedigen, so reihte sich ab der Mitte des 19. Jh.s mit der Industrialisierung und sprunghaft steigenden Verstädterung der sogenannte „vierte Stand" in breiter Front in die Schar der Wohnungssuchenden ein. Die traditionellen Haushaltsgemeinschaften, bei denen der Gewerbeherr für die Unterbringung seiner Gehilfen und Lehrlinge verantwortlich war, lösten sich mehr und mehr auf. Dem massenhaft steigenden Wohnungsbedarf konnten auch die alten zünftigen Formen des Baugewerbes nicht mehr genügen. Baugesellschaften bildeten sich und erschlossen das Gelände, ein Heer von Agenten fungierte als Zubringer der Grundstücke, Hypothekenbanken übernahmen die Finanzierung. Der kapitalistische Wohnungsmarkt bestimmte die Spielregeln für die Wohnungswirtschaft. Der Hausbesitz wurde zur günstigen Kapitalanlage breiter Schichten des Bürgertums. Hohe Mieten, eine hohe Mobilität der Mieter und das berüchtigte Wort von den „Großstadtnomaden" kennzeichneten die andere Seite des Systems. Das soziologisch wichtige Gegensatzpaar von „Hausherr" und „Mietpartei" fand in der Literatur des 19. Jh.s seinen Niederschlag.

Standardisierte und sozial differenzierte Mietshaustypen entstanden. Die Hauptstädte Paris, Wien und Berlin erfanden sie. Von hier breiteten sie sich über das Netz der Groß- und Mittelstädte aus. Entsprechend dem nur punktuellen Vorstoß der Industrialisierung in den ostmitteleuropäischen Agrarraum konnte auch der Mietshausbau nur einzelne Vorposten stellen, so zum Beispiel in der polnischen Industriestadt Lodz. Ansonsten wahrten selbst Mittelstädte mit dem Schachbrettmuster von ebenerdigen Reihenhäusern ein halbländliches Baubild.

An seiner Nordflanke, nördlich einer Linie, die etwa von Lille in Frankreich über Mitteldeutschland zur Ostsee nach Polen verläuft, sah sich dieses Großmietshaus mit einem anderen Mietshaustyp konfrontiert, dem Etagenhaus, das aus dem schmalbrüstigen, mittelalterlichen Gewerbebürgerhaus hervorgegangen war und bei dem jedes Stockwerk jeweils eine Familie beherbergte. Beide Mietshausformen waren interessanterweise auch im internationalen Architektenwettbewerb um die städtebauliche Gestaltung der Wiener Ringstraße (1856) vertreten, als die Diskussion über Eigenhaus oder Mietshaus nochmals heftig auflebte. Die eifrigen Verfechter des Einfamilienhauses nach englischem Vorbild waren dabei R. v. Eitelberger und H. Ferstel, die sich jedoch mit ihren Intentionen gegenüber dem Konzept des sogenannten „bürgerlichen Mietshauses" von F. Fellner nicht durchsetzen konnten, welches an in Wien bereits bewährte Bautraditionen anschloß (Abb. 6.57a, Abb. 6.57b).

In der Spätphase der Gründerzeit hat sich das Mietshaus von den Großstädten bis zu den Kleinstädten hin ausgebreitet. Als Zeugen der Spekulationsfront gründerzeitlicher Stadtränder haben sich weitab von der geschlossenen Verbauung einzelne Reihenmietshäuser erhalten.

Das Etagenhaus, das sich aus dem Stadthaus, dem Town house, entwickelt hat, fand seit dem späten 18. Jh. zuerst in England und dann im ehemaligen Städtekreis der Hanse, von Nordfrankreich über Belgien und die Niederlande bis Norddeutschland hinein, weite Verbreitung und emigrierte, wie bereits erwähnt, auch in die angelsächsische Welt jenseits des Atlantiks.

Das Ende des Ersten Weltkriegs hat die politische Landkarte von Europa grundstürzend geändert und bedeutete einen gravierenden Einschnitt in der Stadtentwicklung.

Das System der kapitalistischen Wohnungswirtschaft brach im Gefolge des Ersten Weltkriegs zusammen. Zuerst das „Einfrieren der Mieten" durch die Einführung des Mieterschutzes, dann die sozialen Mieten des städtischen Wohnbaus, die kostendeckenden Mieten der Genossenschaften, Werkswohnungen u. dgl. und die Hypothekarmieten des Eigentumswohnbaus haben den Wohnungsmarkt völlig verändert und zu einem komplizierten, von Land zu Land etwas variierenden Mechanismus beigetragen, der das europäische Mietshauswesen grundsätzlich sowohl von jenem Angloamerikas als auch von dem der ehemaligen Ostblockstaaten unterscheidet.

Durch die Ausschaltung privatkapitalistischer Interessen aufgrund der Mieterschutzgesetzgebung und durch die Wirtschaftskrise fiel der gründerzeitliche Stadtkörper gleichsam in Erstarrung. In weiten Teilen Europas blieben die Umbauleistungen der Zwischenkriegszeit in den Innenstädten mehr oder minder bedeutungslos und beschränkten sich auf die Füllung von Baulücken. Das gilt insbesondere für Frankreich, den deutschen Sprachraum und Großbritannien.

Die Bautätigkeit der Zwischenkriegszeit vollzog sich nahezu ausschließlich am Rande des kompakt verbauten Stadtkörpers, und zwar in zwei Hauptformen:

1) Im Anschluß an die kompakte Masse der gründerzeitlichen Reihenmietshausverbauung entstanden vielfach Großobjekte von Wohnanlagen, welche zumeist von der öffentlichen Hand errichtet wurden.
2) Die flächenhafte Weite des Stadtrandes okkupierten, teils im Anschluß an Dörfer und Kleinstädte, teils abseits, Einfamilienhausgebiete

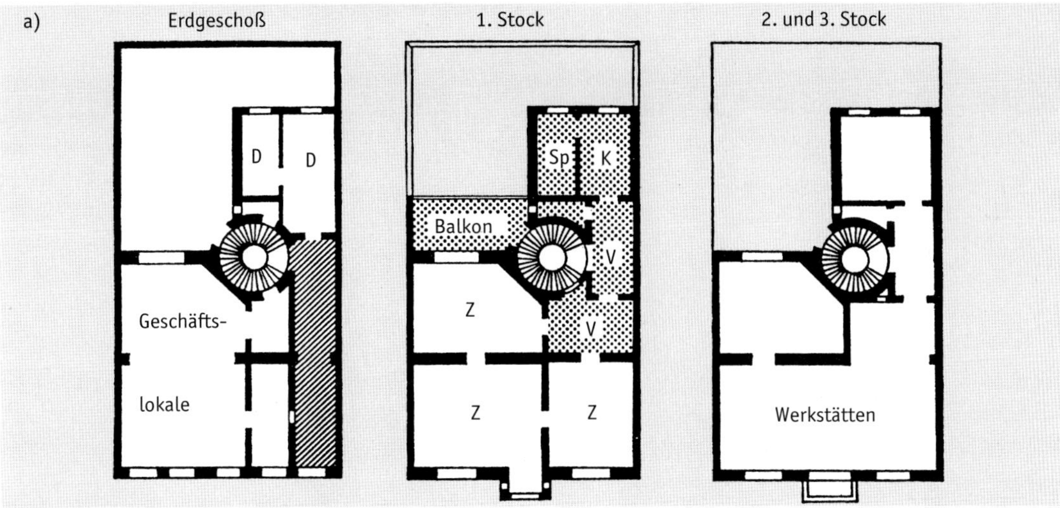

Abb. 6.57: Eigenhaus und Mietshaus beim Ringstraßenwettbewerb

in allen Größen, Qualitäten und Arten von Bau- und Rechtsformen, von genossenschaftlichen Reihenhaussiedlungen über Nebenerwerbsanlagen bis zu Schrebergartenkolonien, von Übergangsnutzungen mit brachliegenden Parzellen als Zeichen der Kapitalanlage, Wochenendhütten und ständig bewohnten Häusern bis zu Squattersiedlungen hin.

Hinsichtlich der Dominanz und Mengung dieser Elemente unterscheiden sich freilich die nationalen Städtesysteme ganz wesentlich voneinander. Während es in Großbritannien gelang, den *Urban Sprawl* in geometrische Aufschließungen einzufangen, ohne jedoch der Landverschwendung Einhalt gebieten zu können, war dies in Frankreich nicht möglich. Hier waren aufgrund der bereits im 19. Jh. sehr restriktiven Eingemeindungspolitik die Grenzen aller Städte viel zu eng zugeschnitten. Unter dem Druck der Wohnungsnot wucherten die Vorortsiedlungen hinaus ins Umland und überfluteten als „anarchische Urbanisation" die weitere Umgebung der Städte.

In Ostmitteleuropa (Polen) und Südosteuropa, insbesondere in den Nachfolgestaaten der österreichisch-ungarischen Monarchie, bildeten Squattersiedlungen ohne Rechtstitel der Hausbauer und ohne Baugenehmigungen, in weiterer Folge auch ohne entsprechende Infrastruktur, vielfach die Regel. Der deutsche Sprachraum nahm eine Übergangsstellung ein. Berlin und Wien boten

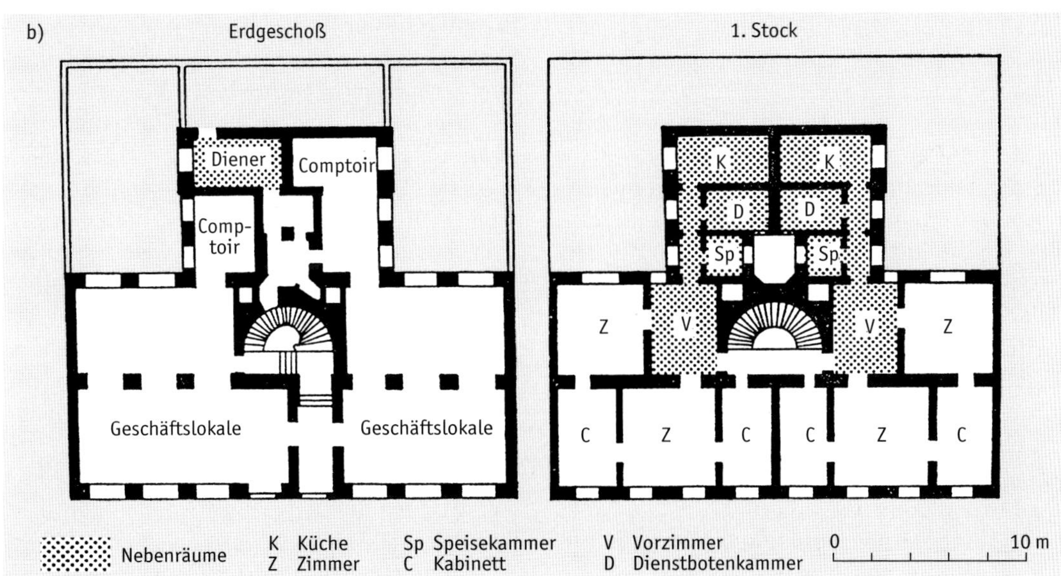

Abb. 6.58: Wohnanlagen anstelle von Behelfssiedlungen, Madrid 1993

eine breite Palette aller oben genannten Stadtrandtypen der Siedlung.

Uns Nachgeborene beeindruckt die unglaubliche Vehemenz dieser Stadtrandbewegung, die sich, als wäre ein Ventil gebrochen, auch über die Dämme der rechtsstaatlichen Ordnung hinwegsetzte und eine Vorstellung davon vermittelt, welche Autoritätsverluste die administrativen Instanzen der durch die politischen Zusammenbrüche betroffenen Staaten hinnehmen mußten. Gleichzeitig wurde damit aber auch ein Weg frei für Selbsthilfemaßnahmen der Bevölkerung gegenüber der drückenden Wohnungsnot, welche vor dem Ersten Weltkrieg nicht möglich gewesen wären. Die Obdachlosen der großen gründerzeitlichen Städte, welche von der Polizei allabendlich über die Stadtgrenze hinausgeschafft worden waren, bauten nunmehr am Stadtrand ihre Squattersiedlungen.

Dies gilt insbesondere für die südeuropäischen Städte, wo einerseits die Bautätigkeit, weitgehend getragen von privaten Kapitalgebern, der Bauform des Mietshauses verhaftet blieb und andererseits spontane Ansiedlungen am Stadtrand aufgrund des herrschenden Rechts des *gecekondu* (Wirth 2000), wonach Bauten, welche innerhalb einer Nacht errichtet werden, nicht mehr abgerissen werden dürfen, entstanden sind. Derartige Squattersiedlungen sind inzwischen längst in Italien und Spanien durch öffentliche Wohnanlagen ersetzt worden (Abb. 6.58) bzw. durch einen Selbstsanierungsprozeß zu „normalen" Siedlungen geworden. Beispiele für letzteres bieten die Pavillons rings um Paris, rund 650 000 an der Zahl, welche eine Fläche von etwa 400 km^2 einnehmen und in denen schätzungsweise 1,5 bis 2 Mio. Menschen leben.

Kommunale Behörden und Genossenschaften brachten das britische Terrace house, ein nicht unterkellertes, zweigeschossiges Einfamilienreihenhaus, welches die Stadtentwicklung in Großbritannien im 19. und frühen 20. Jh. beherrschte, an den Stadtrand des west- und mitteleuropäischen Kontinents. In Großbritannien selbst wurde das Terrace house in der Zwischenkriegszeit vom Doppelhaus abgelöst, durch welches sich die Vorortbildung der Zwischenkriegszeit deutlich von der Gründerzeit abhebt.

Im Meridian von Wien und Berlin überschnitt sich diese von der Gartenstadtidee getragene Reihenhausbewegung mit der beschriebenen spontanen Siedlungsbewegung.

Die Nachkriegsentwicklung hat dieser Dreiheit von Wohnbauformen – Großwohnanlage bzw. Wohnblock, Reihenhaussiedlung und freistehendes Eigenheim – nichts grundsätzlich Neues hinzugefügt, sondern in erster Linie Variationen und Mengungen erzeugt. Dabei waren die 60er und 70er Jahre über Europa hinweg von der Gigantomanie der Großwohnanlagen gekennzeichnet, von denen man inzwischen – nicht zuletzt aufgrund stagnierender Bevölkerungszahlen und sinkender Nachfrage – wieder abgerückt ist.

In den ehemaligen Ostblockländern besaßen der Wohnblock und die Großwohnanlage eine zweifache Aufgabe. Auf der einen Seite dienten sie der Schaffung von Wohnraum, auf der anderen Seite wurden sie als ein Mittel zur Beseitigung der Disparitäten zwischen städtischem und ländlichem Lebensstandard betrachtet. So errichtete man Wohnblöcke nicht nur in Klein- und Mittelstädten, sondern auch im Anschluß an landwirtschaftliche Produktionsgenossenschaften, vor allem in der ehemaligen DDR und in Bulgarien. Bis zu einem gewissen Grad konnten die Wohnbauprogramme dieser totalitären Staaten das ökonomische Gesetz von Angebot und Nachfrage außer acht lassen und im Verein mit den Maßnahmen auf dem Arbeitssektor sozioökonomische Unterschiede, welche in den Wohnverhältnissen in den westeuropäischen Staaten nach wie vor bestanden, weitgehend eliminieren, dies freilich auf niedrigerem Niveau.

Die amerikanische Wohnbauentwicklung

Das freistehende Einfamilienhaus bestimmt die nordamerikanische sub-urbane Landschaft ebenso wie die kleinen Städte. Mehr als drei Viertel seines Gesamtbestandes wurden nach dem Zweiten Weltkrieg errichtet. Bauordnungen schützen es vor dem Eindringen von gewerblichen Betrieben und vor Manifestationen des Gemeinschaftslebens und der Gemeinde. Es ist gleichsam autark, und seine Bewohner können mit den Nachbarn verkehren oder auch nicht.

In der Literatur ist nachzulesen, daß das Einfamilienhaus „das Zentrum des Lebens" für den Amerikaner darstellt (Holzner 1997, Kostof 1998). Es ist die angestrebte Wohnform schlechthin, in welche er sein Selbstwertgefühl und ebenso seinen sozialen Aufstieg durch den Erwerb immer besserer und größerer Häuser projiziert.

Es stellt sich die Frage, wo die Entwicklung begann, die keineswegs kontinuierlich verlaufen ist, sondern durch ein Vorrücken des Mietshauses mehrmals unterbrochen wurde. Präsident Thomas Jefferson (1743–1826) betrachtete den Erwerb von Grundbesitz als bürgerliches Recht und als Tugend. Sein in der Architekturtradition von Palladio errichtetes Haus in Monticello, welches 1809 fertiggestellt wurde, hat die englische Tradition des Landhauses populär gemacht. In Jeffersons Bild von Amerika kommt der Stadt eine Feindrolle zu.

Allerdings entwickelten sich bereits zu seinen Lebzeiten an der Ostküste die großen Städte, wie New York, Boston und Baltimore, gefüllt mit Einwanderern. Um den Bedarf an Wohnraum zu befriedigen, errichteten Baugesellschaften Reihenhäuser für alle sozialen Klassen. Für die Reichen, die auch ein Haus auf dem Land haben konnten, waren dies die Stadthäuser mit eigenen Zugängen für das Dienstpersonal, in den billigen Formen standen die Reihenhäuser Rücken an Rükken. Die Einführung der Reihenhäuser erfolgte in Philadelphia und Boston in der ersten Hälfte des 18. Jh.s, eine Generation später in Baltimore und New York. Im Grundriß waren die Reihenhäuser in Baltimore am engsten mit den Londoner Prototypen verwandt. Inzwischen ist ein Teil dieser Bauten in den Denkmalschutz eingerückt, so zum Beispiel in Philadelphia. Im 19. Jh. breiteten sich die Reihenhäuser, auch *Town houses* genannt, in allen größeren Städten aus und wurden zur herrschenden Wohnform.

Bereits um die Mitte des 19. Jh.s setzte die Stadtflucht ein, begünstigt durch die Errichtung von Straßenbahnen. Die neu entstandene Mittelklasse ließ ihre Stadthäuser hinter sich, welche von Arbeitern und Einwanderern übernommen wurden.

Die flächige Entwicklung des Einfamilienhauses begann. Sie ist mit dem Namen von Andrew Jackson Downing (1815–1852) verbunden, der zwei unglaublich populär gewordene Bücher geschrieben hat: *„Cottage Residences"* (1842) und *„The Architecture of Country-Houses"* (1850). Downings Vorliebe für die ländliche Siedlungsform hatte eine ästhetische und moralische Grundlage. Sein Vorbild war das gotische Cottage. Dementsprechend entwarf er ein pittoreskes, romantisches Haus mit steilem Giebeldach und reich verzierten Frontseiten des Giebelfeldes.

Nach Downing ist das Haus *„ein Refugium und eine Kirche für die Familie. Das reine Gefühl des Heimes, mit seinen tausend Assoziationen hat wie ein starker Anker manche Männer davor bewahrt, in den Stürmen des Lebens Schiffbruch zu erleiden."* Das Haus sollte so aussehen, als würde es unmittelbar zum Land gehören. Diese *„Verwurzeltheit"* war für Downing extrem wichtig, denn die Menschen dieser Zeit waren von rastloser Mobilität erfüllt. Knapp vorher bemerkte Alexis de Tocqueville (1835), *„daß die Amerikaner eine bemerkenswerte Bereitschaft haben, Häuser zu bauen und dann wegzuziehen, bevor sie sie bewohnen, oder Felder zu bepflanzen für jemand, der dann die Ernte einbringt"*.

Zwei Phänomene, nämlich einerseits die Flucht in die neu entwickelten Suburbs und andererseits die große Westbewegung, können angeführt werden. Von vielen wurde das Haus nur als eine temporäre Wohnstätte aufgefaßt, mit einer Lebenserwartung von einer Generation oder weniger. Es hatte rasch und billig gebaut zu werden, das bedeutete Holz als Baumaterial, und es sollte sich rasch amortisieren, um das Wegziehen zu gestatten.

Abb. 6.59: Ballonrahmenbauweise, USA

Insgesamt kam es im Zeitraum von 1840 bis 1860 in drei Richtungen zu einer fundamentalen Umgestaltung des amerikanischen freistehenden Einfamilienhauses: durch die Ballonrahmenbauweise der Konstruktion, die Industrialisierung der Möbelindustrie und die Standardisierung der Küche. Bis zu diesem Zeitraum waren die Einwanderer europäischen Vorstellungen gefolgt.

An die Stelle der bisherigen Bauweise mit Pfosten und Balken trat die Ballonrahmenkonstruktion, welche die Bauindustrie revolutionierte und bis heute das grundlegende Konstruktionssystem geblieben ist (Abb. 6.59).

Der Wandel in der Konstruktionsform des Hauses ging mit der Industrialisierung der Möbelindustrie konform. Die Preise setzten einen Massenmarkt in Bewegung. Kataloge wurden üblich und die Verfeinerung des Wohnens, welche ursprünglich ein Privileg der Reichen war, wurde auch den mittleren Schichten möglich.

Einer Frau, Catharina Beecher (1800 – 1878), einer strengen Verfechterin der Separierung des Lebens in die männliche Arbeitswelt und in die Welt der Frau zu Hause, gelangen wesentliche Verbesserungen der Haushaltsführung zu einer Zeit, in der – anders als in Europa – die Mittelschichten bereits ohne Dienstboten auskommen mußten.

Sie gestaltete das Eßzimmer in einen „Familienraum" um, in dem verschiebbare Wände auf Rollen aufgestellt wurden und eine Ecke mit verschiedenartigen Sitzmöglichkeiten ausgestaltet wurde. Das Haus wurde mit Air-condition ausgestattet und der Küchenraum systematisch umgestaltet und mit einer einzigen Oberfläche als Arbeitsfläche versehen, wie es auf einem Schiff der Fall ist.

Mit Catharina Beechers Innovation beginnt die moderne amerikanische Küche sehr viel früher als in Europa.

Der erste Suburb, der in Übereinstimmung mit Schriften von Downing gestaltet wurde, war Glendale, Ohio, zwischen Cincinnati und Hamilton.

Glendale war ein Suburb für die Reichen. Es war der erste Suburb mit kurvigen Straßen und gleichzeitig unregelmäßigen Grundstücksgrößen zwischen 1 und 20 acre. Der Plan aus dem Jahre 1851 schloß vier kleine Parkanlagen, einen See, eine Kirche, eine kleine Polizeistation und einen Dorfplatz mit einer Gaststätte, eine Gemischtwarenhandlung und das Eisenbahndepot, das gleichzeitig soziales Zentrum, Wahllokal und Gefängnis war, ein. Die Häuser sind großzügig angelegt, mit langen Veranden quer über die Front, und noch heute intakt. Die Gärten waren nicht eingezäunt und parkartig. Hier lebten wohlhabende Geschäftseigentümer, Makler, Rechtsanwälte, Unternehmer und Großhändler, welche den Kontakt mit dem „Schmelztiegel" von Immigranten scheuten.

In der zweiten Hälfte des 19. Jh.s differenzierten sich die Einfamilienhäuser immer stärker. Die Strukturen zwischen den Mittel- und Oberschichtnachbarschaften veränderten sich. Wenngleich sich Downing in seiner Zeit gegen den Stil der Manor houses und der englischen Landsitze gewandt hatte, so wurden diese nunmehr am Ende des 19. Jh.s zum Vorbild. Monumentalität und Repräsentation waren für die Oberschicht angesagt. Hierfür wurden alle historischen Stilarten verwendet (Abb. 6.60. Abb. 6.61).

Als neue Form trat der Bungalow auf. Das Wort Bungalow kommt aus dem Bengali und bezeichnet ebenerdige Häuser mit Veranden, welche für die britischen Verwalter in Indien erbaut wurden. In Nordamerika wurde der Bungalow als ein ganzjährig bewohnbares Haus zuerst nur für Südkalifornien, dann jedoch auch für rauhere Klimate als geeignet erkannt. 1910 avancierte er zu einem nationalen Phänomen, welches weite Flächen – bald auch in Kanada, besonders in Vancouver – besetzte und sich schließlich global ausbreitete.

Es handelt sich um relativ kleine Häuser mit einem Geschoß, manchmal mit einer Mansarde, welche als Schlafraum benützt wurde. Sie wurden auf sehr kleinen Parzellen errichtet, versuchten aber nichtsdestoweniger Büsche, Rosen und dergleichen in die Gestaltung einzubeziehen. Sie hatten keine Eingangshalle und keinen Flur. Man kam direkt über eine winzige Veranda in einen großen Wohnraum, der als Familienraum bezeichnet wurde und durch einen Bogen mit einem kleinen Eßplatz verbunden war. Die Küche war kompakt und effizient eingerichtet.

Da Bungalows billiger waren, wurden sie als Alternative zu den standardisierten, zweigeschossigen Mittelschichtwohnhäusern in den Suburbs außerordentlich populär.

Um die Wende zum 20. Jh. beendete der wohl bedeutendste Architekt Amerikas dieser Zeit, Frank Lloyd Wright, in Chicago die britische Tradition des „Lebens in der Vertikalen". Er baute die als „Präriehäuser" bezeichneten Einfamilienhäuser in die Horizontale.

Beginnend mit den ersten Objekten um 1890 in Oak Park, einem Suburb von Chicago, verband er Innen- und Außenräume und gestaltete das Hauptgeschoß als einen zusammenhängenden, offenen Raum, in dem Leben, Essen und andere Tätigkeiten ineinander übergingen.

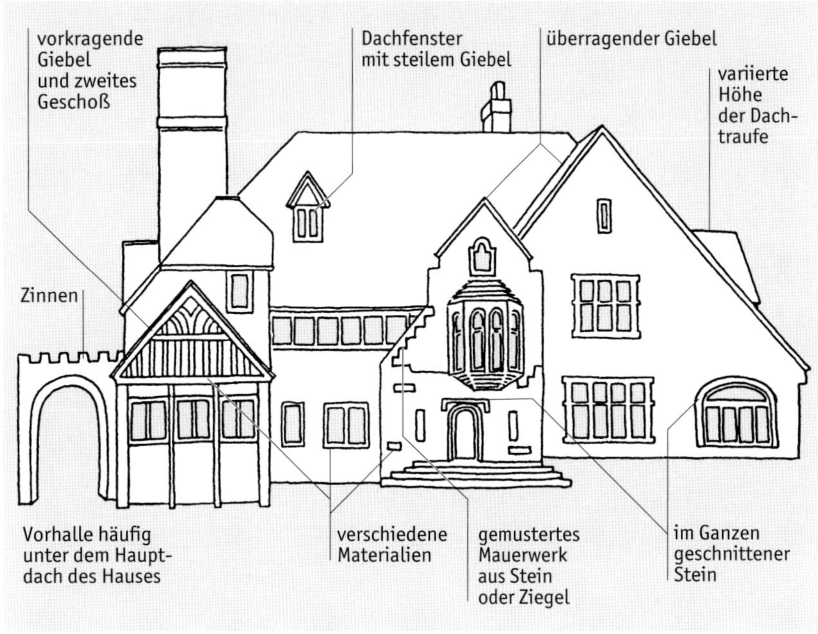

Wright schrieb dazu: *„Es ist notwendig, daß ein Raum vorhanden ist, der tatsächliche ‚living room' mit Einrichtungsgegenständen, die bisher getrennt von ihm waren oder abgeschirmt."* Gleichzeitig ist jedoch dieses kellerlose Präriehaus, welches auf einem Betonsockel aufsitzt, keineswegs offen oder öffentlich einsehbar. Überhängender Efeu schützt es vor den Blicken der Vorbeigehenden, die niedrige Decke unterstreicht das suburbane Ideal dieses Hauses als eine priva-

Abb. 6.60: Oberschichtvilla im gotischen Stil, USA

Abb. 6.61: Klassizistische Oberschichtvilla, USA

Abb. 6.62: Oberschichtmietshaus und Cottage armer Zuwanderer, New York, vor 1900

te Welt, welche die Familie gegen alle Eindringlinge abschirmt. Man konnte nach außen blicken, jedoch war es umgekehrt nicht möglich, hineinzuschauen. Wright selbst schrieb später, daß Schutz ein ganz wesentliches Element jeder Wohnform sein sollte.

In den großen Städten, allen voran in Chicago und New York, entstanden ab der Mitte des 19. Jh.s Appartementhäuser. Sie wurden auch als *French flats* bezeichnet. Sie waren, so lautete das Sprichwort, *„für die Frischverheirateten und die nahezu Toten"*. Von 1900 an entstanden etwa 50 derartige *Room towers* jährlich. Sie umfaßten schlichte Garconnieren ebenso wie Familienwohnungen mit Bibliothek, Dienstbotenräumen usf. Insgesamt waren diese Appartementhäuser auf die wirklich wohlhabende Bevölkerungsschicht ausgerichtet (Abb. 6.62, Abb. 6.63). Es wurde in den Beschreibungen, in denen man sich auf französische Appartementhäuser bezog, übersehen, daß diese sozial gemischte Strukturen aufwiesen, insofern, als in den oberen Geschossen Angehörige bescheidener Einkommensschichten wohnten und in den Dachräumen Menschen der Unterschichten untergebracht waren.

Seit 1830, als die erste Massenimmigration aus Übersee einsetzte, wurde das Problem der Unterbringung der armen Bevölkerung dringlich. Die katastrophalen Bedingungen der New Yorker Slums im 19. Jh. sind durch Fotografien von Sir Jacob Rees bekannt geworden.

In dem Versuch, die ärgsten Mißstände zu beseitigen, hat der *Tenement House Act* von 1877 erste Verbesserungen gebracht. 1901 wurde ein Gesetz mit Standards für die Belüftung und die sanitären Einrichtungen erlassen.

Es ist heute vergessen, daß es nach dem Ersten Weltkrieg in den 20er Jahren für die meisten Amerikaner nur ein Traum war, ein Einfamilienhaus zu besitzen. 1920 hatte nur jede dritte Familie ein eigenes Haus. In den 30er Jahren wurde die Situation noch dramatischer, als infolge der Wirtschaftskrise jeden Tag Tausende Häuser versteigert wurden.

Es begann eine breitangelegte Kampagne, um das Hauseigentum zu erhalten. Eine Front mobilisierte den Finanzsektor. Die *Federal Housing Administration* und die *Veterans Administration* wurden als Agenturen eingerichtet, welche langfristige Kredite mit niedrigen Zinsen vergaben. Überdies wurden die Zinsen auf Hypotheken steuerfrei gestellt.

Damit waren die Voraussetzungen für eine nicht vorhersehbare, die gesamten USA umfassende Bewegung zum Hauseigentum gegeben. Heute leben rund zwei Drittel der amerikanischen Familien in ihren eigenen Häusern, wobei dieser Prozentsatz bei einigen ethnischen Minoritäten allerdings wesentlich niedriger ist.

Die zweite Front bewegte sich in Richtung auf die Bauindustrie. Es war absolut notwendig, billige Häuser zu errichten, d. h., es mußten Wege für eine Massenproduktion gefunden werden, entsprechend dem, was bereits auf dem Automobilsektor geschehen war. Ganze Häuser oder zumindest Teile von Häusern hatten vorgefertigt zu

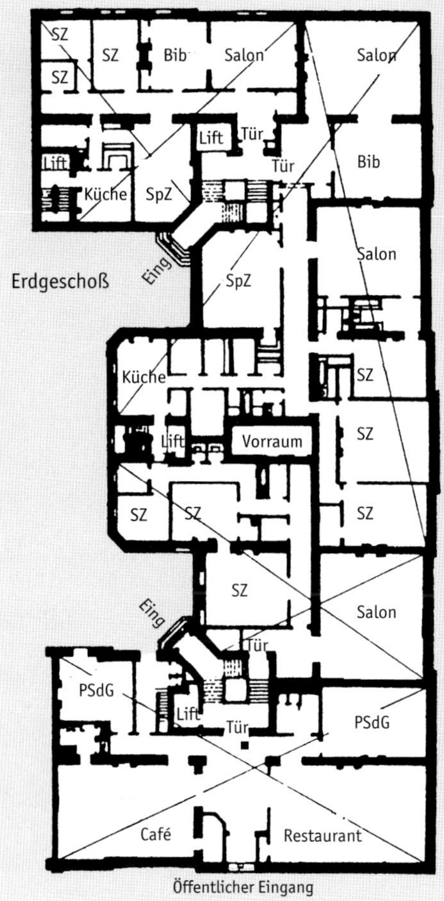

SZ	Schlafzimmer	PSdG	Persönliches Speisezimmer des Geschäftsinhabers
SpZ	Speisezimmer		
Eing	Eingang		
Bib	Bibliothek		

Abb. 6.63: Nobelappartement, New York

werden. Dies war grundsätzlich keine neue Idee. Vorfabrizierte Ballonrahmenhäuser konnten schon Ende des 19. Jh.s bei Sears und Montgomery Mart für 2000 bis 2500 Dollar gekauft werden.

Das vorgeschnittene Material kam in Eisenbahnwaggons und wurde mit Pferd und Wagen zu den einzelnen Hausstandorten gebracht. Die Boxen umfaßten alle Teile des Rahmens bereits entsprechend bearbeitet und numeriert, um auch die einzelnen Teile im Haus und deren Standorte zu identifizieren, einschließlich der eingebauten Schränke. Nur das Fundament, der Kamin und der Verputz hatten am Ort gemacht zu werden.

1900 konnte Sears in einer Werbung bereits feststellen, daß man aus den inzwischen errichteten Häusern eine Stadt für ca. 25 000 Personen hätte erbauen können. Von 1900 bis 1937 verkaufte Sears auf diese Weise 100 000 Häuser. Die Massenproduktion konnte sich jedoch aus einer Reihe von Gründen in der Zwischenkriegszeit nicht durchsetzen. Das in der Fabrik erzeugte Haus war der natürliche Feind der konventionellen Agenturen und Gewerkschaften. Eine weitere Schwierigkeit war die Diversität der lokalen Bauordnungen, ferner bestanden die Käufer auf dem traditionellen Aussehen der Häuser und scheuten vor den vorgefertigen Bauten zurück, die dieses Image nicht erreichten.

Erst nach dem Zweiten Weltkrieg bekam die Massenproduktion ihre Chance. Die Veteranen, die aus dem Krieg zurückkehrten, erwarteten als Dank für ihren Einsatz ein eigenes Haus. Die Finanzpolitik des New Deal machte es leicht, Kredite zu bekommen. Unternehmer wie Levitt, Eichler und Henri J. Kaiser begannen, standardisierte Häuser zu erzeugen, welche nahezu identisch mit den traditionellen, vor Ort gebauten Objekten waren. Die Häuser wurden mit Lastwagen zu den Standorten hintransportiert und in Reihen aufgestellt. Die großen Bauunternehmen konnten 150 Häuser in der Woche errichten. Die Käufer

Abb. 6.64: Standardwohnhäuser, USA

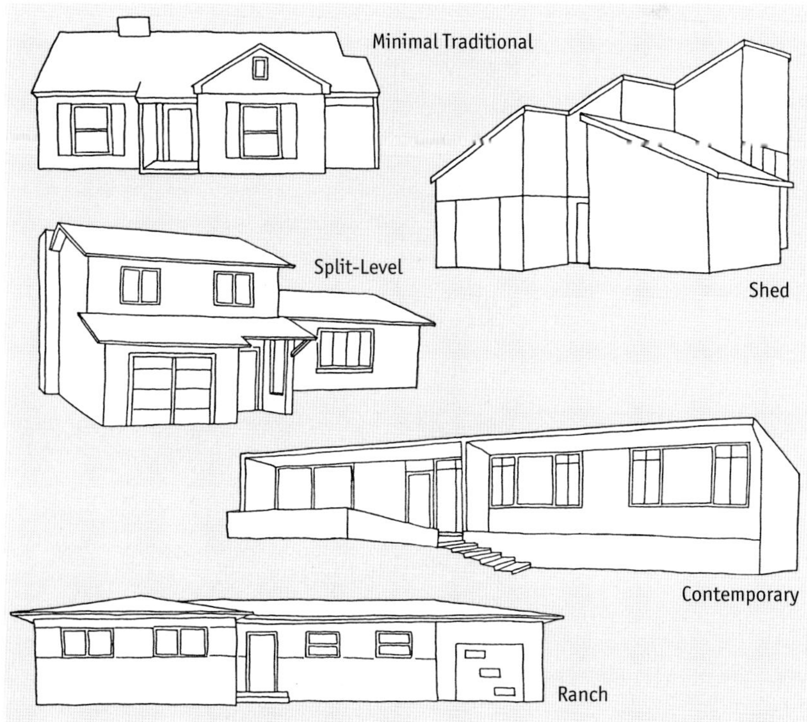

Abb. 6.65: Einfamilienhäuser im Bauernhauslook, USA 1985

Abb. 6.66: Einfamilienhäuser mit Swimming-pool, Texas 1985

Abb. 6.67: Mobile-Home-Siedlung, Texas 1985

hatten die Möglichkeit, aus mehreren Modellen zu wählen, und der Einbau von verschiedenen Geräten, wie Waschmaschinen, Fernsehern usw., machte die Häuser attraktiver.

1947 entstand die erste Levitt-Town. Sie umfaßte rund 6000 Häuser mit viereinhalb Zimmern, welche rund 12 % der 20 x 30 m großen Grundstücke besetzten. Dann kam Levitt-Town in Pennsylvania, gleichzeitig Eichler-Häuser in Kalifornien in Palo Alto und bis Los Angeles. Der nächste Schritt war die vollständige Standardisierung. Heute bedeutet Hausbau das Zusammensetzen von standardisierten Teilen in außerst vielfältiger Gestalt (Abb. 6.64, Abb. 6.65, Abb. 6.66) auf der Baustelle.

Industriell wie Autos werden Trailer erzeugt und ebenso finanziert. Die Produktion eines Wohnwagens dauert drei Tage und er kommt bereits fertig möbliert und ausgestattet vom Band (Abb. 6.67). De facto haben die mobilen Wohnwagen wenig mit Mobilität zu tun, da sie in den meisten Fällen nur einmal, nämlich zu ihrem ersten Standort hinbewegt werden. Wohnwagenparks können aufgrund der symbolischen Formen der Umwelt mit Terrassen, Gärten u. dgl. nicht von normalen Suburbs unterschieden werden. Sie haben ebenso verschiedene Gemeinschaftseinrichtungen, ein Erholungs- und Freizeitzentrum mit Spielräumen, Bibliothek usf. Das Verhältnis zum Wohnwagen hat sich gewandelt, die Industrie zieht es nun vor, den Wohnwagen als industrielles Haus zu bezeichnen. Die bemerkenswerte Verbreitung von Wohnwagen in den 70er Jahren, besonders unter jungverheirateten Paaren ohne Kinder und Pensionisten, wurde in den 80er Jahren von einem gewissen Comeback der inneren Stadträume der Metropolitan Areas abgelöst. Abgewirtschaftete Nachbarschaften wurden erneuert und werden nunmehr von einer jungen, professionellen Bevölkerung bewohnt.

Eine Reihe von Faktoren haben sich geändert, welche eine Fortführung des traditionellen Modells des freistehenden Einfamilienhauses in Frage stellen:

- In den 80er Jahren hat eine schleichende Reduzierung des Realeinkommens begonnen. Im Verein mit den steigenden Scheidungsraten und der Zunahme der Zahl der nichtverheirateten Paare hat die Berufstätigkeit der Frauen enorm zugenommen. Dadurch ist die lang etablierte Rolle der Hausfrau in Frage gestellt.
- Die Baugesellschaften und kreditgebenden Finanzeinrichtungen vermarkten winzige Häuser und sogenannte Kondominien, Eigentums- und genossenschaftliche Appartements in Mehrfamilienhäusern, deren Eigentümer für die Erhaltung der Gebäude und für die Versorgungsleistungen selbst verantwortlich sind.
- Weitere Umwandlungen sind im Gange: In ehemals für Einfamilienhäuser ausgelegten Nachbarschaften werden in einem Ad-hoc-Verfahren Einliegerappartements geschaffen bzw. gestatten innere Unterteilungen die Rückkehr der Arbeitsstätte zur Wohnung. Es ist interessant festzustellen, daß damit eine Veränderung der Bauordnungen und der Bauvorschriften einzutreten beginnt und Möglichkeiten gemischter Nutzung gemäß dem Modell von älteren städtischen Formen wiederkehren.

Abb. 6.68: Gründerzeitliches Verandahaus, Pennsylvania 1968

Abb. 6.69: Mittelschichthäuser, Ottawa 1970

Abb. 6.70: Oberes Mittelschichthaus, Ohio 1970

Abb. 6.71: Ehem. Nobelmietshäuser, Bukarest 1967

Nicht behandelt werden konnte in dieser an der historischen Positionierung von Einfamilienhaus und Mietshaus ausgerichteten Darstellung die regionale Vielfalt der nordamerikanischen Hauslandschaften. Zum Abschluß seien drei Beispiele aus dem Nordosten und der Mitte des Kontinents geboten. In den Neuenglandstaaten haben sich gründerzeitliche Einfamilienhäuser der unteren Mittelschichten vom Typ des Verandahauses wohl am besten erhalten und neuerdings im Zuge des Denkmalschutzes sogar an Anwert gewonnen (Abb. 6.68).

Zum Unterschied von Europa ist der historisierende Stil mit dem Ausbruch des Ersten Weltkrieges nicht zu Ende gegangen, sondern hat in vielfältiger Form weitergelebt. Mittelschichthäuser in Ottawa aus der Zwischenkriegszeit demonstrieren dies deutlich (Abb. 6.69). Schließlich hat in den 60er Jahren das Ranchstyle-Haus für die oberen Mittelschichten eine Garage für 2 Autos und einen sehr geräumigen Ersten Stock erhalten (Abb. 6.70). Im nach wie vor ungestoppten Urban Sprawl im exurbanen Raum wird diese regionale Vielfalt nach wie vor weitergetragen.

Ein Vergleich der USA mit Europa

Beginnen wir mit dem Mietshaus. Das kontinentaleuropäische Mietshaus des 19. Jh.s mit seinem sozialen Mix ist nicht nach Nordamerika gekommen. In großer Zahl treten hier Mietshäuser überhaupt erst spät, nämlich in der Zwischenkriegszeit, auf, einerseits beeinflußt von den großen City-Appartementhäusern in London, andererseits vom sozialen Wohnungsbau in Wien.

Damit ist die soziale Polarisierung im Wohnbau angesprochen, welche im 19. Jh. begann und in den 1960er Jahren einen weiteren Höhepunkt erreichte. Die wirklich Reichen und die wirklich Armen zählen zu den Bewohnern: Für die ersteren entstanden zu beiden Zeitpunkten Luxusappartementhäuser in den Millionenstädten einerseits im Anschluß an die Downtowns, wie längs der Gold Coast in Chicago, rings um den Central Park in New York, auf dem Russian Hill in San Francisco, und andererseits in Suburbs, wie in den Cleveland Heights. Durch verwaltungsrechtliche Bestimmungen bleiben diese Luxuswohnanlagen Familien mit Kindern zumeist verschlossen.

Auch gegenwärtig sind nur die Angehörigen der High Society imstande und willens, die extrem hohen Mieten in den Appartementtürmen im Anschluß an die Downtown in den genannten Metropolen zu bezahlen. Freilich ist dieser Typ der teuren Appartementhäuser auf einige wenige Weltstädte und attraktive Millionenstädte beschränkt geblieben. In großen Industriestädten, wie z.B. in Detroit, scheiterten bisher alle derartigen Versuche, in der Stadtmitte attraktive Appartementhäuser zu errichten.

Das andere Extrem stellen die Massenmietshäuser dar, die für den sozialen Wohnbau errichtet und im Zuge des *urban renewal* erneuert werden. In letzteren haben in zunehmendem Maße auch Angehörige der Mittelschichten Platz gefunden.

Das *kontinentaleuropäische Mietshaus* besitzt zum Unterschied vom nordamerikanischen nicht nur eine tief in die europäische Stadtgeschichte zurückreichende Tradition, sondern es ist auch durch eine Mengung von verschiedenen Sozialschichten in der Horizontalen eines Mietshauses, d. h. im Vorder- und Hinterhaus und ebenso in der Vertikalen differenziert, wodurch Angehörige verschiedener Sozialgruppen in Hauskontakt gebracht wurden. Die Bautradition des kontinentaleuropäischen Mietshauses und der Reihenhausverbauung ist mit dem Ersten Weltkrieg ebenso weitgehend abgerissen wie das kapitalistische System der Bauträger (Abb. 6.71). Doch haben mächtige Kapitalgeber, allen voran die öffentliche Hand, der staatliche und der soziale Wohnungsbau, sich des Mietshauses in der neuen Form der Wohnhausanlage angenommen.

Über den sozialen Wohnungsbau der Zwischenkriegszeit reicht die Entwicklung herauf zum schwedischen Modell der Satellitenstädte mit Großwohnanlagen. Die zweite Hälfte des 20. Jh.s ist über Europa hinweg in allen großen Städten durch einen breiten Vormarsch des Mietshauses einschließlich der neuen Form des Eigentumswohnbaus gekennzeichnet.

Von seiten der Stadtplanung wird ins Treffen geführt, daß es nur mittels einer dichten Verbauung und daher durch Wohnblockverbände möglich ist, die zur Aufrechterhaltung des Massenverkehrs notwendige Bevölkerungsdichte zu erlangen. Der Bau von großen Wohnanlagen und U-Bahnen geht daher in West und Ost Hand in Hand (Abb. 6.72).

Im Hinblick auf die bereits erreichten Dimensionen der Wohnblöcke am Stadtrand stehen die *grands ensembles* in Frankreich in größenmäßiger Parallele zu den Wohnanlagen der Millionenstädte in den Metropolen der ehemaligen Ostblockstaaten, wie in Ostberlin, Prag, Budapest, Belgrad, Zagreb, Bukarest und Sofia.

Nur im Hinblick auf die Wohnungsgröße besteht ein West-Ost-Gefälle. In Paris (Sarcelles) bilden Wohnungen mit vier Räumen die Mehrheit, in Frankfurt (Nordweststadt) und in Berlin (Märkisches Viertel) sind es solche mit drei Räumen, während in den Oststaaten jene mit zwei Räumen dominieren.

Im großen und ganzen hat sich in der Nachkriegszeit die Entwicklung der Gründerzeit wiederholt, als man die Unterbringung der massenhaft vom Land in die Stadt ziehenden Bevölkerung nur mittels Mietskasernen bewältigen konnte.

Abb. 6.72: Wohn- und Bürohochbauten, Stockholm 1975

Vergleicht man den Bedingungsrahmen des europäischen Einfamilienhauses mit dem des nordamerikanischen, so ergeben sich folgende Unterschiede:

In Kontinentaleuropa fehlen Großorganisationen der Finanzierung und Vermarktung.

Ebenso fehlt eine Industrialisierung des Einfamilienhausbaus in vergleichbarem Umfang. Bis herauf ins späte 20. Jh. war das Angebot an Fertighäusern sehr bescheiden, erst jetzt beginnt es durch Innovationen auf sich aufmerksam zu machen. In weiten Teilen Europas beherrscht noch das Bauhandwerk die Szene.

Aufgrund der im Vergleich zu Nordamerika wesentlich höheren Bodenpreise engt sich die Möglichkeit zum Erwerb eines Einfamilienhauses mehr und mehr auf den oberen Abschnitt der Sozialpy-

Abb. 6.73: Portugiesisches Gastarbeiterhaus bei Lissabon 1993

ramide ein. Nur in Kleinstädten und lokalen Zentren sowie in den Pendlerräumen außerhalb der Stadtregionen kommt es nach dem Prinzip *„do-it-with-your-neighbor"* zu einer Substitution von Kapital durch Arbeitskraft. Damit wird auch verständlich, daß die Größe der Einfamilienhäuser keineswegs mit der Wirtschaftskraft der Staaten korreliert. Man ist daher immer wieder über die Größe der Einfamilienhäuser in Süd- und Südosteuropa überrascht.

Nichtökonomische Variablen, wie Eigentumsbegriff und Generationsdenken, stehen bei der Errichtung von Einfamilienhäusern vielfach noch im Vordergrund. Sie bestimmen auch das Investitionsverhalten bei Reparaturen, im Rahmen der Erneuerung sowie bei Um- und Ausbauten, das renditefreudigen Amerikanern nur Kopfschütteln abringen kann, da die Frage, ob die Investitionen auch den Verkaufswert des Hauses steigern, kaum gestellt wird.

Aufgrund dieses traditionellen Verhaltens besteht ein grundsätzlicher Unterschied zur nordamerikanischen Situation, insofern, als die Errichtung von Einfamilienhäusern mit einer Immobilisierung der Bevölkerung verbunden ist.

Die überwiegend einstöckige Bauweise ist in Südosteuropa nicht nur auf die dort noch immer übliche Dreigenerationenfamilie zurückzuführen, sondern zum Teil auch darauf, daß der erste Stock, orientalischen Stadttraditionen folgend, noch immer für Gäste reserviert ist und daher kaum benützt wird, da die Familie selbst im Erdgeschoß wohnt. Besonders in Bulgarien findet sich dieser Typ sehr häufig.

In manchen Teilen Europas konnte das Einfamilienhaus auch zusätzliche Funktionen gewinnen. So hat z.B. in den österreichischen Alpen das Obergeschoß für die Vermietung von Fremden große Bedeutung erlangt. Der Fremdenverkehr hat derart auch einen stark stimulierenden Einfluß auf die Bautätigkeit ausgeübt und umgekehrt breiten Bevölkerungsschichten eine Partizipation an seinen Erträgnissen ermöglicht.

Trotz des erwähnten Vordringens des Appartementhauses in den ländlichen Raum unterscheiden sich Kleinstädte und Pendlerdörfer noch immer durch das Vorherrschen des Einfamilienhauses ganz deutlich von den großen Kernstädten, in denen die Ausbreitung einer Einfamilienhausperipherie im großen und ganzen abgestoppt ist.

Die erwähnte, aus der Zwischenkriegszeit stammende Peripherie mit zum Teil sehr behelfsmäßig erbauten Einfamilienhäusern rings um die großen Städte Frankreichs (*pavillons*), des deutschen Sprachraums und Osteuropas hat nach dem Krieg vor allem in Südeuropa eine Fortführung erfahren. Freilich gehören inzwischen die squattermäßigen Siedlungen am Stadtrand der großen spanischen und italienischen Städte infolge der enormen sozialen Wohnbauprogramme dieser Staaten mehr oder minder der Vergangenheit an, wenn man von Resten, wie dem Andalusierviertel im Süden von Madrid, absieht. Nur Athen zeigt noch eine ausgedehnte Peripherie spontaner Einfamilienhaussiedlungen, welche jedoch durch die Einkünfte ihrer Erbauer im Ausland den behelfsmäßigen Charakter weitgehend abgestreift haben, auch wenn die Infrastruktur noch unzureichend sein mag.

Im Hinblick auf das Einfamilienhaus weist Europa zwei Sonderformen auf. Die Hintergründe hierfür liegen einerseits in der Aufspaltung der Wohnfunktion in Freizeitwohnungen und Arbeitswohnungen und andererseits in der Gastarbeiterwanderung (Abb. 6.73).

Zum einen partizipieren Teile der städtischen Bevölkerung an einem „Leben in zwei Gesellschaften". Es sind vor allem die großen Städte im Westen Europas, aber auch die Städte in den sozialistischen Staaten im Osten, in denen die lange Zeit praktizierte Niedrigmietenpolitik zu einer Subventionierung des Zweitwohnungswesens geführt hat. In Frankreich, Schweden, Österreich, Ungarn und der ČSFR verfügt bereits ein Drittel der Bevölkerung in den großen Städten über zwei Wohnstandorte. Auf die Konsequenzen dieses Phänomens wird noch später eingegangen. Sicher ist jedoch, daß diese Lebensform einer Doppelung der Wohnstandorte im Sozialprestige und in den individuellen Bedürfnissen breiter Bevölkerungsschichten internalisiert wurde und sich als neuer Lebensstil vom politischen Bedingungsrahmen emanzipiert, aus dem er entstanden ist. Diese These gilt auch für die ehemaligen COMECON-Staaten.

Das zweite Phänomen des Lebens in zwei Gesellschaften trifft auf Gastarbeiter zu, welche im Zuge der Gastarbeiterwanderung in die Kernstädte des nordwestlichen Europas gekommen sind. Sie haben einen zweigleisigen Lebensstil entwickelt und sind, dies wurde viel zu wenig beachtet, zu einem überschichtenden Phänomen in den Herkunftsländern Portugal, Spanien, Italien, Jugoslawien und Griechenland geworden, die für sie nunmehr Alters- und Freizeiträume darstellen. Die europäische Variante der amerikanischen *Counterurbanization* ist somit allgemein durch Zweitwohnungswesen und speziell in den eben genannten Ländern durch die Bautätigkeit der Gastarbeiter bestimmt.

Hier ordnet sich auch die britische Entwicklung ein, wo sich ganz klar eine Stadt-Land-Wanderung in attraktive dörfliche und ländliche Siedlungsgebiete, vor allem von Personen im dritten Lebensalter, nachweisen läßt, während andererseits Personen im vierten Lebensalter (ab 75) eher in städtischen Räumen verbleiben (Schmied 2000).

Völlig anders ist die Situation in *Nordamerika*. Das Einfamilienhaus ist die absolut vorherrschende Wohnform des amerikanischen Stadtsystems. Seine gegenwärtige Dominanz ist jedoch keineswegs allein mit dem Individualverkehr und dem Autobahnbau zu begründen. Erst durch die 1934 ergriffenen Maßnahmen der Bundesregierung infolge der Weltwirtschaftskrise begann eine der größten Manipulationen im Laufe des Verstädterungsprozesses. Um der tragenden Mittelschichtbevölkerung das Wohnen im eigenen Haus auch weiterhin zu ermöglichen, wurde der Hypothekenmarkt durch Kredite stabilisiert und gleichzeitig die Bauwirtschaft angekurbelt.

Insgesamt haben sich seither Baugesellschaften, Maklerbüros und Hypothekenbanken des Eigenhauses angenommen, ähnlich wie dies vor 1914 beim kontinentaleuropäischen Mietshaus der Fall war.

Vermarktungsstrategien erzeugten den Wunsch nach einem Einfamilienhaus, sein Besitz wurde als ideeller Wert im Sozialprestige verankert und als gute Kapitalanlage im ökonomischen Denken fixiert. Seit der Zwischenkriegszeit ist das Einfamilienhaus Schritt für Schritt zum am besten vermarkteten Konsumartikel Nordamerikas geworden. Ein Heer von Werbefachleuten und Architekten bemächtigte sich der Gestaltung von Details, woran alle am Absatz von Haushaltswaren und technischen Einrichtungsgegenständen interessierten Industrieunternehmen Anteil hatten.

Auf die frühe Industrialisierung des amerikanischen Einfamilienhauses wurde bereits eingegangen. Nochmals hingewiesen sei auf Levitt, der durch die Zerlegung des Bauvorganges in 28 Arbeitsgänge das Fließbandsystem für den Bau von Einfamilienhäusern eingeführt hat. Seinem Beispiel folgten inzwischen Tausende Baubetriebe. Holz ist noch immer das billigste Baumaterial in einem Kontinent ohne Aufforstungsvorschriften und mit flächigem Raubbau am Wald. Das Finish der Häuser erfordert einen geringen Aufwand, ihre Lebenszeit ist kurz. Die Industrialisierung der Bauwirtschaft hat dem Do-it-yourself des Hausbaus ein Ende bereitet. Hypothekenbanken sind vielfach die wirklichen Inhaber, ähnlich wie im gründerzeitlichen Europa, als sie die Pfandrechte an den Mietshäusern besaßen.

Im Hinblick auf die bauliche Gestaltung ist es zur Ausstilisierung einer zwar standardisierten, jedoch gleichzeitig unglaublichen Vielfalt gekommen, wobei das Eigenhaus einerseits über Kataloge, andererseits über bezugsfertige Großkomplexe zum Kauf angeboten wird. Gleichzeitig wurde auch die Höhe der erforderlichen Barmittel immer mehr reduziert, so daß derzeit bereits mit einer Anzahlung von 5 bis 10 % untere Mittelklassehäuser von einem Tag auf den anderen und ohne jegliche bürokratische Schwierigkeiten bezogen werden können.

Aufgrund der ungeheuren Vielfalt an Formen ist es stets ein reizvolles Unterfangen, Kataloge für Eigenheime durchzublättern. Die Palette reicht von der Nachahmung von Bauernhäusern, die als Zweithäuser auch irgendwo an der französischen Küste stehen könnten, bis zum gehobenen Standard von Flachdachbauten, zu denen im Südwesten der USA zwangsläufig ein Swimming-pool gehört.

Die standardisierte Vielfalt bei – aus europäischer Sicht – gleichzeitig hotelmäßiger Innenausstattung mit Einbauküche und -möbeln entspricht der enormen Mobilität der Bevölkerung (im Durchschnitt wechseln pro Jahr 14 % der Einwohner ihren Wohnsitzbundesstaat!).

Die Aufspaltung der Wohnfunktion

Einleitung

Alle Aussagen über die räumliche Differenzierung der Gesellschaft beruhen auf der Zuordnung des Stadtbewohners zu einem Wohnstandort. Diese bisher für die Stadtplanung und die Statistik gleichsam selbstverständliche Voraussetzung bedarf einer Revision. Während die Zunahme der Wohnfläche pro Einwohner ein generelles Merkmal der postindustriellen Gesellschaft darstellt, ist die Aufspaltung der Wohnfunktion in Erst- und Zweitwohnsitze in erster Linie ein europäisches Phänomen.

Die folgenden Ausführungen belegen, daß von der Villeggiatura und der Villa im Römischen Reich eine nahezu kontinuierliche Entwicklung zur Villa und Villeggiatura in der Toskana heraufführt. Ferner hat der europäische Adel seit der Renaissance Winter- und Sommerschlösser besessen, und die barocke Hofgesellschaft hat sich saisonal abwechselnd darin aufgehalten. Die Besitzbürger in der mittelalterlichen Stadt haben bereits mit Pachthöfen im Umland in die feudale Sphäre ausgegriffen. Die zweite Gesellschaft des 19. Jh.s, bürgerliche Unternehmer, Kaufleute und Angehörige der freien Berufe, hat versucht, es mit Landhäusern in attraktiven Gebieten dem Adel gleichzutun.

Frankreich besitzt nicht nur eine bedeutende Tradition des Zweitwohnungswesens, sondern auch eine vielseitige Palette organisatorischer und baulicher Erscheinungsformen. Bereits nach der Französischen Revolution hat sich das Bürgertum im gesamten Staatsgebiet weithin in den Haus- und Grundbesitz im ländlichen Raum eingeschaltet. So war es bereits im 19. Jh. für Angehörige des Großbürgertums, der freien Berufe und der hohen Beamtenschaft die Regel, die Familie während der heißen Jahreszeit auf einem Landsitz unterzubringen. Im Süden Frankreichs haben Pachthöfe des städtischen Patriziats, ähnlich wie in den Renaissancestädten Italiens, schon früher eine große Rolle gespielt.

In der Nachkriegszeit hat die lange Zeit praktizierte Niedrigmietenpolitik der sozialen Wohlfahrtsstaaten – und, man muß hinzufügen, der vormals sozialistischen Staaten im Osten – im Verein mit der Sicherung des Wohnstandortes durch die Gesetzgebung den Boom des Zweitwohnungswesens mitsubventioniert.

Die Entstehung von Freizeitwohnsitzen im ländlichen Raum bildet das kontinentaleuropäische Pendant zur Counterurbanization Nordamerikas. Bei der Aufspaltung der Wohnfunktion in Arbeits- und Freizeitwohnungen handelt es sich um den wichtigsten, das Siedlungssystem betreffenden Vorgang in der Gegenwart, der alle Teile desselben betrifft: die Kernstädte, den suburbanen Raum und selbst die kleinen Gemeinden des ländlichen Raumes, in die eine Zweitwohnungsperipherie hineingreift. Es ist eine neue Lebensweise eines „städtischen Nomadentums" entstanden, das ein Leben in zwei Gesellschaften führt.

Es bestehen Komplementärformen des Wohnens. Derart sind es vor allem die großen Städte im Westen und Osten, in denen das Wohnen in Mietshäusern den Boom des Zweitwohnungswesens begründet hat. Aus dem Oberschichtphänomen des Zweitwohnens vom Römischen Reich bis herauf zur Barockzeit ist im 19. Jh. ein bürgerliches Phänomen geworden, welches in der Gegenwart als Massenphänomen schichtenübergreifend zur Geltung kommt.

Villa und Villeggiatura im Römischen Reich

Kaum eine Denkmälergruppe wurde so von der Zerstörung heimgesucht wie die Villa. Kaum eine Denkmälergruppe hat gleiche Anziehung auf die Forschung ausgeübt und viele hervorragende Publikationen hervorgebracht (Reutti 1989, Mielsch 1987). Ihre Entstehungszeit wird mit dem 2. Jh. v. Chr. angesetzt. Das Hauptverbreitungsgebiet ist die tyrrhenische Küste vom südlichen Etrurien bis Kampanien, mit deutlicher Bevorzugung des Golfs von Neapel. Villen finden sich darüber hinaus im Umkreis großer römischer Städte in weiten Teilen des Imperiums bis zum Donaulimes und auch in Großbritannien.

Unter der römischen Villa im engeren Sinne ist die *Villa urbana* zum verstehen, zum Unterschied von der *Villa rustica*, dem Gutshof, wobei die Bezeichnung Villa urbana sich ursprünglich auf den Wohntrakt der Villa rustica bezog und erst später zu einem selbständigen Bautyp wurde (Abb. 6.74, 6.75). Trotz der bewußten Rezeption der griechischen Kultur ist die Villa ein spezifischer Ausdruck des römischen Lebensstils (man muß hinzufügen: der Oberschicht). Dabei war die Villa mit Sicherheit für den Römer nicht das, was im heutigen deutschen Sprachgebrauch als Villa bezeichnet wird.

Außerhalb der Städte war die Siedlungslandschaft in römischer Zeit nicht wie heute in weiten Teilen Europas durch Dörfer, sondern durch Einzelbauten geprägt, welche einerseits landwirtschaftliche Betriebe darstellten und andererseits Wohnfunktion für die städtischen Besitzer hatten.

Die Villeggiatura der Römer hatte mehrere Gründe:

Die vornehmen römischen Familien besaßen den größten Teil ihres Vermögens als ländlichen Grundbesitz, wobei die Güter in verschiedenen Teilen Italiens lagen und von Pächtern bewirtschaftet wurden. Schon aus Kontrollgründen mußte der Besitzer einen Teil des Jahres auf sei-

Abb. 6.74: Römische Villa bei Löffelbach, Steiermark

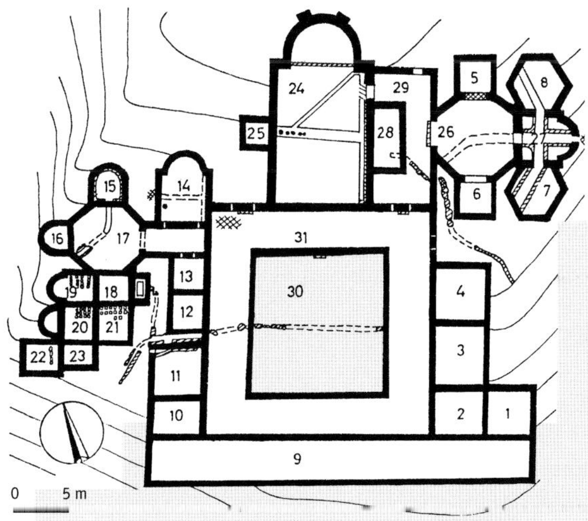

1 – 4 ungedeutet
5 – 8 repräsentativer Wohnbereich
9 Vorhalle
10 Treppenaufgang (?)
11 Abort
12 – 13 Küchenkomplex (?)
14 – 16 ungedeutet
17 Atrium
18 – 23 Badeanlage
24 Privatbasilika
25 Praefurnium
26 – 28 ungedeutet
29 Hof
30 – 31 Hof und Umgang

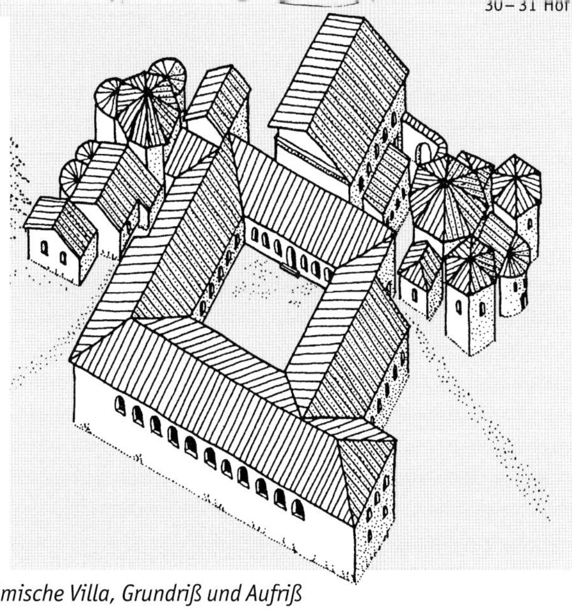

Abb. 6.75: Römische Villa, Grundriß und Aufriß

nen Gütern zubringen. Eine komfortabel eingerichtete Villa gehörte daher zum Gut.

Zu den ökonomischen Gründen kamen gesundheitliche. Man wollte der Sommerhitze in Rom entfliehen und sich von den anstrengenden Tätigkeiten in Rom, den heißen politischen Kämpfen im Senat, den Reden vor Gericht und in der Volksversammlung erholen, aber auch dem Schwarm der Klienten entgehen, von denen man sich in den Stadthäusern nicht abschirmen konnte. Schließlich war das Leben in der Villeggiatura auch viel preiswerter als in Rom.

War der Grundriß der Villa grundsätzlich aus dem Hofhaus entwickelt worden, so war das zweite Bauelement der Villa, die Terrassierung, dem römischen Stadthaus ebenso fremd wie das dritte Element, die axiale Bindung der Architektur der Villa an ein landschaftliches Motiv, und zwar vom Innern der Villa aus. Dieses erscheint daher als Füllung eines Fensters oder einer Tür. In der juristischen Definition des Fensters wird zwischen Lichteinfall und Aussicht unterschieden.

Diese Definition der römischen Villeggiatura hat ihre Bedeutung durch die Architekturgeschichte hindurch beibehalten. Es geht um die optische Einbeziehung des vorgelagerten Geländes in den unmittelbaren Umraum des Betrachters in der Villa. Kunstvolle Systeme ineinandergefügter Blickumgrenzungen wurden gestaltet, welche Durchblicke durch die ganze Raumflucht der Villa, vom Saal über den Portikus zum Hof usf. bis zur Landschaft, umfassen.

Sehr wichtig waren die Prospektmalereien. Sie steigerten die Wirkung durch Ausblicke auf Schaufassaden, Palasthöfe, Heiligtümer und Luxusparks imperatorischen Zuschnitts.

Die ausgeklügelte Ausrichtung von Portiken sowie Eß- und Ruheräumen auf bestimmte Landschaftsprospekte zeigt, daß die römischen Bauherren und ihre Architekten die Einbeziehung von Natur und Landschaft zu einer neuen Dimension bewußt inszenierten.

Andererseits fehlt die Freitreppe, welche für den Empfang von Gästen im Barockschloß eine große Bedeutung hatte und darauf verweist, daß im Barock die Kutsche als Fortbewegungsmittel diente, ebenso wie durch die Freitreppe in einer strikt hierarchisch gegliederten barocken Hof- und Adelsgesellschaft die ausgefeilte Etikette des Empfangs zum Tragen kam. Der römischen Villa ist die Freitreppe unbekannt, die Verbindung der Terrassengeschosse geschieht durch unansehnliche, meist eingebaute Stiegen.

Die großen Landsitze waren nicht selten mit weitläufigen Ländereien verbunden, in denen Parks und Wildgehege angelegt wurden.

Villa und Villeggiatura in der Toskana

Mit dem Begriff der Villa und der Villeggiatura in der Toskana ist eine gesellschaftliche Organisationsform der Urbanisierung des städtischen Umlandes umschrieben, welche in der Toskana bereits im Hochmittelalter beginnt und in der Frühen Neuzeit baulich und kulturell ihren Höhepunkt erreicht.

Die Entwicklung sondert sich von der späteren *Villa suburbana*, wie sie in Venetien und Latium beschrieben wurde, und zwar weniger architektonisch – im Hinblick auf die errichteten Objekte – als im Hinblick auf die soziale Funktion.

Die Villa in der Toskana, welche von F. Dörrenhaus in minutiöser Weise untersucht wurde (1976), führt in gewisser Hinsicht nämlich die Tradition der Villa rustica des Römischen Reichs fort, weist allerdings auch klare Unterschiede auf. Sie entsteht aus dem Vorgang einer schon ab dem 10. Jh. einsetzenden Urbanisierung der Feudalherren, welche einerseits die bereits beschriebenen Wehrtürme in den Städten errichteten und andererseits einen Landsitz hatten. Durch die Herauslösung aus feudaler Abhängigkeit gelang die Bildung von Stadtstaaten, welche analog zur griechischen Polis den *Contado* der Stadt in ihre Rechtssphäre einbezogen.

Mehrere rückblickend durchaus revolutionäre Schritte haben dieses Umland umgestaltet. Zunächst erfolgte eine Auflösung der dörflichen Siedlung und die Anlage einer Streusiedlung, und zwar weitgehend synchron mit der Herausnahme der Agrarbevölkerung aus der feudalen Abhängigkeit. Diese wurde durch die Rechtsform der *Mezzadria*, der Halbpacht, ersetzt, und zwar 1256 in Bologna, 1289 in Florenz. Damit erfolgte z. T. eine Freisetzung von Agrarbevölkerung für die gewerbliche Produktion der Städte. Die Befreiung von den Feudallasten, den Servituten, den Weiderechten, Durchfahrtsrechten usf., war erforderlich, um einen intensiven Anbau zu betreiben. Die städtischen Grundbesitzer übernahmen die Intensivierung der Agrarwirtschaft in Form der Cultura mixta.

In der Stadt-Land-Darstellung vom „guten Regiment" des Ambrogio Lorenzetti im Ratssaal des Palazzo Pubblico von Siena verkündet die vom Engel gehaltene Inschrift über dem Stadttor: *Ohne Furcht gehe jeder freie Mensch und bestelle die Saat, während die Gemeinde dies Gebiet in Herrschaft hat, die jegliche Gewalt fernhält.*

Die Intensivierung der Agrarwirtschaft war die eine Grundlage für die frühe Entwicklung des Bankenwesens auf der Grundlage der Kapitalisierung des ländlichen Grundbesitzes, die andere entstand durch die Übernahme des Transfers der aus Europa nach Rom fließenden Einnahmen durch toskanische Banken seit dem 13. Jh.

Als Ergebnis des ökonomischen Aufschwungs entstand eine urbanisierte Landschaft, welche Jahrhunderte hindurch Schriftsteller und Künstler angezogen hat.

Die Villa als Objekt der Kunstwissenschaft und neuerdings des Tourismus bildet nur die „Spitze" eines Eisbergs (Abb. 6.76). Tausende Objekte in schlichter Ausführung bleiben unbeachtet. Unbeachtet bleibt auch die bis zur Agrarreform des 20. Jh.s zur Villa als Sommerwohnsitz des städtischen Eigentümers gehörende *Fattoria*, das wirtschaftliche Koordinationszentrum des aus vielen kleinen und mittleren Pachthöfen in Streulage bestehenden Eigentums, welches in die Kommunalverfassung der auch den Contado umfassenden Stadt integriert war.

Die Vielfalt der baulichen Gestalt der Villen ist außerordentlich groß. Manche lassen in der äußeren Form noch das einstige *Castello* erkennen. Bei aller Vielfalt der Formen ist immer ein zentraler Saal vorhanden, häufig auch ein Innenhof. Bei größeren Villen liegt unter dem Saal die *Entrata*, ein für die Verköstigung der Arbeitskräfte bei der Wein- oder Olivenernte bestimmter großer Raum. Zum Idealbild der Villa gehört auch die Hauskapelle. Der Begriff der Villa schließt den Garten ein. Ohne Garten oder Park ist kein Landhaus eine Villa. So sehr ist die Villa mit dem Garten verbunden, daß der Italiener eher einen Park ohne Landhaus als Villa hinnimmt denn eine Villa ohne Park. Der öffentliche Garten in Neapel heißt *Villa communale*.

Abb. 6.76: Villa Antinori, Toskana

Der Garten wird von den Formprinzipien der Renaissance bestimmt. Die hohen Wände der immergrünen Hecken umschließen streng rechteckige, grüne Räume. Im hügeligen Gelände ist Gelegenheit zu Terrassierungen mit Stützmauern, dekorativen Treppen, Terrassen mit Balustraden sowie hängenden Gärten.

Der Garten ist *natura educata*, eine domestizierte Natur, bei der Lorbeer, Buchs, Eibe, Steineiche bevorzugt werden, *„ob ihrer Geduld gegenüber Verstümmelung mit Messer und Schere"* (Dörrenhaus 1976, S. 21). Für Blumenbeete fehlt das Wasser. Blumen werden deshalb in mächtige, rote Terracotta-Kübel eingepflanzt.

Die Villeggiatura war nie ein Privileg der Reichen, die Villeggiatura ohne Villa ist so alt wie der Landbesitz der Bürger der freien Kommunen.

Von der Villa rustica der Toskana unterscheidet sich die Villa suburbana in Venetien und Latium

Abb. 6.77: Villen in England um 1840

ohne Landbesitz bzw. handelt es sich dort, wo Landbesitz dabei ist, wie in Latium, um schloßartige Ansitze mit Latifundien.

Über Palladio ist die klassizistische Architektur von Landhäusern nach Großbritannien gekommen, wo um 1840 bereits Musterbücher eine große Vielfalt der nunmehr in Mode kommenden Villen bieten. Die fehlende Ummauerung der Städte in England hat früher als auf dem Kontinent Villen entstehen lassen, denen bald der saisonale Charakter abhanden gekommen ist (Abb. 6.77).

Zweitwohnsitze der Gegenwart

Primate-City-Effekte, die Wohnungspolitik, Wohnformen und die durchschnittliche Wohnfläche zählen zu den entscheidenden Parametern für die Entwicklung des Zweitwohnungswesens.

- Über das Primat von großen Städten in der Rangordnung der nationalen Stadtsysteme ist viel geschrieben worden, ebenso über deren überragende Funktion auf dem Kapitalmarkt in den jeweiligen Volkswirtschaften. Es ist daher nicht überraschend, daß auch der Anteil der Hauptstädte am jeweiligen Gesamtbestand von Zweitwohnungen weit über dem Durchschnitt liegt. Derart entfällt auf die Pariser Bevölkerung ein Drittel der Zweitwohnungen in Frankreich, auf die Wiener Bevölkerung zwei Drittel aller Zweitwohnsitze in Österreich. Jeder dritte Budapester und jeder dritte Prager Haushalt besitzen eine Zweitwohnung. In Stockholm erreicht der Anteil der Zweitwohnungshaushalte 40 %.
- Zweitwohnungen besitzen eine komplementäre Funktion im Hinblick auf das Wohnumfeld der städtischen Bevölkerung. Anders ausgedrückt: Sie treten dort in besonders hohem Maße auf, wo diese Bevölkerung in Mietshäusern untergebracht ist. Diese Aussage wird durch die Tatsache belegt, daß sich in jenem Staat, der international den höchsten Wohnstandard und die größte Wohnfläche pro Person aufweist, nämlich in den USA, nur 3 % der Haushalte an der Zweitwohnungsbewegung beteiligen, während in Schweden und Frankreich, den europäischen Spitzenreitern, jeweils rund ein Viertel aller Haushalte bereits über eine Zweitwohnung verfügen. In den USA, wo drei Viertel der Bevölkerung in Einfamilienhäusern leben, wird den *second homes* eine andere Funktion zugeschrieben als in Europa. Im Rahmen der Klassifikation dieser *second homes* werden drei Fünftel als *cottages* eingestuft, d. h., ihr Kapitalwert beträgt nicht einmal die Hälfte desjenigen der Einfamilienhäuser (Abb. 6.78). Nichtsdestoweniger verleiht ihr Besitz doch Sozialprestige. Gleichzeitig entrinnt man im Cottage der strikten sozialen Kontrolle durch die Nachbarschaft des Suburbs ebenso wie der technischen Perfektion der Haushaltsführung. Man kann sich in die Pionierzeit zurückversetzen und/oder sportlichen Betätigungen, wie Jagen und Fischen, nachgehen, die bei Entrichtung von Minimalgebühren für jedermann möglich sind. Schon von der Weite des Raumes her ist die nordamerikanische Zweitwohnungsbewegung mit der europäischen nicht vergleichbar.
- Die Ausbildung eines Zweitwohnungswesens setzt ferner voraus, daß bereits eine ausreichende Wohnflächenversorgung in den Städten gegeben ist. Überall dort, wo dies nicht der Fall, ist, wie z. B. in Japan, wo der Durchschnitt der Wohnfläche pro Einwohner in Millionenstädten wie Tokio erst 10 m² beträgt, ist die Partizipation breiter Mittelschichten am Zweitwohnungswesen so gut wie ausgeschlossen.
- Eine weitere Voraussetzung des Zweitwoh-

nungswesens stellt die Sicherheit des Wohnstandortes in den jeweiligen politischen Systemen dar. Nur dort, wo sozialer Wohnungsbau, Mieterschutzgesetzgebung und staatliche Wohnbauförderung für Eigentums- und Genossenschaftswohnbau dem einzelnen Wohnungsinhaber oder Mieter die Sicherheit des Wohnstandortes garantieren, nur dort besteht für breite Bevölkerungskreise eine Chance, eine Zweitwohnung zu erwerben. Von nicht zu unterschätzender Bedeutung ist in diesem Zusammenhang auch die in manchen westlichen Staaten, wie Österreich oder Frankreich, lange Zeit betriebene Niedrigmietenpolitik. Die partielle Ausschaltung des Renditedenkens im Rahmen der Wohnungswirtschaft hat eine indirekte Subventionierung der Zweitwohnungen bewirkt.

Die Beibehaltung von ererbtem Land- und Hausbesitz ist, nicht nur in Frankreich, wo dies Tradition besitzt, eine alle Schichten umgreifende Besonderheit. Sie führte und führt im Alter häufig zur Rückkehr von der Großstadt in die kleine Heimatgemeinde. Besitz und Nutzung der *résidences secondaires* umfassen daher in hohem Maße alle Sozialschichten. Am stärksten ist die Demokratisierung des Zweitwohnungswesens jedoch in Nordeuropa, vor allem in Schweden, wo gerade die vor Jahren zu einem Mekka der Stadtplaner gewordenen Satellitensiedlungen mit Appartementwohnungen einen beachtlichen Teil der Interessenten an Zweitwohnsitzen, in erster Linie Sommerhäusern, stellen.

Die ehemaligen sozialistischen Staaten in Ostmitteleuropa, vor allem Tschechien und Ungarn, haben ebenso wie Ostdeutschland schon vor der politischen Trendwende eine enorme Entwicklung des Zweitwohnungswesens erlebt. Dieser Boom war zweifellos dadurch begünstigt, daß infolge der Verstaatlichung des Mietshausbestandes die Mieten nur Anerkennungsgebühren darstellten, so daß im Budget der Haushalte ein beachtlicher Freiraum für Investitionen in Zweitwohnungen gegeben war. Allerdings hat die staatliche Kontrolle die bauliche Ausführung drastisch minimiert. So gestatteten die Vorschriften am Plattensee, dem bevorzugten Zweitwohnungsrevier der Budapester, nur Parzellengrößen von

Abb. 6.78: Sommer-Cottage in Ontario

200 m² und eine Grundfläche der Holzbauten von 20 bis 25 m². Erst in den 90er Jahren begann ein zügiger Aus- und Umbau zu größeren Objekten. Dasselbe gilt für Tschechien.

Die baulichen Formen der Zweitunterkünfte sind äußerst vielfältig und reichen von der Adaptierung vorhandener Objekte des älteren ländlichen Siedlungsbestandes (Bauernhäuser, Almhütten, Ausgedingehäuser u. dgl.) bis zur Übernahme von städtischen und suburbanen Wohnweisen, vom Appartementhaus bis zum einfachen Bungalow. Ferner werden Wohnformen der Leicht- und Holzbauweise verwendet. Die Sommerhäuser Nordeuropas sowie die Kleinhäuser des Prager und Budapester Umlandes gehören in diese Gruppe.

Die Konsequenzen der Aufspaltung der Wohnfunktion für die Kernstädte sind beachtlich. Die Zweitwohnungsbesitzer sind nicht mehr „stadtzentrierte" Bürger. Sie sind ambivalent in ihren Investitionen und Aktionen.

Das Ausmaß des Vorgangs der Aufspaltung der Wohnfunktion wird in Zukunft nicht mehr davon abhängen, ob und in welcher Form die politischen Systeme über Objekt- und Subjektförderung Subventionen aus dem generellen Steueraufkommen für das Wohnen an die Stadtbürger verteilen, sondern davon, ob und inwieweit diese Lebensform einer Doppelung der Wohnstandorte auch im Sozialprestige und in den individuellen Bedürfnissen breiter Bevölkerungsschichten internalisiert wird und sich damit letztlich als neuer Aspekt sozialer Aufwandsnormen und als neuer Lebensstil vom politischen Bedingungsrahmen emanzipiert.

Segregation im Wohnhaus

Einleitung

Die „Segregation im Wohnhaus" ist ein ungeschriebenes Kapitel der Stadtforschung. Der Forschungsstand reicht nicht aus, um es umfassend darzustellen. Die Zielsetzung der folgenden Ausführungen besteht darin, wichtige Gesichtspunkte an Hand von Beispielen zu thematisieren.

1) Auf die „Wohnklassengesellschaft" als gesamtgesellschaftliches Organisationsprinzip wurde bereits ausführlich eingegangen. Ein interessantes französisches Bautypenmodell verbindet es mit dem Konzept aktueller Wohnkarrieren und Wohnvorstellungen. Die Wohnklassengesellschaft konnte auch in den sozialen Wohlfahrtsstaaten nicht beseitigt werden. Grundrisse von Neubauwohnungen in Wien belegen die Spannweite des schichtenspezifischen Wohnens in der frühen Nachkriegszeit in Wien.
2) Das kontinentaleuropäische Mietshaus war seit dem Beginn der Neuzeit durch eine vertikale und horizontale Sortierung der Bevölkerung gekennzeichnet, welche – verändert – im älteren Baubestand der Innenstädte bis heute fortbesteht. Unter dem Titel „Segregation im Mietshaus" werden die Verhältnisse in den europäischen Mietshäusern unter Bezug auf die bereits gebotenen Ausführungen dargestellt.
3) Öffentlichkeit und Privatheit wurden bereits in einem eigenen Kapitel behandelt. Der Vergleich von britischem Town house und Berliner Mietshaus belegt die diesbezüglichen Unterschiede des Wohnens der bürgerlichen Gesellschaft „in der Vertikalen" und „in der Horizontalen".
4) Die demographische Segregation ist in Nordamerika zu einem wichtigen Faktor der Stadtentwicklung geworden. Die Frage nach der demographischen Segregation innerhalb der Wohnung wird an Hand der Geschlechterrelation und der Unterbringung der Kinder diskutiert.
5) Die funktionelle Bauweise hat die Wohnung zur modernen „Wohnmaschine" reduziert. Monofunktionalität von Räumen und Einrichtung und vorprogrammierte Bewegungsabläufe gehören zu ihren Merkmalen.

Ein kurzer Rückblick auf die Segregationsgeschichte der europäischen Stadt erscheint erforderlich. Die großen Perioden der Stadtentwicklung unterscheiden sich hinsichtlich der leitenden Segregationsprinzipien ganz wesentlich voneinander. Bis herauf zum Industriezeitalter erfolgte eine Segregation der Bevölkerung nach Ständen und Herkunftsort (Herkunftsland). Stände waren Bauträger für die Bautypen des Adelspalastes, des Klosterhofs und der verschiedenen Formen des Bürgerhauses. Allerdings war stets nur ein Teil der Stadtbewohner imstande, ein Eigenhaus zu errichten, jeweils neu auftretende Schichten hatten sich in die Schar der Mieter einzureihen. Ein in den Jahrhunderten der Neuzeit wachsender Teil der Bevölkerung wohnte zur Miete.

Kapitalistische Formen im Mietshausbau waren schon im Römischen Reich die Regel, sie sind in den Stadtstaaten Italiens ebenso wie in den großen europäischen Städten seit der frühen Neuzeit nachweisbar. Standardisierte Mietshausformen entstanden seit dem 18. Jh. und führten zu der durch Vermögen, Einkommen und Bildung bestimmten Wohnklassengesellschaft des Industriezeitalters. Eine kapitalistische Wohnungswirtschaft erzeugte im 19. Jh. klassenspezifische Wohnbauten für die Ober-, Mittel- und Grundschichten.

Die kapitalistische Wohnungswirtschaft ist mit dem Ersten Weltkrieg in allen kriegführenden Staaten zu Ende. Die Beseitigung der Wohnungsnot der Arbeiterschaft wird zum Programmpunkt Nr. 1 der sozialdemokratischen Munizipalbehörden. Mit neuen Bauformen wird die soziale Wohnungspolitik eingeführt. Gleichzeitig ist der „Weg ins Freie" für die Eigeninitiative breiter Bevölkerungsschichten offen. Einfamilienhäuser entstehen im Stadtumland.

Unterbrochen durch den Zweiten Weltkrieg vollzieht sich mit dem Übergang von der industriellen zur postindustriellen Gesellschaft in der 2. Hälfte des 20. Jh.s ein Wandel zu einer Mittelschichtsgesellschaft, der durch das Take-off der Angestellten gekennzeichnet ist. Die Verkleinerung der Haushalte und das rasante Entstehen von „Singlehaushalten“ aufgrund der zunehmenden Lebenserwartung sowie der gleichzeitig abnehmenden Kinderzahl erhöhen in aller Stille die Wohnfläche pro Person drastisch, ohne damit demographische Segregationsprozesse auszulösen, wie dies in Nordamerika der Fall ist. Im Gegenteil, große kontinentaleuropäische Städte können auf die demographische Integration aller Haushaltsformen und Altersklassen in ihren Innenstädten verweisen.

Nun sind die kontinentaleuropäischen Städte im Hinblick auf ihre räumlich-bauliche Struktur keineswegs eine Einheit, sondern gliedern sich in ein kompaktes Baugebiet mit teilweise noch älterem Baubestand in der „Innenstadt“ und in eine „Außenstadt“, in der in mosaikförmiger Struktur neben älteren Vorstadtteilen seit der Zwischenkriegszeit entstandene Wohnblockverbände, Reihenhausanlagen und Einfamilienhausgebiete usf. vorherrschen.

Auch hinsichtlich der Eigentumsverhältnisse und Bauträger bestehen Unterschiede zwischen beiden Stadträumen. Genossenschaftlicher und kommunaler Wohnungsbau zeichnen vielfach für die Errichtung größerer Anlagen in der Außenstadt verantwortlich, Finanz- und Investmentfirmen sind in den Citybereichen, private Mietshauseigentümer für die Investitionen im anschließenden Innenstadtraum zuständig. Nach Bauträger und Lage der Wohnung im Stadtraum differieren die Preise und Mieten sowie die „Zugänglichkeit“ von Häusern und Wohnungen.

Von grundsätzlicher Bedeutung sind die nationalen Wohnungsmarktstrategien. Die Trennmarke zwischen den aus „sozialen Gründen“ zu subventionierenden Bevölkerungsschichten und demjenigen Teil der Bevölkerung, bei dem die Segregation den kapitalistischen Prinzipien folgt, ist unterschiedlich hoch angesetzt. Auf das Beispiel der Niederlande, in welchen 40 % der Wohnungen dem Sektor des sozialen Wohnungsbaus angehören, wurde bereits hingewiesen. Antisegregationsstrategien sind auf den verschiedensten Ebenen zu verzeichnen, etwa in Form der Objekt- und Subjektförderung durch partielle Beibehaltung des Mieterschutzes, durch sozialen Mix im kommunalen Wohnungsbau usw.

Die Wohnklassengesellschaft

Das französische Modell

In der gründerzeitlichen Gesellschaft waren die Wohnverhältnisse von Arbeitern, Mittelschichten und Oberschicht sehr differenziert. Inzwischen ist eine generelle Anhebung des Wohnstandards der europäischen Gesellschaften auch in den Städten erfolgt.

Die Wohnverhältnisse der Bevölkerung werden bei Großzählungen erhoben und sind über statistische Meßgrößen zugänglich. Über die Wohnkarrieren gibt es nur vereinzelte Untersuchungen. Interesse verdient daher ein französisches Modell der Wohnkarrieren (Abb. 6.79) von Angehörigen der „Arbeiterklasse“, der Mittelschicht und der „Bourgeoisie“ (ein Begriff, der wohl als bürgerliche Oberschicht zu interpretieren ist), bei dem jeweils drei Stufen des potentiellen Aufstiegs in der Wohnkarriere angegeben sind: *Enfer* (Hölle), *Purgatoire* (Fegefeuer) und Paradies. Der Autor bezeichnet diese Darstellung *„als ein Spiel mit praktischen Kategorien und einer spontanen taxonomischen Darstellung, welches auf der Immobilienmarkthierarchie der Wohnbauformen beruht“* (Duby 1985, S. 452).

Folgende Aussagen sind gestattet: Die Grundschicht und die Oberschicht weisen die erstaunli-

Abb. 6.79: Klassengesellschaft u. Wohnformen, Frankreich

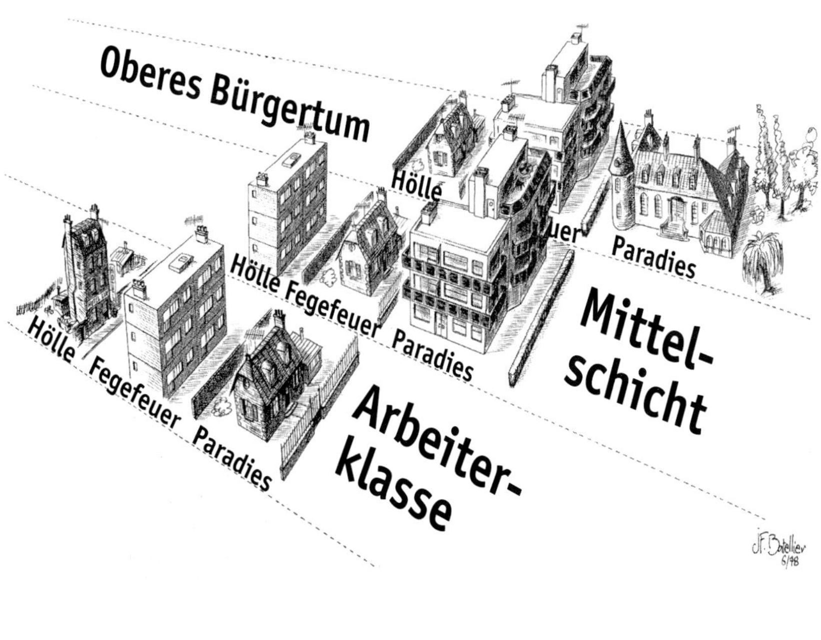

che Gemeinsamkeit auf, in einem freistehenden Haus, und zwar einerseits in einem schlichten Einfamilienhaus und andererseits in einer schloßartigen Villa, ihr Wohnideal zu sehen, während die Mittelschicht das gut ausgestattete, von der Straße zurückgerückte, mehrgeschossige Appartementhaus als ideale Wohnform bevorzugt.

Schichtspezifisches Wohnen der Gegenwart in Wien

Die Schichtabhängigkeit des Wohnens ergibt sich aus dem unterschiedlichen sozioökonomischen Status der Bewohner und drückt sich im Bereich der Wohnung und des Wohnverhaltens in Form von unterschiedlichen Lebensstilen und kulturellen Standards ebenso aus wie in einem unterschiedlichen Ausmaß an Versorgung mit dem Gut Wohnung.

Die Wohnung ist durch ihre Lage, Größe, Ausstattung und Einrichtung (Möbel, Vorhänge, Teppiche, Kunstwerke) auch Ort der Symbolisierung des sozialen Status. Die Wohnung besitzt neben ihrer primären Funktion eine sekundäre im Sinne der Selbstdarstellung ihres Benutzers, des Ausdrucks der Werte, die ihr Bewohner schätzt oder deren Wertschätzung er dokumentieren möchte.

In der Oberschichtwohnung eines Unternehmers (Abb. 6.80) sind die Repräsentationsräume vom Wohn- und Schlafteil der Familie strikt getrennt. Es ist nur mehr eine halbtags tätige Haushaltshilfe vorhanden. Die mit wertvollen Stilmöbeln ausgestatteten Repräsentationsräume sind für die normale Wohnnutzung, vor allem durch Kinder, aus Pflegegründen tabu. Die routinemäßige Wohnnutzung der übrigen Räume ist relativ sparsam. Das Kinderzimmer ist der kleinste Raum und liegt unmittelbar neben der Küche, in der auch mit der Familie gegessen wird. Der private Wohnteil unterscheidet sich – abgesehen von der Lage – nicht von den Standards von Mittelschichtwohnungen.

Die Gemeindewohnung aus den 50er Jahren in Wien (Abb. 6.81) entspricht noch den damaligen Standards, als Wohnschlafzimmer durchaus die Regel waren und man sich bemühte, mit Rücksicht auf die Wohnungsnot die Wohnfläche nach funktionellen Kriterien (vgl. unten) möglichst zweckmäßig zu nützen. Dies wurde mit einer Ausstattung mit zwei Zimmern auf einer Wohnfläche von 54 m² erreicht. Die Reduktion der Haushaltsgröße und der Bau größerer Sozialwohnungen mit drei und vier Zimmern haben inzwischen in Wien den Wohnungsstandard bei den Grundschichten der Bevölkerung noch weiter angehoben. Die abgebildete Wohnung wird heute im allgemeinen nur mehr von ein bis zwei Personen benützt.

Die beiden Wohnungsgrundrisse dokumentieren sehr nachdrücklich die Reduzierung der Unterschiede der Wohnverhältnisse zwischen Ober- und Grundschichten in den Neubauten der frühen Nachkriegszeit in einem sozialen Wohlfahrtstaat. Der Wohnstandard der Grundschichten hat im Vergleich zur Gründerzeit eine entscheidende Verbesserung erfahren, andererseits hat sich der Wohnstandard der Oberschicht durch die Minimierung des Hauspersonals und die Reduzierung der Repräsentationsverpflichtungen an den der „Normalbevölkerung" angeglichen.

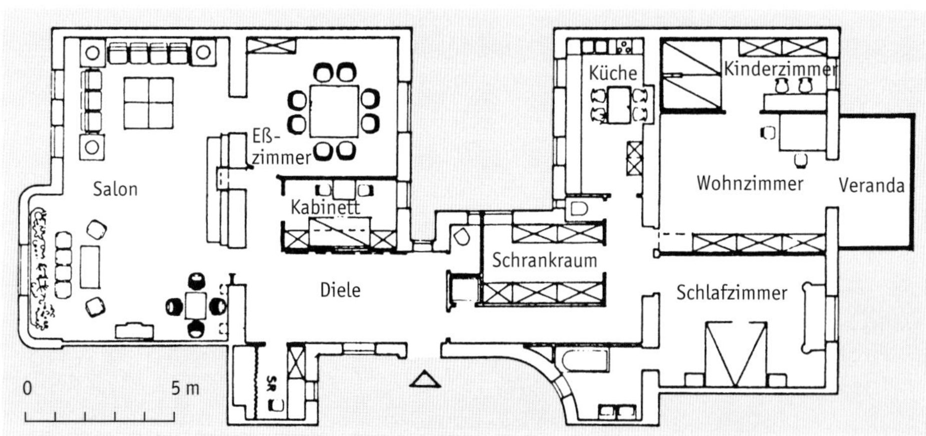

Abb. 6.80: Oberschichtwohnung der Nachkriegszeit, Wien

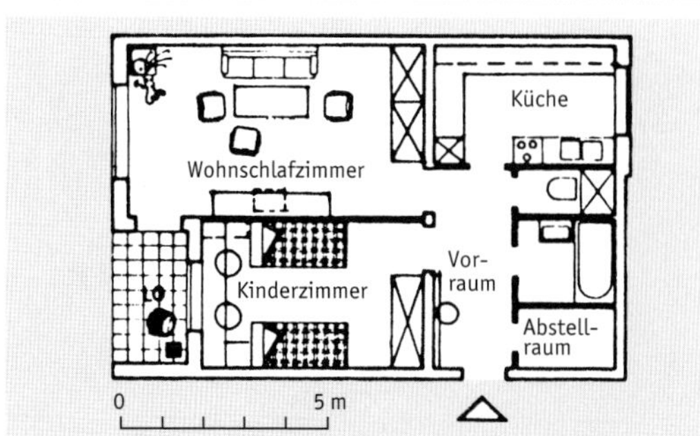

Abb. 6.81: Gemeindewohnung der 50er Jahre, Wien

Die Beschäftigung mit den Wohnzimmerstilen ist eine Angelegenheit der Volkskunde. Fotobände demonstrieren die Ausstattung von Wohnungen in Deutschland. Besuche in den Einrichtungshäusern der europäischen Städte vermitteln einen Eindruck von den immer noch vorhandenen nationalen Stil- und Geschmacksunterschieden.

Die Wohnzimmereinrichtungen der unteren sozioökonomischen Schichten sind weitgehend getreue Abbilder von Prospekten und Schaufenstern, von Möbelzentren, Kaufhäusern und Versandhäusern. Charakteristisch sind die Anklänge an verschiedene Moden, d. h. Mischformen, die aus dem Wechsel von Stilen, Design und Farben bei Holz und Textilien durch die Möbelindustrie resultieren. Zwischen neuer Sachlichkeit und skandinavischer Linie einerseits sowie rustikalem, altdeutschem und barockem Design andererseits besteht eine breite Palette.

Dabei weist der Inventurkatalog der Wohnzimmereinrichtung ein einfaches Schema auf: Die wichtigsten und unerläßlichen Bestandteile umfassen in traditionellen Haushalten eine Polstergarnitur, heute als Wohnlandschaft deklariert, und einen halbhohen Tisch sowie ein Wohnzimmerbuffet mit Schaugeschirr, welches seit etwa einem Vierteljahrhundert von flexibel gestaltbaren Schrankwänden abgelöst wird. Im Wohnzimmer als Ort des Besucherkontaktes besteht ein Zwang zur Anpassung an die jeweiligen Normen des Kontaktkreises und damit die Bereitschaft zu höheren Ausgaben, ein Wunsch nach kompletter Einrichtung und demonstrativem Konsum. Zum Zwecke repräsentativer Selbstdarstellung der Mittelschichten werden als symbolische Gegenstände Silber, Kristall, Antiquitäten, Bilder, Arrangements von Objekten, Zimmerpflanzen u. a. verwendet.

Das Schlafzimmer ist wieder Taburaum geworden, nachdem die karge Zeit des Wohnschlafzimmers überwunden ist, und hat nichts mehr von der Gemütlichkeit des großbürgerlichen Schlafzimmers im 19. Jh. behalten. Damals stand der Schreibsekretär im Schlafzimmer und die Hausfrau empfing hier noch Besuch. Die einseitige Nutzung des Raumes steht gleichsam komplementär zur leeren City in der Nacht.

Segregation im Mietshaus

Die vertikale Segregation

Die vertikale soziale Differenzierung von Gesellschaft und Nutzung im Baukörper der geschlossenen Verbauung zählt zu den ererbten Grundstrukturen des europäischen Städtewesens. Hierbei sind eine Segregation der Nutzung und eine Segregation der Sozialgruppen der Bevölkerung zu unterscheiden.

Die soziale Segregation

Die vertikale Differenzierung der Gesellschaft in den Mietshäusern des frühen 19. Jh.s ist durch die Nestroysche Posse „Zu ebener Erde und erster Stock" in die Literaturgeschichte eingegangen. Sie kennzeichnete nicht nur Wien, sondern das kontinentaleuropäische Mietshaus schlechthin. Eine Zeichnung eines französischen Mietshauses um die Mitte des 19. Jh.s bietet dafür eine vorzügliche Illustration (Abb. 6.82). Demnach hatte der Concierge, der Hausbesorger, das Erdgeschoß als Wohnstandort. Er übte eine wichtige Kontrolle über die ein- und ausgehenden Personen aus, übernahm Geldbeträge und war auch sonst über das Privatleben der Mieter bestens informiert. Im Erdgeschoß befand sich ferner ein Wohnladen, die charakteristische Form des kleinen Geschäfts mit angeschlossener Wohnung, wie sie in den Geschäftsstraßen aller großen Städte im Zuge der Kommerzialisierung des Gewerbes entstanden ist. Der erste Stock war als Nobelstock dem Hausbesitzer vorbehalten, der in der Wohnungseinrichtung den Repräsentationsstil des einstigen französischen Adels übernommen hatte und der, falls er im Besitze mehrerer Mietshäuser war, als „Kapitalist" seinen Lebensunterhalt von den Mieteinnahmen gut bestreiten konnte.

Bereits im späten 18. Jh. begann im Gefolge der Citybildung der Absentismus der Hausbesitzer in den Hauptgeschäftsstraßen der Großstädte, da die großen Wohnungen im ersten Stock bevorzugte Standorte für die Büros des Großhandels und Geldwesens wurden. Auch der zweite Stock enthält noch eine ebenfalls große Wohnung, während im 3. Stock bereits zwei Wohnungen vorhanden sind (in der einen wird einem

Abb. 6.82: Vertikale soziale Differenzierung eines Pariser Mietshauses

Mieter gerade gekündigt). Im 4. Stock, unter dem Dach, haben arme Leute und Künstler ihr „Obdach" gefunden.

Vor dem Lifteinbau ab den 80er Jahren des 19. Jh.s war die vertikale Differenzierung der Sozialstruktur in allen Mietshäusern einschließlich der vermieteten Adelspaläste ähnlich ausgeprägt. Nach oben hin nahmen die Raumhöhe, die Höhe der Fenster, die Wohnungsgröße und der Sozialstatus der Bewohner ab.

Der Aufzugseinbau ab dem Ende des 19. Jh.s hat nicht sofort eine „Gleichstellung" der oberen Stockwerke mit dem ersten und zweiten Stockwerk gebracht. Es dauerte noch etwa ein Jahrzehnt, bis diese Gleichwertigkeit auch von den Mietern akzeptiert wurde.

In der Gegenwart vollzieht sich mit der zunehmenden Entwertung der unteren Geschosse durch die Emissionen des Individualverkehrs eine Umkehrung des vertikalen Sozialprofils der Mietshausverbauung.

Aufgrund der besseren Belichtung und der geringeren Lärmbelästigung, d. h. bedingt durch stadtökologische Parameter, ist im Zusammenhang mit dem Aufzugseinbau eine Aufwertung der oberen Geschosse in vollem Gange. In den europäischen Städten mit guter gründerzeitlicher Bausubstanz ist die folgende vertikale bausoziale Stratifizierung der Bevölkerung im Entstehen, bei der zentrumsorientierte Unterschichtungs- und Überschichtungsphänomene zu verzeichnen sind:

1) Ausländische Zuwanderer mit niedrigem Einkommen wohnen im Erdgeschoß der Mietshäuser und nützen zum Teil leerstehende Lokale und Werkstätten als Wohnraum. Die „ethnische Unterschichtung" im Sozialaufbau wird auf den Stadtraum übertragen. Im Rahmen der Erhebung der Wohnverhältnisse der jugoslawischen Gastarbeiter im Jahr 1984 in Wien konnte festgestellt werden, daß rund die Hälfte der Gastarbeiter im Erdgeschoß wohnte und daß mit der steigenden Zahl der Gastarbeiterwohnungen in einem Haus eine Expansion in der vertikalen Dimension erfolgt, welche schließlich beim Überschreiten von 50 % zu einer nahezu gleichmäßigen Verteilung auf sämtliche Stockwerke führt.

2) Für das „neue, räumliche Überschichtungsphänomen" kann die Ausbreitung der Penthouse-Konzeption und damit der Ausbau des Dachgeschosses zu Wohnungen als Indikator aufgefaßt werden, zu dessen „fashionablem" Design Dachgärten zählen. Neue, kapitalkräftige Bevölkerungsschichten, Manager und Angehörige der freien Berufe, stellen die Nachfrager. Es handelt sich zum Teil um den im Gefolge des metropolitanen Wachstumsschubs in den EU-Staaten verstärkt auftretenden internationalen Jet-set, eine neue, extrem mobile Citybevölkerung, welche die Penthouse-Appartements teilweise nur als „City-Zweitwohnungen" nutzt. Die Förderung von Dachbodenausbauten von seiten der Stadtplanung unterstützt diesen Prozeß. Durch die ökologisch orientierte Subventionspolitik einer sozialdemokratischen Stadtverwaltung für den Dachausbau und die Anlage von Dachgärten

Abb. 6.83: Dachterrassen, Sevilla 1978

werden indirekt Bezieher höherer Einkommen privilegiert. In mediterranen Räumen zählt allerdings die Höherwertigkeit des Dachgeschosses zu einer alten Tradition des Aufenthalts im Freien aus klimatischen Gründen (Abb. 6.83).

3) In den mittleren Geschossen der Reihenmietshausverbauung verbleibt die ortsständige Bevölkerung vielfach nur mehr in „Arbeitswohnungen", welche aufgrund der im Wochenrhythmus gegebenen Aufspaltung der Wohnfunktion zwischen Stadt- und Freizeitwohnungen im metropolitanen Randbereich und im ländlichen Raum nur während der Arbeitswoche genutzt werden.

Die funktionelle Segregation

Der Vorgang der vertikalen ökonomischen Differenzierung von Häusern begann in der mittelalterlichen Bürgerstadt, in der erstmals die Trennung zwischen Wohnen und Arbeiten in der vertikalen Nutzung des Gewerbebürgerhauses vollzogen wurde. Das Erdgeschoß diente zur Unterbringung von Werkstätten und Läden, die Wohnfunktion war dem ersten Stock bzw. später höheren Stockwerken vorbehalten, in denen Mietparteien untergebracht wurden.

Wenn man von den jüngsten Entwicklungen absieht, blieb das Erdgeschoß in der Reihenmietshausverbauung seither die Domäne des Einzelhandels bzw. Kleingewerbes. Es ergibt sich daraus, daß das Wachstum und der Rückgang des Einzelhandels in Vergangenheit und Gegenwart das Erdgeschoß besonders beeinflußt haben.

Zum Unterschied von Einzelhandel und Produktionsgewerbe haben sich nur ganz wenige Branchen der wirtschaftsorientierten Dienste im Erdgeschoß niedergelassen, und zwar dann, wenn sie aufgrund der direkten Kundenorientierung den Zugang zum und vom Straßenraum aus benötigen, wie z. B. die Filialen von Sparkassen und Banken. Die große Mehrheit der Betriebe des wirtschaftsorientierten Dienstleistungssektors hat das Erdgeschoß jedoch stets gemieden und sich in den Häusern nach oben ausgebreitet. Aus der amtlichen Statistik des späten 19. Jh.s läßt sich der vertikal fortschreitende Vorgang der Citybildung in Form der Umwandlung von Wohnungen in Büros nachweisen, wobei – und dies sei als Sukzessionsregel hervorgehoben – nahezu ausschließlich gut ausgestattete Wohnungen in Büros umfunktioniert werden. Daraus ergibt sich ferner, daß die Ausbreitung von Büros heute in einem direkten räumlichen Kontakt mit der Luxussanierung (Gentrification) im Zuge der sanften Stadterneuerung in den großen Städten Kontinentaleuropas erfolgt.

Die horizontale Segregation

Die horizontale Segregation des städtischen Wohnhauses ist ein wesentliches Element der Wohnhausentwicklung in der kompakt verbauten Stadt. Straßenfront und Hoffront bzw. Straßenfront und Rückfront eines Gebäudes wurden stets unterschiedlich bewertet. In der europäischen Stadt hatte seit dem Mittelalter bis herauf ins Autozeitalter stets die Straßenfront das höherrangige Image. Auf der Straßenseite der Renaissancepaläste lagen die Loggien, auf denen die Feste gefeiert wurden, bei denen Schaulustige von der Straße aus zusehen konnten. Von den Erkerfenstern blickten die Damen der gründerzeitlichen bürgerlichen Gesellschaft auf die Veranstaltungen im Straßenraum hinunter.

Im mittelalterlichen Bürgerhaus war die funktionelle Trennung zwischen Wohnräumen an der Straßenfront und Wirtschafts- und Speicherräumen an der Rückfront klar ausgebildet. Bei den Seitenflügelhäusern des Manufakturzeitalters lag die Wohnung des Unternehmers im ersten Stock des Straßentraktes, während die Werkstätten bzw. Kleinwohnungen in Seitenflügeln den Hofraum säumten. Besonders ausgeprägt war die soziale Differenzierung von Vorder- und Hinterhaus überall dort, wo hintereinandergestaffelte Mietshaustrakte in der Gründerzeit auf tiefen Parzellen angelegt wurden. Während im Vorderhaus bürgerliche Mittelschichtwohnungen lagen, waren der Hintertrakt bzw. die Hintertrakte in Arbeiterwohnungen aufgeteilt.

Durch die Motorisierung haben sich die Wertigkeiten der Straßen- und der Hinterfront der Häuser verschoben und zum Teil ins Gegenteil verkehrt, vor allem dort, wo Frei- bzw. Grünflächen im rückwärtigen Teil der Parzellen vorhanden sind.

Diese jüngste Umbewertung der Straßen- und Rückfront von Häusern ist im einzelnen vom Grundriß des Hauses und vom Verbauungsgrad abhängig.

Mit dem Aufbrechen der Reihenhausverbauung und der Errichtung von freistehenden Wohnanlagen unterliegt die Ausrichtung der Wohnungen in erster Linie klimatischen Überlegungen und in zweiter Linie dem Parameter der Aussicht auf Grünanlagen.

Öffentlichkeit und Privatheit in der Wohnung

Die Geschichte des Wohnens wird häufig als ein Fortschritt zum individuellen Komfort betrachtet, d. h. von der multifunktionellen, großen Halle zu Virginia Woolfs „eigenem Zimmer". Die Mitglieder des bürgerlichen Haushalts im Mittelalter lebten beim Essen, Arbeiten, Schlafen und beim Spiel in unmittelbarer physischer Nähe zueinander. Die Demarkationslinien zwischen öffentlich und privat, Individuum und Kollektiv waren weniger bestimmt als schon im 18. Jh. Allzweckräume waren die Regel. Privatheit, Individualität und Intimität im modernen Sinne waren nicht möglich. Zuerst in den Adelshaushalten, dann die soziale Stufenleiter abwärts wurde es die Regel, daß man sich, wenn man wollte, aus der Gemeinschaft zurückziehen konnte. Es ist nicht klar, wie diese Form der Unterscheidung tatsächlich entstanden ist. Selbst die Barockbauten boten für den einzelnen noch keine Möglichkeit, sich zurückzuziehen. Tragbare Tische und selbst Betten waren bis zum 16. Jh. üblich. Im 17. Jh. machte sich der Wunsch nach größerer Distanz zwischen Familienmitgliedern und Dienstboten geltend. Man erfand die Glocke, um sie herbeizuläuten, wenn man sie benötigte. Mit den klareren Grenzen zwischen Herrschaft und Dienstpersonal entstanden auch solche zwischen Mann und Frau, Eltern und Kindern.

Die Architektur reagierte mit beachtenswerter Langsamkeit auf diesen Wunsch zum Alleinsein. Pierre Pate schrieb 1769: *„All those agreeable arrangements, in which the apartments are separated with so much art – those back staircases which render domestic service so easy – have only been invented in our time."* Ein kritischer Artikel in einer deutschen Zeitschrift um 1850 schreibt: *„In den modernen Wohnungen der reichen Leute sind die Gemeinschaftsräume für die Familie auf ein Minimum reduziert."* Vater, Mutter und Kinder beanspruchten nun eine ganze Reihe von Räumen. Die Kinderstube konnte nicht weit genug von den höflichen Eltern weg sein (vgl. S. 203).

Die Kriterien waren soziale, funktionelle und moralische. Bemerkbar wurde eine wachsende Tendenz, Besucher von den Schlafzimmern fernzuhalten und überhaupt Betten aus allen Räumen, welche Besuchern offenstanden, zu verbannen. Im späten 18. Jh., als Betten noch in den Repräsentationsräumen des Adels standen, wurde diese Praxis vom Bürgertum bereits als dekadent abgelehnt. In allen diesen Bewegungen war England der Vorreiter.

Im 19. Jh. hielt ein ausgeklügeltes System von rückwärtigen Fluren und Durchgängen die Dienstboten unsichtbar. Separate Stiegen für die Familie, das Dienstpersonal, die Gäste, für Mann und Frau führten zu getrennten Räumen. Jeder Raum hatte nur eine Tür und war nur für eine Funktion bestimmt. Die Räume erhielten Namen: Frühstücksraum, Raucherzimmer usw. Die Schlafzimmer wurden größer als die Empfangssalons. 1904 schrieb Muthesius: *„Alle möglichen Einflüsse wirken zusammen, um den englischen Raum vom kontinentalen unterschiedlich zu machen. Vor allem auffällig ist das Fehlen von Verbindungstüren zwischen den Räumen. Sie verschwinden im Viktorianischen England als Ausdruck für die reduzierte Sociability"* (S. 79).

Kerr (1894) erklärte, nur das Speisezimmer, das Gesellschaftszimmer und das Stiegenhaus hätten öffentlichen Charakter, während alles andere privat sei. Schlaf- und Kinderzimmer waren völlig tabuisiert. Die von den Oberschichten vorgelebte Form der Privatheit und der strikten Trennung – auch innerhalb der Familie – der Räume von Mann und Frau, der Kinder von den Eltern wurde auch von den Mittelschichten in den auf sehr schmaler Parzelle mit nur zwei Fensterachsen errichteten sogenannten „Dritte-Klasse-Häusern" nachgeahmt.

Ein typisches Londoner Dritte-Klasse-Haus bestand aus 6 Etagen:

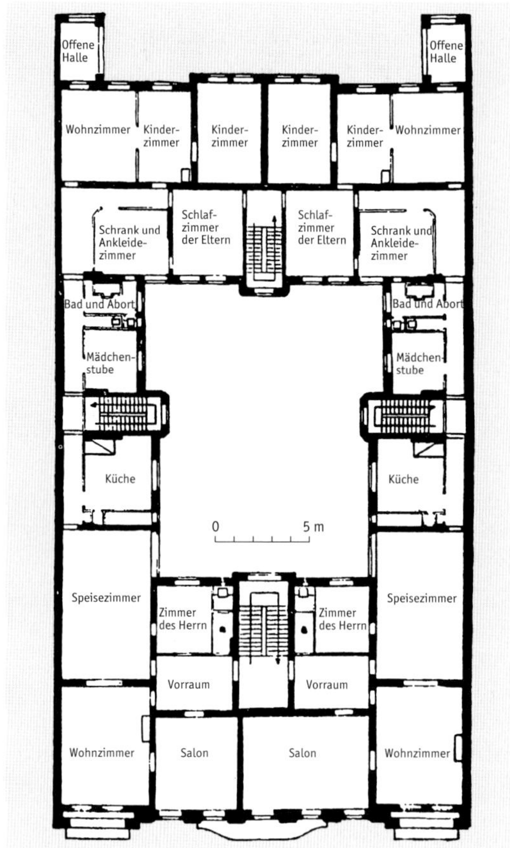

Abb. 6.84: Segregation in einer Etagenwohnung, Berlin, öffentlicher, privater und Hauspersonalanteil

Kellergeschoß: Butler, Schlafräume des Dienstpersonals, Küche und Vorratsräume, Weinkeller; Erdgeschoß: Speisezimmer, Bibliothek, Ankleideraum des Herrn;

1. *Stock: Dame des Hauses, Ankleideraum, Boudoir;*
2. *Stock: Schlafzimmer;*
3. *Stock: Kinderzimmer und Kindermädchen;*
4. *Stock: weibliches Personal.*

Die Kinder waren von den Erwachsenen so strikt getrennt, daß ein Fremder, der auf Besuch kam, überhaupt nicht feststellen konnte, ob welche vorhanden waren (Olson 1986, S. 106).

Die bürgerliche Gesellschaft auf dem Kontinent ist im Bereich der Mietwohnungen zwar der im britischen Stadthaus im 19. Jh. vorgegebenen Trennung von öffentlichem, privatem und Dienstbotenbereich gefolgt, jedoch hat die Repräsentation gegenüber dem privaten Bereich einen wesentlich größeren Raum behaupten können. Gleichzeitig damit wurde das aus dem Palastbau geläufige Prinzip der Zimmerfluchten beibehalten.

Es ist sehr bezeichnend, daß in den Wiener Bauplänen der Ringstraßenhäuser den einzelnen Zimmern keine spezielle Funktion zugeteilt wurde, was in den gleichzeitigen Plänen der Pariser Mietshäuser bereits der Fall war. Für die weiterhin bestehende Dominanz des Repräsentationsprinzips im bürgerlichen Wohnen ist das Wiener gründerzeitliche Nobelmietshaus auf der Ringstraße ebenso ein Beispiel wie das Oberschichthaus in Budapest aus derselben Zeit. Die Privaträume wurden im Vergleich zu den Repräsentationsräumen zur Seite gedrängt. Ein Stiegenhaus führt zu den Repräsentations- und Privaträumen, nur die Zimmer der Dienstboten sind strikt getrennt, und diese müssen daher auch ein eigenes Stiegenhaus benützen.

Hinsichtlich der Grundrißstruktur stehen zwei Prinzipien einander gegenüber, welche über das unterschiedliche Grundprinzip des Lebens in der Vertikalen, im Stadthaus, und des Lebens in der Horizontalen, in der Mietwohnung, wesentlich hinausgehen. Es stehen einander nämlich einerseits die Zimmerfluchten (*enfilades* in Frankreich) mit großen Flügeltüren, welche die Zimmer verbinden, und andererseits die Zuweisung von speziellen Funktionen an die einzelnen Räume, das Fehlen von Verbindungstüren, ein kompliziertes Korridorsystem mit jeweils eigenen Stiegen im englischen Stadthaus, gegenüber.

Das Berliner Mietshaus bezieht eine interessante Zwischenstellung (Abb. 6.84). Zunächst ist bemerkenswert, daß durch insgesamt drei Stiegenhäuser für jeweils eine Oberschichtwohnung die Teilbereiche der Wohnung – der öffentliche Teil, der private und der Dienstbotenteil – eigene Zugänge besitzen.

Die Position des Hausherrn ist dadurch gekennzeichnet, daß sein Zimmer mit dem Repräsentationsteil der Wohnung über das Vorzimmer in Verbindung steht. Die Repräsentationsräume, Salon und Wohnzimmer, liegen an der Straßenfront, dagegen öffnen sich die Fenster des Herrenzimmers ebenso wie die des Speisezimmers zum Hof hin.

Das Speisezimmer verfügt über einen Durchgang zur Küche und damit zum Dienstbotentrakt, der durch ein eigenes Stiegenhaus erschlossen wird und über schmale Gänge an der Feuermauer einerseits mit dem Repräsentationstrakt und anderer-

seits mit dem Privattrakt verbunden ist. Schlafzimmer der Eltern, Kinderzimmer und nochmals ein Wohnraum, ferner ein Schrankraum, Bad und WC sowie die Mädchenkammer für die weiblichen Dienstboten machten den rückwärtigen Teil der Wohnung aus. Auch der private Wohnbereich verfügt über ein eigenes Stiegenhaus.

Es ist einsichtig, daß die in der Horizontalen angeordneten, durch mehrere Stiegenhäuser erschlossenen Wohnungen für spätere Wohnungsteilungen prädestiniert waren.

Demographische Segregation in der Wohnung

Segregation von Mann und Frau

Die Segregation von Mann und Frau im Wohnhaus reicht in die Antike zurück. In den Ausgrabungen von Wohnhäusern im alten Ägypten konnte bereits die Trennung der Geschlechter nachgewiesen werden, welche in der orientalischen Stadt weitergeführt wurde (Abb. 6.85). Das „Frauenhaus" weist einen eigenen Hof mit Wohn- und Schlafräumen sowie Räumen für Diener und Dienerinnen auf.

Der Beschreibung des griechischen Wohnhauses durch Vitruv ist die Trennung in *Gynaekonitis* (Frauenwohnung) und *Andronitis* (Männerwohnung) zu entnehmen. Hier fanden die Gastmähler der Männer statt, *„denn es war durch althergebrachte Sitte bestimmt, daß die Frauen nicht mit zu Tische liegen"*. In Athen ist von dieser Trennung nichts erhalten geblieben, doch wurde sie durch Ausgrabungen in Delos nachgewiesen.

In den Wohnbauten der europäischen Stadt ist die klare Abtrennung von Räumlichkeiten für die Frauen zuerst im Palastbau Frankreichs belegt. Sie findet sich ebenfalls etwas später im Stadthaus des britischen Adels wieder, wobei sich allerdings die in der Horizontale des Palastbaus mögliche echte Gleichstellung von Frau und Mann in der vertikalen Architektur des Town house nicht wiederfindet.

Die bürgerlichen Mietshäuser der Oberschicht weisen Unterschiede auf: In der ungarischen Hauptstadt verfügt die Dame der Oberschicht über ein sehr repräsentatives Zimmer, dagegen fehlt ein solches im Berliner Beispiel.

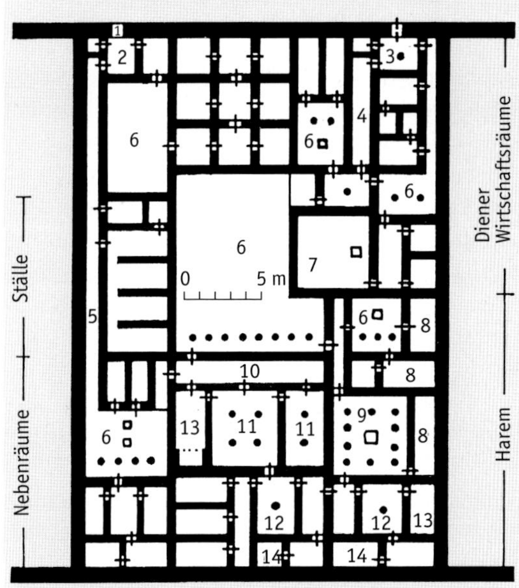

1 Eingang a Nebeneingang
2 Torhüter
3 Vorraum
4 offener Gang
5 Verbindungsgang
6 Hof
7 Wirtschaftshof
8 Diener und Dienerinnen
9 Haremshof
10 Empfangshalle
11 Mittelhalle – Seitenhalle
12 Wohnraum
13 Schlafraum
14 Bad

Abb. 6.85: Segregation von Mann und Frau, Ausgrabungen Kahun, Ägypten

Mit dem Ende des großbürgerlichen Zeitalters ist im Wohnneubau jedenfalls bisher noch kein Comeback eines eigenen Zimmers für die Ehefrau erfolgt, zumindest nicht im Etagenbau von Wohnanlagen.

Segregation der Kinder in der Wohnung

Der Lebensraum von Kindern in der Wohnung und die Beachtung ihrer Ansprüche ist erst durch die Mittelschichtgesellschaft in der zweiten Hälfte des 20. Jh.s thematisiert worden. In den Großhaushalten von Adel und Bürgertum befanden sie sich in der Obhut von familienfremden Personen, nämlich Ammen, Kindermädchen und Hauslehrern.

Im englischen Stadthaus lebten sie in einer eigenen Welt, insofern, als sie auch alle Mahlzeiten außerhalb der Sphäre der Erwachsenen, welche diese im Speisezimmer zelebrierten, einnahmen.

Die Angaben über den Verbleib von Kindern in den bürgerlichen Wohnungen sind bei weitem nicht so klar. In den der Repräsentation gewidmeten Wohnstrukturen des Wiener Großbürgertums fragt sich ein Betrachter, wo eigentlich die Kinder untergebracht waren. Sicher ist jedenfalls, daß Kinder der Oberschichten und oberen

Mittelschichten in Internaten erzogen wurden und nur in den Ferien nach Hause kamen.

Bei Gewerbetreibenden und Arbeitern, d. h. der überwiegenden Mehrheit der Haushalte, gingen die Kinder mit 14 zu einem Lehrherrn und wurden bei diesem untergebracht, oder sie arbeiteten in Fabriken. In den Zeiten der für uns Nachgeborene kaum mehr vorstellbaren Wohnungsnot der früh- und hochindustriellen Periode wurden die Kinder im allgemeinen in die Betten der Erwachsenen einfach dazugelegt bzw. mußten auf dem Boden schlafen. Kinderzimmer für die Grundschichten und selbst die Mittelschichten der Bevölkerung bilden erst eine Errungenschaft der zweiten Hälfte des 20. Jh.s.

Im Prinzip ist die sozialpolitische Beschäftigung mit dem Thema des Lebensraums von Kindern in der Wohnung erst aus den Bedürfnissen der Kernfamilie und hier wiederum vor dem Hintergrund eines generell steigenden Wohnstandards entstanden. In einer Zeit, in der die Ein-Kind-Familie im Vormarsch ist, wird gerade diesem einen Kind auch besondere Aufmerksamkeit geschenkt.

Aus „The Encyclopedia of Housing 1998" sind die beiden Abbildungen des Grundrisses von zwei Wohnungen entnommen, von denen die eine als „erwachsenenfreundlich", die zweite als „kinderfreundlich" deklariert wird, da nämlich bei letzterer mehr als die Hälfte der Wohnfläche von rund 140 m^2 den Kindern „gehört" (Abb. 6.86).

Die moderne Wohnmaschine

„Form follows function" ist der Leitspruch des Funktionalismus. Der Funktionalismus entsteht überall dort, wo eine standardisierte Abfolge von Tätigkeiten in Architektur umgesetzt wird. Je funktioneller, d. h. je mehr der Funktion entsprechend, eine Form wird, um so geringer wird bei stabilem Baumaterial die Möglichkeit, die Form eines Raumes zu verändern. Dieses Problem des Funktionalismus in der Wohnarchitektur ist bisher ungelöst geblieben.

Der Funktionalismus im Wohnbau entspricht der Industrialisierung der Produktion von Bauten. Es gehört zur spezifischen Situation, daß

Abb. 6.86: Segregation der Kinder in der Wohnung

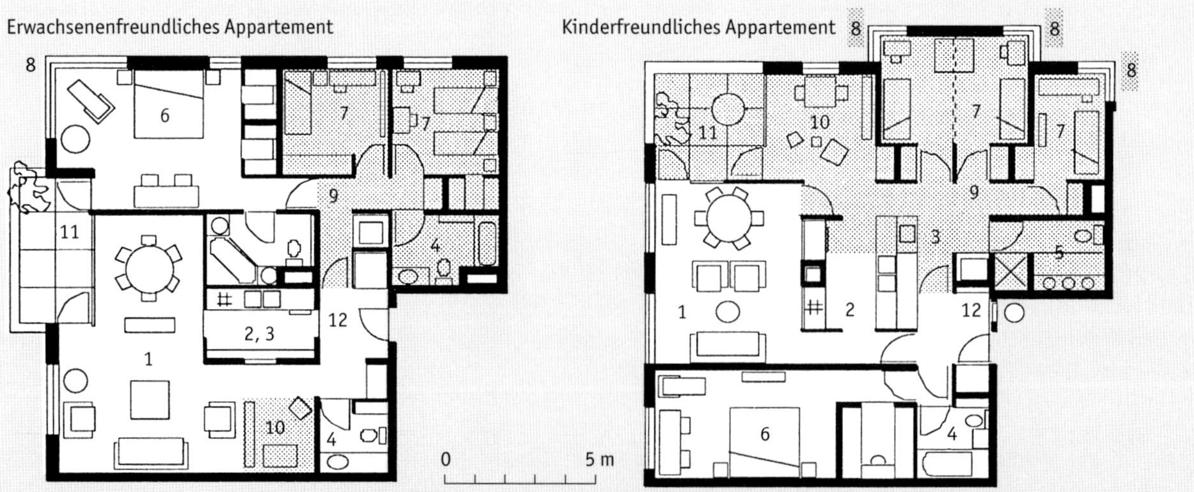

Erwachsenenfreundliches Appartement:

1 Großes Wohn-/Speisezimmer hauptsächlich für die Eltern
2 Kompakte Küche
3 Küche nur für die Eltern
4 3 Badezimmer
5 Luxuriöses Elternbadezimmer
6 Geräumiges Elternschlafzimmer
7 Schlafzimmer zu klein für 2 Kinder, relativ groß für 1 Kind
8 Eckfenster im Elternschlafzimmer
9 kein ungenutzter Flurraum
10 Spiel beschränkt auf die Kinderschlafzimmer und eine Ecke des Wohnzimmers
11 Direkter Zugang vom Wohnzimmer zur Terrasse
12 Eingang auf maximale Privatheit und Ungestörtheit ausgerichtet

Kinderfreundliches Appartement:

1 Kleineres Wohn-/Speisezimmer für Erwachsene
2 Große, zentral gelegene Küche
3 Niedriger Kinderausguß
4 Kleineres Budget für Badezimmer
5 Kinderbadezimmer mit speziellen Vorkehrungen für Sicherheit und Spiel
6 Flexibel benützbares Elternschlafzimmer
7 Kleines, eigenes Schlafzimmer für jedes Kind
8 Großes Eckfenster für das Kinderspielzimmer
9 Schlafzimmerflur, zum Spielen ausgebaut
10 Kontrollierbarer Spielplatz innerhalb des Hauses, mindestens 3,5 m^2 pro Kind
11 Direkter Zugang vom hausinneren Spielplatz zum Gartenspielplatz
12 Sichttafel zum öffentlichen Hauszugang

dieser Funktionalismus in der Zwischenkriegszeit zum leitenden Prinzip wurde, als die schwierige Wirtschaftslage, die Finanzierungsschwierigkeiten des Wohnbaus nach dem Ersten Weltkrieg und die Wohnungsnot infolge des Ausfalls jeglicher Bautätigkeit größte Sparsamkeit in bezug auf die Kosten des Wohnraums erzwungen haben. Dies führte zu einer Reduzierung der Abmessungen der Wohnräume im Vergleich zu denen vor dem Ersten Weltkrieg.

Die sogenannte funktionelle Richtung stand von vornherein unter dem Diktat des Sparmotivs. Es sollten hierbei die Zahl der Räume vergrößert sowie eine Trennung der Eltern- und Kinderschlafzimmer und womöglich noch eine Trennung der Kinder nach dem Geschlecht erreicht werden. Auch in den kleinsten Wohnungen sollte ein Wohnzimmer von „behaglicher Weiträumigkeit" ermöglicht werden.

Der Grundriß einer Etagenwohnung aus den 30er Jahren macht dies deutlich (Abb. 6.87). In den Ausführungen kann man nachlesen, daß *„die funktionelle Richtung schon bei der Grundrißlösung die Wohnungseinrichtung berücksichtigt und danach die Raumabmessungen sowie eine entsprechende Anordnung und Größe der Fenster und Türöffnungen"* bestimmt (Klein 1930, S. 320).

Die Idee der „Wohnmaschine" drückte sich am deutlichsten in der Küche aus, wo man nur mehr vorgedachte Arbeitsvollzüge erfüllen kann, womit dieser Raum selbst zu einem vorfabrizierten Artikel wird. Die in die Geschichte des „neuen Bauens" eingegangene „Frankfurter Küche" ist ein konsequent durchkonzipierter, monofunktionaler Arbeitsplatz für eine einzelne Person. Sie wurde von der Wiener Architektin Schütte-Lihotzky in Nachbildung der Mitropa-Küche der damaligen Reichsbahn auf der Frankfurter Messe 1927 vorgestellt. In diesem Zusammenhang soll darauf verwiesen werden, daß bereits 1869 Caroline Beecher für das amerikanische Einfamilienhaus unter Nachahmung der Bordküche auf den Mississippi-Dampfern den Prototyp der amerikanischen Einbauküche für das Einfamilienhaus entwickelt hat. Die Berufstätigkeit der Frauen, die Reduzierung der Haushaltsgröße und die Zunahme der Singlehaushalte haben die massenhafte Verwendung und technische Perfektionierung der Einbauküche in der zweiten Hälfte des 20. Jh.s zur Folge gehabt.

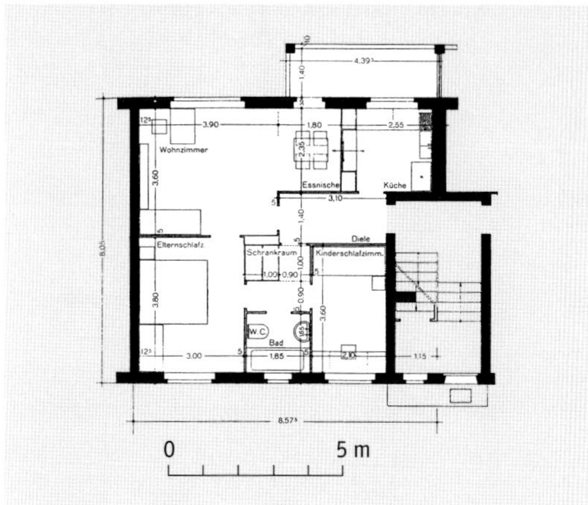

Abb. 6.87: Funktionelle Raumaufteilung einer Etagenwohnung, 30er Jahre, Berlin

In der modernen Wohnung ist die Funktion jedes Raums festgelegt und nahezu unveränderbar. In den Schlafraum passen genau ein Doppelbett und ein Schrank, in den Wohnraum ebenso vorgedachte Möblierungen wie in das Kinderzimmer.

Diese Vorstellungen haben einerseits die Berechenbarkeit menschlicher Bedürfnisse zur Grundlage und andererseits die Auffassung von der Wohnung als einem nach wirtschaftlichen Gesichtspunkten herstellbaren und verkaufbaren Produkt. Die ganze Vielfalt und Veränderbarkeit menschlicher Beziehungen und Verhaltensweisen wurde auf einfachste Schemata verkürzt und der so erreichte Warencharakter des Wohnens noch unterstrichen, indem damit eine Verpakkungsästhetik verknüpft wurde, die dem Funktionalismus erst eine ästhetische Ideologie beiordnet.

Zeitlich nahezu synchron zum amerikanischen Einfamilienhaus entsteht damit die Etagenwohnung auch in Europa als ein standardisiertes Konsumgut.

Bei den Bestrebungen um eine rationelle Grundrißgestaltung der Wohnungen werden der Frage der funktionellen Abmessungen und den Bewegungsabläufen in der Wohnung besondere Bedeutung zuerkannt. Man versucht, die Grundrisse so zu gestalten, daß möglichst keine Überschneidungen in den Bewegungsabläufen von unterschiedlichen Tätigkeiten stattfinden. Die beiden

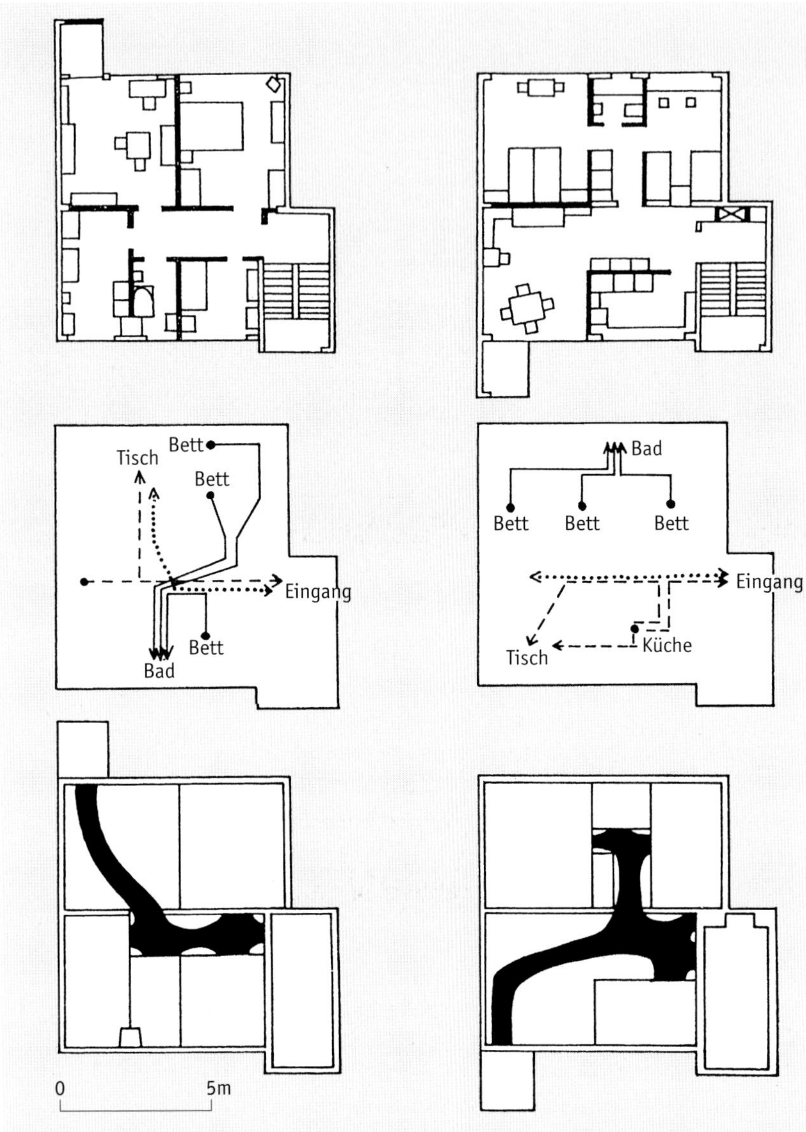

Abb. 6.88: Funktionelle Grundrisse von Wohnungen

gegenübergestellten Grundrisse lassen den „Fortschritt" in dieser Hinsicht deutlich erkennen (Abb. 6.88).

Die funktionelle Bauweise hat in den letzten Jahrzehnten im Zeichen des steigenden Wohlstandes die Wohnfläche vergrößert und die Zahl der Räume vermehrt, aber nichts von ihrem Prinzip der Monofunktionalität aufgegeben. Es ist daher einsichtig, daß individuelle Wohnwünsche auf den älteren Baubestand zurückgreifen und dieser wieder an Wert gewinnt. Die vielbeachtete Gentrification von Innenstadthäusern besitzt darin einen Teil ihrer Wurzeln. Das Schlagwort lautet nicht mehr Repräsentation, obwohl auch diese wieder stärker gefragt wird, sondern es lautet Individualität.

Erinnern wir uns: Bis herauf zum Manufakturzeitalter wurden Wohnbauten von innen nach außen gestaltet, in einem generationenübergreifenden Prozeß kontinuierlich verändert und ausgebaut. Erst im industriellen Zeitalter begann die Standardisierung zu greifen, welche allerdings auf dem Kontinent noch keineswegs mit einer funktionellen Spezialisierung aller Räume verbunden war. Mehrfachnutzungen von Räumen waren noch durchaus die Norm, auch in den mittleren Gesellschaftsschichten. Erst mit der funktionellen Bauweise und dem Entstehen der Wohnmaschine wurden individuelle Gestaltungswünsche des Normalkonsumenten von Wohnraum von der inzwischen bürokratisierten Diktatur der Profession der Architekten endgültig beiseite geschoben und in Massivbauweise gegossene Wohnboxen zur Auswahl gestellt.

Die Wirtschaft im Stadtraum

Abb. 7. 1: *Straßburg mit europäischem Parlament*

Überblick

Das Kapitel thematisiert die Erscheinungen der Wirtschaft im Stadtraum anhand von idealtypisch interpretierten Beispielen. Es wird die Entwicklung folgender Wirtschaftsbetriebe dargestellt:

- vom Einzelhandelsgeschäft zur Shopping-Mall,
- von der Hinterhofindustrie zum Industriepark,
- vom Kleinbüro zum Bürohochhaus.

Die Sachthematik ist auf der Mikroebene zentriert um

- technische und ökonomische Innovationen,
- Betriebsformen und
- das äußere Erscheinungsbild;

auf der Makroebene um

- die Unterschiede zwischen den politischen Systemen und
- die Effekte der Globalisierung.

Die räumliche Fragestellung erklärt den Wechsel des spezifischen Standortmusters im Stadtraum. Das Verhältnis von Staat und Wirtschaft im Stadtraum bildet den Abschluß.

Einleitung

Der Einstieg ist schlicht, die Frage lautet: Welchen Stellenwert hatte die Wirtschaft in den Entwicklungsperioden der Stadt, wobei dieser Stellenwert nicht durch ökonomische Parameter, sondern durch die Erscheinungsformen der Wirtschaft und ihre Standorte beschrieben werden soll. Auszugehen ist von Max Webers Begriffspaar: Herrschaft und Markt. Im säkularisierten Denken des 21. Jh.s ist es als Dichotomie von Staat und Wirtschaft zu interpretieren. Nun hat im Laufe der Stadtentwicklung das Verhältnis von weltlicher Herrschaft und Markt mehrfach gewechselt. Im Römischen Reich unterlagen alle Teile der Wirtschaft der staatlichen Reglementierung. Dabei profitierte jedoch die Wirtschaft enorm von den staatlichen Leistungen in dem hierarchischen Aufbau von Siedlung und Verkehr des Weltreiches, das sich um die Küsten des Mittelmeeres auf der Grundlage der Schiffahrt entwickelt hatte.

Ein Jahrtausend später entstand an der Peripherie der Machtkämpfe zwischen religiöser und weltlicher Herrschaft in Zentraleuropa rings um die nördlichen Meere des Kontinents ebenfalls auf der Grundlage des Schiffsverkehrs der Städtebund der Hanse. In seiner oligarchischen Organisation bildeten Markt und Herrschaft eine Einheit. Ähnliches galt für die Stadtstaaten Italiens. Diese „informelle Herrschaft der Stadt" konnte sich jedoch gegenüber den absolutistischen Flächenstaaten nicht behaupten, welche die Stadt in ihre hierarchische Organisation eingliederten. Wieder gewann die politische Herrschaft die Dominanz über den Markt.

Erst der Liberalismus brachte eine gewisse Emanzipation der Wirtschaft vom Staat, allerdings nicht in Europa, sondern im Neusiedlungsraum von Nordamerika. Auf die Symbolik der vertikalen baulichen Dimension in der Stadt wurde hingewiesen. Nur in Nordamerika haben die Wirtschaftsunternehmen die Stadtmitte erobert und die „Kathedralen Gottes" durch die „Kathedralen des Kapitals" ersetzt. Damit hat ein neues Zeitalter begonnen, das, nur gestört und unterbrochen durch die beiden Weltkriege, durch die Globalisierung der Wirtschaft gekennzeichnet wird und die bisherigen Strukturen der Stadt in Frage stellt.

Die Wirtschaft hat sich im Liberalismus mit dem technischen Fortschritt gepaart. Sie braucht die Stadt nicht mehr, so lautet die These. Ihre einzelnen Bereiche, das Geschäftsleben, die Industrie, selbst der Bürosektor konnten sich von der Stadt separieren. Nordamerika bietet die Szene. Europa folgt zögerlich und partiell dieser Entwicklung.

Damit ist die Aufgabe des Kapitels angeschnitten. Analog zum Kapitel „Wohnen und Gesellschaft" besteht seine Aufgabe darin, auf der Mikroebene Entwicklungsreihen für einzelne Elemente der Wirtschaft – das Geschäft, die Fabrik und das Büro – in Hinblick auf äußere Erscheinungs- und Betriebsformen vorzuführen, die Frage der räumlichen Verortung in der Stadt und damit nach den räumlichen Mustern und deren Änderungen zu beantworten und die Gemeinsamkeiten und Unterschiede in den politischen Systemen aufzuzeigen. Hierbei ist eine Stellungnahme zur Globalisierung und zur Konvergenztheorie erforderlich.

In Europa haben sich die Aufgaben des Staates in der Stadt in den abgelaufenen Jahrhunderten gewandelt. Der aufgeklärte Absolutismus errichtete in Allianz mit der Aufklärung Sozialeinrichtungen, Spitäler, Armen- und Waisenhäuser sowie Schulen, Universitäten und Gefängnisse. Der Nationalstaat baute Rathäuser und Verwaltungseinrichtungen und erweiterte das Spektrum seiner Aufgaben entsprechend dem technischen Fortschritt bei Einrichtungen der Ver- und Entsorgung und des Verkehrs.

In jüngster Zeit hat sich die Aufgabenstellung unter dem Druck der Globalisierung entscheidend gewandelt, und zwar nach zwei Richtungen hin: Einerseits wird für die Freizeitgesellschaft die Stadt zur Bühne ausgebaut, wovon erneut die Wirtschaft profitiert, und andererseits wird in der globalen Konkurrenz die Stadt als Unternehmen vermarktet. Es sind die großen Metropolen, deren Regierungen nunmehr auf der politischen Bühne der Europäischen Union neben den Nationalstaaten und den internationalen Konzernen als dritte politische Kraft wirksam werden.

Vom Wohnladen zur Mega-Mall

Einleitung

Der alltagssprachliche Begriff des „Geschäftslebens" wird als Dachbegriff verwendet, da er mehr umfaßt als nur den Einzelhandel, nämlich auch das Gastgewerbe, bestimmte Dienstleistungen persönlicher Art, Einrichtungen der Unterhaltung und Freizeit, Verkaufsniederlassungen von Industriebetrieben sowie Filialen von Banken.

Das Geschäftsleben einer Stadt ist abhängig

- vom sozialräumlichen Bauplan und den darin ablaufenden Prozessen,
- von der sozialen Differenzierung der Gesellschaft,
- von der Wirtschaftskraft eines Staates und seiner Bevölkerung,
- von den Reglementierungen des jeweiligen politischen Systems und damit von der Wirtschaftspolitik.

Im Laufe der Perioden der Stadtentwicklung hat sich das Geschäftsleben hinsichtlich der Betriebsformen und der Spezialisierung der Konsumbereiche, Branchen und Sortimente mehrfach grundlegend verändert, wobei diese Veränderungen jeweils Interdependenzen mit der Entwicklung der anderen Wirtschaftsbereiche sowie der Produktion, mit dem Finanzkapital und dem Verkehr aufweisen.

An folgenden Erscheinungen werden diese Veränderungen des Geschäftslebens in Stadträumen sichtbar:

1) an den räumlichen Standortmustern, welche durch die historischen Perioden der Stadtentwicklung Gültigkeit besitzen,
2) den historischen Veränderungen der Betriebsformen aufgrund der Kommerzialisierung der Gewerbe und den aktuellen Veränderungen aufgrund des Auftretens von Kaufhaus und Filialsystem,
3) den äußeren Erscheinungsformen der Betriebe, vom einfachen Laden bis zur Mega-Mall und
4) in jüngster Zeit an den Effekten der Globalisierung unter Bezug auf die systematische und räumliche Entwicklung des Geschäftslebens in der westlichen Welt.

Räumliche Standortmuster

Auf die Persistenz räumlicher Muster in der Stadtentwicklung wurde wiederholt hingewiesen. Sie trifft auch auf die räumlichen Standortmuster des Geschäftslebens zu. Drei Grundmuster sind zu unterscheiden: lineare Muster von Straßenzügen, Viertelsbildungen, hierarchische Strukturen.

1. Das lineare Muster von verkehrsorientierten Straßenzügen reicht in Form von Ladenstraßen bis ins Mittelalter zurück. Die Standortkontinuität ist erstaunlich. Trotz der Veränderung von Betriebsformen und Branchen haben sich die räumlichen Grundzüge des Geschäftslebens in vielen europäischen Städten bis in die Gegenwart erhalten. Bereits in der Neuzeit entstanden mit dem Stadtwachstum in den großen Städten Vorstädte längs der Ausfallstraßen. Verkehrsorientierte Gewerbe und Gasthöfe siedelten sich an, der Einzelhandel folgte. Viele dieser Ausfallstraßen entwickelten sich im 19. Jh. aufgrund der Kommerzialisierung der Gewerbe und der Errichtung von innerstädtischen Massenverkehrsmitteln zu Hauptgeschäftsstraßen und übernahmen dort, wo sie zu „Bahnhofsstraßen" wurden, die jeweils führende Rolle im Geschäftsleben.

In der Zwischenkriegszeit begann in Nordamerika die Ausbildung von kilometerlangen „highway-oriented ribbon developments", welche zunächst der Suburbanisierung folgten und ihr nunmehr vorangehen. Mit Fast-food-Restaurants, Motels, Tankstellen, Reparaturwerkstätten sowie ausgedehnten Flächen für den Verkauf von Alt- und Neuwagen ausgestattet, hat diese „Bandentwicklung" längs der Ausfallstraßen inzwischen auch Europa erreicht.

2. Die Viertelsbildung ist ein wichtiges Element der Sortierung der Bevölkerung im Stadtraum. Sie ist gleicherweise ein wichtiges Prinzip für die Assoziation und Sukzession von Wirtschaftsbetrieben. Spezialisierte Geschäftsviertel gab es schon in der mittelalterlichen Bürgerstadt. Nahezu geschlossene Viertel entstanden überall dort, wo sich fremde Kaufleute ansiedelten. Dies gilt für die fremden „Niederleger" in Fernhandelsstädten wie Wien und gilt ebenso für die Gegenwart, wie die Chinatowns in den USA belegen.

3. Die hierarchische Strukturierung des Einzel-

handels nach dem Grad der Spezialisierung der Konsumbereiche, Branchen und Sortimente ist ein allgemeingültiges räumliches Ordnungsprinzip. Diesem entspricht in den orientalischen Städten die Abfolge vom Hauptbazar bis zu den lokalen Bazaren und in den europäischen Großstädten die Abstufung von den Citystraßen (mit exklusivem Sortiment) über Bezirksstraßen (Stadtteilstraßen) bis zu den Viertelstraßen und Ladengruppen. In Nordamerika besteht eine Hierarchie der Einkaufszentren vom *Regional Center* über das *Community Center* bis zum *Neighborhood Center* und *Convenience Center*.

Historische Abfolge der Betriebsformen

In der historischen Abfolge der Betriebsformen sind zwei Vorgänge von Bedeutung: erstens die Kommerzialisierung des Gewerbes und zweitens das Auftreten großbetrieblicher Organisationsformen.

Die Kommerzialisierung des Gewerbes

Die Kommerzialisierung des Gewerbes hat in Europa entscheidend zur Ausbildung des Einzelhandels beigetragen. Sie hat sich in zwei Etappen abgespielt. Die erste Etappe vollzog sich in der Manufakturperiode, in der neue Produkte auf dem Bekleidungs- und Haushaltssektor erzeugt wurden und gleichzeitig die Gewerbetreibenden die Erlaubnis erhielten, ihre Waren im Laden zur Schau zu stellen. Die Kommerzialschemata aus der 2. Hälfte des 18. Jh.s belegen, daß in einer sozialen Top-down-Bewegung die Nachfrage der oberen und mittleren Bevölkerungsschichten nach Luxusgütern, von Seidenwaren, Juwelen und Kunstgegenständen bis hin zu Büchern, das Entstehen zahlreicher neuer Geschäftsarten bestimmt hat.

Die zweite Etappe der Kommerzialisierung beruht auf der Industrialisierung des 19. Jh.s. Sie erfolgte in der Donaumonarchie und in Südeuropa aufgrund der verspäteten Industrialisierung und der andererseits umfangreichen, hochspezialisierten gewerblichen Produktion, der die Industrieproduktion lange Zeit unterlegen war, sehr verzögert und verlief insgesamt unterschiedlich. Einzelne Gewerbe, wie die Erzeuger von Hüten, Handschuhen, Schirmen und Pelzwaren, konnten noch die Kommerzialisierung mitmachen und sind erst später von den neuen großbetrieblichen Organisationsformen des Einzelhandels und neuen Modetrends vom Markt verdrängt worden. Andere verloren ohne nennenswerte Kommerzialisierung durch das Auftreten der Industrie nahezu schlagartig ihre Existenz, wie die Tischler, oder sanken, wie die Schuster, zum Reparaturgewerbe ab.

Die frühe Entwicklung der Lebensmittelindustrie in der Gründerzeit ließ auf der anderen Seite spezifische Geschäftsarten entstehen, wie die Gemischtwarenhandlung – in Wien der „Greißler" – und die Milchgeschäfte. Die Gemischtwarenhandlung wurde zum wichtigsten Element der Nahversorgung (Abb. 7.2) und behielt diese Funktion bis in die 60er Jahre des 20. Jh.s bei. Dann mußte sie gegenüber den Supermärkten den Rückzug antreten. In Südeuropa, vor allem in Italien, konnte sie sich, vielleicht aufgrund des höheren Sozialprestiges eines Padrone gegenüber dem Lohnempfänger, besser behaupten. Im deutschen Sprachraum ist die Gemischtwarenhandlung weitgehend verschwunden.

Abb. 7.2: Gemischtwarenhandlung im frühen 20. Jh.

Das Auftreten von Kaufhaus und Filialsystem
In der Gründerzeit entstanden die großbetrieblichen, vom Finanzkapital getragenen Formen des Einzelhandels, nämlich das Kaufhaus und das Filialsystem. Sie erlangten in Europa allerdings bis zum Zweiten Weltkrieg nicht die Bedeutung wie in Nordamerika. Das Kaufhaus erreichte nur die oberste Größenklasse von Städten, dagegen breitete sich das Filialsystem industrieller Unternehmen (in der Donaumonarchie auf dem Lebensmittel- und Schuhsektor) bis zur Stufe der Kleinstadt aus.

Die Wirtschaftskrise der Zwischenkriegszeit, die Einführung einer Warenhaussteuer und die staatliche Gewerbepolitik zum Schutz der kleinen Gewerbe- und Handeltreibenden schränkten ihre Ausbreitung über ganz Europa hin ein.

Äußere Erscheinungsformen des Geschäftslebens

Drei Grundformen stehen zur Beschreibung an: das Einzelgeschäft, das Kaufhaus und das Shopping-Center.

Das Einzelgeschäft: Sozialhistorische Typen
Die Gründerzeit war durch eine Klassengesellschaft gekennzeichnet, deren Spannweite in der Wohnungsstruktur dokumentiert wird. Dieselbe Differenzierung spiegelt sich auch in der Ausstattung der Geschäfte wider.

Als Pendant zu den Arbeiterwohnungen stand an der untersten Stelle der Stufenleiter der einfache *Wohnladen* (Abb. 7.3). Er war in seiner ursprünglichen Funktion meist ein Wohnlokal, d. h. eine gegen die Gasse hin geöffnete Zimmer-Küche- oder Zimmer-Küche-Kabinett-Wohnung. Bis in die Gründerzeit hinein wahrten die Kleingewerbetreibenden die alte Einheit von Wohnung und Geschäft. Noch um 1890 dienten in Wien 21 000 ebenerdige Geschäftsbetriebe gleichzeitig als Wohnungen (Lichtenberger 1963). Im Zuge des Rückganges der Kleinbetriebe fiel der Gassenladen schon ab der Zwischenkriegszeit z.T. wieder der Wohnfunktion anheim, in jüngerer Zeit traten Privatgaragen seine Nachfolge an. Nur noch als Geschäft genutzt, bildet er nach wie vor, teils noch in gründerzeitlichem Gewand, teils in billiger Adaptierung, die Masse der in Seitengassen verstreuten Lokale.

Das *einfache Portalgeschäft* entsprach dem Kleinbürgertum der Gründerzeit (Abb. 7.4). Der vor das Mauerwerk des Hauses gesetzte, meist schmale Holzportalbau mit seinen charakteristischen, hochgezogenen Proportionen schimmert noch unter den oberflächlichen Renovierungen vieler Geschäfte durch. Man hobelte den reichen Zierat des Holzrahmens ab, verkleidete den Portalsockel mit modernen Materialien und erneuerte das Firmenschild. Im Raum der ehemaligen Donaumonarchie in Ostmitteleuropa, aber auch in Italien und selbst in Frankreich haben sich zahlreiche Beispiele erhalten.

Abb. 7.3: Wohnladen der Gründerzeit

Abb. 7.4: Gut ausgestattetes, neues Geschäft flankiert von Portalgeschäften der Gründerzeit

Abb. 7.5: Hausherrengeschäft

Abb. 7.6: Das Nobelgeschäft der Gründerzeit

Durch eine großzügigere Gestaltung des meist breiteren Portals und die gediegene Innenausstattung der Schaufenster hob sich das gute Portalgeschäft vom einfachen Typus ab. Nur der wohlhabende Gewerbetreibende mit mehreren Angestellten konnte es sich leisten. Es war zudem häufig das „Hausherrengeschäft". Man erkennt es noch heute daran, daß seine meist ziemlich großzügige Portalfront auch das Haustor mit einschließt (Abb. 7.5).

Das *repräsentative Portalgeschäft* war ein Kennzeichen für die Noblesse des Wohnmilieus und auf die Ansprüche der Oberschicht zugeschnitten (Abb. 7.6). Es war typisch für den Citybereich in den Metropolen, verfügte meist über einen differenzierten Angestelltenstab und war durch die personelle Trennung von Geschäftseigentum und -leitung gekennzeichnet, die etwa um die Jahrhundertwende in breiter Front einsetzte. Wo sich das Nobelgeschäft erhalten hat, bestimmen wertvolle Materialien, in erster Linie Marmor, später Bronze und Messing, die äußere Aufmachung. Kunstvolle schmiedeeiserne Gitter, kostbare Intarsienarbeiten in den Schaufenstern und eine wappenartige Gestaltung der Firmenaufschriften gehören zu den Details künstlerischer Gestaltung. Die Geschäftsräume gleichen oft Empfangssalons und sind häufig durch Innengalerien in zwei Geschosse gegliedert. Die Bauart der palaisartigen Häuser kommt dem entgegen. Die tiefen Hausgrundrisse bringen auch eine erhebliche Tiefenentwicklung der Geschäfte mit sich, die nicht selten nur eine schmale Schaufensterfront zur Straße aufweisen. Um diese zu vergrößern, wurden in der Zeit des Jugendstils erstmals auch Hausflurpassagen verwendet.

Die Zwischenkriegszeit war in vielen europäischen Städten von Wohnungsnot und Arbeitslosigkeit überschattet. Die extremen Ausstattungsunterschiede wurden abgeschwächt. Die Funktion von Nobelgeschäften wurde z. T. durch Filialbetriebe von Großunternehmen übernommen.

In Stil und Material brach die Zwischenkriegszeit mit älteren Traditionen. Es änderten sich die Proportionen der Geschäfte. Die Höhe des Schaufensters wurde reduziert und dafür die Firmenaufschrift vergrößert. Der Holzrahmen wurde z. T. bereits durch einen Metallrahmen ersetzt. Rollbalken verdrängten auch bei bescheidenen Geschäften die Holzläden. Die neue Stahlbetonbautechnik ermöglichte eine Auslagenvergrößerung durch Entfernung der Mauerpfeiler, wovon alle besseren Geschäfte Gebrauch machten. Vor allem bei Modegeschäften wurde der Hauseingang zurückgesetzt und dadurch ein Teil des Hausflurs für Ausstellungszwecke gewonnen (Hausflurpassage).

Die Gegenwart steht im Zeichen einer generellen Aufwertung der Ausstattung, von der in erster Linie die Hauptgeschäftsstraßen erfaßt werden, während die Nebengeschäftsstraßen relativ zurückbleiben. Nobelgeschäfte sind vielfach von internationalen Ketten übernommen worden.

Damit ist das Auftreten von Nobelgeschäften zu einem Indikator für die Ausbreitung des Filialsystems von Firmen mit Luxusgütern geworden.

Der rege Neu- und Umbau begünstigt das Auftreten portalloser Lokale. Große Glasflächen spannen sich zwischen teilweise dezent verkleideten Betonpfeilern und bestimmen selbst den Eindruck des einfachen Geschäfts. Darin äußert sich das allgemeine Streben nach Vergrößerung der Schaufenster. Es findet bei den höherrangigen Geschäften sehr vielfältige architektonische Lösungen, von denen der Passagenbau am geläufigsten ist. Metallrahmen haben endgültig die Holzrahmen abgelöst. Ein zierliches Eloxalgitterwerk ersetzte zunächst den schweren Rollbalken. In jüngerer Zeit trat Spezialglas an seine Stelle. Manche der alten Großfirmen bewahrten bei Um- und Neubauten aus traditionellen Erwägungen ihren konservativen Stil, während andere als Avantgardisten des modernen Portalbaus auftraten (Abb. 7.4).

Der Funktionalismus, der das portallose Geschäft begünstigte, kam teilweise schon in der Zwischenkriegszeit, durchgreifend jedoch erst in der Nachkriegszeit zur Geltung. Nichtsdestoweniger bleiben durch die entsprechende Materialverwendung auch bei funktioneller Schlichtheit die Qualitätsstufen sichtbar.

Die Filialen von Ladenketten heben sich vom Einzelgeschäft durch das Prinzip der Corporate Identity ab, d. h., sie haben überall dasselbe Design der Portalgestaltung und dasselbe Logo sowie eine spezifische Innenraumgestaltung. Sie werden in der Regel als eigene Rechtspersönlichkeiten geführt, auch wenn das Filialsystem des betreffenden Unternehmens sehr verschachtelte Konstruktionen aufweist.

Hierzu ein Beispiel: Der Quelle AG hat die Fusionierung mit dem Karstadt-Konzern 901 Gesellschaften in 16 Ländern mit rund 9000 Betriebsstätten eingebracht. Diese rechtlichen Strukturen sind freilich für den Kunden von geringem Interesse. Er orientiert sich an den Markennamen und eventuell am Logo.

Sehr bekannt war das Logo der 1862 gegründete Familien AG Meinl, welche in Österreich vor ihrem Verkauf 341 Filialen besaß und nunmehr auf dem Banken- und Immobiliensektor tätig ist. In Österreich ist das Logo des Meinl-Mohrs weitgehend verschwunden, in Ostmitteleuropa, wohin das Unternehmen, an alte Traditionen anschließend, nach 1989 expandiert ist, kann man es noch finden (Abb. 7.7).

Abb. 7.7: Logo Meinl-Mohr

Das Kaufhaus

Das Kaufhaus symbolisiert den Prozeß der Kapitalkonzentration im Handel in Verbindung mit dem Bankensektor. Die durch das Kaufhaus bedingten Innovationen bestanden in der Zusammenlegung von Branchen und Sortimenten und in der Zusammenführung von Lagerhaltung und Verkauf.

Das Kaufhaus hat einen berühmten historischen Vorläufer, nämlich die Markthalle, welche Kaiser Trajan in Rom errichten ließ. Ihre Gewölbekonstruktion taucht im Basar wieder auf und steigert sich zur mehrgeschossigen Monumentalität in den Großkaufhäusern der 2. Hälfte des 19. Jh.s.

Der erste *Departmentstore* von Roland H. Macy entstand 1858 in New York; mehrfach renoviert, besteht er noch heute. Nur knapp später, 1863, wurde in Paris La Belle Jardinière von Henri Blondel als erstes Kaufhaus in Europa errichtet. Der sogenannte Lichthof wird in allen Etagen von Verbindungsbrücken überquert, wie bei GUM in Moskau und der Arcade in Providence, USA, den beiden größten Warenhäusern ihrer Zeit, die noch heute voll in Betrieb sind.

Das GUM (= Staatliches Warenhaus; Abb. 7.8) wurde von Zar Alexander III. 1889–93 auf dem Roten Platz in Moskau an der Stelle älterer Ladenzeilen errichtet (Karger 1997, S. 136).

Der 252 x 90 m große Gebäudekomplex umfaßt auf 4 Verkehrsetagen etwa 1000 Läden oder größere Abteilungen. Die luxuriöse Innenausstattung spiegelt noch immer den imperialen Stil des russischen Zarenreiches wider. Viele Räume sind mit Kronleuchtern, Spiegelwänden und Stuck ausgestattet, Treppen und Brückchen führen über die Passagen und werden durch nostalgische Laternen beleuchtet. Noch heute beeindruckt die Glasdachkonstruktion. Nach der Revolution wurde das nunmehr staatliche Universalkaufhaus zum vielbestaunten Mekka der

Abb. 7.8: GUM, Moskau

Besucher aus der Weite der ehemaligen UdSSR. Seit der Privatisierung 1992 kamen zu der traditionellen Mischung von lokalen Verkaufsständen auch amerikanische und europäische Handelsunternehmen. Das Kaufhaus verwandelte sich in ein Einkaufszentrum. Ein amerikanisches Architekturbüro, RTKI, führte die Renovierung durch, bei der ein „Laden im Laden"-Konzept Anwendung gefunden hat.

Die große Mehrzahl der Kaufhäuser gehört verhältnismäßig wenigen Konzernen. Der bis 1993 größte Konzern in den USA, Sears, zählt zu den traditionsreichen Betrieben, auf dessen frühes Engagement im Fertighausbau hingewiesen wurde und dessen Innovation der Versandhandel gewesen ist.

Der von 1893 bis 1993 jährlich erscheinende Universalkatalog umfaßte zuletzt 1566 Seiten mit rund 150 000 Artikeln und war nach der Bibel das zweitwichtigste Buch in amerikanischen Haushalten. Nach 100 Jahren Versandgeschäft schloß Sears 113 Filialen, entließ 50 000 Mitarbeiter und verkaufte den 1974 errichteten Sears Tower in Chicago. Die fordistische Periode des Versandhandels war zu Ende. In restrukturierter Form betrieb Sears 1997 noch 833 Kaufhäuer in regionalen Shopping-Center und weitere 1325 Geschäfte.

Shopping-Center und Mega-Mall

Beim „Shopping-Center" handelt es sich nach der Definition des Urban Land Institute, Washington, um eine Gruppe von Einzelhandels- und anderen kommerziellen Betrieben, welche durch einen Eigentümer geplant, entwickelt, gemanagt und vermietet werden. Größe und Ausstattung sind abhängig vom Einzugsgebiet. Die beiden Haupttypen sind Malls und „open-air strip centers". Die erste geschlossene Mall gestaltete der Architekt Victor Gruen 1956 als „Gegenmittel" zum „suburban sprawl" und als Instrument für die Schaffung von Community Centers.

Jede Mall ist eine definierte Mischung von Geschäften, Unterhaltungseinrichtungen, Büros und Wohnungen. Die soziale Palette reicht von den luxuriösen Ausführungen über solche für Mittelschichtfamilien bis zu den Discount Malls für die Grundschichten. 1997 wurden in den USA 53 % des Einzelhandelsumsatzes in Shopping-Malls getätigt.

Die derzeit größte „Mega-Mall" der Vereinigten Staaten, die „Mall of America", wurde 1992 in Minneapolis-St. Paul eröffnet. Auf einem halben km^2 überdachter Fläche sind mehr als 5 Kaufhäuser, Dutzende von Restaurants, Nachtklubs, Kinos und Unterhaltungseinrichtungen untergebracht. Darunter befindet sich der 3 ha große

Camp Snoopy, mit über 30 000 Pflanzen und einem vier Stockwerke hohen Wasserfall. Jährlich werden rund 40 Mio. Besucher gezählt, etwa das Vierfache der Disneyworld bei Paris (Abb. 7.9).

Die Shopping-Center-Bewegung hat in der Nachkriegszeit Europa erreicht. Nach Pariser Modell entstand die Shopping-City-Süd in Wien, welche 1976 eröffnet wurde und mit 130 000 m² Gesamtfläche und 8500 Parkplätzen zu den größten randständigen Geschäftszentren der europäischen Städte gehört und ständig erweitert wird (Abb. 7.10).

Die Effekte der Globalisierung

Konvergenz und Divergenz

Das Schlagwort von der Globalisierung läßt als mediale Vision die global einheitliche Konsumlandschaft entstehen, die sich in immer kürzer werdenden Zyklen der Mode erneuert. Diese Vision bedarf jedoch einer Korrektur.

1) Es ist richtig, daß bestimmte international agierende Firmen, wie McDonald's oder Benetton, weltweit Niederlassungen errichten. Internationale Marktsegmente werden sich ausbreiten.
2) Es ist ebenfalls richtig, daß sich das Profil der Konsumgüterwirtschaft auch in Deutschland in den letzten beiden Jahrzehnten tiefgreifend verändert hat. Der traditionelle, kleinteilige Fachhandel hat seine relative Mehrheit am Markt von 55 % (1980) verloren und ist auf etwas mehr als ein Viertel zurückgegangen (Falk 1998). Neuankömmlinge, wie die Fachmärkte, werden in Kürze gleichziehen. Sicher ist die Talsohle in der Reduzierung des Anteils selbständiger Geschäftsinhaber noch nicht erreicht.
3) Es ist jedoch nicht zu erwarten, daß durch den zunehmenden Einfluß des internationalen Finanzkapitals nationale Unterschiede völlig verschwinden werden. Mehrere Argumente sind ins Treffen zu führen:

- Ein ganz wichtiges Hindernis für eine derartige global-egalitäre Konzeption bilden die gravierenden Verschiedenheiten der sozialen Baupläne nationaler Stadtsysteme, von denen die Baupläne des Geschäftslebens abhängig sind. Konkret bedeutet dies, daß eine McDonald's-Niederlassung in einem sozial hochwertigen Stadtzentrum zum Flair beitragen kann, während in einem sozial abgewerteten Stadtzentrum sich Firmen mit teurer Ware nicht niederlassen werden.
- Zu beachten sind ferner die Auswirkungen der sozialpolitischen Systeme auf die Einkaufsgesellschaft. In egalitär organisierten Wohlfahrtsstaaten, wie Schweden, fehlt eine Einkaufsklassengesellschaft, die andererseits in

Abb. 7.9: Mall of America, Minneapolis

Abb. 7.10: Shopping-City-Süd bei Wien 2000

den USA vollständig ausgebildet ist, wo eine rigide Preisklassendifferenzierung des Geschäftslebens zur Norm gehört.

- Dazu kommen weitere Unterschiede der nationalen Lebens- und Einrichtungsstile, welche sich in Branchen und Sortimenten reflektieren und von den internationalen Firmen aus ökonomischen Gründen respektiert werden.

4) Aufgrund der unterschiedlichen Qualität von baulichem Erbe, sozialer Umwelt und betrieblicher Vielfalt wird der Erlebniswert der Innenstädte weiterhin unterschiedlich bleiben. Dort, wo historische Traditionen den Standort der Stadtmitte als soziale Mitte intakt gehalten haben, wird sich diese gegenüber den künstlichen Umwelten der Themencenter und Festival-Center in der Konkurrenz um die Konsum- und Freizeitgesellschaft behaupten können.

Die räumliche Entwicklung

Weitere Argumente gegen die Globalisierung liefert die räumliche Entwicklung des Geschäftslebens:

Die exzessive, planmäßige Anlage von Einkaufszentren in hierarchischer Abfolge und zugeschnitten auf spezifische Sozialschichten bestimmte die nahezu vollständige Suburbanisierung des Einzelhandels in den USA. Zu diesem Vorgang gibt es in Europa kein Gegenstück, wie der zahlenmäßige Vergleich zwischen den USA und Deutschland belegt.

Es bestehen nämlich einschneidende Unterschiede in der Verkehrsbedienung des Geschäftslebens und im Verkehrsverhalten. Das amerikanische Leben ist autoorientiert und der US-Bürger ist, wie Untersuchungen belegen, nicht bereit, mehr als 200 m zu Fuß zu gehen. Auf die unterschiedliche Akzeptanz von Fußgängereinkaufsstraßen in Europa und Nordamerika wurde bereits hingewiesen, ebenso darauf, daß europäische Städte ein duales System von öffentlichem Verkehr und Individualverkehr aufweisen. In diesem Zusammenhang verdient die Umgestaltung von Bahnhöfen in Europa Beachtung, welche mit dem Slogan „Einkaufs- und Erlebniswelt mit Gleisanschluß" erfolgt. Das großartigste Beispiel hat Frankreich mit dem Einkaufszentrum Eurolille am Schnittpunkt des TGV Paris-London mit dem TGV Lille-Flandern mit 2 Bürohochhäusern, Kongreßgebäude und Wohnungen gesetzt (Abb. 7.11). Weitere Beispiele in der Schweiz (Zürich, Bern, Basel) und in Deutschland (Leipzig, Freiburg/Br., weitere in Planung) wären anzuführen.

Eine autoorientierte Suburbanisierung des Geschäftslebens in amerikanischem Ausmaß ist in Europa schlecht vorstellbar.

Es bestehen nicht nur Unterschiede in der Verkehrsbedienung, sondern ebenso gravierende Unterschiede zwischen Europa und Nordamerika hinsichtlich der Immobilienökonomie. In den europäischen Stadträumen ist der Boden knapp und keine ubiquitäre Ressource. Bei Aufschließungen werden die Bodenpreise daher nicht von sehr niedrigen, sondern von relativ hohen Werten hochgefahren. Zu diesen ökonomischen kommen rechtliche Unterschiede. Die „Parzellenschärfe" der europäischen Planung steht im Gegensatz zu dem amerikanischen Prinzip der „Unit-Area-Development". Nur wenn einzelne private Großgrundbesitzer oder die öffentliche Hand, wie in den Transformationsstaaten, über große, unverbaute Flächen verfügen, sind auch großzügige Aufschließungen möglich.

Die Filialisierung des Einzelhandels in Verbindung mit der Internationalisierung hat dagegen sehr wohl das traditionelle Geschäftsleben der europäischen Städte transformiert und dazu geführt, daß das Vorhandensein der Filialen bestimmter Firmen zum Indikator für die Rangordnung einer innerstädtischen Geschäftsstraße bzw. eines Zentralen Ortes geworden ist. Das traditionelle Kriterium des Vorhandenseins eines bestimmten Geschäftstyps mit einem spezifischen Sortiment und einer definierten Preisklasse der Waren wurde dadurch teilweise ersetzt. Aufgrund der besseren Anpassungsfähigkeit an lokale, regionale und nationale Märkte und der geringeren örtlichen Investitionen konnte sich das Filialsystem sehr viel rascher ausbreiten als das Kaufhaus, welches inzwischen den Höhepunkt seiner Entwicklung überschritten hat.

Allerdings bestehen in Europa noch immer beachtliche Unterschiede von Staat zu Staat hinsichtlich der Kapitalkonzentration im Kaufhaussektor und im Filialsystem, d. h. bezüglich der Eigentumsverhältnisse und Betriebsgrößen im Einzelhandel sowie der Einkommensverhältnisse und des Konsumverhaltens der Bevölkerung.

Als akzessorische Elemente sind auch in Europa von ethnischen Subkulturen getragene Geschäftsviertel und Märkte entstanden. Allerdings haben die Chinatowns amerikanischer Städte in Kontinentaleuropa kein Gegenstück gefunden. Es erfolgte ganz im Gegenteil in den letzten zwei Jahrzehnten eine auffällig intensive und gleichzeitig gut positionierte Neugründungswelle von Chinarestaurants in Streulage in innerstädtischen Geschäftsstraßen bis hin zu den unteren Rängen der Zentralen Orte.

Ein Vergleich der Shopping-Center in den USA und Deutschland

Ein Vergleich zwischen Deutschland und den USA belegt die zahlenmäßigen Unterschiede in der räumlichen Verteilung des Einzelhandels und der Shopping-Center. In den Downtowns der Metropolitan Areas in den USA wurden bereits zu Beginn der 90er Jahre nur noch 2 bis 3 % des gesamten Einzelhandelsumsatzes getätigt. Konkret bedeutete dies eine nahezu perfekte Suburbanisierung des Einzelhandels. Auf die Suburbs entfielen nämlich zu diesem Zeitpunkt bereits 97 % (Hartshorn 1992).

Anders verlief die Entwicklung in Deutschland, bei der vier Phasen unterschieden werden. Nur in der ersten Phase (1964–73) entstanden die Shopping-Center auf der „grünen Wiese", in der zweiten Phase (1974–83) wurden sie ebenso wie in der dritten wieder in der Innenstadt, freilich in kleinerem Zuschnitt und mit mehrfunktionaler Nutzung (Läden, Büros, Wohnungen, Schulen, Bibliotheken), angelegt. Seit den 90er Jahren wurde das Kaufangebot durch das Erlebnisange-

Abb. 7.11: Bahnhofs-Mall Eurolille, Frankreich

bot von Multiplex-Kinos, Family-Entertainment, Themengastronomie usw. komplettiert und ebenso die Standorte wieder diversifiziert.

1997 befanden sich in Deutschland nur 26,7 % aller Shopping-Center auf der grünen Wiese, 36,2 % lagen in der „Innenstadt" und 37,1 % in einem anderen Stadtteil (Falk 1998). Nur im Osten sind große Shopping-Center auf der grünen Wiese errichtet worden, während im Westen die Revitalisierung der Objekte der ersten und zweiten Generation inzwischen begonnen hat.

Wesentliche Unterschiede bestehen hinsichtlich der Größenordnung und Marktposition der Shopping-Center. Auf die insgesamt 240 Shopping-Center (ab 15 000 m^2) in Deutschland (1999: 82 Mio. Einw.) entfallen nur rund 8 Mio. m^2, d. h. rund 8 % der Einzelhandelsfläche. Verwendet man die Untergrenze von 15 000 m^2 bei den Shopping-Center der USA (2000: 281 Mio. Einw.), so gelangt man zum gleichen Zeitpunkt auf insgesamt 15 226 Shopping-Center. Davon waren 648 Super-Regional-Center, 1308 Regional-Center, 13 918 Community-Center. Unterhalb dieser Meßlatte befanden sich noch 27 010 Neighborhood-Center.

Zieht man die Bevölkerungsprognosen heran, so ist in den USA beachtliches Bevölkerungswachstum, in Deutschland Stagnation zu erwarten. Die Vorschau der Betriebswirte für Deutschland geht davon aus, daß bei weitgehend stagnierender Nachfrage und gleichzeitig ungebrochener Flächenexpansion des Geschäftslebens ein Ausleseprozeß bei sinkender Produktivität stattfinden wird. Einerseits drängen größere Shopping-Center in kleinere Groß- und Mittelstädte vor und selbst in Kleinstädten entstehen Einkaufszentren und Passagen. Die Discountorientierung nimmt zu. Hypermärkte, Verbrauchermärkte und Fachmärkte entstehen weiterhin dort, wo sie Grundstücke und Genehmigungen der Behörden erhalten. Andererseits werden sich auch zahlreiche Betriebe sowohl in peripherer als auch in integrierter Lage nicht auf dem Markt halten können. Commercial blight, nicht in flächenhafter Form wie in den USA rings um die Downtown und in den älteren Suburbs, sondern kleinzügig, ist zu erwarten. Insgesamt ist die räumliche Entwicklung diversifiziert.

Von der Hinterhofindustrie zum Industriepark

Einleitung

Die Industrie als arbeitsteilige Produktion von Gütern unter Einsatz von Maschinen ist „keine Kreation der Stadt". Sie ist nicht in der Stadt entstanden, auch wenn sie einen eigenen Stadttyp, die Industriestadt, begründet und sich in die vorhandene Stadtstruktur ein- und angelagert hat. Nur auf diesen baulich-strukturellen Vorgang der Industrialisierung wird im folgenden Bezug genommen.

Diese Ein- und Anlagerung der Industrie weist im interkontinentalen, aber auch im intrakontinentalen Vergleich sehr große Unterschiede auf, welche den sozialen Bauplan der Städte bis heute nachhaltig bestimmen.

England war das Mutterland der Industrialisierung. Seine politökonomische Entwicklung in der Neuzeit unterschied sich vom Kontinent grundsätzlich dadurch, daß das Wirtschaftsleben seit dem 17. Jh. vom Zugriff des Staates freigeblieben ist. In den wirtschaftsliberalen Gedankengängen von Adam Smith fand das englische Bürgertum die ideologische Rechtfertigung für das rücksichtslose ökonomische Gewinnstreben und die radikale Ausbeutung von Menschen und Naturschätzen, welche zur Manchesterdoktrin geführt haben. Technische Erfindungen – die Spinnmaschine, die Entkörnungsmaschine für Baumwolle und die Dampfmaschine – verschafften Großbritannien vor dem Hintergrund des Kolonialhandels das absolute Monopol in der Baumwollspinnerei und -weberei. Industriereviere der Textilindustrie wuchsen abseits der Städte schon an der Wende vom 18. zum 19. Jh. auf und die unbefestigten Altstädte umgürteten sich bereits zu einem Zeitpunkt mit Industrie, als auf dem Kontinent noch nicht einmal der Vorgang der Entfestigung begonnen hatte. Dort integrierte die Manufakturperiode ihre Werkstätten mit der Erzeugung von Schafwolle, Leinen und Seide in den vorstädtischen Raum und trug so zum Wachstum der Städte bei. Die Ereignisse der Französischen Revolution ließen die Regierungen die Fa-

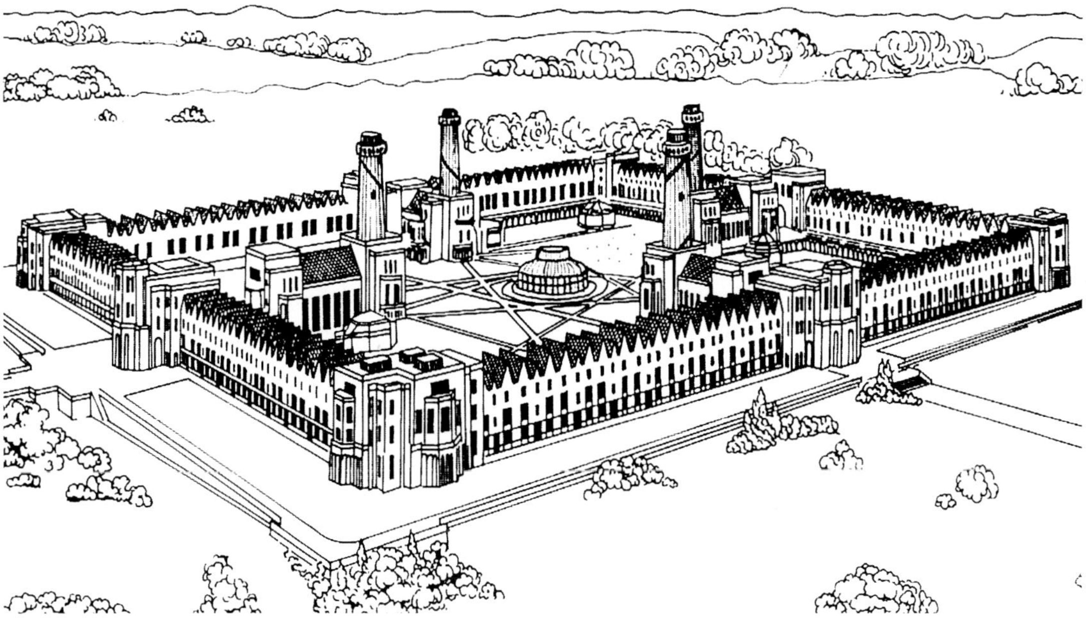

Abb. 7.12: New Harmony, Indiana Architecture

brikindustrie mit Vorbehalt betrachten, so daß bis zu den liberalen Gewerbegesetzgebungen in der Mitte des 19. Jh.s die Niederlassung von Fabriken im Stadtraum vielfach unterbunden worden ist. Dazu kam ein weiteres Paradoxon, nämlich, daß gerade die Liberalisierung der Gewerbe zu einem enormen Boom derselben geführt hat, der bis zur Hochgründerzeit anhielt.

Die räumliche Eingliederung der Industrie in den kontinentaleuropäischen Städten erfolgte daher verzögert, erst in der zweiten Hälfte des 19. Jh.s, und zwar in zwei Entwicklungsreihen: Die erste führte vom Manufakturhaus in den Vorstädten zur Hinterhofindustrie und die zweite zur Stadtrandindustrie.

Nordamerika übernahm das britische Modell des Industriegürtels um die Downtown und begann wesentlich stärker als Kontinentaleuropa bereits am Ende des 19. Jh.s mit der Aussiedlung der Industrie aus den Kernstädten hinaus in die Suburbs. Die Entindustrialisierung in den Kernstädten setzte bereits in der Zwischenkriegszeit ein. Die Bauten der älteren Industrieperioden wurden Zug um Zug wie die Zeugnisse einer untergehenden Zivilisation verlassen, teilweise wurden sie seit den 60er Jahren des 20. Jh.s flächenhaft weggeräumt. Trotzdem stehen noch heute mehrere hunderttausend Industrieruinen als leere Hülsen des einstigen Produktionsprozesses im Stadtraum, werden von „Ruinenforschern" entdeckt und neuerdings sogar im Internet präsentiert.

Die Suburbanisierung der Industrie in der zweiten Hälfte des 20.Jh.s bediente sich sehr rasch des Modells von planmäßig angelegten „Industrieparks" mittels einer den Shopping-Center vergleichbaren Organisation.

Die Idee der Industrieparks ist auch in Europa aufgegriffen worden, sie wurde jedoch nicht dem Markt überlassen, sondern die Behörden haben sich um die Aufgabe der Errichtung derartiger Industrieparks angenommen. Auch hier ist wieder Großbritannien vorausgeeilt und hat für die in die Krise geratenen Textilindustriegebiete große staatliche Industrieansiedlungsprogramme entwickelt.

In Großbritannien, einem Land mit einer bedeutenden archäologischen Wissenschaftstradition, hat man ebenfalls zuerst begonnen, die Anfänge der Industrie zu erforschen. Auch die Vereinigten Staaten sind diesem Beispiel gefolgt (Abb. 7.12). In weiterer Folge hat die Denkmalschutzbewegung Industriebauten in ihr Programm eingeschlossen. Große Objekte, wie Gasometer, erfreuen sich besonderer Beliebtheit bei der Stadtplanung und werden zu Ausstel-

Abb. 7.13: Klassische Fabrikanlage mit Fabrikhochbauten, Verwaltungsgebäude und vier Kesselhäusern

Abb. 7.14: Kristallpalast, Weltausstellung 1851, London

lungsobjekten, wie in Oberhausen im Ruhrgebiet, oder zu Anlagen mit gemischter Nutzung durch Wohnungen und Büros, wie in Wien, umfunktioniert. Das Recycling von Industriebauten und -flächen wird die europäische Stadtplanung im 21. Jh. zunehmend beschäftigen.

Die technischen Etappen im Industriebau

Die Kontinentalsperre von Napoleon brachte die ersten Fabriken auf den Kontinent.

In mehreren Räumen entstanden in rascher Folge Spinnfabriken. Diese ersten Fabriken im modernen Wortsinn waren drei- bis sechsgeschossige Bauten auf einem standardisierten Grundriß von 20 x 60 m. Sie waren an die Wasserkraft der Bäche und Flüsse gebunden, zu deren Gewinnung Werkskanäle gebaut wurden. Von den hohen Wasserrädern erfolgte die Kraftübertragung über einfache Transmissionswellen in die übereinandergeschichteten großen Spinnsäle. Hier waren reihenweise die ursprünglich hölzernen Spinnmaschinen aufgestellt.

Mit der Einführung der Dampfmaschine ab den 40er Jahren des 19. Jh.s veränderte sich die bauliche Gestalt der Fabriken. Hohe Kesselhäuser mit gemauerten Schornsteinen entstanden und gaben dem Industriebau bis in das 20. Jh. sein Gepräge. Durch die unverputzten, schlichten Ziegelwände hob sich der Fabrikbau nunmehr deutlich vom Wohnhaus ab und machte dessen Stilwandel nur in sehr abgeschwächtem Maße mit. Um die Schwingungen der Dampfmaschinen aufzufangen, wurden oft zwei bis drei Meter dicke Ziegelmauern errichtet, die den Fabrikbauten einen besonders massigen Eindruck verliehen. Diese Bauten fügten sich mit ihren Schornsteinen bereits in die Rasterverbauung der großen Agglomerationen ein. Sie durften sich jedoch bald, infolge der gegen Ende des 19. Jh.s nach und nach erlassenen Flächenwidmungspläne, nicht mehr in allen Stadtteilen ansiedeln (Abb. 7.13).

Stärker am Rande der Verbauung blieben zwei neue Grundformen des Industriebaus: die Großhalle und der Flachbau. Der bautechnische Fortschritt zur Großhalle vollzog sich unter Verwendung von Walzeisen und Glas. Als Eisenfachwerkkonstruktion mit verglastem Tonnendach fand die Großhalle zuerst für Ausstellungszwecke (Londoner Kristallpalast von 1851; Abb. 7.14; Rotunde anläßlich der Wiener Weltausstellung 1873), dann bei Bahnhöfen und schließlich in der Schwerindustrie Verwendung.

Der Flachbau mit den nordbeleuchteten Shed-Dächern trat schon seit den 80er Jahren des 19. Jh.s in der Textilindustrie auf, gewann aber erst später weitere Verbreitung.

Die Stahlskelett- und Stahlbetonbauweise stellte seit der Jahrhundertwende die Konstruktion von Industriehallen auf ganz neue Grundlagen. Es sind nicht mehr die Wände, die das Dach bzw. etwaige Geschosse tragen, sie verkleiden vielmehr als dünne Häute unter Verwendung von neuen Baustoffen wie Glasbausteinen, Leichtmetall, Kunststoffen aller Art die tragenden Konstruktionsteile.

Die Erfindung des Elektromotors bot der Leichtindustrie die Möglichkeit, zur besseren Ausnutzung von Fühlungsvorteilen im dichtverbauten Stadtkörper zu bleiben. Dadurch konnte sich auch die Hinterhofindustrie weiter behaupten.

Die zunehmende Automatisierung des Produktionsprozesses im Fließbandsystem verlangte großflächige Industriebauten. So trat ein weiträumiger Flachbau mehr und mehr an die Stelle von Werksanlagen mit einer großen Zahl von Ob-

Abb. 7.15: Škoda-Volkswagenwerk in Mlada Boleslav, Tschechien 2000

Abb. 7.16: Raffinerie Schwechat 2000

jekten. Shed-, Tonnen- und Flachdächer gelangten nun zu allgemeiner Verwendung. Allerdings wurde der Industrieflachbau von den hohen Bodenpreisen immer weiter in periphere Räume verdrängt (Abb. 7.15).

In der Grundstoffproduktion, vor allem in der chemischen Industrie, setzte sich schon früh ein apparatehaftes Bauen durch, als dessen erste Vorläufer schon seit den 60er Jahren des 19. Jh.s Gasbehälter im Stadtraum errichtet wurden.

Diese Unterschiede zwischen den Werkshallen für beliebige mechanische Fertigungen und den Anlagen der chemischen und der Grundstoffproduktion verstärkten sich im 20. Jh. Die apparatehafte Bauweise der letzteren läßt den Arbeitsprozeß in seinen verschiedenen Stufen gleichsam sichtbar werden (Abb. 7.16).

Die hohen, gemauerten Schornsteine, die den Industriebetrieb früher weithin kenntlich machten, sind heute weitgehend verschwunden.

Bezog der Industriebau zu Beginn der Entwicklung sein Vorbild aus dem Wohnbau, so hat er im 20. Jh. seine eigenen Formen gefunden. Die Stahl-, Beton- und Glasbauweise brachte neue statische Möglichkeiten, die genutzt wurden. Der Verzicht auf Repräsentation und die vorherrschende funktionelle Baugesinnung wirkten auch auf den Wohnbau zurück.

Vom Manufakturhaus zur Hinterhoffabrik

Das Manufakturzeitalter hat dank staatlicher Förderung und zusammen mit dem Aufbau des Bankwesens die betriebliche Großorganisation von manueller Arbeit gebracht. Es ist bezeichnend, daß man sich ebenso wie in den Anfängen anderer Innovationen bereits bestehender Bauten bediente und Schlösser, Landsitze, Stifts- und Gutshöfe in Manufakturgebäude umfunktionierte. Erst ab der Mitte des 18. Jh.s entstanden Großmanufakturhäuser im repräsentativen Gewand, das man im Grundriß von den großen Wirtschaftshöfen der Klöster und in der Fassaden- und Portalgestaltung vom Palastbau entlehnte.

Neben Großmanufakturen entstanden zahlreiche kleine Manufakturen in den Vorstädten. Die Manufakturwerkstätten wurden, ebenso wie die Betriebsräume der Gewerbebürger, in den Seitenflügeln der tiefen Vorstadthäuser untergebracht. Der Unternehmer bewohnte den Straßentrakt, Arbeiterwohnungen fanden in den Seitenflügeln Platz. Dieser Typus des „Kleinmanufakturhauses" beherrschte das Wachstum der Gewerbevorstädte in den größeren Städten und war Ausgangspunkt einer Hinterhofindustrie, die meist nicht in einem Zug, sondern in mehreren Umbauetappen entstand. Das folgende Beispiel aus der Wiener Vorstadt Schottenfeld belegt wesentliche allgemeine Elemente der Umwandlung des Manufakturhauses zur Hinterhofindustrie: den mehrfa-

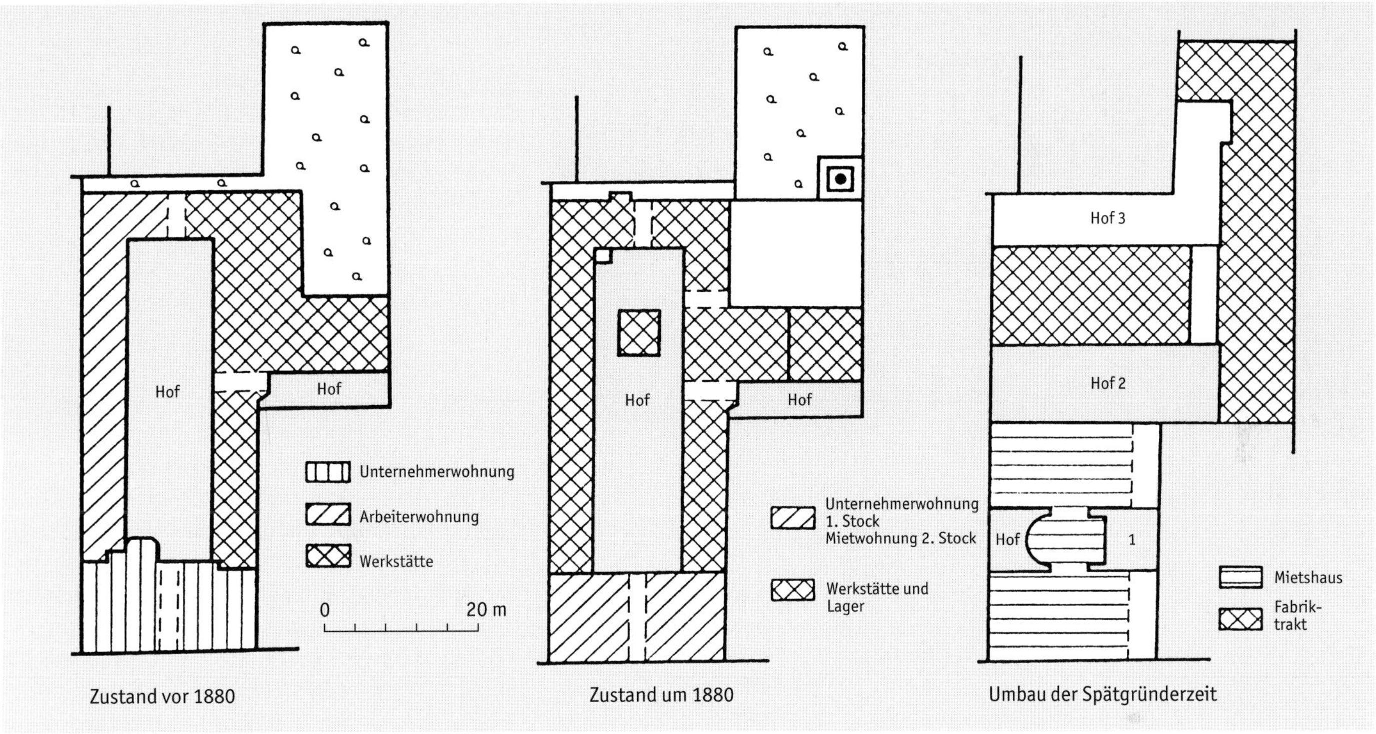

Abb. 7.17: Entwicklungsreihe vom Manufakturhaus zur Hinterhofindustrie

Abb. 7.18: Hinterhofindustrie mit drei Vorstadthäusern, Fabrikgeschoßbau auf ehem. Gartengrund, 1898, Wien

Abb. 7.19: Villa Hügel von Krupp, 1873

chen Betriebswechsel und Umbau an einem Standort, die Umwandlung der Unternehmerwohnung in ein Verwaltungsbüro und schließlich die Umwandlung des massiv gebauten Fabrikgebäudes in ein Wohnhaus (Abb. 7.17 und Abb. 7.18).

Der erste Bauplan aus der ersten Hälfte des 19. Jh.s weist ein aus vier einstöckigen Trakten bestehendes Gebäude aus. An der Straßenfront lagen die Wohnräume des Seidenfabrikanten, die beiden Hofflügel nahmen Arbeiterwohnungen und Magazine ein, im Hofquertrakt war die Werkstätte untergebracht. 1883 kaufte ein Kabelerzeuger das Gebäude. Er ließ den Gassentrakt niederreißen und zweistöckig neu aufbauen. Im ersten Stock desselben lag seine aus 10 Räumen bestehende Wohnung. Den zweiten Stock vermietete er an Wohnparteien, in den Seitentrakten brachte er in Zimmer-Küche-Wohnungen Arbeiter unter. 1914 erfolgte nach einem weiteren Besitzerwechsel ein kompletter Neubau. Es entstand ein Doppeltrakter mit bürgerlichen Mietwohnungen zur Straße hin und ein gleich hohes Fabrikgebäude im Hinterhof. Die Krise der Zwischenkriegszeit brachte dessen Aufteilung auf drei Betriebe. Am Ende des 20. Jh.s wurde das Fabrikgebäude in ein Wohnhaus mit Eigentumswohnungen umgebaut.

Im Vergleich zu Großbritannien ist zu betonen, daß die Hinterhofindustrie nicht gleichsam automatisch eine Deklassierung der Mietshäuser an der Straßenfront zur Folge hatte. Hierfür war der soziale Bauplan der Stadt entscheidend. Überall dort, wo die Stadtmitte die soziale Mitte geblieben war und die Nähe zum Stadtzentrum für Mittelschichten attraktiv blieb, wurden an den Straßenfronten Mittelschichthäuser errichtet, erstaunlich unbeeinflußt davon, ob im Hinterhof industrielle Produkte erzeugt wurden oder Miettrakte mit Kleinwohnungen für die Grundschichten der Bevölkerung lagen.

Die klassische randständige Industrie

Die klassische randständige Industrie hat ihre Wurzeln in den Anfängen der Eisenindustrie im 18. Jh., als Hammerherrenhäuser, Werkshallen und Arbeiterwohnhäuser einen Siedlungsverband bildeten. Die Dreiheit von Unternehmervilla, Fabrikgebäude und Arbeiterwohnhäusern als ein funktionell zusammengehöriger Komplex kennzeichnete den unverbauten Siedlungsraum außerhalb und am Rand der Städte im 19. Jh.

Ein berühmtes Beispiel einer Unternehmervilla mit dazugehörigen Werkssiedlungen bildet die Villa Hügel, welche von Alfred Krupp 1873 bezogen worden ist (Abb. 7.19). Mit dem Betrag, den er dafür aufwendete, hätte man eine Eisenhütte errichten können. Dem Typus des „aufgeklärten" Unternehmers entsprechend, hat Krupp mit der Errichtung der Villa gleichzeitig den Bau von 3000 Werkswohnungen für Arbeiter angeordnet.

Auf die Krupp-Siedlung Berndorf in Niederösterreich (vgl. S. 46 und Abb. 1.34) sei in diesem Zusammenhang ebenso hingewiesen wie auf das Beispiel der Fabrikstadt Saltaire, welche von 1859 bis 1872 bei Leeds vom gleichnamigen Unternehmer mit 820 Reihenhäuschen in engen Zeilen angelegt wurde.

Überall dort, wo derartige funktionelle Einheiten später von der städtischen Verbauung erreicht wurden, lösten sich die älteren Arbeitsbindungen auf, und es erfolgte eine Vergrößerung der Fabriken auf Kosten der umliegenden Wohnhäuser. Das Wohnpalais des Industriellen wurde in den Fabrikkomplex einbezogen, in ein Bürogebäude oder zu einem Mietshaus umgewandelt.

In der Hochgründerzeit traten mehr und mehr Aktiengesellschaften an die Stelle der Familienunternehmen. Der Unternehmerwohnbau fehlt daher meist bei der randständigen, z. T. bereits von anonymen Gesellschaften getragenen Großindustrie der Hoch- und Spätgründerzeit. Dafür gehörten gelegentlich Werkswohnungen zum Fabrikkomplex. Doch blieb in den Großstädten im Unterschied zu den Industrierevieren der Werkswohnungsbau eher unbedeutend. Hierin bildete nur Berlin eine Ausnahme.

Die räumliche Verbindung von Unternehmerwohnhaus und Fabrik findet man heute nur noch bei Mittelbetrieben im Stadtraum.

Abb. 7.20: Industriepark in den USA

Industrieparks

Den USA ist die Innovation der Industrieparks zu verdanken. Die ersten Prototypen entstanden in den USA schon gegen Ende des 19. Jh.s in der Nähe von Chicago. In größerer Zahl wurden Industrieparks aber erst nach dem Zweiten Weltkrieg angelegt. Bis 1940 gab es insgesamt 35 geplante *industrial estates* außerhalb von Kernstädten. Heute sind es nach Schätzungen mindestens 4000 (Holzner 1996).

Industrieparks sind geplante, von *developers* finanzierte Distrikte (Hartshorn 1992). Der Bebauungsplan wird von den betroffenen lokalen Behörden geprüft und muß Zufahrtsstraßen, Parkplätze und Grünflächen sowie genügend große Parzellen für die einzelnen Betriebe umfassen und geltenden umweltschonenden Richtlinien entsprechen. Flachbau ist in der Regel verbindlich (Abb. 7.20).

Diese neuen Fabriken in den Industrieparks mit den oft dazugehörigen (komplementären) Großhandels- und Lagerhauskomplexen gleichen äußerlich den Shopping-Malls und anderen kommerziellen Flachbauten von Suburbia. Sie haben das traditionelle Image von Fabriken abgestreift.

Die Industrieparks stellen einen wesentlichen Bestandteil im Prozeß der Dezentralisierung aller städtischen Funktionen in dem vom Individualverkehr bestimmten Wachstum von Suburbia dar.

Die neuen Industrien rekrutieren ihre Belegschaft aus Suburbia und nicht mehr aus den Kernstädten. Es handelt sich nicht mehr um Arbeiter im herkömmlichen Wortsinn, sondern um z. T. hochqualifizierte Personen. Diese erwarten adäquate Löhne und gute Schulen für ihre Kinder, aber auch einen kurzen Arbeitsweg mit dem eigenen Auto. Auf die Normvorstellung eines mittleren Pendelaufwands von 15 Minuten wurde bereits hingewiesen.

Viele Industrieparks in den Außenstädten sind heute multifunktionale Arbeitszentren. Sie enthalten neben Betrieben des verarbeitenden Gewerbes auch Großhandels-, Lagerungs- und Verteilungsbetriebe, Dienstleistungsunternehmen sowie Forschungs-, Marketing- und Datenverarbeitungsfirmen und eine Reihe von Erholungseinrichtungen verschiedener Art, die den gehobenen Bedürfnissen der in den modernen Industrieparks Beschäftigten entsprechen, wie z. B. Hallenbäder, Racquetball Courts, Fitneßcenter und Tennisplätze. Für die Erholung in der Mittagspause bietet der Great Southwest Industrial Park bei Dallas-Fort Worth, der bisher größte Industrie- und Office-Park Amerikas, z. B. sogar einen Golfplatz.

Im Verlauf des Suburbanisierungsprozesses sind die Industrieparks immer weiter von den Kernstädten in den peripheren suburbanen Raum vorgestoßen. Als Beispiel sei der Raum von Chicago angeführt, wo sich in den Jahren von 1970 bis 1990 die Arbeitsstätten im Einzelhandel noch in einer Entfernung von etwa 50 km vom Stadtzentrum von Chicago angesiedelt haben, während das verarbeitende Gewerbe den Hauptzuwachs an Arbeitsstätten in einer Entfernung von ungefähr 150 km in den neuen Industrieparks im mittleren Illinois und südlichen Wisconsin zu verzeichnen hatte.

Vom Kleinbüro zum Bürohochhaus

Die Entwicklung des Bürosektors

Die Informationsgesellschaft hat das Büro zur wichtigsten Arbeitsstätte gemacht und bisher nicht, wie vielfach angenommen, die Berufsarbeit zurück in die Wohnung gebracht. Bürogebäude dominieren in wachsendem Ausmaß die Stadtlandschaft und haben als Symbol in der gegenwärtigen städtischen Entwicklung die Fabrik ersetzt. Noch ausgeprägter als das Geschäft übergreift das Büro Wirtschaftssektoren und -klassen. Details über die räumliche Entwicklung des Bürosektors sind in den Kapiteln über die Citybildung und die dritte Dimension im Stadtraum nachzulesen.

Drei Elemente bilden bis heute den Grundstock des Bürosektors: Industriebüros, Banken und Büros der Angehörigen der freien Berufe. Der Textilsektor kann für sich in Anspruch nehmen, von den mittelalterlichen Fernhandelsstädten bis zu den staatlichen Großmanufakturen der Seidenproduktion und der Baumwollindustrie die führende Rolle im Niederlags- und später im Kontorwesen bis weit in das 19. Jh. innegehabt und bereits in vorindustrieller Zeit die Trennung von Büro und Wohnung vollzogen zu haben.

Ebenfalls ins Mittelalter zurück reichen die Anfänge des Bankwesens. Es entstand aus einem Bedarf an Münzwechsel, und in großen Städten hatten die Münzwechsler die besten Verkehrsstandorte in der Stadt, häufig am Roßmarkt, wie in Wien und Prag. Lombardische Städte begründeten das Bankwesen bereits im Hochmittelalter. Am Ende des Mittelalters kamen Giro- und Depositenbanken auf. Hafenstädte gingen mit der Gründung von Banken voraus (Venedig 1587, Amsterdam 1609, Hamburg 1619). Der Merkantilismus brachte unter staatlicher Förderung eine starke Entfaltung des Bankwesens. Zahlreiche Bankiers haben aber noch bis zur industriellen Periode zur Abwicklung der Geschäfte ihre Wohnungen benutzt.

Ebenfalls weit zurück reicht die Bedeutung der freien Berufe. Schon zu Beginn der Neuzeit waren Universität und Regierung die beiden Pole ihrer Existenz.

Die architektonische Verselbständigung von Wirtschaftsfunktionen des quartären Sektors begann in London bereits um die Mitte des 18. Jh.s, auf dem Kontinent in der ersten Hälfte des 19. Jh.s. Insgesamt ging der Aufschwung des Bankwesens der Steigerung und Rationalisierung der industriellen Produktion voran.

Die Etappen der Industrialisierung im 19. Jh. spiegelten sich im Auftreten von entsprechenden Niederlagen und Kontoren wider. Relativ spät vollzog sich die Trennung von Büro und Lagerhaltung.

Die zweite Industrialisierungsperiode mit Kohle, Stahl und Bahnbau brachte in den Gründerjahren die Zentralen der großen Montan- und Hüttenwerke in die City. Im großen und ganzen blieben im Verhältnis zu den zahlreichen differenzierten Niederlagen der Konsumgüterindustrie die Bürozentralen der Produktionsgüterindustrie bis zum Ausbruch des Ersten Weltkrieges von geringerer Bedeutung.

Ansonsten haben die Gründerjahre wesentlich zur Differenzierung des Bürosektors beigetragen. Der Finanzsektor fächerte sich durch das Auftreten von Versicherungen, Krankenkassen und Pensionsanstalten auf. Die Pressefreiheit des Jahres 1848 gab den Anstoß für den Aufstieg des Zeitungs- und Verlagswesens. Das Eisenbahnzeitalter brachte die Ansiedlung der Generaldirektionen der verschiedenen Bahngesellschaften. Die kapitalistischen Organisationsformen der Bautätigkeit lösten eine Gründungswelle von Bau- und Entwicklungsgesellschaften aus.

Eine verhältnismäßig späte Entwicklung kennzeichnet den Großhandel. Die Aufgabe des Großhandels, Sortimente von verschiedenen Fabriken zusammenzustellen und auf den Markt zu bringen, wurde – von der Textilsparte und dem Kolonialwarenhandel abgesehen – im wesentlichen erst nach dem Ersten Weltkrieg in Angriff genommen.

Seit der Zwischenkriegszeit trat auch verstärkt die Gruppe der „halboffiziellen Institutionen" auf den Plan. Sie übernahm eine Vermittlungsfunktion zwischen den monolithisch nebeneinanderstehenden Organisationssystemen von Privatwirtschaft, staatlicher Bürokratie und hohen

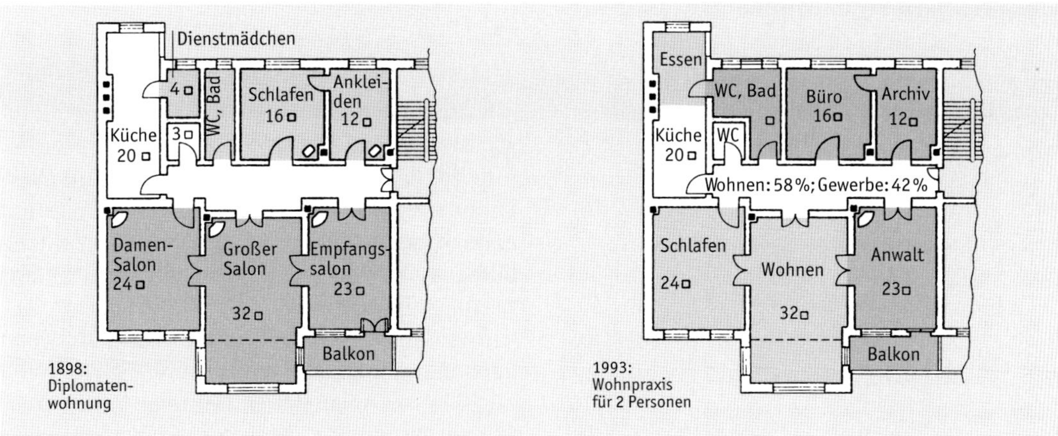

Abb. 7.21: Nutzung einer Großwohnung als Büro, Berlin

Schulen. Zu ihren Vorläufern in der Gründerzeit zählen verschiedene Körperschaften, Vereine und Verbände. In der Zwischenkriegszeit gesellten sich diverse Parteizentralen und Gewerkschaften hinzu. Der jüngste Trend wird in hohem Maße von Institutionen bestimmt, die sich im Grenzbereich zwischen Forschung, Politik und Wirtschaft bewegen und der sehr stark gestiegenen Nachfrage nach Grundlagenforschung entsprechen.

Das Informationszeitalter hat neue Entwicklungen gebracht. Eine sehr rasche Umschichtung und Erweiterung des Bürosektors ist im Gange. Halböffentliche Institutionen, Export- und Importunternehmen, Büros der Angehörigen der freien Berufe und hochspezialisierte Dienstleistungsbetriebe in Management, Marketing, Werbung und EDV expandieren.

Betriebs- und Erscheinungsformen

Von der Wohnung zum Büro

In Kontinentaleuropa ist bis heute die Masse der zahllosen Klein- und Kleinstbüros nicht imstande, sich vom Standort in Wohnhäusern zu emanzipieren. Daraus ergibt sich der charakteristische Prozeß der „Zweckentfremdung von Wohnhäusern", der bereits mit den Anfängen der Citybildung in den Großstädten der Frühen Neuzeit einsetzte und als Zwischenetappe zur Doppelnutzung führt (Abb. 7.21).

Grundsätzlich kam es wohl im Zuge der Industrialisierung zu einer räumlichen Sonderung der ursprünglich im Gewerbebürgerhaus alter Art zusammengefaßten Tätigkeiten. Diese erlangten ein neues bauliches Gehäuse in Form von Fabriken, Werkstättenhallen, Bürohäusern usw. und suchten sich überdies einen neuen günstigen Standort im Stadtraum. Eine derartige Entflechtung und Vereinzelung der verschiedenen Aktivitäten trat überall dort ein, wo eine entsprechende Betriebsvergrößerung erfolgte.

In zahlreichen Fällen blieben die Unternehmen zu klein, um sich mit hohen Neubaukosten belasten zu können, und nisteten sich an der Stelle von ehemaligen Wohnungen ein. Geschäfte besetzten das Erdgeschoß der Straßenfront. Büros mieteten sich im ersten und zweiten Stock des Straßentrakts ein. Citygewerbe, wie graphische Betriebe oder Bekleidungswerkstätten, nutzten die Hintertrakte und Kellerräumlichkeiten. Das aus der gedrängten Enge der umwallten mittelalterlichen Stadt vor allem im 19. Jh. in die neu eingemeindeten Vorstädte hinausgreifende Mietshaus wurde zum Schrittmacher dieser Entwicklung in weiten Teilen des geschlossen verbauten Stadtkörpers.

Es entstand daraus ein kontinuierlicher, bis in die Gegenwart reichender Prozeß der Dezentralisierung von verschiedenen, ursprünglich innenstädtischen Funktionen auf der Grundlage zweckentfremdeter Mietshäuser. Dieser reicht entsprechend der Stadtgröße verschieden weit in die Geschichte zurück. In Millionenstädten bilden die sich etappenweise ablösenden und überlagernden zentrifugalen Bewegungen des Gewerbes, des Einzelhandels, der Dienstleistungen, des Großhandels und schließlich der Hauptquartiere von Industrieunternehmen die Stadien in diesem Aussiedlungsprozeß aus dem Stadtkern; ein Vorgang, der in den anders strukturierten Metropolen Nordamerikas als Suburbanisierung bezeichnet wird.

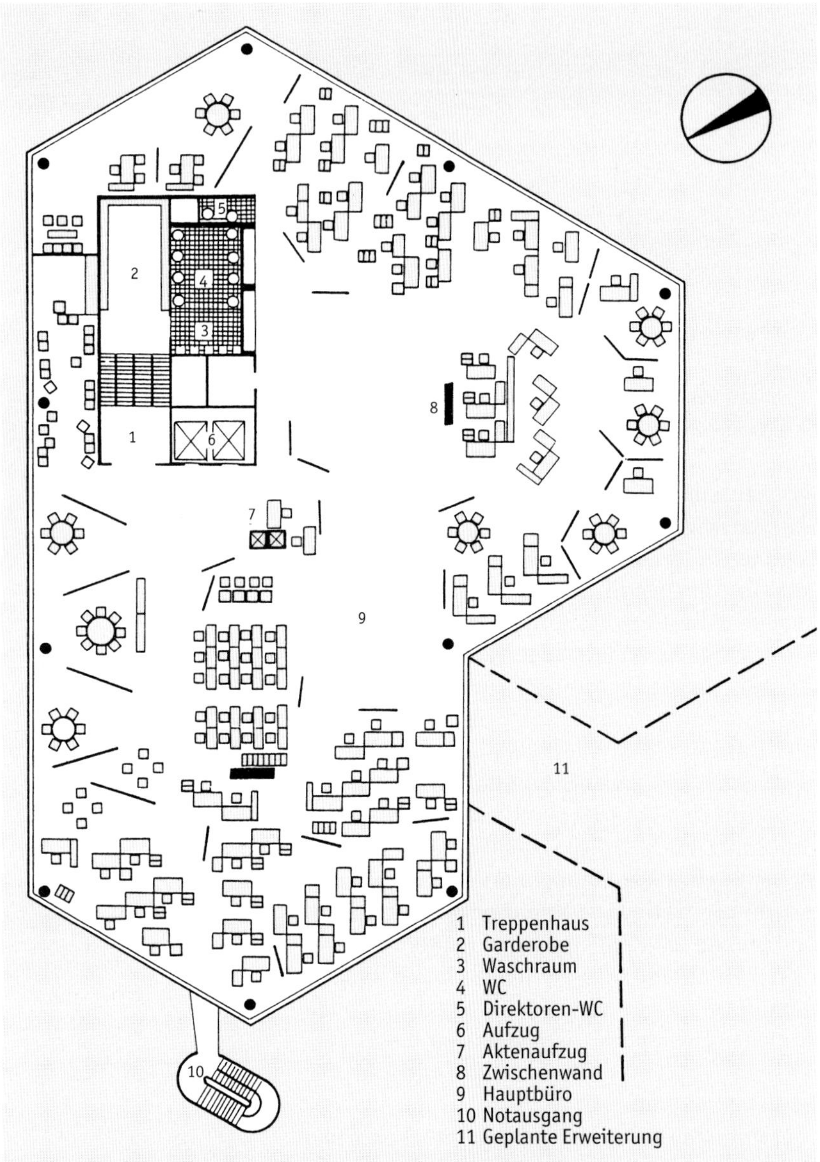

Abb. 7.22: Großraumbüro der 60er Jahre

Abb. 7.23: Flexibles Büro

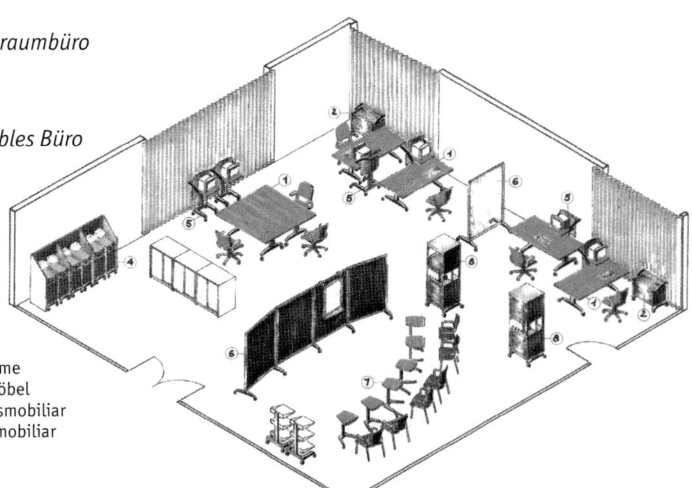

Es ist kaum bekannt, daß z. B. die Wiener Ringstraße, bei der die Planung keine Wirtschaftsfunktionen vorgesehen hatte, durch diesen Vorgang zum Standort der Industriebüros (mit annähernd 10 000 Beschäftigten in 370 Zentralbüros; 1991) und zum wichtigsten Bürostandort in Wien geworden ist.

In unterschiedlichem Ausmaß hat sich, wenn auch stark reduziert, die Einheit von Wohnung und Büro bei Angehörigen der freien Berufe (Ärzte, Rechtsanwälte, Notare, Architekten usw.) selbst in Großstädten erhalten.

Vom Bürogebäude zum Bürohochhaus

Die ersten „Bürogebäude" entstanden in London: 1726 das Gebäude der East India Company und 1732 die Bank von England. Versicherungsbauten folgten zwischen 1830 bis 1850, ebenso Börsen.

Die umstürzende Entwicklung zum Hochhaus erfolgte in Amerika, zuerst in der sogenannten Architekturschule von Chicago, welche ihre Führungsrolle dann an New York abgeben mußte.

Die technische Entwicklung hatte einige wesentliche Voraussetzungen: als erstes die Stahlkonstruktion mit seitlicher Stabilität sowie die Trennung der tragenden Konstruktion von der Ummantelung in Form von Vorhangswänden. In dieser Stahlskelett-Bauweise, auf deren Bedeutung für den Fabrikbau bereits eingegangen wurde, entstand 1885 als erster Bürobau das Home-Insurance-Building in Chicago.

Der erste Aufzug wurde 1857 in New York durch die Otis Elevator Company in einem Kaufhaus errichtet. Jedoch waren diese dampfgetriebenen Aufzüge noch sehr langsam und behinderten daher die Höhenentwicklung des Bürobaus. Eine Verbesserung brachten die hydraulischen Aufzüge. Auch sie waren nicht sehr schnell und bewältigten nur 50 Fuß in der Minute. Sie konnten daher nur Gebäude mit einer maximalen Höhe von 20 Geschossen bedienen. 1873 erhielt das 10stöckige Western Union Building in New York als erster Bürobau einen hydraulisch betriebenen Aufzug. Elektrisch gesteuerte Aufzüge wurden 1887 eingeführt. Sie beseitigten die Restriktionen hinsichtlich der Gebäudehöhe. Bis zum Beginn des 20. Jh.s hatte dieser Aufzugstyp bereits seine Leistungsfähigkeit bewiesen. 1908 wurde in New York das Singer-Gebäude mit 48 Geschossen errichtet. 1910 entstand der Metropolitan Life Insurance Tower mit 50 Geschossen nach dem architektonischen Vorbild des Campanile von San Marco in Venedig. 1913 folgte das Woolworth Building mit 57 Geschossen. Der Wettlauf um die Höhe begann. Die Krönung des „goldenen Zeitalters" des amerikanischen Wolkenkratzers in der Zwischenkriegszeit brachte 1931 das Empire State Building mit 102 Geschossen. Nach dem Zweiten Weltkrieg wurde diese Höhe nur mehr unwesentlich überschritten. Die Begrenzung liegt erneut im Aufzugsbau. 1971 entstand das World Trade Center mit 110 Stockwerken, einer Bürofläche von 230 acres, einer Kapazität für 50 000 Beschäftigte und 80 000 Besucher täglich. Dieses Wahrzeichen von New York wurde 2001 von der Stadt für 99 Jahre an einen Immobilienmagnaten vermietet und durch den terroristischen Akt vom 11. September 2001 völlig zerstört.

Aus diesem Detail ist der Zusammenhang des Bürohausbaus mit dem Immobilienmarkt ersichtlich. Banken und Versicherungsgesellschaften beteiligen sich an der Vorfinanzierung. Entwicklungsgesellschaften haben sich in Nordamerika auf den Wolkenkratzerbau spezialisiert und kontrollieren ihn, wie die Rockefeller-Gruppe in New York. In Europa sind Allianzen mit den Stadtverwaltungen im Stil der Private-public-Partnership die Regel.

Büroraumtypen

Die Organisation der Büroarbeit findet ihren Niederschlag in den räumlichen Strukturen der Büros. Drei Büroraumtypen unterscheiden sich grundsätzlich voneinander: die hierarchische Büroraumstruktur, die im allgemeinen öffentliche Bürobauten kennzeichnet, das fordistische Großraumbüro und das flexible Allroundbüro.

Die hierarchische Bürostruktur

Die Übertragung hierarchischer Ordnungsstrukturen auf die Anordnung, Größe und Ausstattung von Bürogebäuden entspricht den hierarchischen Weisungsvollzügen der staatlichen Administration und ist daher in den Verwaltungsbauten der öffentlichen Hand je nach deren Stellung innerhalb der staatlichen und städtischen Bürokratie breiter oder schmäler aufgefächert. Nach dem Dienstgrad festgeschriebene Größe und Ausstattung der Räume wurden schon im Verwaltungsaufbau der Staaten im 19. Jh. durch Verordnungen festgelegt, zu einer Zeit, als die Minister selbst noch komfortable Wohnungen in den Ministerien innehatten. Neuere Bauten weisen stets eine über Gänge erschlossene Zellenstruktur auf. Die Eckposition von Zimmern leitender Beamter oder Angestellter und das Vorhandensein von Vor- und Durchgangszimmern bei Führungspositionen sind noch aus dem repräsentativen Repertoire des Barockbaus übernommen. Nur in den letzten Jahrzehnten neu errichtete Objekte haben ebenso wie im Wohnungsbau funktionellen Prinzipien die Dominanz gegeben, so daß – analog zum „lean management" – die Abstufungen bei der Größe und Ausstattung der Räume reduziert worden sind.

Das fordistische Großraumbüro

Der Fordismus ist das Organisationsprinzip der industriellen Massenproduktion. Die danach strukturierten Großbüros sind arbeitsteilig gruppiert und mit symbolischen Trennwänden ausgestattet, welche die Gesamtübersicht über den Arbeitsprozeß jedoch nicht behindern (Abb. 7.22). Die Arbeitsplätze sind einheitlich ausgestattet. Das mittlere Management ist gruppiert, jedoch räumlich nicht getrennt, untergebracht.

Das flexible Allroundbüro

Analog zur Wohnraumschachtel ist das flexible Allroundbüro (Abb. 7.23) gestaltet, bei dem mit flexiblen Raumgliederungselementen aus Glas und Möbeln auf den organisatorischen Wandel rasch reagiert werden kann. Es entspricht dem Wandel der Arbeitswelt. Das Büro wird als Kommunikationsort und Basisstützpunkt für „nomadisierende Mitarbeiter" aufgefaßt. Neue Arbeitsformen wie Projektarbeit und Desk-sharing setzen sich im „neuen Arbeitsmodell" durch, ebenso nicht-territoriale Zonen. Sie lösen auch das Problem von immer öfter leerstehenden persönlichen Arbeitsplätzen, die unnötige Kosten verursachen. Wichtig ist die Schaffung neuer informeller Kommunikationsbereiche mit einem Anteil von rund 30 %, welche als Elemente des Un-

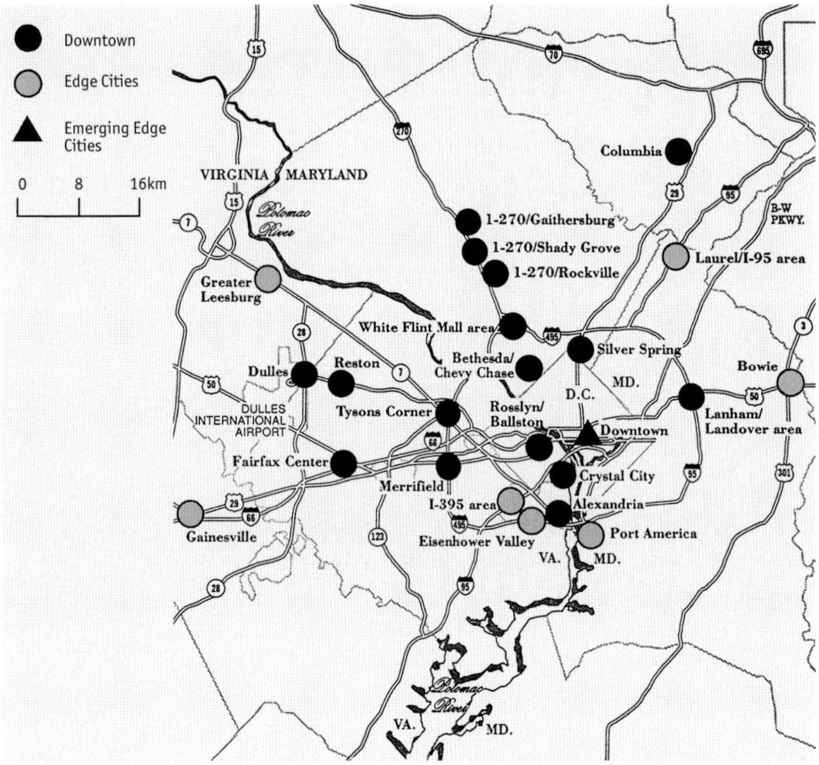

Abb. 7.24: Edge Cities in der Metropolitan Area von Washington

Abb. 7.25: Standorte der Büros in Wien 1993

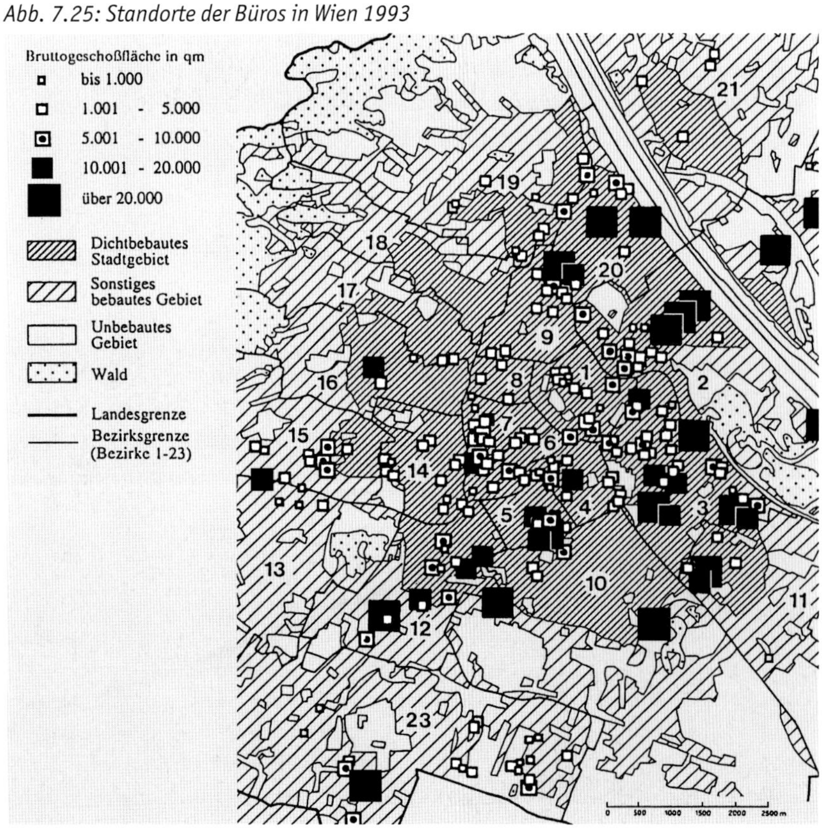

ternehmens zur Selbstdarstellung und zur Gewinnung einer „Corporate Identity" aufzufassen sind.

Der Bürosektor in den USA und in Europa

Der Bürosektor ist in Nordamerika ein Produkt der Wirtschaft. Einrichtungen der Regierung und der öffentlichen Verwaltung haben entsprechend dem liberalen Wirtschaftsstil wesentlich geringere Bedeutung als in Europa.

Im Unterschied zu Nordamerika steht der Bürosektor in den europäischen Städten auf drei historischen Pfeilern: den Einrichtungen der Regierung und Verwaltung, den Betrieben der Wirtschaft und den halböffentlichen Institutionen. Er weist eine breitere Palette auf und umfaßt in einzelnen sozialen Wohlfahrtsstaaten partiell selbst Banken und Versicherungen, Krankenkassen und Pensionsanstalten, Fernsehen, Rundfunk und Printmedien, Universitäten sowie Forschungseinrichtungen und schließt ebenso Teile des tertiären Sektors, darunter den Bildungs-, Sozial- und Rechtsbereich sowie den öffentlichen Verkehr, ein.

Bezüglich der räumlichen Einbindung des Bürosektors in die gebaute Kubatur der Städte bestehen gravierende Unterschiede zwischen Amerika und Europa (Abb. 7.24, Abb 7.25). Amerika ist der Trendsetter in der Globalisierung der Wirtschaft, in seinen Metropolen entstand in der Nachkriegszeit in den Downtowns die Wolkenkratzersilhouette.

Nahezu synchron mit der Errichtung des Sears Tower 1974 in Chicago begann 1975 in Detroit mit der Eröffnung des ersten Bürozentrums 20 km außerhalb des Stadtzentrums in Southfield durch die American Motors Corporation die Suburbanisierung des Bürosektors in den Metropolitan Areas als letztes Glied in der Kette der Suburbanisierung des Wohnens, der Industrie und des Geschäftslebens. Nach den Industrial Parks entstanden die *Office Parks* und die *Edge Cities*. Garreau dokumentierte 1991 die Neugründung von Bürostädten (Edge Cities) in den Metropolitan Areas. Das Beispiel von Washington belegt die Errichtung von 16 großen Außenstadtzentren in der amerikanischen Kapitale, von denen das größte, Tysons Corner, mit 2,3 Mio. m^2 Bürofläche nahezu doppelt so groß ist wie La Defénse in Paris. Unter der Voraussetzung analoger Entwicklungstendenzen müßte demnach Paris neben La Defénse ebenfalls noch weitere 15 ähnliche Sub-Cities aufweisen, Berlin zumindest 4 und München 3.

In Washington befanden sich 1990 nur noch 20 % der privatwirtschaftlich vermieteten Gesamtbürofläche in der Kernstadt, dagegen 80 % in den 16 großen Außenstadtzentren. Bereits 1990 lagen fast 60 % der privaten Bürofläche in den Metropolitan Areas in den Außenstadtzentren. Die Auswirkungen der Suburbanisierung auf die Downtowns waren katastrophal. Kontinentweit waren zu diesem Zeitpunkt über 25 % der Büroflächen in den Wolkenkratzern der Downtown nicht vermietet. Selbst im Nordosten und Mittelwesten, in den „corporate headquarter cities", betrug der Leerstand z. B. in Chicago 22 %, in Boston 20 %, in Philadelphia 17 % und in New York (Abb. 7.26) ebenfalls 17 % (Holzner 1996). Der Sears Tower wurde bereits 1988 verkauft und stand 1993 zu 30 % leer. Zu diesem Zeitpunkt hatte die Entstehung von neuen Downtowns am Rande der Metropolitan Areas bereits die Stufe der Halbmillionenmetropolen erreicht.

Die räumliche Verortung des Bürosektors in den europäischen Großstädten unterscheidet sich ganz wesentlich von Nordamerika. Drei Vorgänge laufen synchron ab:

1) Die Mobilisierung von Büroraumflächen im Althausbestand mittels Umwandlung von Wohnungen in Büros ist in allen kompakt gebauten Städten des Kontinents nach wie vor beträchtlich, und zwar trotz aller Restriktionen der Planung, welche bestrebt ist, die Wohnbevölkerung im Stadtkern zu erhalten. Sie betrug z. B. in Wien Mitte der 90er Jahre rund eine halbe Mio. m^2. Unter Zugrundelegung des US-Richtwerts von 18 m^2 pro Büroarbeitsplatz entspricht dies ca. 30 000 Arbeitsplätzen.
2) Die von der staatlichen Planung initiierte Errichtung von *Sub-Cities*, wie La Defénse in Paris, der City Nord in Hamburg oder der UNO-City in Wien, hat nur einen Bruchteil des neuen Bürobedarfs decken können.

Abb. 7.26: Hollowing of New York

Abb. 7.27: Lloyd, neuer Bürobau, London

3) Die Errichtung von Bürobauten durch Großkonzerne, u. a. der Computerbranche, bildet nur ein relativ bescheidenes Segment des Büroneubaus (Abb. 7.27).

Bis zum Beginn der 70er Jahre galt für die europäischen Städte die Aussage von der ruhigen, horizontalen Skyline. Sie trifft heute nicht mehr zu. Mit der Aufhebung der Bauhöhenrestriktion hat eine spekulative Errichtung von Wolkenkratzern begonnen, allerdings nicht wie in Nordamerika im Stadtzentrum, d. h. inmitten der Altstadt, sondern stets außerhalb, vielfach sogar in Abstand von dieser. London hat als erste Metropole in Europa Bürohochhäuser als Mietobjekte errichtet und hatte daher auch als erste das Problem der hohen Leerstände zu verzeichnen. Andere europäische Metropolen sind erst relativ spät gefolgt.

Die jüngste Entwicklung auf dem Wiener Bürosektor sei als Beispiel geboten.

Drei Vorgänge laufen synchron ab:

- Die Mobilisierung von Büroraumflächen im Althausbestand beträgt allein über die Printmedien mehr als eine halbe Million m^2 im Jahr. Dies entspricht unter Zugrundelegung des Richtwertes von 18 m^2 für einen Arbeitsplatz der räumlichen Unterbringung von rund 30 000 Arbeitnehmern.
- Die Errichtung von Bürobauten durch nahezu alle Großkonzerne des Computersektors, wie IBM, Hewlett Packard, ABB, Epson, aber auch Firmen wie General Motors dokumentiert, daß von Wien aus die neuen Märkte in Osteuropa betreut werden.
- Der spekulative Bürohochhausbau (darunter Millennium-Tower mit 202 m am Handelskai, derzeit vierthöchstes Gebäude Europas) entspricht der Internationalisierung des Immobilienmarktes und wird überdies durch die Munizipalregierung in Form der Einbringung einer sozialen Infrastruktur mit Schulen, Kindergärten und Subventionierung der Wohnungsmieten unterstützt.

Im Zeitraum von 1992 bis 1995 hat Wien mit rund 345 000 m^2 das Jahresmittel des Bürobauvolumens von Frankfurt in den 80er Jahren erreicht.

Bei einer Bürofläche von 6,5 Mio. m^2 unterscheidet sich Wien im räumlichen Muster des Büroneubaus von den deutschen Städten, allen voran Frankfurt, deutlich. Der Büroneubau hat in Wien zu keiner Akzentuierung des Citybereiches geführt. Vielmehr verteilen sich die neuen Bürobauten im Anschluß an U-Bahn-Stationen und Knoten des Straßensystems mehr oder minder gleichmäßig über den gesamten geschlossenen Stadtraum der Gründerzeit. Allerdings werden durch die jüngsten Bürotürme Akzente am Rande desselben gesetzt.

In den Metropolen der Transformationsstaaten ist, getragen von ausländischem Finanzkapital, ein Büroneubau sehr rasch in Gang gekommen. In Budapest wurden allein im Zeitraum von 1990 bis 1993 insgesamt 63 Bürohäuser mit einer Gesamtfläche von 300 000 m^2 im Bereich des gründerzeitlichen Stadtraumes in Eckpositionen des Hauptstraßennetzes errichtet. Ungarische Unternehmer vollziehen die zügige Umwandlung von Wohnungen in Büros, ein Vorgang, der in Budapest, anders als in Paris oder Wien, nicht durch Planungsrestriktionen behindert wird. Gleichzeitig kommt ihm die anhaltende staatliche Subventionierung der Privatisierung von Wohnungen zugute (Lichtenberger, Cséfalvay u. Paal 1994).

In mittelfristiger Zukunft schwierig abzuschätzen sind die Konsequenzen, welche sich durch die Privatisierung des staatlichen Bürosektors über Europa hinweg ergeben werden. Eine weitere Suburbanisierung des Bürosektors ist jedenfalls angesagt.

Im Hinblick auf die Suburbanisierung des Bürosektors ist derzeit in Kontinentaleuropa die Auslagerung bis zu den Trade Center bei internationalen Flughäfen fortgeschritten. Die Entwicklung von Edge Cities ist bisher nicht in Sicht.

Wozu braucht die Gesellschaft die Stadt?

„Die Großstadt soll der Individualität eine Umgebung sein."
Karl Kraus in „Die Fackel" (333, S. 9)

Zu Beginn des 21. Jh.s lebt mit 3 Mrd. Menschen die Hälfte der Erdbevölkerung in Städten. In diesem globalen Verstädterungsprozeß nehmen Stadt und Gesellschaft in der westlichen Welt eine Sonderstellung ein. Nur hier vollziehen sich Vorgänge der Verstädterung und der Entstädterung synchron. Nur hier ist daher auch die Frage berechtigt: Wozu braucht die Gesellschaft die Stadt?

Mit der Beantwortung dieser Frage wird auf ein Grundthema des Buches zurückgegriffen, nämlich auf die Abhängigkeit der Gesellschaft und der Stadt von den politischen Systemen. Es wird zum Abschluß nochmals die zentrale Leitfrage gestellt: Wird die Entwicklung von Gesellschaft und Stadt in Europa – wenn auch mit Abstand – der nordamerikanischen folgen?

Die Frage besitzt aktuelle Brisanz: Amerika ist der Trendsetter in der Globalisierung der Ökonomie. Amerika erzeugt immer neue innovative Elemente, welche sich im Städtesystem weltweit ausbreiten: Wolkenkratzer, *Mega-Malls*, *Event-Cities*, *Gated Communities*. Amerika ist der Trendsetter im Vorgang der Entstädterung, der Suburbanisierung und des *Urban Sprawl*, der Exurbanisierung. Seine Metropolen wurden durch das Entstehen von ethnischen Ghettoagglomerationen und zentralen Stadtwüsten, weiters durch die Ausschließung der „underclass" aus der Arbeitsgesellschaft und eine breite Palette von Erscheinungen der sozialen Desorganisation, von Obdachlosigkeit, Drogensucht, Kriminalität bis zu einem neuen Analphabetismus als jüngstem Phänomen, zu Problemfeldern ersten Ranges.

Die Beantwortung der Frage bedient sich der Konvergenztheorie. Das Aussagenspektrum der Vertreter einer Konvergenz der Entwicklung ist breit aufgefächert. Es verweist einerseits auf die Globalisierung der Technologien des Bauens, der Produktion, der Kommunikation und der Information, andererseits auf die anscheinend in einem ökonomischen Wachstumsmodell vorprogrammierte Abfolge der Gesellschaftssysteme in der weitgehend säkularisierten westlichen Welt: von der arbeitsteiligen Gesellschaft über die Konsumgesellschaft bis zur Freizeit- und Erlebnisgesellschaft hin.

Welche Argumente stehen den Verfechtern einer eigenständigen europäischen Entwicklung zur Verfügung? Es handelt sich im wesentlichen um drei Argumentationsstränge:

An erster Stelle stehen die politischen Effekte des sozialen Wohlfahrtsstaats und des Munizipalsozialismus, insbesondere die Basisideologie des sozialen Disparitätenausgleichs, die in Antisegregationsstrategien bei der Eingliederung von sozioökonomisch marginalen Gruppen und neuerdings von Migranten ihren Niederschlag findet. Hierbei bedient sie sich kommunaler Leistungen im öffentlichen Verkehr, im Spitals- und Schulwesen, im Wohnungsbau und in der Grünflächenpolitik.

An zweiter Stelle steht das ebenso schlichte wie schlüssige Argument, daß der Raum in Europa eine knappe Ressource darstellt, die im Verlauf des 21. Jh.s mit steigendem Flächenbedarf und steigenden Bodenpreisen zu einer noch knapperen Ressource werden wird. Ein Recycling der physischen Kubatur – im 20. Jh. bereits begonnen – wird im 21. Jh. zu einer selbstverständlichen Aufgabe werden. Ein „Wegwerfen von Raum als ubiquitäre Ressource" bei gleichzeitig enormer Energie- und Umweltvergeudung, wie dies im amerikanischen „Stadtland" praktiziert wird, ist nicht möglich.

An dritter Stelle steht das Bündel von Argumenten, welches sich mit den Persistenzen in der baulichen Gestalt der europäischen Stadt beschäftigt, mit der Zentrale-Mitte-Konzeption, mit den institutionellen Organisationen sowie den tradierten Normen und Verhaltensweisen der Bevölkerung, mit den Querbezügen zur Urbanität und zur Funktion öffentlicher Räume.

Festzuhalten sind ferner drei Faktoren, durch die sich in mittelfristiger Zukunft die Metropolen in den „Vereinigten Staaten von Europa" von denen der Vereinigten Staaten von Nordamerika unterscheiden werden:

1. Das legistisch abgesicherte historische Primat von Hauptstädten der Nationalstaaten bewirkt den Fortbestand klarer hierarchischer Strukturen im Organisationsaufbau des öffentlichen Sektors in der Stadt und in den jeweiligen nationalen städtischen Systemen.
2. Gleichzeitig wird jedoch die tradierte und bewährte Politik des Munizipalsozialismus zur Reduzierung sozialer Konflikte und Probleme in Koexistenz mit der ökonomischen Globalisierung ihre Bewährungsprobe bestehen.
3. Darüber hinaus werden die europäischen Metropolen als dritte Kraft bei den Entscheidungsgremien der EU in Brüssel neben den Nationalstaaten und internationalen Konzernen zunehmend in Erscheinung treten und sich im globalen Wettbewerb profilieren.

Die Ausführungen sind um zwei Gesichtspunkte zentriert:

- das politische Leitbild von Stadt und städtischer Gesellschaft sowie
- die neue Zuwanderung von Ausländern, deren potentielle Akkulturation und Integration.

Das politische Leitbild von Stadt und städtischer Gesellschaft

Die Skyline von New York ist durch die Tragödie des 11. September 2001 für lange Zeit in jedermanns Gedächtnis eingebrannt. Le Corbusier hat von dieser Skyline von New York gesagt, daß sie „eine Katastrophe" sei, aber „eine wunderbare Katastrophe". Amerika hat den Wolkenkratzer erfunden, die Selbstdarstellung von privatkapitalistischen Unternehmen in der Stadt, welche in Konkurrenz zueinander stehen und sich in der Höhe überbieten wollen. Eine Gesamtkonzeption der dritten Dimension für die Stadt fehlt. Die Silhouette der großen amerikanischen Metropolen wird durch die Ansammlung von „Kathedralen des Kommerzes" bestimmt.

Blenden wir nach Europa hinüber, so ist an die Wohntürme in Italien zu erinnern, von denen sich in San Gimignano noch 15 an der Zahl erhalten haben. Sie sind Artefakte der Urbanisierung der feudalen Landbesitzer, die ihre Wohnform, das Turmhaus, bereits im 10. Jh. in die Städte gebracht haben, nachdem sie hier zu Handelsherren und Bankiers geworden waren. Ihnen gehörte – analog zur griechischen Polis – das agrare Umland. In Florenz und Bologna hatten im 14. Jh. die Patrizier dieser Städte etwa 300 Wohntürme errichtet, die ebenfalls ohne übergeordnete Konzeption und ähnlich dicht nebeneinanderstanden wie die Wolkenkratzer amerikanischer Städte und von denen eine Anzahl nahezu 100 m Höhe erreichte. Die erstarkenden Stadtrepubliken erzwangen dann die Abtragung der Türme, um den inneren Frieden der Stadt herzustellen. Ein europäischer profaner Hochhausbau war damit zu Ende. Die dritte Dimension bestimmten weiterhin „die Wolkenkratzer Gottes", wie sie Le Corbusier genannt hat, nämlich die gotischen Kathedralen in der Stadtmitte.

Selbst der Absolutismus wagte es nicht, die vertikale Dimension der Stadt für sich zu beanspruchen. Er wählte die horizontale Breite als repräsentative Form. Frankreichs Städtebau entwarf den Stil des *grand design*. Zwar hat der Eiffelturm anläßlich der Pariser Weltausstellung den ersten Akzent für die technischen Möglichkeiten des 19. Jh.s in der Vertikalen gesetzt, doch hat sich bis herauf in die Nachkriegszeit an der ruhigen Skyline der europäischen Stadt nichts geändert. Zwei Weltkriege auf kontinentaleuropäischem Boden haben ökonomische Potentiale zerstört.

Erst in den 60er Jahren des 20. Jh.s hat wiederum Paris unter strikter Beibehaltung von kompakter Stadt und großem Stil mit peripher positionierten Wolkenkratzern – einschließlich des Cityausliegers von La Défense – europäische Maßstäbe für Städtebau und Stadtplanung gesetzt und die Tradition der Stadtmitte als soziale Mitte bewahrt.

Nun ist New York nicht der Prototyp der amerikanischen Metropolen. Nichtsdestoweniger hat diese kosmopolitische Kapitale für die „Polarisierungstheorie" der metropolitanen Gesellschaft Modell gestanden. Dieser Theorie gemäß muß sich die Schere zwischen dem vom Privatkapitalismus profitierenden Jet-set und der armen Grundschicht der Bevölkerung, welche im Wohnungs- und Schulwesen, im Verkehr und selbst in Sicherheitsfragen auf den öffentlichen Sektor angewiesen ist, zunehmend weiter öffnen. Dieses „sozialdarwinistische Gesetz" der Polarisierungstheorie setzt freilich voraus, daß der öffentliche Sektor in seinen sozialen Einrichtungen die Standards der Privatwirtschaft nicht halten kann, sondern niedrigere anbietet, wie dies auf das *social housing* und vor allem auf die *public schools* in den USA durchaus zutrifft, da sozioökonomischer Disparitätenausgleich als staatliche Aufgabe ideologisch unbekannt ist. Das Faktum des „neuen Analphabetismus" belegt die enormen Unterschiede zwischen öffentlichem und privatem Schulwesen in erschreckender Weise!

Die extensiven Schatteneffekte der nordamerikanischen Skylines lassen sich statistisch belegen: Die Ausdehnung von ethnischen Ghettos nimmt mit der Zahl der Wolkenkratzer in den USA signifikant zu.

Die Skyline von New York verbirgt darüber hinaus auch das antiurbane Leitbild der nordamerikanischen Gesellschaft. Dieses beruht auf der historisch-politischen Tatsache, daß das Vehikel der „bürgerlichen Stadtgemeinde" und des „Stadtbürgers" sowie die Prinzipien des aufgeklärten Absolutismus nicht aus Europa „importiert" wurden. Seit Präsident Jefferson hat daher eine antiurbane Ideologie die politischen Entscheidungen geprägt. Als Indiz dafür möge die staatliche Garantie für die Hypothekarkredite von Einfamilienhäusern während der Weltwirtschaftskrise der 30er Jahre dienen. Diese gab den Startschuß für den Produktionszyklus von Suburbia mit Einfamilienhäusern im Verein mit der Autoindustrie und dem Autobahnbau. Politischer Liberalismus, ubiquitäre Bodenressourcen und der durch keine Restriktionen eingeschränkte Individualverkehr bildeten und bilden weitere Voraussetzungen.

Lutz Holzner hat mit Recht auf die politisch-ideologischen Unterschiede im Demokratieverständnis zwischen den USA und der BRD hingewiesen. Das Demokratieverständnis der USA wird getragen von der Selbstverantwortung des Bürgers, der das Recht auf Leben und Freiheit, auf persönliches Glück, Besitz und Privatsphäre für sich beansprucht. „Der gute Mann steht allein" ist eine Basisphilosophie für die Person, „das gute Haus steht allein" läßt sich als Übertragung dieses Slogans in die Siedlungslandschaft von Suburbia formulieren. Anders als in Europa wurde die Stadt nicht zur sozialen Mitte der Gesellschaft.

Der Auszug der weißen Ober- und Mittelschichten aus der Kernstadt begann schon vor dem Ersten Weltkrieg, ab der Zwischenkriegszeit folgte die Industrie. Die Nachkriegszeit hat den Exodus des Geschäftslebens und der Büros gesehen. Zurückgeblieben sind urbane Wüsten und Megaghettos im Raum der einstigen Kernstädte. Stadterneuerung, seit den 60er Jahren immer wieder in Schüben mit neuen Programmen beginnend, hat nur die großen Metropolen erreicht, jedoch keine Breitenwirkung erzielt. Ausnahmen bestehen, sie bestätigen die Regel.

Der staatliche Zensus des Jahres 2000 untermauert die folgende Feststellung: Die amerikanische Mittelschicht braucht die Stadt nicht mehr. Sie lebt in Suburbia. Getragen von der enormen Mobilität der Bevölkerung bewegt sich die suburbane Aufschließungsmaschine hinein in den exurbanen Raum. Sie führt alle benötigten Einrichtungen, Arbeitsstätten, Schulen, Krankenhäuser, Sportplätze, Einkaufszentren und Vergnügungsstätten, mit sich bzw. schiebt diese sogar vor sich her und vernetzt sie weiter.

Dem Zensus ist zu entnehmen, daß die Entwicklung nunmehr bereits von der Exurbanisierung getragen wird, d. h., daß der außermetropolitane Raum mit 27 Mio. Wohneinheiten dabei ist, die Kernstädte einzuholen, auf welche nur mehr 32 Mio. Einheiten entfallen, was wenig mehr als einem Viertel des Wohnungsbestands entspricht, während 53 Mio. Wohneinheiten in den Suburbs registriert sind.

Der Begriff der Suburbanisierung wird auch für die europäische Stadtentwicklung verwendet. Eine Gleichsetzung des Vorgangs würde an grundsätzlichen Unterschieden vorbeigehen. Die amerikanische Suburbanisierung ist nämlich ein perfekt kapitalistischer, vom Immobilienmarkt, vom Renditedenken und von der Mobilität der amerikanischen Gesellschaft getragener Vorgang.

Das Einfamilienhaus ist der am besten vermarktete Konsumartikel der USA in einem ebenso perfekt vermarkteten Serviceumfeld. Es ist als gute Kapitalanlage im ökonomischen Denken fixiert und hat keine Funktion im Generationentransfer. Seine jeweilige Wahl entspricht dem Status im Lebenszyklus, dem beruflichen Prestige, dem Lebensstil und bei Familien der Qualität des Schulstandorts. Verglichen mit dem kontinentaleuropäischen, bisher überwiegend massiv gebauten Einfamilienhaus entspricht das amerikanische Einfamilienhaus mit seiner inzwischen auf 170 m^2 angestiegenen Durchschnittsfläche der Leichtestbauweise einer industriellen Massenproduktion. Es ist daher mit einem Durchschnittspreis von 108 000 US-$, das entspricht zwei bis zweieinhalb Jahreseinkommen, von den Interessenten sehr billig zu erwerben: Dies verglichen mit Europa, wo dafür zwischen fünf und zehn Jahreseinkommen erforderlich sind.

Zum Bedingungsrahmen des amerikanischen Einfamilienhauses gehört überdies die extrem hohe Mobilität der Bevölkerung. 1999 wechselte ein Sechstel der amerikanischen Bevölkerung den Wohnstandort, der bei den Berufstätigen vom Arbeitsstandort bestimmt wird. Die Pendelwanderung zwischen beiden Standorten wird vom Auto dominiert. Dabei ist es zu dem für Europäer außerordentlich überraschenden Phänomen gekommen, daß in den letzten zwei Jahrzehnten der zeitliche Pendelaufwand von rund einer halben Stunde auf 20 Minuten abgenommen hat! Hierzu hat die Einbeziehung aller Arbeitsstätten in den Suburbanisierungsvorgang in Wechselwirkung mit dem starken Vordringen der Frauen auf dem Arbeitsmarkt wesentlich beigetragen.

Staat und Wirtschaft wirken zusammen, um die suburbane Aufschließungsmaschine im Interesse der amerikanischen Wirtschaft in Gang zu halten. Einerseits ist das Einfamilienhaus mit einer Anzahlung von nur 5 % auch für untere Mittelschichten erschwinglich geworden, andererseits fördern die Steuernachlässe auf Hypotheken, welche mit deren Höhe zunehmen, die besser verdienenden Mittelschichten. Diese, den sozialen Wohlfahrtsstaaten Europas entgegengesetzte Strategie läßt sich statistisch belegen. So betrug 1999 das jährliche Durchschnittseinkommen der Hausbesitzer mit Hypotheken rund 60 000,– US-$, das der Hausbesitzer ohne Hypotheken nur 28 000,– US-$. Als jüngste Förderung ist die Kreditkartenaktion auf Hausbesitz anzusehen, welche auf den in den 90er Jahren im Durchschnitt um 177 % gestiegenen Hauspreisen beruht. Die höchste Wertsteigerung hatte mit 260 % Exurbia zu verzeichnen. Damit war eine Extensivierung der Aufschließung an der Peripherie des städtischen Feldes verbunden, insofern als die Durchschnittsgröße der Grundstücke von 0,33 acre (1 acre = 4047 m^2) in den Suburbs auf 0,75 acres in Exurbia angestiegen ist.

Der vom Immobilienmarkt und vom Renditedenken der Gesellschaft getragene Vorgang der Suburbanisierung und Exurbanisierung weist eine klare Logistik auf.

Das Einfamilienhaus ist nicht nur der wichtigste Handelsartikel des Binnenmarktes, sondern auch der Träger des lokalen Steuersystems. Während in Europa die Haus- und Grundsteuern nach dem Ersten Weltkrieg in den meisten Staaten auf bessere Anerkennungsgebühren gesunken sind und die Steuern die Arbeitsleistung und den Konsum belasten, beträgt die real estate tax rund 60 % des Budgets der amerikanischen Lokalbehörden. Ihre Höhe wird in Abhängigkeit vom Marktwert der Häuser jährlich festgelegt und beträgt im Durchschnitt 1,5 % desselben.

Je höher der durchschnittliche Wert der Eigenheime ist, desto mehr Aufwand kann in Hinblick auf die Qualität der Schulen bzw. des Polizeischutzes betrieben werden. Die Verknüpfung von Hauswert, Lokalsteuer und Schul- sowie Polizeiqualität entspricht dem gesellschaftlichen Leitbild von möglichst homogenen Nachbarschaften. Um den Kindern eine möglichst gute Ausbildung zu sichern, wird daher jede Familie denjenigen Suburb aufsuchen, den sie sich finanziell gerade noch leisten kann.

Mit der Immobilienökonomie ist über Fonds ferner die private Pensionsversicherung verknüpft. Dies erklärt auch das „immobilienmarktkonforme Verhalten" der Mittelschichten, das Eigentumsdenken ebenso wie das „Mitwandern" mit steigenden Boden- und Immobilienpreisen, während andererseits die „immobilen" unteren Bevölkerungsteile in den abgewohnten Gebieten zurückbleiben, dort, wo die Bodenpreise auf Null gefallen sind und es keinen Markt mehr gibt.

Seit Ende der 80er Jahre wird aus Angst vor der Rattengefahr die verfallene Bausubstanz im Anschluß an die Downtown der Wolkenkratzer flächenhaft geräumt. Es sind riesige, ungenutzte Freiflächen entstanden, welche gelegentlich – wie in St. Louis – dem sozialen Wohnungsbau zugewiesen werden. Die physische Beseitigung des Slums wurde somit aus hygienischen Gründen Ende des 20. Jh.s zu einer staatlich finanzierten Notwendigkeit. Die Beseitigung des gesellschaftlichen Slums ist ungelöst.

Im selben Zeitraum hat sich auch der Bedingungsrahmen an der urbanen Siedlungsfrontier verändert. Die schleichende Reduzierung der Zahl der Familien auf nur wenig mehr als die Hälfte der Haushalte – bei einer komplementären Zunahme der Kleinhaushalte – hat das Nachfrageprofil geändert. Die Bauwirtschaft reagierte mit einer Änderung der Bauformen, darunter *Gated Communities*, und den als *new urbanism* vermarkteten Condominiums in niedrigen, an kleinstädtischen Vorbildern orientierten Reihenhausanlagen und Geschoßbauten. Es handelt sich nicht um eine Rückkehr zur „Stadt", sondern um eine neue Variante von „Suburbia".

Privatkapitalismus und Staatskapitalismus bieten ein Kontrastprogramm für das Leitbild der Stadt und für die städtische Gesellschaft. Konträr zu Nordamerika benützte der ehemalige Staatskapitalismus die Stadt als Kontroll- und Steuerungsorgan seiner zentralistisch-hierarchischen Organisation, mit dem Argument, daß nur in der Stadt der „Fortschritt" zur klassenlosen sozialistischen Gesellschaft verwirklicht werden kann. Die zentralistische Planwirtschaft reglementierte die Bodenpolitik, die Wohnungspolitik und die Wirtschaftspolitik. Durch die Verstaatlichung von Grund und Boden wurde einerseits das Hindernis, welches Privateigentum für eine umfassende Planung darstellt, ausgeschaltet und andererseits auf eines der mächtigsten Instrumente der Bildung von Kapital, nämlich Bodenspekulation und steigende Bodenpreise, verzichtet. Gleichzeitig wurde den Munizipalbehörden das Danaergeschenk des verstaatlichten Mietshausbesitzes übergeben, für den aufgrund der viel zu niedrig bemessenen „sozialen Mieten" die Mittel für die Erhaltung fehlten. Dem großzügigen Umgang mit dem suburbanen Raum im nordamerikanischen Liberalismus entsprach ein großzügiger Umgang mit dem Stadtraum im Staatskapitalismus. Sowohl bei der Gesamtfläche einer Stadt als auch bei der Ausgrenzung von Nutzungen wurden stets Reserven einkalkuliert. Mittels extensiver Eingemeindungen betrieb man eine Vorsorgepolitik für künftiges Stadtwachstum. Diesem großzügigen Umgang mit Stadtfläche für staatliche und gesellschaftliche Einrichtungen stand jedoch andererseits eine äußerst sparsame Zuweisung von Wohnfläche an den einzelnen Haushalt gegenüber. Der private Raum unterlag insgesamt einem Minimierungsprinzip. Auch diese Aussage läßt sich im Privatkapitalismus umkehren, wo dem öffentlichen Raum, wenn man vom Verkehrsraum absieht, geringe Bedeutung zugemessen wird.

Zentralistische Zuteilungsstrategien und kollektive Denkschemata erzeugten eine rigoros arbeitende Stadtplanung, welche von staatlichen Finanzzuteilungen und gesamtstaatlichen Planungsnormen abhängig war. Die Vorgaben für die sozialistische Stadt waren: Eingemeindungen, die Errichtung von Prachtstraßen und Denkmalschutz im Stadtzentrum, U-Bahn-Bau, die Anlage von hierarchisch organisierten Großwohnanlagen und flächigen Industriearealen. Dem politischen System entsprachen massive Antisegregationsstrategien.

Eine Suburbanisierung im westlichen Sinne, nämlich in Form der Privatisierung des Wohnens, fehlte (von Polen und Ungarn abgesehen) bzw. wurde nur in Form des Zweitwohnungswesens toleriert, welches freilich eine flächenbeherrschende Bedeutung im Stadtumland erlangen konnte. Nur in den Großstädten war der Aufstieg über Bildung und der Zugang zum Kader der Funktionäre möglich. Dementsprechend besaß die Großstadtwanderung absolute Dominanz.

Grundsätzlich hat sich im Postsozialismus an der Stadtwanderung nichts geändert, doch hat die Transformation vom Plan zum Markt aufgrund der Liberalisierung des Immobilienmarktes und des Rückbaus des geschützten Wohnungs- und Arbeitsmarktes eine Bottom-up-Destabilisierung der Gesellschaft gebracht; dies nicht nur dort, wo die schlagartige Entindustrialisierung eine sehr hohe Arbeitslosigkeit bewirkt, sondern besonders in den Metropolen selbst, wenn diese als neue Zentren des internationalen Finanzkapitals und ausländischer Unternehmen den Verlust an Arbeitsplätzen kompensieren können.

Es ist erschreckend, feststellen zu müssen, daß sich die Polarisierungstheorie der amerikanischen Stadtforschung als zutreffend erweist. Sehr rasch ist eine neue plutokratische Oberschicht entstanden. Sie wächst zügig weiter, während andererseits die Hälfte der Gesellschaft, aus der kargen Sicherheit der Existenz entlassen, mit einer neuen Armut konfrontiert wird, aber auch mit einem Kriminalitätssyndrom, vor dem sich die „Besitzenden" durch Gating – ebenfalls analog zu Amerika – zu schützen versuchen.

Das Leitbild der europäischen Stadt in den sozialen Wohlfahrtsstaaten Europas läßt sich nicht auf derart einfache Aussagensysteme reduzieren, wie sie für die Vereinigten Staaten und die postsozialistischen Länder gemacht wurden. Das „Entweder-Oder" von Stadt und Suburbia, von Stadterneuerung und Stadterweiterung, ist in ein „Sowohl-Als auch" zu erweitern. Es umgreift sämtliche Bereiche. In kurzfristigem Wechsel, aber auch synchron wurden – entweder/oder bzw. und – öffentliche Verkehrsmittel und Autobahnen, Fußgängerzonen und Parkhäuser, Großwohnanlagen und Reihenhäuser gebaut sowie Stadterneuerung und Stadterweiterung betrieben; dies freilich mit sehr beachtlichen, historisch begründeten Nord-Süd- und West-Ost-Unterschieden.

Der Denkmalschutz hat über Europa hinweg die Erhaltung des historischen Kulturerbes legistisch verankert und eine Erneuerung der historischen Bausubstanz von Städten bewirkt.

Die kommerzielle großflächige Suburbanisierung nach dem nordamerikanischen Muster fehlt im Nachkriegseuropa. In weiten Teilen Europas, darunter in Frankreich, in Ostmittel- und Südosteuropa, erfolgte vielmehr eine chaotische Urbanisierung in Form von spontanen Kleinaufschließungen mit Einzelparzellen und vielfach unter Einsatz einer Selbstbauweise von Einfamilienhäusern. Beide Phänomene sind in Nordamerika unbekannt. Die kleinzügige territoriale Landkarte der Gemeindeautonomie fördert die kleinzügige Aufschließung und Verbauung. Phänomene der Unternutzung, der Extensivierung und des Brachfallens von Flächen sowie des Leerstehens von Objekten werden sehr rasch wahrgenommen und führen zu Gegenmaßnahmen von seiten der Behörden und der Bevölkerung.

Eine Besonderheit Europas bildet das Zweitwohnungswesen. Von der Villa des Römischen Reichs führt die Entwicklung herauf zur toskanischen Villa der Renaissance über die Sommerschlösser des kontinentaleuropäischen Adels in der Barockzeit bis zu den Landhäusern der bürgerlichen Gesellschaft im 19. Jahrhundert. In der Nachkriegszeit wurde durch den lange Zeit in mehreren Staaten praktizierten Mieterschutz, die Niedrigmietenpolitik und den staatlichen Wohnungsbau in den sozialistischen Ländern die Doppelung der Wohnstandorte mit der Arbeitswohnung im städtischen Mietshaus und dem Freizeitwohnsitz im ländlichen Raum (Datscha) mitsubventioniert.

Inzwischen hat sich das schichtenübergreifende Massenphänomen des „Lebens in zwei Gesellschaften" als neuer Lebensstil vom politischen Bedingungsrahmen emanzipiert und ist im Sozialprestige und in den individuellen Bedürfnissen breiter Bevölkerungsschichten verankert worden. Die Zweitwohnsitzperipherie um die großen Städte kann als das europäische Pendant zur Exurbanisierung in Nordamerika aufgefaßt werden. Westdeutschland bezieht eine Übergangsposition. Die Suburbanisierung der Wirtschaftsbetriebe ist über eine partielle Suburbanisierung bisher nicht hinausgekommen.

Die neue Zuwanderung von Ausländern und die ethnische Segregation

Die Zukunft von Gesellschaft und Stadt in der westlichen Welt ist einerseits vorprogrammiert durch den Alterungsprozeß und die fehlende Reproduktionskraft der jeweiligen „inländischen" Bevölkerung, und sie ist andererseits ungewiß hinsichtlich des Ausmaßes und der Herkunft der kontinentalen und interkontinentalen Zuwanderung von ausländischer Bevölkerung sowie deren Akkulturation und Integration.

Nordamerika ist der Modellfall für ein Einwanderungsland. Dort hatten die Städte bis herauf ins 20. Jh. die Funktion, die Zuwanderer in den „American way of life" einzuführen und zu integrieren. Dies ist ihnen im Hinblick auf die europäischen Zuwanderer auch zum Gutteil gelungen. Nicht gelungen ist es ihnen bei der Binnenwanderung der ursprünglich als Sklaven in den Plantagen des Südens arbeitenden Afroamerikaner.

Die heutigen Megaghettos der Afroamerikaner, welche für die andersfarbige Bevölkerung eine Terra incognita darstellen, gehen in ihren Anfängen auf staatliche Flächenausweisungen zurück, welche bis 1917 in Kraft waren. Bis 1948 war beim Verkauf von Land eine Erklärung erforderlich, daß dieser Verkauf an Weiße erfolgen würde. Bis 1949 hat auch die Zentralregierung die Wohnsegregation unterstützt. Erst 1964 verlangte das Civil-Rights-Gesetz eine „Equal Employment Opportunity Commission". Sie konnte sich jedoch nur auf den öffentlichen Arbeitsmarkt auswirken, so z. B. auf State Universities, State Hospitals usf. In diesem öffentlichen Sektor besteht bis heute die beste Aufstiegsschiene für Afroamerikaner. Die Parallele zu den über Bildung vermittelten Aufstiegschancen in der ständischen Gesellschaft des aufgeklärten Absolutismus Europas liegt nahe.

Für den Fortbestand und die Ausweitung der heutigen Megaghettos sind zwei Faktoren verantwortlich zu machen: erstens die Ablehnung des Konubiums, durch welche sich die weiße Bevölkerung der USA von derjenigen Lateinamerikas unterscheidet, und zweitens die ethnischen Diskriminierungsmechanismen des Immobilienmarktes. Die Verschlechterung der Verhältnisse begann mit der Suburbanisierung der afroamerikanischen Mittelschicht in den 60er Jahren. Die in der Kernstadt Zurückgebliebenen verloren ihre Eliten und Vorbilder. Die Spirale drehte sich seither kontinuierlich abwärts. Im August 2001 war auf der Webpage des Weißen Hauses ein nationales Programm zur Verbesserung des staatlichen Volksschulwesens angekündigt. Dieses war das Ergebnis einer Enquete, wonach 70 % der Kinder in der 4. Volksschulklasse der öffentlichen Schulen nicht lesen können. Damit wurde der Hintergrund der Entstehung einer „underclass", deren Mitglieder keine Chance haben, auf dem Arbeitsmarkt Fuß zu fassen, offengelegt. Zwei Drittel der afroamerikanischen Jugendlichen in den Kernstadtghettos kennen niemanden in ihrer Familie oder in der Nachbarschaft, der jemals einer Arbeit nachgegangen ist.

Neue Zuwanderungswellen nach dem Zweiten Weltkrieg haben Asiaten, vor allem Vietnamesen, aber auch Inder und Filipinos in die Kernstädte gebracht. Es sind Ghettokonglomerate entstanden, deren Größe mit der Wolkenkratzersilhouette der Metropolen korrespondiert.

Von entscheidender Bedeutung ist allerdings die Zuwanderung aus Lateinamerika geworden. Der Zensus 2000 registrierte in den USA 38 Mio. „Hispanics". Diese Zuwanderer bringen ihre Sprache und Kultur mit und haben in unglaublich rascher Zeit eine Zweiteilung der Vereinigten Staaten bewirkt, insofern als im Westen und in einem Südstreifen die Hispanics nach der „white population" bereits die zweitstärkste Gruppe bilden. In den Counties längs der mexikanischen Grenze und in einzelnen Counties von Florida besitzen sie bereits die Mehrheit. Auf der Homepage des Weißen Hauses kann inzwischen eine Version in spanischer Sprache angeklickt werden.

In kurzer Zeit ist es den zumeist in größeren Familien lebenden Hispanics gelungen, sich eine wesentlich bessere Position auf dem Immobilien- und Arbeitsmarkt zu verschaffen als die Afroamerikaner. Ersteren gilt – zum Teil zumindest – das Wohlwollen der weißen Mittelschicht, die den einstigen Slogan, der zunächst auf mittel- und westeuropäische Immigranten angewendet worden war, nämlich „they are more like us", nunmehr auf lateinamerikanische Zuwanderer übertragen. Die Hispanics füllen die Lücken des Geburtendefizits der weißen Bevölkerung und sie bedeuten ein Bevölkerungswachstum. Ihre Zuwanderung richtet sich vor allem auf die Metropolen und bewirkt eine Belebung des Geschäftslebens der großen Städte. Los Angeles ist hierfür ein eindrucksvolles Beispiel, wo von den katholischen Hispanics kürzlich der Grundstein zu einer neuen, großen Kathedrale gelegt wurde und die Downtown als Einkaufszentrum wiederbelebt worden ist. Es ist zu erwarten, daß diese hispanische Bevölkerung auch in anderen Metropolen neue, ganz wesentlich urbane Akzente setzen wird.

Derzeit ist es schwierig abzuschätzen, ob es den Hispanics in mittelfristiger Zukunft bei weiter anhaltender Zuwanderung und Kinderfreundlichkeit gelingen wird, Spanisch als Zweitsprache zu etablieren und damit eine neue Form eines bikulturellen Nebeneinanders zu schaffen. In der Weite des Raumes bewirkt diese hispanische Zuwanderung in die Metropolen bereits jetzt ein weiteres extensives Ausgreifen „weißer" Bevölkerung hinaus in den ruralen Bereich, nach Exurbia.

In den europäischen Städten gab es vor einem Vierteljahrhundert noch kaum ethnische Viertel. Diese Aussage bedarf zu Beginn des 21. Jh.s einer Revision. Eine neue Wanderungswelle hat auch Europa erreicht. Die europäische Zuwanderung hat freilich ein anderes Profil und andere Voraussetzungen als die Einwanderung in die USA. Sie erfolgt zu einem Zeitpunkt, zu dem eine europäische Identität fehlt und es kein „we are all Europeans" gibt. Überdies mangelt es an einer einheitlichen Immigrationspolitik der EU-Staaten, und schließlich gewinnt eine Festungsmentalität immer wieder die Oberhand, wobei die einzelnen Nationalstaaten eine unterschiedliche Politik mit kurzfristig sich ändernden Zielen betreiben.

Andererseits ist festzustellen, daß durch die Migration aus ehemaligen Kolonien und die Zugehörigkeit der Türkei zur NATO ungefähr die Hälfte der rund 20 Mio. Ausländer in der EU bereits dem Islam angehört, dessen Mitglieder im Unterschied zur ersten Gastarbeitergeneration und anders als die Zuwanderer aus den postsozialistischen Staaten sehr rasch kulturelle Symbole und Einrichtungen in den aufnehmenden Städten errichten und höhere Segregationsindizes erreichen als lokale Oberschichten. Eine breitere Akkomodation der muslimischen Zuwanderer ist derzeit nicht absehbar.

Der europäische Munizipalsozialismus hat stets Antisegregationsstrategien auf seine Fahnen geschrieben und außerordentlich viel in die Chancengleichheit der Ausbildung und der Wohnverhältnisse von Migranten investiert. In Hinblick auf die räumliche Verortung von islamischen Migranten sind derzeit zwei Strategien sichtbar, nämlich ein Hinausschieben in den suburbanen Raum, wie im Falle von Paris, bzw. eine Aufsplitterung in zahlreiche Standorte in Verbindung mit besonders massiven ethnischen Antisegregationsstrategien, wie in Wien.

Es ist keine Frage, daß die Akzeptanz von vermutlich mittelfristig nur sehr mühsam zu akkulturierenden Ethnien zum Prüfstein der europäischen Demokratien werden wird. Erschwert wird diese „Prüfung" dadurch, daß sich die neue internationale Migration aus anderen Kulturräumen zu einer Zeit vollzieht, in der ein Rückbau des umfangreichen „social overhead" in Sicht ist und sich die Bürger der sozialen Wohlfahrtsstaaten mit Sorge fragen, ob sie die knapper werdenden öffentlichen Güter und Dienste mit immer mehr ausländischen Zuwanderern werden teilen müssen. Die Ausländerfeindlichkeit hat in dieser Sorge eine wesentliche Wurzel und ist in allen europäischen Staaten zu finden.

Entsprechend der unterschiedlichen zahlenmäßigen Bedeutung der spezifischen Ethnien und der Individualität der europäischen Metropolen sind keine europäischen, sondern nur individuelle, stadtspezifische demokratische Lösungen möglich.

Abbildungsnachweise

Die Autorin hat sich intensiv bemüht, alle Inhaber von Abbildungsrechten ausfindig zu machen.
Mit * angegebene Personen und Institutionen, die möglicherweise Rechte an verwendeten Abbildungen beanspruchen, konnten nicht erreicht werden. Sie werden gebeten, sich nachträglich mit der Autorin in Verbindung zu setzen.

Abkürzung: E. L. = Photo: Elisabeth Lichtenberger

Von der griechischen Polis zur Neuen Stadt

1.1: Turmbau zu Babel und Hochbau von 1900. *Rimbert 1973, S. 94; Wingo 1966, S. 123.**
1.2: Akropolis, Gesamtsicht 1978. *E. L.*
1.3: Plan von Milet, Hippodamos, 5. Jh. v. Chr. *Benevolo 1993, S. 146 (campus, Frankfurt/New York).*
1.4: Amphitheater, Pula, 1982. *E. L.*
1.5: Rom zur Kaiserzeit (Modell). *Benevolo 1993, S. 185 (campus, Frankfurt/New York).*
1.6: Rom, Colosseum und Konstantinsbogen, 1982. *E. L.*
1.7: Aquädukt in Segovia, 1978. *E. L.*
1.8: Trier, Porta Nigra, 1989. *E. L.*
1.9: Trier, römischer und mittelalterlicher Grundriß. *Schröder-Lanz 1984, S. 3.*
1.10: Split, Stadttor, 1985. *E. L.*
1.11: Palast des Kaisers Diokletian in Split. *Benevolo 1993, S. 265 (campus, Frankfurt/New York).*
1.12: Ansicht von Siena, 1340. *E. L.*
1.13: Wien, Stephansdom, 1770. *Lichtenberger 1977, Einband.*
1.14: Carcassonne, Frankreich. *E. L.*
1.15: Die Prager Altstadt um 1230. *Lichtenberger 1993, S. 32.*
1.16: Die Prager Städte unter Karl IV. *Lichtenberger 1993, S. 36.*
1.17: Prager Altstadt, Ring. *Lichtenberger 1993, S. 46.*
1.18: Prag, Teynkirche. *Stankova et al. 1991, S. 44.**
1.19: Stadtzentrum von San Gimignano. *Fazio 1980, S. 14.**
1.20: Romanischer Wohnturm in Segovia, 1978. *E. L.*
1.21: Historische Wohntürme in Prag. *Stankova et al. 1991, S. 26.**
1.22: Dürer: Stadtplan mit zentralem Schloß (1527). *Jürgen Hotzan: dtv-Atlas Stadt. Mit Graphiken von F. Urich, J. Schreiber, W. Wildermuth, 1994, Deutscher Taschenbuch Verlag, München, S. 36.*
1.23: Stadtplan von Mannheim. *Gruber 1983, S. 142.*
1.24: Stadterweiterungen in Turin im 17. und 18. Jh. *Benevolo 1993, S. 741 (campus, Frankfurt/New York).*
1.25: Sozialräumliche Gliederung von Wien um 1770. *Lichtenberger 1984a, S. 187.*
1.26: Wien um 1770, gotische Bürgerhäuser und barocke Adelspaläste. Vogelschau der Innenstadt Wien 1785 (J. D. v. Huber). *Lichtenberger 1984a, S. 178.*
1.27: Wiener Vorstädte, 1785. *Lichtenberger 1984a, S. 181.*
1.28: Graben in Wien um 1715. *Lichtenberger 1977, Abb. 9.*
1.29: Paris, Louvre gegen Westen, 2000. *Cameron u. Salinger 2000, S. 25.*
1.30: Versailles, 2000. *Cameron u. Salinger 2000, S. 153.*
1.31: Eine „christliche" Stadt, 1440. *Benevolo 1993, S. 796 (campus, Frankfurt/New York).*
1.32: Eine „industrialisierte" Stadt, 1840. *Benevolo 1993, S. 796 (campus, Frankfurt/New York).*
1.33: Die Gartenstadt von Howard, *1902. Lichtenberger 1998b, S. 195.*
1.34: Krupp-Gründung Berndorf, Niederösterreich. *BM f. Wissenschaft u. Forschung (Hg.) 1990, S. 11.*

Aktuelle Stadtentwicklung und politische Systeme

2.1: Frankfurt, Hochhaussilhouette 1990. *G. Marth, Praxis Geographie 1/1990.**
2.2: Paris, La Défense von Westen, 2000. *Cameron u. Salinger 2000, S. 110.*
2.3: Atlanta um 1970. *E. L.*
2.4: Toronto, Luftbild, 1954. *E. L.*
2.5: Toronto, Luftbild, 1968. *E. L.*
2.6: Sun City. *Lichtenberger 1986, S. 388.*
2.7: Planung und chaotische Urbanisation, Frankreich. *Lichtenberger 1984b, S. 33.*
2.8: Prozesse der Stadtentwicklung in Nordamerika und den postsozialistischen Staaten. *Lichtenberger 1998b, S. 286.*
2.9: Philadelphia, Luftbild, 1970. *E. L.*
2.10: Verfallende Wohngebiete in Philadelphia, 1981. *Lichtenberger 1998b, S. 288.*
2.11: Sozialer Wohnungsbau im Cityrandbereich, St. Louis, *Schneider-Sliwa 1999, S. 44 (Alex McLean).*
2.12: Halle-Neustadt, geplantes Stadtzentrum, ehem. DDR. *Lammert 1979, 132.*
2.13: Großwohnanlage, Chemnitz, ehem. Sitz der SED in der DDR, 1996. *E. L.*

Stadträume

3.1: The Town (Victor Servanck, 1922). *Lowdon 1966, S. 123.*
3.2: New York in Las Vegas. *Becker 1999, S. 472.**
3.3: Die Zugänglichkeit der Stadtmitte. *Lichtenberger 1998b, S. 103.*
3.4: Salzburg mit Hohensalzburg, 1998. *E. L.*
3.5: Stockholm, Altstadt, 1980. *E. L.*
3.6: Alberobello, Süditalien, 1978. *E. L.*
3.7: Philadelphia, Denkmalschutz, 1970. *E. L.*
3.8: Washington, denkmalgeschützter Bau, von Park- und Bürohäusern ummantelt. *Schneider-Sliwa 1996b, S. 296.*
3.9: Posen, wiederaufgebauter Hauptplatz mit Rathaus, 1982. *E. L.*
3.10: Warschau, Hauptplatz, Zeichnung Karger. *Karger 1985, S. 75.*
3.11: Warschau, Königsschloß, Zeichnung Karger. *Karger 1985, S. 75.*
3.12: Warschau, Stadtmitte, Zeichnung Karger. *Karger 1985, Titelblatt.*
3.13: Prag, Karlsbrücke mit Veitsdom und Hradschin (alte Banknote). *Lichtenberger 1993, S. 9.*
3.14: Die Prager Städte um 1770 und der gegenwärtige Denkmalschutz. *Lichtenberger 1993, S. 43.*
3.15: London, Innenstadt, 1980. *Cameron u. Cooke 1980, S. 103.*
3.16: Paris, Innenstadt, 1986. *E. L.*
3.17: Wiener Innenstadt vom Stephansdom 1996. *Lichtenberger 1997, S. 210.*
3.18: Grazer Innenstadt vom Schloßberg 1997. *Lichtenberger 1997, S. 210.*
3.19: City einer kleinen Großstadt. *Lichtenberger 1998b, S. 221.*
3.20: City einer Halbmillionenstadt. *Lichtenberger 1998b, S. 222.*
3.21: Die räumliche Struktur der Wiener City. *Lichtenberger 1998b, S. 223.*
3.22: Rotterdam, Beursplein, Einkaufswelt. *The Jerde Partnership International Inc., März 2001; Christian Richters.*

3.23: Budapest, West-Ost-Trade-Zentrum, 1990. *Lichtenberger et al. 1994, Tafel II.*
3.24: Budapest, Donaufront von Pest, 1995. *E. L.*
3.25: Budapest, Cityschema. *Lichtenberger 1995, S. 148.*
3.26: Der Kreml in Moskau. *Marx u. Karger 1997, S. 87.*
3.27: Moskau, Roter Platz mit Basilius-Kathedrale. *Hürlimann 1972, S. 66f.* *
3.28: Moskau, Eingang zum GUM. *AW Architektur u. Wettbewerb 1996, S. 8 (RTKL Assoc. Inc., Dallas).**
3.29: Turmhaus an der Moskwa, Wohnungen und Büros. *Hürlimann 1972, 23.*
3.30: Detroit, polnisches Viertel, 1970. *E. L.*
3.31: Das Ghettokonglomerat in Chicago. *Lichtenberger nach US-Zensus 1981, 1998b, S. 263.*
3.32: Verschiebung eines Hauses in Chicago. *Mayer u. Warde 1969, S. 96.* *
3.33: Burnhams städtebaulicher Entwurf für Chicago, 1909. *Mayer u. Warde 1969, S. 280.* *
3.34: Karte der Innenstadt von Detroit mit Ruinen, 2001. *Lowell Boileau, www.atDETROIT.com/web, März 2001.*
3.35: Detroit, The Model T Plant 2001. *Lowell Boileau, www.atDETROIT.com/web, März 2001.*
3.36: Detroit, Ford Model T und Model S, 2001. *Lowell Boileau, www.atDETROIT.com/web, März 2001.*
3.37: Sprengung des Hudson's Department Store, Downtown Detroit, 2000. *Lowell Boileau, www.atDETROIT.com/web, März 2001.*
3.38: Detroit „People Mover" fährt um Ruinen, 2001. *Lowell Boileau, www.atDETROIT.com/web, März 2001.*
3.39: Los Angeles, Downtown, Viertelsgliederung. *University of Southern California, www.usc.edu/dept/geography/losangeles/lawalk.*
3.40: Los Angeles Theater, 2000. *Curtis C. Roseman, University of Southern California, www.usc.edu/dept/geography/losangeles/lawalk.*
3.41: Los Angeles, Wall Street, Einzelhandel 1999. *Curtis C. Roseman, 1999, University of Southern California, www.usc.edu/dept/geography/losangeles/lawalk.*
3.42: Los Angeles, neues County-Gefängnis, 2000. *Geoff De Verteuil, University of Manitoba, www.usc.edu/dept/geography/losangeles/lawalk.*
3.43: Los Angeles, Union Rescue Mission, 2000. *Geoff De Verteuil, University of Manitoba, www.usc.edu/dept/geography/losangeles/lawalk.*
3.44: New Downtown, Library Tower, 2000. *Geoff De Verteuil, University of Manitoba, www.usc.edu/dept/geography/losangeles/lawalk.*
3.45: Los Angeles, Queen of Angels Church, 2000. *Curtis C. Roseman, 2000, University of Southern California, www.usc.edu/dept/geography/losangeles/lawalk.*
3.46: Brachflächen am Stadtrand in den USA (Jacksonville, Illinois). *Lichtenberger 1998b, S. 120.*
3.47: Grüngürtel und „Overspill" von Satellitenstädten in Ottawa. *Lichtenberger 1998b, S. 122.*
3.48: Grüngürtel in Wien. *Lichtenberger 1993, S. 112.*
3.49: Walderholungsgürtel von Moskau. *Lichtenberger 1998b, S. 123.*
3.50: Hieroglyphe für „Stadt". *Lichtenberger 1998b, S. 30.*
3.51: Nachbarschaftseinheit nach C. Perry. *Perry 1929.*
3.52: La Defénse in Paris, Luftbild, 2000. *Cameron u. Salinger 2000, S. 110.*
3.53: Wien an der Donau. *Lichtenberger 1997, S. 254.*
3.54: Wien, UNO-City, 1999. *E. L.*
3.55: London, Docklands, 2001. *E. L.*
3.56: Universal City Walk, Los Angeles, 2001. *The Jerde Partnership International Inc., März 2001; Stephen Simpson.*

Determinanten und Leitbilder

4. 1: Die monotone Vielfalt der neuen Städte, Frankreich. *Duby 1985, S. 224.* *
4. 2: Transamerica-Tower, San Francisco, 1988. *E. L.*
4. 3: Durchgänge in der Wiener Altstadt, 19. Jh. *Lichtenberger 1977, S. 151.*
4. 4: Galeriendurchgang in Mailand, 1995. *E. L.*
4. 5: Durchgang in Sevilla, 1980. *E. L.*
4. 6: Mostar vor dem Bürgerkrieg, 1985. *E. L.*
4. 7: Schema zum Aufbau der komplexen Zellenstruktur der maghrebinischen Stadt. *Bianca 1991, S. 49.*
4. 8: Tiefblick auf Innenhofhäuser in Sevilla in Südspanien, 1970. *E. L.*
4. 9: Die Privatisierung des öffentlichen Raumes in den USA. *Lichtenberger 1998b, S. 185.*
4.10: Rentnersiedlung in der Nähe von Fort Myers, Florida. *Glasze 2001, S. 42.*
4.11: Gated Freizeit-Community, Kanada. *Stadel 2000, S. 200.*
4.12: Bewachte Toranlage in Coral Gables Estates, Kernstadt Phoenix. *Frantz 2001, S. 13.*
4.13: Airpark Estates, Carefree, Metro-Phoenix. *Frantz 2001, S. 15.*
4.14: Gated Community, Warschau, 2001. *Pütz 2001.*
4.15: Sacred places. *Rapoport 1983, S. 42 (Sage Publications, Inc).*
4.16: Berlin, BROEBES' Entwurf für den Schloßplatz mit Königsstraße und Tor nach Entwurf von DE BODT 1701. *Schinz 1964, S. 84.* *
4.17: Englische Reihenhausverbauung, 1895. *Benevolo 1993, S. 818 (campus, Frankfurt/New York).*
4.18: New York, 1811, Doppeldecker-Mietshäuser. *Plunz 1990, S. 12.*
4.19: Otto Wagner: Planungsschema für den 22. Wiener Bezirk, 1911. *Lichtenberger 1998b, S. 192.*
4.20: Le Corbusier: La ville contemporaine. *Lichtenberger 1998b, S. 193.*
4.21: Wohnpark Alterlaa, Wien. *Lichtenberger 1997, S. 219.*
4.22: Entwicklungsschema von Technologien. *Lichtenberger 1998b, S. 209.*
4.23: Suburbane Entwicklung Oakland Bay, Kalifornien 1980. *Cameron u. Caen 1986, S. 85.*
4.24: Holzfertigbau eines Einfamilienhauses, USA, 1988. *E. L.*
4.25: Sozialer Wohnungsbau in Katowice, 1993. *E. L.*
4.26: Eingemeindungen, Neubaustandorte und U-Bahn-Linien in Prag, 1991. *Lichtenberger 1993, S. 107.*
4.27: Das Wachstum der Stadtfläche in Abhängigkeit vom öffentlichen Personennahverkehr. *Lichtenberger 1998b, S. 214.*
4.28: Moskau, U-Bahn-Netz. *Robert Schwandl, metroPlanet, www.metropla.net, März 2001.*
4.29: Verkehrsflächen in Los Angeles. *Doxiadis 1966, S. 31.*
4.30: Fußgängerstraßen in Kopenhagen. *Davies and Champion 1983, S. 232.*

Die Anatomie der Stadt

5. 1: Ausschnitt aus dem Plan von Paris, 1873. IGN, *Hachette 1873.* *
5. 2: Tiefblick auf das „Kaiserforum" in Wien. *Lichtenberger 1997, S. 24.*

5. 3: Ringstraße: Parlament, Rathaus, Universität. *Bobek u. Lichtenberger 1966, S. 112f.*
5. 4: Sozialgeographie der Ringstraße, Wien, 1910. *Lichtenberger 1997, S. 26.*
5. 5: Die Berliner Stadterweiterung zur Zeit Friedrichs des Großen. *Lichtenberger 1970, S. 202.*
5. 6: Berlin, Checkpoint Charlie, 1995. *E. L.*
5. 7: Berlin, Luftbild, Mauerbereich im Jahr 2000. *Luftbildkarte v. Berlin 1:5000 (LBK5-S, Blatt 423C), Senatsverw. f. Stadtentwicklung Berlin.*
5. 8: Sony Center am Potsdamer Platz, Berlin. *Sony Berlin GmbH.*
5. 9: Savannah, Schachbrettschema (Internet), 2000. *www.savannahnow.com, 8. April 2000.* *
5.10: Werkssiedlung auf Langstreifen, Tell el Amarna, Ägypten. *Brödner 1989, S. 279.*
5.11: Hintergasse mit Infrastruktur, Vancouver 1970. *E. L.*
5.12: Feuerstiegen, Downtown Chicago, 1994. *E. L.*
5.13: Sackgassen, Altstadt, Teheran. *Seger 1978, S. 35.*
5.14: Das hierarchische Sackgassensystem der orientalischen Stadt. *Wirth 1983, S. 420.*
5.15: Reorientalisierung eines römischen Schachbrettgrundrisses. *Bianca 1979, S. 97.* *
5.16: Schrittweise Umwandlung einer römischen Kolonie in eine islamische Stadt. *Kostof 1992, S. 49 (campus, Frankfurt/New York).*
5.17: Die Umformung vom Radial- zum Schachbrettschema in Circleville, Ohio, 1837–1852. *Reps 1965, S. 490.*
5.18: Überlagerung eines orientalischen Straßennetzes durch Boulevarddurchbrüche. *Ahrens 1965, S. 50 (Westdeutscher Verlag).*
5.19: Abriß und Umgestaltung von Bernau, ehem. DDR. *Schöller 1986, S. 35 (Franz Steiner, Stuttgart).*
5.20: Römische Gruma nach Vitruv. *Benevolo 1993, S. 250 (campus, Frankfurt/New York).*
5.21: Plan von Barcelona (1858) von Cerda. *Kostof 1992, S. 152 (campus, Frankfurt/New York).*
5.22: Baublöcke in Paris, New York und La Ville Radieuse. *Benevolo 1993, S. 912 (campus, Frankfurt/New York).*
5.23: Wien, Denkmalschutz, Spittelberg (VII. Bezirk). *Lichtenberger 1990b, S. 150.*
5.24: Wien VII, Durchbruchsgassen und Baublöcke mit Hof- und Seitenflügelhäusern. *Lichtenberger 1990b, S. 151.*
5.25: Wien IV, „Planquadrat“ mit Park. *Lichtenberger 1990b, S. 153.*
5.26: Budapest, „Herzeige“-Block 15, 1993. *Lichtenberger et al. 1994, S. 55.*
5.27: Etappen von Straßendurchbrüchen, Paris. *Riquet 1967, S. 148.*
5.28: Straßenwahrnehmung: Fußgänger vs. Autofahrer. *Claval 1981, S. 450.*
5.29: Das Image von Boston. *Lichtenberger 1998b, S. 133.*
5.30: La place de Vendôme von Ludwig XIV. in Paris. *Benevolo 1993, S. 712 (campus, Frankfurt/New York).*
5.31: Siena, Piazza del Campo mit Rathaus, 1998. *E. L.*
5.32: Siena, Plan der Piazza del Campo, 1997. *E. L.*
5.33: Rom, Petersplatz, 1975. *E. L.*
5.34: Madrid, Plaza Mayor, 1972. *E. L.*
5.35: Wolkenkratzersilhouette von europäischen, nordamerikanischen und russischen Millionenstädten. *Lichtenberger 1998b, S. 198.*
5.36: Generationen von Wolkenkratzern in den USA. *Schueller 1990, S. 590 (Van Nostrand Reinhold, New York).*
5.37: Berühmte Wolkenkratzer in den USA. *Schueller 1990 (Van Nostrand Reinhold, New York).*
5.38: Hauptvertreter der Wolkenkratzer weltweit. *Schueller 1990, S. 6 (Van Nostrand Reinhold, New York).*

Wohnraum und Gesellschaft

6.1: Hundertwasserhaus, Wien. *Lichtenberger 1997, S. 35.*
6.2: Altorientalisches Hofhaus, *verändert nach: Whittick 1974, S. 44.* *
6.3: Chinesisches Hofhaus. *Thilo 1977, S. 13.*
6.4: Durchsicht in den Gartenhof einer Domus. *Zanker 1995, Plate 9.*
6.5: Römisches Hofhaus (Domus). *Brödner 1989, S. 51.*
6.6: Römisches Hofhaus in Augst, Schweiz. *Brödner 1989, S. 212.*
6. 7: Römisches Mietshaus, Querschnitt. *Brödner 1989, S. 59.*
6. 8: Römisches Mietshaus in Ostia, Ansicht. *Brödner 1989, S. 58.*
6. 9: Fassade eines Patiohauses in Puebla, Mexiko. *Bühler 1990 (Verl. f. Entwicklungspolitik Saarbrücken).*
6.10: Grundriß eines Patiohauses, Mexiko. *Bühler 1990 (Verl. f. Entwicklungspolitik Saarbrücken).*
6.11: Zentrum von Florenz mit römischen Baublöcken und Wohntürmen. *Sabelberg 1984, Karte 11 (Franz Steiner, Stuttgart).*
6.12: Aufriß des Wohnturms von Petrarca, Arezzo, 1997. *E. L.*
6.13: Ansicht des Wohnturms von Petrarca, Arezzo, 1997. *E. L.*
6.14: Fassaden von Bürgerhäusern in Flandern. *Claval 1981, S. 492.*
6.15: Barocker Umbau eines gotischen Handwerkerhauses, Wien. *Lichtenberger 1997, S. 240.*
6.16: Renaissance-Blendfassaden von Bürgerhäusern, Gmünd, Niederösterreich. *Lichtenberger 1997, S. 239.*
6.17: Besitzbürgerhaus vor barockem Umbau, Wien. *Lichtenberger 1977, S. 46.*
6.18: Barocke Umwandlung in ein Mietshaus, Wien. *Lichtenberger 1977, S. 46.*
6.19: Town house der Aristokratie, London, 18. Jh. *Höfle 1977, S. 42.*
6.20: Grundriß eines Town house der Aristokratie, London, 1772. *Höfle 1977, S. 64.*
6.21: Viktorianisches Reihenhaus der Oberschicht, London, Aufriß. *Höfle 1977, S. 121.*
6.22: Viktorianisches Reihenhaus der Oberschicht, London, Grundriß. *Höfle 1977, S. 122.*
6.23: Barockes Seitenflügelhaus, Wien, 1966. *E. L.*
6.24: Kleinhaus, Brügge, 1976. *E. L.*
6.25: Through-Reihenhaus, Großbritannien. *Conzen 1978, S. 30.*
6.26: Back-wing-Reihenhaus, Großbritannien. *Conzen 1978, S. 31.*
6.27: Doppelhaus der Gartenstadt, Großbritannien. *Conzen 1978, S. 35.*
6.28: Reihenhaus, Den Haag, 1996. *E. L.*
6.29: Adelspalast mit Ehrenhof, Paris. *Claval 1981, S. 485.*
6.30: Zimmer im Hotel Imperial, Wien. *Lichtenberger 1970, Abb. 5.*
6.31: Barockpaläste: a) Michna, b) Lobkowitz, Prag. *Stankova et al. 1991, S. 160.* *
6.32: Renaissance-Arkadenhof, Wien. *Lichtenberger 1997, S. 240.*
6.33: Arkadenhöfe, Granada, Spanien, 1978. *E. L.*
6.34: Geistlicher Wohnhof, Wien. *Lichtenberger 1997, S. 247.*

6.35: Budapest, Straße mit Nobelmietshäusern der Gründerzeit, 1985. *E. L.*
6.36: Familienphoto in großbürgerlicher Nobelmietswohnung der Gründerzeit, Budapest. *Hanák 1992, S. 58ff.*
6.37: Gründerzeitliches Nobelmietshaus, Budapest. *Hanák 1992, S. 39.*
6.38: Gründerzeitliches Mittelstandsmietshaus, Budapest. *Lichtenberger et al. 1994, S. 82.*
6.39: Revitalisiertes Arbeitermietshaus der Gründerzeit, Budapest. *Lichtenberger et al. 1994, S. 83.*
6.40: Karl-Marx-Hof, Wien, 1997. *E. L.*
6.41: Grundrißentwicklung der Kommunalbauten in Wien. *Bobek u. Lichtenberger 1966, S. 146.*
6.42: Fassade eines frühgründerzeitlichen Mietshauses, Wien. *Bobek u. Lichtenberger 1966, Abb. 7.*
6.43: Fassade eines hochgründerzeitlichen Mietshauses, Wien. *Bobek u. Lichtenberger 1966, Abb. 8.*
6.44: Fassade eines spätgründerzeitlichen Mietshauses, Wien. *Bobek u. Lichtenberger 1966, Abb. 9.*
6.45: Berliner Wohnhausgrundrisse um die Mitte des 19. Jh.s. *Geist u. Kuvers, 1, 1980, T. VI, S. 20.*
6.46: Nobelmietshäuser im Rathausviertel, Wien, 1970. *Lichtenberger 1970, Abb. 3.*
6.47: Grundriß einer Nobelwohnung, Wien. *Bobek u. Lichtenberger 1966, S. 90.*
6.48: Herrschaftsstiege, Ringstraßenhaus, Wien, 1970. *Lichtenberger 1970, Abb. 8.*
6.49: Dienstbotenstiege, Ringstraße, Wien, 1970. *Lichtenberger 1970, Abb. 7.*
6.50: Durchblick in eine aufgeteilte Nobelwohnung, Wien, 1970. *Lichtenberger 1970, Abb. 12.*
6.51: Teilung einer Nobelwohnung, Wien. *Lichtenberger 1970, S. 114.*
6.52: Gründerzeitliches Arbeitermietshaus, Zusammenlegung von Wohnungen, Wien. *Lichtenberger 1978, S. 40.*
6.53: Wohnanlagen, Frankreich. *Duby 1985, S. 300.* *
6.54: Größenvergleich der Wohnstadt Steilshoop, Deutschland, mit der Wiener Ringstraße. *Spengelin 1976, S. 30.*
6.55: Wohnanlagen, ehem. DDR. *Schöller 1986, S. 28 (Franz Steiner, Stuttgart).*
6.56: Die Ausbreitung des Mietshauses als Funktion der Stadtgröße seit dem Mittelalter. *Lichtenberger 1972, S. 10.*
6.57a: Eigenhaus beim Ringstraßenwettbewerb. *Lichtenberger 1970, S. 35f.*
6.57b: Mietshaus beim Ringstraßenwettbewerb. *Lichtenberger 1970, S. 35f.*
6.58: Wohnanlagen anstelle von Behelfssiedlungen, Madrid, 1993. *E. L.*
6.59: Ballonrahmenbauweise, USA. *Claval 1981, S. 227.*
6.60: Oberschichtvilla im gotischen Stil, USA. *McAlester 1986, S. 359.* *
6.61: Klassizistische Oberschichtvilla, USA. *McAlester 1986, S. 345.* *
6.62: Oberschichtmietshaus und Cottage armer Zuwanderer, New York, vor 1900. *Plunz 1990, S. 72.*
6.63: Nobelappartement, New York. *Plunz 1990, S. 73.*
6.64: Standardwohnhäuser, USA. *McAlester 1986, S. 476.* *
6.65: Einfamilienhäuser im Bauernhauslook, USA, 1985. *E. L.*
6.66: Einfamilienhäuser mit Swimming-pool, Texas, 1985. *E. L.*
6.67: Mobile-Home-Siedlung, Texas, 1985. *E. L.*
6.68: Gründerzeitliches Verandahaus, Pennsylvania, 1968. *E. L.*
6.69: Mittelschichthäuser, Ottawa, 1970. *E. L.*
6.70: Oberes Mittelschichthaus, Ohio, 1970. *E. L.*
6.71: Ehem. Nobelmietshäuser, Bukarest, 1967. *E. L.*
6.72: Wohn- und Bürohochbauten, Stockholm, 1975. *E. L.*
6.73: Portugiesisches Gastarbeiterhaus bei Lissabon, 1993. *E. L.*
6.74: Römische Villa bei Löffelbach, Steiermark. *Parnass, Heft 2/1981, S. 36.*
6.75: Römische Villa, Grundriß und Aufriß. *Lippert 1985, S. 234 u. 235.*
6.76: Villa Antinori, Toskana. *Dörrenhaus 1976, S. 20 (Franz Steiner, Stuttgart).*
6.77: Villen in England um 1840. *Benevolo 1993, S. 817 (campus, Frankfurt/New York).*
6.78: Sommer-Cottage in Ontario. *Wolfe 1977, S. 25.* *
6.79: Klassengesellschaft und Wohnformen, Frankreich. *Duby 1985, S. 452.* *
6.80: Oberschichtwohnung der Nachkriegszeit, Wien. *Dirisamer et al. 1984, S. 127.*
6.81: Gemeindewohnung der 50er Jahre, Wien. *Dirisamer et al. 1984, S. 129.*
6.82: Vertikale soziale Differenzierung eines Pariser Mietshauses. *Benevolo 1993, S. 849 (campus, Frankfurt/New York).*
6.83: Dachterrassen, Sevilla, 1978. *E. L.*
6.84: Segregation in einer Etagenwohnung, Berlin, öffentlicher, privater und Hauspersonalanteil. *Von Saldern 1995, S. 176.* *
6.85: Segregation von Mann und Frau, Ausgrabungen Kahun, Ägypten. *Gassner 1972.* *
6.86: Segregation der Kinder in der Wohnung. *Van Vliet 1998, S. 46 (Sage Publications, Inc).*
6.87: Funktionelle Raumaufteilung einer Etagenwohnung, 30er Jahre, Berlin. *Klein 1930, S. 318.* *
6.88: Funktionelle Grundrisse von Wohnungen. *Simonetti 1977, S. 565.* *

Die Wirtschaft im Stadtraum

7.1: Straßburg mit europäischem Parlament. *Europäisches Parlament, Straßburg.*
7.2: Gemischtwarenhandlung im frühen 20. Jh. *Lichtenberger 2000, S. 371.*
7.3: Wohnladen der Gründerzeit. *Lichtenberger 1963, S. 448f.*
7.4: Gut ausgestattetes, neues Geschäft flankiert von Portalgeschäften der Gründerzeit. *Lichtenberger 1963, S. 448f.*
7.5: Hausherrengeschäft. *Lichtenberger 1963, S. 448f.*
7.6: Das Nobelgeschäft der Gründerzeit. *Lichtenberger 1963, S. 448f.*
7.7: Logo Meinl-Mohr. *Meinl 2001.*
7.8: GUM, Moskau. *AW Architektur u. Wettbewerb, 166/1996, S. 11 (RTKL Assoc. Inc., Dallas).* *
7.9: Mall of America, Minneapolis. *Falk 1998, S. 381 (verl. moderne industrie AG & Co. KG, Landsberg/Lech).*
7.10: Shopping-City-Süd bei Wien, 2000. *SCS.*
7.11: Bahnhofs-Mall Eurolille, Frankreich. *AW Architektur u. Wettbewerb 166/1996, S. 13 (Jean Nouvel, Paris).*
7.12: New Harmony, Indiana Architecture. *Choay 1969. Entwurf: Th. St. Whitwell, ca. 1824.* *
7.13: Klassische Fabriksanlage mit Fabrikshochbauten, Verwaltungsgebäude und vier Kesselhäusern. *Bobek u. Lichtenberger 1966, Abb. 39.*
7.14: Kristallpalast, Weltausstellung 1851, London. *Drebusch 1976, S. 122.* *
7.15: Škoda-Volkswagenwerk in Mlada Boleslav, Tschechien. *Škoda 2000.*
7.16: Raffinerie Schwechat 2000. *OMV AG, Wien.*
7.17: Entwicklungsreihe vom Manufakturhaus zur Hinter-

hofindustrie. *Bobek u. Lichtenberger 1966, S. 230f.*
7.18: Hinterhofindustrie mit drei Vorstadthäusern, Fabriksgeschoßbau auf ehem. Gartengrund, Wien, 1898. *Bobek u. Lichtenberger 1966, Abb. 40.*
7.19: Villa Hügel von Krupp, 1873. *Drebusch 1976, S. 133.* *
7.20: Industriepark in den USA. *Holzner 1996, S. 95.*
7.21: Nutzung einer Großwohnung als Büro, Berlin. *Jürgen Hotzan: dtv-Atlas Stadt. Mit Graphiken von F. Urich, J. Schreiber, W. Wildermuth, 1994, Deutscher Taschenbuch Verlag, München, S. 244.*
7.22: Großraumbüro der 60er Jahre. *DBZ, 9/1964, S. 1362.*
7.23: Flexibles Büro. *Bene-Büromöbel 2000, S. 8.* *
7.24: Edge Cities in der Metropolitan Area von Washington. *Garreau 1992, S. 345.*
7.25: Standorte der Büros in Wien 1993. *Lichtenberger 1997, S. 297.*
7.26: Hollowing of New York. *Holzner 1996, S. 98.*
7.27: Lloyd, neuer Bürobau, London. *Heineberg 1996, S. 432.*

Literaturhinweise

Abkürzungen:
BBR Bundesamt für Bauwesen und Raumordnung
GR Geographische Rundschau
MÖGG Mitteilungen der Österreichischen Geographischen Gesellschaft
SF Siedlungsforschung – Archäologie – Geschichte – Geographie

AHRENS, P. G. (1965): Die Entwicklung der Stadt Teheran. Eine städtebauliche Untersuchung ihrer zukünftigen Gestaltung. Opladen.
ALLPASS, J. et al. (1967): Urban centres and changes in the centre structure. In: UNIVERSITY OF AMSTERDAM, SOCIOGRAPHICAL DEPARTMENT (ed.): Urban Core and Inner City, Leiden: 103–117.
ALTMAN, I. u. M. CHEMERS (1984): Culture and Environment. New York.
ANDRUSZ, G., HARLOE, M. and I. SZELENYI (eds.) (1996): Cities after Socialism. Urban and Regional Change and Conflict in Post-Socialist Societies. Oxford u. a.
ARING, J. (1999): Suburbia – Postsuburbia – Zwischenstadt. Die jüngere Wohnsiedlungsentwicklung im Umland der großen Städte Westdeutschlands und Folgerungen für die Regionale Planung und Steuerung. Hannover. ARL, Arbeitsmaterialien 262.
ARISTOTELES (1958): Politik. Übersetzt von Eugen Rolfes. 3. Aufl. Philosoph. Bibliothek 7. Hamburg.

BAHRDT, H. P. (1961): Die moderne Großstadt. Soziologische Überlegungen zum Städtebau. Reinbek bei Hamburg.
BAHRDT, H. P. (1968): Humaner Städtebau. Hamburg.
BANIK-SCHWEIZER, R. (1987): Wohnverhältnisse in Berlin, Wien und Budapest um die Wende zum 20. Jh. SF: 177–204.
BARON, G. et al. (1966): Warenhäuser. Entwicklung, Leitung, Organisation. Berlin.
BARTHOLOMEW, H. (1955): Land Uses in American Cities. Cambridge, Mass.
BASSAND, M. (1997): Metropolisation et inegalités sociales. Presses polytechniques et universitaires romandes. Lausanne.
BAUMHACKL, H. (1989): Die Aufspaltung der Wohnfunktion. Eine Analyse des Zweitwohnens am Beispiel des städtischen Systems Wien. Habilitationsschrift, Univ. Wien.
BBR (Hg.) (1998): Zentren. Auf dem Weg zur europäischen Innenstadt. Informationen zur Raumentwicklung 2/3.
BBR (Hg.) (2000): Stadtentwicklung und Städtebau in Deutschland. Berichte 5.
BE-JOUR (Hg.) (2000): Bene-Büromöbel. Das Journal. St. Pölten.
BEAUREGARD, R. A. and S. BODY-GENDROT (1999): The Urban Moment. Cosmopolitan Essays on the Late 20th Century City. Thousand Oaks.
BECKER, H. J., J. u. R. SANDER (1999): Ohne Leitbild? Städtebau in Deutschland und Europa. Wüstenrot Stiftung. Stuttgart, Zürich.
BENEVOLO, L. (1993): Die Geschichte der Stadt. 7. Aufl. Frankfurt am Main.
BERRY, B. J. L. (1963): Commercial Structure and Commercial Blight. Univ. of Chicago, Dept. of Geography. Research Paper 85.
BERRY, B. J. L. (ed.) (1976): Urbanization and counterurbanization. Urban Affairs Annual Reviews 11.
BERRY, B. J. L. and F. E. HORTON (eds.) (1970): Geographic Perspectives on Urban Systems, with Integrated Readings. New Jersey.
BIANCA, S. (1975): Architektur und Lebensform im islamischen Stadtwesen. Zürich, München.
BIANCA, S. (1991): Hofhaus und Paradiesgarten. Architektur und Lebensform in der islamischen Stadt. München.
BIANCHINI, F. and M. PARKINSON (eds.) (1993): Cultural Policy and Urban Regeneration. The West European Experience. Manchester u. a.
BLAKELY, E. J. and M. G. SNYDER (1997): Fortress America. Gated Communities in the United States. Lincoln Inst. of Land Policy. Cambridge (Mass.), Washington D. C.
BOBEK, H. u. E. LICHTENBERGER (1966): Wien – Bauliche Gestalt und Entwicklung seit der Mitte des 19. Jh.s. Wien.
BÖHMERT, V. (1882): Die sozialen Aufgaben der Gemeinden. Der Arbeiterfreund 20.
BOLLENS, J. C. and H. J. SCHMANDT (1965): The Metropolis. Its People, Politics and Economic Life. New York.
BORDE, J., BARRERE, P. et M. CASSOU-MOUNAT (1980): Les villes françaises. Collection Geographie. Masson, Paris.
BRÖDNER, E. (1989): Wohnen in der Antike. Darmstadt.
BROTCHIE, J., BATTY, M., HALL, P. and P. NEWTON (eds.) (1991): Cities of the 21st Century. New Technologies and Spatial Systems, New York.
BRUNET, R. (Hg.) (1989): Les Villes „Européennes". RECLUS-DATAR et la documentation Française, Montpellier, Paris.

BRUNNER, O. (1930): Das Mittelalter. Einzeldarstellungen. Leipzig, Wien.
BUNDESMINISTERIUM FÜR WISSENSCHAFT UND FORSCHUNG, Amt der NÖ Landesregierung (Hg.) (1990): Rückblicke – Ausblicke. Denkmalpflege in Niederösterreich 7. Wien.
BURDACK, J. u. G. Herfert (1998): Neue Entwicklungen an der Peripherie europäischer Großstädte. Europa regional 6, 2: 26–44.
BURTENSHAW, D., BATEMAN, M. u. G. J. ASHWORTH (1981): The City in West Europe. New York.

CAMERON, R. u. A. COOKE (1980): Above London. San Francisco.
CAMERON, R. u. H. CAEN (1986): Above San Francisco. San Francisco.
CAMERON, R. u. P. SALINGER (2000): Au-dessus de Paris. Paris.
CARTER, H. (1983): An Introduction to Urban Historical Geography. The Pre-industrial City. London.
CASTELLS, M. (1996): The Rise of the Network Society. Oxford (UK), Cambridge (USA).
CHOAY, F. (1969): The Modern City. Planning in the 19th Century. New York.
CHRISTALLER, W. (1933): Die zentralen Orte in Süddeutschland. Jena (Wiederabdruck: Darmstadt 1968).
CLAVAL, P. (1981): La logique des villes. Paris.
COHEN, J. L. u. B. FORTIER (Hg.) (1988): Paris. La ville et ses projets. A City in the Making. Paris.
CONZEN, M. R. G. (1978): Zur Morphologie der englischen Stadt im Industriezeitalter. In: H. JÄGER (Hg.): Probleme des Städtewesens im industriellen Zeitalter. Städteforschung. Veröff. Inst. für vergleichende Städtegeschichte in Münster. Reihe A: Darst. 5: 1–48.
CROSS, M. and M. KEITH (1993): Racism, the City and the State. London, New York.

DANIELS, P. W. (1975): Office Location. An Urban and Regional Study. London.
DAVIES, R. L. and A. G. CHAMPION (eds.) (1983): The Future for the City Centre. Inst. British Geographers, Sp. Publ. 14. London.
DE TOCQUEVILLE, A. (1835): Democratie en Amerique, 1. Aufl. New York.
DEAR, M. J. (2000): The Postmodern Urban Condition. Oxford.
DELFANTE, C. (1999): Architekturgeschichte der Stadt. Darmstadt.
DEUTSCHE BAUZEITSCHRIFT (1964): Heft 9.
DIRISAMER, R., FIGLHUBER, G. u. O. UHL (1984): Wohnen. Ein Handbuch. Wien.
DÖRRENHAUS, F. (1976): Villa und Villeggiatura in der Toskana. Erdkundliches Wissen 44. Wiesbaden.
DOXIADIS, C. A. (1966): Urban Renewal and the Future of the American City. Chicago.
DREBUSCH, G. (1976): Industriearchitektur. München.
DUBY, G. (1985): Histoire de la France urbaine. La ville aujourd'hui. Paris. Bd. 5.

ECKEL, M. E. (1998): Individuum und Stadtraum. Öffentliches Verhalten im Wandel. Wiesbaden.
EHLERS, E. (Hg.) (1992): Modelling the City-Cross-Cultural Perspectives. Colloquium Geographicum 22. Bonn.
EIGLER, R. (Hg.) (1992): Büroflächenentwicklung in Wien unter Berücksichtigung internationaler Trends. Beiträge zur Stadtentwicklung 35. Wien.
ELIAS, N. (1983): Die höfische Gesellschaft. Frankfurt am Main.
ENGERT, K. (1997): Kunst, Kultur und Kreativität in einer Metropole. Stadtgeographische und stadtwirtschaftliche Implikationen einer empirischen Untersuchung in Mailand. Bremer Beitr. zur Geographie und Raumplanung 32. Bremen.

FALK, B. (Hg.) (1998): Das große Handbuch. Shopping-Center. Landsberg am Lech.
FASSMANN, H. (1993): Arbeitsmarktsegmentation und Berufslaufbahnen. Ein Beitrag zur Arbeitsmarktgeographie Österreichs. Beiträge zur Stadt- und Regionalforschung 11. Wien.
FASSMANN, H. (1999): Eurometropolen – Gemeinsamkeiten und Unterschiede. GR 51, 10: 518–522.
FASSMANN, H. u. E. LICHTENBERGER (1995): Märkte in Bewegung. Metropolen und Regionen in Ostmitteleuropa. Wien, Köln, Weimar.
FAZIO, M. (1980): Historische Stadtzentren Italiens. Köln.
FENSTERBUSCH, C. (1987): Vitruv. Zehn Bücher über Architektur. 4. Aufl. Darmstadt.
FRANCK, K. (ed.) (1994): Ordering Space. Types of Architecture and Design. New York.
FRANK, K. (2000): Städtischer Denkmalschutz in den USA. Historic districts Philadelphia, Boston, Charleston und Savannah. Diss. Hamburg.
FRANTZ, K. (2001): Gated Communities in Metro-Phoenix (Arizona). GR 53, 1: 12–18.
FREESTONE, R. (2000): Urban Planning in a Changing World. London.
FRENCH, R. A. and F. E. I. HAMILTON (1979): The Socialist City. Spatial Structure and Urban Policy. Chichester u. a.
FREUND, B. (1999): Das Hochhaus – die dritte Dimension der Stadtmorphologie. Berliner Geogr. Arb. 90: 85–104.
FRIEDRICH, K. (2000): Gentrifizierung. Theoretische Ansätze und Anwendung auf Städte in den neuen Ländern. GR 52, 7/8: 34–39.
FRIEDRICHS, J. (1997): Die Städte in den 90er Jahren. Opladen.

GALLION, A. B. and S. EISNER (1963): The Urban Pattern. City Planning and Design. New York, Toronto, London.
GAMERITH, W. (1999): Weltmetropole New York City. Wirtschaftlicher Aufstieg und sozialer Infarkt. GR 51, 4: 196–202.
GARREAU, J. (1992): Edge City. Life on the New Frontier. New York.
GASSNER, E. (1972): Geschichte des Städtebaus. Bonn.
GEBHARDT, H. u. G. SCHWEIZER (1995): Zuhause in der Großstadt. Kölner Geogr. Arb. 61. Köln.
GEIST, S. F. u. K. KURVERS (1989): Das Berliner Miethaus. 3 Bde.: 1740–1862 (1980), 1862–1945 (1984), 1945–1989 (1989). München.
GERMANN, G. (1987): Vitruv et le vitruvianisme. Introduction à l'histoire de la théorie architecturale. Collection Architecture. Lausanne.
GIESE, E. (1999): Bedeutungsverlust innenstädtischer Geschäftszentren westdeutscher Großstädte. Berichte zur deutschen Landeskunde 73, 1: 33–66.
GIROUARD, M. (1987): Cities and People. A Social and Architectural History. New Haven.
GLASZE, G. (2001): Geschlossene Wohnkomplexe (gated communities) als Enklaven des Wohlbefindens in der wirtschaftsliberalen Stadt. Mainzer Kontaktstudium Geographie 7: 39–55.
GORMSEN, E. (1995): Mexiko. Land der Gegensätze und Hoffnungen. Gotha.

GOSS, H. (1993): The magic of the mall: an analysis of form, function and meaning in the contemporary retail economy. Annals of the Association of American Geographers 83: 18–47.
GOTTDIENER, M. (1994): The Social Production of Urban Space. Austin, Texas (2nd ed.).
GRAHAM, St. and S. MARVIN (1996): Telecommunications and the City. Electronic Spaces, Urban Places. London, New York.
GRUBER, K. (1983): Die Gestalt der deutschen Stadt. Ihr Wandel aus der geistigen Ordnung der Zeiten. 4. Aufl. München.

HACHETTE (1873): Plan von Paris. Paris.
HÄUSSERMANN, H. (Hg.) (1992): Stadt und Raum. Soziologische Analysen, 2. Aufl. Pfaffenweiler.
HALL, E. T. (1966): The Hidden Dimension. New York.
HALL, P. (1988): Cities of Tomorrow. An Intellectual History of Urban Planning and Design in the Twentieth Century. Cambridge (Mass.), Oxford (UK).
HALL, P. u. U. PFEIFFER (2000): Urban Future 21. Der Expertenbericht zur Zukunft der Städte. Stuttgart, München.
HANÁK, P. (1992): Der Garten und die Werkstatt. Ein kulturgeschichtlicher Vergleich Wien und Budapest um 1900. Wien, Köln, Weimar.
HARL, O. (1981): Luftbildarchäologie in Österreich. In: PARNASS, Die österreichische Kunst- und Kulturzeitschrift, 2: 34–40.
HARRIS, C. D. (1997): „The nature of cities" and urban geography in the last half century. Urban Geography 18, 1: 15–35.
HARRIS, C. D. and E. L. ULLMAN (1945): The nature of cities. Ann. Am. Acad. Pol. Sci.: 7–17.
HARTSHORN, T. A. and P. O. MULLER (1992): The suburban downtown and urban economic development today. In: E. S. MILLS. and J. F. McDONALD (eds.): Source of Metropolitan Growth. Center for Urban Policy, Piscataway, N. J.
HARVEY, D. (2000): Spaces of Hope. Edinburgh.
HASSINGER, H. (1916): Kunsthistorischer Atlas der Reichshaupt- und Residenzstadt Wien. Österreichische Kunsttopographie 15. Wien.
HATZ, G. (1998): Sozialraumstrukturen und sozialer Wandel in Wien 1971–1991. In: Geogr. Jahresbericht aus Österreich, LV. Band (1996).
HEIGL, F. (1985): Stadtsilhouette und Stadtgestaltung. Städtebau 6. Wien.
HEINEBERG, H. (1996): Großbritanniens Beziehungen in Europa. GR 48, 7/8: 429–435.
HEINEBERG, H. (2000): Grundriß Allgemeine Stadtgeographie. Schöningh, Paderborn.
HEINEBERG, H. u. G. HEINRITZ (Hg.) (1983): Beiträge zur empirischen Bürostandortforschung. Münchener Geogr. Hefte 50.
HEINRITZ, G. u. E. LICHTENBERGER (eds.) (1986): The Take-off of Suburbia and the Crisis of the Central City. Proceedings of the International Symposium in Munich and Vienna 1984. Erdkundliches Wissen 76.
HENNINGS, G. u. S. MÜLLER (1998): Kunstwelten. Künstliche Erlebniswelten und Planung. Dortmunder Beiträge zur Raumplanung 85.
HERBERT, D. T. and C. J. THOMAS (1997): Cities in Space: City as Place. 3rd ed. London.
HÖFLE, G. (1977): Das Londoner Stadthaus. Seine Entwicklung in Grundriß, Aufriß und Funktion. Heidelberger Geogr. Arb. 48. Heidelberg.
HOFFMANN-AXTHELM, D. (1996): Anleitung zum Stadtumbau. Frankfurt am Main.
HOHN, U. u. A. (1993): Großsiedlungen in Ostdeutschland. Entwicklung, Perspektiven und die Fallstudie Rostock-Groß-Klein. GR 45, 3: 146–152.
HOLZNER, L. (1996): Stadtland USA: Die Kulturlandschaft des American Way of Life. Petermanns Geogr. Mitt., Ergh. 291. Gotha.
HOTZAN, J. (1994): dtv-Atlas Stadt. Von den ersten Gründungen bis zur modernen Stadtplanung. München.
HOWARD, E. (1946): Garden Cities of Tomorrow. 1902. New Edition with Foreword by F. J. OSBORN, and introduction by L. MUMFORD. London.
HÜRLIMANN, M. (1972): Moskau. Zürich.
HUTTMANN, E. D. (ed.) (1991): Urban Housing Segregation of Minorities in Western Europe and the United States. Burham, London.

JASPERT, F. (1961): Vom Städtebau der Welt. Berlin.
JESSEN, J. (2000): Leitbild kompakte und durchmischte Stadt. GR 52, 7/8: 48–50.
JUDD, D. R. (1995): The rise of the new walled cities. In: H. LIGGETT and D. C. PERRY (eds.): Spatial Practices: 144– 166.

KARGER, A. (1985): Polen-Exkursion. 2. Teil: Warschau. Sommer 1985. Kl. Arb. aus dem Geogr. Inst. der Univ. Tübingen 4. Tübingen.
KING, A. D. (ed.) (1980): Buildings and Society. Essays on the Social Development of the Built Environment. London, Boston, Melbourne.
KING, A. D. (ed.) (1996): Re-Presenting the City. Ethnicity, Capital and Culture in the Twenty-First Century Metropolis. Houndmills, Basingstoke, Hampshire, London.
KING, R. (1996): Emancipating Space: Geography, Architecture and Urban Design. New York, London.
KIRSCHENMANN, J. C. und C. MUSCHALEK (1977): Residential Districts. Granada.
KLAGGE, B. (1998): Armut in deutschen Städten. Ursachen, Hintergründe. GR 50, 3: 139–145.
KLEIN, A. (1930): Grundrißgestaltung für Wohnung und Haus. Handwörterbuch des Wohnungswesens: 318–325.
KLEIN, K. E. (1997): Wandel der Betriebsformen im Einzelhandel. GR 49, 9: 499–504.
KLEINMAN, M., MATZNETTER, W. and M. STEPHENS (eds.) (1998): European Integration and Housing Policy (RICS Issues in Real Estate and Housing Series). London, New York.
KNOX, P. (2000): Urban Social Geography. An Introduction. Harlow.
KNOX, P. L. (1993): The Restless Urban Landscape. Englewood Cliffs.
KOSTOF, S. (1992): Das Gesicht der Stadt. Geschichte städtischer Vielfalt. Frankfurt am Main.
KOWINSKI, W. S. (1985): The Malling of America: An Inside Look at the Great Consumer Paradise. New York.
KRÄMER, K. H. (1996): Passagen, Galerien, Kaufhäuser. Stuttgart.
KRÄTKE, St. (1995): Stadt – Raum – Ökonomie. Einführung in aktuelle Problemfelder der Stadtökonomie und Wirtschaftsgeographie. Stadtforschung aktuell 53. Basel u. a.
KRINGS, W. (1984): Innenstädte in Belgien. Gestalt, Veränderung, Erhaltung (1860–1978). Bonner Geogr. Abh. 68. Bonn.
KRÖNERT, W. (1979): Entwicklungsformen städtischer Mietwohnungen. Die Alte Stadt 6, 4: 348–376.
KUZMICH, F. u. O. UHL (1984): Wohnungsbau – Städtebau. In: R. DIRISAMER, G. FIGLHUBER u. O. UHL (Hg.): Wohnen – Ein Handbuch. Wien: 159–271.

LAMMERT, U. (1979): Städtebau. Grundsätze, Methoden, Beispiele, Richtwerte. Berlin.
LAVEDAN, P. (1960): Les villes françaises. Paris.
LAVEDAN, P. (1960a): Histoire de Paris. Paris.
LAVEDAN, P. (1960b): Les villes françaises. Paris.
LE CORBUSIER (1929): The City of Tomorrow. London.
LE CORBUSIER (1934): La ville radieuse. Boulogne.
LE CORBUSIER (1947) : When the Cathedrals Were White. New York.
LEFÈBVRE, H. (1990): Die Revolution der Städte. Frankfurt am Main.
LEHNER, F. (1966): Wechselbeziehungen zwischen Städtebau und Nahverkehr. Schriftenreihe für Verkehr und Technik 29. Bielefeld.
LEISTER, J. (1970): Wachstum und Erneuerung britischer Industriegroßstädte. Schr. Kommission für Raumforschung der ÖAW 2. Wien.
LENTZ, S. (2000): Transformation des Stadtzentrums von Moskau. GR 52, 7/8: 11–18.
LERUP, L. (2000): After the City. Cambridge (Mass.), London.
LICHTENBERGER, E. (1963): Die Geschäftsstraßen Wiens. Eine statistisch-physiognomische Analyse. MÖGG 105: 463–504.
LICHTENBERGER, E. (1969): Die Differenzierung des Geschäftslebens im zentralörtlichen System am Beispiel der österreichischen Städte. 41. Deutscher Geographentag Bad Godesberg 1967. Tagungsber. und wiss. Abh. Wiesbaden: 229–242.
LICHTENBERGER, E. (1970): Wirtschaftsfunktion und Sozialstruktur der Wiener Ringstraße. Wien.
LICHTENBERGER, E. (1972a): Die europäische Stadt – Wesen, Modelle, Probleme. Berichte zur Raumforschung und Raumplanung 16, 1: 3–25.
LICHTENBERGER, E. (1972b): Ökonomische und nichtökonomische Variablen kontinentaleuropäischer Citybildung. Die Erde 102 (1971, hg. 1972): 216–262.
LICHTENBERGER, E. (1975): Die Stadterneuerung in den USA. Ber. zu Raumforschung und Raumplanung 19, 6: 3–16.
LICHTENBERGER, E. (1976): The changing nature of European urbanization. In: B. J. L. BERRY (ed.): Urbanization and Counterurbanization. Urban Affairs Annual Reviews 11: 81–107.
LICHTENBERGER, E. (1977): Die Wiener Altstadt. Von der mittelalterlichen Bürgerstadt zur City. Wien.
LICHTENBERGER, E. (1978): Stadtgeographischer Führer Wien. Sammlung Geogr. Führer 12. Stuttgart.
LICHTENBERGER, E. (1980): Die Stellung der Zweitwohnungen im städtischen System – Das Wiener Beispiel. Berichte zur Raumforschung und Raumplanung 24, 1: 3–14.
LICHTENBERGER, E. (1984a): Historische Stadtforschung und Kartographie: Die sozialräumliche und funktionelle Gliederung von Wien um 1770. In: E. ARNBERGER (Red.): Kartographie der Gegenwart in Österreich. Wien: 170–192.
LICHTENBERGER, E. (1984b): Die Stadtentwicklung in Europa in der ersten Hälfte des 20. Jh.s. In: W. RAUSCH (Hg.): Die Städte Mitteleuropas im 20. Jh. Linz: 1–40.
LICHTENBERGER, E. (1984c): Gastarbeiter – Leben in zwei Gesellschaften (u. Mitarbeit v. H. Faßmann, EDV-Technologie). Wien, Köln, Graz.
LICHTENBERGER, E. (1986a): Stadtgeographie – Perspektiven. GR 38, 7/8: 388–394.
LICHTENBERGER, E. (1986b): Zweitwohnungen im Stadtumland. Berliner Geogr. Arb., Sonderheft 4 (Jubiläumskonferenz 1986 der Sektion Geographie der Humboldt-Univ. zu Berlin): 68–74.
LICHTENBERGER, E. (1989): Stadtentwicklung in Europa und Nordamerika. Kritische Anmerkungen zur Konvergenztheorie. In: R. HEYER u. M. HOMMEL (Hg.): Stadt und Kulturraum. Bochumer Geograph. Arb. 50: 113–129.
LICHTENBERGER, E. (1990a): Die Auswirkungen der Ära Reagan auf Obdachlosigkeit und soziale Probleme in den USA. GR 42, 9: 476–481.
LICHTENBERGER, E. (1990b): Stadtverfall und Stadterneuerung. Beiträge zur Stadt- und Regionalforschung 10. Wien.
LICHTENBERGER, E. (1993a): Wien – Prag. Metropolenforschung. Wien, Köln, Weimar.
LICHTENBERGER, E. (1993b): Vienna. Bridge Between Cultures. London, New York.
LICHTENBERGER, E. (1995): Die Entwicklung der Innenstadt von Budapest zwischen City- und Slumbildung. Erdkunde 49, 2: 138–151.
LICHTENBERGER, E. (1997): Österreich. Darmstadt.
LICHTENBERGER, E. (1998a): Der Rückbau der sozialen Wohlfahrtsstaaten. MÖGG 140: 7–24.
LICHTENBERGER, E. (1998b): Stadtgeographie – Begriffe, Konzepte, Modelle, Prozesse. 3. Aufl. Stuttgart, Leipzig.
LICHTENBERGER, E. (2000): Austria. Society and Regions. Wien
LICHTENBERGER, E., CSEFALVAY, Z. u. M. PAAL (1994): Stadtverfall und Stadterneuerung in Budapest. Beiträge zur Stadt- und Regionalforschung 12. Wien.
LIGGETT, H. and D. C. PERRY (ed.) (1995): Spatial Practices. Critical Explorations in Social/Spatial Theory. Thousand Oaks, London, New Delhi.
LIPPERT, A. (1985): Reclams Archäologie Führer. Österreich und Südtirol. Stuttgart.
LYNCH, K. (1960): The Image of the City. Cambridge, London.
LYNCH, K. (1985): Good City Form. Cambridge (Mass.), London (Fourth printing).

MARCUSE, P. (1989): Dual city: a muddy metaphor for a quartered city. International Journal of Urban and Regional Research 13: 697–708.
MARX, C. u. A. KARGER (1997): Moskau – Rußlands Haupt und Mitte. Stuttgart.
MATEJOVSKI, D. (2000): Metropolen. Laboratorien der Moderne. Frankfurt, New York.
MATZNETTER, W. (1991): Wohnbauträger zwischen Staat und Markt. Strukturen des Sozialen Wohnungsbaus in Wien. Frankfurt/Main, New York.
MAYER, H. M. and R. G. WARDE (1969): Chicago – Growth of a Metropolis. Chicago.
McALESTER, V. and L. (1986): A Field Guide to American Houses. New York.
MIELSCH, H. (1987): Die römische Villa. Architektur und Lebensform. München.
MIKE, D. (1994): City of Quartz. Ausgrabungen der Zukunft in Los Angeles und neuere Aufsätze. Berlin.
MILES, M. (1997): Art, Space and the City. London.
MILES, M., HALL, T. and I. BORDEN (2000): The City Cultures Reader. London.
MINSHULL, R. (1996): The American City and its Citizens. The Dream on the Move. Sussex.
MITCHELL, W. J. (1996): City of Bits. Leben in der Stadt des 21. Jahrhunderts. Basel, Boston, Berlin.
MONHEIM, R. (2000): Fußgängerbereiche in deutschen Innenstädten. Entwicklungen und Konzepte zwischen Interessen, Leitbildern und Lebensstilen. GR 52, 7/8: 40–46.
MÜLLER, W. (1979): Städtebau. Technische Grundlagen. Stuttgart.

MÜLLER, W. u. R. ROHR-ZÄNKER (1995): Neue Zentren in den Verdichtungsräumen der USA. Raumforschung und Raumordnung 53, 6: 436–443.
MULLER, P. O. (1981): Contemporary Suburban America. Englewood Cliffs, New Jersey.
MUMFORD, L. (1979, 1980): Die Stadt. 2 Bde. München.

NASAR, J.L. (1997): The evaluative image of the city. Sage Publications.
NEUMANN, U. (2000): Revitalisierung von Hafenstandorten in Großbritannien, eine Bilanz, GR 52, 1: 14–19
NITZ, H.-J. (1994): Vermessung und Maßproportionen in der hochmittelalterlichen Stadtplanung. Am Beispiel von Breslau und Kulm. Gormsen-Festschrift, Mainzer Geogr. Studien 40: 35–44.
NOLLER, P. (1999): Globalisierung, Stadträume und Lebensstile. Kulturelle und lokale Präsentationen des globalen Raums. Opladen.
NOLLER, P. u. K. RONNEBERGER (1995): Die neue Dienstleistungsstadt. Frankfurt.

OLSEN, D. J. (1986): The City as a Work of Art. London.
OMV Aktiengesellschaft (Hg.) (o. J.): OMV-Verarbeitung. Wien.

PACKARD, V. (1971): The Wastemakers. New York.
PADDISON, R. (2001): Handbook of Urban Studies. London.
PERROT, M. (1987): Die neue Geschichte des Privaten. Bauwelt – Stadtbauwelt 78, 36: 1338–1342.
PERRY, C. A. (1929): The Neighborhood Unit 7. Neighborhood and Community Planning. Regional Survey of New York and Its Environs. New York.
PERRY, D. C. (ed.) (1995): Building the Public City. The Politics, Governance, and Finance of Public Infrastructure. Urban Affairs Annual Reviews 43. London, New Delhi.
PETERMANN, T. (1903): Die Großstadt. Vorträge und Aufsätze zur Großstadtentwicklung. Dresden.
PEVSNER, N., HONOUR, H. u. J. FLEMING (1992): Lexikon der Weltarchitektur. München.
PFEIL, E. (1972): Großstadtforschung. Entwicklung und gegenwärtiger Stand. Hannover.
PILE, S. and N. THRIFT (2000): City A–Z. London.
PLUNZ, R. (1990): A History of Housing in New York City. Dwelling Type and Social Change in the American Metropolis. New York.
PRIEBS, A. (2000): Stadt – Stadtregion – Städtenetze. GR 52, 7/8, 51–53.
PÜTZ, R. (1998): Einzelhandel im Transformationsprozeß. Das Spannungsfeld von lokaler Regulierung und Internationalisierung am Beispiel Polen. Passau.
PUMAIN, D. u. T. SAINT-JULIEN (1996): Urban Networks in Europe. Paris.

RAITH, E. (2000): Stadtmorphologie. Annäherungen, Umsetzungen, Aussichten. New York.
RAPOPORT, A. (1983): The Meaning of the Built Environment. A Nonverbal Communication Approach. 2. Aufl. Thousand Oaks.
RELPH, E. (1976): Place and Placelessness. London.
RELPH, E. (1987): The Modern Urban Landscape. Baltimore.
REPS, J. W. (1965): The Making of Urban America. A History of City Planning in the United States. New Jersey.
REUTTI, F. (1990): Die römische Villa. Wege der Forschung 182. Darmstadt.
RIMBERT, S. (1973): Les paysages urbains. Paris.
RIQUET, P. (1967): Le quartier de l'Opera et l'evolution du Centre d'Affaires de Paris. In: UNIVERSITY OF AMSTERDAM, SOCIOGRAPHICAL DEPARTMENT (ed.): Urban Core and Inner City, Leiden: 141–161.
RISEBERO, B. (1979): The Story of Western Architecture. London.
ROBERTSON, K. A. (1990): The Status of the Pedestrian Mall in American Downtowns. Urban Affairs Quarterly 2.
RÖTZER, F. (1995): Die Telepolis. Urbanität im digitalen Zeitalter. Mannheim.
RONNEBERGER, K., LANZ, S. u. W. JAHN (1999): Die Stadt als Beute. Bonn.
ROSEMAN, C. C., LAUX, H.-D. and G. THIEME (eds.) (1996): EthniCity. Geographic Perspectives on Ethnic Change in Modern Cities. London.
ROSEMANN, J. (1992): Das Wohnungswesen in den Niederlanden. Geschichte, Instrumente, Resultate. Wien.

SABELBERG, E. (1984): Regionale Stadttypen in Italien. Genese und heutige Struktur der toskanischen und sizilianischen Städte an den Beispielen Florenz, Siena, Catania und Agrigent. Wiesbaden.
SANDERCOCK, L. (1998): Towards Cosmopolis. Planning for Multicultural Cities. Chichester, New York, Weinheim u. a.
SAUNDERS, P. (1987): Soziologie der Stadt. Frankfurt, New York.
SAVITCH, H. V. (1988): Post-Industrial Cities. Politics and Planning in New York, Paris, and London. Princeton, New Jersey.
SCHABER, T. (Hg.) (1991): Die Welt der Stadt. München, Zürich.
SCHÄFERS, B. u. G. WEWER (1996): Die Stadt in Deutschland. Opladen.
SCHINZ, A. (1964): Berlin. Stadtschicksal und Städtebau. Braunschweig.
SCHMIDT, F. (1930): Geschichte der Wohnung. In: Handwörterbuch des Wohnungswesens: 274–288.
SCHMIED, D. (2000): Counterurbanisierung und der ländliche Raum in Großbritannien. GR 52, 1: 20–26.
SCHNEIDER-SLIWA, R. (1995): Stadtentwicklung für das 21. Jh. – das Modell Boston. GR 47, 10: 586–593.
SCHNEIDER-SLIWA, R. (1996a): Stadtentwicklungskonzepte in Atlanta. GR 48, 5: 318–324.
SCHNEIDER-SLIWA, R. (1996b): Kernstadtverfall und Modelle der Stadterneuerung in den USA. Privatism, Public-private partnerships, Revitalisierungspolitik und sozialräumliche Prozesse in Atlanta, Boston und Washington D. C. Berlin.
SCHNEIDER-SLIWA, R. (1999): Nordamerikanische Innenstädte der Gegenwart. GR 51, 1: 44–51.
SCHÖBER, P. (2000): Wirtschaft, Stadt und Staat. Von den Anfängen bis zur Gegenwart. Köln, Weimar, Wien.
SCHÖLLER, P. (1986): Städtepolitik, Stadtumbau und Stadterhaltung in der DDR. Erdkundliches Wissen 81. Stuttgart.
SCHRÖDER, F. (1999): Einzelhandelslandschaften in Zeiten der Internationalisierung. Birmingham, Mailand, München.
SCHRÖDER-LANZ, H. (1984): 2000 Jahre Stadtgestalt Trier – eine städtebauliche Bilanz. GR 36, 6: 278–287.
SCHUELLER, W. (1990): The Vertical Building Structure. New York.
SCHÜTTE-LIHOTZKY, G. (1981): Arbeitsküche. form + zweck 4.
SCHULZ, M. (2000): Das neue Zentrum von Berlin. GR 52, 7/8: 27–32.
SCHWENCKE, R. (1981): Grundzüge der Stadtentwicklung und des Städtebaus in Deutschland. Der städtische Lebensraum als Lernbereich 2. Bensheim.

SEGER, M. (1978): Teheran. Eine stadtgeographische Studie. Wien.
SENATSVERWALTUNG FÜR STADTENTWICKLUNG BERLIN (Hg.) (2000): Luftbildkarte von Berlin 1 : 5000. 2. Aufl. Berlin.
SEVERAIN, S. (1980): Erscheinungsbild von Industriebauten. Stuttgart.
SHAW, D. J. B. (1979): Recreation and the Soviet city. In: R. A. FRENCH and F. E. I. HAMILTON (eds.): The Socialist City. New York, Toronto: 119–143.
SHORT, J. R. (1996): The Urban Order. An Introduction to Cities, Culture and Power. Oxford, Mass.
SIEVERTS, T. (1997): Zwischenstadt. Zwischen Ort und Welt, Raum und Zeit, Stadt und Land. Braunschweig, Wiesbaden.
SIMONETTI, J.-O. (1977): Reflexions sur l'industrialisation de la construction et la production du bati. Norois 24, 96: 561–572.
SITTE, C. (1972): Der Städtebau nach seinen künstlerischen Grundsätzen. Nachdruck d. 3. Aufl., Wien 1901, und des Originalmanuskripts aus dem Jahre 1889. Schriftenreihe des Inst. für Städtebau, Raumplanung und Raumordnung der TU Wien 19.
SOJA, E. W. (1988): Postmetropolis. Critical Studies of Cities and Regions. Oxford.
SPENGELIN, F. (1976): Steilshoop: Konzept und Erfahrungen. In: Die Stadt. Mitt. des Instituts für Gesellschaftspolitik in Wien 21: 29–58.
SPREIREGEN, P. D. (1965): The Architecture of Towns and Cities. New York.
STADEL, C. (2000): Gated Communities. Postmoderne Wohnparadiese in freiwilliger Segregation? Das Beispiel von Kelowna (British Columbia, Kanada). Klagenfurter Geogr. Schr. 18: 191–204.
STADELBAUER, J. (1996): Moskau. Post-sozialistische Megastadt im Transformationsprozeß. GR 48, 2: 113–119.
STAŇKOVÁ, J., ŠTURSA, J. u. S. VODĚRA (1991): Prag. Historischer Reiseführer. Elf Jahrhunderte Architektur. Prag.
STIGLBAUER, K. (2000): Zum Problem des Randwachstums des Dienstleistungssektors in der südlichen Wiener Stadtregion. Klagenfurter Geogr. Schr. 18: 205–230.

TEUTEBERG, H. J. u. C. WISCHERMANN (1985): Wohnalltag in Deutschland 1850–1914. Bilder – Daten – Dokumente. Studien zur Geschichte des Alltags 3. Münster.
THILO, T. (1977): Klassische chinesische Baukunst. Strukturprinzipien und soziale Funktion. Wien.
TRANCIK, R. (1986): Finding Lost Space. Theories of Urban Design. New York u. a.
TREUNER, P. (1995): Handwörterbuch der Raumordnung. Hannover.

VAN VLIET, W. (ed.) (1998): The Encyclopedia of Housing. Thousand Oaks.
VERGARA, C. J. (1997): The New American Ghetto. New Brunswick, New Jersey.
VON SALDERN, A. (1995): Häuserleben: Zur Geschichte städtischen Arbeiterwohnens vom Kaiserreich bis heute. Bonn.

WACHS, M. and M. CRAWFORD (eds.) (1992): The Car and the City. The Automobile, the Built Environment, and Daily Urban Life. Michigan.
WAGNER, O. (1911): Die Großstadt. Wien.
WARD, S. V. (1998): Selling Places. The Marketing and Promotion of Towns and Cities 1850-2000. London.
WATSON, S. and K. GIBSON (1994): Postmodern Cities and Spaces. Oxford.
WEBER, M. (1. A. 1922, 4. A. [zitiert] 1956): Wirtschaft und Gesellschaft, 2. Hbd. Tübingen.
WEKERLE, G. und C. WHITZMAN (1995): Safe Cities. Guidelines for Planning, Design, and Management. New York u. a.
WESCHE, R. and M. KUGLER-GAGNON (eds.) (1978): Ottawa-Hull. Spatial Perspectives and Planning. Occ. Papers. Ottawa.
WHITEHAND, J. W. R. (1992): The Making of the Urban Landscape. Oxford, UK, Cambridge, USA.
WHITTICK, A. (Hg.) (1974): Encyclopedia of Urban Planning. New York u. a.
WILSON, W. J. (1987): The Truly Disadvantaged. The Inner City, the Underclass and Public Policy. University of Chicago Press.
WINGO, L. (Hg.) (1966): Cities and Space. The Future Use of Urban Land. Baltimore.
WIRTH, E. (2000): Die orientalische Stadt im islamischen Vorderasien und Nordafrika. 2 Bde. Mainz.
WIRTH, E. (Hg.) (1983): Deutsche geographische Forschung im Orient – German Geographical Research in the Middle East – Recherche scientifique allemande de géographie en Orient. Erlanger Geogr. Arb., Sonderbd. 14, Erlangen, Beirut.
WOLFE, R. I. (1977): Summer Cottages in Ontario: Purpose-built for an Inessential Purpose. In: J. T. COPPOCK (ed.): Second Homes. Curse or Blessing? Oxford: 17–34.

ZANKER, P. (1995): Pompeji. Public and Private Life. Cambridge (Mass.), London.
ZEPF, M. (2000): Urbanität und öffentlicher Raum. Disp 141, 2: 35–43.

Internet

- bhere.com — Detroit Boileau
- jerde.com/projectsframe.html — The Jerde
- metropla.net — Metroplan: Moskau
- savannahnow.com — Savannah
- sears.com/sr/misc/aboutsears/history
- Downtown Los Angeles, Walking Tour

Register

In den Sachindex wurden nur Figuren (A) sowie Städte mit ausführlichen Informationen aufgenommen.